はじめに

　本書は、過去3年間（2016年11月期〜2019年7月期）に出題された学科試験問題を当協会が編纂し、「航空整備士学科試験問題集2020年版」としてまとめたもので「問題編」と「解答編」に分けて発行しています。

　本書はその「問題編」です。

　この「学科試験問題集」は、航空法規等、航空力学、機体関連、発動機、電子装備品等に分け編集してあります。

　航空整備士、航空運航整備士、航空工場整備士等に区分してはおりませんが、問題の共通性を持たせた科目ごとの幅広い勉強がし易い様になっています。

　実際に出題された問題を掲載していますので**同問のようでも色々なバリエーションがあります。**細かいところにも注意しながらご活用ください。

　また、出題履歴欄には、過去に出題された「等級」と「資格」が記載されており、関連が一目で分かるようになっています。

　航空整備士、航空運航整備士、航空工場整備士を目指す人たちにとって、この「学科試験問題集」が航空整備士学科試験に合格するための一助となれば幸いです。

令和2年2月

公益社団法人　日本航空技術協会

教育出版部

シラバス番号欄と出題履歴欄について

問題集には過去3年間（2016年11月期～2019年7月期）に出題された問題が掲載されています。
設問が同じでも選択肢が異なっている問題もあります。
航空法規等に関しては、改訂等により内容が変更となっている場合がありますので、最新の航空法で確認して下さい。

1．シラバス番号欄

「シラバス番号」は、5科目に分けられ、学科、科目が数字で割り当てられています。
「シラバス番号」は、学科ごとに下記のように配分されています。

航空法規等	100
航空力学	200
機体関連	300
発動機	400
電子装備品等	500

科目は、下記のように配分されています。

航空法規等

101 総則	106 航空運送事業等
102 登録	107 罰則
103 航空機の安全性	108 人間の能力および限界に関する一般知識
104 航空従事者	190 その他
105 航空機の運航	

航空力学

200 耐空性審査要領	208 重量および搭載
201 航空力学の基礎	212 ヘリコプタの分類と特性
202 翼と翼型	213 ヘリコプタの空気力学
203 揚力と抗力	214 ロータ・ブレードの運動
204 安定性	215 釣り合いと性能
205 舵面と操縦性	216 安定性と操縦性
206 性能	217 ヘリコプタの重量および重心位置
207 高速空気力学	290 その他

機体関連

300 耐空性審査要領
301 材料力学および航空機材料
302 航空機の機体構造
303 飛行機に加わる荷重
306 エアコンディショニング系統
307 客室装備、非常および救急装備
308 防火系統
309 操縦系統
310 燃料系統
311 油圧系統
312 防除氷系統
313 着陸系統

314 酸素系統
315 ニューマチック系統
316 給・排水系統
317 補助動力装置（APU）
318 エンジン・コントロール系統
319 給排気系統の構成、機能
324 ヘリコプタの荷重と強度
325 ロータ系統
326 トランスミッション系統
327 ヘリコプタの操縦系統
328 ヘリコプタの振動および防振装置
390 その他

発動機

400 耐空性審査要領
401 エンジンの分類と特徴
402 エンジンの概念
403 熱力学
404 タービン・エンジンの概要
405 タービン・エンジンの出力
406 タービン・エンジン本体の基本構成要素
407 ガスタービン用燃料と滑油
408 タービン・エンジンの各種系統
409 ピストン・エンジン用燃料と滑油
410 タービン・エンジン材料
411 エンジンの試運転
412 エンジン状態の監視手法
413 環境対策
417 検査
441 ピストン・エンジンの構造
442 エンジン力学

443 吸排気装置
444 点火装置
445 冷却装置
446 燃料系統
447 滑油系統
448 始動
450 エンジンの性能
451 系統計器
461 プロペラの基礎
462 プロペラの種類と構造
464 プロペラに働く力と振動
465 プロペラ制御装置
466 プロペラの付属品
468 プロペラ指示系統
469 プロペラの整備
490 その他

電子装備品等

5001 耐空性審査要領	5231 通信系統
5201 基礎電気・電子工学	5241 電源系統
5202 航空電波の基礎	5311 航空計器
5203 電気機械	5312 警報システム
5204 指示計器	5313 記録装置
5205 航空機電気部品、配線	5314 データ・リポート・システム
5206 航空機電気回路図	5331 照明系統
5207 精密機械材料	5341 航法系統
5221 オートパイロット・	5451 CMCS
フライトディレクタ	5900 その他

2. 出題履歴欄

過去3年間（2016年11月期～2019年7月期）に出題された等級と資格が記述されています。

航空法規等は、共通で記載し出題された頻度が記述されています。

一航飛	一等航空整備士	飛行機
一航飛	一等航空整備士	飛行機（電子装備品等）
一航回	一等航空整備士	回転翼航空機
一航回	一等航空整備士	回転翼航空機（電子装備品等）
二航飛	二等航空整備士	飛行機
二航飛ピ	二等航空整備士	飛行機（ピストン発動機）
二航回	二等航空整備士	回転翼航空機
二航回ピ	二等航空整備士	回転翼航空機（ピストン発動機）
二航共	二等航空整備士	飛行機、回転翼航空機（電子装備品等）
二航滑	二等航空整備士	滑空機
二航滑ピ	二等航空整備士	滑空機（ピストン発動機）
一運飛	一等航空運航整備士	飛行機
一運回	一等航空運航整備士	回転翼航空機
二運飛	二等航空運航整備士	飛行機
二運飛ピ	二等航空運航整備士	飛行機（ピストン発動機）
二運回	二等航空運航整備士	回転翼航空機

二運回ピ　二等航空運航整備士　回転翼航空機（ピストン発動機）

二運滑　　二等航空運航整備士　滑空機

二運滑ピ　二等航空運航整備士　滑空機（ピストン発動機）

工共通　　航空工場整備士（共通）

工機構　　航空工場整備士（機体構造）

工機装　　航空工場整備士（機体装備品）

工タ　　　航空工場整備士（タービン発動機）

工プロ　　航空工場整備士（プロペラ）

工計器　　航空工場整備士（計器）

工電子　　航空工場整備士（電子装備品）

工電気　　航空工場整備士（電気装備品）

工無線　　航空工場整備士（無線通信機）

目　次

航空法規等

問題番号	試験問題	シラバス番号	出題履歴
問0001	航空法の基本的理念に含まれないものはどれか。 （1）国際法が基本 （2）航空機の運航に関する安全を確保すること （3）航空運送事業の健全な育成による公衆の利便増進 （4）日米航空安全保障条約の順守	10101	出題
問0002	航空法第1条「この法律の目的」で次のうち誤っているものはどれか。 （1）航空機の航行に起因する障害の防止 （2）航空機を整備して営む事業の管理、監督 （3）航空の発達 （4）公共の福祉の増進	10101	出題
問0003	航空法第1条（この法律の目的）で次のうち誤っているものはどれか。 （1）公共の福祉を増進する。 （2）航空機を運航して営む事業の適正かつ合理的な運営を確保して輸送の安全を確保するとともにその利用者の利便の増進を図る。 （3）国際民間航空条約の規定並びに同条約の附属書として採択された標準、方式及び手続きに準拠する。 （4）航空機の製造及び修理の方法を規定することによって、その生産技術の向上を図る。	10101	出題
問0004	航空法第1条「この法律の目的」で次のうち誤っているものはどれか。 （1）公共の福祉を増進する。 （2）航空機の製造及び修理の方法を規定してその生産性の向上を図る。 （3）国際民間航空条約の規定並びに同条約の附属書として採択された標準、方式及び手続きに準拠する。 （4）航空機を運航して営む事業の適正かつ合理的な運営を確保して輸送の安全を確保するとともにその利用者の利便の増進を図る。	10101	出題
問0005	航空法の目的について次のうち誤っているものはどれか。 （1）利用者の福祉の増進 （2）航空の発達 （3）輸送の安全 （4）航空機の航行に起因する障害の防止	10101	出題
問0006	航空法の目的について次のうち誤っているものはどれか。 （1）航空機の航行の安全を図るための方法を定める。 （2）航空機の定時運航を確保し、もつて公共の福祉を増進する。 （3）航空機の航行に起因する障害の防止を図るための方法を定める。 （4）航空機を運航して営む事業の適正かつ合理的な運営を確保する。	10101	出題
問0007	航空法の目的として次のうち誤っているものはどれか。 （1）航空機の航行の安全を図るための方法を定める。 （2）航空機の航行に起因する障害の防止を図るための方法を定める。 （3）航空機を運航して営む事業の適正かつ合理的な運営を確保する。 （4）航空機の安全性の向上を図り公共交通として定時運航を確保する。	10101	出題
問0008	航空法第1条「この法律の目的」で次のうち誤っているものはどれか。 （1）航空機及び航空機用機器の製造及び修理の方法を規定することによって、その生産技術の向上を図る。 （2）航空機を運航して営む事業の適正かつ合理的な運営を確保して輸送の安全を確保するとともにその利用者の利便の増進を図る。 （3）国際民間航空条約の規定並びに同条約の附属書として採択された標準、方式及び手続きに準拠する。 （4）公共の福祉を増進する。	10101	出題 出題

問0009 航空法第1条（この法律の目的）について（　）内にあてはまる語句として(1)～(4)のうち正しいものはどれか。　シラバス番号 10101　出題履歴 出題／出題

この法律は、（　A　）の規定並びに同条約の附属書として採択された標準、方式及び手続に準拠して、航空機の航行の安全及び航空機の航行に起因する障害の防止を図るための方法を定め、並びに航空機を運航して営む事業の適正かつ合理的な運営を確保して（　B　）を確保するとともにその利用者の（　C　）を図ること等により、航空の発達を図り、もつて（　D　）を増進することを目的とする。

	（　A　）	（　B　）	（　C　）	（　D　）
(1)	国際航空安全条約	定時性	利便性の確保	公共利用
(2)	国際民間航空条約	輸送の安全	利便の増進	公共の福祉
(3)	国際航空安全条約	航空の安全	利用の促進	公共利用
(4)	国際民間航空条約	航空の安全	利便性の確保	航空交通

問0010 航空法の体系について次のうち誤っているものはどれか。　シラバス番号 10101　出題履歴 出題

(1) 航空法は第1章から第11章、附則及び別表より構成されている。
(2) 航空法施行規則は航空法の規定に基き、及び同法を実施するために定められた国土交通省令である。
(3) 航空法施行令は航空法の規定に基き、内閣が制定する。
(4) 耐空性審査要領は航空局長通達として制定され、法10条第4項の基準の附属書第一から第三の実施細則である。
(5) サーキュラーは、航空局安全部航空機安全課より航空機の整備業務に関連する技術的な周知事項、航空機検査の一般方針等の徹底を図るため航空機使用者等に発行する。

問0011 航空機の種類として次のうち正しいものはどれか。　シラバス番号 10102　出題履歴 出題／出題

(1) 高翼機や低翼機などの区別をいう。
(2) ピストン機やジェット機などの区別をいう。
(3) ヘリコプタやグライダなどの区別をいう。
(4) 飛行機輸送Tや飛行機普通Nなどの区別をいう。

問0012 「航空機」の定義で次のうち正しいものはどれか。　シラバス番号 10102　出題履歴 出題／出題／出題

(1) 飛行機、回転翼航空機、滑空機、飛行船その他サーキュラーで定める機器
(2) 飛行機、回転翼航空機、滑空機、飛行船その他耐空性審査要領で定める機器
(3) 飛行機、回転翼航空機、滑空機、飛行船その他航空法別表で定める機器
(4) 飛行機、回転翼航空機、滑空機、飛行船その他政令で定める機器

問0013 航空法で定義される「航空機」のうち、次の組合せで正しいものはどれか。　シラバス番号 10102　出題履歴 出題

(1) ヘリコプタ、飛行船、グライダ
(2) 飛行機、グライダ、気球
(3) 飛行機、ヘリコプタ、宇宙船
(4) 衛星、ヘリコプタ、無人機

問0014 航空機の種類として次のうち正しいものはどれか。　シラバス番号 10102　出題履歴 出題

(1) 高翼機や低翼機などの区別をいう。
(2) ピストン機やジェット機などの区別をいう。
(3) 飛行機や滑空機などの区別をいう。
(4) 飛行機輸送Tや飛行機普通Nなどの区別をいう。

問0015 「航空機」について（　）内にあてはまる語句として(1)～(4)のうち正しいものはどれか。　シラバス番号 10102　出題履歴 出題／出題

人が乗つて航空の用に供することができる飛行機、回転翼航空機、滑空機、（　A　）その他（　B　）で定める（　C　）をいう。

	（　A　）	（　B　）	（　C　）
(1)	気球	政令	装置
(2)	無人機	サーキュラー	機器
(3)	飛行船	政令	機器
(4)	無人機	告示	装置

問0016 「航空機」について（　　）内にあてはまる語句の組合せとして(1)～(5)のうち正しいものはどれか。　　　　　10102　出題 出題

【人が乗つて航空の用に供することができる飛行機、回転翼航空機、（　A　）その他（　B　）で定める（　C　）をいう。】

```
      （ A ）              （ B ）          （ C ）
(1)飛行船              政令             装置
(2)滑空機、無人機      サーキュラー     装置
(3)滑空機、飛行船      政令             機器
(4)滑空機              告示             装置
(5)飛行船              政令             機器
```

問0017 「航空業務」として次のうち正しいものはどれか。　　　　　10102　出題

(1)型式証明検査
(2)航空機の航空機登録原簿への登録
(3)耐空証明検査
(4)航空機に乗り組んで行う無線設備の操作

問0018 航空法で定義される「航空業務」について次のうち正しいものはどれか。　　　　　10102　出題 出題

(1)航空整備士が訓練のために行う発動機の運転操作
(2)操縦士が地上整備中の航空機で行う無線設備の操作
(3)航空整備士が運航中の航空機に乗務して行う外部監視
(4)整備又は改造をした航空機について行う第19条第2項に規定する確認

問0019 「航空業務」として次のうち誤っているものはどれか。　　　　　10102　出題

(1)空港内での航空機の誘導
(2)航空機に乗り組んで行う運航
(3)航空機に乗り組んで行う無線設備の操作
(4)整備した航空機について行う確認

問0020 航空法で定義する「航空業務」に含まれていないものは次のうちどれか。　　　　　10102　出題

(1)航空機の型式の設計について行う型式証明検査
(2)航空機に乗り組んで行うその運航
(3)航空機に乗り組んで行う無線設備の操作
(4)整備又は改造をした航空機について行う航空法第19条第二項に規定する確認

問0021 「航空業務」の定義で次のうち誤っているものはどれか。　　　　　10102　出題

(1)修理改造検査
(2)整備又は改造をした航空機について行う航空法第19条第2項に規定する確認
(3)航空機に乗り組んで行うその運航
(4)航空機に乗り組んで行う無線設備の操作

問0022 「航空従事者」の定義で次のうち正しいものはどれか。　　　　　10102　出題

(1)航空機に乗り組んで運航に従事する者
(2)法第19条第2項の確認を行う者
(3)航空機に乗り組んで行う無線設備の操作を行う者
(4)航空従事者技能証明を受けた者

問0023 「航空従事者」の定義で次のうち正しいものはどれか。　　　　　10102　出題

(1)航空機に乗り組んで航空業務に従事する者及び整備又は改造後の航空機について確認
　　行為を行う者
(2)航空機乗組員
(3)航空に関係する業務に従事する者の総称
(4)航空従事者技能証明を受けた者

問0024 「航空従事者」として次のうち正しいものはどれか。　　　　　10102　出題

(1)技能証明はないが実地試験に合格している者
(2)技能証明はないが航空機に乗務して運航を補佐している者
(3)技能証明はあるが航空業務に従事していない者
(4)技能証明はないが航空機の整備業務に5年以上従事している者

問題番号	試験問題	シラバス番号	出題履歴
問0025	「航空従事者」として次のうち正しいものはどれか。 (1)技能証明はないが学科試験に合格し実地試験を申請中である者 (2)航空工場整備士の技能証明を有する者 (3)運航管理者の技能証明を有する者 (4)技能証明を返納して1年を経過していない者	10102	出題
問0026	「航空運送事業」の定義で次のうち正しいものはどれか。 (1)他人の需要に応じ、航空機を使用して有償で貨物を運送する事業をいう。 (2)他人の需要に応じ、航空機を使用して有償で旅客を運送する事業をいう。 (3)他人の需要に応じ、航空機を使用して有償で旅客又は貨物を運送する事業をいう。 (4)他人の需要に応じ、航空機を使用して有償で旅客及び貨物を運送する事業をいう。	10102	出題 出題
問0027	「国内定期航空運送事業」の定義で次のうち正しいものはどれか。 (1)本邦内の2地点間に路線を定めて一定の時刻により航行する航空機により行う航空運送事業 (2)本邦内の各地間に路線を定めて一定の時刻により所有する航空機を航行して行う航空運送事業 (3)本邦内の各地間に路線を定めて一定の日時により航行する航空機により行う航空運送事業 (4)本邦内の2地点間に路線を定めて一定の日時により所有する航空機を航行して行う航空運送事業	10102	出題 出題 出題
問0028	「航空機使用事業」の定義で次のうち正しいものはどれか。 (1)他人の需要に応じ、航空運送事業を営む者の航空機を使用して有償で貨物の運送を請け負う事業 (2)他人の需要に応じ、航空機を使用して有償で旅客又は貨物の運送以外の行為の請負を行う事業 (3)他人の需要に応じ、航空機を使用して有償で貨物を運送する事業 (4)他人の需要に応じ、不定の区間で不定の日時に航行する航空機を使用して行う運送事業	10102	出題
問0029	「航空機使用事業」について次のうち正しいものはどれか。 (1)他人の需要に応じ、航空機を使用して有償で旅客又は貨物の運送以外の行為の請負を行う事業 (2)他人の需要に応じ、航空機を使用して有償で旅客又は貨物の運送の請負を行う事業 (3)他人の需要に応じ、航空機を使用して無償で旅客又は貨物の運送以外の行為の請負を行う事業 (4)他人の需要に応じ、航空機を使用して無償で旅客又は貨物の運送の請負を行う事業	10102	出題 出題
問0030	航空機を使用して行う次の行為で「航空機使用事業」に該当するものはどれか。 (1)無償の旅客および有償の貨物の同時輸送 (2)有償での宣伝飛行 (3)有償の旅客および無償の貨物の同時輸送 (4)有償、無償にかかわらず貨物のみの輸送	10102	出題
問0031	飛行規程の記載事項として次のうち誤っているものはどれか。 (1)航空機の概要 (2)航空機の性能 (3)発動機の排出物に関する事項 (4)飛行中の航空機に発生した不具合の是正の方法	10104	出題
問0032	飛行規程の記載事項として次のうち誤っているものはどれか。 (1)航空機の概要 (2)航空機の性能 (3)運用許容基準 (4)発動機の排出物に関する事項	10104	出題
問0033	飛行規程の記載事項として次のうち誤っているものはどれか。 (1)航空機の概要 (2)航空機の性能 (3)発動機の排出物に関する事項 (4)その他必要な事項	10104	出題

問題番号	試験問題	シラバス番号	出題履歴
問0034	飛行規程の記載事項として次のうち誤っているものはどれか。 （1）航空機の限界事項 （2）航空機の性能 （3）航空機の騒音に関する事項 （4）航空機の排出物に関する事項	10104	出題 出題 出題
問0035	飛行規程の記載事項として次のうち正しいものはどれか。 （1）発動機の限界事項 （2）発動機の騒音に関する事項 （3）発動機の安全性に関する事項 （4）発動機の排出物に関する事項	10104	出題 出題
問0036	飛行規程の記載事項として次のうち誤っているものはどれか。 （1）航空機の騒音に関する事項 （2）発動機の排出物に関する事項 （3）航空機の限界事項 （4）発動機の性能 （5）非常の場合にとらなければならない各種装置の操作その他の措置 （6）通常の場合における各種装置の操作方法	10104	出題
問0037	飛行規程の記載事項として次のうち誤っているものはどれか。 （1）航空機の概要 （2）航空機の性能 （3）航空機の限界事項 （4）航空機の騒音に関する事項 （5）通常の場合における各種装置の操作方法 （6）飛行中の航空機に発生した不具合の是正の方法	10104	出題 出題
問0038	整備手順書に記載すべき事項として次のうち誤っているものはどれか。 （1）航空機の性能 （2）航空機の構造に関する説明 （3）装備品及び系統に関する説明 （4）装備する発動機の限界使用時間	10105	出題
問0039	整備手順書に記載すべき事項として次のうち誤っているものはどれか。 （1）航空機の装備品及び系統に関する説明 （2）航空機に発生した不具合の是正の方法 （3）通常の場合における各種装置の操作方法 （4）航空機に装備する発動機及びプロペラの限界使用時間	10105	出題
問0040	整備手順書に記載すべき事項として次のうち誤っているものはどれか。 （1）航空機の定期の点検の方法 （2）航空機の騒音に関する事項 （3）航空機に装備する発動機の限界使用時間 （4）航空機に発生した不具合の是正の方法	10105	出題
問0041	「作業の区分」の「修理」の項目を全て含むもので次のうち正しいものはどれか。 （1）一般的保守、軽微な修理、小修理 （2）軽微な修理、小修理、大修理 （3）一般的修理、小修理、大修理 （4）小修理、大修理、小改造	10106	出題
問0042	作業区分の「修理」を全て含むものとして次のうち正しいものはどれか。 （1）保守、整備、改造 （2）一般的修理、小修理、大修理 （3）軽微な修理、小修理、大修理 （4）軽微な修理、一般的修理、小修理、大修理	10106	出題 出題
問0043	作業の区分について次のうち正しいものはどれか。 （1）保守は軽微な保守と一般的保守に区分される。 （2）修理は小修理と大修理に区分される。 （3）整備は修理と改造に区分される。 （4）整備は保守と修理及び改造に区分される。	10106	出題 出題

問題番号	試験問題	シラバス番号	出題履歴
問0044	作業の区分について次のうち正しいものはどれか。 (1)保守は、修理と整備に区分される。 (2)保守は、修理と整備と改造に区分される。 (3)整備は、保守と修理に区分される。 (4)整備は、保守と修理と改造に区分される。 (5)修理は、保守と整備に区分される。 (6)修理は、保守と整備と改造に区分される。	10106	出題 出題
問0045	作業区分に関する記述で次のうち誤っているものはどれか。 (1)発動機を駆動して行うコンプレッサー洗浄作業は「一般的保守」である。 (2)寒冷対策のための蓄電池の取り付け・取り外しは「一般的保守」である。 (3)落雷時の一次点検は「一般的保守」に該当する。 (4)防除雪氷液の塗布作業は整備作業に該当せず、整備士の確認も必要ない。	10106	出題
問0046	作業区分に関する記述で次のうち誤っているものはどれか。 (1)通常のエンジン滑油の補充は「軽微な保守」に該当し、整備士確認のための航空日誌への記載は必要ない。 (2)飛行前点検は「軽微な保守」に該当し、T類の飛行機の場合は「一般的保守」となる。 (3)28日毎に行うFMS用航法データベースのローディング作業は「一般的保守」に該当し、航空日誌へ記載する。 (4)ホイールやブレーキの交換作業は「一般的保守」である。	10106	出題
問0047	作業区分について次のうち誤っているものはどれか。 (1)「整備」には「保守」、「修理」、「改造」がある。 (2)「保守」は耐空性を維持するために行う作業である。 (3)「修理」は耐空性が損なわれた場合に原設計どおりに耐空性を回復するために行う作業である。 (4)「改造」は性能や機能を原設計の仕様に変更を加える作業である。	10106	出題
問0048	「軽微な保守」の作業の内容に関する次の文章の（　）内にあてはまる語句の組合せとして(1)～(4)のうち正しいものはどれか。 【軽微な保守とは、簡単な（　A　）作業で緊度又は（　B　）及び複雑な結合作業を伴わない規格装備品又は部品の交換をいう。】 （　A　） （　B　） (1)修理 特殊な作業 (2)保守 締結 (3)間隙の調整 特殊な技量 (4)保守予防 間隙の調整	10106	出題 出題 出題
問0049	「軽微な保守」作業に関する次の文章の（　）内にあてはまる語句の組合せとして(1)～(4)のうち正しいものはどれか。 簡単な（　A　）作業で、緊度又は（　B　）及び複雑な結合作業を伴わない（　C　）装備品又は部品の交換 (1)A：保守予防 B：締結 C：正規 (2)A：保守予防 B：間隙の調整 C：規格 (3)A：間隙の調整 B：特殊な技量 C：型式 (4)A：修理 B：特殊な技量 C：限定	10106	出題
問0050	「一般的保守」について次のうち正しいものはどれか。 (1)耐空性に及ぼす影響が軽微で、確認に動力装置の作動や複雑な点検を必要としないもの (2)簡単な保守予防作業で、複雑な結合を伴わない規格装備品の交換作業 (3)軽微な保守以外の保守作業 (4)簡単な保守予防作業で、緊度又は間隙の調整を伴わない部品の交換	10106	出題
問0051	「小修理」について次のうち正しいものはどれか。 (1)緊度又は間隙の調整及び複雑な結合作業を伴わない規格装備品の交換又は修理 (2)耐空性に重大な影響を及ぼさない作業であって、その仕様について国土交通大臣の承認を受けた装備品又は部品を用いるもの (3)耐空性に及ぼす影響が軽微な範囲にとどまり、かつ複雑でない整備作業 (4)軽微な修理及び大修理以外の修理作業	10106	出題 出題

問題番号	試験問題	シラバス番号	出題履歴
問0052	「大修理」区分に該当する作業内容として次のうち正しいものはどれか。 (1)当該作業の確認において動力装置の作動点検を必要とする修理作業 (2)その仕様について国土交通大臣の承認を受けた装備品又は部品を用いる修理作業 (3)動力装置の機能、飛行性その他耐空性に重大な影響を及ぼさない改造作業 (4)耐空性に大きな影響を及ぼす複雑な修理作業	10106	出題
問0053	「軽微な修理」について以下の文章の（　）内に当てはまる語句として次のうち正しいものはどれか。 （　A　）に及ぼす影響が軽微な範囲にとどまり、かつ複雑でない修理作業であつて、当該作業の確認において動力装置の作動点検その他（　B　）を必要としないもの (1)A：飛行　　　　B：複雑な修理作業 (2)A：航空機　　　B：複雑な結合作業 (3)A：耐空性　　　B：複雑な点検 (4)A：環境　　　　B：緊度又は間隙の調整	10106	出題
問0054	「軽微な修理」の作業の内容に関する次の文章の（　）内にあてはまる語句の組み合せとして次のうち正しいものはどれか。 【（　A　）に及ぼす影響が軽微な範囲にとどまり、かつ（　B　）作業であつて、当該作業の確認において動力装置の作動点検その他（　C　）を必要としないもの】 　　（　A　）　　　（　B　）　　　　　（　C　） (1)環境　　　　簡単な修理　　　　緊度又は間隙の調整 (2)飛行　　　　容易な修理　　　　複雑な修理作業 (3)航空機　　　重要でない修理　　複雑な結合作業 (4)耐空性　　　複雑でない修理　　複雑な点検	10106	出題
問0055	航空機が日本の国籍を取得する時期として次のうち正しいものはどれか。 (1)登録が完了したとき (2)登録及び耐空証明が完了したとき (3)登録、型式証明及び耐空証明が完了したとき (4)日本国籍を有する個人又は法人に所有権が移転したとき	10202	出題
問0056	航空機の登録について次のうち誤っているものはどれか。 (1)国土交通大臣は申請者に航空機登録原簿を交付して登録を行う。 (2)航空機は登録を受けた時に日本の国籍を取得する。 (3)外国の国籍を有する航空機は登録することができない。 (4)日本の国籍を有しない者が所有する航空機は登録することができない。	10203	出題
問0057	航空機の登録について次のうち誤っているものはどれか。 (1)国土交通大臣は航空機登録原簿に航空機の登録を行う。 (2)航空機の登録は当該航空機について日本の国籍を取得した後に行う。 (3)外国の国籍を有する航空機は登録することができない。 (4)日本の国籍を有しない人が所有する航空機は登録することができない。	10203	出題
問0058	航空機の登録について次のうち誤っているものはどれか。 (1)国土交通大臣は申請者に航空機登録原簿を交付して新規登録を行う。 (2)航空機は登録を受けたときに日本の国籍を取得する。 (3)国土交通大臣は航空機登録原簿に航空機の登録を行う。 (4)日本の国籍を有しない者が所有する航空機は登録することができない。	10203	出題
問0059	航空機の登録について次のうち誤っているものはどれか。 (1)航空機は登録を受けたとき日本の国籍を取得する。 (2)国土交通大臣は航空機登録原簿に航空機の登録を行う。 (3)登録を受けた飛行機及び回転翼航空機の所有権の得喪及び変更は登録を受けなければ第3者に対抗することができない。 (4)ICAO加盟国の法令に基づいて設立された法人が所有する航空機であれば登録できる。	10203	出題
問0060	新規登録における航空機登録原簿への記載事項で次のうち誤っているものはどれか。 (1)航空機の番号 (2)航空機の型式 (3)航空機の製造者 (4)航空機の定置場 (5)航空機の製造年月日	10204	出題

問題番号	試験問題	シラバス番号	出題履歴
問0061	新規登録における航空機登録原簿への記載事項で次のうち誤っているものはどれか。 （1）航空機の型式 （2）航空機の製造者 （3）航空機の番号 （4）航空機の駐機場 （5）所有者の氏名又は名称及び住所 （6）登録の年月日	10204	出題
問0062	新規登録における航空機登録原簿への記載事項で次のうち誤っているものはどれか。 （1）航空機の型式 （2）航空機の番号 （3）航空機の製造者 （4）航空機の定置場 （5）航空機の製造年月日 （6）所有者の氏名又は名称及び住所	10204	出題
問0063	新規登録における航空機登録原簿への記載事項として次のうち誤っているものはどれか。 （1）航空機の型式 （2）型式証明番号 （3）航空機の製造者 （4）航空機の番号 （5）航空機の定置場 （6）所有者の氏名又は名称及び住所	10204	出題
問0064	新規登録をした申請者に交付される書類で次のうち正しいものはどれか。 （1）航空機所有権証明書 （2）航空機登録証明書 （3）航空機登録原簿の写し （4）航空機国籍証明書 （5）航空機登録謄本	10205	出題 出題
問0065	航空機の定置場を移転した場合の手続きについて次のうち正しいものはどれか。 （1）移転登録の申請 （2）変更登録の申請 （3）移動登録の届出 （4）登録原簿の変更申請	10206	出題 出題
問0066	航空機の定置場を移転した場合のとるべき手続きについて次のうち正しいものはどれか。 （1）移転登録の申請 （2）変更登録の申請 （3）登録原簿の変更申請 （4）現在の定置場のまっ消登録及び移転先の定置場での新規登録の申請	10206	出題
問0067	登録した航空機の所有者の氏名に変更があったときの処置で、次のうち正しいものはどれか。 （1）所有者は15日以内に変更登録の申請をしなければならない。 （2）所有者は15日以内に移転登録の申請をしなければならない。 （3）所有者は10日以内に移転登録の申請をしなければならない。 （4）所有者は航空機の定置場に変更があった場合のみ申請が必要である。	10206	出題
問0068	航空機の所有者の名称が変わった場合の手続きとして次のうち正しいものはどれか。 （1）移転登録の申請 （2）まっ消登録の届出 （3）変更登録の申請 （4）登録原簿の変更申請	10206	出題
問0069	航空機の登録事項に変更があった場合で、変更登録の申請をしなければならないケースは次のうちどれか。 （1）航空機の登録記号 （2）航空機の製造者 （3）航空機の定置場 （4）航空機の使用者	10206	出題

問題番号	試験問題	シラバス番号	出題履歴
問0070	登録後の航空機に生じる事項とその手続について次のうち正しいものはどれか。 (1)所有者が変更した場合は変更登録を行う。 (2)航空機の定置場を変更した場合は移転登録を行う。 (3)所有者の名称や住所が変わった場合は変更登録を行う。 (4)航空機の存否が1ヶ月以上不明になった場合は抹消登録を行う。	10206	出題
問0071	登録ができる航空機で次のうち正しいものはどれか。 (1)日本の国籍を有しない人が所有する航空機であるが、定置場が日本国内の航空機 (2)地方公共団体が所有する航空機 (3)外国の国籍を有する航空機であるが、日本の製造者により製造された航空機 (4)外国の国籍を有する航空機であるが、日本国内に路線を定めて運航する航空機	10206	出題
問0072	まつ消登録の申請について次のうち誤っているものはどれか。 (1)登録航空機の存否が二箇月以上不明になったとき (2)登録航空機の所有者が外国籍になったとき (3)登録航空機を改造のために解体したとき (4)登録航空機が滅失したとき	10207	出題
問0073	次のうち登録記号の打刻を必要とするものはどれか。 (1)滑空機 (2)飛行船 (3)回転翼航空機 (4)全ての航空機	10208	出題
問0074	耐空検査で現状について検査の一部を行わないことができる場合として次のうち誤っているものはどれか。 (1)製造及び完成後の検査の能力に係る認定を受けた者が確認をした航空機 (2)政令で定める輸入した航空機 (3)整備及び整備後の検査の能力に係る認定を受けた者が確認をした航空機 (4)型式証明を取得し運用限界を指定された航空機	10301	出題
問0075	耐空証明について次のうち正しいものはどれか。 (1)航空機の用途及び航空機の運用限界を指定して行う。 (2)整備規程に航空機の限界事項を指定して行う。 (3)航空機の性能及び航空機の限界事項を指定して行う。 (4)飛行規程と整備規程に航空機の限界事項を指定して行う。	10301	出題
問0076	耐空証明について次のうち正しいものはどれか。 (1)定期運送事業者にあっては、耐空証明は免除される。 (2)空輸用耐空証明書は航空法施行規則に定められている。 (3)運用限界等指定書は耐空証明とは別の時期に交付される。 (4)耐空証明の検査は設計、製造過程及び現状について行われる。	10301	出題 出題 出題 出題 出題
問0077	耐空証明について次のうち正しいものはどれか。 (1)耐空証明の検査は設計、製造過程および現状について行われる。 (2)運用限界等指定書は耐空証明とは別の時期に交付される。 (3)定期運送事業者にあっては、耐空証明は免除される。 (4)登録されると国土交通大臣により発行される。	10301	出題
問0078	耐空証明について次のうち正しいものはどれか。 (1)定期運送事業者にあっては、耐空証明は免除される。 (2)空輸用耐空証明書は航空法施行規則に定められている。 (3)耐空証明の検査は設計、製造過程及び現状について行われる。 (4)運用限界等指定書は耐空証明において検査の一部を省略した場合に交付される。	10301	出題
問0079	証明に関する記述で次のうち正しいものはどれか。 (1)型式証明は航空機毎に証明を行う。 (2)計器飛行証明は航空機毎に証明を行う。 (3)耐空証明は航空機毎に証明を行う。 (4)安全証明は航空機毎に証明を行う。	10301	出題

問0080　耐空証明に関する記述で次のうち誤っているものはどれか。　　　　10301　　出題

(1)申請者に耐空証明書を交付することによって行う。
(2)登録されると国土交通大臣により発行される。
(3)航空機の用途及び運用限界を指定して行う。
(4)設計、製造過程及び現状について行う。

問0081　耐空証明に関する記述で次のうち誤っているものはどれか。　　　　10301　　出題

(1)耐空証明は航空機の用途及び運用限界を指定して行う。
(2)耐空証明は日本の国籍を有する航空機でなければ受けることができない。
(3)国土交通大臣は申請により耐空証明を行う。
(4)耐空証明は設計、製造過程及び現状について行う。

問0082　耐空証明について次のうち誤っているものはどれか。　　　　10301　　出題

(1)登録されると国土交通大臣により発行される。
(2)政令で定める航空機を除き、日本の国籍を有する航空機でなければ受けることができない。
(3)航空機の用途及び運用限界を指定して行う。
(4)設計、製造過程及び現状について検査を行う。

問0083　耐空証明について下記の文章の（　　）内に当てはまる語句として次のうち正しいものはどれか。　　　　10301　　出題／出題

国土交通大臣は、第一項の申請があつたときは、当該航空機が次に掲げる基準に適合するかどうかを（　A　）、（　B　）及び（　C　）について検査し、これらの基準に適合すると認めるときは、耐空証明をしなければならない。

(1)A：設計　　　　B：製造過程　　　C：現状
(2)A：計画　　　　B：製造過程　　　C：航空機
(3)A：設計　　　　B：限界　　　　　C：航空機
(4)A：計画　　　　B：限界　　　　　C：現状

問0084　航空法第10条第4項において耐空証明を行う基準として次のうち正しいものはどれか。　　　　10301　　出題

(1)設計及び製造過程
(2)設計、製造過程及び現状
(3)設計、強度及び現状
(4)強度、構造及び性能並びに騒音及び発動機の排出物

問0085　航空法第10条「耐空証明」第4項について（　　　）内にあてはまる語句として(1)～(4)のうち正しいものはどれか。　　　　10301　　出題

国土交通大臣は、第一項の申請があったときは、当該航空機が次に掲げる基準に適合するかどうかを（　A　）、（　B　）及び（　C　）について検査し、これらの基準に適合すると認めるときは、耐空証明をしなければならない。

	（　A　）	（　B　）	（　C　）
(1)	設計	限界	航空機
(2)	計画	製造過程	航空機
(3)	設計	製造過程	現状
(4)	計画	限界	現状

問0086　耐空検査において設計又は製造過程の検査の一部を行わないことができる場合として次のうち誤っているものはどれか。　　　　10301　　出題

(1)型式証明を受けた型式の航空機
(2)政令で定める輸入した航空機
(3)耐空証明を受けたことのある航空機
(4)航空機の設計及び設計後の検査の能力に係る認定を受けた者が検査した航空機
(5)航空機製造事業法で認可を受けた事業者が製造した航空機

問0087　耐空証明更新時の国による検査の実施方法で次のうち正しいものはどれか。　　　　10301　　出題

(1)発動機試運転及び機能試験
(2)提出書類の確認及び飛行試験
(3)定期点検及び飛行試験
(4)提出書類の確認、地上試験及び飛行試験

問題番号	試験問題	シラバス番号	出題履歴
問0088	認定事業場以外で2回目以降の耐空証明検査を実施する場合に必要な提出書類で次のうち誤っているものはどれか。 (1) 航空機現況表 (2) 航空機基準適合証 (3) 飛行規程 (4) 前回検査後の整備記録、主要装備品交換記録 (5) 航空機の重量及び重心位置の算出に必要な事項を記載した書類	10302	出題
問0089	耐空証明で指定される航空機の「運用限界」として次のうち正しいものはどれか。 (1) 飛行規程に記載された航空機の限界事項 (2) 型式証明で実証された航空機の限界強度 (3) 運用規程に記載された航空機の性能限界 (4) 耐空証明で実証された航空機の騒音限界	10303	出題
問0090	運用限界等指定書の用途を指定する場合で次のうち正しいものはどれか。 (1) 耐空類別 (2) 陸上単発、水上多発などの区分 (3) 事業の区分 (4) 飛行機、回転翼航空機などの区分	10303	出題
問0091	運用限界等指定書の用途の欄に記載される事項で次のうち正しいものはどれか。 (1) 等級 (2) 制限事項 (3) 耐空類別 (4) 事業の種類	10303	出題
問0092	運用限界等指定書の用途の欄に記載される事項として次のうち正しいものはどれか。 (1) 自家用又は事業用の区分 (2) 航空機の最大離陸重量 (3) 飛行規程の限界事項 (4) 航空機の等級 (5) 耐空類別	10303	出題 出題 出題
問0093	耐空類別について次のうち正しいものはどれか。 (1)「飛行機輸送T」は最大離陸重量15,000Kg以上の飛行機であって、航空運送事業の用に適するもの (2)「回転翼航空機普通N」は最大離陸重量5,700Kg以下の回転翼航空機 (3)「飛行機輸送C」は最大離陸重量9,080Kg以下の飛行機であって、航空運送事業の用に適するもの (4)「動力滑空機曲技A」は最大離陸重量850Kg以下の滑空機であって、動力装置を有し、かつ、普通の飛行及び曲技飛行に適するもの	10304	出題
問0094	耐空類別について次のうち正しいものはどれか。 (1)「飛行機輸送T」は最大離陸重量15,000Kg以上の航空機であって、航空運送事業の用に適するもの (2)「回転翼航空機普通N」は最大離陸重量2,500Kg以下の回転翼航空機 (3)「飛行機曲技A」は最大離陸重量5,700Kg以下の飛行機であって、飛行機普通Nが適する飛行及び曲技飛行に適するもの (4)「回転翼航空機輸送TB級」は最大離陸重量8,618Kg以下の回転翼航空機であって、航空運送事業の用に適するもの	10304	出題
問0095	航空法施行規則附属書第一に示される耐空類別の摘要欄で用いられている重量として次のうち正しいものはどれか。 (1) 最大零燃料重量 (2) 最大離陸重量 (3) 最大着陸重量 (4) 最大地上走行重量	10304	出題
問0096	附属書第一「航空機及び装備品の安全性を確保するための強度、構造及び性能についての基準」は、何の附属書か。 (1) 航空法 (2) 航空法施行令 (3) 航空法施行規則 (4) 耐空性審査要領	10304	出題

問題番号	試験問題	シラバス番号	出題履歴
問0097	騒音基準の適用を受ける航空機で次のうち誤っているものはどれか。 (1)ピストン・エンジンを装備する飛行船 (2)ターボファン・エンジンを装備する飛行機 (3)ターボジェット・エンジンを装備する飛行機 (4)ターボシャフト・エンジンを装備する回転翼航空機	10304	出題
問0098	「航空機の発動機の排出物の基準」について次のうち正しいものはどれか。 (1)航空法の附属書である。 (2)航空法施行令の附属書である。 (3)航空法施行規則の附属書である。 (4)耐空性審査要領の附属書である。	10304	出題
問0099	発動機の排出物基準の適用を受ける航空機として次のうち正しいものはどれか。 (1)排出燃料についてはタービン発動機、排出ガスについてはターボジェット又はターボファン発動機を装備する航空機 (2)排出燃料についてはターボジェット又はターボファン発動機、排出ガスについてはタービン発動機を装備する航空機 (3)排出燃料、排出ガスともにタービン発動機を装備する航空機 (4)排出燃料、排出ガスともにターボジェット又はターボファン発動機を装備する航空機	10304	出題
問0100	発動機の排出物の基準の適用について次のうち正しいものはどれか。 (1)排出燃料についてはタービン発動機が規制を受ける。 (2)排出燃料についてはタービン発動機、ピストン発動機ともに規制を受ける。 (3)排出燃料については通常の飛行時のみであり地上での規制は受けない。 (4)排出燃料については発動機が一定の出力を超えるもののみ規制を受ける。	10304	出題
問0101	耐空性審査要領の「重量」に関する定義で次のうち誤っているものはどれか。 (1)設計最小重量とは、飛行荷重を求めるために用いる最小航空機重量をいう。 (2)設計最大重量とは、飛行荷重を求めるために用いる最大航空機重量をいう。 (3)設計離陸重量とは、地上滑走及び離陸荷重を求めるために用いる最大航空機重量をいう。 (4)零燃料重量とは、燃料および滑油を全然積載しない場合の飛行機の設計最大重量をいう。	10304	出題 出題 出題 出題
問0102	耐空性審査要領の「重量」に関する定義で次のうち誤っているものはどれか。 (1)設計最小重量とは、飛行荷重を求めるために用いる最小航空機重量をいう。 (2)設計最大重量とは、飛行荷重を求めるために用いる最大航空機重量をいう。 (3)設計離陸重量とは、地上滑走及び離陸荷重を求めるために用いる最大航空機重量をいう。 (4)設計着陸重量とは、最大降下率での着陸荷重を求めるために用いる最大航空機重量をいう。	10304	出題 出題
問0103	装備品等の型式承認について次のうち正しいものはどれか。 (1)国産部品はすべて型式承認を取得しなければならない。 (2)型式承認を取得した部品でも予備品証明は受ける必要がある。 (3)予備品証明対象部品以外の部品を国産する場合に必要な承認である。 (4)予備品証明対象部品を量産したとき予備品証明を受けずにすむための制度である。	10305	出題 出題 出題 出題
問0104	耐空検査員が耐空証明を行うことができる航空機として次のうち正しいものはどれか。 (1)中級、上級及び動力滑空機 (2)軟式飛行船及び滑空機 (3)超軽量飛行機 (4)すべての航空機	10307	出題
問0105	耐空検査員が耐空証明を行うことができる航空機として次のうち正しいものはどれか。 (1)中級、上級及び動力滑空機 (2)軟式飛行船及び滑空機 (3)滑空機及び超軽量飛行機 (4)滑空機及び1,000キログラム以下の飛行機	10307	出題

問題番号	試験問題	シラバス番号	出題履歴
問0106	耐空証明を有していない航空機が航空の用に供してもよい場合として次のうち正しいものはどれか。 (1)法第11条第1項ただし書きの許可を受けた場合 (2)修理改造検査を受けた場合 (3)飛行管理者の許可を受けた場合 (4)型式証明を受けた場合	10308	出題
問0107	日本の国籍を有しない航空機でも耐空証明を受けることができる場合として次のうち正しいものはどれか。 (1)本邦内で修理、改造又は製造されたもの (2)試験飛行等を行うため国土交通大臣の許可を受けた外国籍航空機 (3)国際民間航空条約の締結国たる外国が発行した型式証明を有する航空機 (4)国際民間航空条約の締結国たる外国が発行した耐空証明を有する航空機	10308	出題
問0108	耐空証明を有していない航空機が航空の用に供することができる事例として次のうち正しいものはどれか。 (1)型式証明を受けた場合 (2)修理改造検査を受けた場合 (3)運用許容基準の範囲内で運航することを国土交通大臣に届け出た場合 (4)試験飛行等を行うため国土交通大臣の許可を受けた場合	10309	出題
問0109	型式証明は何について行う証明か、次のうち正しいものはどれか。 (1)構造の設計 (2)型式の設計 (3)強度の設計 (4)性能の設計	10310	出題
問0110	航空法第12条（型式証明）について次のうち正しいものはどれか。 (1)航空機の型式の設計について行う証明である。 (2)航空機の製造方法について行う証明である。 (3)航空機個々の強度、構造及び性能が基準に適合することの証明である。 (4)国土交通大臣は型式証明をするときは航空局長の意見を聞かなければならない。	10310	出題
問0111	型式証明について次のうち正しいものはどれか。 (1)航空機の型式の設計が法第10条第4項の基準に合致していることの証明 (2)航空機の製造方法についての証明 (3)航空機個々の設計、製造過程及び現状が基準に適合していることの証明 (4)航空機の耐空証明を免除するための証明	10310	出題 出題
問0112	型式証明について次のうち正しいものはどれか。 (1)航空機の型式の設計に対する証明 (2)航空機の強度、構造及び性能について航空機毎に行う証明 (3)航空機製造事業法に関連して経済産業大臣が行う型式設計の証明 (4)航空機が当該型式の設計に適合していることについて航空機毎に行う証明	10310	出題
問0113	型式証明について次のうち正しいものはどれか。 (1)航空機が当該型式の設計に適合していることについて航空機毎に行う証明である。 (2)航空機製造事業法に関連して経済産業大臣が行う型式設計の証明である。 (3)航空機の強度、構造及び性能について航空機毎に行う証明である。 (4)航空機製造事業法に関連して行う型式設計の証明である。 (5)航空機の型式の設計に対する証明である。	10310	出題 出題
問0114	耐空証明の効力が停止される場合として次のうち誤っているものはどれか。 (1)法第10条第4項の基準に適合しない場合 (2)耐空証明の有効期間を経過する前に法第10条第4項の基準に適合しなくなるおそれがある場合 (3)航空機の安全性が確保されないと認めた場合 (4)同一機種において重大事故が連続して発生した場合	10316	出題 出題
問0115	整備改造命令を受ける者として次のうち正しいものはどれか。 (1)航空機の製造者 (2)航空機の所有者 (3)航空機の使用者 (4)航空機の整備責任者	10316	出題

問題番号	試験問題	シラバス番号	出題履歴
問0116	耐空証明が効力を失うケースとして次のうち正しいものはどれか。 (1)耐空証明書を紛失したとき (2)抹消登録をしたとき (3)変更登録をしたとき (4)移転登録をしたとき	10317	出題 出題
問0117	次の記述について正しいものはどれか。 (1)型式証明を有さなければ耐空証明は受けられない。 (2)型式証明を受ければ航空の用に供することができる。 (3)耐空証明は航空機の強度及び構造についてのみ証明する。 (4)まつ消登録があった場合は耐空証明は失効する。	10317	出題
問0118	修理改造検査を受けなければならない場合で次のうち正しいものはどれか。ただし、滑空機を除く。 (1)修理又は小改造 (2)大修理又は改造 (3)大修理又は大改造 (4)修理又は大改造	10319	出題 出題 出題
問0119	予備品証明について次のうち誤っているものはどれか。 (1)予備品証明の対象となるものは国土交通省令で定める航空機の安全性の確保のため重要な装備品である。 (2)予備品証明には有効期間と装備する航空機の型式限定が付される。 (3)予備品証明の検査は法第10条第4項第1号の基準に適合するかどうかについて行われる。 (4)予備品証明は合格した装備品について予備品証明書を交付するか又は予備品検査合格の表示をすることによって行われる。	10323	出題 出題
問0120	予備品証明について次のうち誤っているものはどれか。 (1)国土交通省令で定める航空機の安全性の確保のため重要な装備品が対象となる。 (2)予備品証明には有効期間と装備する航空機の型式が付される。 (3)予備品証明の検査は法第10条第4項第1号の基準に適合するか行われる。 (4)予備品証明に合格した装備品は予備品証明書の交付または予備品検査合格の表示によって行われる。	10323	出題
問0121	予備品証明を受けたものとみなす場合で次のうち誤っているものはどれか。 (1)装備品基準適合証の発行を受けたもの (2)航空機に装備されて耐空証明検査に合格したもの (3)国土交通大臣が認めた認定事業場で確認されたもの (4)国際民間航空条約締約国たる外国が証明したもの	10323	出題 出題
問0122	予備品証明の対象となる装備品について次のうち誤っているものはどれか。 (1)発動機 (2)プロペラ (3)国土交通省令で定める航空機の安全性の確保のため重要な装備品 (4)航空機の使用者が規定した交換頻度が高い重要な装備品	10323	出題 出題
問0123	予備品証明の対象となる航法装置として次のうち誤っているものはどれか。 (1)VOR受信装置 (2)機上DME装置 (3)慣性航法装置 (4)方向探知器	10324	出題
問0124	次の装備品のうち予備品証明対象部品はどれか。 (1)機上DME装置 (2)航空交通管制用自動応答装置 (3)慣性航法装置 (4)気象レーダー	10324	出題 出題
問0125	予備品証明対象部品で証明のない部品を航空機に取付ける場合で次のうち正しいものはどれか。 (1)装備してから予備品証明を受ける。 (2)装備してから修理改造検査を受ける。 (3)装備する前に修理改造検査を申請する。 (4)交換して整備士が確認する。	10324	出題

問題番号	試験問題	シラバス番号	出題履歴
問0126	次の機上装備装置のうち予備品証明の対象として誤っているものはどれか。 (1) EGPWS（強化型対地接近警報装置） (2) GPS装置 (3) VHF通信装置 (4) VOR装置	10324	出題
問0127	次の機上装置の受信機、送信機、送受信機のうち予備品証明対象部品として正しいものはどれか。 (1) VOR装置 (2) DME装置 (3) 電波高度計 (4) 気象レーダー	10324	出題 出題
問0128	国土交通省令で定める「安全性の確保のため重要な装備品」に該当しないものは次のうちどれか。 (1) 発動機 (2) 方向舵 (3) 滑油冷却器 (4) 機上発電機 (5) インテグラル式燃料タンク	10324	出題
問0129	国土交通省令で定める「安全性の確保のため重要な装備品」に該当しないものは次のうちどれか。 (1) 滑油ポンプ (2) 真空ポンプ (3) フラップ (4) スポイラ	10324	出題
問0130	予備品証明が失効する場合で次のうち誤っているものはどれか。 (1) 大修理を行った場合 (2) 改造を行った場合 (3) 航空機に装備された場合 (4) 有効期限が満了した場合	10327	出題
問0131	「国土交通省令で定める安全性の確保のため重要な装備品」について、「国土交通省令で定める時間」を指定しているものは次のうちどれか。 (1) 告示 (2) 航空法施行令 (3) 航空法施行規則別表 (4) 航空法施行規則附属書	10329	出題
問0132	航空法第18条（発動機等の整備）で限界使用時間を定めている重要な装備品に該当するものは次のうちどれか。 (1) 機上発電機、気化器 (2) 磁石発電機、ジャイロ計器 (3) 排気タービン、プロペラ調速器 (4) 高圧油ポンプ、滑油ポンプ	10329	出題
問0133	航空法第18条（発動機等の整備）で限界使用時間を定めている重要な装備品として次のうち誤っているものはどれか。 (1) 起動機 (2) 滑油ポンプ (3) 排気タービン (4) 発動機駆動式燃料ポンプ	10329	出題
問0134	航空法第18条（発動機等の整備）で限界使用時間を定めている重要な装備品に該当するものは次のうちどれか。 (1) 滑油ポンプ、燃料噴射ポンプ (2) 発動機、防氷用燃焼器 (3) 排気タービン、高圧油ポンプ (4) 磁石発電機、起動機	10329	出題

問題番号	試験問題	シラバス番号	出題履歴
問0135	航空法第19条第2項の確認の内容について次のうち正しいものはどれか。 (1)航空機の整備又は改造の計画及び過程並びにその作業完了後の現状 (2)航空機の整備又は改造の計画及びその作業完了後の現状 (3)航空機の整備又は改造の過程及びその作業完了後の現状 (4)航空機の整備又は改造の作業完了後の現状	10334	出題 出題
問0136	航空機の認定事業場の種類として次のうち誤っているものはどれか。 (1)航空機の設計及び設計後の検査の能力 (2)航空機の製造及び完成後の検査の能力 (3)航空機の製造及び改造後の検査の能力 (4)航空機の整備及び整備後の検査の能力	10335	出題 出題 出題 出題
問0137	認定事業場の種類として次のうち誤っているものはどれか。 (1)装備品の設計及び設計後の検査の能力 (2)装備品の製造及び完成後の検査の能力 (3)装備品の整備及び整備後の検査の能力 (4)装備品の修理又は改造の能力	10335	出題 出題
問0138	航空機の認定事業場の種類として次のうち誤っているものはどれか。 (1)設計及び設計後の検査の能力 (2)製造及び完成後の検査の能力 (3)修理及び修理後の検査の能力 (4)整備又は改造の能力	10335	出題
問0139	事業場の認定に必要な業務の能力の一つとして次のうち正しいものはどれか。 (1)航空機の設計及び製造の能力 (2)航空機の整備又は改造の能力 (3)装備品の整備及び整備後の検査の能力 (4)装備品の製造及び改造後の検査の能力	10335	出題
問0140	認定事業場の業務を停止することができる場合で次のうち誤っているものはどれか。 (1)技術上の基準に適合しなくなったとき (2)業務規程によらないで認定業務を行ったとき (3)省令の規定に違反したとき (4)航空機が事故を起こしたとき	10335	出題
問0141	業務規程の記載事項で次のうち誤っているものはどれか。 (1)認定業務の能力及び範囲並びに限定 (2)航空整備士の行う確認の業務に関する事項 (3)業務を実施する組織及び人員に関する事項 (4)品質管理制度その他の業務の実施の方法に関する事項 (5)業務に用いる設備、作業場及び保管施設その他の施設に関する事項	10336	出題 出題 出題
問0142	業務規程の記載事項で次のうち誤っているものはどれか。 (1)委託業務の能力及び範囲並びに限定 (2)業務に用いる設備、作業場及び保管施設その他の施設に関する事項 (3)業務を実施する組織及び人員に関する事項 (4)品質管理制度その他の業務の実施の方法に関する事項 (5)確認主任者の行う確認の業務に関する事項	10336	出題
問0143	法第10条第4項の基準に適合することについての確認主任者の確認で次のうち正しいものはどれか。 (1)基準適合証又は航空日誌に署名又は記名押印する。 (2)検査の結果が記録された書類に署名又は記名押印する。 (3)基準適合証又は航空日誌に認定事業場番号を記入し、押印する。 (4)検査の結果が記録された書類に認定事業場番号を記入し、押印する。	10339	出題
問0144	装備品基準適合証を有する装備品を使用して修理を行う場合の処置で次のうち正しいものはどれか。 (1)当該装備品の予備品証明を取得して使用する。 (2)所定の資格を有する整備士の確認を受ける。 (3)当該修理に対しては修理改造検査を受ける。 (4)当該修理に対しては耐空検査を受ける。	10340	出題

問題番号	試験問題	シラバス番号	出題履歴
問0145	航空機の等級について次のうち正しいものはどれか。 (1)一等、二等航空整備士などが確認行為をできる航空機の区別をいう。 (2)陸上単発ピストン機、水上多発タービン機などの区別をいう。 (3)セスナ式172型、ボーイング式777型などの区別をいう。 (4)飛行機輸送T、飛行機普通Nなどの区別をいう。	10403	出題 出題
問0146	航空機の等級について次のうち正しいものはどれか。 (1)飛行機、回転翼航空機などの区別をいう。 (2)飛行機輸送T、飛行機普通Nなどの区別をいう。 (3)陸上多発タービン機、水上単発ピストン機などの区別をいう。 (4)セスナ式172型、ボーイング式787型などの区別をいう。	10403	出題 出題
問0147	技能証明の限定で次のうち誤っているものはどれか。 (1)航空機の種類 (2)航空機の等級 (3)航空機の型式 (4)発動機の等級 (5)業務の種類	10403	出題
問0148	技能証明の限定として次のうち誤っているものはどれか。 (1)航空機の種類 (2)航空機の等級 (3)航空機の型式 (4)発動機の等級	10403	出題 出題
問0149	技能証明の限定で次のうち正しいものはどれか。 (1)航空機の種類・等級・型式 (2)航空機の機種・重量・型式 (3)航空機の種類・耐空類別・型式 (4)航空機の重量・耐空類別	10403	出題
問0150	技能証明の限定で次のうち正しいものはどれか。 (1)航空機の機種、重量及び型式がある。 (2)航空機の種類、耐空類別及び型式がある。 (3)航空機の重量、耐空類別及び業務の種類がある。 (4)航空機の種類、等級及び型式並びに業務の種類がある。	10403	出題
問0151	実地試験に使用される航空機の等級が陸上単発ピストン機である場合、技能証明に付される等級限定として次のうち正しいものはどれか。 (1)陸上単発ピストン機 (2)陸上単発及び水上単発ピストン機 (3)陸上単発及び陸上多発ピストン機 (4)陸上単発、陸上多発、水上単発及び水上多発ピストン機	10403	出題
問0152	実地試験に使用される航空機の等級が陸上多発タービン機である場合、技能証明に付される等級限定として次のうち正しいものはどれか。 (1)陸上単発タービン機 (2)陸上単発及び水上単発タービン機 (3)陸上単発及び陸上多発タービン機 (4)陸上単発、陸上多発、水上単発及び水上多発タービン機	10403	出題
問0153	航空整備士についての技能証明の要件で次のうち正しいものはどれか。 (1)年齢、整備経歴及び学歴 (2)国籍、年齢及び整備経歴 (3)国籍、整備経歴及び学歴 (4)年齢及び整備経歴	10407	出題 出題
問0154	法第26条（技能証明の要件）として次のうち正しいものはどれか。 ただし、航空通信士を除く。 (1)年齢 (2)飛行経歴その他の経歴 (3)年齢及び飛行経歴その他の経歴 (4)年齢及び飛行経歴その他の経歴並びに学科試験合格	10407	出題

| 問0155 | 技能証明の要件として次のうち正しいものはどれか。ただし、航空通信士を除く。 | 10407 | 出題 |

(1)資格別及び航空機の種類別と等級別に、年齢、経歴
(2)資格別及び航空機の種類別に、飛行経歴その他の経歴
(3)資格別及び航空機の種類別に、年齢、飛行経歴その他の経歴
(4)資格別及び航空機の種類別に、年齢、飛行経歴その他の経歴、学科試験

| 問0156 | 航空整備士の技能証明の要件について次のうち正しいものはどれか。 | 10407 | 出題
出題 |

(1)資格別に国土交通省令で定める年齢
(2)資格別に国土交通省令で定める経歴
(3)資格別及び航空機の種類別に国土交通省令で定める年齢及び経歴
(4)資格別及び航空機の種類別に国土交通省令で定める年齢、経歴又は学歴

| 問0157 | 技能証明の最低年齢要件で次のうち正しいものはどれか。 | 10408 | 出題 |

(1)一等航空整備士は20歳、二等航空整備士は19歳、航空工場整備士は18歳
(2)一等航空整備士は21歳、二等航空整備士は20歳、一等及び二等航空運航整備士は
　　19歳
(3)一等航空整備士は22歳、二等航空整備士は21歳、一等航空運航整備士は20歳
(4)一等航空整備士は23歳、二等航空整備士は22歳、二等航空運航整備士は20歳

| 問0158 | 学科試験で不正行為があった者に対して技能証明の申請を受理しないことができる期間は次のうちどれか。 | 10409 | 出題 |

(1)1年以内
(2)2年以内
(3)3年以内
(4)5年以内

| 問0159 | 航空法第27条第2項に技能証明試験で不正行為があった者について、国土交通大臣が技能証明の申請を受理しないことができる期間が定められているが次のうち正しいものはどれか。 | 10409 | 出題 |

(1)6月以内
(2)1年以内
(3)2年以内
(4)3年以内

| 問0160 | 航空法第28条関係別表における一等航空整備士の業務範囲に関する記述で次のうち正しいものはどれか。 | 10410 | 出題 |

(1)整備をした航空機について第19条第2項に規定する確認の行為を行うこと
(2)整備又は改造をした航空機について第19条第2項に規定する確認の行為を行うこと
(3)修理又は改造をした航空機について第19条第2項に規定する確認の行為を行うこと
(4)保守又は修理をした航空機について第19条第2項に規定する確認の行為を行うこと

| 問0161 | 航空法第28条別表の一等航空運航整備士の業務範囲について下記の文章の[　　]内にあてはまる語句として(1)～(4)のうち正しいものはどれか。 | 10410 | 出題
出題
出題
出題 |

整備（[　A　]及び国土交通省令で定める[　B　]に限る。）をした航空機について
第19条第2項に規定する[　C　]を行うこと

　　　　[　A　]　　　　[　B　]　　　　[　C　]
(1)保守　　　　　　軽微な修理　　　確認の行為
(2)軽微な保守　　　小修理　　　　　点検
(3)点検　　　　　　修理　　　　　　作業
(4)軽微な修理　　　小修理　　　　　検査

| 問0162 | 航空法第28条別表の二等航空運航整備士の業務範囲に関する次の文章の[　　]内にあてはまる語句の組合せとして次のうち正しいものはどれか。 | 10410 | 出題
出題 |

整備（保守及び国土交通省令で定める[　A　]に限る。）をした航空機（整備に[　B　]
及び[　C　]を要する国土交通省令で定める用途のものを除く。）について第19条第2項
に規定する確認の行為を行うこと

(1)A：小修理　　　　B：緊度及び間隙の調整　　C：複雑な結合作業
(2)A：小修理　　　　B：高度の知識　　　　　　C：複雑な整備手法
(3)A：軽微な修理　　B：高度の知識　　　　　　C：能力
(4)A：軽微な修理　　B：複雑な整備手法　　　　C：能力

問題番号	試験問題	シラバス番号	出題履歴
問0163	航空整備士の航空業務で「確認」の行為が完了する時期として次のうち正しいものはどれか。 (1)計画から一連の作業完了に伴う現状について検査を終了したとき (2)回転翼航空機にあっては搭載用航空日誌に署名又は記名押印したとき (3)滑空機にあっては地上備え付け滑空機用航空日誌に署名又は記名押印したとき (4)計画から一連の作業完了に伴う現状について検査を終了し所有者の了承を得たとき	10410	出題 出題 出題
問0164	技能証明の取り消し又は1年以内の期間を定めて航空業務の停止を命ずることができる事例で次のうち正しいものはどれか。 (1)航空事故を起こしたとき (2)重大なインシデントを起こしたとき (3)航空従事者としての職務を行うに当り非行又は重大な過失があったとき (4)悪質な事件又は事故を起こしたとき	10415	出題 出題 出題
問0165	法第57条において航空機に表示しなければならない事項で次のうち誤っているものはどれか。 (1)国籍記号 (2)登録記号 (3)所有者の氏名又は名称 (4)使用者の名称	10501	出題
問0166	航空機に表示しなければならない事項で次のうち正しいものはどれか。（第11条第1項ただし書の規定による許可を受けた場合を除く） (1)所有者の氏名及び住所 (2)所有者の氏名又は名称 (3)使用者の氏名及び住所 (4)使用者の氏名又は名称	10501	出題
問0167	航空機に表示しなければならない事項で次のうち正しいものはどれか。 (1)国籍番号 (2)登録番号 (3)所有者の氏名又は名称 (4)使用者の氏名及び住所	10501	出題
問0168	国籍記号及び登録記号の表示の方法及び場所について次のうち誤っているものはどれか。 (1)国籍は装飾体でないローマ字の大文字JAで表示しなければならない。 (2)飛行機の主翼面にあっては左右の最上面及び最下面に表示する。 (3)回転翼航空機の場合には胴体底面及び胴体側面に表示する。 (4)登録記号は装飾体でない四個のアラビア数字又はローマ字の大文字で表示しなければならない。	10503	出題
問0169	航空機への国籍記号及び登録記号の表示の方法及び場所について次のうち誤っているものはどれか。 (1)滑空機、飛行機の主翼面にあっては最下面 (2)飛行機の尾翼面にあっては垂直尾翼の両最外側面 (3)飛行機の胴体面にあっては主翼と尾翼の間にある胴体の両最外側面 (4)回転翼航空機の場合には胴体底面及び胴体側面	10503	出題
問0170	航空機への国籍記号、登録記号の表示場所について次のうち正しいものはどれか。 (1)回転翼航空機にあっては胴体側面に表示する。 (2)飛行機の主翼にあっては右最上面、左最下面に表示する。 (3)客席数が60席以上の飛行機の主翼にあっては国籍記号、登録記号の他、右最上面、左最下面に日の丸を表示する。 (4)飛行船にあっては水平安定板面又は垂直安定板面に表示する。	10503	出題 出題
問0171	識別板に打刻しなければならない事項で次のうち正しいものはどれか。 (1)航空機の所有者の氏名又は名称並びにその航空機の国籍記号及び登録記号 (2)航空機の所有者の氏名又は名称及び住所並びにその航空機の国籍記号及び登録記号 (3)航空機の使用者の氏名又は名称並びにその航空機の国籍記号及び登録記号 (4)航空機の使用者の氏名又は名称及び住所並びにその航空機の国籍記号及び登録記号	10504	出題

航空法規等

問題番号	試験問題	シラバス番号	出題履歴
問0172	識別板に関する記述で次のうち正しいものはどれか。 （1）耐火性材料の要件は求められていない。 （2）変更の可能性があるため航空機の所有者名は打刻しない。 （3）航空機の出入口の見やすい場所に取り付けなければならない。 （4）長さ10cm、幅20cmのアルミニウム合金材を用いなければならない。	10504	出題
問0173	搭載用航空日誌に記載すべき事項として次のうち誤っているものはどれか。 （1）重量及び重心位置 （2）航空機の国籍、登録記号 （3）発動機及びプロペラの型式 （4）耐空類別及び耐空証明書番号	10506	出題 出題 出題
問0174	搭載用航空日誌に記載すべき事項として次のうち誤っているものはどれか。 （1）耐空類別及び耐空証明書番号 （2）最大離陸重量 （3）航空機の製造年月日 （4）航空機の登録年月日 （5）プロペラの型式	10506	出題 出題
問0175	搭載用航空日誌に記載すべき事項として次のうち誤っているものはどれか。 （1）航空機の種類、型式及び型式証明書番号 （2）耐空類別及び耐空証明書番号 （3）重量及び重心位置 （4）発動機及びプロペラの型式	10506	出題
問0176	航空機の使用者が備えなければならない航空日誌で次のうち誤っているものはどれか。 （1）搭載用航空日誌 （2）地上備え付け用発動機航空日誌 （3）地上備え付け用プロペラ航空日誌 （4）地上備え付け用航空日誌	10506	出題
問0177	航空機（国土交通省令で定める航空機を除く）に備え付けなければならない書類で次のうち正しいものはどれか。 （1）航空機登録証明書、運用限界等指定書、発動機航空日誌 （2）搭載用航空日誌、飛行規程、運用限界等指定書 （3）耐空証明書、型式証明書、航空機登録証明書 （4）耐空証明書、運航規程、型式証明書	10507	出題 出題 出題
問0178	航空機（国土交通省令で定める航空機を除く）に備え付けなければならない書類で次のうち誤っているものはどれか。 （1）耐空証明書 （2）搭載用航空日誌 （3）航空機登録証明書 （4）発動機航空日誌	10507	出題
問0179	航空機に備え付けなければならない書類で次のうち誤っているものはどれか。 （1）飛行規程 （2）運用許容規程 （3）搭載用航空日誌 （4）航空機登録証明書	10507	出題
問0180	航空機を航空の用に供する場合に備え付けるべき書類として次のうち誤っているものはどれか。 （1）型式証明書 （2）航空機登録証明書 （3）耐空証明書 （4）運用限界等指定書	10507	出題 出題 出題
問0181	航空機が計器飛行を行う場合に装備を義務付けられている装置として次のうち正しいものはどれか。 （1）昇降計、ジャイロ式旋回計、方向探知器 （2）精密高度計、ジャイロ式旋回計、ILS受信装置 （3）外気温度計、ジャイロ式姿勢指示器、気象レーダー （4）機上DME装置、VOR受信装置、ILS受信装置	10508	出題

問題番号	試験問題	シラバス番号	出題履歴
問0182	航空法で定義される「計器飛行」について次のうち正しいものはどれか。 (1)航空機の姿勢、高度、位置及び針路の測定を計器にのみ依存して行う飛行 (2)国土交通大臣が定める経路における飛行を国土交通大臣が与える指示に常時従って行う飛行 (3)航空交通管制区における飛行を国土交通大臣が経路その他の飛行の方法について与える指示に常時従って行う飛行 (4)航空機の姿勢、高度及び位置の測定を計器にのみ依存して行う飛行	10508	出題 出題
問0183	操縦室用音声記録装置について次のうち正しいものはどれか。 (1)記録した音声を60分間以上残しておくことができなければならない。 (2)最大離陸重量15,000Kg以上の航空機に限り装備しなければならない。 (3)離陸に係る滑走を始めるときから着陸に係る滑走を終えるまでの間、常時作動させなければならない。 (4)飛行の目的で発動機を始動させたときから飛行の終了後発動機を停止させるまでの間、常時作動させなければならない。	10512	出題
問0184	操縦室用音声記録装置について次のうち正しいものはどれか。 (1)最大離陸重量15,000KG以上の航空機に限り装備しなければならない。 (2)飛行の目的で発動機を始動させたときから飛行の終了後発動機を停止させるまでの間、常時作動させなければならない。 (3)離陸に係る滑走を始めるときから着陸に係る滑走を終えるまでの間、常時作動しなければならない。 (4)連続して記録することができ、かつ、記録したものを飛行機においては60分以上、回転翼航空機においては30分以上残しておくことができなくてはならない。	10512	出題 出題
問0185	飛行記録装置について次のうち正しいものはどれか。 (1)発動機の始動から停止までの間、常時作動させなければならない。 (2)最大離陸重量15,000キログラム以上の航空機に限り装備しなければならない。 (3)連続して記録することができ、かつ、記録したものを30分以上残しておくことができなくてはならない。 (4)離陸に係る滑走を始めるときから着陸に係る滑走を終えるまでの間、常時作動させなければならない。	10512	出題 出題
問0186	飛行記録装置について次のうち正しいものはどれか。 (1)使用者は、その航空機の最新の100時間の運航に係る記録を保存しなければならない。 (2)連続して記録することができ、かつ、記録したものを30分以上残しておくことができなくてはならない。 (3)離陸に係る滑走を始めるときから着陸に係る滑走を終えるまでの間、常時作動させなければならない。 (4)最大離陸重量15,000KG以上の航空機に限り装備しなければならない。	10512	出題 出題
問0187	航空機を航空の用に供する場合に、昼間／夜間、陸上／水上を問わず必ず装備しなければならない救急用具として正しいものは次のうちどれか。 (1)非常信号灯、携帯灯、救命胴衣、救急箱 (2)携帯灯、非常信号灯、救急箱 (3)救命胴衣、救急箱、携帯灯 (4)非常信号灯、非常食糧、救急箱	10514	出題 出題
問0188	航空機に装備する救急用具の点検期間について次のうち正しいものはどれか。 ただし、航空運送事業者の整備規程に期間を定める場合を除く。 (1)防水携帯灯　　180日 (2)救命胴衣　　　180日 (3)非常信号灯　　12月 (4)救急箱　　　　12月	10515	出題 出題
問0189	航空機用救命無線機の点検期間について次のうち正しいものはどれか。 (1)30日 (2)60日 (3)180日 (4)12月	10515	出題

問題番号	試験問題	シラバス番号	出題履歴
問0190	次の救急用具で60日ごとに点検しなければならないものはどれか。ただし、航空運送事業者の整備規程に期間を定める場合を除く。 (1)救急箱、落下傘、防水携帯灯 (2)救急箱、非常信号灯、救命胴衣 (3)救命胴衣、救命ボート、落下傘 (4)防水携帯灯、非常信号灯、救命ボート	10515	出題 出題
問0191	特定救急用具に指定されているもので次のうち誤っているものはどれか。 (1)非常信号灯 (2)救急箱 (3)救命胴衣 (4)航空機用救命無線機	10516	出題 出題
問0192	特定救急用具に指定されているものとして次のうち誤っているものはどれか。 (1)非常信号灯 (2)防水携帯灯 (3)救命胴衣 (4)落下傘	10516	出題
問0193	航空法第60条に関連する義務装備品について次のうち誤っているものはどれか。 (1)無線電話 (2)気象レーダー (3)対地接近警報装置 (4)航空機衝突防止装置 (5)飛行記録装置	10517	出題 出題
問0194	航空法第60条に関連する義務装備品について次のうち誤っているものはどれか。 (1)無線電話 (2)気象レーダー (3)対地接近警報装置 (4)航空機衝突防止装置 (5)操縦室音声記録装置	10517	出題 出題
問0195	航空機を夜間停留する場合の灯火による表示方法について次のうち正しいものはどれか。 (1)航空機を照明する施設のあるときは当該施設及びその航空機の尾灯で表示 (2)航空機を照明する施設のあるときは当該施設及びその航空機の衝突防止灯で表示 (3)航空機を照明する施設のないときはその航空機の右舷灯、左舷灯及び尾灯で表示 (4)航空機を照明する施設のないときはその航空機の右舷灯、左舷灯、尾灯及び衝突防止灯で表示	10518	出題
問0196	夜間に使用される飛行場で航空機を照明する施設がない場合の停留の方法について次のうち正しいものはどれか。 (1)その航空機の衝突防止灯で表示しなければならない。 (2)その航空機の右舷灯、左舷灯及び尾灯で表示しなければならない。 (3)その航空機の右舷灯、左舷灯及び衝突防止灯で表示しなければならない。 (4)その航空機の右舷灯、左舷灯、尾灯及び衝突防止灯で表示しなければならない。	10518	出題 出題
問0197	夜間航行において衝突防止灯で表示しなければならない航空機として次のうち正しいものはどれか。 (1)最大離陸重量850Kgを超える航空機 (2)最大離陸重量3,175Kgを超える航空機 (3)最大離陸重量5,700Kgを超える航空機 (4)すべての航空機	10518	出題
問0198	出発前の確認事項として航空機の整備状況を確認することが義務付けられている者は誰か。 (1)当該航空機の機長 (2)当該航空機の使用者 (3)当該航空機の運航管理者 (4)当該航空機の確認整備士	10520	出題

問題番号	試験問題	シラバス番号	出題履歴
問0199	航空機での輸送禁止物件として次のうち誤っているものはどれか。 （1）爆発性又は易燃性を有する物件 （2）人に危害を与えるおそれのある物件 （3）他の物件を損傷するおそれのある物件 （4）高周波又は高調音等の発生装置を含む物件	10522	出題
問0200	輸送禁止の物件として次のうち誤っているものはどれか。 （1）爆発性又は易燃性を有する物件 （2）人に危害を与えるおそれのある物件 （3）他の物件を損傷するおそれのある物件 （4）携帯電話等の電波を発する機器であって告示で定める物件	10522	出題 出題 出題
問0201	本邦航空運送事業者が定めなければならない規程について次のうち誤っているものはどれか。 （1）運航規程 （2）整備規程 （3）安全管理規程 （4）業務規程	10601	出題
問0202	本邦航空運送事業者が定めなければならない規程の組合せで次のうち正しいものはどれか。 （1）運航規程、整備規程、安全管理規程 （2）整備規程、運用許容基準、飛行規程 （3）運航管理規程、運送業務規程、整備規程 （4）教育規程、整備規程、運航規程	10601	出題
問0203	整備規程に記載しなければならない事項で次のうち誤っているものはどれか。 （1）装備品等の限界使用時間 （2）機体及び装備品等の整備の方式 （3）整備の記録の作成及び保管の方法 （4）航空機の運用の方法及び限界	10602	出題 出題
問0204	整備規程の記載事項として次のうち誤っているものはどれか。 （1）航空機の整備に従事する者の職務 （2）航空機の操作及び点検の方法 （3）装備品等が正常でない場合における航空機の運用許容基準 （4）航空機の整備に係る業務の委託の方法	10602	出題 出題
問0205	整備規程に記載しなければならない事項として次のうち正しいものはどれか。 （1）航空機が法第10条4項に適合することの証明事項 （2）航空機の重量及び重心位置の算出に必要な事項 （3）航空機の騒音及び発動機の排出物基準 （4）装備品等の限界使用時間	10602	出題
問0206	整備規程の記載事項で次のうち誤っているものはどれか。 （1）装備品等の限界使用時間 （2）機体及び装備品等の整備の方式 （3）整備の記録の作成及び保管の方法 （4）緊急の場合においてとるべき措置等	10602	出題
問0207	運航規程の記載事項として次のうち誤っているものはどれか。 （1）航空機の操作及び点検の方法 （2）装備品、部品及び救急用具の限界使用時間 （3）航空機の運用の方法及び限界 （4）装備品、部品及び救急用具が正常でない場合における航空機の運用許容基準	10602	出題
問0208	運航規程に記載しなければならない事項で次のうち誤っているものはどれか。 （1）航空機の運用の方法及び限界 （2）航空機の操作及び点検の方法 （3）装備品、部品及び救急用具の限界使用時間 （4）航空機の運航に係る業務の委託の方法（当該業務を委託する場合に限る）	10602	出題

問題番号	試験問題	シラバス番号	出題履歴

問0209 運航規程に記載しなければならない事項で次のうち誤っているものはどれか。　　10602　出題

(1)航空機の運用の方法及び限界
(2)航空機の操作及び点検の方法
(3)航空機の運航に係る業務の委託の方法（当該業務を委託する場合に限る）
(4)整備の記録の作成及び保管の方法

問0210 航空法第143条（耐空証明を受けない航空機の使用等の罪）に関する次の文章の　　10701　出題
（　　）内にあてはまる語句の組合せとして(1)～(4)のうち正しいものはどれか。

航空法第11条第1項又は第2項の規定に違反して、耐空証明を受けないで、又は
（　A　）において指定された（　B　）若しくは（　C　）の範囲を超えて当該
航空機を（　D　）とき

(1)A：業務規程　　　　　B：整備能力　　　C：業務　　　　D：整備した
(2)A：飛行規程　　　　　B：有効期間　　　C：制限　　　　D：運用した
(3)A：耐空証明　　　　　B：用途　　　　　C：運用限界　　D：航空の用に供した
(4)A：運用限界等指定書　B：耐空類別　　　C：許容重量　　D：改造した

問0211 航空法第143条（耐空証明を受けない航空機の使用等の罪）に関する次の文章で、　10701　出題
(A)～(D)にあてはまる語句の組み合わせとして(1)～(4)のうち正しいものはどれか。

航空法第11条第1項又は第2項の規定に違反して、（　A　）を受けないで、又は耐空
証明において指定された（　B　）若しくは（　C　）の範囲を超えて、当該航空機を
（　D　）とき。

(1)A：耐空証明　　B：用途　　　　C：運用限界　　　D：航空の用に供した
(2)A：型式証明　　B：耐空類別　　C：許容重量　　　D：改造した
(3)A：適合証明　　B：有効期間　　C：制限　　　　　D：運用した
(4)A：技能証明　　B：航空機の型式　C：航空機の種類　D：整備した

問0212 航空法第143条（耐空証明を受けない航空機の使用等の罪）に関する次の文章の　　10701　出題
（　　）内にあてはまる語句の組み合わせとして(1)～(4)のうち正しいものはどれか。

航空法第11条第1項又は第2項の規定に違反して、（　A　）を受けないで、又は耐空
証明において指定された（　B　）若しくは（　C　）の範囲を超えて、当該航空機を
（　D　）したとき

	（　A　）	（　B　）	（　C　）	（　D　）
(1)	耐空証明	用途	運用限界	航空の用に供
(2)	型式証明	耐空類別	許容重量	改造
(3)	耐空証明	有効期間	制限	運用
(4)	型式証明	航空機の型式	航空機の種類	整備

問0213 法第145条の2（認定事業場の業務に関する罪）に関する次の文章の（　　）内にあては　10703　出題
まる語句の組合せとして(1)～(4)のうち正しいものはどれか。　　　　　　　　　　　　　　　出題

第20条第2項の規定による認可を受けないで、又は認可を受けた（　A　）によらない
で、同条第1項の（　B　）に係る業務を行ったとき

	（　A　）	（　B　）
(1)	安全管理規程	認証
(2)	業務規程	認定
(3)	整備規程	許可
(4)	整備業務規程	審査

問0214 航空法第145条の2（認定事業場の業務に関する罪）に関する次の文章の（　　）内に　10703　出題
あてはまる語句の組合せとして(1)～(4)のうち正しいものはどれか。

第20条第2項の規定による（　A　）を受けないで、又は（　A　）を受けた
（　B　）によらないで、同条第1項の（　C　）に係る業務を行ったとき

(1)A：認可　　B：安全管理規程　　C：許可
(2)A：認可　　B：業務規程　　　　C：認定
(3)A：許可　　B：整備規程　　　　C：認定
(4)A：許可　　B：整備手順書　　　C：許可

問0215 所定の資格を有しないで航空業務を行った場合の「罰則」で次のうち正しいものはどれ　10704　出題
か。

(1)1年以下の懲役又は30万円以下の罰金
(2)2年以下の懲役又は50万円以下の罰金
(3)100万円以下の罰金
(4)2年以下の懲役

問題番号	試験問題	シラバス番号	出題履歴
問0216	技能証明書を携帯しないで確認行為を行った整備士に課せられる「罰則」として次のうち正しいものはどれか。 (1)50万円以下の罰金 (2)1年以下の懲役又は30万円以下の罰金 (3)2年以下の懲役 (4)100万円以下の罰金	10705	出題 出題
問0217	技能証明書を携帯しないで航空業務を行った整備士に課せられる「罰則」として次のうち正しいものはどれか。 (1)50万円以下の罰金 (2)100万円以下の罰金 (3)1年以下の懲役又は30万円以下の罰金 (4)2年以下の懲役又は100万円以下の罰金	10705	出題
問0218	疲労、睡眠不足及び聴力低下は、SHELモデルでいう次の何に該当するか。 (1)ライブウエア（Liveware） (2)ハードウエア（Hardware） (3)ソフトウエア（Software） (4)環境（Environment）	10801	出題
問0219	ヒューマンファクタに関して、次のうちSHEL モデルでいう環境（Environment）に該当しないものはどれか。 (1)高所作業 (2)照明の不足 (3)雪等の悪天候 (4)器材配置の不備	10801	出題 出題
問0220	ヒューマン・ファクタに関するもので、「手順」、「マニュアル」及び「規則」は、SHELモデルでいう次のどれに該当するか。 (1)ライブウエア（Liveware） (2)ソフトウエア（Software） (3)環境（Environment） (4)ハードウエア（Hardware）	10801	出題
問0221	ヒューマンファクタに関するもので「手順」、「マニュアル」及び「規則」はSHELモデルでいう次のどれに該当するか。 (1)ライブウエア（Liveware） (2)ハードウエア（Hardware） (3)環境（Environment） (4)ソフトウエア（Software）	10801	出題 出題
問0222	ヒューマン・ファクタに関する次の文章の（　　）内にあてはまる語句の組合せとして(1)～(4)のうち正しいものはどれか。 ヒューマン・ファクタ は、人間の（　A　）と限界を最適にし、（　B　）を減少させることを主眼にした総合的な学問である。生活及び職場環境における人間と（　C　）、手順、（　D　）との係わり合い、及び人間同士の係わり合いのことであり、システム工学という枠組みの中に統合された人間科学を論理的に応用することにより、人間とその活動の関係を最適にすることに関与することである。 （　A　）　　（　B　）　　（　C　）　　（　D　） (1)体力　　　　疲労　　　　行動　　　　能力 (2)表現力　　　事故　　　　所属　　　　行動 (3)能力　　　　エラー　　　機械　　　　環境 (4)生命力　　　エラー　　　所属　　　　環境	10801	出題 出題
問0223	ヒューマンエラーの管理において、ヒューマンエラーの発生そのものを少なくする方策として次のうち誤っているものはどれか。 (1)作業後の自己確認の徹底 (2)適切な手順書の設定 (3)作業場環境の充実 (4)適切な配員	10803	出題 出題

問題番号	試験問題	シラバス番号	出題履歴
問0224	航空保安施設について次のうち誤っているものはどれか。 （1）航空灯火 （2）管制塔 （3）計器着陸用施設 （4）衛星航法補助施設 （5）昼間障害標識	19999	出題
問0225	航空保安施設の組み合せで次のうち正しいものはどれか。 （1）NDB、ILS、航空灯火 （2）VOR、タカン、航空通信施設 （3）DME、ILS、レーダー施設 （4）VOR、衛星航法補助施設、管制塔	19999	出題
問0226	安全管理規程の記載事項として次のうち誤っているものはどれか。 （1）事業の運営の方針に関する事項 （2）事業の実施及びその管理の体制に関する事項 （3）事業の実施及びその管理の方法に関する事項 （4）事業を統括する者の権限及び責務に関する事項	19999	出題 出題
問0227	安全管理規程の記載事項として次のうち正しいものはどれか。 （1）経営の責任者の権限、責務及び経歴に関する事項 （2）事故、災害等が発生した場合の補償に関する事項 （3）委託に関する業務の範囲及び責務に関する事項 （4）安全統括管理者の権限及び責務に関する事項	19999	出題 出題
問0228	航空法で義務づけられている報告事項について次のうち正しいものはどれか。 （1）鳥と衝突したときは、航空機に損傷があった場合のみ報告 （2）部品の脱落については飛行中に脱落したもののみ報告 （3）航空機内での乗客の迷惑行為 （4）気流の擾乱その他異常な気象状態との遭遇	19999	出題 出題
問0229	航空法第76条及び第76条の2に関連する義務報告事項で次のうち誤っているものはどれか。 （1）航空機の墜落、衝突又は火災 （2）航空機による人の死傷又は物件の損傷 （3）他の航空機との接触 （4）航空機内での乗客の迷惑行為 （5）気流の擾乱その他異常な気象状態との遭遇	19999	出題 出題
問0230	航空法施行規則第188条（地上移動）の航空機が空港内を地上移動する場合の基準として次のうち誤っているものはどれか。 （1）前方を十分に監視すること。 （2）動力装置を制御すること又は制動装置を軽度に使用することにより、速やかに且つ安全に停止することができる速度であること。 （3）航空機その他物件と衝突の恐れのある場合は地上誘導員を配置すること。 （4）制限区域の制限速度以下で走行すること。	19999	出題
問0231	航空法施行規則第164条の15（出発前の確認）について次のうち正しいものはどれか。 （1）離陸重量、着陸重量、重心位置及び重量分布は運航管理者が確認する。 （2）当該航空機及びこれに装備すべきものの整備状況は機長が確認する。 （3）燃料及び滑油の搭載量及びその品質は整備士が確認する。 （4）積載物の安全性は運送担当者及び整備士が確認する。	19999	出題 出題
問0232	航空法施行規則第164条の15（出発前の確認）について次のうち正しいものはどれか。 （1）離陸重量、着陸重量、重心位置及び重量分布は整備士及び運航管理者が確認する。 （2）当該航空機及びこれに装備すべきものの整備状況は整備士が確認する。 （3）燃料及び滑油の搭載量及びその品質は整備士及び機長が確認する。 （4）積載物の安全性は機長が確認する。	19999	出題
問0233	航空運送事業の用に供する航空機に搭載が義務付けられている書類の組み合せで次のうち正しいものはどれか。 （1）航空機登録証明書、運用限界等指定書、運航規程、航空機基準適合書 （2）整備規程、運航規程、耐空証明書、搭載用航空日誌 （3）航空機登録証明書、耐空証明書、運航規程、運用限界等指定書 （4）型式証明書、耐空証明書、運用限界等指定書、搭載用航空日誌	19999	出題

		シラバス番号	出題履歴
問0234	航空運送事業の用に供する航空機に搭載が義務付けられている書類の組合せで次のうち正しいものはどれか。 (1)業務規程、運用限界等指定書、運航規程、運用許容基準 (2)航空機登録証明書、耐空証明書、運航規程、運用限界等指定書 (3)整備規程、運航規程、連続式耐空証明書、搭載用航空日誌 (4)型式証明書、耐空証明書、運用限界等指定書、搭載用航空日誌	19999	出題
問0235	航空法第111条の4（安全上の支障を及ぼす事態の報告）の事態で次のうち正しいものはどれか。 (1)点検整備中に発見された航空機に装備された安全上重要なシステムが正常に機能しない事態 (2)エンジン試運転中の操作ミスにより運用限界を超過した事態 (3)航行中に非常用の装置又は救急用具が正常に機能しない状態となった事態 (4)航空保安施設の機能の障害が認められた事態	19999	出題
問0236	安全管理ツールとして用いられるTEM（Threat and Error Management）について次のうち誤っているものはどれか。 (1)ThreatとはErrorを誘発する可能性のある要因のことである。 (2)航空機整備でのThreatの具体的な例として、コミュニケーション不足や誤部品がある。 (3)Error ManagementはErrorをいち早く発見し、更なるErrorの発生や望ましくない航空機の状態になる可能性を低減するために対策を講じることである。 (4)Threat Managementは予防すべきErrorの背景要因となるThreatに対する対抗策を検討しErrorの発生や望ましくない航空機の状態になる可能性を低減するために対策を講じることである。	19999	出題
問0237	安全管理ツールとして用いられるTEM（Threat and Error Management）について次のうち正しいものはどれか。 (1)ErrorとはThreatを誘発する可能性のある要因のことである。 (2)航空機整備でのThreatの具体的な例として、手順書の不備や作業性の悪さがある。 (3)Threat ManagementはErrorをいち早く発見し、更なるErrorの発生や望ましくない航空機の状態になる可能性を低減するために対策を講じることである。 (4)Error Managementは予防すべきErrorの背景要因となるThreatに対する対抗策を検討しErrorの発生や望ましくない航空機の状態になる可能性を低減するために対策を講じることである。	19999	出題

航空法規等

航空力学

問題番号	試験問題	シラバス番号	出題履歴
問0001	標準大気に関する説明で次のうち誤っているものはどれか。 (1) 空気が乾燥した完全ガスであること (2) 海面上における温度が20℃であること (3) 海面上の気圧が、水銀柱の29.92inであること (4) 海面上からの温度勾配が−0.0065℃/mで、ある高度以上で温度は一定であること	20001	二航回 一連回 二連回 二航回 二航回 二航回
問0002	標準大気に関する記述で次のうち誤っているものはどれか。 (1) 海面上の気圧が水銀柱で29.92inであること (2) 海面上の温度が59℃であること (3) 海面上における密度は0.002377lb・s^2/ft^{4}であること (4) 海面上からの温度が−56.5℃になるまでの温度勾配は−0.0065℃/mであり、それ以上の高度では温度は一定であること	20001	一連飛
問0003	標準大気に関する記述で次のうち誤っているものはどれか。 (1) 海面上の気圧が水銀柱で29.92inであること (2) 海面上の温度が59℉であること (3) 海面上における密度は0.002377lb・s^2/ft^{4}であること (4) 海面上からの温度が−56.5℉になるまでの温度勾配は−0.0065℉/ftであり、それ以上の高度では温度は一定であること	20001	一連飛 一連飛
問0004	標準大気に関する記述で次のうち誤っているものはどれか。 (1) 海面上の気圧が水銀柱で29.92inであること (2) 海面上の温度が15℉であること (3) 海面上におりる密度は0.002377lb・s^2/ft^{4}であること (4) 海面上からの温度が−56.5℃になるまでの温度勾配は−0.0065℃/mであり、それ以上の高度では温度は一定であること	20001	二連飛 二連飛 二連飛 一連飛
問0005	標準大気に関する記述で次のうち誤っているものはどれか。 (1) 海面上の気圧が水銀柱で29.92mmであること (2) 海面上の温度が15℃であること (3) 海面上における密度は0.002377lb・s^2/ft^{4}であること (4) 海面上からの温度が−56.5℃になるまでの温度勾配は−0.0065℃/mであり、それ以上の高度では温度は一定であること	20001	二連飛 二連飛 二連飛 二連飛 二連飛 二連飛
問0006	標準大気の定義で次のうち誤っているものはどれか。 (1) 空気が乾燥した完全ガスであること (2) 海面上における温度が15℃であること (3) 海面上の気圧が、水銀柱の1013mmであること (4) 海面上からの温度が−56.5℃になるまでの温度こう配は、−0.0065℃/mであり、それ以上の高度では温度は一定とする。	20001	二連飛 二連飛 二連飛 二連飛
問0007	標準大気（ISA）に関する記述で次のうち誤っているものはどれか。 (1) 気温、気圧、空気密度のうちどれかの値が分かれば高度を求めることができる。 (2) 気圧高度と密度高度は等しい。 (3) 実際の大気状態とISAが一致することはほとんどない。 (4) 海面上における密度は0.12492lb・s^2/ft^{4}である。	20001	一連飛
問0008	標準大気に関する記述で次のうち誤っているものはどれか。 (1) 海面上の気圧が水銀柱で29.92inである。 (2) 海面上の温度が15℃である。 (3) 海面上における密度は0.12492kg・s^2/m^{4}である。 (4) 海面上で高度36,000m以上は一定の温度となる。	20001	二連飛
問0009	標準大気の定義で次のうち誤っているものはどれか。 (1) 空気が乾燥した完全ガスであること (2) 海面上における温度が15℃であること (3) 海面上の気圧が、水銀柱の1,013mmであること (4) 海面上からの温度が−56.5℃になるまでの温度こう配は、−0.0065℃/mであり、それ以上の高度では温度は一定とする。	20001	二連飛 二連滑

問題番号	試験問題	シラバス番号	出題履歴

問0010　標準大気の説明で(A)～(E)のうち正しいものはいくつあるか。　　　　　　　　　20001　　二航飛
　　　　(1)～(6)の中から選べ。

　　　　(A)空気は乾燥した完全ガスであること
　　　　(B)海面上における1気圧は1,013mmHgであること
　　　　(C)海面上における気温は15℃であること
　　　　(D)海面上からの温度勾配が−0.0065℃/mで、ある高度以上では一定であること
　　　　(E)海面上における密度は0.12492kg・s²/m⁴であること

　　　　(1) 1　　　(2) 2　　　(3) 3　　　(4) 4　　　(5) 5　　　(6) 無し

問0011　耐空性審査要領の「定義」で(A)～(D)のうち正しいものはいくつあるか。　　　　20001　　二航飛
　　　　(1)～(5)の中から選べ。

　　　　(A)「ピストン飛行機」とは、動力装置としてピストン発動機を装備する飛行機をいう。
　　　　(B)「臨界発動機」とは、ある任意の飛行形態に関し、故障した場合に、飛行性に最も有
　　　　　　害な影響を与えるような1個以上の発動機をいう。
　　　　(C)「推奨巡航最大出力」とは、経済巡航混合比で連続使用可能なクランク軸最大回転速
　　　　　　度及び最大吸気圧で、各規定高度の標準大気状態において得られる軸出力をいう。
　　　　(D)「最良経済巡航最大出力」とは、発動機を発動機取扱説明書により常用巡航用として
　　　　　　推奨された各規定高度のクランク軸最大回転速度及び最大吸気圧力で運転した場合
　　　　　　に、その高度の標準大気状態において得られる軸出力をいう。

　　　　(1) 1　　　(2) 2　　　(3) 3　　　(4) 4　　　(5) 無し

問0012　耐空性審査要領においてV_Aは次のうちどれか。　　　　　　　　　　　　　　20001　　二運飛

　　　　(1)失速速度
　　　　(2)設計巡航速度
　　　　(3)最大突風に対する設計速度
　　　　(4)設計運動速度

問0013　耐空性審査要領においてV_Cはどれか。　　　　　　　　　　　　　　　　　　20001　　二運飛

　　　　(1)失速速度
　　　　(2)設計巡航速度
　　　　(3)最大突風に対する設計速度
　　　　(4)設計運動速度

問0014　耐空性審査要領におけるV_{NE}で次のうち正しいものはどれか。　　　　　　　20001　　二運飛
　　工共通
　　　　(1)失速速度
　　　　(2)設計運動速度
　　　　(3)超過禁止速度
　　　　(4)最大突風に対する設計速度

問0015　耐空性審査要領においてV_Tは次のうちどれか。　　　　　　　　　　　　　　20001　　二運飛
　　二運飛
　　　　(1)設計飛行機曳航速度　　　　　　　　　　　　　　　　　　　　　　　　　　　　　二運飛
　　　　(2)超過禁止速度
　　　　(3)設計運動速度
　　　　(4)エアブレーキ又はスポイラを操作する最大速度

問0016　耐空性審査要領においてV_{NE}で正しいものはどれか。　　　　　　　　　　　20001　　二運回

　　　　(1)失速速度
　　　　(2)設計運動速度
　　　　(3)設計巡航速度
　　　　(4)超過禁止速度

問0017　耐空性審査要領においてV_Cとは次のうちどれか。　　　　　　　　　　　　　20001　　二航飛

　　　　(1)設計巡航速度
　　　　(2)設計運動速度
　　　　(3)構造上の最大巡航速度
　　　　(4)最大突風に対する設計速度

問0018　耐空性審査要領におけるV_Aはどれか。　　　　　　　　　　　　　　　　　　20001　　一運飛

　　　　(1)失速速度
　　　　(2)設計運動速度
　　　　(3)超過禁止速度
　　　　(4)最大突風に対する設計速度

問題番号	試験問題	シラバス番号	出題履歴
問0019	耐空性審査要領においてV_Aとは次のうちどれか。 (1)設計巡航速度 (2)設計運動速度 (3)構造上の最大巡航速度 (4)最大突風に対する設計速度	20001	二航飛
問0020	耐空性審査要領においてV_{NE}とはどのような速度か。次の中から選べ。 (1)失速速度 (2)設計運動速度 (3)超過禁止速度 (4)最大突風に対する設計速度	20001	工共通
問0021	耐空性審査要領における速度の定義について次のうち正しいものはどれか。 (1)V_A：最大設計速度 (2)V_{BS}：滑空機のエア・ブレーキ又はスポイラを操作する最大速度 (3)V_C：設計失速速度 (4)V_D：超過禁止速度	20001	二運滑
問0022	耐空性審査要領における速度の定義について次のうち正しいものはどれか。 (1)V_Aとは安全離陸速度である。 (2)V_Cとは設計失速速度である。 (3)V_Sとは設計飛行機曳航速度である。 (4)V_Rとはローテーション速度である。	20001	工共通 工共通 工共通
問0023	耐空性審査要領における速度の定義について次のうち正しいものはどれか。 (1)V_A：最大突風に対する設計速度 (2)V_B：設計運動速度 (3)V_C：設計巡航速度 (4)V_D：計測された急降下速度	20001	二運飛
問0024	耐空性審査要領における速度の定義について次のうち正しいものはどれか。 (1)V_A：最大設計速度 (2)V_B：最大突風に対する設計速度 (3)V_C：設計失速速度 (4)V_D：超過禁止速度	20001	二運飛 二運飛 二運飛
問0025	耐空性審査要領における速度の定義について次のうち誤っているものはどれか。 (1)V_{NO}：構造上の最大巡航速度 (2)V_{NE}：超過禁止速度 (3)V_{EF}：フラップ下げ速度 (4)V_{SO}：フラップを着陸位置にした場合の失速速度	20001	二運飛
問0026	耐空性審査要領において「安全離陸速度」は次のうちどれか。 (1)V₁ (2)V_R (3)V₂ (4)V_{MC}	20001	一運飛
問0027	耐空性審査要領において「設計運動速度」は次のうちどれか。 (1)V_A (2)V_B (3)V_C (4)V_R	20001	二運飛 一運飛
問0028	耐空性審査要領の定義で「滑空機においてエアブレーキ又はスポイラを操作する最大速度」を表すものは次のうちどれか。 (1)V_S (2)V_A (3)V_B (4)V_{BS}	20001	二航滑 二航滑

航空力学

問題番号	試験問題	シラバス番号	出題履歴
問0029	速度に関する定義として次のうち誤っているものはどれか。 (1)V_Yとは最良上昇率に対応する速度をいう。 (2)V_{NE}とは超過禁止速度をいう。 (3)V_{TOSS}とはB級回転翼航空機における安全離陸速度をいう。 (4)V_Aとは設計運動速度をいう。	20001	一航回

問0029 速度に関する定義として次のうち誤っているものはどれか。

(1)V_Yとは最良上昇率に対応する速度をいう。
(2)V_{NE}とは超過禁止速度をいう。
(3)V_{TOSS}とはB級回転翼航空機における安全離陸速度をいう。
(4)V_Aとは設計運動速度をいう。

20001　一航回

問0030 対気速度に関する説明として次のうち誤っているものはどれか。

(1)海面上標準大気においてはEASはCASに等しい。
(2)海面上標準大気においてはCASはTASに等しい。
(3)IASは較正対気速度とよばれ誤差を修正したものである。
(4)TASはかく乱されない大気に相対的な速度をいう。

20001　二航回

問0031 耐空性審査要領における速度の定義でV_{FE}は次のうちどれか。

(1)構造上の最大巡航速度
(2)超過禁止速度
(3)フラップ下げ速度
(4)フラップを着陸位置にした場合の失速速度

V_{NO}：構造上の最大巡航速度
V_{NE}：超過禁止速度
V_{EF}：臨界発動機の離陸中の故障を仮定する速度
V_{SO}：フラップを着陸位置にした場合の失速速度
V_{FE}：フラップ下げ速度

20001　二運飛

問0032 耐空性審査要領における速度の定義でV_{NO}は次のうちどれか。

(1)構造上の最大巡航速度
(2)超過禁止速度
(3)フラップ下げ速度
(4)フラップを着陸位置にした場合の失速速度

20001　二運飛
二運飛
二運飛

問0033 耐空性審査要領においてV_{NO}とはどのような速度か。次の中から選べ。

(1)超過禁止速度
(2)着陸装置下げ速度
(3)失速速度
(4)構造上の最大巡航速度

20001　二航飛

問0034 速度に関する定義として次のうち誤っているものはどれか。

(1)V_Aとは設計運動速度をいう。
(2)V_{LE}とは着陸装置下げ速度をいう。
(3)V_{NE}とは超過禁止速度をいう。
(4)V_{TOSS}とはB級回転翼航空機における安全離陸速度をいう。

20001　一運回
一航回

問0035 耐空性審査要領において超過禁止速度を表しているものはどれか。

(1)V_{NE}
(2)V_{MO}
(3)V_{NO}
(4)M_{MO}

20001　二航飛

問0036 耐空性審査要領において「超過禁止速度」は次のうちどれか。

(1)V_{NE}
(2)V_{MO}
(3)V_{NO}
(4)V_{MC}

20001　一運飛

問0037 耐空性審査要領における速度の定義で次のうち誤っているものはどれか。

(1)「V_T」とは、設計飛行機曳航速度をいう。
(2)「V_{AS}」とは、滑空機においてエアブレーキ又はスポイラを操作する最大速度をいう。
(3)「V_X」とは、最良上昇角に対応する速度をいう。
(4)「V_Y」とは、最良上昇率に対応する速度をいう。

20001　二航滑
二航滑

問0038　耐空性審査要領において「最大運用限界速度」は次のうちどれか。　20001　一運飛

(1) V_{NE}
(2) V_{MO}
(3) V_{NO}
(4) V_{MC}

問0039　耐空性審査要領の定義において「設計運動速度」を表すものは次のうちどれか。　20001　二航飛

(1) V_S
(2) V_A
(3) V_B
(4) V_{BS}

問0040　速度に関する定義について(A)～(D)のうち正しいものはいくつあるか。　20001　一航飛
(1)～(5)の中から選べ。

(A) V_Rとは逆噴射装置操作速度をいう。
(B) V_{NO}とは超過禁止速度をいう。
(C) V_2とは安全離陸速度をいう。
(D) V_Cとは設計上昇速度をいう。

(1) 1　　(2) 2　　(3) 3　　(4) 4　　(5) 無し

問0041　速度に関する定義で(A)～(D)のうち正しいものはいくつあるか。　20001　一航回
(1)～(5)の中から選べ。

(A) V_Aとは設計運動速度をいう。
(B) V_Yとは最良上昇率に対応する速度をいう。
(C) V_{NE}とは超過禁止速度をいう。
(D) V_{TOSS}とはB級回転翼航空機における安全離陸速度をいう。

(1) 1　　(2) 2　　(3) 3　　(4) 4　　(5) 無し

問0042　耐空性審査要領における速度の定義について(A)～(D)のうち正しいものはいくつ　20001　一航飛
あるか。(1)～(5)の中から選べ。　　　　　　　　　　　　　　　　　　　　　　　　一航飛

(A) Mとはマッハ数をいう。
(B) V_{REF}とは参照着陸速度をいう。
(C) V_1とは安全離陸速度をいう。
(D) V_Cとは設計上昇速度をいう。

(1) 1　　(2) 2　　(3) 3　　(4) 4　　(5) 無し

問0043　耐空性審査要領における終極荷重の説明で次のうち正しいものはどれか。　20001　工共通

(1) 常用運用状態において予想される最大の荷重
(2) 終極重量に荷重倍数を乗じたもの
(3) 制限荷重に適当な安全率を乗じたもの
(4) 常用運用状態で航空機に働く最大の荷重

問0044　強度に関する定義について次のうち誤っているものはどれか。　20001　一運飛

(1) 制限荷重とは、常用運用状態において予想される最大の荷重をいう。
(2) 終極荷重とは、制限荷重に適当な安全率を除したものをいう。
(3) 荷重倍数とは、航空機に働く荷重と航空機重量との比をいう。
(4) 制限荷重倍数とは、制限重量に対応する荷重倍数をいう。

問0045　強度に関する定義について(A)～(D)のうち正しいものはいくつあるか。　20001　一航飛
(1)～(5)の中から選べ。　　　　　　　　　　　　　　　　　　　　　　　　　　　一航飛
　　　　　　　　　　　　　　　　　　　　　　　　　　　　　　　　　　　　　　　一航飛

(A) 制限荷重とは、常用運用状態において予想される最大の荷重をいう。
(B) 終極荷重とは、制限荷重に適当な安全率を乗じたものをいう。
(C) 荷重倍数とは、航空機に働く荷重と航空機重量との比をいう。
(D) 制限荷重倍数とは、制限重量に対応する荷重倍数をいう。

(1) 1　　(2) 2　　(3) 3　　(4) 4　　(5) 無し

問0046　耐空性審査要領の耐火性材料に関する定義で次のうち誤っているものはどれか。　20001　二運飛

(1) 第1種耐火性材料とは、鋼と同程度の又はそれ以上熱に耐え得る材料
(2) 第2種耐火性材料とは、チタニウム合金と同程度の又はそれ以上熱に耐え得る材料
(3) 第3種耐火性材料とは、発火源を取り除いた場合、危険な程度には燃焼しない材料
(4) 第4種耐火性材料とは、点火した場合、激しくは燃焼しない材料

問題番号	試験問題	シラバス番号	出題履歴
問0047	耐空性審査要領の耐火性材料に関する定義で次のうち誤っているものはどれか。 (1) 第1種耐火性材料とは、鋼と同程度の又はそれ以上熱に耐え得る材料をいう。 (2) 第2種耐火性材料とは、耐熱合金と同程度の又はそれ以上熱に耐え得る材料をいう。 (3) 第3種耐火性材料とは、発火源を取り除いた場合、危険な程度には燃焼しない材料をいう。 (4) 第4種耐火性材料とは、点火した場合、激しくは燃焼しない材料をいう。	20001	一運飛 二運飛
問0048	第2種耐火性材料について次のうち正しいものはどれか。 (1) 鋼と同程度又はそれ以上熱に耐え得る材料 (2) 点火した場合、激しくは燃焼しない材料 (3) アルミウム合金と同程度又はそれ以上熱に耐え得る材料 (4) 発火源を取り除いた場合、危険な程度には燃焼しない材料	20001	工機構 工機装 工機構 工機装
問0049	第2種耐火性材料について次のうち正しいものはどれか。 (1) 点火した場合、危険な程度には燃焼しない材料 (2) 点火した場合、激しくは燃焼しない材料 (3) 発火源を取り除いた場合、危険な程度には燃焼しない材料 (4) アルミニウム合金と同程度またはそれ以上の熱に耐え得る材料	20001	二航飛
問0050	第3種耐火性材料について次のうち正しいものはどれか。 (1) 点火した場合、危険な程度には燃焼しない材料 (2) 点火した場合、激しくは燃焼しない材料 (3) 発火源を取り除いた場合、危険な程度には燃焼しない材料 (4) アルミニウム合金と同程度、熱に耐えられる材料	20001	二航飛
問0051	耐火性材料について(A)〜(D)のうち正しいものはいくつあるか。(1)〜(5)の中から選べ。 (A) 第4種耐火性材料は、点火した場合、激しくは燃焼しない材料をいう。 (B) 第3種耐火性材料は、発火源を取り除いた場合、危険な程度には燃焼しない材料をいう。 (C) 第2種耐火性材料は、アルミニウム合金と同程度又はそれ以上の熱に耐え得る材料をいう。 (D) 第1種耐火性材料は、鋼と同程度又はそれ以上の熱に耐え得る材料をいう。 (1) 1　　(2) 2　　(3) 3　　(4) 4　　(5) 無し	20001	一航飛
問0052	耐火性材料について(A)〜(D)のうち正しいものはいくつあるか。(1)〜(5)の中から選べ。 (A) 第1種耐火性材料は、点火した場合、激しくは燃焼しない材料をいう。 (B) 第2種耐火性材料は、アルミニウム合金と同程度又はそれ以上の熱に耐え得る材料をいう。 (C) 第3種耐火性材料は、発火源を取り除いた場合、危険な程度には燃焼しない材料をいう。 (D) 第4種耐火性材料は、鋼と同程度又はそれ以上の熱に耐え得る材料をいう。 (1) 1　　(2) 2　　(3) 3　　(4) 4　　(5) 無し	20001	一航飛 一航飛
問0053	耐空性審査要領の耐火性材料に関する定義で(A)〜(D)のうち正しいものはいくつあるか。(1)〜(5)の中から選べ。 (A) 第1種耐火性材料とは、鋼と同程度又はそれ以上の熱に耐え得る材料をいう。 (B) 第2種耐火性材料とは、アルミニウム合金と同程度又はそれ以上の熱に耐え得る材料をいう。 (C) 第3種耐火性材料とは、点火した場合、激しくは燃焼しない材料をいう。 (D) 第4種耐火性材料とは、発火源を取り除いた場合、危険な程度には燃焼しない材料をいう。 (1) 1　　(2) 2　　(3) 3　　(4) 4　　(5) 無し	20001	工機構 工機装
問0054	耐空性審査要領の定義においてETOPSとはどのような運航方式か。次の中から選べ。 (1) 片発不作動洋上運航 (2) 騒音軽減運航 (3) 長距離進出運航 (4) 片発180分運航	20001	一運飛

問題番号	試験問題	シラバス番号	出題履歴
問0055	SI接頭語が表している倍数で次のうち誤っているものはどれか。	20101	工機構 工機装

(1)マイクロ（μ）は、10⁻⁶
(2)センチ（c）は、10⁻²
(3)ギガ（G）は、10⁹
(4)ヘクト（h）は、10²
(5)デカ（da）は、10¹²

| 問0056 | 国際単位に関する記述で次のうち誤っているものはどれか。 | 20101 | 工機構 |

(1)メートル（m）、アンペア（A）とはSI基本単位である。
(2)ファラッド（F）、エントロピ（J）とはSI補助単位のことである。
(3)ヘルツ（Hz）、ニュートン（N）とはSI組立単位である。
(4)ペタ（P）、ピコ（p）とはSI接頭語である。

| 問0057 | 単位について次のうち誤っているものはどれか。 | 20101 | 二運飛 |

(1)長さ1inは25.4mmである。
(2)重量1lbは2.2kgである。
(3)距離1nm（海里）は1.85kmである。
(4)1気圧は760mmHgである。

| 問0058 | 単位について次のうち誤っているものはどれか。 | 20101 | 二運飛
二運飛
二運飛
二運飛
一運飛 |

(1)重量1kgは2.2lbである。
(2)圧力1気圧は14.7inHgである。
(3)長さ1inは25.4mmである。
(4)距離1nm（海里）は1.85kmである。

| 問0059 | 単位に関する説明で次のうち誤っているものはどれか。 | 20101 | 工機構
工機装
工機構
工機装 |

(1)工学単位では、長さ、時間の単位にはメートル、秒を用い、重さ又は力の単位として
　キログラムを用いる。
(2)物理単位では、力の絶対単位をダインで表す。
(3)国際単位は、一般にIT又はIT単位と呼ばれる。
(4)キロ、センチ、ミリ等はSI接頭語と呼ばれる。

| 問0060 | 次の単位換算について(A)〜(D)のうち正しいものはいくつあるか。
(1)〜(5)の中から選べ。 | 20101 | 二航滑
二航滑 |

(A)1ft＝12in
(B)1nm＝1.85km
(C)1Kt＝1,000fpm
(D)1気圧＝17.4psin

(1)1　　(2)2　　(3)3　　(4)4　　(5)無し

| 問0061 | 次の単位換算について(A)〜(D)のうち正しいものはいくつあるか。
(1)〜(5)の中から選べ。 | 20101 | 二航滑 |

(A)1ft＝12in
(B)1nm＝1.85km
(C)1Kt＝1nm/h
(D)1気圧＝17.4psin

(1)1　　(2)2　　(3)3　　(4)4　　(5)無し

| 問0062 | 乾燥した空気の密度について次のうち正しいものはどれか。 | 20102 | 工共通
工共通 |

(1)気温が上がると空気密度は増加する。
(2)空気密度は気温の変化には関係しない。
(3)大気圧力が増すと空気密度は増加する。
(4)空気密度は大気圧力の変化には関係しない。

| 問0063 | 気圧高度と密度高度の関係について次のうち正しいものはどれか。 | 20102 | 工共通 |

(1)温度に関係なく気圧高度は密度高度より高い。
(2)温度に関係なく密度高度は気圧高度より高い。
(3)気圧高度と密度高度は常に等しい。
(4)標準大気から温度のみが下がった場合、密度高度は気圧高度より低くなる。

航空力学

問題番号	試験問題	シラバス番号	出題履歴
問0064	気圧高度と密度高度の関係として次のうち正しいものはどれか。 (1)気圧高度と密度高度は常に等しい。 (2)温度に関係なく気圧高度が密度高度より高い。 (3)標準大気のときは気圧高度が密度高度より低い。 (4)標準大気より温度が低いと、密度高度が気圧高度より低い。	20102	二航回 一運回 二航回 一運回 二航回
問0065	気圧高度と密度高度の関係で次のうち正しいものはどれか。 (1)標準大気から温度のみが下がった場合、密度高度は気圧高度より低くなる。 (2)温度に関係なく密度高度は気圧高度より高い。 (3)気圧高度と密度高度は常に等しい。 (4)温度に関係なく気圧高度は密度高度より高い。	20102	工共通
問0066	気圧高度と密度高度との関係について(A)～(D)のうち正しいものはいくつあるか。 (1)～(5)の中から選べ。 (A)気圧高度と密度高度は常に等しい。 (B)温度に関係なく気圧高度が密度高度より高い。 (C)標準大気のときは気圧高度と密度高度は同じである。 (D)標準大気から温度のみが下がった場合、密度高度が気圧高度より低くなる。 (1) 1　　(2) 2　　(3) 3　　(4) 4　　(5) 無し	20102	二航飛 二航飛
問0067	標準大気状態において、大気温度が−56.5℃になる高度は次のうちどれか。 (1)　8,000m (2)　9,000m (3)10,000m (4)11,000m	20102	二航飛 二航飛 一航飛 一運飛
問0068	標準大気状態において大気温度が一定になる高度で次のうち正しいものはどれか。 (1)12,000Ft (2)24,000Ft (3)36,000Ft (4)48,000Ft	20102	一運飛
問0069	標準大気状態において飛行高度2,000mの温度はいくらか。 次のうち正しいものはどれか。 (1)−2℃ (2)　0℃ (3)　2℃ (4)　5℃	20102	二航回 一航回 二航回 二航回
問0070	標準大気状態のとき飛行高度5,000mにおける大気温度について次のうち最も近い値を選べ。 (1)−17.5℃ (2)−28.5℃ (3)−35.0℃ (4)−56.5℃	20102	一航飛
問0071	標準大気状態において大気温度が−5℃になる高度は次のうちどれか。 (1)　5,000ft (2)10,000ft (3)15,000ft (4)20,000ft	20102	一航飛 一航飛 工共通 二航飛 工共通
問0072	標準大気状態において高度4,000mの温度（℃）で次のうち正しいものはどれか。 (1)−12 (2)−11 (3)−10 (4)　0 (5)　10 (6)　11	20102	二航回

問0073 ベルヌーイの定理について次のうち正しいものはどれか。

　20103　　二航飛

(1) 一つの流れの中においては静圧は常に一定である。
(2) 一つの流れの中においては全圧は常に一定である。
(3) 一つの流れの中においては動圧と静圧の差は常に一定である。
(4) 一つの流れの中においては全圧と静圧の差は常に一定である。

問0074 動圧に関する記述について次のうち正しいものはどれか。

　20103　　工共通
　　　　　二運飛
　　　　　工共通
　　　　　工共通

(1) 速度に比例する。
(2) 速度の2乗に比例する。
(3) 空気密度に反比例する。
(4) 空気密度の2乗に比例する。

問0075 ベルヌーイの定理に関する文章の空欄に当てはまる語句の組み合わせで次のうち正しいものはどれか。

　20103　　一運飛
　　　　　二運飛
　　　　　二運飛

ベルヌーイの定理とは、動圧と静圧の関係を示すもので「1つの流れのなかにおいては動圧と静圧の和、すなわち全圧は（　a　）」としており、物体に対する流体の流れの速度が速いときは動圧は（　b　）なり、静圧は（　c　）なる。

　　　　　　（　a　）　　　　　（　b　）（　c　）
(1) 常に一定である。　　　　高く　　　高く
(2) 常に一定である。　　　　高く　　　低く
(3) 常に変動している。　　　低く　　　高く
(4) 常に変動している。　　　高く　　　低く

問0076 次の文章の空欄に当てはまる語句の組み合わせで次のうち正しいものはどれか。

　20103　　一運飛
　　　　　二運飛
　　　　　二運滑

ベルヌーイの（　a　）とは、動圧と静圧の関係を示すもので「1つの流れのなかにおいては動圧と静圧の和、すなわち、全圧は（　b　）」としており、静圧と動圧は互いに補い合うかたちになる。物体に対する流体の流れの速度が速いときは動圧は（　c　）なり、静圧は（　d　）なる。

　　　　（　a　）　　　　　（　b　）　　　　（　c　）（　d　）
(1) 法則　　　常に一定である。　　　高く　　　高く
(2) 定理　　　常に一定である。　　　高く　　　低く
(3) 法則　　　常に変動している。　　低く　　　高く
(4) 定理　　　常に変動している。　　高く　　　低く

問0077 ピトー管を用いた速度計の原理について次のうち正しいものはどれか。

　20103　　二航滑
　　　　　二航飛
　　　　　二航滑
　　　　　二航飛
　　　　　二航滑
　　　　　二航滑

(1) 全圧と静圧を計測し、その差から動圧を得て速度を指示する。
(2) 動圧と静圧を計測し、その差から全圧を得て速度を指示する。
(3) 静圧を計測して速度を指示する。
(4) 全圧を計測して速度を指示する。

問0078 ボルテックス・ジェネレータの目的で次のうち正しいものはどれか。

　20103　　一航飛
　　　　　二航飛
　　　　　一航飛
　　　　　一航飛

(1) 乱流を層流に変えて失速を防ぐ。
(2) 層流を乱流に変えて剥離を遅らせる。
(3) 渦をつくり、揚力を減少させる。
(4) 衝撃波を発生させて揚力を増す。

問0079 標準大気状態の海面高度近くを飛行するヘリコプタの動圧を測定したところ300kg/m²であった。この時の速度で次のうち正しいものはどれか。

　20103　　二航回

(1) 約105kt
(2) 約135kt
(3) 約155kt
(4) 約195kt

問0080 標準大気状態の海面高度近くを滑空機が速度64km/hで飛行するときの動圧（kg/m²）は次のうちどれか。

　20103　　二運飛
　　　　　二運飛
　　　　　二運飛
　　　　　二運飛

(1) 14.06
(2) 18.75
(3) 19.75
(4) 56.26

航空力学

問題番号	試験問題	シラバス番号	出題履歴

問0081 標準大気状態の海面高度近くを飛行機が速度180km/hで飛行するときの動圧
（kg/m²）で次のうち正しいものはどれか。

20103　一運飛

(1)　11.25
(2)　125.25
(3) 156.25
(4) 202.25

問0082 標準大気状態の海面高度近くを速度100km/hで飛行するときの動圧（kg/m²）として
次のうち正しいものはどれか。

20103　一運回

(1)　約13
(2)　約48
(3) 約100
(4) 約145

問0083 標準大気状態の海面高度近くを飛行するヘリコプタの動圧を測定したところ169kg/m²
であった。この時の速度（kt）で次のうち正しいものはどれか

20103　二航回
二航回
二航回

(1)　約50
(2) 約100
(3) 約150
(4) 約190

問0084 標準大気状態の海面高度近くを飛行するヘリコプタの動圧を測定したところ350kg/m²
であった。この時の速度（kt）で次のうち最も近い値を選べ。

20103　一航回
一運回
一航回
二航回
一運回
一航回
一航回

(1)100
(2)130
(3)145
(4)190

問0085 標準大気状態の海面高度近くを飛行しているときの動圧が169.0kg/m²であった。
このときの速度（km/hr）で次のうち最も近い値を選べ。

20103　一航飛
一航飛

(1)143
(2)187
(3)228
(4)239

問0086 層流と乱流の性質で次のうち誤っているものはどれか。

20104　一運飛
一運飛

(1)乱流は層流より境界層が薄い。
(2)層流は乱流より摩擦抵抗が小さい。
(3)乱流は層流より剥離しにくい。
(4)流速は層流中では規則的に、乱流中では不規則に変化している。

問0087 層流と乱流の特性に関する文章の空欄に当てはまる語句の組み合わせで次のうち
正しいものはどれか。

20104　二運飛
二運飛
二運飛
二運飛
一運飛
二運飛

乱流はエネルギーが豊富で（　a　）が、層流はエネルギーが少なく（　b　）。
層流中では流速は（　c　）に変化しているが、乱流中では流速の変化は（　d　）で
ある。

	（　a　）	（　b　）	（　c　）	（　d　）
(1)	剥離しにくい	剥離しやすい	規則的	不規則
(2)	剥離しやすい	剥離しにくい	不規則	規則的
(3)	剥離しやすい	剥離しにくい	規則的	不規則
(4)	剥離しにくい	剥離しやすい	不規則	規則的

問0088 層流と乱流の特性に関する説明として(A)～(D)のうち正しいものはいくつあるか。
(1)～(5)の中から選べ。

20104　二航回
二航回
二航回
二航回
二航回

(A)層流は乱流よりも摩擦抵抗が小さい。
(B)乱流は層流よりも境界層が厚い。
(C)層流中での流速は規則的であるが、乱流中の流速は不規則に変化する。
(D)乱流はエネルギが豊富で剥離しにくいが、層流はエネルギが少なく剥離しやすい。

(1) 1　　(2) 2　　(3) 3　　(4) 4　　(5) 無し

問0089 層流と乱流の特性に関する説明として(A)〜(D)のうち正しいものはいくつあるか。
(1)〜(5)の中から選べ。

(A)乱流は層流よりも境界層が薄い。
(B)層流は乱流よりも摩擦抵抗が大きい。
(C)乱流中での流速は規則的であるが、層流中の流速は不規則に変化する。
(D)層流はエネルギが豊富で剥離しにくいが、乱流はエネルギが少なく剥離しやすい。

(1)1　　(2)2　　(3)3　　(4)4　　(5)無し

20104　一航回／一航回／一航回／一航回

問0090 レイノルズ数に関する説明として(A)〜(D)のうち正しいものはいくつあるか。
(1)〜(5)の中から選べ。

(A)レイノルズ数が臨界レイノルズ数より大きいと流れは乱流となる。
(B)層流から乱流に変わるときのレイノルズ数を臨界レイノルズ数という。
(C)レイノルズ数は流れの慣性力と粘性力の比を示す。
(D)流れの速度が大きいとレイノルズ数は大きくなる。

(1)1　　(2)2　　(3)3　　(4)4　　(5)無し

20104　一航回／二航回／一航回

問0091 レイノルズ数に関する説明として(A)〜(D)のうち正しいものはいくつあるか。
(1)〜(5)の中から選べ。

(A)レイノルズ数が臨界レイノルズ数より大きいと流れは層流となる。
(B)層流から乱流に変わるときのレイノルズ数を臨界レイノルズ数という。
(C)レイノルズ数は流れの慣性力と粘性力の比を示す。
(D)流れの速度が大きいとレイノルズ数は大きくなる。

(1)1　　(2)2　　(3)3　　(4)4　　(5)無し

20104　一航回

問0092 流体の特性について(A)〜(D)のうち正しいものはいくつあるか。
(1)〜(5)の中から選べ。

(A)乱流は層流よりも境界層が厚い。
(B)層流中では流速は規則的に変化しているが、乱流中では流速の変化は不規則である。
(C)乱流はエネルギが豊富で剥離しにくいが、層流はエネルギが少なく剥離しやすい。
(D)層流中では隣り合った層との間で流体の混合、つまりエネルギの授受は行われない
　　が、乱流では流体の混合、エネルギの授受が行われている。

(1)1　　(2)2　　(3)3　　(4)4　　(5)無し

20104　一航飛

問0093 流体の特性について(A)〜(D)のうち正しいものはいくつあるか。
(1)〜(5)の中から選べ。

(A)層流は乱流よりも摩擦抗力ははるかに小さい。
(B)レイノルズ数が臨界レイノルズ数より小さい状態では流れは層流になる。
(C)層流中では流速は規則的に変化しているが、乱流中では流速の変化は不規則である。
(D)層流中では隣り合った層との間で流体の混合、つまりエネルギの授受は行われない
　　が、乱流では流体の混合、エネルギの授受が行われている。

(1)1　　(2)2　　(3)3　　(4)4　　(5)無し

20104　二航飛

問0094 翼に関する用語の説明について次のうち正しいものはどれか。

(1)翼幅とは、翼の前縁に沿った長さをいう。
(2)翼弦長とは、翼の前縁と後縁とを結ぶ直線の長さをいう。
(3)迎え角とは、気流の方向と機軸線のなす角度をいう。
(4)キャンバとは、翼弦線と翼上面の距離をいう。

20201　工共通／工共通

問0095 翼型に関する用語の記述で次のうち誤っているものはどれか。

(1)迎え角とは、気流の方向と翼弦線のなす角度をいう。
(2)キャンバとは、翼弦線と翼上面の距離をいう。
(3)縦横比とは、翼幅の2乗を翼面積で除したものである。
(4)翼弦長とは、翼の前縁と後縁とを結ぶ直線の長さをいう。

20201　二運飛／一運飛／二運飛

問0096 翼弦長について次のうち正しいものはどれか。

(1)左翼端と右翼端を直線で結んだ長さ
(2)翼根中心点と翼端中心点を直線で結んだ長さ
(3)翼型の前縁から後縁までを直線で結んだ長さ
(4)翼型の前縁から後縁までの翼上面に沿った長さ

20201　二航滑／一運飛／二航滑／二運飛

問題番号	試験問題	シラバス番号	出題履歴
問0097	下記用語の説明について(A)〜(D)のうち正しいものはいくつあるか。 (1)〜(5)の中から選べ。 (A)翼弦線：前縁と後縁を結んだ直線 (B)翼幅：翼の前縁に沿った長さ (C)中心線：翼型の上下面の中央を通る線 (D)キャンバ：中心線の反りの大きさを表したもので、翼下面から中心線までの高さ (1) 1　　(2) 2　　(3) 3　　(4) 4　　(5) 無し	20201	二航飛 二航飛
問0098	翼に関する記述で次のうち誤っているものはどれか。 (1)迎え角とは、機体に当たる気流の方向と翼弦線のなす角度をいう。 (2)後退角とは、翼の前縁と機体の前後軸に直角に立てた線とのなす角度をいう。 (3)上反角とは、機体を水平に置いて翼を前方から見た時、翼の上方への反りと水平面のなす角度をいう。 (4)取付角とは、機体の前後軸に対して翼弦線のなす角度をいう。	20201	一運飛
問0099	主翼の取付角について次のうち正しいものはどれか。 (1)翼弦線と相対気流との角度 (2)機体の前後軸と翼弦線との角度 (3)機体の前後軸と相対気流との角度 (4)翼中心線と水平軸との角度	20201	二航滑 二航滑 二航飛
問0100	翼の取付け角に関する説明は次のうちどれか。 (1)翼の翼弦長の前縁から25%の点を翼幅方向に連ねた線（翼の基準線）と、機体の前後軸に直角に立てた線との間の角度をいう。 (2)機体を水平においたとき、翼を前方から見て翼端が翼根元に対して高くなっていく度合いを水平面に対してなす角度をいう。 (3)機体の前後軸（縦軸）に対して翼弦線（翼型の基準線）のなす角度をいう。 (4)機体に当たる気流（相対風）の方向と翼弦線とのなす角度をいう。	20201	工共通
問0101	主翼の迎え角について次のうち正しいものはどれか。 (1)機体の前後軸と翼弦線との角度 (2)翼弦線と相対気流との角度 (3)機体の前後軸と相対気流との角度 (4)翼中心線と水平軸との角度	20201	二航滑
問0102	翼の迎え角に関する説明は次のうちどれか。 (1)翼の翼弦長の前縁から25%の点を翼幅方向に連ねた線（翼の基準線）と、機体の前後軸に直角に立てた線との間の角度をいう。 (2)機体を水平においたとき、翼を前方から見て翼端が翼根元に対して高くなっていく度合いを水平面に対してなす角度をいう。 (3)機体の前後軸（縦軸）に対して翼弦線（翼型の基準線）のなす角度をいう。 (4)機体に当たる気流（相対風）の方向と翼弦線とのなす角度をいう。	20201	工共通
問0103	翼面積18m²、翼幅17mの翼の縦横比について次のうち正しいものはどれか。 (1)　1.1 (2)　6.2 (3)16.1 (4)19.1	20201	工共通 二運飛 二航飛 二運飛 工共通 二運飛 工共通
問0104	翼面積284m²、翼幅48mの翼の場合、縦横比で次のうち正しいものはどれか。 (1)　2.25 (2)　5.92 (3)　8.11 (4)16.9	20201	一運飛
問0105	翼面積125.0m²、翼幅35.0mの翼の縦横比で次のうち最も近い値を選べ。 (1)9.8 (2)6.3 (3)3.6 (4)2.5	20201	一航飛

問題番号	試験問題	シラバス番号	出題履歴
問0106	翼面積538.0m²、翼幅64.0mの翼の縦横比について次のうち最も近い値を選べ。 (1) 9.8 (2) 8.4 (3) 7.6 (4) 1.9	20201	一航飛
問0107	後退翼の特徴で次のうち誤っているものはどれか。 (1) 音速付近の抗力が少ない。 (2) 高速での方向安定及び横安定が良い。 (3) 矩形翼に比べて揚力が大きい。 (4) 上反角効果がある。	20201	一運飛
問0108	矩形翼の特徴で次のうち誤っているものはどれか。 (1) 翼端と翼根元部の翼弦長が等しい長方形の形を持った翼である。 (2) 製作を容易にするため、翼端と翼根元部とで同じ翼型を使っていることが多い。 (3) 翼端部の揚力が大きいので、翼の根元には大きな曲げモーメントが加わる。 (4) 翼端失速の傾向が大きい。	20201	二運飛 二運飛 二運飛
問0109	矩形翼の特徴で次のうち誤っているものはどれか。 (1) 翼端と翼根元部の翼弦長が等しい。 (2) 翼端失速を起こしやすい。 (3) 翼根元の曲げモーメントが大きい。 (4) 製作が容易である。	20201	二運飛 二運飛 二運飛 二運飛 二運飛
問0110	矩形翼の特徴で次のうち誤っているものはどれか。 (1) 製作が容易である。 (2) 翼根元から失速が始まる。 (3) 翼根元の曲げモーメントが大きい。 (4) 翼端失速をおこしやすく、補助翼で姿勢を立て直しづらい。	20201	二運飛
問0111	矩形翼の特徴で(A)～(D)のうち正しいものはいくつあるか。 (1)～(5)の中から選べ。 (A) 翼端失速の傾向が大きい。 (B) 翼端と翼根元部の翼弦長が等しい長方形の形を持った翼である。 (C) 製作を容易にするため、翼端と翼根元部とで同じ翼型を使っていることが多い。 (D) 翼端部の揚力が大きいので、翼の根元には大きな曲げモーメントが加わる。 (1) 1　　(2) 2　　(3) 3　　(4) 4　　(5) 無し	20201	二航飛
問0112	揚力について次のうち正しいものはどれか。 (1) 揚力は、揚力係数に比例し空気密度に反比例する。 (2) 揚力は、揚力係数と空気密度に比例し翼面積に反比例する。 (3) 揚力は、空気密度と速度の2乗に比例する。 (4) 揚力は、空気密度に比例し翼面積に反比例する。	20202	工共通
問0113	翼の揚力が増えるときの現象について次のうち正しいものはどれか。 (1) 抗力は減る。 (2) 抗力も増える。 (3) 抗力は変化しない。 (4) 抗力は増減する。	20202	二航飛 一航飛 二航飛
問0114	揚力を増大させる方法について(A)～(D)のうち正しいものはいくつあるか。 (1)～(5)の中から選べ。 (A) エンジンの出力を上げて飛行速度を増加させる。 (B) フラップをエクステンドし主翼の翼面積を増大させる。 (C) 空気密度の高い所を飛行する。 (D) スラットをエクステンドしキャンバを増大させる。 (1) 1　　(2) 2　　(3) 3　　(4) 4　　(5) 無し	20202	一航飛
問0115	失速について次のうち正しいものはどれか。 (1) 抗力が増して速度が急激に減少することである。 (2) 翼上面の気流が乱れ、急激に圧力が低くなることである。 (3) 翼上面で境界層が剥離し急激に揚力が減少することである。 (4) 翼に対する空気の速度が急激に減少することである。	20202	一運飛

問題番号	試験問題	シラバス番号	出題履歴
問0116	迎角0°において揚力係数が0となる翼型は次のうちどれか。 (1)翼厚の厚い翼 (2)翼厚の薄い翼 (3)対称翼 (4)キャンバの大きい翼	20202	二運飛
問0117	迎え角0°において揚力係数がゼロとなる翼型で次のうち正しいものはどれか。 (1)スーパー・クリティカル翼 (2)キャンバの小さい翼 (3)キャンバの大きい翼 (4)対称翼	20202	工共通
問0118	揚抗比に関する記述について次のうち正しいものはどれか。 (1)揚力に反比例する。 (2)抗力に反比例する。 (3)空気密度に反比例する。 (4)速度に反比例する。	20202	工共通
問0119	主翼の風圧中心に関する記述で次のうち誤っているものはどれか。 (1)圧力分布の合力の作用点をいう。 (2)飛行速度を増すと風圧中心は後方へ移動する。 (3)風圧中心は通常は前縁から25%付近にある。 (4)風圧分布の変化と風圧中心の移動は無関係である。	20202	一運飛 一運飛
問0120	翼の風圧中心に関する説明で次のうち誤っているものはどれか。 (1)飛行速度によって変化する。 (2)迎え角の変化に関係なく一定である。 (3)翼型によって違いがあるが、通常は前縁から25%付近にある。 (4)風圧中心の移動は飛行機の安定性に対して好ましくない。	20202	二航飛 二航飛 二航滑
問0121	風圧中心について(A)〜(D)のうち正しいものはいくつあるか。 (1)〜(5)の中から選べ。 (A)迎え角が大きくなると後縁側へ移動する。 (B)翼前縁から風圧中心までの距離と翼型中心線の長さとの比を風圧中心係数という。 (C)最大キャンバを小さくすると風圧中心の移動が少なくなる。 (D)翼型の後縁部を上方へ反らすと風圧中心の移動が少なくなる。 (1) 1　　(2) 2　　(3) 3　　(4) 4　　(5) 無し	20202	一航飛
問0122	ロータ・ブレードの風圧中心の説明として(A)〜(D)のうち正しいものはいくつあるか。 (1)〜(5)の中から選べ。 (A)圧力分布の合力の作用点をいう。 (B)風圧中心は迎え角が大きくなると後退する。 (C)迎え角が変化してもピッチング・モーメントが変化しない位置をいう。 (D)ヘリコプタに用いられる翼型では、翼前縁からほぼ1／4翼弦長の位置にある。 (1) 1　　(2) 2　　(3) 3　　(4) 4　　(5) 無し	20202	一航回 一航回
問0123	風圧中心の移動を少なくする方法について次のうち正しいものはどれか。 (1)最大キャンバを大きくする。 (2)最大キャンバの位置を前縁側に近づける。 (3)翼型の後縁部を下方へ反らす。 (4)風圧中心係数をなるべく大きくする。	20202	工共通 一航回 一航回 工共通
問0124	風圧中心の移動を少なくする方法で次のうち正しいものはどれか。 (1)最大キャンバを小さくする。 (2)最大キャンバの位置を後縁側に近づける。 (3)翼型の後縁部を下方へ反らす。 (4)風圧中心係数をなるべく大きくする。	20202	工共通 一運回
問0125	主翼の風圧中心が前方へ移動するのは次のうちどれか。 (1)水平飛行のとき (2)迎え角を大きくしたとき (3)飛行速度を増加したとき (4)迎え角を小さくしたとき	20202	一運飛

問題番号	試験問題	シラバス番号	出題履歴
問0126	主翼の風圧中心の変化を小さくする方法について(A)〜(D)のうち正しいものはいくつあるか。(1)〜(5)の中から選べ。 (A)揚抗比を小さくする。 (B)最大キャンバを小さくする。 (C)最大キャンバの位置を前縁に近づける。 (D)翼後縁を上方に反らす。 (1) 1　(2) 2　(3) 3　(4) 4　(5) 無し	20202	一航飛
問0127	翼の空力中心について次のうち正しいものはどれか。 (1)迎え角の変化に関係なく、モーメント係数によって空力中心は変化する。 (2)迎え角によって、空力中心は大きく変化する。 (3)空力中心と風圧中心は常に一致する。 (4)迎え角が変化しても、空力中心まわりのモーメントはほぼ一定である。	20203	二航滑 二航滑 二航滑 二航滑 二航滑 二航飛
問0128	主翼の空力中心と風圧中心に関する記述で次のうち誤っているものはどれか。 (1)翼の重心位置より空力中心が後方にあるときは機首下げ方向の空力モーメントとなる。 (2)空力中心は一般的な翼型では翼弦長の25%付近にある。 (3)キャンバの大きい翼型ほど風圧中心の移動が少ない。 (4)風圧中心は迎え角の変化に伴う風圧分布の変化によって移動する。	20202	一運飛 工共通 一運飛
問0129	主翼の空力中心と風圧中心に関する記述で次のうち誤っているものはどれか。 (1)翼の重心位置より空力中心が後方にあるときは機首下げ方向の空力モーメントとなる。 (2)空力中心は一般的な翼型では翼弦長の25%付近にある。 (3)キャンバの大きい翼型ほど風圧中心の移動が大きい。 (4)風圧中心は迎え角の変化に関係なく一定である。	20202	二運飛 二運飛 二運飛 二運飛 二運飛 二運飛 二運飛 二運飛
問0130	主翼の空力中心と風圧中心に関する記述で次のうち誤っているものはどれか。 (1)翼の重心位置より空力中心が後方にあるときは機首下げ方向の空力モーメントとなる。 (2)空力中心は一般的な翼型では翼弦長の5%付近にある。 (3)キャンバの大きい翼型ほど風圧中心の移動が大きい。 (4)風圧中心は迎え角の変化に伴う風圧分布の変化によって移動する。	20202	二運飛
問0131	ファウラ・フラップに関する記述で次のうち正しいものはどれか。 (1)翼の後縁部にヒンジ止めにして単純に下方へ折り曲げる機構 (2)翼の後縁下側に取り付けられたフラップがまず後方へ移動し、その後下がっていく機構 (3)前縁部の下側にヒンジを設け、必要な時に前縁部を下方に折り曲げる機構 (4)フラップを下げた時、フラップの前側に翼の下面から上面に通じる隙間を作る機構	20205	一運飛 一運飛 二運飛
問0132	クルーガ・フラップに関する説明で次のうち正しいものはどれか。 (1)翼前縁部に装備され空力的に前縁半径を大きくする効果がある。 (2)翼上面の気流を引き込んでキャンバを増したことと同じ効果を得られる。 (3)翼後縁の下部の一部を下へ折り曲げる形式のものである。 (4)翼後縁下側に取り付けられたフラップがまず後方に移動し、その後翼後縁とフラップ前縁との間に隙間を形成しながら下がっていく機構のものである。	20205	一運飛
問0133	高揚力装置について(A)〜(D)のうち正しいものはいくつあるか。(1)〜(5)の中から選べ。 (A)クルーガ・フラップは翼前縁部に装備され空力的に前縁半径を大きくする効果がある。 (B)スプリット・フラップは翼下面の気流を上面に導き、剥離を遅らせる。 (C)フラップ単独で効率を考えた場合、翼弦長よりも翼幅方向に長い方が効率が良くなる。 (D)ファウラ・フラップは翼後縁下側に取り付けられたフラップがまず後方に移動し、その後、翼後縁とフラップ前縁との間に隙間を形成しながら下がっていく機構のものである。 (1) 1　(2) 2　(3) 3　(4) 4　(5) 無し	20205	一航飛

航空力学

— 47 —

問0134　高揚力装置に関する説明で(A)～(D)のうち正しいものはいくつあるか。
(1)～(5)の中から選べ。

シラバス番号 20205　出題履歴 一航飛 一航飛

(A)クルーガ・フラップは翼前縁部に装備され空力的に前縁半径を大きくする効果がある。
(B)スプリット・フラップは翼上面の気流を引き込んでキャンバを増したことと同じ効果を得られるが抗力の増加も大きい。
(C)フラップ単独で効率を考えた場合、翼弦長よりも翼幅方向に長い方が効率が良くなる。
(D)ファウラ・フラップは翼後縁下側に取り付けられたフラップがまず後方に移動し、その後、翼後縁とフラップ前縁との間に隙間を形成しながら下がっていく機構のものである。

(1) 1　　(2) 2　　(3) 3　　(4) 4　　(5) 無し

問0135　高揚力装置に関する説明で(A)～(D)のうち正しいものはいくつあるか。
(1)～(5)の中から選べ。

シラバス番号 20205　出題履歴 一航飛

(A)スプリット・フラップは翼前縁部に装備され空力的に前縁半径を大きくする効果がある。
(B)クルーガ・フラップは翼上面の気流を引き込んでキャンバを増したことと同じ効果を得られるが抗力の増加も大きい。
(C)フラップ単独で効率を考えた場合、翼弦長よりも翼幅方向に長い方が効率が良くなる。
(D)ファウラ・フラップは翼後縁下側に取り付けられたフラップがまず後方に移動し、その後、翼後縁とフラップ前縁との間に隙間を形成しながら下がっていく機構のものである。

(1) 1　　(2) 2　　(3) 3　　(4) 4　　(5) 無し

問0136　矩形翼の特徴で(A)～(D)のうち正しいものはいくつあるか。
(1)～(5)の中から選べ。

シラバス番号 20301　出題履歴 二航飛 二航飛

(A)翼端と翼根元部の翼弦長が等しい。
(B)翼端失速の傾向が少ない。
(C)翼根元の曲げモーメントが小さい。
(D)製作が容易である。

(1) 1　　(2) 2　　(3) 3　　(4) 4　　(5) 無し

問0137　主翼の縦横比について次のうち誤っているものはどれか。

シラバス番号 20302　出題履歴 二運飛 二運飛 二運飛 二運飛

(1)縦横比が大きければ誘導抗力は小さくなる。
(2)縦横比が大きければ揚抗比は大きくなる。
(3)縦横比が大きければ滑空距離は長くなる。
(4)縦横比が大きければ失速速度は速くなる。

問0138　主翼の縦横比について次のうち正しいものはどれか。

シラバス番号 20302　出題履歴 二運飛

(1)翼幅と最大翼厚との比である。
(2)平均翼弦長を翼幅で除したものである。
(3)翼幅の二乗を翼面積で除したものである。
(4)テーパー比とも呼ばれ、翼根元部と翼端部における翼弦長の比である。

問0139　主翼の縦横比について次のうち誤っているものはどれか。

シラバス番号 20302　出題履歴 二運飛 二運滑

(1)縦横比が大きければ誘導抗力は小さくなる。
(2)縦横比が大きければ揚抗比は大きくなる。
(3)縦横比が大きければ滑空距離は長くなる。
(4)縦横比が大きければ失速速度は速くなる。

問0140　縦横比とその効果に関する記述で次のうち誤っているものはどれか。

シラバス番号 20302　出題履歴 一運飛 一運飛 一運飛

(1)縦横比が大きいと誘導抗力は小さくなる。
(2)縦横比が大きいと揚力傾斜は小さくなる。
(3)縦横比が大きいと揚抗比も大きくなる。
(4)縦横比が小さいと横安定は悪くなる。

問0141　縦横比と飛行性能の関係について次のうち誤っているものはどれか。

シラバス番号 20302　出題履歴 二航飛 二航飛 二航飛 二航飛

(1)縦横比が大きいほど滑空距離は長くなる。
(2)縦横比が小さいほど誘導抗力は大きくなる。
(3)縦横比が小さいほど揚抗比が小さくなり横安定は低下する。
(4)縦横比が大きいほど揚力傾斜が小さくなる。

問題番号	試験問題	シラバス番号	出題履歴
問0142	縦横比と飛行性能の関係について次のうち誤っているものはどれか。 (1)縦横比が大きいほど滑空距離は長くなる。 (2)縦横比が小さいほど誘導抗力は小さくなる。 (3)縦横比が小さいほど揚抗比が小さくなり横安定は低下する。 (4)縦横比が大きくなるほど揚力傾斜は大きくなる。	20302	二航飛
問0143	縦横比と飛行性能の関係について次のうち正しいものはどれか。 (1)縦横比が小さいほど滑空距離は長くなる。 (2)縦横比が大きいほど誘導抗力は大きくなる。 (3)縦横比が小さいほど揚抗比が小さくなり横安定は低下する。 (4)縦横比が小さくなるほど揚力傾斜は大きくなる。	20302	二航滑
問0144	主翼のアスペクト比について(A)～(D)のうち正しいものはいくつあるか。 (1)～(5)の中から選べ。 (A)アスペクト比が大きいと誘導抗力係数は小さくなる。 (B)アスペクト比が大きいと揚抗比は大きくなる。 (C)アスペクト比が大きいと滑空距離は長くなる。 (D)アスペクト比が大きいと失速速度は遅くなる。 (1) 1　　(2) 2　　(3) 3　　(4) 4　　(5) 無し	20302	二航滑 一航飛 一航飛 二航滑
問0145	主翼のアスペクト比について(A)～(D)のうち正しいものはいくつあるか。 (1)～(5)の中から選べ。 (A)アスペクト比が大きければ誘導抗力係数は小さくなる。 (B)アスペクト比が大きければ揚抗比は大となる。 (C)アスペクト比が大きければ滑空距離は長くなる。 (D)アスペクト比が大きければ地面の影響を受けやすい。 (1) 1　　(2) 2　　(3) 3　　(4) 4　　(5) 無し	20302	一航飛
問0146	主翼のアスペクト比について(A)～(D)のうち正しいものはいくつあるか。 (1)～(5)の中から選べ。 (A)アスペクト比と誘導抗力係数は比例関係にある。 (B)アスペクト比が大きいほど安定は良くなり高速で機敏な運動を行う機体に適している。 (C)アスペクト比が大きいほど揚抗比は向上する。 (D)アスペクト比が大きいほど空力面の性能が向上する。 (1) 1　　(2) 2　　(3) 3　　(4) 4　　(5) 無し	20302	二航飛 二航飛
問0147	空力平均翼弦（MAC）で次のうち正しいものはどれか。 (1)翼の各断面における翼弦線の長さを平均したもの (2)翼の空気力学的特性を代表する翼弦 (3)空力中心が翼弦線上にきた時の翼弦 (4)翼端と翼付根の間の中央部における翼弦	20303	工共通 工共通
問0148	空力平均翼弦（MAC）について(A)～(D)のうち正しいものはいくつあるか。 (1)～(5)の中から選べ。 (A)その翼の空力的特性を代表する翼弦である。 (B)縦の安定性や釣り合いを示すときに用いられる。 (C)重心周りのモーメントや重心位置を示すときに用いられる。 (D)翼の横方向（スパン方向）の強度を表す。 (1) 1　　(2) 2　　(3) 3　　(4) 4　　(5) 無し	20303	一航飛 一航飛
問0149	流体に関する説明として次のうち正しいものはどれか。 (1)常に静圧は動圧の1／2である。 (2)動圧と静圧の差は常に一定である。 (3)定常流体における動圧は流体速度の2乗に比例する。 (4)連続する流体において、流管の断面積が大きいほど流体の速度は大きい。	20304	一運回
問0150	同一管内を連続して流れる流体について次のうち正しいものはどれか。 (1)管の径が大きくなるに従い流速は速くなる。 (2)管の径に関わらず、単位時間内に通過する流体の量は等しい。 (3)管の径に関わらず、流速は一定である。 (4)管の径に関わらず、流速は密度に比例する。	20304	二航滑 二航飛 二航飛 二航滑

問題番号	試験問題	シラバス番号	出題履歴
問0151	同一管内を連続して流れる流体について次のうち誤っているものはどれか。 (1)管の径が大きくなるに従い流速は遅くなる。 (2)管の径に関わらず、流速は一定である。 (3)管の径に関わらず、単位時間内に通過する流体の量は等しい。 (4)密度は通常の状態では流れの途中では変化しない。	20304	二航滑
問0152	マグヌス効果について(A)～(D)のうち正しいものはいくつあるか。 (1)～(5)の中から選べ。 (A)空気に粘性があることから効果が生じる。 (B)回転するボールの表面に圧力差が生じて、圧力の低い方へ曲がっていく。 (C)揚力の発生にかかわる循環理論の基礎となる。 (D)ベルヌーイの定理を当てはめると、流速が遅ければ静圧は低下する。 (1)1　　(2)2　　(3)3　　(4)4　　(5)無し	20304	一航飛
問0153	『流体を凸曲面に沿って高速で流すと、流体はその曲面に沿って流れる』という現象は次のうちどれか。 (1)マグヌス効果 (2)ヒュゴイド効果 (3)ベンチュリ効果 (4)コアンダ効果	20304	一航回 一航回
問0154	ウイングレットの効果で次のうち正しいものはどれか。 (1)誘導抗力を減少させることができる。 (2)高速バフェットの発生を防ぐことができる。 (3)主翼の固有振動の発生を防ぐことができる。 (4)翼端渦が大きくなるので衝撃波の発生を遅らせることができる。	20305	一運飛
問0155	ウイング・レットの効果で次のうち誤っているものはどれか。 (1)誘導抗力を小さくできる。 (2)翼の揚力損失を減らすことができる。 (3)干渉抗力を小さくできる。 (4)縦横比を大きくしたのと同様の効果がある。	20305	一運飛 一運飛 工共通 一運飛
問0156	ウイング・レットの効果で次のうち誤っているものはどれか。 (1)翼端での吹き上げを抑えて揚力損失を減らすことができる。 (2)翼厚比を大きくするのと同等の効果が得られる。 (3)誘導抗力を減少させる効果がある。 (4)翼端渦を拡散し弱くできる。	20305	一運飛
問0157	主翼のウイングレットの特徴について(A)～(D)のうち正しいものはいくつあるか。 (1)～(5)の中から選べ。 (A)翼端での吹き上げを抑えて揚力損失を減らすことができる。 (B)翼の縦横比を大きくするのと同等の効果が得られる。 (C)誘導抗力を減少させる効果がある。 (D)翼端渦を拡散し弱くできる。 (1)1　　(2)2　　(3)3　　(4)4　　(5)無し	20305	一航飛 一航飛
問0158	主翼に作用する形状抗力について次のうち正しいものはどれか。 (1)誘導抗力＋圧力抗力 (2)誘導抗力＋摩擦抗力 (3)誘導抗力＋有害抗力 (4)摩擦抗力＋圧力抗力	20305	二運飛 三運飛 二運飛
問0159	翼に作用する形状抗力に関する説明として次のうち正しいものはどれか。 (1)摩擦抗力と誘導抗力の和である。 (2)圧力抗力と誘導抗力の和である。 (3)干渉抗力と誘導抗力の和である。 (4)摩擦抗力と圧力抗力の和である。	20305	一航回 二航回 一航回

問0160 翼の形状抗力で次のうち正しいものはどれか。 20305

(1)誘導抗力と圧力抗力の和である。
(2)誘導抗力と摩擦抗力の和である。
(3)圧力抗力と摩擦抗力の和である。
(4)圧力抗力、摩擦抗力および誘導抗力の和である。

問0161 胴体に作用する抗力に関する記述ついて(A)～(D)のうち正しいものはいくつあるか。 20305
(1)～(5)の中から選べ。

(A)胴体に作用する抗力は有害抗力である。
(B)胴体に作用する抗力は主に圧力抗力と摩擦抗力である。
(C)抗力を少なくするためには正面面積と表面積を小さくする。
(D)胴体形状の流線形化と表面の平滑化で少なくできる。

(1) 1　　(2) 2　　(3) 3　　(4) 4　　(5) 無し

問0162 胴体に作用する抗力に関する記述ついて(A)～(D)のうち正しいものはいくつあるか。 20305
(1)～(5)の中から選べ。

(A)胴体に作用する抗力は有害抗力である。
(B)胴体に作用する抗力は主に圧力抗力と摩擦抗力である。
(C)抗力を少なくするためには表面面積を小さくする。
(D)胴体形状の流線形化と表面の平滑化で少なくできる。

(1) 1　　(2) 2　　(3) 3　　(4) 4　　(5) 無し

問0163 主翼付け根にあるフィレットの効果で次のうち正しいものはどれか。 20305

(1)主翼付け根に過度の応力が働くのを防ぐ。
(2)主翼付け根の応力を分散させる。
(3)主翼の揚力を増加させる。
(4)主翼付け根後縁付近の気流の剥離を防ぐ。

問0164 主翼付け根にあるフィレットの効果で(A)～(D)のうち正しいものはいくつあるか。 20305
(1)～(5)の中から選べ。

(A)主翼付け根に過度の応力が働くのを防ぐ。
(B)主翼付け根の応力を分散する。
(C)主翼の揚力を増加させる。
(D)主翼付け根後縁付近の気流の剥離を防ぐ。

(1) 1　　(2) 2　　(3) 3　　(4) 4　　(5) 無し

問0165 主翼にねじり下げをつける目的で次のうち正しいものはどれか。 20307

(1)主翼の強度を増す。
(2)横滑りを防止する。
(3)翼端失速を防止する。
(4)翼端渦の発生を防止する。

問0166 きりもみについて次のうち誤っているものはどれか。 20307

(1)失速して自転を起こし、機首を下にしてらせん状に旋転しながら急降下する状態で
　　ある。
(2)自転ときりもみは同義語である。
(3)水平きりもみよりも、機首下げ角の大きいきりもみの方が回復が容易とされている。
(4)機首を下げて旋転していくうちに機首が水平近くまで上がってくる状態を水平きり
　　もみという。

問0167 翼端失速を防ぐ方法として次のうち誤っているものはどれか。 20307

(1)翼端部における有効迎え角を小さくし根元部と変わらないようにする。
(2)翼端部の翼型を根元部よりも失速しにくいものにする。
(3)翼端部の誘導速度を小さくし有効迎え角を極力小さくする。
(4)翼根元部にストール・ストリップを取り付け、翼端より早く気流を剥離させる。

問0168 翼端失速の防止策について次のうち正しいものはどれか。 20307

(1)翼の根元にストール・ストリップを取り付け翼端より早く気流を剥離させる。
(2)翼端側の取付角を根元部より小さくして、空力的ねじり下げをつける。
(3)翼端部の翼型を根元部より失速しにくい翼型にして幾何学的ねじり下げをつける。
(4)翼のテーパの強い翼にする。

問0169 翼端失速の防止策について(A)〜(D)のうち正しいものはいくつあるか。
(1)〜(5)の中から選べ。

    (A)翼の根元にストール・ストリップを取り付け翼端より早く気流を剥離させる。
    (B)翼端側の取付角を根元部より小さくして、幾何学的ねじり下げをつける。
    (C)翼端部にスロット、又はスラットを取り付ける。
    (D)翼のテーパを弱くする。

    (1)1   (2)2   (3)3   (4)4   (5)無し

問0170 翼端失速防止対策について(A)〜(D)のうち正しいものはいくつあるか。
(1)〜(5)の中から選べ。

    (A)翼根部に失速角の小さい逆キャンバーの翼型を採用する。
    (B)翼に幾何学的ねじり下げを施す。
    (C)翼の前縁に前縁板を取り付ける。
    (D)翼端前縁部にスラットやスロットなどの高揚力装置を設ける。

    (1)1   (2)2   (3)3   (4)4   (5)無し

問0171 後退翼の特徴で次のうち誤っているものはどれか。

    (1)翼内燃料タンクへの燃料搭載量に応じて重心位置が大きく移動する。
    (2)高速飛行時の抗力を減少させることができる。
    (3)後退角を大きくすると翼端失速の傾向は弱くなる。
    (4)横滑りに入ると風見効果により傾きを戻すようになる。

問0172 後退翼の特徴で次のうち誤っているものはどれか。

    (1)音速付近の抗力が少ない。
    (2)高速での方向安定および横安定が良い。
    (3)翼端失速を起こしにくい。
    (4)上反角効果がある。

問0173 後退翼の特徴について次のうち誤っているものはどれか。

    (1)遷音速から超音速において抗力が少ない。
    (2)フラップ効果が少ない。
    (3)翼端失速が起こりにくい。
    (4)燃料消費に伴い重心位置が変化する。

問0174 後退翼の特徴について(A)〜(D)のうち正しいものはいくつあるか。
(1)〜(5)の中から選べ。

    (A)遷音速から超音速において抗力が少ない。
    (B)フラップ効果が少ない。
    (C)翼端失速が起こりにくい。
    (D)燃料消費に伴い重心位置が変化する。

    (1)1   (2)2   (3)3   (4)4   (5)無し

問0175 後退翼の特徴について(A)〜(D)のうち正しいものはいくつあるか。
(1)〜(5)の中から選べ。

    (A)遷音速から超音速において抗力が少ない。
    (B)フラップ効果が大きい。
    (C)主翼がねじれやすい。
    (D)燃料消費に伴い重心位置が変化する。

    (1)1   (2)2   (3)3   (4)4   (5)無し

問0176 飛行中、主翼が着氷した場合に考えられる現象について次のうち誤っているものはどれか。

    (1)揚力が減少する。
    (2)バフェットが発生する。
    (3)抗力が増加する。
    (4)失速速度が遅くなる。

問0177 飛行中、主翼が着氷した場合に考えられる現象で次のうち誤っているものはどれか。

    (1)翼型が変化することによる揚力の低下
    (2)着氷による機体重量の増加
    (3)抗力の減少
    (4)失速速度の増加

問題番号	試験問題	シラバス番号	出題履歴
問0178	飛行中、主翼が着氷した場合に考えられる現象について(A)～(D)のうち正しいものはいくつあるか。(1)～(5)の中から選べ。 (A)揚力が減少する。 (B)バフェットが発生する。 (C)抗力が増加する。 (D)失速速度が遅くなる。 (1) 1　　(2) 2　　(3) 3　　(4) 4　　(5) 無し	20310	二航飛
問0179	飛行中、主翼が着氷した場合に考えられる現象で(A)～(D)のうち正しいものはいくつあるか。(1)～(5)の中から選べ。 (A)揚力が減少する。 (B)バフェットが発生する。 (C)抗力が増加する。 (D)失速速度が速くなる。 (1) 1　　(2) 2　　(3) 3　　(4) 4　　(5) 無し	20310	二航滑
問0180	安定性について次のうち正しいものはどれか。 (1)安定性に重心位置は関係しない。 (2)動揺の振幅が次第に変化していく性質を静安定という。 (3)復元力が生ずるか生じないかという性質を動安定という。 (4)静安定が負である飛行機は動安定を正にすることは出来ない。	20401	二航滑 二航滑 二運飛
問0181	飛行機の上下軸に関係のあるものについて次のうち正しいものはどれか。 (1)昇降舵とピッチング (2)方向舵とヨーイング (3)補助翼とローリング (4)昇降舵とローリング	20401	二航飛
問0182	飛行機の静安定に影響するものについて次のうち誤っているものはどれか。 (1)主翼面積 (2)主翼上反角 (3)重心位置 (4)機体重量	20401	一運飛 二航飛 二航飛
問0183	飛行機の静安定に影響するものとして(A)～(D)のうち正しいものはいくつあるか。(1)～(5)の中から選べ。 (A)主翼面積 (B)主翼上反角 (C)重心位置 (D)機体重量 (1) 1　　(2) 2　　(3) 3　　(4) 4　　(5) 無し	20401	二航飛
問0184	飛行機の静安定に影響するものについて(A)～(D)のうち正しいものはいくつあるか。(1)～(5)の中から選べ。 (A)翼幅 (B)翼面積 (C)後退角 (D)上反角 (1) 1　　(2) 2　　(3) 3　　(4) 4　　(5) 無し	20401	二航飛
問0185	飛行機の静安定に影響するものとして(A)～(D)のうち正しいものはいくつあるか。(1)～(5)の中から選べ。 (A)後退角 (B)主翼上反角 (C)重心位置 (D)尾翼と主翼の位置関係 (1) 1　　(2) 2　　(3) 3　　(4) 4　　(5) 無し	20401	一航飛

問0186 飛行機の安定性について(A)〜(D)のうち正しいものはいくつあるか。
(1)〜(5)の中から選べ。

20401 一航飛

(A)外力により機体の姿勢が変化したとき、元の姿勢に戻そうとする働きを動安定という。
(B)変化した姿勢が時間を経過しても元に戻らないことを「安定性が負」であるという。
(C)静安定が「負」である飛行機は動安定を「正」とすることはできない。
(D)静安定が「正」である飛行機は動安定は必ず「正」となる。

(1) 1 　 (2) 2 　 (3) 3 　 (4) 4 　 (5) 無し

問0187 飛行機の安定性について(A)〜(D)のうち正しいものはいくつあるか。
(1)〜(5)の中から選べ。

20401 一航飛

(A)外力により機体の姿勢が変化したとき、元の姿勢に戻そうとする働きを静安定という。
(B)変化した姿勢が時間を経過しても変位不変で元に戻らないことを「安定性が負」であるという。
(C)静安定が「負」である飛行機は動安定を「正」とすることはできない。
(D)静安定が「正」である飛行機は動安定は必ず「正」となる。

(1) 1 　 (2) 2 　 (3) 3 　 (4) 4 　 (5) 無し

問0188 安定性について(A)〜(D)のうち正しいものはいくつあるか。
(1)〜(5)の中から選べ。

20401 二航飛 / 一航飛 / 一航飛

(A)安定性に重心位置は関係しない。
(B)動揺の振幅が次第に変化していく性質を静安定という。
(C)復元力が生ずるか生じないかという性質を動安定という。
(D)静安定が負である飛行機は動安定を正にすることは出来ない。

(1) 1 　 (2) 2 　 (3) 3 　 (4) 4 　 (5) 無し

問0189 安定性について(A)〜(D)のうち正しいものはいくつあるか。
(1)〜(5)の中から選べ。

20401 二航滑

(A)擾乱を受けたとき元の姿勢に戻る傾向がないことを「安定性が中立」であるという。
(B)動揺の振幅が次第に変化していく性質を動安定という。
(C)復元力が生ずるか生じないかという性質を静安定という。
(D)静安定が強過ぎると動安定が負になることがある。

(1) 1 　 (2) 2 　 (3) 3 　 (4) 4 　 (5) 無し

問0190 静安定に関する説明で次のうち誤っているものはどれか。

20402 二運飛 / 二運飛

(1)主翼の迎え角が大きくなると、風圧中心は後方に移動し機首下げモーメントを発生する。
(2)水平尾翼は重心位置から離れた位置に取り付け、迎え角が変わると主翼と逆のモーメントを発生する。
(3)外力により機体の姿勢が変化したとき、復元力が生じるか生じないかという性質である。
(4)水平尾翼の面積が小さいか重心位置から尾翼揚力中心までのアームが短いと、主翼モーメントに打ち勝つことができず縦安定が負となる。

問0191 縦の静安定についての説明で次のうち誤っているものはどれか。

20402 二運飛 / 二運飛 / 二運飛 / 二運飛

(1)主翼の迎え角が大きくなると、風圧中心は後方に移動し機首下げモーメントを発生する。
(2)水平尾翼は重心位置から離れた位置に取り付け、迎え角が変わると主翼と逆のモーメントを発生する。
(3)復元力が生じるか生じないかという性質である。
(4)水平尾翼の面積が小さく重心位置から尾翼揚力中心までのアームが短いと、縦安定が負となる。

問0192 縦の静安定に関する説明で次のうち誤っているものはどれか。

20402 一運飛 / 一運飛 / 工共通 / 一運飛

(1)主翼の迎え角が大きくなると風圧中心は後方に移動し機首下げモーメントを発生する。
(2)水平尾翼は重心位置から離れた位置に取り付け、迎え角が変わると主翼と逆のモーメントを発生する。
(3)主翼の風圧中心と重心位置が合致していれば、尾翼の釣り合いモーメントは必要としない。
(4)水平尾翼の面積が小さく重心位置から尾翼揚力中心までのアームが短いと、縦安定が負となる。

問0193 水平尾翼の目的について次のうち正しいものはどれか。 　20402 　二運飛 二運飛

(1)主翼の揚力の不足分を補う。
(2)縦の静安定の作用を受け持つ。
(3)旋回時、横すべりを防止する。
(4)失速時、頭下げを防止する。

問0194 縦揺れ運動における短周期振動で次のうち正しいものはどれか。 　20403 　二運飛

(1)ヒュゴイド運動
(2)バルーニング運動
(3)ポーパシング運動
(4)マグヌス運動

問0195 垂直尾翼による方向安定性を高める方法で次のうち誤っているものはどれか。 　20404 　二航飛

(1)垂直尾翼の前縁半径を大きくする。
(2)垂直尾翼の翼厚比を大きくする。
(3)垂直尾翼の縦横比を大きくする。
(4)垂直尾翼の付け根部にドーサル・フィンを取り付ける。

問0196 垂直尾翼による方向安定性を高める方法について(A)～(D)のうち正しいものはいくつ 　20404 　二航飛
あるか。(1)～(5)の中から選べ。

(A)垂直尾翼の前縁半径を小さくする。
(B)垂直尾翼の翼厚比を小さくする。
(C)垂直尾翼の失速角を大きくする。
(D)垂直尾翼の付け根部にドーサル・フィンを取り付ける。

(1)1　　(2)2　　(3)3　　(4)4　　(5)無し

問0197 上反角の目的について次のうち正しいものはどれか。 　20405 　二運飛 二運飛

(1)主翼の揚力係数の増加
(2)主翼の抗力係数の増加
(3)縦安定の増加
(4)横安定の増加

問0198 主翼の上反角について(A)～(D)のうち正しいものはいくつあるか。 　20405 　一航飛
(1)～(5)の中から選べ。

(A)上反角がないと旋回時横滑りしやすい。
(B)上反角が大きく方向安定が悪いとダッチロールを起こす。
(C)上反角は横安定には影響しない。
(D)後退翼は上反角効果を持っている。

(1)1　　(2)2　　(3)3　　(4)4　　(5)無し

問0199 横の動安定に関する飛行機の運動形態について(A)～(D)のうち正しいものはいくつ 　20406 　一航飛
あるか。(1)～(5)の中から選べ。 　　　二航飛

(A)らせん不安定
(B)ヒュゴイド運動
(C)方向発散
(D)ダッチロール

(1)1　　(2)2　　(3)3　　(4)4　　(5)無し

問0200 ダッチロールを減衰させるための装置で次のうち正しいものはどれか。 　20406 　一運飛

(1)ヨー・ダンパ
(2)フライト・ディレクタ
(3)マック・トリム・コンペンセータ
(4)シミー・ダンパ

航空力学

問0201　下図において、ダッチ・ロール現象を表したものはどれか。　20406　二航飛

(1)　　　　　　　　(2)　　　　　　　　(3)

問0202　単発機のプロペラ後流について(A)～(D)のうち正しいものはいくつあるか。　20407　二航飛／二航飛
(1)～(5)の中から選べ。

(A)プロペラ後流を受ける部分の翼の揚力が増加する。
(B)フラップを下げるとプロペラ後流の影響が強くなる。
(C)操縦室から見て右回転のプロペラでは、プロペラ後流が垂直尾翼右面に当たり機首が右へとられる。
(D)プロペラ後流の影響を防ぐため、垂直尾翼をオフセットしてある機体もある。

(1)1　　(2)2　　(3)3　　(4)4　　(5)無し

問0203　単発プロペラ機のプロペラ後流について(A)～(D)のうち正しいものはいくつあるか。　20407　二航飛／二航飛
(1)～(5)の中から選べ。

(A)プロペラ後流は翼根元部の揚力を増大させ翼幅方向の揚力分布に偏りが生じる。
(B)操縦室から見て右回りのプロペラの場合、左翼の揚力が大きく右翼の揚力は小さくなり横の安定に影響が出る。
(C)プロペラ後流は上反角効果を低下させる。
(D)高速のプロペラ後流は垂直尾翼の効きを向上させ安定性を良くする。

(1)1　　(2)2　　(3)3　　(4)4　　(5)無し

問0204　ヒンジ・モーメントの大きさに影響をおよぼす要素として(A)～(D)のうち正しいものはいくつあるか。(1)～(5)の中から選べ。　20501　一航飛／一航飛

(A)舵面の面積
(B)舵面の弦長
(C)飛行速度
(D)舵面の幅

(1)1　　(2)2　　(3)3　　(4)4　　(5)無し

問0205　操舵力を軽減する方法で次のうち誤っているものはどれか。　20502　一運飛

(1)ヒンジ・モーメントを小さくする。
(2)マス・バランスを調整する。
(3)シール・バランスを取り付ける。
(4)油圧などによるPOWER CONTROL SYSTEMを用いる。

問0206　操舵力の軽減を目的としているもので次のうち誤っているものはどれか。　20502　二運飛／二運飛

(1)ホーン・バランス
(2)シール・バランス
(3)マス・バランス
(4)オーバハング・バランス

問0207　操舵力の軽減を目的とするタブについて次のうち誤っているものはどれか。　20502　二航飛

(1)バランス・タブ
(2)トリム・タブ
(3)サーボ・タブ
(4)スプリング・タブ

問題番号	試験問題	シラバス番号	出題履歴
問0208	保舵力の軽減を目的とするタブについて次のうち正しいものはどれか。 (1)バランス・タブ (2)トリム・タブ (3)サーボ・タブ (4)スプリング・タブ	20502	二航飛 二航飛 二航飛
問0209	トリム・タブに関する記述で次のうち正しいものはどれか。 (1)機速に応じて舵角を変化させ、舵の効きを良くしている。 (2)あらかじめ固定することで飛行中の機体姿勢を安定させている。 (3)舵と反対方向に作動することで操舵力を軽減している。 (4)操縦席から任意の位置にセットし保舵力を軽減している。	20502	一運飛
問0210	コントロール・タブについて次のうち正しいものはどれか。 (1)飛行状態を維持する為に保舵力を0にする。 (2)タブに発生する空気力で間接的に操縦翼面を動かす。 (3)広い速度範囲にわたって操舵力を適切な値に保つ。 (4)操縦翼面の動きと同方向に動き、これに作用する空気力により操舵を容易にする。	20502	二航飛
問0211	タブに関する説明で次のうち誤っているものはどれか。 (1)バランス・タブはタブ面に生じる空気力がヒンジモーメントを小さくする。 (2)アンチバランス・タブは操舵力を軽減できるが、舵の効きも低下する。 (3)トリム・タブは飛行状態を維持するために保舵力を0にする。 (4)コントロール・タブはタブに発生する空気力により操舵力を軽減できる。	20502	一運飛 一運飛
問0212	タブに関する説明で次のうち誤っているものはどれか。 (1)トリム・タブは飛行状態を維持するために保舵力を0にする。 (2)コントロール・タブはタブに発生する空気力で間接的に操縦翼面を動かす。 (3)スプリング・タブは広い速度範囲にわたって操舵力を適当な値に保ち、また高速になり舵面に加わる空気力が強くなるとコントロール・タブとして作用する。 (4)バランス・タブは操縦翼面の動きと同方向に動き、これに作用する空気力により操舵を容易にする。	20502	一運飛
問0213	タブについて(A)～(D)のうち正しいものはいくつあるか。 (1)～(5)の中から選べ。 (A)トリム・タブは飛行状態を維持するために保舵力を0にする。 (B)コントロール・タブはタブに発生する空気力で間接的に操縦翼面を動かす。 (C)スプリング・タブは広い速度範囲にわたって操舵力を適当な値に保つ。 (D)バランス・タブは操縦翼面の動きと同方向に動き、これに作用する空気力により操舵を容易にする。 (1) 1　　(2) 2　　(3) 3　　(4) 4　　(5) 無し	20502	一航飛
問0214	タブについて(A)～(D)のうち正しいものはいくつあるか。 (1)～(5)の中から選べ。 (A)トリム・タブは飛行状態を維持するために操舵力を0にする。 (B)コントロール・タブはタブに発生する空気力で間接的に操縦翼面を動かす。 (C)スプリング・タブは広い速度範囲にわたって操舵力を適当な値に保ち、また高速になり舵面に加わる空気力が強くなるとコントロール・タブとして作用する。 (D)バランス・タブは操縦翼面の動きと同方向に動き、これに作用する空気力により操舵を容易にする。 (1) 1　　(2) 2　　(3) 3　　(4) 4　　(5) 無し	20502	一航飛
問0215	地面効果について次のうち正しいものはどれか。 (1)地面効果により誘導抗力が増大し同一迎え角では揚力係数が増大する。 (2)吹き下ろし角の減少により機首下げモーメントが減少する。 (3)バルーニング現象は地面効果によるものと考えられる。 (4)翼の縦横比が小さいほど吹き下ろし角が大きいので地面の影響を受けにくい。	20503	二航滑
問0216	地面効果について次のうち誤っているものはどれか。 (1)地面効果により誘導抗力が増大し、同一迎え角では揚力係数が増大する。 (2)吹き下ろし角の減少により、機首下げモーメントが増大する。 (3)バルーニング現象は、地面効果によるものと考えられる。 (4)翼の縦横比が小さいほど、地面の影響を受けやすい。	20503	一航飛 一航飛

問題番号	試験問題	シラバス番号	出題履歴
問0217	地面効果に関する記述で次のうち誤っているものはどれか。 (1)翼幅と等しい高度から現れ始め、地表に近づくほど強くなる。 (2)縦横比が大きいほど影響を受けやすい。 (3)高翼機よりも低翼機のほうが影響を受けやすい。 (4)昇降舵の効きが低下する。	20503	二運飛 二運飛
問0218	地面効果について(A)〜(D)のうち正しいものはいくつあるか。 (1)〜(5)の中から選べ。 (A)地面効果により誘導抗力が増大し同一迎え角では揚力係数が増大する。 (B)吹き下ろし角の減少により機首下げモーメントが増大する。 (C)バルーニング現象は地面効果によるものと考えられる。 (D)翼の縦横比が小さいほど吹き下ろし角が大きいので地面の影響を受けやすい。 (1)1　　(2)2　　(3)3　　(4)4　　(5)無し	20503	二航滑
問0219	地面効果について(A)〜(D)のうち正しいものはいくつあるか。 (1)〜(5)の中から選べ。 (A)地面効果により誘導抗力が増大し同一迎え角では揚力係数が増大する。 (B)吹き下ろし角の減少により機首下げモーメントが増大する。 (C)バルーニング現象は地面効果によるものと考えられる。 (D)翼の縦横比が小さいほど吹き下ろし角が大きいので地面の影響を受けにくい。 (1)1　　(2)2　　(3)3　　(4)4　　(5)無し	20503	二航滑 二航飛 二航飛
問0220	地面効果について(A)〜(D)のうち正しいものはいくつあるか。 (1)〜(5)の中から選べ。 (A)地面効果により誘導抗力が減少し同一迎え角では揚力係数が増大する。 (B)地面効果による吹き下ろし角の減少により機首下げモーメントが増大する。 (C)バルーニング現象は地面効果によるものと考えられる。 (D)翼の縦横比が小さいほど地面の影響を受けやすい。 (1)1　　(2)2　　(3)3　　(4)4　　(5)無し	20503	二航滑 二航滑
問0221	地面効果について(A)〜(D)のうち正しいものはいくつあるか。 (1)〜(5)の中から選べ。 (A)地面効果により誘導抗力が減少し、同一迎え角では揚力係数が増大する。 (B)吹き下ろし角の減少により、機首上げモーメントが増大する。 (C)離陸時に浮揚はしたもののなかなか高度をとることができない現象をいう。 (D)翼の縦横比が大きいほど、地面の影響を受けやすい。 (1)1　　(2)2　　(3)3　　(4)4　　(5)無し	20503	一航飛
問0222	アドバース・ヨー対策として次のうち誤っているものはどれか。 (1)フリーズ型補助翼の採用 (2)差動補助翼の採用 (3)フライト・スポイラの採用 (4)補助翼の固定タブの採用	20504	二運飛 二運飛 二運飛 二運飛 二運飛
問0223	アドバース・ヨー対策について次のうち誤っているものはどれか。 (1)差動補助翼の採用 (2)フリーズ型エルロンの採用 (3)スプリング・タブの採用 (4)フライト・スポイラの採用	20504	工共通 工共通 工共通
問0224	アドバース・ヨー対策として(A)〜(D)のうち正しいものはいくつあるか。 (1)〜(5)の中から選べ。 (A)スラット (B)差動補助翼 (C)フライト・スポイラ (D)補助翼の固定タブ (1)1　　(2)2　　(3)3　　(4)4　　(5)無し	20504	一航飛 一航飛 一航飛

問題番号	試験問題	シラバス番号	出題履歴

問0225 差動補助翼について次のうち正しいものはどれか。　20504　二運飛

(1)左右の補助翼の作動角が下げ舵より上げ舵の方が大きい。
(2)左右の補助翼の作動角が上げ舵より下げ舵の方が大きい。
(3)最大作動角は左補助翼の方が右補助翼より大きい。
(4)最大作動角は右補助翼の方が左補助翼より大きい。

問0226 差動補助翼について次のうち正しいものはどれか。　20504　二航飛

(1)下げ舵の方は、補助翼付近で気流が剥離し効きが悪いので、作動角を上げ舵よりも多くする。
(2)上げ舵の方は、気流の乱れが少なく効きが良いので、作動角を下げ舵よりも少なくする。
(3)上げ舵の方が下げ舵よりも抗力増加が大きく、この抗力の差が旋回を元に戻そうと働くので、上げ角を下げ角より小さくする。
(4)下げ舵の方が上げ舵よりも抗力増加が大きく、この抗力の差が旋回を元に戻そうと働くので、下げ角を上げ角より小さくする。

問0227 スポイラの作動の説明で次のうち誤っているものはどれか。　20504　一運飛

(1)巡航飛行中に右旋回した時、右翼のスポイラがExtendする。
(2)降下中にExtendしてスピード・ブレーキとして使用することができる。
(3)着陸滑走中、Extendしてブレーキの効きを高めることができる。
(4)着陸進入中、すべてのスポイラはFullExtend状態にある。

問0228 スポイラの作動の説明で(A)～(D)のうち正しいものはいくつあるか。　20504　一航飛
(1)～(5)の中から選べ。

(A)旋回操作をしたとき作動する。
(B)飛行中にスピード・ブレーキとして使用することができる。
(C)グランド・スポイラは着陸滑走中のブレーキの効きを高める。
(D)着陸進入中は減速するため、すべてのフライト・スポイラはFull Extend状態にある。

(1) 1　　(2) 2　　(3) 3　　(4) 4　　(5) 無し

問0229 単発プロペラ機の操縦性について次のうち誤っているものはどれか。　20506　二運飛

(1)プロペラ後流は方向舵、昇降舵の効きを妨げる。
(2)補助翼は翼端に取り付けられているのでプロペラ後流の影響は考慮していない。
(3)プロペラの回転と逆の方向へ機体を傾けようとすることをトルクの反作用という。
(4)プロペラは回転中、一種のコマとなるためジャイロ効果が操縦性に影響する。

問0230 単発プロペラ機の操縦性について(A)～(D)のうち正しいものはいくつあるか。　20506　二航飛
(1)～(5)の中から選べ。

(A)プロペラ後流は方向舵、昇降舵の効きを向上させる。
(B)補助翼は翼端に取り付けられているのでプロペラ後流の影響は考慮していない。
(C)プロペラの回転と逆の方向へ機体を傾けようとすることをトルクの反作用という。
(D)プロペラは回転中、一種のコマとなるためジャイロ効果が操縦性に影響する。

(1) 1　　(2) 2　　(3) 3　　(4) 4　　(5) 無し

問0231 対気速度の記述で次のうち正しいものはどれか。　20602　二運飛／二運飛／二運飛／二運飛／二運飛／二運飛／二運飛

(1)CASとはIASに位置誤差と器差を修正したものである。
(2)標準大気ではIASとEASは等しい。
(3)標準大気ではIASとTASは等しい。
(4)EASはIASを特定の高度における断熱圧縮流に対して修正したものである。

問0232 対気速度について次のうち正しいものはどれか。　20602　二運飛／一運飛

(1)CASとはIASに位置誤差と器差の修正をしたものである。
(2)標準大気ではIASとTASは等しい。
(3)標準大気ではIASとEASは等しい。
(4)EASとはIASに温度の修正をしたものである。

問0233 対気速度について次のうち誤っているものはどれか。　20602　二航飛

(1)IASとは対気速度系統の誤差を修正していないもの
(2)海面上標準大気においてはCASとTASは等しい。
(3)海面上標準大気においてはCASとEASは等しい。
(4)EASとはIASに温度の修正をしたもの

航空力学

問題番号	試験問題	シラバス番号	出題履歴
問0234	対気速度に関する説明として次のうち正しいものはどれか。 （1）CASとはIASを位置誤差と器差に対して修正したものである。 （2）常にEASはCASに等しい。 （3）常にCASはTASに等しい。 （4）IASはかく乱されない大気に相対的な航空機の速度をいう。	20602	二運回
問0235	対気速度の略語の意味で次のうち正しいものはどれか。 （1）IASとは真対気速度のことである。 （2）EASとは等価対気速度のことである。 （3）CASとは指示対気速度のことである。 （4）TASとは較正対気速度のことである。	20602	二運回
問0236	CASについて次のうち正しいものはどれか。 （1）指示対気速度に気流の流れを修正したもの （2）指示対気速度に位置誤差及び器差の修正をしたもの （3）較正対気速度に高度補正をしたもの （4）較正対気速度に密度補正をしたもの	20602	二運飛 二運飛
問0237	対気速度に関する説明として（A）～（D）のうち正しいものはいくつあるか。 （1）～（5）の中から選べ。 （A）CASとはIASを位置誤差と器差に対して修正したものである。 （B）海面上標準大気においてはEASはCASに等しい。 （C）海面上標準大気においてはCASはTASに等しい。 （D）TASはかく乱されない大気に相対的な航空機の速度をいう。 （1）1　　（2）2　　（3）3　　（4）4　　（5）無し	20602	一航回 一航回
問0238	対気速度に関する説明として（A）～（D）のうち正しいものはいくつあるか。 （1）～（5）の中から選べ。 （A）CASとはIASを位置誤差と器差に対して修正したものである。 （B）常にEASはCASに等しい。 （C）常にCASはTASに等しい。 （D）TASはかく乱されない大気に相対的な航空機の速度をいう。 （1）1　　（2）2　　（3）3　　（4）4　　（5）無し	20602	一航回 二航回
問0239	対気速度について（A）～（D）のうち正しいものはいくつあるか。 （1）～（5）の中から選べ。 （A）IASとは対気速度系統の誤差を修正していないもの （B）海面上標準大気においてはCASとTASは等しい。 （C）海面上標準大気においてはCASとEASは等しい。 （D）EASとはIASに温度の修正をしたもの （1）1　　（2）2　　（3）3　　（4）4　　（5）無し	20602	一航飛
問0240	必要馬力について次のうち誤っているものはどれか。 （1）各飛行状態を維持するために必要とするエンジン出力をいう。 （2）必要馬力が大きいほど飛行機の加速性、上昇性能が良くなる。 （3）高速時は高度が高くなるほど必要馬力は減少する。 （4）形状抗力と誘導抗力が増大すると必要馬力は増大する。	40502	一航飛 一航飛 一航飛
問0241	水平定常旋回飛行時の飛行機に働く遠心力の大きさについて次のうち誤っているものはどれか。 （1）速度とバンク角が同じであると飛行機の重量に比例する。 （2）速度と重量が同じであると旋回半径に比例する。 （3）旋回半径と重量が同じであると速度の2乗に比例する。 （4）バンク角が大きいほど大きくなる。	20605	二航飛
問0242	水平定常旋回飛行時の飛行機に働く遠心力の大きさで（A）～（D）のうち正しいものはいくつあるか。（1）～（5）の中から選べ。 （A）速度とバンク角が同じであると飛行機の重量に比例する。 （B）速度と重量が同じであると旋回半径に比例する。 （C）旋回半径と重量が同じであると速度の2乗に比例する。 （D）バンク角が小さいほど大きくなる。 （1）1　　（2）2　　（3）3　　（4）4　　（5）無し	20605	二航飛

問題番号	試験問題	シラバス番号	出題履歴
問0243	定常旋回と比較して下記の操作を行ったときの説明で次のうち誤っているものはどれか。 (1)バンク角が大き過ぎると、内滑りを起こし機首が飛行方向に対して外側に向く。 (2)方向舵の舵角が不足すると、外滑りを起こし機首が飛行方向に対して内側を向く。 (3)バンク角が不足すると、外滑りを起こし機首が飛行方向に対して内側を向く。 (4)方向舵の舵角が大き過ぎると、外滑りを起こし機首が飛行方向に対して内側を向く。	20605	二運飛 二運飛 二運飛 二運飛 二運飛 二運飛
問0244	定常旋回時の力の釣り合いで次のうち正しいものはどれか。ただし揚力はL、遠心力はF、自重はW、バンク角をθとする。 (1)$F=L\cos\theta$ (2)$F=W\cos\theta$ (3)$F=L\sin\theta$ (4)$F=W\sin\theta$	20605	二運飛
問0245	バンク60°で旋回する機体にかかる荷重倍数はいくらか。 (1)1.0 (2)1.4 (3)1.7 (4)2.0	20605	一運飛 一運飛
問0246	旋回する機体にかかる荷重倍数が2のときのバンク角はいくつか。 (1)30° (2)60° (3)45° (4)15°	20605	二運飛 二運飛 二運飛 二運飛
問0247	重量1,200kg、翼面積14m²の飛行機が、30度バンクの定常旋回状態にあるときの翼面荷重（kg/m²）はいくらか。下記のうち最も近い値を選べ。 (1)　55.8 (2)　88.5 (3)　98.5 (4)110.8	20605	二航飛
問0248	航続距離を最大にする方法で次のうち誤っているものはどれか。 (1)燃料消費率を最小にする。 (2)揚抗比を最小にする。 (3)プロペラ効率を良くする。 (4)機体重量を軽くする。	20606	二運飛 二運飛 二運飛
問0249	滑空時の力の釣り合いで次のうち正しいものはどれか。ただし揚力はL、抗力はD、自重はW、滑空角をθとする。 (1)$L=W\cos\theta$ (2)$D=W\cos\theta$ (3)$L=W\sin\theta$ (4)$D=W\tan\theta$	20607	二運飛 二運飛 二運飛 二航飛
問0250	滑空距離を長くする方法で次のうち正しいものはどれか。 (1)翼面荷重を大きくする。 (2)滑空速度を上げる。 (3)最大迎え角をとる。 (4)揚抗比が最大となる飛行姿勢をとる。	20607	二運飛 二運飛 二運飛
問0251	滑空距離を最大にする方法で(A)〜(D)のうち正しいものはいくつあるか。 (1)〜(5)の中から選べ。 (A)揚抗比を最大にする。 (B)滑空比を最大にする。 (C)滑空角を最小にする。 (D)沈下率を最小にする。 (1) 1　　(2) 2　　(3) 3　　(4) 4　　(5) 無し	20607	二航滑 二航滑 二航滑 二航滑
問0252	離陸滑走距離を短くする方法で次のうち正しいものはどれか。 (1)機体重量を重くする。 (2)翼面積を小さくする。 (3)翼面荷重を小さくする。 (4)追い風を利用する。	20608	二運飛 二運飛

問題番号	試験問題	シラバス番号	出題履歴
問0253	臨界マッハ数について次のうち正しいものはどれか。 (1)衝撃波により補助翼等に振動が発生する飛行マッハ数 (2)翼上面の気流速度の最も速いところで、その速度が音速に達したときの飛行マッハ数 (3)超過禁止速度（V_NE）をそのときの音速で割った値 (4)失速速度をそのときの音速で割った値	20701	工共通 工共通
問0254	臨界マッハ数を大きくする方法で次のうち誤っているものはどれか。 (1)翼厚比を小さくする。 (2)前縁半径を小さくする。 (3)翼に後退角を与える。 (4)翼と胴体の組み合せに対し断面積の分布を流線形に近づける。	20701	工共通
問0255	音速を342m/s、飛行機の速度を560ktとしたときのマッハ数(M)で次のうち最も近い値を選べ。 (1)0.38 (2)0.65 (3)0.70 (4)0.82	20701	一運飛
問0256	800km/hで飛行中のマッハ数(M)で次のうち最も近い値を選べ。 ただし音速を342m/sとする。 (1)0.42 (2)0.65 (3)0.70 (4)0.82 (5)1.53 (6)2.33	20701	一航飛
問0257	飛行機のマッハ数(M)を0.6にしたときの速度（Kt）で次のうち最も近い値を選べ。 ただし、音速は342m/sとする。 (1)205 (2)410 (3)462 (4)739	20701	一航飛 一航飛 一航飛
問0258	遷音速域で発生する機首下げ現象は次のうちどれか。 (1)タックアンダ (2)フラッタ (3)バフェット (4)ピッチ・ダウン	20702	二運飛 二運飛 二運飛
問0259	タック・アンダについて次のうち正しいものはどれか。 (1)衝撃波の影響により尾翼に対する吹き下ろしの角度が増大し、機首下げとなる現象をいう。 (2)衝撃波の影響により主翼の風圧中心が後退し、機首下げとなる現象をいう。 (3)衝撃波の影響により尾翼の抗力が増大し、機首下げとなる現象をいう。 (4)衝撃波の影響により主翼の抗力が減少し、機首下げとなる現象をいう。	20702	一航飛 一航飛
問0260	タック・アンダについて次のうち正しいものはどれか。 (1)衝撃波の影響により尾翼に対する吹き下ろしの角度が減少し、機首下げとなる現象をいう。 (2)衝撃波の影響により主翼の空力中心が後退し、機首下げとなる現象をいう。 (3)衝撃波の影響により尾翼の抗力が増大し、機首下げとなる現象をいう。 (4)衝撃波の影響により主翼の抗力が減少し、機首下げとなる現象をいう。	20702	一航飛
問0261	タックアンダに関する記述で次のうち正しいものはどれか。 (1)失速直後に発生する機首下げの現象をいう。 (2)着陸接地前に発生する機首下げの現象をいう。 (3)旋回時に発生する機首下げの現象をいう。 (4)遷音速域で発生する機首下げの現象をいう。	20702	一運飛 一運飛

問題番号	試験問題	シラバス番号	出題履歴
問0262	タックアンダの原因について次のうち誤っているものはどれか。 (1) 衝撃波の発生により主翼上面の気流が乱れるため (2) 水平尾翼に対する吹き下ろし気流の角度が小さくなり、水平尾翼に生じている下向きの空気力が小さくなるため (3) 主翼上面の風圧分布が変化し、風圧中心が後退して空力中心周りに前縁下げモーメントが生じるため (4) 風圧中心係数が小さくなるため	20702	工共通
問0263	タック・アンダについて(A)～(D)のうち正しいものはいくつあるか。 (1)～(5)の中から選べ。 (A) 衝撃波の影響により尾翼に対する吹き下ろし角が減少し、機首下げとなる現象をいう。 (B) 衝撃波の影響により主翼の風圧中心が後退し、機首下げとなる現象をいう。 (C) 衝撃波の影響により尾翼の抗力が増大し、機首下げとなる現象をいう。 (D) 衝撃波の影響により主翼の抗力が減少し、機首下げとなる現象をいう。 (1) 1 　　(2) 2 　　(3) 3 　　(4) 4 　　(5) 無し	20702	一航飛
問0264	現在の重量・重心位置が9,000lb、基準線後方100inのヘリコプタにおいて、重心位置を基準線後方105in以内に収めるには、荷物室に最大何lb搭載可能か。 次のうち最も近い値を選べ。 但し、荷物室の重心位置は120in、最大離陸重量は13,000lbとする。 (1) 　500 (2) 1,000 (3) 2,000 (4) 3,000 (5) 4,000	20702	一航回
問0265	現在の重量・重心位置が2,500kg、基準線前方2cmのヘリコプタにおいて、重心位置を基準線後方2cm以内に収めるには、荷物室に最大何kg搭載可能か。 次のうち最も近い値を選べ。 ただし、荷物室の重心位置は基準線後方100cm、最大離陸重量は2,700kgとする。 (1) 　20 (2) 　30 (3) 　40 (4) 　50 (5) 100	20702	二航回 二航回
問0266	重量2,200kg、重心位置が基準線後方2cmのヘリコプタで、基準線前方1cm位置にある燃料を100kg消費した場合の重心位置で次のうち最も近い値を選べ。 (1) 基準線後方　0.2cm (2) 基準線後方　1.3cm (3) 基準線後方　2.1cm (4) 基準線後方　3.2cm	20702	二航回
問0267	高速飛行中にエルロン上面に発生した衝撃波の影響により、操作した側と反対側へ舵面が引っ張られる現象で次のうち正しいものはどれか。 (1) タックアンダ (2) エルロン・バズ (3) フラッタ (4) リバース・エルロン	20704	一運飛
問0268	フラッタに関する記述で次のうち誤っているものはどれか。 (1) 胴体には発生しない。 (2) 翼の構造を頑丈にしてねじれや曲げの強度を高め発生を防ぐ。 (3) 後退角を小さくして発生を防ぐ。 (4) 翼と補助翼の固有振動数の違いが原因でも発生する。	20704	一航飛 一航飛
問0269	フラッタを防止する方法について次のうち誤っているものはどれか。 (1) マス・バランスを舵面の前縁に取り付ける。 (2) 操縦装置の剛性を大きくする。 (3) 舵面の重心位置をできるだけ後方に移す。 (4) 油圧操舵装置を採用する。	20704	一航飛

問題番号	試験問題	シラバス番号	出題履歴
問0270	フラッタの発生を防ぐ方法で次のうち誤っているものはどれか。 (1)翼構造を頑丈にしてねじれや曲げの強度を高める。 (2)翼の後退角を大きくする。 (3)舵面の重心位置をできるだけ前方へ移す。 (4)機力操舵装置を採用する。	20704	一運飛 工共通
問0271	舵面フラッタを防止する方法について(A)〜(D)のうち正しいものはいくつあるか。(1)〜(5)の中から選べ。 (A)マス・バランスを取り付ける。 (B)フィレットを取付け、気流の剥離を防止する。 (C)舵面の重心位置をできるだけ前方に移す。 (D)油圧操舵装置を採用する。 (1)1　　(2)2　　(3)3　　(4)4　　(5)無し	20704	二航飛
問0272	ダイバージェンスについて(A)〜(D)のうち正しいものはいくつあるか。(1)〜(5)の中から選べ。 (A)翼の風圧中心と弾性軸が近づくと起きにくい。 (B)空気力が翼の剛性による復元モーメントを上回ったときに起きる。 (C)空気力による翼の弾性変形によって生ずる現象である。 (D)空力弾性に基づく振動現象である。 (1)1　　(2)2　　(3)3　　(4)4　　(5)無し	20704	一航飛 一航飛
問0273	エルロン・リバーサルについて次のうち正しいものはどれか。 (1)高速になるとエルロンから振動が発生することをいう。 (2)エルロンへの空気力により生じるエルロンの逆効きをいう。 (3)機速に応じてエルロンの舵角を変化させることをいう。 (4)着陸時、制動効果を高める目的がある。	20704	二航飛
問0274	エルロン・リバーサル対策で次のうち誤っているものはどれか。 (1)差動補助翼を採用する。 (2)低抗力翼型を採用する。 (3)高速時と低速時で補助翼を使い分ける。 (4)翼のねじり剛性を高くする。	20704	工共通
問0275	エルロン・リバーサルを防止する方法について(A)〜(D)のうち正しいものはいくつあるか。(1)〜(5)の中から選べ。 (A)エルロンをねじりモーメントの少ない翼端に取り付ける。 (B)スポイラを補助翼と併用するかスポイラのみでロール・コントロールを行う。 (C)差動補助翼を採用する。 (D)フラッタやダイバージェンスと密接な関係がある。 (1)1　　(2)2　　(3)3　　(4)4　　(5)無し	20704	一航飛
問0276	エルロン・リバーサルの現象及び防止方法について(A)〜(D)のうち正しいものはいくつあるか。(1)〜(5)の中から選べ。 (A)エルロンをねじりモーメントの少ない翼端に取り付ける。 (B)スポイラを補助翼と併用するかスポイラのみでロール・コントロールを行う。 (C)差動補助翼を採用する。 (D)フラッタやダイバージェンスとは無関係である。 (1)1　　(2)2　　(3)3　　(4)4　　(5)無し	20704	一航飛
問0277	飛行機に最大ゼロ燃料重量が決められている理由で次のうち正しいものはどれか。 (1)主翼付け根の曲げモーメントに対する強度を確保するため (2)着陸時、垂直方向への荷重に対する強度を確保するため (3)飛行に必要な搭載燃料を算出するため (4)機体のジャッキ・アップが可能な重量を制限するため	20802	工共通 工共通 一航飛 一航飛
問0278	大型機の設計重量のうち最も重いものは次のうちどれか。 (1)最大離陸重量 (2)最大タクシ重量 (3)最大運用重量 (4)最大飛行重量	20802	一運飛

問0279 航空機の重量で次のうち最大のものはどれか。　　　　　　　　　　　　　　　20802　　工共通

(1)最大着陸重量
(2)最大ゼロ燃料重量
(3)最大離陸重量
(4)最大地上走行重量

問0280 航空機の重量で次のうち最大のものはどれか。　　　　　　　　　　　　　　　20802　　工共通
　　　工共通

(1)最大タクシ重量
(2)最大着陸重量
(3)最大離陸重量
(4)最大飛行重量

問0281 最大離陸重量に関する説明で次のうち誤っているものはどれか。　　　　　　20802　　一運飛

(1)機体の設計時に着陸装置の強度を決定する際に用いる。
(2)360ft/minの降下率ならば安全に着陸できる重量である。
(3)通常の運航における離陸滑走時の最大重量である。
(4)主翼の強度に基づいて決められた限界重量である。

問0282 最大離陸重量に関する説明で次のうち誤っているものはどれか。　　　　　　20802　　一運飛

(1)機体の設計時に着陸装置の強度を決定する際に用いる。
(2)上昇性能、運用自重、搭載燃料などの条件が考慮される。
(3)通常の運航における離陸滑走時の最大重量である。
(4)主翼の強度に基づいて決められた限界重量である。

問0283 最大飛行重量に関する説明で次のうち正しいものはどれか。　　　　　　　　20802　　一運飛

(1)機体の設計時に着陸装置の強度を決定する際に用いる。
(2)360ft/minの降下率ならば安全に着陸できる重量である。
(3)通常の運航における離陸滑走時の最大重量である。
(4)主翼の強度に基づいて決められた限界重量である。

問0284 総重量1,200kg、重心位置が基準線後方260cmのところにある飛行機で130kgの　　20803　　一運飛
荷物を基準線後方340cmから270cmに移動させたときの新しい重心位置（cm）は　　　　　　　二運飛
どこか。次の中から選べ。　　　　　　　　　　　　　　　　　　　　　　　　　　　　　　　一運飛
　　工共通
(1)244.8　　　　　　　　　　　　　　　　　　　　　　　　　　　　　　　　　　　　　　工共通
(2)252.4
(3)267.6
(4)275.2

問0285 ある飛行機の重量測定で次の結果を得た。重心位置をMAC（%）で求め、下記のうち最　　20803　　二航飛
も近い値を選べ。　　　　　　　　　　　　　　　　　　　　　　　　　　　　　　　　　　　二航飛
　　二航飛
前輪の重量　　　　　　350lbs　　　　　　　　　　　　　　　　　　　　　　　　　　　　　二航飛
右主輪の重量　　　　　800lbs
左主輪の重量　　　　　810lbs
基準線の位置　　　　　機首
前輪の位置　　　　　　基準線後方　30in
主輪の位置　　　　　　基準線後方135in
MAC前縁の位置　　　　基準線後方　70in
MACの長さ　　　　　　120in

(1) 25　　(2) 32　　(3) 35.5　　(4) 38.5　　(5) 44.5

問0286 ある飛行機の重量測定で次の結果を得た。重心位置をMAC（%）で求め、下記のうち最　　20803　　一航飛
も近い値を選べ。　　　　　　　　　　　　　　　　　　　　　　　　　　　　　　　　　　　二航飛
　　二航飛
前輪の重量　　　　450lbs　　　　　　　　　　　　　　　　　　　　　　　　　　　　　　　一航飛
右主輪の重量　　　670lbs
左主輪の重量　　　660lbs
基準線の位置　　　機首
前輪の位置　　　　基準線後方　30in
主輪の位置　　　　基準線後方145in
MAC前縁の位置基準線後方　80in
MACの長さ　　　　120in

(1) 24　　(2) 30　　(3) 32　　(4) 34　　(5) 37

航空力学

問題番号	試験問題	シラバス番号	出題履歴
問0287	ある機体の重量測定で次の結果を得た。重心位置は基準線後方何inにあるか。 下記のうち最も近い値を選べ。 前輪の重量　　　　98lbs 右主輪の重量　　　360lbs 左主輪の重量　　　358lbs 基準線の位置　　　機首 前輪の位置　　　　基準線後方　21in 主輪の位置　　　　基準線後方 118in （1）32　　　（2）106　　　（3）110　　　（4）132	20803	二航滑 二航滑 二航滑
問0288	全長810cm、自重190kgで重心位置が基準線後方150cmの滑空機がある。 1人のパイロット（77kg）が機体に乗り込んだ場合の重心位置（cm）で下記のうち最も 近い値を選べ。ただし、パイロット席は基準線後方120cmにあるものとする。 （1）102 （2）122 （3）141 （4）162	20803	二航滑 二航滑 二運飛 二運飛
問0289	総重量1,200kg、重心位置が基準線後方260cmのところにある飛行機で、130kgの 荷物を基準線後方340cmから200cmに移動させたときの新しい重心位置（cm）は どこか。下記のうち最も近い値を選べ。 （1）244.8 （2）252.4 （3）267.6 （4）275.2	20803	二運飛 二運飛
問0290	総重量400kg、重心位置が基準線後方260cmのところにある滑空機で、30kgの 荷物を基準線後方340cmから270cmに移動させたときの新しい重心位置（cm）は どこか。下記のうち最も近い値を選べ。 （1）244.8 （2）254.8 （3）265.3 （4）275.2	20803	二運飛 二運飛 二運飛 二運飛 二運飛 二運飛
問0291	総重量1,100kg、重心位置が基準線後方250cmのところにある飛行機で、120kgの 荷物を基準線後方340cmから210cmに移動させたときの新しい重心位置（cm）は どこか。下記のうち最も近い値を選べ。 （1）234.8 （2）235.8 （3）252.4 （4）264.2	20803	二運飛 二運飛 一運飛
問0292	総重量900kg、重心位置が基準線後方220cmのところにある飛行機で、80kgの 荷物を基準線後方290cmから210cmに移動させたときの新しい重心位置（cm）は どこか。下記のうち最も近い値を選べ。 （1）140 （2）213 （3）227 （4）235	20803	二運飛 二運飛
問0293	計測により自重の重心位置を求めるときの注意事項として次のうち誤っているものは どれか。 （1）風の影響を受けない格納庫内で行う。 （2）運航時に搭載されている全ての装備品等はそのまま所定の場所に置く。 （3）水準器などを使って、航空機を水平姿勢にする。 （4）使用する計測器は校正を行ったものを使用する。	20803	二航飛
問0294	重心位置を計測する時の注意事項として次のうち誤っているものはどれか。 （1）風の影響を受けない格納庫内で行う。 （2）交通による振動の影響を受ける場合、交通量の少ない時間に行う等の配慮が必要で ある。 （3）水準器などを使って航空機を水平姿勢にする。 （4）車輪を測定点とした場合は車輪ブレーキをかける。	20803	二運飛

問0295 重心位置の許容限界に関する記述で次のうち誤っているものはどれか。 20803 一連飛 / 一連飛 / 工共通

(1)重心位置が前方限界に近づくと、機首上げトリムが必要になる。
(2)重心位置が前方限界に近づくと、離着陸時の機首上げ操作が難しくなる。
(3)重心位置が後方限界に近づくと、昇降舵の反応が良くなる。
(4)重心位置が後方限界に近づくと、失速に入りにくくなる。

問0296 重心位置が前方限界に近過ぎる場合の影響について(A)〜(D)のうち正しいものはいくつあるか。(1)〜(5)の中から選べ。 20803 二航滑 / 二航滑 / 二航滑 / 二航滑

(A)昇降舵の操作に対する反応が良くなるが安定性は悪くなる。
(B)機首が上がりやすいので失速に入りやすい。
(C)離着陸時の機首上げ操作が簡単になるが離着陸速度は速くなる。
(D)機首上げにトリムするため抗力が増す。

(1)1　　(2)2　　(3)3　　(4)4　　(5)無し

問0297 重心位置の限界に関する説明で(A)〜(D)のうち正しいものはいくつあるか。(1)〜(5)の中から選べ。 20803 一航飛 / 一航飛 / 一航飛

(A)前方および後方限界は昇降舵の機能範囲、安定性の確保のために制限を受ける。
(B)機首上げモーメントの関係から重量が重いときほど前方限界は制限を受ける。
(C)重心位置が後方位置になるほど縦の安定性は弱くなる。
(D)後方限界は失速速度以上のすべての速度で安定性が得られるように制限を受ける。

(1)1　　(2)2　　(3)3　　(4)4　　(5)無し

問0298 重心位置が前方限界に近過ぎる場合の影響について(A)〜(D)のうち正しいものはいくつあるか。(1)〜(5)の中から選べ。 20803 二航滑

(A)水平定常飛行中に急にエンジン出力を絞ると機首下げの状態に入りやすい。
(B)着陸接地時に機首を上げにくいので、前脚や前部胴体に加わる荷重が大きい。
(C)離陸時の機首上げ操作が難しくなり離陸速度は速くなる。
(D)機首上げにトリムするため抗力が増す。

(1)1　　(2)2　　(3)3　　(4)4　　(5)無し

問0299 ボルテックス・リング状態の説明として次のうち正しいものはどれか。 21301 一航回 / 二航回 / 一連回

(1)ホバリング状態
(2)上昇速度が誘導速度と同じである状態
(3)水平飛行状態
(4)降下速度が誘導速度と同じである状態

問0300 貫流効果（Transverse Flow Effect）の説明として次のうち正しいものはどれか。 2130301 一連回 / 二連回 / 二航回 / 二航回 / 一連回 / 一連回 / 二航回

(1)前進飛行時にテール・ロータの回転面が過度にフラッピングする。
(2)地面近くのホバリング時にエア・クッション状態となって推力が増加する。
(3)低速時にはロータ面の前後で誘導速度の不均一性が大きくなる。
(4)噴流を壁面に沿って流すと噴流と壁面との間の圧力が低下し、流れが壁面に吸い寄せられる。

問0301 ヘリコプタの前進飛行時、最大迎え角となるブレードの位置は次のうちどれか。 2130302 工共通

(1)前進側ブレード先端
(2)前進側ブレード翼根
(3)後進側ブレード先端
(4)後進側ブレード翼根

問0302 ヘリコプタの前進速度限界に影響を及ぼす要因の説明として次のうち正しいものはどれか。 2130302 一連回 / 一航回 / 一航回 / 一航回 / 一航回

(1)プリ・コーニング角度
(2)エンジンの回転速度限界
(3)テール・ロータのアンチトルクの増加
(4)後退側ブレードの対気速度の減少

問0303 ヘリコプタの前進速度限界に影響を及ぼす要因の説明として次のうち正しいものはどれか。 2130302 二連回

(1)プリ・コーニング角度
(2)エンジンの回転速度限界
(3)ブレードの振り下げ角度
(4)テール・ロータのアンチトルクの増加

航空力学

問題番号	試験問題	シラバス番号	出題履歴

問0304 ヘリコプタの前進飛行速度が制限される理由として次のうち誤っているものはどれか。 2130302 二航回 一運回 一運回

(1)ブレードの振り下げ角度
(2)エンジンの回転速度限界
(3)前進側ブレードの衝撃波の発生
(4)後退側ブレードの対気速度の減少

問0305 ヘリコプタの前進飛行速度が制限される理由で(A)～(D)のうち正しいものはいくつあるか。(1)～(5)の中から選べ。 2130302 二航回 二航回 二航回

(A)エンジンの回転速度限界
(B)テール・ロータのアンチトルクが過大となるため
(C)メイン・ロータ・ブレードの強度限界
(D)メイン・ロータ・ブレードの風圧中心が移動するため

(1) 1 　(2) 2 　(3) 3 　(4) 4 　(5) 無し

問0306 ヘリコプタの前進速度限界に影響を及ぼす要因の説明として(A)～(D)のうち正しいものはいくつあるか。(1)～(5)の中から選べ。 2130302 二航回

(A)前進側ブレードの衝撃波の発生
(B)後退側ブレードの対気速度の減少
(C)テール・ロータのアンチトルクの増加
(D)プリ・コーニング角度

(1) 1 　(2) 2 　(3) 3 　(4) 4 　(5) 無し

問0307 ヘリコプタの前進速度限界に影響を及ぼす要因の説明として(A)～(D)のうち正しいものはいくつあるか。(1)～(5)の中から選べ。 2130302 一航回 一航回

(A)プリ・コーニング角度
(B)エンジンの回転速度限界
(C)メイン・ロータ・ブレードの強度限界
(D)テール・ロータのアンチ・トルクの増加

(1) 1 　(2) 2 　(3) 3 　(4) 4 　(5) 無し

問0308 ヘリコプタの前進速度限界に影響を及ぼす要因の説明として(A)～(D)のうち正しいものはいくつあるか。(1)～(5)の中から選べ。 2130302 二航回 二航回

(A)プリ・コーニング角度
(B)後退側ブレードの対気速度の減少
(C)メイン・ロータ・ブレードの強度限界
(D)テール・ロータのアンチトルクの増加

(1) 1 　(2) 2 　(3) 3 　(4) 4 　(5) 無し

問0309 ヘリコプタの前進速度限界に影響を及ぼす要因の説明として(A)～(D)のうち正しいものはいくつあるか。(1)～(5)の中から選べ。 2130302 一航回

(A)プリ・コーニング角度
(B)ブレードの振り下げ角度
(C)後退側ブレードの対気速度の減少
(D)テール・ロータのアンチトルクの増加

(1) 1 　(2) 2 　(3) 3 　(4) 4 　(5) 無し

問0310 ヘリコプタの前進速度限界に影響を及ぼす要因の説明として(A)～(D)のうち正しいものはいくつあるか。(1)～(5)の中から選べ。 2130302 一航回 二航回 二航回

(A)プリ・コーニング角度
(B)ブレードの振り下げ角度
(C)エンジンの回転速度限界
(D)テール・ロータのアンチトルクの増加

(1) 1 　(2) 2 　(3) 3 　(4) 4 　(5) 無し

問0311 オートローテーション時のブレード領域について(A)〜(D)のうち正しいものはいくつあるか。(1)〜(5)の中から選べ。　21304

(A)オートローテーション領域は空気合力によりブレードを加速する。
(B)前進飛行時の場合、後退側ブレードではプロペラ領域は翼端側に移る。
(C)失速領域はブレードの迎え角が大きいため抵抗が増え減速させる。
(D)プロペラ領域は最も翼端側にありブレードを減速する。

(1) 1　　(2) 2　　(3) 3　　(4) 4　　(5) 無し

問0312 オートローテーション時のブレード領域について(A)〜(D)のうち正しいものはいくつあるか。(1)〜(5)の中から選べ。　21304

(A)プロペラ領域は最も翼端側にありブレードを減速させる。
(B)オートローテーション領域は空気合力によりブレードを加速する。
(C)前進飛行時の場合、後退側ブレードではプロペラ領域は翼根側に移る。
(D)失速領域はブレードの迎え角が大きいため抵抗が増え減速させる。

(1) 1　　(2) 2　　(3) 3　　(4) 4　　(5) 無し

問0313 オートローテーション時のブレード領域について(A)〜(D)のうち正しいものはいくつあるか。(1)〜(5)の中から選べ。　21304

(A)プロペラ領域は最も翼端側にありブレードを加速させる。
(B)オートローテーション領域は空気合力によりブレードを加速する。
(C)前進飛行時の場合、後退側ブレードではプロペラ領域は翼根側に移る。
(D)失速領域はブレードの迎え角が大きいため抵抗が増え減速させる。

(1) 1　　(2) 2　　(3) 3　　(4) 4　　(5) 無し

問0314 ヘリコプタの騒音に関する説明として(A)〜(D)のうち正しいものはいくつあるか。(1)〜(5)の中から選べ。　21305

(A)ロータ騒音には回転騒音と広帯域騒音がある。
(B)テール・ロータは胴体やメイン・ロータの後流による流入空気の乱れの影響によって大きな騒音を発生しやすい。
(C)ターボシャフト・エンジンの場合、排気騒音は比較的低く、コンプレッサから生じる周期的騒音が主な騒音源となる。
(D)トランスミッションは通常、客室の上方か後方に配置されているため、機内の主な騒音源となる。

(1) 1　　(2) 2　　(3) 3　　(4) 4　　(5) 無し

問0315 ブレードの捩り下げの説明として次のうち正しいものはどれか。　2130601

(1)ホバリング時にロータ効率を向上させる効果がある。
(2)剛比（Solidity）を大きくするためにある。
(3)複合材ブレードには必要ない。
(4)揚抗比が大きくなる。

問0316 ブレードの捩り下げの説明として次のうち正しいものはどれか。　2130601

(1)揚抗比が大きくなる。
(2)メイン・ロータの回転数を一定に保ち易くするため
(3)複合材ブレードには必要ない。
(4)翼端失速を遅らせるため

問0317 メイン・ロータ・ブレードの捩り下げに関する説明として次のうち誤っているものはどれか。　2130601

(1)翼端失速を遅らせる。
(2)通常、8°〜14°の範囲の捩り下げが使用される。
(3)メイン・ロータの回転数を一定に保ちやすくする。
(4)ホバリング時にロータ効率を向上させる効果がある。

問0318 メイン・ロータの捩り下げに関する説明として(A)〜(D)のうち正しいものはいくつあるか。(1)〜(5)の中から選べ。　2130601

(A)翼端失速を遅らせる。
(B)ホバリング時にロータ効率を向上させる効果がある。
(C)ソリディティ（剛比：Solidity）を大きくするため。
(D)通常、8°〜14°の範囲の捩り下げが使われる。

(1) 1　　(2) 2　　(3) 3　　(4) 4　　(5) 無し

問0319 メイン・ロータ・ブレードの振り下げに関する説明として(A)～(D)のうち正しいものはいくつあるか。(1)～(5)の中から選べ。　2130601　一航回

  (A)ホバリング時にロータ効率を向上させる効果がある。
  (B)剛比（Solidity）を大きくするため
  (C)複合材ブレードには必要ない。
  (D)揚抗比が大きくなる。

  (1) 1　　(2) 2　　(3) 3　　(4) 4　　(5) 無し

問0320 メイン・ロータ・ブレードの振り下げに関する説明として(A)～(D)のうち正しいものはいくつあるか。(1)～(5)の中から選べ。　2130601　一航回

  (A)揚抗比が大きくなる。
  (B)翼端失速を遅らせる。
  (C)メイン・ロータの回転数を一定に保ち易くする。
  (D)ホバリング時にロータ効率を向上させる効果がある。

  (1) 1　　(2) 2　　(3) 3　　(4) 4　　(5) 無し

問0321 メイン・ロータ・ブレードの運動について次のうち正しいものはどれか。　2140101　工共通

  (1)フェザリング・ヒンジ周りに上下の羽ばたきする状態をフェザリング運動という。
  (2)ドラグ・ヒンジ周りに水平に揺動する状態をドラッギング運動という。
  (3)フラッピング・ヒンジ周りにピッチ角を変えることをフラッピング運動という。

問0322 ヘリコプタのロータの型式で次のうち正しいものはどれか。　2140101　工共通

  (1)半関節型は、全関節型に比べフラップ及びドラッグ・ヒンジが無い。
  (2)無関節型のことをセミリジット・ロータという。
  (3)無関節型は、全関節型に比べフェザリング及びドラッグ・ヒンジが無い。
  (4)全関節型の一種にベアリングレス型がある。

問0323 全関節型ロータにドラグ・ヒンジが設けられている理由の説明として次のうち誤っているものはどれか。　2140101　二運回

  (1)ブレード付け根に生じる大きな曲げモーメントを逃がすため
  (2)ブレードの1回転中に生じる抗力の変動を逃がすため
  (3)地上共振を防止するため

問0324 全関節型ロータにドラグ・ヒンジが設けられている理由の説明として(A)～(D)のうち正しいものはいくつあるか。(1)～(5)の中から選べ。　2140101　二航回

  (A)ブレード付け根に生じる大きな曲げモーメントを逃がすため
  (B)ブレードの1回転中に生じる抗力の変動を逃がすため
  (C)地上共振を防止するため
  (D)ロータ起動時と停止時の大きな荷重を軽減するため

  (1) 1　　(2) 2　　(3) 3　　(4) 4　　(5) 無し

問0325 スワッシュ・プレートの作用として次のうち正しいものはどれか。　2140102　二運回

  (1)エンジンとロータの回転速度を自動調整する。
  (2)ロータのサイクリック・ピッチ制御を伝達する。
  (3)ロータのダイナミック・バランスを自動調整する。
  (4)ロータの自動安定装置である。

問0326 スワッシュ・プレートの作用として次のうち正しいものはどれか。　2140102　一運回／二運回／一運回／一航回／一航回

  (1)機体の横安定を増加させる。
  (2)ロータのサイクリック・ピッチ制御を行う。
  (3)エンジンとロータの回転速度を自動調整する。
  (4)ロータのダイナミック・バランスを自動調整する。

問0327 スワッシュ・プレートの作用として(A)～(D)のうち正しいものはいくつあるか。(1)～(5)の中から選べ。　2140102　二航回／二航回

  (A)ロータのサイクリック・ピッチ制御を行う。
  (B)エンジンとロータの回転速度を自動調整する。
  (C)ロータのダイナミック・バランスを自動調整する。
  (D)機体の横安定を増加させる。

  (1) 1　　(2) 2　　(3) 3　　(4) 4　　(5) 無し

問0328　スワッシュ・プレートの説明として(A)～(D)のうち正しいものはいくつあるか。　　2140102　　二航回
(1)～(5)の中から選べ。

(A)ロータのサイクリック・ピッチ制御を行う。
(B)エンジンとロータの回転速度を自動調整する。
(C)ロータのダイナミック・バランスを自動調整する。
(D)上部と下部のスワッシュ・プレートはベアリングで接続されている。

(1) 1　　(2) 2　　(3) 3　　(4) 4　　(5) 無し

問0329　ブレードのコーニング角を決定するものとして次のうち正しいものはどれか。　　2140201　　二運回
二航回

(1)ブレードの自重と回転数
(2)ブレードの形状と機体自重
(3)ブレードの揚力と遠心力
(4)ブレードの揚力と抗力

問0330　フラッピング・ヒンジを有するヘリコプタでブレードのコーニング角が決まる要素につい　　2140201　　一航回
て次のうち正しいものはどれか。

(1)ブレードの回転数とブレードの自重
(2)ブレードの形状と機体重量
(3)ブレードの対気速度と馬力荷重の和
(4)ブレードの遠心力と揚力との合力

問0331　全関節型ロータ・ブレードでコーニング角が最も大きくなるのは次のうちどれか。　　2140201　　一航回
二運回
二航回
一運回

(1)地上でアイドリングしているとき
(2)高回転低出力時
(3)低回転低出力時
(4)低回転高出力時

問0332　飛行中、メイン・ロータ・ブレードのラグ角が最大になるのは次のうちどれか。　　2140202　　二運回
一運回
一航回
二航回

(1)オートローテーション時
(2)ホバリング時
(3)低回転高出力時
(4)高回転低出力時

問0333　飛行中、メイン・ロータ・ブレードのリード角が最大になるのは次のうちどれか。　　2140202　　二航回
一航回
二航回
一航回
二航回
一航回
一運回

(1)オートローテーション時
(2)ホバリング時
(3)低回転高出力時
(4)高回転低出力時

問0334　ブレードにコリオリの力が生ずる状態として次のうち正しいものはどれか。　　2140203　　一運回
二航回
二運回
一運回
一航回
二航回
一航回
二航回

(1)コーニング角を有している全関節型ロータにおいて回転面が回転軸に対して垂直であ
るとき
(2)コーニング角を有している無関節型ロータにおいて回転面が回転軸に対してある角度
傾斜しているとき
(3)コーニング角を有しているシーソー型ロータにおいて回転面が回転軸に対して垂直で
あるとき
(4)コーニング角を有しているシーソー型ロータにおいて回転面が回転軸に対してある角
度傾斜しているとき

問0335　ブレードにコリオリの力が生ずる状態の説明として次のうち正しいものはどれか。　　2140203　　二運回
二航回

(1)コーニング角を有している全関節型ロータにおいて回転面が回転軸に対してある
角度傾斜しているとき
(2)コーニング角を有している全関節型ロータにおいて回転面が回転軸に対して垂直
であるとき
(3)コーニング角を有しているシーソー型ロータにおいて回転面が回転軸に対して垂
直であるとき
(4)コーニング角を有しているシーソー型ロータにおいて回転面が回転軸に対して
ある角度傾斜しているとき

問題番号	試験問題	シラバス番号	出題履歴

問0336 ブレードにコリオリの力が生ずる状態の説明として(A)〜(D)のうち正しいものはいくつあるか。(1)〜(5)の中から選べ。 2140203 一航回

(A)コーニング角を有しているシーソー型ロータにおいて回転面が回転軸に対して垂直であるとき
(B)コーニング角を有しているシーソー型ロータにおいて回転面が回転軸に対して傾斜しているとき
(C)コーニング角を有している全関節型ロータにおいて回転面が回転軸に対して垂直であるとき
(D)コーニング角を有している無関節型ロータにおいて回転面が回転軸に対して垂直であるとき

(1) 1　　(2) 2　　(3) 3　　(4) 4　　(5) 無し

問0337 ブレードにコリオリの力が生ずる状態の説明として(A)〜(D)のうち正しいものはいくつあるか。(1)〜(5)の中から選べ。 2140203 一航回

(A)コーニング角を有しているシーソー型ロータにおいて回転面が回転軸に対して垂直である時
(B)コーニング角を有しているシーソー型ロータにおいて回転面が回転軸に対して傾斜している時
(C)コーニング角を有している全関節型ロータにおいて回転面が回転軸に対して傾斜している時
(D)コーニング角を有している無関節型ロータにおいて回転面が回転軸に対して傾斜している時

(1) 1　　(2) 2　　(3) 3　　(4) 4　　(5) 無し

問0338 ヘリコプタが前進飛行時にロータの受ける影響に関する説明で(A)〜(D)のうち正しいものはいくつあるか。(1)〜(5)の中から選べ。 21403 一航回／二航回／一航回

(A)前進飛行時にロータに大きな影響を与えるのは、前進側と後退側の速度の差である。
(B)メイン・ロータがフラップ・バックする角度は、前進側と後退側の揚力差に関係する。
(C)メイン・ロータはサイクリック・ピッチを与えることにより揚力の不均衡を解消させる。
(D)テール・ロータはサイクリック・ピッチ機構を持たないため、フラップ・バックせず揚力の不均衡は解消されないため、デルタ・スリー・ヒンジを採用している。

(1) 1　　(2) 2　　(3) 3　　(4) 4　　(5) 無し

問0339 デルタ・スリー・ヒンジの説明として次のうち正しいものはどれか。 21405 二航回／一航回／二運回／二航回／一航回

(1)メイン・ロータにも使用される。
(2)前進飛行時にテール・ロータの回転面が過度にフラッピングするのを防止する。
(3)フラッピング・ヒンジをブレード・ピッチ軸に直角な面に対し平行に取付ける。
(4)デルタ・スリー角によりフラッピング運動とドラッギング運動を連動させる。

問0340 テール・ロータ・ブレードのデルタ・スリー・ヒンジに関する説明で次のうち正しいものはどれか。 21405 工共通

(1)フラッピングとフェザリングを連成させる。
(2)フェザリングとドラッキングを連成させる。
(3)ドラッキングとフラッピングを連成させる。
(4)フェザリング、フラッピング、ドラッキングの3運動を連成させる。

問0341 デルタ・スリー・ヒンジの説明として(A)〜(D)のうち正しいものはいくつあるか。(1)〜(5)の中から選べ。 21405 一航回／一航回

(A)前進飛行時にテール・ロータの回転面が過度にフラッピングするのを防止する。
(B)メイン・ロータにも使用される。
(C)フラッピング・ヒンジをブレード・ピッチ軸に直角な面に対し平行に取付ける。
(D)デルタ・スリー角によりフラッピング運動とドラッグ運動を連動させる。

(1) 1　　(2) 2　　(3) 3　　(4) 4　　(5) 無し

問0342　デルタ・スリー・ヒンジの説明として(A)～(D)のうち正しいものはいくつあるか。
　　　　(1)～(5)の中から選べ。

　21405　　二航回

　　　　(A)メイン・ロータにも使用される。
　　　　(B)前進飛行時にテール・ロータの回転面が過度にフラッピングするのを防止する。
　　　　(C)フラッピング・ヒンジをブレード・ピッチ軸に直角な面に対し平行に取付ける。
　　　　(D)デルタ・スリー角によりフラッピング運動とフェザリング運動を連動させる。

　　　　(1) 1　　(2) 2　　(3) 3　　(4) 4　　(5) 無し

問0343　上から見てメイン・ロータが時計方向に回転しているヘリコプタがホバリングしている時
　　　　の横方向の釣り合いに関する説明として次のうち正しいものはどれか。
　　　　ただし、テール・ロータの高さは重心とメイン・ロータの中間にあるものとする。

　21502　　一運回

　　　　(1)機体は左横に傾く。
　　　　(2)テール・ロータは機体の右横向きに推力を発生する。
　　　　(3)メイン・ロータ面はメイン・ロータ軸に対して左横に傾く。
　　　　(4)パイロットはサイクリック・スティックを右方に操作している。

問0344　上から見てメイン・ロータが時計方向に回転しているヘリコプタがホバリングしている時
　　　　の横方向の釣り合いに関する説明として次のうち正しいものはどれか。
　　　　ただし、テール・ロータ高さは重心とメイン・ロータの中間にあるものとする。

　21502　　二運回
　　　　　　二航回

　　　　(1)機体は右横に傾く。
　　　　(2)テール・ロータは機体の右横向きに推力を発生する。
　　　　(3)メイン・ロータ面はメイン・ロータ軸に対して左横に傾く。
　　　　(4)パイロットはサイクリック・スティックを左方に操作している。

問0345　上から見てメイン・ロータが反時計方向に回転しているヘリコプタがホバリングしている
　　　　時の横方向の釣り合いに関する説明として次のうち正しいものはどれか。
　　　　ただし、テール・ロータ高さは重心とメイン・ロータの中間にあるものとする。

　21502　　一運回

　　　　(1)機体は右横に傾く。
　　　　(2)テール・ロータは機体の右横向きに推力を発生する。
　　　　(3)メイン・ロータ面はメイン・ロータ軸に対して右横に傾く。
　　　　(4)パイロットはサイクリック・スティックを右方に操作している。

問0346　上から見てメイン・ロータが反時計方向に回転しているヘリコプタがホバリングしている
　　　　時の横方向の釣り合いに関する説明として(A)～(D)のうち正しいものはいくつあるか。
　　　　(1)～(5)の中から選べ。
　　　　ただし、テール・ロータ高さは重心とメイン・ロータの中間にあるものとする。

　21502　　一航回

　　　　(A)機体は左横方向に傾く。
　　　　(B)テール・ロータは機体の右横向きに推力を発生する。
　　　　(C)メイン・ロータ面はメイン・ロータ軸に対して右横方向に傾く。
　　　　(D)パイロットはサイクリック・スティックを左方に操作している。

　　　　(1) 1　　(2) 2　　(3) 3　　(4) 4　　(5) 無し

問0347　上から見てメイン・ロータが反時計方向に回転しているヘリコプタがホバリングしてい
　　　　るときの横方向の釣り合いに関する説明として(A)～(D)のうち正しいものはいくつある
　　　　か。(1)～(5)の中から選べ。
　　　　ただし、テール・ロータ高さは重心とメイン・ロータの中間にあるものとする

　21502　　一航回

　　　　(A)機体は左横に傾く。
　　　　(B)テール・ロータは機体の右横向きに推力を発生する。
　　　　(C)メイン・ロータ面はメイン・ロータ軸に対して右横に傾く。
　　　　(D)パイロットはサイクリック・スティックを右方に操作している。

　　　　(1) 1　　(2) 2　　(3) 3　　(4) 4　　(5) 無し

問0348　上から見てメイン・ロータが反時計方向に回転しているヘリコプタがホバリングしてい
　　　　るときの横方向の釣り合いに関する説明として(A)～(D)のうち正しいものはいくつある
　　　　か。(1)～(5)の中から選べ。
　　　　ただし、テール・ロータ高さは重心とメイン・ロータの中間にあるものとする。

　21502　　一航回
　　　　　　一航回
　　　　　　一航回

　　　　(A)機体は右横に傾く。
　　　　(B)テール・ロータは機体の左横向きに推力を発生する。
　　　　(C)メイン・ロータ面はメイン・ロータ軸に対して右横に傾く。
　　　　(D)パイロットはサイクリック・スティックを右方に操作している。

　　　　(1) 1　　(2) 2　　(3) 3　　(4) 4　　(5) 無し

航空力学

問題番号	試験問題	シラバス番号	出題履歴
問0349	必要パワーと利用パワーの説明として次のうち誤っているものはどれか。 (1)高度が上がると利用パワーは減少する。 (2)ホバリング時は必要パワー＞利用パワーである。 (3)エンジンから利用可能なパワーを利用パワーという。 (4)飛行するために必要なパワーを必要パワーという。	21503	一航回
問0350	メイン・ロータに必要なパワーに関する説明として次のうち誤っているものはどれか。 (1)誘導パワーは空気に下向きの運動量を与える。 (2)形状抵抗パワーはブレードの形状抵抗に打ち勝ってブレードを回転させる。 (3)有害抵抗パワーはヘリコプタが前進するために必要である。 (4)誘導パワー、形状抵抗パワー、有害抵抗パワーはヘリコプタの前進速度に比例して増加する。	21503	一航回 二運回 二運回
問0351	メイン・ロータに必要なパワーに関する説明として(A)〜(D)のうち正しいものはいくつあるか。(1)〜(5)の中から選べ。 (A)誘導パワー、形状抵抗パワー、有害抵抗パワーはヘリコプタの前進速度に比例して増加する。 (B)形状抵抗パワーはブレードの形状抵抗に打ち勝ってブレードを回転させる。 (C)有害抵抗パワーはヘリコプタが前進するために必要である。 (D)誘導パワーは空気に下向きの運動量を与える。 (1) 1　　(2) 2　　(3) 3　　(4) 4　　(5) 無し	21503	一航回
問0352	メイン・ロータに必要なパワーに関する説明として(A)〜(D)のうち正しいものはいくつあるか。(1)〜(5)の中から選べ。 (A)誘導パワーはヘリコプタの前進速度が増加するにつれて減少する。 (B)形状抵抗パワーはブレードの形状抵抗に打ち勝ってブレードを回転させる。 (C)有害抵抗パワーはヘリコプタが前進するために必要である。 (D)誘導パワーは空気に下向きの運動量を与える。 (1) 1　　(2) 2　　(3) 3　　(4) 4　　(5) 無し	21503	一航回 二航回
問0353	必要パワーと利用パワーの説明として(A)〜(D)のうち正しいものはいくつあるか。(1)〜(5)の中から選べ。 (A)エンジンから利用可能なパワーを利用パワーという。 (B)飛行するために必要なパワーを必要パワーという。 (C)外気温が上がると利用パワーは増加する。 (D)ホバリング時は利用パワー ＜ 必要パワーである。 (1) 1　　(2) 2　　(3) 3　　(4) 4　　(5) 無し	21503	一航回 一航回
問0354	必要パワーと利用パワーの説明として(A)〜(D)のうち正しいものはいくつあるか。(1)〜(5)の中から選べ。 (A)エンジンから利用可能なパワーを利用パワーという。 (B)飛行するために必要なパワーを必要パワーという。 (C)高度が上がると利用パワーは増加する。 (D)ホバリング時は必要パワー≦利用パワーである。 (1) 1　　(2) 2　　(3) 3　　(4) 4　　(5) 無し	21503	二航回 二航回 二航回 二航回
問0355	必要パワーと利用パワーの説明として(A)〜(D)のうち正しいものはいくつあるか。(1)〜(5)の中から選べ。 (A)エンジンから利用可能なパワーを利用パワーという。 (B)空気に下向きの運動量を与えて浮力を得るために消費されるエネルギを誘導パワーという。 (C)ブレードの形状抵抗パワーは高速になるにしたがい圧縮性や失速の影響で増大する。 (D)必要パワーは誘導パワーと形状抵抗パワーで構成される。 (1) 1　　(2) 2　　(3) 3　　(4) 4　　(5) 無し	21503	一航回

問0356　必要パワーと利用パワーの説明として(A)～(D)のうち正しいものはいくつあるか。　21503　二航回
(1)～(5)の中から選べ。　　二航回

(A)エンジンから利用可能なパワーを利用パワーという。
(B)飛行するために必要なパワーを必要パワーという。
(C)外気温が上がると利用パワーは減少する。
(D)ホバリング時は必要パワー≦利用パワーである。

(1) 1　　(2) 2　　(3) 3　　(4) 4　　(5) 無し

問0357　ヘリコプタの地面効果に関する説明で次のうち誤っているものはどれか。　21505　一運回
二航回
一航回

(1)地面効果があると必要パワーは減少する。
(2)地面効果がある状態をIGE（In Ground Effect）という。
(3)顕著に現れるのは回転面までの高さがロータの半径ぐらいまでである。
(4)機体の速度が増加するにつれ地面効果は増加する。

問0358　ヘリコプタの地面効果に関する説明として(A)～(D)のうち正しいものはいくつあるか。　21503　一航回
(1)～(5)の中から選べ。

(A)顕著に現れるのは回転面までの高さがロータの直径以上までである。
(B)地面効果がある状態をIGE（In Ground Effect）という。
(C)機体の速度が増加するにつれ地面効果は増加する。
(D)地面効果があるとエンジン出力を多く要求される。

(1) 1　　(2) 2　　(3) 3　　(4) 4　　(5) 無し

問0359　ヘリコプタの地面効果に関する説明として(A)～(D)のうち正しいものはいくつあるか。　21505　一航回
(1)～(5)の中から選べ。

(A)顕著に現れるのは回転面までの高さがロータの半径ぐらいまでである。
(B)地面効果がある状態をIGE（In Ground Effect）という。
(C)機体の速度が増加するにつれ地面効果は増加する。
(D)地面効果があるとエンジン出力を多く要求される。

(1) 1　　(2) 2　　(3) 3　　(4) 4　　(5) 無し

問0360　高度-速度包囲線図（H-V線図）に用いられる高度として次のうち正しいものはどれか。　21506　一運回
一運回

(1)対地高度
(2)海抜高度
(3)気圧高度
(4)密度高度

問0361　高度-速度包囲線図に関する説明として次のうち誤っているものはどれか。　21506　一運回

(1)飛行回避領域を示したものである。
(2)速度は対気速度を使って表される。
(3)高度は気圧高度を使って表される。
(4)双発エンジンの場合は単発エンジンに比べて飛行回避領域は小さくなる。

問0362　高度-速度包囲線図に関する説明として(A)～(D)のうち正しいものはいくつあるか。　21506　一航回
(1)～(5)の中から選べ。

(A)飛行回避領域を示したものである。
(B)速度は対地速度を使って表される。
(C)高度は気圧高度を使って表される。
(D)デッド・マンズ・カーブともよばれる。

(1) 1　　(2) 2　　(3) 3　　(4) 4　　(5) 無し

問0363　高度-速度包囲線図に関する説明として(A)～(D)のうち正しいものはいくつあるか。　21506　一航回
(1)～(5)の中から選べ。　　二航回
一航回

(A)飛行回避領域を示したものである。
(B)速度は対地速度を使って表される。
(C)高度は気圧高度を使って表される。
(D)双発エンジンの場合は単発エンジンに比べて飛行回避領域は小さくなる。

(1) 1　　(2) 2　　(3) 3　　(4) 4　　(5) 無し

航空力学

問0364 高度-速度包囲線図に関する説明として(A)〜(D)のうち正しいものはいくつあるか。(1)〜(5)の中から選べ。　21506　一航回／一航回

(A)飛行回避領域を示したものである。
(B)速度は対気速度を使って表される。
(C)高度は気圧高度を使って表される。
(D)双発エンジンの場合はシングルエンジンに比べて飛行回避領域は小さくなる。

(1) 1　　(2) 2　　(3) 3　　(4) 4　　(5) 無し

問0365 高度-速度包囲線図に関する説明として(A)〜(D)のうち正しいものはいくつあるか。(1)〜(5)の中から選べ。　21506　一航回

(A)飛行回避領域を示したものである。
(B)高度が低く対気速度が大きい領域ではエンジンが故障すると前進速度を十分に減速する余裕がなく高速のまま接地することになる。
(C)高度が低く対気速度が小さい領域では十分にオートローテーション状態に入らない状態で接地しても激突を避けることができる。
(D)双発エンジンの場合は単発エンジンに比べて飛行回避領域は小さくなる。

(1) 1　　(2) 2　　(3) 3　　(4) 4　　(5) 無し

問0366 現在の重量・重心位置が2,500kg、基準線前方2cmのヘリコプタにおいて、重心位置を基準線後方2cm以内に収めるには、荷物室に最大何kg搭載可能か。次のうち最も近い値を選べ。但し、荷物室の重心位置は基準線後方100cm、最大離陸重量は2,600kgとする。　21702　二航回／二航回

(1)　20
(2)　30
(3)　40
(4)　50
(5)100

問0367 現在の重量・重心位置が10,000lb、基準線後方100inのヘリコプタにおいて、重心位置を基準線後方105in以内に収めるには、荷物室に最大何lb搭載可能か。次のうち最も近い値を選べ。ただし、荷物室の重心位置は130in、最大離陸重量は14,000lbとする。　21702　一航回／一航回／一航回／一航回

(1)　 500
(2) 1,000
(3) 2,000
(4) 3,000
(5) 4,000

問0368 重量2,500kg、重心位置が基準線後方2cmのヘリコプタで、基準線前方1cm位置にある燃料を200kg消費した場合の重心位置で次のうち最も近い値を選べ。　21702　二航回／二航回／二航回

(1)基準線前方　0.20cm
(2)基準線後方　0.20cm
(3)基準線前方　1.30cm
(4)基準線後方　1.30cm
(5)基準線前方　2.20cm
(6)基準線後方　2.20cm
(7)基準線前方　3.20cm
(8)基準線後方　3.20cm

問0369 現在の重量・重心位置が10,000lb、基準線後方100inのヘリコプタにおいて、重心位置を基準線後方102in以内に収めるには、最大何lbの荷物が搭載可能か。次のうち最も近い値を選べ。但し、荷物室の重心位置は120in、最大離陸重量は12,500lbとする。　21702　一航回

(1)　 500
(2) 1,000
(3) 1,500
(4) 2,000
(5) 2,500

問題番号	試験問題	シラバス番号	出題履歴

問0370 重量重心を計算したところ、重量5,000lbs、重心位置は基準線後方100inであった。重心位置を基準線後方103inとするには、基準線後方90inにある200lbsの荷物をどこに移動すれば良いか。次のうち最も近い値を選べ。

シラバス番号 21702　出題履歴 一運回

 (1)基準線前方　115in
 (2)基準線後方　125in
 (3)基準線後方　145in
 (4)基準線後方　155in
 (5)基準線後方　165in

問0371 現在の重量・重心位置が10,000lb、基準線前方2inのヘリコプタにおいて、重心位置を基準線後方2in以内に収めるには、荷物室に最大何lb搭載可能か。下記のうら最も近い値を選べ。但し、荷物室の重心位置は基準線後方50in、最大離陸重量は11,000lbとする。

シラバス番号 21702　出題履歴 一航回

 (1)　　200
 (2)　　400
 (3)　　600
 (4)　　800
 (5)1,000

問0372 現在の重量・重心位置が10,000lb、基準線後方100inのヘリコプタにおいて、重心位置を基準線後方107in以内に収めるには、荷物室に最大何lb搭載可能か。次のうち最も近い値を選べ。ただし、荷物室の重心位置は130in、最大離陸重量は14,000lbとする。

シラバス番号 21702　出題履歴 一航回

 (1)1,000
 (2)2,000
 (3)3,000
 (4)4,000

航空力学

機体関連

問0001 耐空性審査要領の強度に関する定義で次のうち誤っているものはどれか。　30001　工機構／工機装

(1)「制限荷重」とは、常用運用状態において予想される最大の荷重をいう。
(2)「終極荷重」とは、制限荷重に適当な安全率を乗じたものをいう。
(3)「荷重倍数」とは、航空機に働く荷重と航空機重量との比をいう。
(4)「安全率」とは、制限運用状態において予想される荷重より大きな荷重の生ずる可能性並びに材料及び設計上の不確実性に備えて用いる安全係数をいう。

問0002 耐空性審査要領の重量に関する定義で次のうち誤っているものはどれか。　30001　工機構／工機装

(1)設計最小重量とは、飛行荷重を求めるために用いる最小航空機重量をいう。
(2)設計最大重量とは、飛行荷重を求めるために用いる最大航空機重量をいう。
(3)設計離陸重量とは、地上滑走及び離陸荷重を求めるために用いる最大航空機重量をいう。
(4)零燃料重量とは、燃料および滑油を全然積載しない場合の飛行機の設計最大重量をいう。

問0003 第1種耐火性材料について次のうち正しいものはどれか。　30001　二航飛

(1)点火した場合、危険な程度には燃焼しない材料
(2)点火した場合、激しくは燃焼しない材料
(3)発火源を取り除いた場合、危険な程度には燃焼しない材料
(4)鋼と同程度またはそれ以上の熱に耐え得る材料

問0004 第4種耐火性材料について次のうち正しいものはどれか。　30001　二航飛

(1)点火した場合、危険な程度には燃焼しない材料
(2)点火した場合、激しくは燃焼しない材料
(3)発火源を取り除いた場合、危険な程度には燃焼しない材料
(4)アルミニウム合金と同程度またはそれ以上の熱に耐え得る材料

問0005 ボルトが受ける荷重で次のうち正しいものはどれか。　30100　一航回／一航回／二運飛／二運飛／一航回

(1)圧縮とせん断
(2)曲げとせん断
(3)引張りとせん断
(4)引張りと曲げ

問0006 塗料に関する文章の空欄に当てはまる語句の組み合わせで次のうち正しいものはどれか。　30100　二運飛／二運飛／二運飛／二運飛／二運飛

塗料は油性塗料と（　a　）とに分けられ、油性塗料にはボイル油、油エナメルなどがあり（　a　）にはラッカー、（　b　）などがある。（　b　）としては、メラミン樹脂、（　c　）樹脂などがある。

	（　a　）	（　b　）	（　c　）
(1)	細分子塗料	絶縁樹脂塗料	アクリル
(2)	高分子塗料	合成樹脂塗料	エポキシ
(3)	高分子塗料	硬化樹脂塗料	シリコン
(4)	微分子塗料	合成樹脂塗料	アクリル

問0007 荷重について(A)～(D)のうち正しいものはいくつあるか。(1)～(5)の中から選べ。　30101　工機構

(A)時間の変化に伴って大きさや方向が変化しない荷重を静荷重という。
(B)時間の変化に伴って大きさや方向が変化する荷重を動荷重という。
(C)大きさのみではなく方向も変わるものを交番荷重という。
(D)大きな加速による荷重を衝撃荷重という。

(1) 1　　(2) 2　　(3) 3　　(4) 4　　(5) 無し

問0008 荷重について(A)～(D)のうち正しいものはいくつあるか。(1)～(5)の中から選べ。　30101　二航飛

(A)時間の変化に伴って大きさや方向が変化しない荷重を動荷重という。
(B)時間の変化に伴って大きさや方向が変化する荷重を静荷重という。
(C)大きさのみではなく方向も変わるものを衝撃荷重という。
(D)大きな加速による荷重を交番荷重という。

(1) 1　　(2) 2　　(3) 3　　(4) 4　　(5) 無し

機体関連

問0009 鋼やアルミニウム合金の「応力-ひずみ線図」について次のうち正しいものはどれか。 3010101 二航飛

(1)鋼において、荷重をかけ降伏点で荷重を取り除いた後の変形を弾性変形という。
(2)「応力-ひずみ線図」は横軸に応力、縦軸にひずみを表す。
(3)アルミニウム合金の降伏点は鋼と比較して明確ではない。
(4)降伏点を過ぎて荷重を取り除けば、永久ひずみは残らない。

問0010 下図の2つの力の合力（kg）で次のうち正しいものはどれか。 3010101 二運飛 / 三運飛

(1) 12.5
(2) 15.0
(3) 17.3
(4) 18.3

問0011 鋼の応力-ひずみ線図の各点における組み合わせについて次のうち正しいものはどれか。 3010101 二航飛

(1)1：比例限度、2：降伏点、　6：破断強さ、8：引張強さ
(2)1：降伏点、　5：比例限度、6：引張強さ、8：破断強さ
(3)1：比例限度、2：降伏点、　6：引張強さ、8：破断強さ
(4)2：比例限度、4：降伏点、　6：破断強さ、8：引張強さ
(5)1：比例限度、2：引張強さ、6：降伏点、　8：破断強さ

問0012 鋼の応力-ひずみ線図の各点における組み合わせについて次のうち正しいものはどれか。 3010101 一航飛 / 二航飛

(1)1：比例限度、2：降伏点、　6：破断強さ、8：引張強さ
(2)1：比例限度、2：降伏点、　6：引張強さ、8：破断強さ
(3)1：降伏点、　5：比例限度、6：引張強さ、8：破断強さ
(4)2：比例限度、4：降伏点、　6：破断強さ、8：引張強さ

問0013 材料衝撃試験の種類で次のうち正しいものはどれか。 3010201 工機構 / 工機装 / 工機構 / 工機装

(1)インゴット
(2)ビッカース
(3)アイゾット
(4)クロマイジング

問0014 金属のクリープ現象に関する記述で次のうち正しいものはどれか。 3010202 一運飛

(1)周囲温度が常温以下では顕著に進行する。
(2)材料を長時間高温にさらしておくと著しく進行する。
(3)一般に内部組織の不安定な材料がクリープに弱い。
(4)高応力が長時間かかっても安定した応力であればクリープは発生しない。

問題番号	試験問題	シラバス番号	出題履歴

問0015 金属のクリープ現象に関する記述で次のうち正しいものはどれか。　3010202　一運飛／一運飛

(1)周囲温度が常温以下では顕著に進行する。
(2)無荷重であっても材料を長時間高温にさらしておくと著しく進行する。
(3)一般に内部組織の不安定な材料がクリープに弱い。
(4)高応力が長時間かかっても安定した応力であればクリープは発生しない。

問0016 金属材料のクリープについて次のうち正しいものはどれか。　3010202　工共通／工共通

(1)温度が低くなるほど顕著に進行する。
(2)荷重をかけなくても材料を長時間高温にさらしておくとクリープは進行する。
(3)クリープ強さの測定法には、引張クリープ試験とクリープ破断試験がある。
(4)熱応力による引張り応力と圧縮応力の繰り返しで発生する。

問0017 金属材料のクリープについて(A)～(D)のうち正しいものはいくつあるか。
(1)～(5)の中から選べ。　3010202　工機装／工機構／一航飛

(A)高応力が長時間かかっても安定した応力であればクリープは発生しない。
(B)応力と温度が高くなるほどクリープは発生しやすい。
(C)金属の内部組織が安定なほどクリープが発生しやすい。
(D)高クロム・ニッケル鋼はクリープに弱い。

(1)1　(2)2　(3)3　(4)4　(5)無し

問0018 疲れ限度を低下させる要因について次のうち正しいものはどれか。　3010202　一航飛／一航飛

(1)高周波焼入れ
(2)メッキ処理
(3)窒化処理
(4)ショット・ピーニング

問0019 金属材料の疲れ限度を向上させる要素で次のうち誤っているものはどれか。　3010202　二運飛／二運飛／二運飛／二運飛

(1)高周波焼入れ
(2)窒化処理
(3)表面圧延
(4)メッキ処理

問0020 疲れ限度を上げる要素について次のうち誤っているものはどれか。　3010202　二航飛

(1)高周波焼入れ
(2)窒化処理
(3)メッキ処理
(4)浸炭処理

問0021 金属材料の疲れ限度を増加させるもので(A)～(D)のうち正しいものはいくつあるか。
(1)～(5)の中から選べ。　3010202　工機装

(A)陽極処理
(B)ショットピーニング
(C)浸炭処理
(D)メッキ処理

(1)1　(2)2　(3)3　(4)4　(5)無し

問0022 下図の三角トラスのB点に5tの荷重をかけた場合、部材bcに発生する軸力（t）はいくらか。次のうち最も近い値を選べ。　3010301　一運飛／一運飛／二運飛／二運飛

(1)4.00
(2)5.66
(3)6.93
(4)7.07

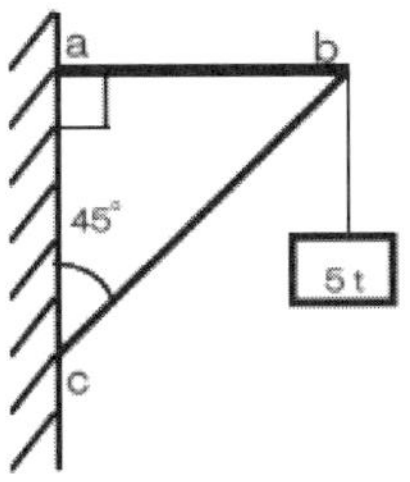

機体関連

－83－

問0023　下図の片持ちばりに荷重をかけた場合の最大曲げモーメント（kg・m）で次のうち正しいものはどれか。

3010301

一運飛
一運飛

(1) 30
(2) 40
(3) 50
(4) 60

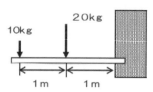

問0024　図のような片翼面上の全揚力分布のとき、A点における曲げモーメント（kg・M）はいくらか。下記のうち最も近い値を選べ。

3010301

工機構

(1)　　250
(2)　　350
(3)　　450
(4)　　800
(5) 1,000
(6) 1,200
(7) 1,600

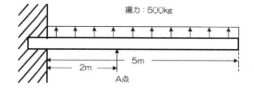

問0025　図のような片翼面上の全揚力分布のとき、A点における曲げモーメント（kg・M）はいくらか。下記のうち最も近い値を選べ。

3010301

工機構

(1) 250
(2) 350
(3) 450
(4) 540
(5) 800

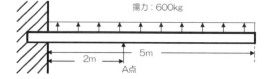

問0026　下図の等分布荷重を受ける片持ちばりのA点におけるせん断力（kg）と曲げモーメント（kg・cm）の組み合わせで次のうち正しいものはどれか。

3010301

工機構
工機装

	せん断力	曲げモーメント
(1)	1,000	14,000
(2)	1,000	50,000
(3)	2,400	100,000
(4)	2,400	288,000

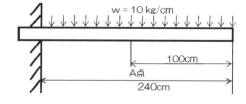

問0027　図のようなリベットに生じる剪断応力（kg/mm²）はいくらか。下記のうち最も近い値を選べ。但し、引張荷重を1,570kg、リベット径を20mmとする。

3010301

工機構

(1)　　1.5
(2)　　2.0
(3)　　2.5
(4)　　3.0
(5)　　4.0
(6)　10.0
(7)　20.0
(8)　30.0

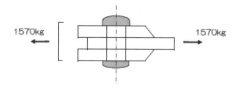

問0028　図のような継手の丸形棒の直径：D（cm）と丸形ピンの直径：D（cm）はいくらか。下記のうち最も近い値を選べ。
π＝3.14
棒の許容引張り応力　δ＝650kg/cm²
ピンの許容剪断応力　τ＝500kg/cm²とする。

3010301

工機構

	D	d
(1)	0.98	0.79
(2)	0.98	1.59
(3)	1.97	1.59
(4)	1.97	0.79
(5)	3.94	3.18
(6)	4.97	3.14

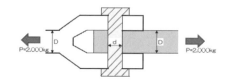

問0029　図のような継手の丸形ピンの直径：d（cm）はいくらか。　　　　　　　　　3010301　　工機構
下記のうち最も近い値を選べ。
π＝3.14
棒の許容引張り応力　　δ＝650kg/cm²
ピンの許容剪断応力　　τ＝500kg/cm²　とする。

　　　d
(1) 0.79
(2) 1.59
(3) 3.18
(4) 4.97

問0030　下図において旅客が 4G の慣性力を受けたときの、安全ベルトにかかる張力（kg）はい　　3010301　　一航飛
くらか。下記のうち最も近い値を選べ。ただし、乗客一人の重量は 77kgとし、ベルト
は前方 45°に張られ、左右で支持される。

(1) 109
(2) 218
(3) 326
(4) 488

問0031　右図三角トラスのb点に400kgの荷重をかけた時のab間に発生する軸力（kg）は次のう　　3010301　　一航飛
ちどれか。

(1) 200
(2) 282
(3) 400
(4) 564

問0032　右図三角トラスのb点に400kgの荷重をかけた時のbc間に発生する軸力（kg）は　　3010301　　一航飛
次のうちどれか。　　　　　　　　　　　　　　　　　　　　　　　　　　　　　　　　　　一航飛
　　一航飛
(1) 200　　　　　　　　　　　　　　　　　　　　　　　　　　　　　　　　　　　　　　一航飛
(2) 282
(3) 400
(4) 564

問0033　長さ800mmの棒が引張荷重を受けて800.4mmに伸びた。　　　　　　　　　　　　3010301　　工機装
ひずみ：εはいくらか。

(1) 0.0005
(2) 0.4
(3) 0.99
(4) 1.0005

問0034　下図のベルクランクでW＝300kgに対して釣り合うためにはFをいくらにすればよい　　3010302　　工機装
か。下記のうち最も近い値（kg）を選べ。　　　　　　　　　　　　　　　　　　　　　　工機装
　　　工機装
(1) 288
(2) 300
(3) 343
(4) 380
(5) 408
(6) 450
(7) 551
(8) 816

問題番号	試験問題	シラバス番号	出題履歴
問0035	アルミニウム合金の質別記号の説明で次のうち誤っているものはどれか。 (1)Fは製造されたままのもの (2)T1は高温加工から冷却後、自然時効させたもの (3)T3は溶体化処理後、冷間加工を行い、さらに自然時効させたもの (4)T4は溶体化処理後、人工時効させたもの	30104	一運飛 一運飛
問0036	アルミニウム合金に関する記述で次のうち正しいものはどれか。 (1)比重は2.70で鉄の1／2の重さでマグネシウムより軽い。 (2)5052は一次構造部材及びその部材の結合リベットとして多用されている。 (3)調質記号のT4は溶体化処理後、冷間加工したものである。 (4)純アルミの表面は空気中ではすぐ酸化し、酸化皮膜が生成される。	30104	二運回
問0037	アルミニウム合金について次のうち正しいものはどれか。 (1)2024は耐食性、加工性に優れ主翼や胴体の外板に多用されている。 (2)5052は一次構造部材及びその結合リベットとして多用されている。 (3)純アルミニウムの表面は空気中では酸化しない。 (4)質別記号のT4は溶体化処理後、自然時効させたものである。	30104	工共通 工共通
問0038	アルミニウム合金の物理的性質で次のうち誤っているものはどれか。 (1)比重は鉄の約1／3で、実用金属のうちではチタニウムに次いで軽い。 (2)結晶構造は面心立方で、軟らかく展延性に優れている。 (3)融点は660℃と比較的低い。 (4)純度99%以上のものは電気及び熱の良導体である。	30104	工機構 工機装 工機構 工機装
問0039	アルミニウム合金について次のうち誤っているものはどれか。 (1)比重は鉄の0.6倍である。 (2)150℃を超えると強度が急激に下がり始める。 (3)2024-T3のTとは熱処理したものという意味である。 (4)用途により鍛錬用と鋳造用に分けることができる。	30104	一運飛
問0040	アルミニウム合金の説明として(A)〜(D)のうち正しいものはいくつあるか。 (1)〜(5)の中から選べ。 (A)比強度は金属材料中、最も大きい。 (B)2024-T3のT3とは質別記号である。 (C)純アルミニウムの表面は空気中ではすぐ酸化し、酸化皮膜が生成される。 (D)鋼に比べて耐熱性は良くない。 (1) 1　　(2) 2　　(3) 3　　(4) 4　　(5) 無し	30104	二航回
問0041	アルミニウム合金の説明として次のうち誤っているものはどれか。 (1)機械的性質を熱処理によって向上させるものと、冷間加工によって向上させるものがある。 (2)熱膨張係数は鋼の約2倍である。 (3)比強度は金属材料中、最も大きい。 (4)電位の高い金属である銅や鉄と接触すると腐食が発生しやすい。	30104	二航回 一運回 一航回
問0042	アルミニウム合金の説明として(A)〜(D)のうち正しいものはいくつあるか。 (1)〜(5)の中から選べ。 (A)実用金属のうちでは最も軽い。 (B)熱膨張係数は鋼の約2倍である。 (C)比強度は金属材料の中で最も大きい。 (D)一般に600℃を超えると急激に強度が下がりはじめる。 (1) 1　　(2) 2　　(3) 3　　(4) 4　　(5) 無し	30104	二航回
問0043	アルミニウム合金の説明として(A)〜(D)のうち正しいものはいくつあるか。 (1)〜(5)の中から選べ。 (A)熱膨張係数は鋼の約6倍である。 (B)比強度は金属材料中、最も大きい。 (C)電位の高い金属の銅や鉄と接触すると腐食しやすい。 (D)熱処理によって強度を上げることができるものとできないものがある。 (1) 1　　(2) 2　　(3) 3　　(4) 4　　(5) 無し	30104	二航回 一航回 二航回

問0044　アルミニウム合金の説明として(A)～(D)のうち正しいものはいくつあるか。　30104　一航回
　　　　(1)～(5)の中から選べ。

　　　　(A)機械的性質を熱処理によって向上させるものと、冷間加工によって向上させるものが
　　　　　　ある。
　　　　(B)比強度は金属材料中、最も大きい。
　　　　(C)熱膨張係数は鋼の約2倍である。
　　　　(D)電位の高い金属である銅や鉄と接触すると腐食が発生しやすい。

　　　　(1) 1　　(2) 2　　(3) 3　　(4) 4　　(5) 無し

問0045　アルミニウム合金について(A)～(D)のうち正しいものはいくつあるか。　30104　工機構
　　　　(1)～(5)の中から選べ。　　　　　　　　　　　　　　　　　　　　　　　　　　工機構

　　　　(A)アルミニウム合金は熱処理によって、強度を上げることはできない。
　　　　(B)アルミニウム合金 6061 は耐食性に優れた合金である。
　　　　(C)熱処理の質別記号 T4 とは溶体化処理後、自然時効したものである。
　　　　(D)熱処理の質別記号 T6 とは溶体化処理後、冷間加工したものである。

　　　　(1) 1　　(2) 2　　(3) 3　　(4) 4　　(5) 無し

問0046　アルミニウム合金の性質について(A)～(D)のうち正しいものはいくつあるか。　30104　二航滑
　　　　(1)～(5)の中から選べ。　　　　　　　　　　　　　　　　　　　　　　　　　　二航滑

　　　　(A)空気中では表面はすぐに酸化されない。
　　　　(B)酸やアルカリ溶液中でも腐食は進行しない。
　　　　(C)耐熱性は鋼よりすぐれている。
　　　　(D)鋼より硬度は大で展延性が小さい。

　　　　(1) 1　　(2) 2　　(3) 3　　(4) 4　　(5) 無し

問0047　アルミニウム合金の合金記号と特徴について次のうち誤っているものはどれか。　30104　工共通
　　　工共通

　　　　(1)1100：純度99%以上の純アルミニウムで、耐食性に優れている。
　　　　(2)2117：鍛造材に最もよく用いられるが、耐食性は悪い。
　　　　(3)2024：超ジュラルミンと呼ばれ、航空機の多くの箇所に使われている。
　　　　(4)7075：2024より強さは大であるが、亀裂の進行が早く加工性が悪い。

問0048　アルミニウム合金の一般的性質で次のうち誤っているものはどれか。　30104　二連飛
　　　二連飛
　　　　(1)各種合金元素を加えることで電気および熱の伝導率が良くなる。　　　　　　　　二連飛
　　　　(2)Mg、Mn、Cu、Znなどを加え強度を向上させたものがある。　　　　　　　　　二連飛
　　　　(3)アルミニウムより電位の高いCuやFeと接触すると腐食が発生するため注意が必要で　二連飛
　　　　　　ある。
　　　　(4)Ni、Siを添加し耐熱性を向上させることができる。

問0049　AA規格によるアルミニウム合金の質別記号の説明として(A)～(E)のうち正しいものは　30104　一航回
　　　　いくつあるか。(1)～(6)の中から選べ。　　　　　　　　　　　　　　　　　　　工機構

　　　　(A)T3：溶体化処理後、冷間加工を行い自然時効したもの
　　　　(B)T4：溶体化処理後、自然時効したもの
　　　　(C)T6：溶体化処理後、人工時効したもの
　　　　(D)O　：焼きなましたもの
　　　　(E)W　：溶体化処理後、自然時効進行中のもの

　　　　(1) 1　　(2) 2　　(3) 3　　(4) 4　　(5) 5　　(6) 無し

問0050　AA規格によるアルミニウム合金の質別記号について(A)～(E)のうち正しいものはいく　30104　工機構
　　　　つあるか。(1)～(6)の中から選べ。

　　　　(A)T3：溶体化処理後、冷間加工を行い自然時効したもの
　　　　(B)T4：溶体化処理後人工時効したもの
　　　　(C)T6：溶体化処理後自然時効したもの
　　　　(D)O　：焼きなましたもの
　　　　(E)W　：溶体化処理後常温時効進行中のもの

　　　　(1) 1　　(2) 2　　(3) 3　　(4) 4　　(5) 5　　(6) 無し

問0051　チタニウム合金について次のうち誤っているものはどれか。　30104　一連飛

　　　　(1)比重は鉄の約60%である。
　　　　(2)溶融点は約1,720℃である。
　　　　(3)他のいかなる合金よりも比強度が大きい。
　　　　(4)縦弾性係数（ヤング率）は炭素鋼より大きい。

問題番号	試験問題	シラバス番号	出題履歴

問0052 チタニウム合金の特徴に関する記述で次のうち誤っているものはどれか。 30104 二運飛／二運飛／二運飛／二運飛

(1)フロア・パネルやファイア・ウォールなどに用いられている。
(2)400℃〜500℃くらいの温度まで強度はさほど低下しない。
(3)比重はアルミニウム合金の1.6倍である。
(4)展延性に優れ切削性もよいが耐摩耗性に劣る。

問0053 チタニウム合金の特徴で(A)〜(D)のうち正しいものはいくつあるか。 30104 工機構／工機構
(1)〜(5)の中から選べ。

(A)熱伝導が小さい。
(B)切削により発生した熱の分散が良い。
(C)縦弾性係数が鋼の約2倍である。
(D)焼き付きを起こしやすい。

(1)1　　(2)2　　(3)3　　(4)4　　(5)無し

問0054 チタニウム合金の特徴で(A)〜(D)のうち正しいものはいくつあるか。 30104 工機装
(1)〜(5)の中から選べ。

(A)熱伝導度は金属の中では大きい。
(B)切削により発生した熱の分散が悪い。
(C)縦弾性係数が鋼の約2倍である。
(D)焼き付きを起こしにくい。

(1)1　　(2)2　　(3)3　　(4)4　　(5)無し

問0055 チタニウム合金に関する記述で次のうち正しいものはどれか。 30104 工共通

(1)アルミニウム合金よりも比強度が大きい。
(2)アルミニウム合金よりも溶融点が低い。
(3)熱膨張係数がオーステナイト・ステンレス鋼より大きい。
(4)熱伝導率が大きく、熱を発散しやすい。

問0056 チタニウム合金の説明として(A)〜(D)のうち正しいものはいくつあるか。 30104 一航回
(1)〜(5)の中から選べ。

(A)純チタニウムは比重が4.6で鋼の約60%である。
(B)実用金属中最も軽い。
(C)200〜300℃に加熱すると延性が増し加工性が良くなる。
(D)熱膨張係数は$8.6×10^{-6}$/℃で他の金属と比較して小さい。

(1)1　　(2)2　　(3)3　　(4)4　　(5)無し

問0057 チタニウム合金を切削加工する場合に留意しなければならない点で次のうち正しいものはどれか。 30104 一運飛

(1)充分に加熱してから行う。
(2)送りを小さくする。
(3)切削油は使用してはならない。
(4)切削速度を小さくする。

問0058 チタニウム合金の切削加工時に留意すべき事項で次のうち誤っているものはどれか。 30104 工機構／工機装

(1)切削速度を速くする。
(2)送りを大きくする。
(3)切削中は送りを止めない。
(4)研削屑は発火しやすい。

問0059 チタニウム合金を切削加工する場合に留意しなければならない点について次のうち誤っているものはどれか。 30104 一航飛

(1)切削速度を遅くする。
(2)送りを少なくする。
(3)切削油を使用する。
(4)切削中は送りを止めない。

問0060 マグネシウム合金について次のうち誤っているものはどれか。 30104 一運飛

(1)マグネシウムの比重はアルミニウムの2／3である。
(2)展延性は良いが切削性は悪い。
(3)耐熱性、耐摩耗性に劣る。
(4)耐食性が良くないので一般的に化成皮膜処理を施す必要がある。

問題番号	試験問題	シラバス番号	出題履歴
問0061	マグネシウム合金の説明で次のうち誤っているものはどれか。 (1)切削屑が発火したら鋳鉄の削り屑や乾いた砂などをかけて消火する。 (2)実用金属中最も軽い。 (3)200～300℃に加熱すると延性が減少し加工性が悪くなる。 (4)他の金属と接触すると電解腐食を起こしやすい。	30104	一運回
問0062	マグネシウム合金の説明で誤っているものはどれか。 (1)切削屑が発火したら砂や水をかけて消火する。 (2)マグネシウム合金は実用金属中最も軽い。 (3)200～300℃に加熱すると延性が増し加工性が良くなる。 (4)他の金属と接触すると電解腐食を起こしやすい。	30104	一運回 一航回 二航回
問0063	マグネシウム合金の説明として(A)～(D)のうち正しいものはいくつあるか。 (1)～(5)の中から選べ。 (A)切削くずが発火したら砂や水をかけて消火する。 (B)マグネシウム合金は実用金属中最も軽い。 (C)200～300℃に加熱すると延性が減少し加工性が悪くなる。 (D)他の金属と接触すると電解腐食を起こしやすい。 (1)1　(2)2　(3)3　(4)4　(5)無し	30104	一航回
問0064	マグネシウム合金の説明として(A)～(D)のうち正しいものはいくつあるか。 (1)～(5)の中から選べ。 (A)切削くずが発火したら砂や水をかけて消火する。 (B)マグネシウム合金は実用金属中最も軽い。 (C)200～300℃に加熱すると延性が増し加工性が良くなる。 (D)他の金属と接触すると電解腐食を起こしやすい。 (1)1　(2)2　(3)3　(4)4　(5)無し	30104	一航回 二航回 二航回
問0065	マグネシウム合金の説明として(A)～(D)のうち正しいものはいくつあるか。 (1)～(5)の中から選べ。 (A)切削屑が発火したら鋳鉄の削り屑や乾いた砂などをかけて消火する。 (B)マグネシウム合金は実用金属中最も軽い。 (C)200～300℃に加熱すると延性が増し加工性が良くなる。 (D)他の金属と接触すると電解腐食を起こしやすい。 (1)1　(2)2　(3)3　(4)4　(5)無し	30104	一航回 一航回 二航回 一航回
問0066	マグネシウム合金の特徴で(A)～(E)のうち正しいものはいくつあるか。 (1)～(6)の中から選べ。 (A)アルミニウムを含む合金は溶接後に応力除去のための熱処理が必要である。 (B)板材は200℃～300℃に加熱すると延性が増加し加工性がよくなる。 (C)鉄をわずかでも含んでいると耐食性は著しく弱められる。 (D)切削屑が発火した場合、鋳鉄の削り屑か乾いた砂をかけて消火する。 (E)融点近くに加熱すると急激に酸化するので溶接時には大気を遮断する必要がある。 (1)1　(2)2　(3)3　(4)4　(5)5　(6)無し	30104	工機構 工機構
問0067	高張力鋼の脆性破壊（遅れ破壊）に関する記述で次のうち誤っているものはどれか。 (1)鋼材中に水素が浸入して材質を脆化させることが原因である。 (2)静荷重下で外見上ほとんど塑性変形なしに突然破壊が起こる。 (3)小さな傷や腐食でも原因になる場合がある。 (4)高い強度に調質すれば防ぐことができる。	30104	二運飛 一運飛 一運飛
問0068	高張力鋼の特徴について(A)～(D)のうち正しいものはいくつあるか。 (1)～(5)の中から選べ。 (A)ニッケル・クロム・モリブデン鋼は高い強さと硬さを必要とする大型の脚構造シリンダやピストン等の部品に適する。 (B)クロム・モリブデン鋼は熱処理性や溶接性が良くフィッティング類等に用いられている。 (C)水素脆性は材料の強度を高めるほど敏感になる。 (D)耐食性を良くするためカドミウムメッキやチタン・カドミウムメッキ等が施されている。 (1)1　(2)2　(3)3　(4)4　(5)無し	30104	一航飛 一航飛

機体関連

－89－

問題番号	試験問題	シラバス番号	出題履歴

問0069 高張力鋼の特徴について(A)〜(D)のうち正しいものはいくつあるか。
(1)〜(5)の中から選べ。

30104 　一航飛

(A)クロム・モリブデン鋼は高い強さと硬さを必要とする大型の脚構造シリンダやピストン等の部品に適する。
(B)ニッケル・クロム・モリブデン鋼は熱処理性や溶接性が良くフィッティング類等に用いられている。
(C)水素脆性は材料の強度を高めるほど敏感になる。
(D)耐食性を良くするためカドミウムメッキやチタン・カドミウムメッキ等が施されている。

(1) 1 　　(2) 2 　　(3) 3 　　(4) 4 　　(5) 無し

問0070 ステンレス鋼に関する記述で次のうち誤っているものはどれか。

30104 　一航飛
　一航飛

(1)鋼にクロムを多量に含ませることによって耐食性を強くしたものである。
(2)マルテンサイト系、フェライト系、オーステナイト系の三つに大別される。
(3)マルテンサイト系は、強靭性と耐食性に優れ溶接が容易である。
(4)オーステナイト系は、非磁性で展延性に優れ冷間加工が容易である。

問0071 アルクラッドの目的について次のうち正しいものはどれか。

30104 　工機構
　工機装
　工機構
　工機装
　二運飛

(1)強度を増加させる。
(2)加工性を良くする。
(3)耐摩耗性を良くする。
(4)耐食性を良くする。

問0072 航空機の構造材料に関する文章の空欄に当てはまる語句の組み合わせで次のうち正しいものはどれか。

30104 　一運飛
　一運飛
　工共通
　一運飛

現在の航空機（主にジェット旅客機）の構造材料を大まかにいえば、翼と胴体の主たる部分はアルミニウム合金、（ a ）の一部はチタニウム合金、可動部分などは軽量化のために（ b ）やグラス・ファイバーのハニカム、脚まわりは（ c ）、エンジンはチタニウム合金、ステンレス鋼、そして（ d ）が使われている。

	（ a ）	（ b ）	（ c ）	（ d ）
(1)	鋳造材	アルミニウム合金	耐食鋼	マグネシウム合金
(2)	鋳造材	アルミニウム合金	高張力鋼	耐熱合金
(3)	溶接材	アルミニウム合金	高張力鋼	マグネシウム合金
(4)	鋳造材	マグネシウム合金	耐食鋼	耐熱合金

問0073 金属のイオン化傾向で、同じグループに属する組合せは(A)〜(D)のうちいくつあるか。
(1)〜(5)の中から選べ。

30104 　工機構

(A)カドミウム、アルミニウム合金
(B)アルミニウム合金、マグネシウム合金
(C)ステンレス鋼、クロム
(D)ニッケル、鉛

(1) 1 　　(2) 2 　　(3) 3 　　(4) 4 　　(5) 無し

問0074 焼なましの目的で次のうち正しいものはどれか。

30104 　一運飛

(1)硬さを減じ延性を増し、加工性を良くする。
(2)機械加工、曲げ、溶接等による歪を取り除く。
(3)硬さと引張り強さを増す。
(4)焼入れ後の歪を取り除き、脆さを減じる。

問0075 鋼中の合金元素のモリブデン（Mo）の主な作用で(A)〜(D)のうち正しいものはいくつあるか。(1)〜(5)の中から選べ。

30104 　工機装

(A)耐クリープ性を増す。
(B)焼ならし状態の鋼の強さを改善する。
(C)焼戻し脆性の防止に効果がある。
(D)溶接割れに対して弱くなる。

(1) 1 　　(2) 2 　　(3) 3 　　(4) 4 　　(5) 無し

問0076 鋼の種類と材料番号の組み合わせで次のうち誤っているものはどれか。

30104 　一運飛

(1)1×××　：　炭素鋼
(2)3×××　：　ニッケル・クロム鋼
(3)5×××　：　ニッケル・クロム・モリブデン鋼
(4)6×××　：　クロム・バナジウム鋼

問題番号	試験問題	シラバス番号	出題履歴
問0077	鋼の表面硬化に関する記述で次のうち誤っているものはどれか。 (1)窒化法とは、アンモニア・ガスのような窒素を含むガス中で鋼を熱し鋼表面に硬い窒化物を作る方法である。 (2)高周波焼入れ法では、周波数が高いほど鋼の深部まで焼き入れすることが出来る。 (3)金属浸透法とは、金属製品の表面に他種金属を付着させる方法である。 (4)浸炭法とは、低炭素鋼の表面層に炭素を浸入拡散させることにより硬化させる方法である。	30104	工機構 工機装 工機構 工機装
問0078	金属の機械的性質について次のうち誤っているものはどれか。 (1)展性とは外力を与えて板や箔に広げられる性質をいう。 (2)延性とは引っ張ったときに針金のように長く延びる性質をいう。 (3)荷重を取り除いても寸法が回復しない変形を弾性変形という。 (4)降伏現象が起こると荷重を取り除いても永久歪みが残る。	30104	二航飛 二航飛
問0079	金属の結晶構造の特徴で(A)〜(C)のうち正しいものはいくつあるか。 (1)〜(4)の中から選べ。 (A)体心立方格子は比較的変形しにくいため、箔にすることが難しい。 (B)点心立方格子は変形しやすいため、圧延することで箔にしやすい。 (C)稠密六方格子は変形しにくいため、常温で加工すると割れてしまう。 (1)1　　(2)2　　(3)3　　(4)無し	30104	工機構
問0080	金属の結晶構造の特徴で(A)〜(D)のうち正しいものはいくつあるか。 (1)〜(5)の中から選べ。 (A)結晶は三次元的に規則正しく配置された原子によって構成されている。この規則的配置の最小単位を単位胞という。 (B)鉄は常温では体心立方格子であるが熱を加えるとある温度で面心立方格子に変化する。 (C)面心立方格子の金属は変形しにくいため、常温で加工すると割れてしまう。 (D)稠密六方格子の金属は変形しやすいため、圧延することで箔にしやすい。 (1)1　　(2)2　　(3)3　　(4)4　　(5)無し	30104	工機構
問0081	下記の金属の組み合わせで最も腐食が起りにくいものはどれか。 (1)チタニウムとカドミウム (2)ニッケルとカドミウム (3)アルミニウム合金とカドミウム (4)アルミニウム合金とチタニウム	30104	一航飛 一航飛
問0082	防火壁や排気管支持金具取付部などのNi-Cr系合金の耐熱鋼部品の取り付けに使用するリベットの材質は次のうちどれか。 (1)チタニウム合金 (2)耐食鋼 (3)炭素鋼 (4)アルミニウム合金	30104	一航回
問0083	接着結合の特徴で次のうち誤っているものはどれか。 (1)従来使用していたボルトやリベットの数が減り機体重量軽減につながる。 (2)機体外面の平滑性が向上する。 (3)クラックの伝搬速度が大きいためダブラなどによる補強が必要である。 (4)作業工程が複雑で特別な設備や装置が必要になる。	30105	二運飛 二運飛 二運飛
問0084	構造用接着剤の特徴で次のうち誤っているものはどれか。 (1)ボルトやリベット結合に比べ、力学的特性が向上する。 (2)溶接に比べ、異種金属材料の接合が容易にできる。 (3)ボルトやリベット結合に比べ、機体外面の平滑化が向上する。 (4)ボルトやリベット結合に比べ、高温環境に強く耐熱性が高い。	30105	二運飛 二運飛 二運飛 二運飛 二運飛
問0085	機体構造部に接着剤を使用した場合の利点について次のうち誤っているものはどれか。 (1)応力集中が極めて少なくなり、剪断、圧縮、疲労強度などの力学特性が向上する。 (2)作業工程が容易であり、また特別な設備や装置を必要としない。 (3)機体重量を軽減できる。 (4)機体外面の平滑化が向上する。	30105	一航飛

機体関連

問題番号	試験問題	シラバス番号	出題履歴
問0086	構造用接着剤を使用する利点で(A)～(D)のうち正しいものはいくつあるか。 (1)～(5)の中から選べ。 (A)ボルト結合より力学的特性が向上する。 (B)ピール強度に優れている。 (C)機体重量が軽減される。 (D)クラックの伝播速度が速い。 (1) 1　　(2) 2　　(3) 3　　(4) 4　　(5) 無し	30105	工機装
問0087	構造用接着剤を使用する利点で(A)～(D)のうち正しいものはいくつあるか。 (1)～(5)の中から選べ。 (A)せん断および疲労強度が向上する。 (B)ピール強度に優れている。 (C)機体重量が軽減される。 (D)クラックの伝播速度が遅い。 (1) 1　　(2) 2　　(3) 3　　(4) 4　　(5) 無し	30105	工機構 工機構
問0088	機体構造部に接着剤を使用した場合の利点について(A)～(D)のうち正しいものはいくつあるか。(1)～(5)の中から選べ。 (A)応力集中が極めて少なくなり剪断、圧縮、疲労強度等の力学特性が向上する。 (B)接着部分にクラックが発生した場合、伝播速度が小さい。 (C)機体重量を軽減できる。 (D)シール効果が増大する。 (1) 1　　(2) 2　　(3) 3　　(4) 4　　(5) 無し	30105	一航飛 一航飛
問0089	構造用接着剤を使用する利点で(A)～(D)のうち正しいものはいくつあるか。 (1)～(5)の中から選べ。 (A)せん断および疲労強度が向上する。 (B)ピール強度に優れている。 (C)機体重量が軽減される。 (D)作業工程が単純であり特別な設備・装置は不要である。 (1) 1　　(2) 2　　(3) 3　　(4) 4　　(5) 無し	30105	工機装
問0090	シリコン・ゴムについて次のうち誤っているものはどれか。 (1)最大の特徴は熱に対する安定性である。 (2)耐鉱油性に優れている。 (3)電気絶縁性に優れている。 (4)耐不燃性作動油（スカイドロール）性に優れている。	30105	工共通 工共通
問0091	シリコンゴムに関する説明で次のうち誤っているものはどれか。 (1)耐鉱油性に優れている。 (2)耐寒性に優れている。 (3)耐熱性に優れている。 (4)電気絶縁性に優れている。	30105	二航回 二運回 一運飛 一航回 二航回 一航回 一運回 二航回
問0092	シリコン・ゴムについて(A)～(E)のうち正しいものはいくつあるか。 (1)～(6)の中から選べ。 (A)耐熱性に優れている。 (B)耐寒性に優れている。 (C)耐水性に優れている。 (D)耐候性に優れている。 (E)不燃性作動油にもよく耐える。 (1) 1　　(2) 2　　(3) 3　　(4) 4　　(5) 5　　(6) 無し	30105	工機装 工機構
問0093	シリコン・ゴムについて(A)～(D)のうち正しいものはいくつあるか。 (1)～(5)の中から選べ。 (A)耐熱性に優れている。 (B)耐寒性に優れている。 (C)耐鉱油性に優れている。 (D)電気絶縁性に優れている。 (1) 1　　(2) 2　　(3) 3　　(4) 4　　(5) 無し	30105	二航飛 二航飛

問題番号	試験問題	シラバス番号	出題履歴
問0094	熱硬化性樹脂は次のうちどれか。 (1) エポキシ樹脂 (2) アクリル樹脂 (3) ポリアミド樹脂 (4) フッ素樹脂	30105	二運飛 二運飛
問0095	熱硬化性樹脂は次のうちどれか。 (1) 塩化ビニル樹脂 (2) アクリル樹脂 (3) ABS樹脂 (4) フェノール樹脂	30105	一運飛
問0096	熱硬化性樹脂について(A)～(D)のうち正しいものはいくつあるか。 (1)～(5)の中から選べ。 (A) ポリエチレン樹脂 (B) ポリスチレン樹脂 (C) ポリエステル樹脂 (D) ポリウレタン樹脂 (1) 1　　(2) 2　　(3) 3　　(4) 4　　(5) 無し	30105	一航飛
問0097	燃料系統に使用する"O"リングの材質で次のうち正しいものはどれか。 (1) ニトリルゴム (2) ブチルゴム (3) シリコンゴム (4) エチレンプロピレンゴム	30105	二運飛 二運飛 二運飛
問0098	テフロンの性質で(A)～(D)のうち正しいものはいくつあるか。 (1)～(5)の中から選べ。 (A) 耐薬品性に優れている。 (B) 電気絶縁性はポリエチレンに匹敵する。 (C) 耐熱性に優れている。 (D) 低温域では脆くなる。 (1) 1　　(2) 2　　(3) 3　　(4) 4　　(5) 無し	30105	工機装 工機装
問0099	合成ゴムに関する説明として次のうち正しいものはどれか。 (1) シリコンゴムは耐候性に優れているが耐熱性は劣る。 (2) ブチルゴムは空気を通しやすいためタイヤ用のチューブには適さない。 (3) ニトリルゴムは耐鉱油性に優れ、燃料系統の"O"リングに使用される。 (4) フッ素ゴムは耐不燃性作動油に優れ、作動油系統の"O"リングに使用される。	30105	一航回 一航回 二運回 一航回
問0100	合成ゴム系の一液性接着剤で次のうち誤っているものはどれか。 (1) クロロプレン系 (2) ニトリル・ゴム系 (3) シリコン・ゴム系 (4) チオコール系	30105	二運飛 二運飛
問0101	合成ゴムの特徴について次のうち誤っているものはどれか。 (1) クロロプレンゴム：耐候性、電気絶縁性に優れる。 (2) ニトリルゴム　　：耐鉱油性に優れるが、耐候性が悪い。 (3) フッ素ゴム　　　：耐熱性、電気絶縁性に優れるが、不燃性作動油には耐えない。 (4) シリコンゴム　　：耐候性に優れるが、熱に弱い。	30105	二航飛
問0102	合成ゴムについて(A)～(D)のうち正しいものはいくつあるか。 (1)～(5)の中から選べ。 (A) クロロプレンゴムは耐候性に優れ、レドーム・ブーツ、デアイサ・ブーツに用いられる。 (B) ブチルゴムは空気を極めて通しにくくタイヤ用チューブに用いられる。 (C) フッ素ゴムは耐熱性が高く燃料系統で耐熱性を要求される部分に用いられる。 (D) シリコンゴムは耐寒性、耐候性に優れウインド・シール、ドア・シールに用いられる。 (1) 1　　(2) 2　　(3) 3　　(4) 4　　(5) 無し	30105	一航飛

機体関連

問0103 ニトリル・ゴムの特質について(A)〜(D)のうち正しいものはいくつあるか。(1)〜(5)の中から選べ。　30105　二航飛

(A)鉱油に対して優れている。
(B)摩耗に対して優れている。
(C)耐候性に優れている。
(D)不燃性作動油に対して優れている。

(1) 1　　(2) 2　　(3) 3　　(4) 4　　(5) 無し

問0104 フェノール樹脂の特徴で次のうち誤っているものはどれか。　30105　工共通 工共通

(1)耐油性、耐水性、耐溶剤性に優れている。
(2)電気絶縁性に優れている。
(3)耐アルカリ性に優れている。
(4)耐熱性に優れている。

問0105 フェノール樹脂の特徴で次のうち誤っているものはどれか。　30105　工機構 工機装

(1)耐油性に優れている。
(2)電気絶縁性に優れている。
(3)耐アルカリ性に優れている。
(4)耐熱性に優れている。

問0106 フッ素ゴムの説明として次のうち誤っているものはどれか。　30105　一運回 一航回 二航回 二航回 二航回

(1)使用温度範囲は、−55〜300℃くらいである。
(2)耐鉱油性、電気絶縁性に優れている。
(3)耐熱性に優れている。
(4)スカイドロール（不燃性作動油）のシール材として用いられる。

問0107 フッ素ゴムの特質について(A)〜(D)のうち正しいものはいくつあるか。(1)〜(5)の中から選べ。　30105　工機構 工機構

(A)耐熱性に優れている。
(B)耐鉱油性、電気絶縁性に優れている。
(C)使用温度範囲は、−55〜300℃である。
(D)耐薬品性に優れている。

(1) 1　　(2) 2　　(3) 3　　(4) 4　　(5) 無し

問0108 プラスチックの性質について次のうち誤っているものはどれか。　30105　二運飛

(1)非金属元素を基本とする有機化学物質である。
(2)熱は伝えやすいが電気は伝えにくい。
(3)酸やアルカリに強いが、酸素や紫外線などにより、次第に劣化する。
(4)可塑性を持つため成形がしやすい。

問0109 プラスチックの性質について次のうち誤っているものはどれか。　30105　二運飛 二運飛 二運飛 二運飛 二運飛 二運飛 二航飛

(1)非金属元素を基本とする有機化学物質である。
(2)軽くて、電気や熱を伝えにくい。
(3)酸やアルカリには弱いが酸素や紫外線などには強い。
(4)可塑性を持つため成形がしやすい。

問0110 アクリル樹脂の特徴について次のうち誤っているものはどれか。　30105　二航滑

(1)プラスチックの中で透明度が最も高い。
(2)紫外線透過率が普通のガラスより大きい。
(3)耐候性が良く、強靭で、加工が容易である。
(4)熱に強く、光学的性質に優れている。

問0111 アクリル樹脂に関する記述で次のうち誤っているものはどれか。　30105　二運飛

(1)紫外線透過率が普通のガラスより大きい。
(2)耐候性に優れている。
(3)強靭であるため加工性が劣る。
(4)有機溶剤に侵されやすい。

問0112 アクリル樹脂の特質について(A)～(D)のうち正しいものはいくつあるか。　30105　二航飛
(1)～(5)の中から選べ。

(A)プラスチック中で最も透明度が高いので客室窓に使われている。
(B)紫外線透過率は普通のガラスより小さい。
(C)耐候性は良いが加工性が悪い。
(D)可燃性で熱に弱い。

(1) 1　　(2) 2　　(3) 3　　(4) 4　　(5) 無し

問0113 アクリル樹脂について(A)～(D)のうち正しいものはいくつあるか。　30105　工機装
(1)～(5)の中から選べ。　　　　　　　　　　　　　　　　　　　　　　　工機構

(A)ガラスよりも紫外線透過率が大きい。
(B)加工が容易である。
(C)耐候性がよく、強靭である。
(D)可燃性で熱に弱い。

(1) 1　　(2) 2　　(3) 3　　(4) 4　　(5) 無し

問0114 アクリル樹脂の風防に発生するクレージングの原因として次のうち正しいものはどれか。　30105　二航回
　　　二運回
(1)電気絶縁性が悪く静電気によって発生する。　　　　　　　　　　　　　　　　　　二運回
(2)長時間応力を受けると発生する。　　　　　　　　　　　　　　　　　　　　　　一運回
(3)紫外線の吸収によって発生する。　　　　　　　　　　　　　　　　　　　　　　二航回
(4)水分の吸収によって発生する。

問0115 アクリル樹脂の風防に発生するクレージングの原因として次のうち正しいものはどれか。　30105　二航回
　　　二航回
(1)電気絶縁性が悪く静電気によって発生する。
(2)長時間引張応力を受けると発生する。
(3)紫外線の吸収によって発生する。
(4)水分の吸収によって発生する。

問0116 アクリル樹脂の風防に発生するクレージングの原因で次のうち正しいものはどれか。　30105　二運飛
　　　二運飛
(1)紫外線透過率がガラスよりも極端に小さいため、紫外線の吸収によって発生する。　二運飛
(2)溶剤（液体）に触れると発生するが、溶剤の蒸気は発生原因とはならない。　　　二運飛
(3)電気絶縁性が悪く、静電気によって発生する。　　　　　　　　　　　　　　　　二運飛
(4)長時間、引張応力を受けると発生する。

問0117 アクリル樹脂の風防に発生するクレージングの原因で次のうち正しいものはどれか。　30105　二航滑
　　　二航滑
(1)紫外線透過率がガラスよりも極端に小さいため、紫外線の吸収によって発生する。
(2)溶剤の蒸気に触れても発生しないが、溶剤（液体）に触れると発生する。
(3)長時間応力を受けると発生する。
(4)電気絶縁性が悪く、静電気によって発生する。

問0118 シーラントについて(A)～(D)のうち正しいものはいくつあるか。　30105　一航飛
(1)～(5)の中から選べ。

(A)チオコール系とシリコン系に大別される。
(B)チオコール系は一液性のものと二液性のものがある。
(C)シリコン系は一液性のものと二液性のものがある。
(D)燃料タンクのシールには主にシリコン系が用いられる。

(1) 1　　(2) 2　　(3) 3　　(4) 4　　(5) 無し

問0119 シーラントについて(A)～(D)のうち正しいものはいくつあるか。　30105　二航飛
(1)～(5)の中から選べ。　　　　　　　　　　　　　　　　　　　　　　　二航飛

(A)チオコール系は燃料タンクのシールに使われる。
(B)チオコール系はシリコン系に比べ金属に対する接着性が良好である。
(C)シリコン系は耐候性に優れている。
(D)シリコン系は鉱油により大きく膨潤する。

(1) 1　　(2) 2　　(3) 3　　(4) 4　　(5) 無し

問0120 熱可塑性樹脂でないものは次のうちどれか。　30105　一運飛

(1)塩化ビニル樹脂
(2)アクリル樹脂
(3)ABS樹脂
(4)フェノール樹脂

機体関連

問0121 熱可塑性樹脂は次のうちどれか。

シラバス番号 30105

出題履歴 二運飛／一運飛／二運飛／二運飛／一運飛／二運飛

    (1)エポキシ樹脂
    (2)メラミン樹脂
    (3)ポリアミド樹脂
    (4)フェノール樹脂

問0122 熱可塑性樹脂について(A)～(D)のうち正しいものはいくつあるか。
(1)～(5)の中から選べ。

シラバス番号 30105

出題履歴 一航飛／工機構／工機装

    (A)ポリエステル樹脂
    (B)ポリウレタン樹脂
    (C)ポリエチレン樹脂
    (D)ポリスチレン樹脂

    (1) 1   (2) 2   (3) 3   (4) 4   (5) 無し

問0123 ポリウレタン塗料について(A)～(D)のうち正しいものはいくつあるか。
(1)～(5)の中から選べ。

シラバス番号 30105

出題履歴 一航飛

    (A)金属に対する付着性が良くないため、下地塗装が必要である。
    (B)硬化剤を加えて使用する常温硬化型塗料である。
    (C)塗膜が柔らかく柔軟で、光沢があり耐候性に優れている。
    (D)耐油性、耐燃料性が良く、機体外部塗装に用いられている。

    (1) 1   (2) 2   (3) 3   (4) 4   (5) 無し

問0124 ポリウレタン塗料について(A)～(D)のうち正しいものはいくつあるか。
(1)～(5)の中から選べ。

シラバス番号 30105

出題履歴 一航飛／一航飛

    (A)金属に対する付着性に優れている。
    (B)一液性の速乾性塗料で耐水性に優れている。
    (C)塗膜が堅く強靱で、光沢があり耐候性に優れている。
    (D)耐油性、耐燃料性が良く、機体外部塗装に用いられている。

    (1) 1   (2) 2   (3) 3   (4) 4   (5) 無し

問0125 四フッ化エチレン樹脂の特質について(A)～(D)のうち正しいものはいくつあるか。
(1)～(5)の中から選べ。

シラバス番号 30105

出題履歴 二航飛／二航飛／二航飛

    (A)耐薬品性に優れている。
    (B)耐熱性に優れている。
    (C)電気絶縁性に優れている。
    (D)熱可塑化加工ができない。

    (1) 1   (2) 2   (3) 3   (4) 4   (5) 無し

問0126 シリコン系シーラントについて(A)～(D)のうち正しいものはいくつあるか。
(1)～(5)の中から選べ。

シラバス番号 30105

出題履歴 二航飛／二航飛／二航飛

    (A)一液性のものは空気中の湿度で硬化反応する。
    (B)シリコン同士の接着に使用されている。
    (C)機械的性質が他のシーラントよりも劣る。
    (D)鉱油により大きく膨潤する。

    (1) 1   (2) 2   (3) 3   (4) 4   (5) 無し

問0127 一液性接着剤で次のうち誤っているものはどれか。

シラバス番号 30105

出題履歴 二運飛／二運飛

    (1)ネオプレン系接着剤
    (2)ニトリル／フェノール樹脂系接着剤
    (3)シリコン・ゴム系接着剤
    (4)エポキシ樹脂系接着剤

問0128 不燃性作動油（スカイドロール）に最も侵されやすい合成ゴムは次のうちどれか。

シラバス番号 30105

出題履歴 工機構／工機装／工機構／工機装

    (1)エチレン・プロピレン・ゴム
    (2)ブチル・ゴム
    (3)シリコン・ゴム
    (4)フッ素ゴム

問題番号	試験問題	シラバス番号	出題履歴
問0129	強化プラスチックの説明で次のうち正しいものはどれか。 (1)GFRPは高強度で電波透過性が良い。 (2)BFRPは剛性が低く熱膨張率は小さい。 (3)CFRPは剛性が高く熱膨張率は大きい。 (4)KFRPはカーボン繊維より比強度が低く電波は透過しない。	30106	工機構 工機装 工機構 工機装
問0130	複合材の説明として次のうち正しいものはどれか。 (1)AFRPは耐衝撃性に優れ電気の不導体である。 (2)BFRPは圧縮強度は低いが剛性は高い。 (3)CFRPは温度変化に対する寸法安定性に劣る。 (4)GFRPは耐食性に優れるが電波透過性に劣る。	30106	二運回
問0131	複合材の説明として次のうち誤っているものはどれか。 (1)BFRPは圧縮強度は低いが剛性は高い。 (2)GFRPは耐食性と電波透過性に優れる。 (3)AFRPはケブラーと呼ばれ耐衝撃性に優れ電気の不導体である。 (4)CFRPは熱膨張率が極めて小さいので温度変化に対する寸法安定性が優れている。	30106	一航回
問0132	複合材料の特徴で(A)～(D)のうち正しいものはいくつあるか。 (1)～(5)の中から選べ。 (A)耐食性に優れている。 (B)疲労強度に優れている。 (C)熱による伸縮が著しい。 (D)亀裂等の損傷の進行が緩やかである。 (1) 1　　(2) 2　　(3) 3　　(4) 4　　(5) 無し	30106	一航回 工機構
問0133	複合材の説明として(A)～(D)のうち正しいものはいくつあるか。 (1)～(5)の中から選べ。 (A)AFRPは耐衝撃性に優れ電気の不導体である。 (B)BFRPは圧縮強度は低いが剛性は高い。 (C)CFRPは温度変化に対する寸法安定性に劣る。 (D)GFRPは耐食性に優れるが電波透過性に劣る。 (1) 1　　(2) 2　　(3) 3　　(4) 4　　(5) 無し	30106	二航回 二航回
問0134	アルミニウム合金と比べた場合の複合材料の特徴について次のうち誤っているものはどれか。 (1)耐食性に優れている。 (2)疲労強度に優れている。 (3)熱による伸縮が大きい。 (4)亀裂等の損傷の進行が緩やかである。	30106	一航飛
問0135	金属と比較したGFRPの特徴について次のうち正しいものはどれか。 (1)電波透過性が悪い。 (2)耐食性が悪い。 (3)クラックの進行が遅い。 (4)比強度が小さい。	30106	二航滑 二航滑
問0136	金属と比較したGFRPの特徴について次のうち正しいものはどれか。 (1)電波透過性が悪い。 (2)耐食性が悪い。 (3)振動に対する減衰度が大きい。 (4)比強度が低い。	30106	二航滑
問0137	金属と比較したGFRPの特徴として(A)～(D)のうち正しいものはいくつあるか。 (1)～(5)の中から選べ。 (A)耐食性が悪い。 (B)電波透過性がよい。 (C)比強度が小さい。 (D)炭素繊維が使用されている。 (1) 1　　(2) 2　　(3) 3　　(4) 4　　(5) 無し	30106	二航回

機体関連

問0138　複合材料の理論と特性で(A)〜(D)のうち正しいものはいくつあるか。　30106　工機構
(1)〜(5)の中から選べ。

(A)繊維強化複合材では荷重を分担するのは主に繊維である。
(B)繊維強化複合材のマトリックスは荷重を繊維に伝達する媒体として働く。
(C)強さは主として繊維の強さ、繊維とマトリックスの界面の接着強さ、マトリックスの
剪断強度などで定まる。
(D)繊維強化複合材の性質は密度、弾性率、比熱、誘電率、透磁率で表すことができる。

(1) 1　　(2) 2　　(3) 3　　(4) 4　　(5) 無し

問0139　ハニカム・サンドイッチ構造の検査法で次のうち誤っているものはどれか。　30107　二運回 / 二運回

(1)コイン検査
(2)目視検査
(3)蛍光浸透探傷検査

問0140　ハニカム・サンドイッチ構造の検査に適していないものは次のうちどれか。　30107　二運飛

(1)コイン検査
(2)X線検査
(3)渦流探傷検査
(4)モイスチャー・メーター検査

問0141　非破壊検査において非金属材料に適用できないものは次のうちどれか。　30107　工機構 / 工機装

(1)超音波探傷検査
(2)電磁誘導検査
(3)放射線透過検査
(4)浸透探傷検査

問0142　非破壊検査について次のうち正しいものはどれか。　30107　一航飛 / 一航飛

(1)浸透探傷検査では、プラスチック表面の探傷はできない。
(2)電磁誘導検査は、複合材構造部品の欠陥の検出ができる。
(3)超音波探傷検査は、金属にも非金属にも使用できる。
(4)磁粉探傷検査は、磁化方向に関係なく欠陥の検出ができる。

問0143　非破壊検査に関する記述で次のうち正しいものはどれか。　30107　工機構 / 工機装 / 工機構 / 工機装

(1)交流による磁気探傷検査は表面下の浅い位置にある欠陥の検出ができる。
(2)磁気探傷検査の軸通電法は、丸棒の軸方向及び円周方向の欠陥の検出ができる。
(3)浸透探傷検査では、試験品の表面粗さの影響は受けない。
(4)電磁誘導検査は、深い位置にある欠陥の検出ができる。

問0144　非破壊検査について次のうち誤っているものはどれか。　30107　一航飛

(1)浸透探傷検査は、プラスチック表面の探傷もできる。
(2)渦流探傷検査は、導電性材料であれば非磁性体であっても欠陥の検出ができる。
(3)超音波探傷検査は、非金属の探傷はできない。
(4)磁粉探傷検査は、欠陥の位置、表面上の長さは分かるが、深さは分からない。

問0145　非破壊検査について次のうち誤っているものはどれか。　30107　一航飛 / 一航飛 / 一航飛

(1)浸透探傷検査は、金属および非金属の表面の開口欠陥の検出ができる。
(2)電磁誘導検査は、複合材構造部品の欠陥の検出ができる。
(3)超音波探傷検査は、金属・非金属に関係なく表面および内部の欠陥の検出ができる。
(4)磁粉探傷検査は、強磁性体の表面および表面直下で磁束と直角方向の欠陥の検出がで
きる。

問0146　表面処理に関する記述で次のうち正しいものはどれか。　30109　工機構 / 工機装

(1)化成皮膜処理とは、溶液を用いて化学的に金属表面に酸化膜や無機塩の薄い膜を作る
方法である。
(2)ディクロメート処理とは、リン酸塩皮膜を形成する方法でパーカーライジングとして
広く利用されている。
(3)アロジン処理は、マグネシウム合金の表面処理に使用されている。
(4)陽極処理とは、鋼の表面を硬化するために酸化皮膜を作る。

問題番号	試験問題	シラバス番号	出題履歴
問0147	表面処理の記述で(A)～(D)のうち正しいものはいくつあるか。 (1)～(5)の中から選べ。 (A)化成皮膜処理は溶液を用いて化学的に金属表面に酸化膜や無機塩の薄い膜を作る方法である。 (B)ディクロメート処理はリン酸塩皮膜を形成する方法でパーカーライジングとして広く利用されている。 (C)アロジン処理はマグネシウム合金の表面処理に使用されている。 (D)陽極処理は鋼の表面を硬化させるために行う。 (1)1　　(2)2　　(3)3　　(4)4　　(5)無し	30109	工機装 工機装
問0148	アルミニウム合金の腐食防止法について(A)～(D)のうち正しいものはいくつあるか。 (1)～(5)の中から選べ。 (A)アロジン処理 (B)アルクラッド (C)リン酸塩処理 (D)アノダイジング (1)1　　(2)2　　(3)3　　(4)4　　(5)無し	30109	一航飛 一航飛 二航飛
問0149	セミモノコック構造で次のうち正しいものはどれか。 (1)曲げ荷重からの圧縮力は主としてフレームが受けもつ。 (2)引張力は主としてスキンとストリンガが受けもつ。 (3)捩れに対しては主としてストリンガが受けもつ。 (4)スキンは機体の成形を目的とし、応力は受けない。	3020102	二運飛 二運飛 二運飛 二運飛 二運飛 二運飛
問0150	セミモノコック構造で次のうち誤っているものはどれか。 (1)曲げはストリンガが受け持ち、フレームは断面形状を保つ。 (2)スキンはねじれ、引張力、せん断応力を受け持つ。 (3)ねじれはスキンが受け持ち、ストリンガは金属外板の剛性をまし、主に引張力、曲げ荷重を受け持つ。 (4)引張力は主としてストリンガが受けもつ。	3020102	二運飛
問0151	モノコック構造とセミモノコック構造の構成と特徴について(A)～(D)のうち正しいものはいくつあるか。(1)～(5)の中から選べ。 (A)モノコック構造は外板とフレームで構成される。 (B)セミモノコック構造は外板、フレーム、ストリンガで構成される。 (C)モノコック構造の曲げ応力、せん断応力、ねじり応力は外板で受け持つ。 (D)セミモノコック構造のストリンガは胴体では前後方向に、主翼では翼幅方向に用いられ、主に曲げ荷重を受け持つ。 (1)1　　(2)2　　(3)3　　(4)4　　(5)無し	3020102	一航飛
問0152	サンドイッチ構造の特徴の説明として次のうち正しいものはどれか。 (1)荷重は主として芯材で受け持つ。 (2)芯材は密度の大きい蜂の巣状、泡状、波状等の形状に加工されたものが用いられる。 (3)板の強度と剛性が小さいので機体構造の外板として使用する場合は、補強材が多くなる。 (4)補強材又はストリンガを当てた外板と比較した場合、同等の強度と剛性に対して薄くでき重量軽減に役立つ。	3020103	一航回 一航回 二航回 二航回 二航回 二航回 二航回
問0153	ストリンガを当てた外板と比べた場合のサンドイッチ構造の特徴について(A)～(D)のうち正しいものはいくつあるか。(1)～(5)の中から選べ。 (A)強度が大きい。 (B)剛性が大きい。 (C)局部的座屈に優れている。 (D)断熱性に優れている。 (1)1　　(2)2　　(3)3　　(4)4　　(5)無し	3020103	一航飛 一航飛
問0154	補強材を当てた外板と比べた場合のサンドイッチ構造の特徴について次のうち正しいものはどれか。 (1)剛性が低い。 (2)局部的座屈には劣る。 (3)機体重量が軽くなる。 (4)断熱効果に劣る。	3020103	二運飛 二運飛 二運飛 二運飛 二運飛

機体関連

問0155 補強材を当てた外板と比べた場合のサンドイッチ構造の特徴について次のうち誤っているものはどれか。 3020103 二航飛

(1)剛性が高い。
(2)局部的座屈には劣る。
(3)航空機の重量軽減に寄与する。
(4)断熱性に優れている。

問0156 補強材を当てた外板と比べた場合のサンドイッチ構造の一般的な特徴として次のうち正しいものはどれか。 3020103 二航回／二連回／二連回／一航回／一航回／二航回／一航回／二航回／二航回／一航回

(1)剛性は小さく局部的挫屈には劣るが重量は減少する。
(2)剛性は小さいが軽くでき、局部的挫屈に優れている。
(3)剛性が大きく局部的挫屈に優れているが重量は増加する。
(4)剛性が大きく、かつ軽くでき、局部的挫屈に優れている。

問0157 補強材を当てた外板と比べた場合のサンドイッチ構造の特徴について(A)～(D)のうち正しいものはいくつあるか。(1)～(5)の中から選べ。 3020103 二航滑／二航滑／一航飛／二航滑／一航飛

(A)剛性が低い。
(B)局部的座屈には劣る。
(C)航空機の重量軽減に寄与する。
(D)断熱性に優れている。

(1)1　　(2)2　　(3)3　　(4)4　　(5)無し

問0158 補強材を当てた外板と比べた場合のサンドイッチ構造の特徴について(A)～(D)のうち正しいものはいくつあるか。(1)～(5)の中から選べ。 3020103 二航滑

(A)剛性が低い。
(B)局部的座屈にすぐれている。
(C)航空機の重量軽減に寄与する。
(D)断熱性に優れている。

(1)1　　(2)2　　(3)3　　(4)4　　(5)無し

問0159 補強材を当てた外板と比べた場合のサンドイッチ構造の特徴について(A)～(D)のうち正しいものはいくつあるか。(1)～(5)の中から選べ。 3020103 二航滑

(A)剛性が大きい。
(B)局部的座屈は劣る。
(C)航空機の重量軽減に寄与する。
(D)断熱性に優れている。

(1)1　　(2)2　　(3)3　　(4)4　　(5)無し

問0160 右図はフェール・セーフ構造方式の何にあたるか。次のうちから選べ。 3020104 一連飛／二航回／二連回

(1)レダンダント
(2)ダブル
(3)ロード・ドロッピング
(4)バック・アップ

問0161 フェール・セーフ構造に関する記述で次のうち正しいものはどれか。 3020104 二連飛／二連飛

(1)ある部材が破壊しても予備の部材が代って荷重を受けもつ構造をロード・ドロッピング構造という。
(2)硬い補強材を当てた構造をダブル構造という。
(3)たくさんの部材からなり、それぞれの部材は荷重を分担して受け持つ構造をレダンダント構造という。
(4)1個の大きな部材の代りに2個の部材を結合させた構造をバックアップ構造という。

問題番号	試験問題	シラバス番号	出題履歴

問0162　フェール・セーフ構造について次のうち正しいものはどれか。　3020104　二航滑 二航滑

(1)硬い補強材を当て割当量以上の荷重をこの補強材が分担する構造をバック・アップ構造という。
(2)多くの部材からなり、それぞれの部材は荷重を分担して受け持つようになっている構造をロード・ドロッピング構造という。
(3)規定の荷重を一方の部材が受け持ち、その部材が破損した時に他方がその代わりをする構造をレダンダント構造という。
(4)一つの大きな部材を用いる代わりに2個以上の小さな部材を結合して、1個の部材と同等又はそれ以上の強度を持たせている構造をダブル構造という。

問0163　フェール・セーフ構造について次のうち正しいものはどれか。　3020104　二航滑

(1)硬い補強材を当て割当量以上の荷重をこの補強材が分担する構造をロード・ドロッピング構造という。
(2)多くの部材からなり、それぞれの部材は荷重を分担して受け持つようになっている構造をバック・アップ構造という。
(3)一つの大きな部材を用いる代わりに2個以上の小さな部材を結合して、1個の部材と同等又はそれ以上の強度を持たせている構造をレダンダント構造という。
(4)規定の荷重を一方の部材が受け持ち、その部材が破損した時に他方がその代わりをする構造をダブル構造という。

問0164　フェール・セーフ構造の説明で(A)～(D)のうち正しいものはいくつあるか。　3020104　二航滑 二航滑 二航飛
(1)～(5)の中から選べ。

(A)硬い補強材を当て割当量以上の荷重をこの補強材が分担する構造をロード・ドロッピング構造という。
(B)多くの部材からなり、それぞれの部材は荷重を分担して受け持つようになっている構造をレダンダント構造という。
(C)一つの大きな部材を用いる代わりに2個以上の小さな部材を結合して、1個の部材と同等又はそれ以上の強度を持たせている構造をダブル構造という。
(D)規定の荷重を一方の部材が受け持ち、その部材が破損した時に他方がその代わりをする構造をバック・アップ構造という。

(1) 1　　(2) 2　　(3) 3　　(4) 4　　(5) 無し

問0165　フェール・セーフ構造の基本方式について(A)～(D)のうち正しいものはいくつあるか。　3020104　二航飛 二航飛 一航飛
(1)～(5)の中から選べ。

(A)硬い補強材を当て、割当量以上の荷重をこの補強材が分担する構造をレダンダント構造という。
(B)多くの部材からなり、それぞれの部材は荷重を分担して受け持つようになっている構造をロード・ドロッピング構造という。
(C)一つの大きな部材を用いる代わりに2個以上の小さな部材を結合して、1個の部材と同等又はそれ以上の強度を持たせている構造をダブル構造という。
(D)規定の荷重を一方の部材が受け持ち、その部材が破損した時に他方がその代わりをする構造をバック・アップ構造という。

(1) 1　　(2) 2　　(3) 3　　(4) 4　　(5) 無し

問0166　フェール・セーフ構造の基本方式について(A)～(D)のうち正しいものはいくつあるか。　3020104　一航飛
(1)～(5)の中から選べ。

(A)硬い補強材を当て、割当量以上の荷重をこの補強材が分担する構造をロード・ドロッピング構造という。
(B)多くの部材からなり、それぞれの部材は荷重を分担して受け持つようになっている構造をレダンダント構造という。
(C)一つの大きな部材を用いる代わりに2個以上の小さな部材を結合して、1個の部材と同等又はそれ以上の強度を持たせている構造をバック・アップ構造という。
(D)規定の荷重を一方の部材が受け持ち、その部材が破損した時に他方がその代わりをする構造をダブル構造という。

(1) 1　　(2) 2　　(3) 3　　(4) 4　　(5) 無し

問0167　セーフ・ライフ構造の説明として次のうち誤っているものはどれか。　3020104　一航回

(1)フェール・セーフ構造と同じ構造設計である。
(2)劣化に対して十分余裕のある強度を持たせる設計である。
(3)強度解析試験によりその強度を保証する。
(4)脚支柱やエンジン・マウントに使われる。

問題番号	試験問題	シラバス番号	出題履歴
問0168	セーフ・ライフ構造の説明で(A)～(D)のうち正しいものはいくつあるか。 (1)～(5)の中から選べ。 (A)フェール・セーフ構造と同じ構造設計である。 (B)劣化に対して十分余裕のある強度を持たせる設計である。 (C)強度解析試験によりその強度を保証する。 (D)その部品の使用期間における安全性を確保する。 (1) 1　　(2) 2　　(3) 3　　(4) 4　　(5) 無し	3020104	工機構 工機構 工機構
問0169	セーフ・ライフ構造の説明で(A)～(D)のうち正しいものはいくつあるか。 (1)～(5)の中から選べ。 (A)劣化に対して十分余裕のある強度を持たせる設計である。 (B)強度解析試験により、その強度を保証する。 (C)その部品の使用期間における安全性を確保する。 (D)フェール・セーフ構造にすることが困難な部分に適用される。 (1) 1　　(2) 2　　(3) 3　　(4) 4　　(5) 無し	3020104	一航回 二航回
問0170	セーフライフ構造に関する文章の空欄に当てはまる語句の組み合わせで次のうち正しいものはどれか。 セーフライフ構造とは、フェール・セーフ構造にすることが困難な脚支柱とか（　a　）等に適用されてきた構造設計概念であり、その部品が受ける（　b　）、疲労荷重、あるいは使用環境による劣化に対して十分余裕のある（　c　）を持たせる設計を行い、試験による（　d　）によりその（　c　）を保証するものである。 　　　　　　　（　a　）　　　　　（　b　）　　　（　c　）　　（　d　） (1)エンジン・マウント　　終極荷重　　　強度　　　強度解析 (2)胴体外板　　　　　　終極荷重　　　強度　　　評価方法 (3)エンジン・マウント　　スラスト荷重　　耐熱性　　評価方法 (4)ウインド・シールド　　繰り返し荷重　　耐熱性　　強度解析	3020104	一運飛 一航飛 工共通
問0171	バック・アップ構造方式の説明で次のうち正しいものはどれか。 (1)硬い補強材を当て、亀裂が発生した場合はこの補強材が亀裂の進行を止める構造 (2)1個の大きな部材の代わりに2個の部材で構成し、一方に亀裂が発生した場合、他方の部材で亀裂の進行を止める構造 (3)数多くの部材で構成し、荷重を分担する構造 (4)2つの部材で構成し、通常は一方の部材が荷重を受けているが、この部材が破壊した場合、他方の部材が荷重を受ける構造	3020104	二運飛 二運飛 二運飛 二運飛 二運飛 二運飛
問0172	疲労破壊防止のための留意点で次のうち誤っているものはどれか。 (1)疲れ強さの強い特性を持つ材料を選択する。 (2)応力集中を避けるために断面が急激に変化しないようにする。 (3)強度を増すためリベット結合をより多くする。 (4)亀裂の伝播を局部制限するために構造をダブル構造にする。	3020105	二運飛 二運飛 二運飛 二運飛
問0173	疲労破壊防止のための機体構造または手法について(A)～(D)のうち正しいものはいくつあるか。(1)～(5)の中から選べ。 (A)ビード板を接着した外板はレダンダント構造である。 (B)マルチ・ロード・パスはロード・ドロッピング構造である。 (C)コイニング加工は残留応力により亀裂の進行を抑える手法である。 (D)尾翼外板のように大きい一枚板を使用せず比較的幅の狭い板を2～3枚継ぎ合わせたものをダブル構造という。 (1) 1　　(2) 2　　(3) 3　　(4) 4　　(5) 無し	3020105	工機構
問0174	ロンジロンの説明で(A)～(D)のうち正しいものはいくつあるか。 (1)～(5)の中から選べ。 (A)胴体骨組みの主要な前後方向の補強材でストリンガより丈夫である。 (B)胴体の場合は曲げ荷重を受け持つ。 (C)エンジン燃焼室を客室から分離するための垂直部材である。 (D)翼弦方向につけられた翼小骨である。 (1) 1　　(2) 2　　(3) 3　　(4) 4　　(5) 無し	3020302	一航飛

問0175 ロンジロンの説明で(A)～(D)のうち正しいものはいくつあるか。 3020302 一航飛
(1)～(5)の中から選べ。

(A)胴体骨組みの主要な前後方向の補強材でストリンガより丈夫である。
(B)フレームに代わって荷重を受け持つ。
(C)モノコック構造で使用される基本的な強度部材である。
(D)胴体に用いられる場合は曲げ荷重を受け持つ。

(1) 1　　(2) 2　　(3) 3　　(4) 4　　(5) 無し

問0176 飛行中の翼構造に加わる荷重について次のうち誤っているものはどれか。 3020401 二航飛

(1)荷重は、まず桁にかかり、次に小骨へ、そして外板へと伝えられる。
(2)外板は、ねじりモーメントを受け持つ。
(3)トーション・ボックスは、曲げ、せん断、ねじりモーメントを受け持つ。
(4)桁は、胴体、着陸装置、エンジンの集中荷重等による、せん断力と曲げモーメントを
　　受け持つ。

問0177 飛行中の翼構造に加わる荷重について(A)～(D)のうち正しいものはいくつあるか。 3020401 一航飛
(1)～(5)の中から選べ。

(A)荷重は、まず桁にかかり、次に小骨へ、そして外板へと伝えられる。
(B)外板は、ねじりモーメントを受け持つ。
(C)トーション・ボックスは、曲げ、せん断、ねじりモーメントを受け持つ。
(D)桁は、胴体、着陸装置、エンジンの集中荷重等による、せん断力と曲げモーメントを
　　受け持つ。

(1) 1　　(2) 2　　(3) 3　　(4) 4　　(5) 無し

問0178 飛行中の翼構造に加わる荷重について(A)～(D)のうち正しいものはいくつあるか。 3020401 二航滑
(1)～(5)の中から選べ。 二航飛
二航飛
(A)荷重は外板にかかり、小骨、桁へと伝わる。 二航滑
(B)桁は、せん断力と曲げモーメントを受け持つ。
(C)外板は、ねじりモーメントを受け持つ。
(D)トーション・ボックス（トルク・ボックス）は、ねじりモーメントを受け持つ。

(1) 1　　(2) 2　　(3) 3　　(4) 4　　(5) 無し

問0179 飛行中の翼構造に加わる荷重について(A)～(D)のうち正しいものはいくつあるか。 3020401 二航飛
(1)～(5)の中から選べ。

(A)荷重はまず外板にかかり、次に小骨へ、そして桁へと伝わる。
(B)外板は、せん断力と曲げモーメントを受け持つ。
(C)桁は、ねじりモーメントを受け持つ。
(D)トーション・ボックス（トルク・ボックス）は、ねじりモーメントを受け持つ。

(1) 1　　(2) 2　　(3) 3　　(4) 4　　(5) 無し

問0180 左右の翼桁を接続し、翼の荷重を胴体に伝えるための構造部材は次のうちどれか。 3020402 一運飛

(1)キャリブレーション・スパー
(2)ロード・スパー
(3)ロード・キャリー・スルー
(4)キャリスル・メンバ

問0181 左右の翼桁を接続し、翼の荷重を胴体に伝えるための構造部材で(A)～(D)のうち正しい 3020402 工機構
ものはいくつあるか。(1)～(5)の中から選べ。 工機構

(A)キャリブレーション・スパー
(B)スパー・キャップ
(C)ロード・メンバ
(D)ロード・スパー

(1) 1　　(2) 2　　(3) 3　　(4) 4　　(5) 無し

問0182 キャリスル・メンバについて次のうち正しいものはどれか。 3020403 一運飛
一航飛
(1)左右の翼桁を接続し、翼の荷重を胴体に伝えるための構造部材 一航飛
(2)ストリンガと外板を一体にして削り出した構造部材
(3)外板と桁で構成する箱形構造
(4)キャビン・サイド・ウォールを取り付けているフレーム

機体関連

問題番号	試験問題	シラバス番号	出題履歴

問0183 主翼構造に関する記述で次のうち誤っているものはどれか。　3020402　一運飛／一運飛

(1)翼のトーションボックス内の空間は燃料タンクとして利用されている。
(2)スパーは主に曲げモーメントと剪断応力を受け持っている。
(3)翼の構造部材は主としてチタニウム合金を使用している。
(4)リブは翼弦方向の構造部材で翼型を保持するものである。

問0184 インテグラル燃料タンクについて次のうち正しいものはどれか。　3020404　工機構／工機装／工機構／工機装

(1)非金属の材料で組み立てたものである。
(2)機体から簡単に取り外せる構造になっている。
(3)主翼構造の一部で、その形状を利用している。
(4)主翼構造のドライ・ベイを利用している。

問0185 動翼のバランス・チェックを実施する理由で次のうち正しいものはどれか。　3020601　二航滑／二航滑／二航飛／二航滑

(1)修理による重量増が機体全体の重量増になるため
(2)動翼の重心位置に変化がないことを確かめるため
(3)修理状況により翼型が変形するため
(4)ヒンジにかかる抵抗が増加するため

問0186 操縦翼面の釣合について次のうち誤っているものはどれか。　3020601　一航飛／工機構

(1)静的釣合には不足釣合と過剰釣合がある。
(2)バランス・ジグに取り付けたとき、前縁が水平より上がることを過剰釣合という。
(3)静的過剰釣合の状態で良好な飛行特性が得られる。
(4)動的釣合は操縦翼面の翼幅方向の重量分布にも影響する。

問0187 エンジンの翼吊り下げ式パイロン構造にあるヒューズ・ピンの主目的で次のうち正しいものはどれか。　30207　工機構／工機装

(1)エンジンの振動を軽減する。
(2)主翼の一次構造を保護する。
(3)エンジンの熱膨張を逃がす。
(4)エンジンの推力を機体に伝える。

問0188 ドアに関する説明で(A)〜(D)のうち正しいものはいくつあるか。
(1)〜(5)の中から選べ。　30208　工機構

(A)非与圧機のドアでヒンジが前方または上方にあるものは、ロックが外れても開かないようにするためである。
(B)与圧機のプラグ・タイプ・ドアは、一旦少し内側に動いた後に外開きする。
(C)ベント・パネルは最大差圧を超えた場合に作動し機体を保護することである。
(D)与圧機のドアの構造は、曲げで耐える横骨式と引張りで耐える縦骨式がある。

(1)1　　(2)2　　(3)3　　(4)4　　(5)無し

問0189 与圧している機体のウィンド・シールドに関する記述で(A)〜(D)のうち正しいものはいくつあるか。(1)〜(5)の中から選べ。　30208　工機装／工機装／工機装

(A)強化ガラスと透明なビニール材を複数貼り合わせた構造になっている。
(B)強化ガラスと透明なビニール材の層間に電気抵抗発熱材が埋め込まれている。
(C)ウィンド・シールドの外側は防氷のため加熱している。
(D)ウィンド・シールドの内側は操縦室の暖房と防曇のため加熱している。

(1)1　　(2)2　　(3)3　　(4)4　　(5)無し

問0190 クラッシュワージネス構造について次のうち正しいものはどれか。　30211　工共通／一運回／一運回／工共通／工共通

(1)操縦室、客室を含め機体全体がつぶれて衝撃エネルギを吸収するように設計する。
(2)ランディングギアは衝撃エネルギ吸収にはほとんど寄与しない。
(3)座席は人体をしっかり支持するため、いかなるときも壊れないように頑丈に設計する。
(4)クラッシュ後の火災発生を防止するため、機体が壊れても燃料が漏れないように設計する。

問0191 クラッシュワージネス構造の説明として(A)～(D)のうち正しいものはいくつあるか。(1)～(5)の中から選べ。　　30211　一航回

(A)ランディングギアは衝撃エネルギ吸収にはほとんど寄与しない。
(B)操縦室、客室を含め機体全体がつぶれて衝撃エネルギを吸収するように設計する。
(C)座席は人体をしっかり支持するため、いかなるときも壊れないように頑丈に設計する。
(D)クラッシュ後の火災発生を防止するため、機体が壊れても燃料が漏れないように設計する。

(1) 1　　(2) 2　　(3) 3　　(4) 4　　(5) 無し

問0192 荷重について次のうち誤っているものはどれか。　　30302　一航飛

(1)制限荷重とは運用状態において予想される最大の荷重をいう。
(2)終極荷重に対して少なくとも30秒間は壊れてはならない。
(3)一般構造部分の安全率は1.5である。
(4)操縦者が行ってもよい範囲の荷重倍数の値を制限荷重倍数という。

問0193 突風による荷重倍数の変化について次のうち正しいものはどれか。　　30302　二航滑／二航滑／一航飛

(1)飛行速度が速いほど大きい。
(2)翼面荷重に関係なく、突風速度の 2 乗に比例して増減する。
(3)翼面荷重が大きいほど大きい。
(4)飛行高度が高いほど大きい。

問0194 突風による荷重倍数について次のうち誤っているものはどれか。　　30302　一航飛

(1)飛行速度には無関係である。
(2)垂直方向の突風速度に比例して増減する。
(3)翼面荷重が大きいほど小さい。
(4)飛行高度が高いほど小さい。

問0195 突風による荷重倍数について次のうち正しいものはどれか。　　30302　二航飛／工機構

(1)飛行速度に反比例する。
(2)空気密度に反比例する。
(3)翼面荷重に反比例する。
(4)突風速度に反比例する。

問0196 下図の運動包囲線図において、線 A－D が表すもので正しいものはどれか。　　30302　工機構

(1)正の失速時の飛行荷重範囲
(2)設計重量での運動制限範囲
(3)正の制限運動荷重倍数
(4)負の失速時の制限荷重倍数

運動包囲線図

問0197 航空機に加わる荷重に関する記述で(A)～(D)のうち正しいものはいくつあるか。(1)～(5)の中から選べ。　　30302　工機構／工機構

(A)一般構造部分の安全率は1.15である。
(B)制限荷重とは常用運用状態において予想される最大の荷重をいう。
(C)特別係数はアンテナ等の航空機の突起物に対して適用する。
(D)終局荷重とは制限荷重に安全率を乗じたものをいう。

(1) 1　　(2) 2　　(3) 3　　(4) 4　　(5) 無し

問0198 客室与圧に使用するエンジンからの空気供給源に関する説明で(A)～(D)のうち正しいものはいくつあるか。(1)～(5)の中から選べ。　　30601　一航飛／一航飛／一航飛

(A)必要とされる圧力、温度、流量に制御している。
(B)滑油または燃料漏れにより空気が汚染される欠点がある。
(C)空気の供給はエンジンの性能に依存する。
(D)連続した空気供給が求められる。

(1) 1　　(2) 2　　(3) 3　　(4) 4　　(5) 無し

問0199　空調システムの説明として(A)〜(D)のうち正しいものはいくつあるか。　　30602　　一航回
　　　　(1)〜(5)の中から選べ。

　　　　(A)冷却空気を作り出す装置としてエア・サイクルとベーパ・サイクルがある。
　　　　(B)エア・サイクル冷却装置のタービンを出た空気は断熱膨張によって冷たくなる。
　　　　(C)ベーパ・サイクル冷却装置は冷却液が蒸気に変わるとき周りから熱を吸収する性質を
　　　　　　利用している。
　　　　(D)ベーパ・サイクル冷却装置のコンプレッサを出た冷却液は圧縮によって沸騰点が上昇
　　　　　　する。

　　　　(1) 1　　(2) 2　　(3) 3　　(4) 4　　(5) 無し

問0200　空調システムについて(A)〜(D)のうち正しいものはいくつあるか。　　30602　　一航飛
　　　　(1)〜(5)の中から選べ。

　　　　(A)ベーパ・サイクル冷却装置は機内与圧にも使用している。
　　　　(B)ベーパ・サイクル冷却装置は冷媒ガスを直接機内に噴射して冷却する。
　　　　(C)電子装備品等を冷却した排気エアを貨物室暖房として用いる機体もある。
　　　　(D)エア・サイクル冷却装置は地上においてラム・エアを取り入れられないため冷却でき
　　　　　　ず暖房としてのみ使用する。

　　　　(1) 1　　(2) 2　　(3) 3　　(4) 4　　(5) 無し

問0201　ベーパ・サイクル冷却装置の説明として次のうち正しいものはどれか。　　3060201　　二運回

　　　　(1)冷却液はコンデンサの次にコンプレッサへ流れる。
　　　　(2)冷却液はエバポレータの次に膨張バルブへ流れる。
　　　　(3)コンプレッサを出た冷却液は圧縮によって沸騰点が下がる。
　　　　(4)冷却液が蒸気に変わるとき周りから熱を吸収する性質を利用している。

問0202　ベーパ・サイクル冷却装置について次のうち誤っているものはどれか。　　3060201　　二航飛
　　　二航飛

　　　　(1)冷媒にはフレオンが用いられている。
　　　　(2)主な構成品として圧縮機、コンデンサ、レシーバ、膨張バルブ、エバポレータがあ
　　　　　　る。
　　　　(3)地上でエンジンが作動していないときでも使用することができる。
　　　　(4)フレオンはコンデンサを通過するときに客室空気から熱を奪う。

問0203　ベーパ・サイクル冷却装置の説明として(A)〜(D)のうち正しいものはいくつあるか。　　3060201　　一航回
　　　　(1)〜(5)の中から選べ。　　　　　　　　　　　　　　　　　　　　　　　　　　　　　一航回
　　　一航回

　　　　(A)冷却液はコンデンサの次にコンプレッサへ流れる。
　　　　(B)冷却液は膨張バルブを通りエバポレータへ流れる。
　　　　(C)冷却液が蒸気に変わるとき周りから熱を吸収する性質を利用している。
　　　　(D)コンプレッサを出た冷却液は圧縮によって沸騰点が上昇する。

　　　　(1) 1　　(2) 2　　(3) 3　　(4) 4　　(5) 無し

問0204　ベーパ・サイクル冷却装置の説明として(A)〜(D)のうち正しいものはいくつあるか。　　3060201　　二航回
　　　　(1)〜(5)の中から選べ。

　　　　(A)冷却液はコンプレッサを通りコンデンサへ流れる。
　　　　(B)冷却液は膨張バルブを通りエバポレータへ流れる。
　　　　(C)冷却液が蒸気に変わるとき周りから熱を吸収する性質を利用している。
　　　　(D)コンプレッサを出た冷却液は圧縮によって沸騰点が上昇する。

　　　　(1) 1　　(2) 2　　(3) 3　　(4) 4　　(5) 無し

問0205　エア・サイクル・マシンに関する記述で次のうち正しいものはどれか。　　3060201　　一運飛
　　　一航飛
　　　　(1)エア・サイクル・マシンは発動機で駆動される。　　　　　　　　　　　　　　　　一運飛
　　　　(2)エア・サイクル・マシンは電動モータで駆動される。
　　　　(3)タービンを出た空気は断熱膨張によって冷たくなる。
　　　　(4)コンプレッサを出た空気は断熱膨張によって高温になる。

問0206　エア・サイクル・マシンに関する記述で次のうち正しいものはどれか。　　3060201　　工機構
　　　工機装
　　　　(1)エア・サイクル・マシンを用いて行う冷却装置には熱交換器が併用される。
　　　　(2)エア・サイクル・マシンは電動モータで駆動される。
　　　　(3)タービンを出た空気は断熱圧縮によって高温になっている。
　　　　(4)コンプレッサを出た空気は断熱膨張によって冷たくなる。

問題番号	試験問題	シラバス番号	出題履歴
問0207	エア・サイクル・マシンについて(A)～(D)のうち正しいものはいくつあるか。(1)～(5)の中から選べ。 (A)コンプレッサを出た空気は凝結した水分が含まれている。 (B)エア・サイクル・マシンには熱交換器が併用される。 (C)エア・サイクル・マシンにはフレオン・ガスが用いられる。 (D)タービンを出た空気は断熱圧縮によって高温になっている。 (1) 1　　(2) 2　　(3) 3　　(4) 4　　(5) 無し	3060201	一航飛 一航飛
問0208	ブリード・エアがエア・サイクル・マシンを流れる順序について次のうち正しいものはどれか。 　P ：プライマリ・ヒート・エクスチェンジャ 　S ：セカンダリ・ヒート・エクスチェンジャ 　C ：コンプレッサ 　T ：タービン (1)P→T→S→C (2)C→S→P→T (3)P→C→S→T (4)C→P→T→S	3060201	工機構 工機装
問0209	与圧系統のアウトフロー・バルブについて次のうち正しいものはどれか。 (1)与圧系統が故障したときの安全弁である。 (2)客室高度が所定の値を超えたとき全開となる。 (3)地上では客室内の温度を維持するため常時全閉となっている。 (4)飛行中は設定された客室高度となるようにコントロールされる。	30603	工共通
問0210	与圧系統のアウト・フロー・バルブの目的について次のうち正しいものはどれか。 (1)外気を機内へ取り入れ、ベンチレーションを行う。 (2)機内の空気を機外へ排出する。 (3)客室の高度を常に地上の高度と同じになるように保つ。 (4)客室温度を快適に保つ。	30603	工機構 工機構 工機装 工機装
問0211	与圧系統のアウトフロー・バルブに関する記述で次のうち誤っているものはどれか。 (1)バルブの作動は電気式と空気式がある。 (2)地上では全開しており機内を非与圧に保っている。 (3)外気圧＜ 機内圧になると機体保護のため負圧リリーフとして作動する。 (4)飛行高度が上昇するにつれて機内空気の流出量を制御するため徐々に閉じていく。	30603	一運飛 一運飛 一運飛
問0212	与圧系統に関する記述で次のうち誤っているものはどれか。 (1)最大差圧が大きい機体ほど客室高度を低くできる。 (2)地上でオート・コントロールしているときはアウトフロー・バルブは全閉している。 (3)客室の高度および昇降率は操縦室で設定できるが、最大差圧は設定できない。 (4)急降下をすると外気圧より客室の気圧の方が低くなることがある。	30603	一運飛 工共通 一運飛
問0213	ドア・非常脱出口について次のうち誤っているものはどれか。 (1)プラグ・タイプ・ドアであっても外側に開くものがある。 (2)外開き式ドアは大型機のカーゴ・ドアに多く採用されている。 (3)定員44名以上のT類の飛行機は最大定員が90秒以内に脱出できなければならない。 (4)非常脱出口はサイズの小さいものから、A型、B型、C型、Ⅰ型、Ⅱ型、Ⅲ型、Ⅳ型となっている。	30702	一航飛
問0214	消火剤について次のうち誤っているものはどれか。 (1)臭化メチルは有毒ガスを発生する。 (2)四塩化炭素は有毒ガスを発生する。 (3)ハロン・ガスは有害性が低い。 (4)炭酸ガスは腐食性がある。	30801	一航飛
問0215	消火剤の説明として次のうち誤っているものはどれか。 (1)臭化メチルは有害である。 (2)粉末は一般、油脂、電気火災に有効である。 (3)ハロン・ガスは一般、油脂、電気火災に有効である。 (4)炭酸ガスはチタニウムの金属火災に有効である。	30801	二航回

問0216 消火器の説明として次のうち誤っているものはどれか。　　30801　一航回 一航回 二航回 一航回 一航回

(1)粉末消火器は操縦室や客室に配備され、一般、電気、油脂の各火災に使用される。
(2)水消火器は一般火災に使用される。
(3)ハロン消火器はハロゲン系消火剤を使用しており操縦室や客室に配備される。
(4)炭酸ガス消火器は電気、油脂の各火災に使用される。

問0217 各種消火剤に関する記述で次のうち誤っているものはどれか。　　30801　二運飛

(1)水は油脂と電気火災への使用は禁止されている。
(2)粉末は一般、油脂、電気火災に有効で主に操縦室で使用される。
(3)炭酸ガスはそれ自身酸素を発生するものや金属火災には効果はない。
(4)ハロン・ガスは一般、油脂、電気火災、エンジン火災に適している。

問0218 各種消火剤に関する記述で次のうち誤っているものはどれか。　　30801　二連飛 二連飛

(1)水：一般火災、油脂と電気火災に有効である。
(2)炭酸ガス：油脂、電気の各種火災に有効であるが金属火災には効果はない。
(3)ハロン・ガス：一般、油脂、電気火災に適し、有害性は低い。
(4)粉末消火剤（炭酸ナトリウム）：一般、油脂、電気火災に有効で常温においては安定
　　　している。加熱されると炭酸ガスを発生する。

問0219 消火剤について(A)〜(D)のうち正しいものはいくつあるか。　　30801　二航飛
(1)〜(5)の中から選べ。

(A)水は油脂と電気火災への使用は禁止されている。
(B)粉末は一般、油脂、電気火災に有効で主に操縦室で使用される。
(C)炭酸ガスはそれ自身酸素を発生するものや金属火災には効果はない。
(D)ハロン・ガスは一般、油脂、電気火災、エンジン火災に適している。

(1) 1　　(2) 2　　(3) 3　　(4) 4　　(5) 無し

問0220 消火剤について(A)〜(D)のうち正しいものはいくつあるか。　　30801　二航飛
(1)〜(5)の中から選べ。

(A)水は油脂と電気火災への使用は禁止されている。
(B)粉末消火剤は一般、油脂、電気火災に有効である。
(C)炭酸ガスはマグネシウムやチタニウムの金属火災に有効である。
(D)ハロン・ガスは一般、油脂、電気火災、エンジン火災に適している。

(1) 1　　(2) 2　　(3) 3　　(4) 4　　(5) 無し

問0221 消火剤について(A)〜(D)のうち正しいものはいくつあるか。　　30801　二航飛 二航飛 二航飛 工機装
(1)〜(5)の中から選べ。

(A)水は油脂と電気火災への使用は禁止されている。
(B)粉末消火剤は一般、油脂、電気火災に有効で操縦室でも使用される。
(C)炭酸ガスはマグネシウムやチタニウムの金属火災に有効である。
(D)ハロン・ガスは一般、油脂、電気火災、エンジン火災に適している。

(1) 1　　(2) 2　　(3) 3　　(4) 4　　(5) 無し

問0222 消火剤について(A)〜(D)のうち正しいものはいくつあるか。　　30801　二航飛
(1)〜(5)の中から選べ。

(A)水は油脂と電気火災への使用は禁止されている。
(B)粉末は一般、油脂、電気火災に有効である。
(C)炭酸ガスはそれ自身酸素を発生するものや金属火災には効果はない。
(D)ハロン・ガスは一般、油脂、電気火災、エンジン火災に適している。

(1) 1　　(2) 2　　(3) 3　　(4) 4　　(5) 無し

問0223 エンジン・ファイア・シャットオフ・スイッチまたはハンドルを操作した場合の作動につ　　30801　一航飛
いて(A)〜(D)のうち正しいものはいくつあるか。(1)〜(5)の中から選べ。

(A)燃料遮断
(B)油圧遮断
(C)圧縮空気遮断
(D)発電機機能停止

(1) 1　　(2) 2　　(3) 3　　(4) 4　　(5) 無し

問0224 エンジン火災に最も有効な消火器として次のうち正しいものはどれか。 　　30801　　工共通

(1)ハロン消火器
(2)炭酸ガス消火器
(3)水消火器
(4)ドライケミカル消火器

問0225 航空機に装備されている消火器のうちエンジン火災に使用する消火剤は次のうちどれか。 　　30801　　一連飛 工共通

(1)水
(2)炭酸ガス
(3)ハロンガス
(4)ドライケミカル

問0226 下図のファイア・ディテクション・システムについて(A)～(D)のうち正しいものはいくつあるか。(1)～(5)の中から選べ。 　　30801　　一航飛 工機装

(A)局部的な火災は検出することができない。
(B)センサの一部が断線しても検出が可能である。
(C)熱によってセンサ内部のガスが膨張し作動する。
(D)テストをしなくてもセンサ内部のガスが漏れると操縦室に表示が出る。

(1)1 　　(2)2 　　(3)3 　　(4)4 　　(5)無し

問0227 粉末消火剤に関する記述で次のうち誤っているものはどれか。 　　30801　　二連飛 二連飛 二航飛 二連飛

(1)粉末成分は炭酸ナトリウムである。
(2)常温においては安定しているが、加熱されると分解し炭酸ガスを発生する。
(3)電気火災のみに有効である。
(4)携帯用消火器に使用されている。

問0228 炭酸ガス消火器の使用目的で正しいものはどれか。 　　30801　　工共通

(1)エンジン火災
(2)電気・一般火災
(3)電気・油以外の火災
(4)一般火災（客室用）

問0229 火災警報装置の機能試験で確認できる内容について(A)～(D)のうち正しいものはいくつあるか。(1)～(5)の中から選べ。 　　30802　　工機装

(A)火災検出器およびその回路が正常であること。
(B)コントロール・ボックスを検出器が作動したと同じ状態にし、警報を出す機能を確かめる。
(C)油圧ポンプ、燃料ポンプの遮断機能を確かめる。
(D)音響による警報を聞き、音を止め、発音機能が正常であること、またリセット機能を確かめる。

(1)1 　　(2)2 　　(3)3 　　(4)4 　　(5)無し

機体関連

問0230 下図は火災探知系統の回路図である。ディテクタのタイプで次のうち正しいものはどれか。

    (1)サーモカップル型
    (2)抵抗式ループ型
    (3)圧力型
    (4)イオン型

30802　一連飛 工共通

問0231 ファイア・ディテクタについて次のうち正しいものはどれか。

    (1)サーモカップル型は熱電対を利用しているので電源がなくても作動する。
    (2)抵抗式ループ型は部分的な温度上昇でも検知可能である。
    (3)圧力型は温度によるガス膨張を利用しているので部分的な温度上昇は検知できない。
    (4)操縦室からの警報試験ができない機体もある。

30802　一航飛

問0232 火災検知器（Fire Detector）について次のうち誤っているものはどれか。

    (1)サーモカップル型はセンサの抵抗変化により検知する。
    (2)圧力型はセンサ内部にガスが封入されている。
    (3)サーマル・スイッチ型はバイメタルにより検知する。
    (4)抵抗式ループ型のセンサはセラミックや共融塩を利用し、温度上昇を電気的に検知する。

30802　一航回 一連回 二航回 一航回 一連回 一航回 二航回

問0233 火災検知器について次のうち誤っているものはどれか。

    (1)圧力型はセンサ内部にガスが封入されている。
    (2)サーマル・スイッチ型はスイッチ部分が過熱状態になると火災を検知する。
    (3)サーモカップル型はセンサの抵抗変化により検知する。
    (4)抵抗式ループ型はセンサの抵抗値がある温度になると急激に低下することで検知する。

30802　二航回

問0234 火災検知器の説明として(A)〜(D)のうち正しいものはいくつあるか。
(1)〜(5)の中から選べ。

    (A)温度上昇をバイメタルで検知するものをサーマルスイッチ型という。
    (B)温度上昇を電気的に検知するものを抵抗式ループ型という。
    (C)温度上昇を静電容量で検知するものを容量型という。
    (D)温度上昇を密封したガスの膨張や放出で気体の圧力として検知するものを圧力型という。

    (1) 1　　(2) 2　　(3) 3　　(4) 4　　(5) 無し

30802　一航回

問0235 火災検知器の説明として(A)〜(D)のうち正しいものはいくつあるか。
(1)〜(5)の中から選べ。

    (A)温度上昇をセンサの抵抗変化により検知するものをサーモカップル型という。
    (B)温度上昇をセラミックや共融塩を利用し電気的に検知するものを抵抗式ループ型という。
    (C)温度上昇を静電容量で検知するものを容量型という。
    (D)温度上昇を密封したガスの膨張や放出で気体の圧力として検知するものを圧力型という。

    (1) 1　　(2) 2　　(3) 3　　(4) 4　　(5) 無し

30802　一航回

問0236 防火系統のファイア・ディテクタのタイプで(A)〜(D)のうち正しいものはいくつあるか。(1)〜(5)の中から選べ。

    (A)サーモカップル型
    (B)圧力型
    (C)抵抗式ループ型
    (D)サーマル・スイッチ型

    (1) 1　　(2) 2　　(3) 3　　(4) 4　　(5) 無し

30802　二航飛

問0237 ファイア・ディテクタのタイプで(A)～(D)のうち正しいものはいくつあるか。
(1)～(5)の中から選べ。

(A)イオン型
(B)圧力型
(C)抵抗式ループ型
(D)光電型

(1) 1　　(2) 2　　(3) 3　　(4) 4　　(5) 無し

30802　二航飛

問0238 火災探知系統のディテクタのタイプで(A)～(D)のうち正しいものはいくつあるか。
(1)～(5)の中から選べ。

(A)サーモカップル型
(B)抵抗式ループ型
(C)圧力型
(D)イオン型

(1) 1　　(2) 2　　(3) 3　　(4) 4　　(5) 無し

30802　一航回
工機装

問0239 煙探知系統のディテクタのタイプで(A)～(D)のうち正しいものはいくつあるか。
(1)～(5)の中から選べ。

(A)サーモカップル型
(B)抵抗式ループ型
(C)光電型
(D)イオン型

(1) 1　　(2) 2　　(3) 3　　(4) 4　　(5) 無し

30802　工機装
工機装

問0240 煙探知器について(A)～(D)のうち正しいものはいくつあるか。
(1)～(5)の中から選べ。

(A)直視型、光電型、イオン型に分けられる。
(B)イオン型は煙の粒子とイオンが結合し電流値が変化することにより警報を発する。
(C)光電型のテスト機能はビーコン・ランプの断線もチェックしている。
(D)光電型は感光部がビーコン・ランプの光を常時受感しており、煙の粒子によって光が
　　遮られると警報を発する。

(1) 1　　(2) 2　　(3) 3　　(4) 4　　(5) 無し

30802　一航飛

問0241 操縦系統に使用されているベルクランクの目的について次のうち正しいものはどれか。

(1)ケーブルの張力を一定にする。
(2)ケーブルの振動を抑える。
(3)リンクの運動方向を変える。
(4)舵の剛性を上げる。

30901　二航滑
一運飛
二運飛
二運飛
二運飛
二運飛
二航滑
二運飛
二航飛

問0242 操縦ケーブルについて次のうち誤っているものはどれか。

(1)ケーブルの方向を変えるときはプーリーを用いる。
(2)ケーブルと機体構造が接触しそうなところではフェアリードを用いる。
(3)ケーブルの張りはテンション・メーターで定期的に測る。
(4)ケーブル・サイズにかかわらず、温度が一定であればテンションは同じである。

30901　工機構
工機装
二航滑
二航滑
工機構
工機装
工機構
工機装

問0243 フェアリードの説明で次のうち誤っているものはどれか。

(1)索が隔壁の穴や他の金属の部分を通り抜けるところに使用される。
(2)索のたるみによる構造への接触を防ぐ目的で使われている。
(3)材質はフェノール樹脂のような非金属材料や柔らかいアルミニウム製である。
(4)索の方向を変える目的で使われている。

30901　二運飛

問0244 操縦系統に用いられているフェア・リードの目的について(A)～(D)のうち正しいものは
いくつあるか。(1)～(5)の中から選べ。

(A)ケーブルと機体構造の接触による損傷を防ぐ。
(B)ケーブルの方向を変える。
(C)ケーブルの張力を保つ。
(D)舵面の作動範囲を制限する。

(1) 1　　(2) 2　　(3) 3　　(4) 4　　(5) 無し

30901　一航飛

機
体
関
連

問題番号	試験問題	シラバス番号	出題履歴

問0245 操縦系統に用いられているフェア・リードについて(A)～(D)のうち正しいものはいくつ　30901　二航飛
あるか。(1)～(5)の中から選べ。

(A)ケーブルと機体構造の接触による損傷を防ぐ。
(B)ケーブルが隔壁を貫通させるような際に使用される。
(C)フェノール樹脂やアルミニウムが使用される。
(D)ケーブルが振動するような所にはラブ・ストリップが使用される。

(1)1　　(2)2　　(3)3　　(4)4　　(5)無し

問0246 プッシュ・プル・ロッド操縦系統に比べて、ケーブル操縦系統が優れている点について次　30901　二航飛
のうち誤っているものはどれか。　　　　　　　　　　　　　　　　　　　　　　　　　二航飛
　　一運飛
(1)軽量である。
(2)剛性が高い。
(3)方向転換が自由にできる。
(4)遊びが少ない。

問0247 プッシュ・プル・ロッド操縦系統に比べて、ケーブル操縦系統が優れている点について　30901　二航飛
(A)～(D)のうち正しいものはいくつあるか。(1)～(5)の中から選べ。　　　　　　　　一航飛

(A)摩擦が少ない。
(B)剛性が高い。
(C)方向転換が自由にできる。
(D)遊びが少ない。

(1)1　　(2)2　　(3)3　　(4)4　　(5)無し

問0248 プッシュ・プル・ロッド操縦系統と比較したケーブル操縦系統の特徴について(A)～(D)　30901　二航滑
のうち正しいものはいくつあるか。(1)～(5)の中から選べ。　　　　　　　　　　　　二航滑

(A)摩擦が多い。
(B)剛性が低い。
(C)方向転換が自由にできる。
(D)遊びが少ない。

(1)1　　(2)2　　(3)3　　(4)4　　(5)無し

問0249 ロッド操縦系統と比べたケーブル操縦系統の特徴について次のうち誤っているものはどれ　30901　工機構
か。

(1)軽量である。
(2)摩擦が多い。
(3)伸びが大きい。
(4)遊びがある。

問0250 ケーブル操縦系統と比較したプッシュ・プル・ロッド操縦系統の特徴について次のうち正　30901　二運飛
しいものはどれか。　　　　　　　　　　　　　　　　　　　　　　　　　　　　　　二運飛
　　　　　　　　　　　　　　　　　　　　　　　　　　　　　　　　　　　　　　　二運飛
(1)摩擦が少ない　　　　　　　　　　　　　　　　　　　　　　　　　　　　　　　二運飛
(2)剛性が低い　　　　　　　　　　　　　　　　　　　　　　　　　　　　　　　　二運飛
(3)組立調整が困難
(4)重量が軽い

問0251 ケーブル操縦系統と比較したプッシュ・プル・ロッド操縦系統の特徴について次のうち　30901　二運飛
誤っているものはどれか。

(1)摩擦が少ない。
(2)剛性が低い。
(3)組立調整を簡単にすることができる。
(4)重量が重い。

問0252 トルク・チューブについて次のうち正しいものはどれか。　30901　工共通
　　　　　　　　　　　　　　　　　　　　　　　　　　　　　　　　　　　　　　　工共通
(1)トルクを伝えるシア・ピンのことをいう。
(2)トルク・チューブ中心と回転中心を偏心させるとベアリングは小径のものでよい。
(3)操縦力を押し引きの動きに変えて操縦翼面に伝達する。
(4)圧縮または引張荷重を受け持つ管構造部材のことをいう。

問0253 操縦系統に使用されるトルク・チューブについて次のうち正しいものはどれか。　30901　工共通

(1)トルクを伝えるシア・ピンのことをいう。
(2)トルク・チューブ中心と回転中心を一致させるとベアリングが小さくなる。
(3)角運動やねじり運動を伝達するところに使用される。
(4)押し引き運動を与えるリンクに使用される。

問0254　操縦系統に使用されるトルク・チューブの特徴について(A)～(D)のうち正しいものはいくつあるか。(1)～(5)の中から選べ。　30901　二航飛 二航飛 二航滑

　　　　(A)角運動やねじり運動を伝達するところに用いられる。
　　　　(B)索の張力を調整するところに用いられる。
　　　　(C)トルク・チューブ中心とヒンジ中心を一致させるとベアリングが小さくできる。
　　　　(D)トルク・チューブ中心とヒンジ中心を偏心させると設置スペースに余裕が必要になる。

　　　　(1) 1　　(2) 2　　(3) 3　　(4) 4　　(5) 無し

問0255　フライ・バイ・ワイヤに関する記述で次のうち正しいものはどれか。　30902　工機構 工機装

　　　　(1)舵面を動かすため電動アクチュエータに油圧信号を送る。
　　　　(2)機械的操舵と同様、当て舵が必要である。
　　　　(3)機械部品が少なくなり機体の重量軽減になる。
　　　　(4)プライマリ・コントロール・サーフェイスにのみ採用されている。

問0256　操縦系統に使用されているフライ・バイ・ワイヤについて(A)～(D)のうち正しいものはいくつあるか。(1)～(5)の中から選べ。　30902　工機装 工機装

　　　　(A)舵面を動かすためのアクチュエータに電気信号を送る。
　　　　(B)機械的操舵と同様、当て舵が必要である。
　　　　(C)機械部品が少なくなり重量軽減になる。
　　　　(D)プライマリ・コントロール・サーフェイスにのみ採用されている。

　　　　(1) 1　　(2) 2　　(3) 3　　(4) 4　　(5) 無し

問0257　操縦系統に使用されているアクチュエータの使用目的で(A)～(D)のうち正しいものはいくつあるか。(1)～(5)の中から選べ。　30902　工機装 工機装

　　　　(A)パワー・ブーストとして働く。
　　　　(B)動翼に発生する振動の伝達を防ぐ。
　　　　(C)自動操縦装置の信号を系統に加える。
　　　　(D)動翼を中立点に戻るように働く。

　　　　(1) 1　　(2) 2　　(3) 3　　(4) 4　　(5) 無し

問0258　動力操縦装置に装備されている人工感覚装置（Artificial Feel System）について次のうち誤っているものはどれか。　30902　一運飛 一運飛 工機装

　　　　(1)操縦装置を中立に保つ。
　　　　(2)速度に応じて操舵力を変化させる。
　　　　(3)操縦者が過大な操縦を行うことを防ぐ。
　　　　(4)操縦者の操舵力を軽減する。

問0259　動力操縦装置に装備されている人工感覚装置（Artificial Feel System）について次のうち誤っているものはどれか。　30902　一運飛

　　　　(1)空力特性が急変する遷音速域を含む速度域で飛行する場合に必要な装置である。
　　　　(2)操縦装置を中立位置に保つことにも用いられる。
　　　　(3)動力操縦装置に油圧を用いる場合に過大な操作を防ぐ目的で用いられる。
　　　　(4)操縦者の操舵力を軽減する目的で昇降系統に主に用いられる。

問0260　動力操縦装置に装備されている人工感覚装置（Artificial Feel System）について次のうち誤っているものはどれか。　30902　一航飛

　　　　(1)動力操縦装置に油圧アクチュエータを用いる場合に装備される。
　　　　(2)速度に応じて操舵力を変化させる。
　　　　(3)操縦者が過大な操縦を行うことを防ぐ。
　　　　(4)操縦者の操舵力を軽減する。

問0261　動力操縦装置に装備されている人工感覚装置（Artificial Feel System）について(A)～(D)のうち正しいものはいくつあるか。(1)～(5)の中から選べ。　30902　一航飛 一航飛

　　　　(A)操縦装置を中立に保つ。
　　　　(B)速度に応じて操舵力を変化させる。
　　　　(C)操縦者が過大な操縦を行うことを防ぐ。
　　　　(D)操縦者の操舵力を軽減する。

　　　　(1) 1　　(2) 2　　(3) 3　　(4) 4　　(5) 無し

機体関連

問0262 飛行中、少し左へ偏向する傾向がある。これを修正する最良の方法で次のうち正しいものはどれか。

30904 二航飛

  (1)方向舵タブを右へ曲げる。
  (2)方向舵タブを左へ曲げる。
  (3)左翼の迎え角を増す。
  (4)右側の方向舵ペダルのリターン・スプリングの張力を増す。

問0263 マス・バランスの目的で次のうち正しいものはどれか。

30904 二航滑 二航飛 二航滑

  (1)操舵力を軽減する。
  (2)高速飛行時の安定性を向上させる。
  (3)舵面の剛性を高める。
  (4)動翼のフラッタを防止する。

問0264 フラップ・ロード・リリーフの機能について(A)～(D)のうち正しいものはいくつあるか。(1)～(5)の中から選べ。

30904 一航飛

  (A)左右のフラップがエア・ロードによりリトラクト方向に押し上げられるのを防ぐためにブレーキをかける。
  (B)フラップ・レバーを動かしコマンドを与えても左右のフラップが動かないときに作動源を切り替える。
  (C)フラップ構造にダメージを与えるような機速に達した場合、自動的に左右のフラップをリトラクトさせる。
  (D)左右のフラップ位置に一定以上の差が生じた場合に作動を止める。

  (1) 1　　(2) 2　　(3) 3　　(4) 4　　(5) 無し

問0265 フラップの種類について正しいものの組み合わせはどれか。

30904 一航飛

(a) 　　(b)

(c) 　　(d)

  (1) (a)：プレイン・フラップ　　(2) (a)：プレイン・フラップ
      (b)：スプリット・フラップ　　　　(b)：スプリット・フラップ
      (c)：ファウラー・フラップ　　　　(c)：ザップ・フラップ
      (d)：ザップ・フラップ　　　　　　(d)：ファウラー・フラップ

  (3) (a)：スプリット・フラップ　(4) (a)：スプリット・フラップ
      (b)：プレイン・フラップ　　　　(b)：プレイン・フラップ
      (c)：ザップ・フラップ　　　　　(c)：ファウラー・フラップ
      (d)：ファウラー・フラップ　　　(d)：ザップ・フラップ

問0266 フライト・スポイラについて(A)～(D)のうち正しいものはいくつあるか。(1)～(5)の中から選べ。

30904 一航飛 一航飛 一航飛

  (A)揚力を減少させ推力を増加させる。
  (B)揚力を増加させ抗力を減少させる。
  (C)補助翼とともに横方向の操縦に用いられる。
  (D)揚力と抗力を増加させる。

  (1) 1　　(2) 2　　(3) 3　　(4) 4　　(5) 無し

問0267 飛行中、少し左へ偏向する傾向がある。これを修正する最良の方法で次のうち正しいものはどれか。

30904 二航滑 二航滑

  (1)方向舵固定タブを右へ曲げる。
  (2)方向舵固定タブを左へ曲げる。
  (3)方向舵のマス・バランスを調整する。
  (4)右側の方向舵ペダルのリターン・スプリングの張力を増す。

問0268 燃料クロス・フィード・ラインの目的について誤っているものはどれか。

31001 一航飛

  (1)片エンジン不作動時の燃料アンバランスの解消
  (2)ブースト・ポンプ不作動時の燃料供給
  (3)地上設備からの燃料補給
  (4)タンク間の燃料移送

問0269	多発機の燃料クロス・フィード・システムに関する記述で次のうち誤っているものはどれか。 (1)片発不作動時に燃料タンクの燃料量を均一にする。 (2)エンジンへの燃料供給システムに不具合があった場合のバック・アップ (3)左右のタンク内圧力を均一にする。 (4)通常運用中、クロス・フィード・バルブは閉じている。	31001	二運飛
問0270	燃料系統におけるブースタ・ポンプの目的で次のうち正しいものはどれか。 (1)燃料の流速を高める。 (2)燃料の途絶を防ぐ。 (3)燃料の逆流を防ぐ。 (4)燃料の温度を上げる。	3100201	二運回 二運回 二航回
問0271	燃料系統に装備されているブースタ・ポンプの目的で次のうち正しいものはどれか。 (1)機体姿勢の変化による燃料のタンクへの逆流を防ぐ。 (2)複数のタンクの燃料消費を均等にする。 (3)燃料中の水分を分離する。 (4)燃料の途絶を防ぎキャビテーションを防止する。	3100201	一運飛 二運飛 二運飛 二運飛 二運飛 二運飛
問0272	パルセイティング型（Pulsating Type）燃料ポンプの特徴で(A)～(D)のうち正しいものはいくつあるか。(1)～(5)の中から選べ。 (A)往復運動による方法である。 (B)電動パルセイティング・ポンプとエンジン駆動ダイヤフラム・ポンプがある。 (C)燃料流量の少ない場合に使用される。 (D)ポンプ内にバイパス機能がある。 (1) 1　　(2) 2　　(3) 3　　(4) 4　　(5) 無し	3100201	工機装
問0273	遠心型燃料ポンプの説明として次のうち正しいものはどれか。 (1)放射状にベーンがあり、偏心した回転軸をもった定量型のポンプである。 (2)リリーフ・バルブは必要ない。 (3)ギア・ポンプと比べて、吐出圧力、吐出量ともに大きい。 (4)不作動時は燃料の流れを阻害するためバイパス機能を持っている。	3100201	一航回
問0274	遠心型燃料ポンプの特徴で次のうち誤っているものはどれか。 (1)インペラを高速で回転させ遠心力によって燃料を送り出す。 (2)燃料を撹拌するためガスの発生量が多い。 (3)ポンプ不作動時は燃料の流れを阻害する。 (4)リリーフ・バルブの必要はない。	3100201	一運回 二航回
問0275	遠心型燃料ポンプの説明として次のうち誤っているものはどれか。 (1)放射状にベーンがあり、偏心した回転軸をもった定量型のポンプである。 (2)燃料を撹拌するためガスの発生量が多い。 (3)不作動時でも、燃料はインペラの間を自由に通過でき、流れを阻害することはない。 (4)ギア・ポンプと比べて、吐出圧力は低いが吐出量は大きい。	3100201	一航回 一運回 一航回 二航回 二運回
問0276	遠心型燃料ポンプの説明で(A)～(D)のうち正しいものはいくつあるか。 (1)～(5)の中から選べ。 (A)放射状にベーンがあり、偏心した回転軸をもった定量型のポンプである。 (B)燃料を撹拌するためガスの発生量が多い。 (C)不作動時でも、燃料はインペラの間を自由に通過でき、流れを阻害することはない。 (D)ギア・ポンプと比べて、吐出圧力は低いが吐出量は大きい。 (1) 1　　(2) 2　　(3) 3　　(4) 4　　(5) 無し	3100201	二航回
問0277	遠心型燃料ポンプの説明として(A)～(D)のうち正しいものはいくつあるか。 (1)～(5)の中から選べ。 (A)放射状にベーンがあり、偏心した回転軸をもった定量型のポンプである。 (B)燃料を撹拌するためガスの発生量が多い。 (C)不作動時は燃料の流れを阻害するためバイパス機能を持っている。 (D)ギア・ポンプと比べて、吐出圧力は低いが吐出量は大きい。 (1) 1　　(2) 2　　(3) 3　　(4) 4　　(5) 無し	3100201	一航回 二航回 二航回 一航回 二航回

機体関連

問題番号	試験問題	シラバス番号	出題履歴

問0278 燃料系統に使われるポンプの説明で(A)～(D)のうち正しいものはいくつあるか。(1)～(5)の中から選べ。

(A)パルセイティング型は燃料流量の少ない場所に使用され、バイパス機能がある。
(B)ベーン型は定量型で、吐出量はポンプの回転速度で決定される。
(C)ギア型は定量型で吐出圧力はリリーフ・バルブにより調整される。
(D)遠心型は燃料を撹拌するためガスの発生量が多い。またリリーフ・バルブは必要ない。

(1) 1　　(2) 2　　(3) 3　　(4) 4　　(5) 無し

シラバス番号 3100201　　出題履歴 工機装

問0279 燃料タンクのセレクタ・バルブについて(A)～(D)のうち正しいものはいくつあるか。(1)～(5)の中から選べ。

(A)エンジンへの燃料供給を停止する際に使用されるバルブ
(B)どのタンクから燃料をエンジンに送るかを選ぶバルブ
(C)燃料の通気をコントロールするバルブ
(D)燃料を捨てるときに使うバルブ

(1) 1　　(2) 2　　(3) 3　　(4) 4　　(5) 無し

シラバス番号 3100202　　出題履歴 二航飛／二航飛／二航飛／二航飛

問0280 燃料タンク・ベントの目的で次のうち正しいものはどれか。

(1)燃料タンクを減圧し、燃料の移送を確実にする。
(2)燃料タンク内を開放し、ガスが充満するのを防ぐ。
(3)燃料補給時、他方のタンクへ燃料を移送する。
(4)燃料タンク内外の差圧を小さくし、タンクを保護する。

シラバス番号 3100202　　出題履歴 二運飛

問0281 燃料タンク・ベント系統の目的について次のうち正しいものはどれか。

(1)燃料補給中、タンクを加圧して燃料の移送を助ける。
(2)燃料タンク内外の差圧を少なくしてタンクの保護と燃料の移送を確実にする。
(3)燃料タンクを減圧し燃料の蒸発を防ぐ。
(4)燃料タンク内の燃料の蒸気を排出して発火を防ぐ。

シラバス番号 3100202　　出題履歴 一航飛／一航飛

問0282 燃料タンク・ベント系統の目的として次のうち正しいものはどれか。

(1)高度、温度変化によるタンクの潰れや膨張を防ぐ。
(2)燃料タンク内の燃料の蒸気を排出して発火を防ぐ。
(3)燃料タンク内を高圧にして燃料をエンジンに供給する。
(4)燃料タンク内を減圧して燃料の蒸発を防ぐ。

シラバス番号 3100202　　出題履歴 一航回／二運回

問0283 燃料タンク・ベント系統の目的として(A)～(D)のうち正しいものはいくつあるか。(1)～(5)の中から選べ。

(A)燃料タンクを減圧して燃料の蒸発を防ぐ。
(B)燃料タンク内の燃料の蒸気を排出して発火を防ぐ。
(C)高度、温度変化によるタンクの潰れや膨張を防ぐ。
(D)燃料タンクを高圧にして燃料をエンジンに供給する。

(1) 1　　(2) 2　　(3) 3　　(4) 4　　(5) 無し

シラバス番号 3100202　　出題履歴 二航回／一航回／二航回

問0284 燃料タンク・ベント系統の目的として(A)～(D)のうち正しいものはいくつあるか。(1)～(5)の中から選べ。

(A)燃料タンクを減圧して燃料の蒸発を防ぐ。
(B)燃料タンク内の燃料の蒸気を排出して発火を防ぐ。
(C)高度、温度変化によるタンクの潰れや膨張を防ぐ。
(D)タンク内の燃料の増減に応じてタンク内の空気と外気を流通させて燃料の補給、放出、エンジンへの供給を容易にする。

(1) 1　　(2) 2　　(3) 3　　(4) 4　　(5) 無し

シラバス番号 3100202　　出題履歴 二航回

問0285 燃料タンクに設けられているベント・ラインの目的で次のうち正しいものはどれか。

(1)燃料タンクへ燃料を補給する。
(2)燃料タンクを減圧し燃料の蒸発を防ぐ。
(3)燃料タンク内の水蒸気を排出してタンクの腐食を防ぐ。
(4)燃料タンク内外の差圧を小さくしてタンクを保護する。

シラバス番号 3100202　　出題履歴 工共通

問0286　燃料タンクに設けられているベント・ラインの目的について次のうち正しいものはどれか。　3100202　一運飛 工共通 工共飛 一航飛 一運飛 二運飛 工共通

(1)燃料タンクへ燃料を補給する。
(2)燃料タンク内を昇圧しエンジンへの燃料供給を助ける。
(3)燃料タンク内の水蒸気を排出してタンクの腐食を防ぐ。
(4)燃料タンク内外の圧力差を無くしてタンクの構造を保護する。

問0287　燃料タンクに設けられているベント・ラインの目的について次のうち正しいものはどれか。　3100202　二運飛 一運飛 一運飛

(1)燃料タンクを減圧し燃料の移送を確実にする。
(2)燃料タンク内を開放しガスが充満するのを防ぐ。
(3)燃料補給時、他方のタンクへ燃料を移送する。
(4)燃料タンク内外の圧力差を小さくしてタンクの構造を保護する。

問0288　燃料タンク・ベント系統の目的について次のうち正しいものはどれか。　3100202　二航飛 二航飛

(1)燃料移送のため燃料タンクを加圧する。
(2)燃料タンク内外の差圧を少なくしてタンクの膨張や、つぶれを防ぐ。
(3)燃料タンクを減圧し燃料の蒸発を防ぐ。
(4)燃料タンク内の燃料の蒸気を排出して発火を防ぐ。

問0289　インテグラル・タンクについて次のうち正しいものはどれか。　3100202　一航飛 一航飛

(1)タンクの構造部分を保護するために外気との通気が必要である。
(2)ブラダ・タンクもインテグラル・タンクの一種である。
(3)密閉型であり水分混入に対する対策や装備を施す必要がない。
(4)別名セル・タンクとも呼ばれる。

問0290　インテグラル・タンクについて次のうち正しいものはどれか。　3100202　一航飛

(1)ブラダ・タンクもインテグラル・タンクの一種である。
(2)姿勢の変化や運動で燃料が移動しないように仕切りがある。
(3)密閉型であり水分混入に対する対策や装備を施す必要がない。
(4)タンク内部は密封されており、内部からの燃料漏れはわからない。

問0291　燃料タンク内に水が溜まる原因として最も考えられるものは次のうちどれか。　3100203　一運飛

(1)燃料補給車から水が混入する。
(2)燃料の化学変化によって水が生成される。
(3)タンク内余積の空気が冷やされて内壁に結露する。
(4)燃料自体に多量の水分が含まれていて徐々に分離する。

問0292　下図の指示系統で次のうち正しいものはどれか。　3100204　工機装

(1)N1回転
(2)油圧
(3)トルク
(4)燃料流量

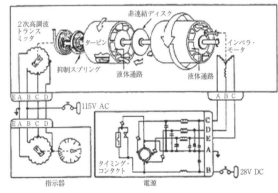

問0293　静電容量式燃料油量計系統について(A)〜(D)のうち正しいものはいくつあるか。　3100204　工機装
(1)〜(5)の中から選べ。

(A)タンク・ユニットは内部のフロートで液面の高さを測る。
(B)燃料は温度変化によって密度が変化するのでコンペンセータにより温度補正を行う。
(C)デンシト・メータは燃料の正確な密度を測定する。
(D)メジャリング・スティックは燃料の誘電率を測定する。

(1)1　　(2)2　　(3)3　　(4)4　　(5)無し

問題番号	試験問題	シラバス番号	出題履歴
問0294	作動油の特性について次のうち正しいものはどれか。 (1) 粘性-大、圧縮性-大、熱膨張係数-小、燃焼性-低 (2) 沸点-低、圧縮性-大、熱膨張係数-大、燃焼性-高 (3) 粘性-小、圧縮性-小、熱膨張係数-大、燃焼性-高 (4) 沸点-高、圧縮性-小、熱膨張係数-小、燃焼性-低	31101	一航飛 一航飛
問0295	油圧系統の作動油が持つ特徴で次のうち誤っているものはどれか。 (1) 気体が混入すると圧縮性が大きくなる。 (2) 最小の摩擦抵抗でラインを流れ良好な潤滑性がある。 (3) 科学的に安定し蒸発性が少なく沸点が低い。 (4) 温度変化に対し物理的に安定し熱膨張係数が小さい。	31101	一運飛
問0296	油圧系統に使用される作動油に関する説明として次のうち誤っているものはどれか。 (1) 腐食性が少なく、火災に対する安全性が高いこと (2) 非圧縮性であり、使用中に泡立たないこと (3) 最小の摩擦抵抗で配管を流れ、良好な潤滑性のあること (4) 温度変化に対して粘性、流動性の変化が少なく、熱膨張係数が大きいこと	31101	一航回
問0297	油圧系統の作動油に要求される性質で(A)～(D)のうち正しいものはいくつあるか。(1)～(5)の中から選べ。 (A) 実用的に非圧縮性であり、使用中泡立たないこと。 (B) 温度変化による潤滑性の低下を粘性と流動性で補えること。 (C) 引火点や発火点が高く、燃焼性が低いこと。 (D) 温度変化による成分変化が少ないこと。 (1) 1　　(2) 2　　(3) 3　　(4) 4　　(5) 無し	31101	工機構
問0298	油圧系統に使用される作動油に関する説明として(A)～(D)のうち正しいものはいくつあるか。(1)～(5)の中から選べ。 (A) 圧縮性があり、使用中に泡立たないこと (B) 腐食性が少なく、火災に対する安全性が高いこと (C) 最小の摩擦抵抗で配管を流れ、良好な潤滑性のあること (D) 温度変化に対して粘性、流動性の変化が少なく、熱膨張係数が大きいこと (1) 1　　(2) 2　　(3) 3　　(4) 4　　(5) 無し	31101	一航回 二航回 二航回 一航回 二航回 二航回
問0299	油圧系統に使用される作動油に関する説明として(A)～(D)のうち正しいものはいくつあるか。(1)～(5)の中から選べ。 (A) 実用的に非圧縮性であり、使用中に泡立たないこと (B) 腐食性が少なく、火災に対する安全性が高いこと (C) 最小の摩擦抵抗で配管を流れ、良好な潤滑性のあること (D) 温度変化に対して粘性、流動性の変化が少なく、熱膨張係数が大きいこと (1) 1　　(2) 2　　(3) 3　　(4) 4　　(5) 無し	31101	二航回
問0300	作動油の特性について(A)～(D)のうち正しいものはいくつあるか。(1)～(5)の中から選べ。 (A) 実用的に非圧縮性であり、使用中泡立たないこと (B) 温度変化に対し物理的に安定していること (C) 腐食性が少なく、人体に危険のないこと (D) 引火点、発火点、燃焼性が高いこと (1) 1　　(2) 2　　(3) 3　　(4) 4　　(5) 無し	31101	二航飛 二航飛
問0301	作動油の特性について(A)～(D)のうち正しいものはいくつあるか。(1)～(5)の中から選べ。 (A) 実用的に非圧縮性であり、使用中泡立たないこと。 (B) 温度変化に対し物理的に安定していること。 (C) 腐食性が少なく、人体に危険のないこと。 (D) 引火点、発火点が十分高く、燃焼性が低いこと。 (1) 1　　(2) 2　　(3) 3　　(4) 4　　(5) 無し	31101	二航飛 二航飛

問0302 油圧系統のシャトル・バルブの目的で次のうち正しいものはどれか。　31102　工共通 工共通 二航飛 工機構 工機装 工機構 工機装

(1)主系統が故障した場合に主系統の通路を閉じ非常用の通路を開にする。
(2)流体の流れを一方向には流すが、逆方向には流さない。
(3)複数の装置を作動させるとき、それらの作動順序を決める。
(4)流体の流量を減少させ装置の作動を遅らせる。

問0303 油圧系統に装備されるリストリクタ・バルブの目的で次のうち正しいものはどれか。　31102　二運飛 二運飛 二運飛

(1)流体を一方向に流す。
(2)ポンプの吐出圧力を制御する。
(3)複数の装置の作動順序を決める。
(4)流体の流量を減少させる。

問0304 油圧系統で一方向に作動油を流すが反対方向には流さないバルブは次のうちどれか。　31102　工共通 工共通

(1)チェック・バルブ
(2)シャトル・バルブ
(3)リリーフ・バルブ
(4)セレクタ・バルブ

問0305 油圧系統で所定の圧力以下に低下すると油路を遮断する機能を持ったバルブは次のうちどれか。　31102　二運飛

(1)プライオリティ・バルブ
(2)シャトル・バルブ
(3)シーケンス・バルブ
(4)セレクタ・バルブ

問0306 油圧系統で用いられるチェック・バルブの目的について次のうち正しいものはどれか。　31102　二航飛

(1)流体の流量を減少させ、装置の作動を遅らせる。
(2)流体を一方向には流すが逆方向には流さない。
(3)複数の装置を作動させるとき、それらの作動順序を決める。
(4)主系統が故障した場合に主系統の油路を閉じ非常用の油路を開にする。

問0307 油圧系統に関する説明として(A)〜(D)のうち正しいものはいくつあるか。(1)〜(5)の中から選べ。　31102　二航回 二航回

(A)オリフィスは作動油の流量を制限する。
(B)リリーフ・バルブは上昇しすぎたポンプ圧を逃がし過負荷を防ぐ。
(C)シーケンス・バルブは複数の機構を作動させる時に作動順序を決める。
(D)リザーバは系統の作動油を貯蔵するだけでなく、膨張余積としても用いられる。

(1) 1　　(2) 2　　(3) 3　　(4) 4　　(5) 無し

問0308 油圧系統で使用されているセレクタ・バルブの種類で次のうち誤っているものはどれか。　31102　二運飛 二運飛 二航飛 二運飛

(1)プラグ型
(2)スプール型
(3)ポペット型
(4)スウィング型

問0309 油圧系統で用いられるシーケンス・バルブの目的について次のうち正しいものはどれか。　31102　二航飛

(1)作動油の流量を減少させ、装置の作動を遅らせる。
(2)作動油を一方向には流すが逆方向には流さない。
(3)複数の装置を作動させるとき、それらの作動順序を決める。
(4)主系統が故障した場合に主系統の油路を閉じ非常用の油路を開にする。

問0310 油圧系統で所定の圧力以下に低下すると油路を遮断する機能を持ったバルブは次のうちどれか。　31102　二航飛

(1)プライオリティ・バルブ
(2)シーケンス・バルブ
(3)アンチ・リーケージ・バルブ
(4)セレクタ・バルブ

問0311 油圧系統で作動油の圧力が所定の圧力以下に低下すると油路を遮断する機能を持ったバルブは次のうちどれか。　31102　一運飛

(1)プライオリティ・バルブ
(2)シーケンス・バルブ
(3)リストリクタ・バルブ
(4)リリーフ・バルブ

機体関連

問0312 ギア・ポンプの回転方向について次のうち正しいものはどれか。　31102　一航飛

(1)　　　　　　　(2)　　　　　　　(3)

問0313 下図の油圧系統バルブで次のうち正しいものはどれか。　31102　工機構／工機装／一航飛

(1)リリーフ・バルブ
(2)シャトル・バルブ
(3)チェック・バルブ
(4)シーケンス・バルブ

問0314 下図の油圧系統バルブで次のうち正しいものはどれか。　31102　工機構／工機装

(1)リリーフ・バルブ
(2)シャトル・バルブ
(3)セレクタ・バルブ
(4)シーケンス・バルブ

問0315 油圧系統で一方向には自由に作動油を流すが反対方向には流さないバルブは次のうちどれか。　31102　一運飛／一運飛

(1)チェック・バルブ
(2)シーケンス・バルブ
(3)リストリクタ・バルブ
(4)リリーフ・バルブ

問0316 油圧系統のバリアブル・デリバリ・ポンプについて(A)～(D)のうち正しいものはいくつあるか。(1)～(5)の中から選べ。　31102　一航飛／一航飛

(A)アンギュラ・タイプ・ポンプはシリンダ・ブロックと駆動軸との相対角度を変化させることにより吐出量を制御する。
(B)カム・タイプ・ポンプは系統圧力が所定の圧力に達するとシリンダ・ブロックと駆動軸の角度が一致し回転していてもポンプとして機能しない状態となる。
(C)カム・タイプ・ポンプの圧力制御はコンペンセータ・スプリングとコンペンセータ・ステム・ピストンのつり合いによって制御される。
(D)アンギュラ・タイプ・ポンプはピストンの行程は系統が必要とする液量に関係なく一定である。

(1) 1　　(2) 2　　(3) 3　　(4) 4　　(5) 無し

問0317 油圧系統のフィルタに取り付けられているバイパス・バルブの目的で次のうち正しいものはどれか。　31102　一運回／一航回／一航構／工機構／工機装／一航回

(1)系統内に混入した空気を逃がすため
(2)エレメントが閉塞した時に作動油を出口側へ流すため
(3)設定以上に上昇した系統の圧力をリターン側へ戻すため
(4)バルブをきれいな作動油で満たすため

問0318 油圧系統で作動油の流量を制限するバルブは次のうちどれか。　31102　一運飛／一運飛

(1)チェック・バルブ
(2)シーケンス・バルブ
(3)リストリクタ・バルブ
(4)リリーフ・バルブ

問題番号	試験問題	シラバス番号	出題履歴
問0319	油圧系統で用いられるリリーフ・バルブの目的について次のうち正しいものはどれか。 (1)流体の流量を減少させ、装置の作動を遅らせる。 (2)圧力が設定された値を超えることを防ぐ。 (3)複数の装置を作動させるとき、それらの作動順序を決める。 (4)主系統が故障した場合に主系統の油路を閉じ非常用の油路を開にする。	31102	二航飛
問0320	油圧系統のヒューズの目的で次のうち正しいものはどれか。 (1)系統の圧力が高くなった時、圧力をリリーフする。 (2)系統の温度が高くなった時、圧力をリリーフする。 (3)作動油の流量が常に一定になるように調整する。 (4)系統の下流に漏れがあった時、流量を制限する。	31102	工機構 工機装 工機構 工機装
問0321	ブレーキ系統のアキュムレータの目的で次のうち正しいものはどれか。 (1)マスタ・シリンダがロックして、ブレーキが効き放しとなることを防ぐ。 (2)主油圧系統が故障した場合、予備系統に切り替える。 (3)系統に生じる脈動を吸収する。 (4)ブレーキ作動ラインの圧力が規定値以上になるとリターン・ラインへ逃がす。	31102	二運飛
問0322	油圧系統のアキュムレータ（ブラダ型）について次のうち誤っているものはどれか。 (1)油圧系統を加圧した状態で、アキュムレータ内の窒素ガス圧力は系統圧と等しくなる。 (2)通常、系統圧力が3,000psiの場合、窒素ガスは約1,000psiが補充されている。 (3)窒素ガスの圧力指示は外気温度の影響を受ける。 (4)油圧ラインを外した後は必ず窒素ガスを補充しなければならない。	31102	一航飛 一航飛 一航飛
問0323	油圧系統のアキュムレータ（ブラダ型）について(A)～(D)のうち正しいものはいくつあるか。(1)～(5)の中から選べ。 (A)油圧系統を加圧した状態で、アキュムレータ内のN$_2$圧力は系統圧と等しくなる。 (B)通常、油圧系統の常用系統圧力（3,000psi）と同圧のN$_2$が補充されている。 (C)N$_2$の圧力指示は外気温度の影響を受ける。 (D)油圧ラインを外した後は必ずN$_2$を補充しなければならない。 (1) 1　　(2) 2　　(3) 3　　(4) 4　　(5) 無し	31102	一航飛
問0324	飛行中、主翼が着氷した場合に考えられる現象について次のうち誤っているものはどれか。 (1)揚力が減少する。 (2)バフェットが発生する。 (3)抗力が増加する。 (4)失速速度が遅くなる	31201	二運飛 二運飛 二運飛 二運飛
問0325	飛行中、主翼が着氷した場合に考えられる現象で(A)～(D)のうち正しいものはいくつあるか。(1)～(5)の中から選べ。 (A)揚力が減少する。 (B)バフェットが発生する。 (C)抗力が増加する。 (D)失速速度が遅くなる。 (1) 1　　(2) 2　　(3) 3　　(4) 4　　(5) 無し	31201	二航滑 三航滑 二航滑
問0326	凍結気象状態を飛行する場合に防除氷を必要とする部位で次のうち誤っているものはどれか。 (1)ウインド・シールド (2)プロペラ前縁 (3)客室ウインドウ (4)エンジン・エア・インテイク	31202	二運飛
問0327	凍結気象状態を飛行する場合に防除氷装置を作動させる部位で次のうち誤っているものはどれか。 (1)プロペラ前縁 (2)客室ウインドウ (3)翼前縁部 (4)エンジン・エア・インテイク	31202	二運飛

問0328 電気式防除氷系統に関する説明で次のうち誤っているものはどれか。　31202　二運飛 / 二運飛

(1) 電気ヒータを組み込んで氷結を防ぐ方法である。
(2) ピトー管、静圧孔に使用されている。
(3) ウインド・シールドに使用する場合はサーマル・ストレスを考慮する必要がある。
(4) プロペラは回転体のため装備できない。

問0329 操縦室の風防をヒーティングする目的で(A)〜(D)のうち正しいものはいくつあるか。　31202　一航飛 / 一航飛 / 一航飛 / 一航飛
(1)〜(5)の中から選べ。

(A) 着氷を防ぐため
(B) 曇るのを防ぐため
(C) 鳥衝突時の衝撃を吸収するため
(D) クレージングを防止するため

(1) 1　　(2) 2　　(3) 3　　(4) 4　　(5) 無し

問0330 脚のオレオ緩衝装置に関する説明として次のうち正しいものはどれか。　31301　二運回 / 一航回 / 一航回 / 一運回 / 二航回

(1) 空気と作動油の圧縮性により衝撃を吸収する。
(2) 空気の圧縮性と作動油がオリフィスを移動することにより衝撃を吸収する。
(3) 空気の圧縮性と作動油の粘性により外筒が上下して衝撃を吸収する。
(4) 空気と作動油が混合する場合のエネルギで衝撃を吸収する。

問0331 脚のオレオ緩衝装置に関する説明として(A)〜(D)のうち正しいものはいくつあるか。　31301　一航回 / 一航回
(1)〜(5)の中から選べ。

(A) 緩衝装置を縮みやすく、伸びにくくしている。
(B) 空気と作動油が混合する場合のエネルギで衝撃を吸収する。
(C) 空気の圧縮性と作動油の粘性により外筒が上下して衝撃を吸収する。
(D) 空気の圧縮性と作動油がオリフィスを移動することにより衝撃を吸収する。

(1) 1　　(2) 2　　(3) 3　　(4) 4　　(5) 無し

問0332 前輪式着陸装置の特徴で次のうち誤っているものはどれか。　31301　一運飛 / 一運飛 / 一航飛

(1) 高速でブレーキを強く働かせてもノーズ・オーバをおこさない。
(2) 着陸および地上滑走の際、パイロットの視界が良い。
(3) 主脚よりも重心が前方にあるため、グランド・ループをおこしやすい。
(4) 地上滑走中に問題になるものとしてシミー現象がある。

問0333 前輪式着陸装置の特徴で次のうち正しいものはどれか。　31301　一運飛 / 一運飛

(1) 高速でブレーキを強く働かせるとノーズ・オーバをおこす場合がある。
(2) 着陸および地上滑走の際、パイロットの視界が悪い。
(3) 主脚よりも重心が前方にあるため、グランド・ループをおこしやすい。
(4) 地上滑走中に問題になるものとしてシミー現象がある。

問0334 前輪式着陸装置の特徴で次のうち誤っているものはどれか。　31301　一運飛

(1) 高速でブレーキを強く働かせるとノーズ・オーバをおこす場合がある。
(2) 着陸および地上滑走の際、パイロットの視界が良い。
(3) 整備時や離着陸時に胴体尾部を地面に接触させる可能性がある。
(4) 地上滑走中に問題になるものとしてシミー現象がある。

問0335 油圧式脚引込装置の主要部品の機能について(A)〜(D)のうち正しいものはいくつあるか。(1)〜(5)の中から選べ。　31302　工機装

(A) ダウン・ロック・アクチュエータはジュリー・ストラットの曲げ伸ばしに作用し、ダウン・ロックをかけたり解除したりする。
(B) ノーズ・ギアのロック・アクチュエータはダウン・ロックの解除とともに、アップ・ロックをかける働きがある。
(C) セレクタ・バルブはギア・レバーの操作により油路が切り替わって脚引込装置に油圧を供給する。
(D) ドア・シーケンス・バルブは脚の上げ、下げに伴う脚格納室ドアの作動順序を制御する。

(1) 1　　(2) 2　　(3) 3　　(4) 4　　(5) 無し

問0336 脚のショック・ストラットについて次のうち正しいものはどれか。　3130201　工共通

(1) 縮むときに比べて伸びるときは伸びにくい。
(2) 縮むときに比べて伸びるときは伸びやすい。
(3) 空気のみ充填されていてオイルは潤滑目的に少量入っている。
(4) オイルのみ充填されていてオイルの移動で緩衝する。

問0337	ノーズ・ランディング・ギアのセンタリング・カムに関する記述で次のうち正しいものはどれか。	3130201	二運飛 二運飛

(1)着陸滑走中、方向性を保持している。
(2)タキシング中、前脚のタイヤが常に正面を向くようにするステアリングの機構である。
(3)離陸後、前脚のタイヤが正面を向くようにしている。
(4)ステアリングの機構が故障した場合、前脚のタイヤが正面を向くようにしている。

問0338	シミーに関する記述で次のうち正しいものはどれか。	3130201	工共通 工共通 工共通

(1)滑走中、前脚に起こりやすい不安定な振動
(2)主翼後流によって尾翼に起こりやすい不安定な振動
(3)プロペラとの共振で機体に起こりやすい不安定な振動
(4)飛行速度がある値に達したとき急激に起こる主翼の不安定な振動

問0339	着陸装置のバンジー・スプリングの目的で(A)～(D)のうち正しいものはいくつあるか。(1)～(5)の中から選べ。	3130201	工機装

(A)脚のステアリングの中立を維持する。
(B)脚のダウン・ロックを確実にする。
(C)脚の振動を防止する。
(D)脚と脚ドアの作動シーケンスを決定する。

(1) 1　　(2) 2　　(3) 3　　(4) 4　　(5) 無し

問0340	脚ホイール・アッセンブリのバランスをとる目的について次のうち正しいものはどれか。	3130202	工共通 工共通

(1)ブレーキの効きを均一にするため
(2)フラット・スポットを防ぐため
(3)機体の重心位置を正確に計測するため
(4)タイヤの異常な摩耗と振動を防ぐため

問0341	タイヤの取り扱いについて(A)～(D)のうち正しいものはいくつあるか。(1)～(5)の中から選べ。	3130202	二航飛 二航飛 一航飛

(A)保管場所は暗くするか、または少なくとも直射日光から遮へいする。
(B)保管する際は乾燥を防ぐため、作動油等を薄く塗布する。
(C)空気圧の点検は着陸後できるだけ早い時期に行う。
(D)保管する際はバッテリ充電器や発電機から遠ざける必要がある。

(1) 1　　(2) 2　　(3) 3　　(4) 4　　(5) 無し

問0342	タイヤの保管に関する説明として次のうち誤っているものはどれか。	3130202	二航回 一航回

(1)湿度は60～70%程度が良い。
(2)燃料やオイルに触れないようにする。
(3)タイヤ・ラックに立てて保管する。
(4)直射日光を避ける。

問0343	タイヤの保管に関する説明として次のうち誤っているものはどれか。	3130202	一運回

(1)直射日光を避ける。
(2)湿度は70%以上が良い。
(3)燃料やオイルに触れないようにする。
(4)タイヤ・ラックに立てて保管する。

問0344	タイヤの保管について(A)～(D)のうち正しいものはいくつあるか。(1)～(5)の中から選べ。	3130202	二航回 二航回 工機装

(A)湿度は60～75%程度が良い。
(B)燃料やオイルに触れないようにする。
(C)横に重ねて保管しない。
(D)直射日光を避ける。

(1) 1　　(2) 2　　(3) 3　　(4) 4　　(5) 無し

問0345	タイヤの取り扱いについて次のうち正しいものはどれか。	3130202	二運飛

(1)保管場所は暗くするか、または少なくとも直射日光から遮へいする。
(2)保管する際は乾燥を防ぐため、作動油等を薄く塗布する。
(3)空気圧の点検は着陸後できるだけ早い時期に行う。
(4)保管する際はバッテリ充電器や発電機等の近くでも問題ない。

機体関連

問0346 タイヤ、チューブの取り扱いについて(A)～(D)のうち正しいものはいくつあるか。(1)～(5)の中から選べ。

(A)タイヤは積み重ねて保管する方が変形しにくい。
(B)チューブはわずかに膨らませて同寸法のタイヤの中に入れて保管してもよい。
(C)空気圧の点検は着陸後できるだけ早い時期に行う。
(D)保管する際はバッテリ充電器や発電機から遠ざける。

(1) 1　　(2) 2　　(3) 3　　(4) 4　　(5) 無し

3130202　二航飛

問0347 チューブレス・タイヤと比べたチューブ・タイヤの特徴について(A)～(D)のうち正しいものはいくつあるか。(1)～(5)の中から選べ。

(A)全体の重量が重くなる。
(B)運用中の温度上昇が少ない。
(C)パンクの頻度が少ない。
(D)ホイールとタイヤとの合わせ面からの空気漏れに注意する必要がある。

(1) 1　　(2) 2　　(3) 3　　(4) 4　　(5) 無し

3130202　二航滑 二航飛 二航滑 二航滑 二航滑

問0348 チューブレス・タイヤの圧力に関する説明で(A)～(D)のうち正しいものはいくつあるか。(1)～(5)の中から選べ。

(A)圧力測定はタイヤが冷えているときに行う。
(B)新しく装着したナイロン・タイヤは最初の24時間の伸びによって、空気圧を5～10%低下させることがある。
(C)一つの車軸に2個のタイヤを装着している場合、圧力の低い側のタイヤは他方より多くの荷重を負担することになるので差圧に注意する。
(D)圧力不足のタイヤは、ホイールのリム・フランジによってタイヤのサイド・ウオールまたはショルダを破壊させるので注意する。

(1) 1　　(2) 2　　(3) 3　　(4) 4　　(5) 無し

3130202　一航回 一航回 工機装

問0349 ブレーキ系統にエアが混入した場合の説明として次のうち正しいものはどれか。

(1)ブレーキ・ペダルを踏み込む量は多くなるが、エアの圧縮性により制動効果は変わらない。
(2)ブレーキ・ペダルを数回踏み込むと、エアはマスタ・シリンダに戻るので問題とはならない。
(3)ブレーキを長時間使用すると、エアの過熱によりブレーキ自体が過熱する。
(4)ブレーキ・ペダルを踏み込む量が多くなり、制動効果が悪くなる。

3130203　一航回 二運飛 一航回 一運回

問0350 ブレーキ系統にエアが混入した場合の現象について(A)～(D)のうち正しいものはいくつあるか。(1)～(5)の中から選べ。

(A)ブレーキ・ペダルを踏み込む量が多くなり、制動効果が悪くなる。
(B)ブレーキ・ペダルを踏み込む量は多くなるが、エア圧縮性により制動効果は変わらない。
(C)ブレーキを長時間使用すると、エアの過熱によりブレーキ自体が過熱する。
(D)ブレーキ・ペダルを数回踏み込むとエアはマスター・シリンダに戻るので、問題とはならない。

(1) 1　　(2) 2　　(3) 3　　(4) 4　　(5) 無し

3130203　二航飛

問0351 アンチ・スキッド装置の機能で次のうち誤っているものはどれか。

(1)ロックド・ホイール・プロテクション
(2)タッチダウン・プロテクション
(3)ノーマル・スキッド・コントロール
(4)リジェクト・テイクオフ・ファンクション

3130203　一運飛

問0352 着陸系統のアンチ・スキッド装置の目的について(A)～(D)のうち正しいものはいくつあるか。(1)～(5)の中から選べ。

(A)着陸距離を長くし、ブレーキの過熱を防止する。
(B)タイヤの亀裂を防止する。
(C)着陸接地時、タイヤのバーストを防止する。
(D)ホイール（車輪）の回転速度に適したブレーキ効果を得る。

(1) 1　　(2) 2　　(3) 3　　(4) 4　　(5) 無し

3130203　一航飛 一航飛

問0353 着陸系統のアンチ・スキッド装置の目的について(A)～(D)のうち正しいものはいくつあるか。(1)～(5)の中から選べ。　　3130203　二航飛

(A)完全に停止するまで作動する。
(B)タイヤのバーストを防止する。
(C)ブレーキ・ペダルを踏んだまま着陸してもタイヤはロックしない。
(D)ホイール（車輪）の回転速度に適したブレーキ効果を得る。

(1) 1　　(2) 2　　(3) 3　　(4) 4　　(5) 無し

問0354 着陸系統のアンチ・スキッド装置の目的について(A)～(D)のうち正しいものはいくつあるか。(1)～(5)の中から選べ。　　3130203　一航飛／一航飛

(A)着陸距離を長くし、ブレーキの過熱を防止する。
(B)ブレーキ・ペダルを踏まなくても自動的にブレーキがかかる。
(C)着陸接地時、タイヤのバーストを防止する。
(D)ホイール（車輪）の回転速度に適したブレーキ効果を得る。

(1) 1　　(2) 2　　(3) 3　　(4) 4　　(5) 無し

問0355 着陸系統のAnti Skid装置について(A)～(D)のうち正しいものはいくつあるか。(1)～(5)の中から選べ。　　3130203　一航飛

(A)Locked Wheel Skid Control は各車輪が独立して作動する。
(B)Touchdown Protection は滑走路に車輪が接地したときに車輪がロックされるのを防ぐ。
(C)Normal Skid Control は対となる車輪と比較し解除信号を出す。
(D)Auto Brake 作動時は Anti Skid は働かない。

(1) 1　　(2) 2　　(3) 3　　(4) 4　　(5) 無し

問0356 オート・ブレーキ装置について次のうち正しいものはどれか。　　3130203　一航飛／一航飛

(1)着陸時の主翼の揚力を減少させる。
(2)飛行中、機速を減少させる。
(3)脚上げ時、ホイールの回転を止めて不快な振動を解消する。
(4)機体制動時に任意の減速率が得られるようホイールの回転を制御する。

問0357 オート・ブレーキ装置について次のうち正しいものはどれか。　　3130203　一航飛／工機構／工機装

(1)着陸時の主翼の揚力を減少させる。
(2)飛行中、機速を減少させる。
(3)脚上げ時、ホイールの回転を止めて不快な振動を解消する。
(4)機体が完全に停止するまで使用できる。

問0358 ブレーキ・マスタ・シリンダのコンペンセイティング・ポートの目的で次のうち正しいものはどれか。　　3130203　二運飛／二運飛／二運飛／二運飛

(1)ブレーキ「OFF」のとき、熱により膨張した作動油をリザーバへ戻す。
(2)常に均一なブレーキ圧力を保つ。
(3)ブレーキ作動油の液量計の温度補正をする。
(4)ブレーキ・ディスクとブレーキ・パッドの隙間を自動的に調節する。

問0359 酸素ボトルの取り扱いで次のうち正しいものはどれか。　　31401　工共通

(1)口栓にグリースを塗布してはならない。
(2)充填されたボトルは危険なため屋外で保管する。
(3)取り付け後のリーク・チェックは圧力計の指示の変化により行う。
(4)圧力が減少した場合、ボトルを加熱することで一時的に使用できる。

問0360 酸素ボトル取り扱い上の注意事項について次のうち正しいものはどれか。　　31401　工共通

(1)屋内に置くと危険なので屋外に出しておかなければならない。
(2)口栓にグリースを塗ってはならない。
(3)蒸留水が分解すると水素を発生するので近寄らせてはならない。
(4)圧力が減少したら熱気を当てて常に高圧力を保持させる。

問0361 酸素ボトル取り扱い上の注意事項について次のうち正しいものはどれか。　　31401　工共通

(1)屋内に置くと危険なので屋外に出しておかなければならない。
(2)圧力が減少した場合、ボトルを加熱することで一時的に使用できる。
(3)蒸留水は分解して水素を発生するので近寄らせてはならない。
(4)口栓への油脂類の付着は絶対避けなければならない。

機体関連

問題番号	試験問題	シラバス番号	出題履歴
問0362	酸素系統に関する記述で次のうち正しいものはどれか。 (1)酸素系統は乗員用と乗客用の区別はなく共用である。 (2)化学酸素発生式のボトルは、使用後酸素を補充しなければならない。 (3)酸素ボトルの内圧が上昇した場合、リリーフする機能がある。 (4)酸素調整機能は、連続流量型のみである。	31401	工機構 工機装
問0363	酸素系統について次のうち誤っているものはどれか。 (1)大型機は乗員用と乗客用が独立している。 (2)化学式酸素発生装置は作動させると再充填することができない。 (3)酸素ボトルの内圧が上昇した場合、リリーフする機能がある。 (4)乗員用の酸素調整機能は、連続流量型のみである。	31401	一航飛
問0364	酸素系統について次のうち誤っているものはどれか。 (1)充填圧力は標準大気温度の15℃を基準として表示されている。 (2)高圧の酸素は油やグリースと反応し自然発火する。 (3)希釈装置（ダイリュータ装置）は高度に応じて空気と酸素を混合する。 (4)酸素供給装置は煙や有毒ガスから守るための防護用呼吸装置としても使われる。	31401	一航飛
問0365	酸素系統について次のうち誤っているものはどれか。 (1)充填圧力の指示値は大気圧力の影響について補正を行う必要がある。 (2)高圧の酸素は油やグリースと反応し自然発火する。 (3)希釈装置（ダイリュータ装置）は高度に応じて空気と酸素を混合する。 (4)酸素供給装置は煙や有毒ガスから守るための防護用呼吸装置としても使われる。	31401	一航飛
問0366	酸素系統について次のうち誤っているものはどれか。 (1)充填圧力の読みは温度による補正を行う必要がある。 (2)容器に異常な圧力上昇が発生するとリリーフ・バルブより貨物室内に排出される。 (3)希釈装置（ダイリュータ装置）は高度に応じて空気と酸素を混合する。 (4)酸素供給装置は煙や有毒ガスから守るための防護用呼吸装置としても使われる。	31401	一航飛 一航飛 一航飛 一運飛
問0367	乗員用酸素供給システムについて(A)～(D)のうち正しいものはいくつあるか。 (1)～(5)の中から選べ。 (A)使用可能圧力限界に達していなければ再充填可能である。 (B)容器に異常な圧力上昇が発生するとリリーフ・バルブより貨物室内に排出される。 (C)完全放出後は再充填してはならず、酸素容器の洗浄が必要である。 (D)酸素供給中のガス温度上昇を防ぐため配管内に金属ブラシ状の温度補正器がある。 (1) 1　　(2) 2　　(3) 3　　(4) 4　　(5) 無し	31401	工機装
問0368	ブリード・エアの用途で次のうち誤っているものはどれか。 (1)ハイドロ・リザーバの加圧 (2)バキューム式ウェスト・タンクの加圧 (3)エンジン・スタータ用エア (4)空調及び与圧用エア	31501	一運飛 一運飛
問0369	ブリード・エアの用途で(A)～(D)のうち正しいものはいくつあるか。 (1)～(5)の中から選べ。 (A)ハイドロ・リザーバの加圧 (B)ウォータ・タンクの加圧 (C)酸素ボトルの加圧 (D)バキューム式・ウェスト・タンクの加圧 (1) 1　　(2) 2　　(3) 3　　(4) 4　　(5) 無し	31501	工機装 工機装 一航飛
問0370	ニューマチック系統の特徴について(A)～(D)のうち正しいものはいくつあるか。 (1)～(5)の中から選べ。 (A)圧縮空気のもつ圧力、温度、流量とこれらの組み合わせで利用範囲が広い。 (B)軽量で大きな力が得られる。 (C)不燃性で清浄である。 (D)ダクトの配管に場所をとる。 (1) 1　　(2) 2　　(3) 3　　(4) 4　　(5) 無し	31501	一航飛 一航飛 一航飛

問0371 ニューマチック系統の特徴について(A)〜(D)のうち正しいものはいくつあるか。(1)〜(5)の中から選べ。　31501　一航飛

(A)圧縮空気の圧力、温度、流量を組み合わせて利用している。
(B)軽量で大きな力が得られる。
(C)不燃性で清浄である。
(D)ダクトの配管に場所をとる。

(1) 1　　(2) 2　　(3) 3　　(4) 4　　(5) 無し

問0372 ニューマチック系統について(A)〜(D)のうち正しいものはいくつあるか。(1)〜(5)の中から選べ。　31501　一航飛

(A)客室・操縦室の与圧・冷暖房・換気に使用されている。
(B)油圧系統のリザーバの加圧に使用されている。
(C)燃料のヒーティングや逆噴射装置の作動に使用されている。
(D)水タンクの加圧に使用されている。

(1) 1　　(2) 2　　(3) 3　　(4) 4　　(5) 無し

問0373 空気圧力系統の特徴について(A)〜(D)のうち正しいものはいくつあるか。(1)〜(5)の中から選べ。　31501　一航飛

(A)圧縮空気のもつ圧力、温度、流量とこれらの組み合わせで利用範囲が広い。
(B)軽量で大きな力が得られる。
(C)不燃性で清浄である。
(D)油圧系の場合のリザーバとリターン・ラインに相当するものが不要

(1) 1　　(2) 2　　(3) 3　　(4) 4　　(5) 無し

問0374 熱交換器の目的で次のうち正しいものはどれか。　3150201　工機構 工機装 工機構 工機装

(1)エンジンから抽気した高温のエアを外気（ラムエア）で冷やす。
(2)エンジンから抽気した高温のエアをフレオンガスを使って冷やす。
(3)エンジンから抽気した高温高圧のエアを冷やし圧力も下げる。
(4)エンジンから抽気した高圧エアの圧力を外気（ラムエア）で更に上げる。

問0375 APUに使用されるガスゼネレータで(A)〜(D)のうち正しいものはいくつあるか。(1)〜(5)の中から選べ。　31701　工機構

(A)単軸のみで多軸の構造のものはない。
(B)回転数を手動で変化させブリードエア量を調整する。
(C)燃料は専用のタンクから供給される。
(D)機上バッテリでは始動できない。

(1) 1　　(2) 2　　(3) 3　　(4) 4　　(5) 無し

問0376 補助動力装置（APU）について次のうち誤っているものはどれか。　31701　工機構 工機装 工機構 工機装

(1)APU発電機からの電力は機体側系統に送電される。
(2)APU専用の燃料タンクが水平尾翼内に装備されている。
(3)APUからの圧縮空気は機内の冷暖房に使われる。
(4)APU の非常停止と消火剤の発射は地上からも行うことができる。

問0377 ヘリコプタの「静強度の保証」について次のうち正しいものはどれか。　3240104　一運回 一航回 一航回 工機構 工機装 一航回 工機構 工機装

(1)疲労破壊の検査のため老朽化した機体に対して定期的に荷重負荷試験を実施する。
(2)制限荷重の範囲内でのみ荷重をかけ破壊試験は含まない。
(3)実際の荷重負荷状態を模擬した静的または動的な試験によって証明する。
(4)トランスミッションについては動的落下試験を要する。

問0378 ホバリングから前進飛行のためにサイクリック・スティックを前に倒したとき、ブレードのピッチ角が最大になる位置で次のうち正しいものはどれか。ただし、ロータの回転方向は上から見て反時計方向である。　32500　工機構 工機装 工機構 工機装

(1)上から見て、右側の位置
(2)上から見て、前方位置
(3)上から見て、左側の位置
(4)上から見て、後方位置

機体関連

問0379	複合材ブレードの説明として次のうち誤っているものはどれか。	3250102	一航回 一航回

(1) 主強度部材にはヤング率が小さく許容疲労歪の大きいものが適している。
(2) ガラス繊維、炭素繊維、アラミド繊維などの繊維強化複合材料が使用されている。
(3) 外皮は振り剛性を高めるため繊維方向を長手方向に対して±45°に配置している。
(4) 金属製ブレードに比べ、亀裂の進展は速い。

問0380	複合材ブレードの説明として次のうち誤っているものはどれか。	3250102	二航回

(1) 主強度部材にはヤング率が小さく許容疲労歪の大きいものが適している。
(2) ガラス繊維、炭素繊維、アラミド繊維などの繊維強化複合材料（FRP）が使用されている。
(3) 金属製ブレードに比べ、亀裂の進展は極めて遅い。
(4) 外皮は振り剛性を高めるため繊維方向をスパン方向に対して直角に配置している。

問0381	複合材ブレードの説明として(A)～(D)のうち正しいものはいくつあるか。 (1)～(5)の中から選べ。	3250102	一航回 一航回 一航回

(A) 主強度部材にはヤング率が小さく許容疲労歪の大きいものが適している。
(B) ガラス繊維、炭素繊維、アラミド繊維などの繊維強化複合材料（FRP）が使用されている。
(C) 外皮は振り剛性を高めるため繊維方向を長手方向に対して±45°に配置している。
(D) 金属製ブレードに比べ、損傷の進展が極めて遅い。

(1) 1　　(2) 2　　(3) 3　　(4) 4　　(5) 無し

問0382	複合材ブレードの説明として(A)～(D)のうち正しいものはいくつあるか。 (1)～(5)の中から選べ。	3250102	二航回

(A) 主強度部材にはヤング率が小さく許容疲労歪の大きいものが適している。
(B) ガラス繊維、炭素繊維、アラミド繊維などの繊維強化複合材料（FRP）が使用されている。
(C) 金属製ブレードに比べ、亀裂の進展は極めて小さい。
(D) 外皮は振り剛性を高めるため繊維方向をスパン方向に対して直角に配置している。

(1) 1　　(2) 2　　(3) 3　　(4) 4　　(5) 無し

問0383	ヘリコプタのロータの型式で次のうち正しいものはどれか。	3250201	工共通

(1) 半関節型は、全関節型に比べフラップ及びドラッグ・ヒンジが無い。
(2) 無関節型のことをセミリジット・ロータという。
(3) 無関節型は、全関節型に比べフェザリング及びドラッグ・ヒンジが無い。
(4) 全関節型の一種にベアリングレス型がある。

問0384	全関節型ロータにドラッグ・ヒンジが設けられている理由の説明として(A)～(D)のうち正しいものはいくつあるか。(1)～(5)の中から選べ。	3250201	二航回 一航回 一航回

(A) ブレード付け根に生じる大きな曲げモーメントを逃がすため
(B) ブレードの1回転中に生じる抗力の変動を逃がすため
(C) 地上共振を防止するため
(D) ロータ起動時と停止時の大きな荷重を軽減するため

(1) 1　　(2) 2　　(3) 3　　(4) 4　　(5) 無し

問0385	エラストメリック・ベアリングの説明として次のうち正しいものはどれか。	3250203	二運回

(1) 耐久性に優れているので限界使用時間まで点検等の必要はない。
(2) 過大な荷重を受けた場合でもゴムの弾性により損傷は起こらない。
(3) 定期的にグリースを塗布した方がゴムの劣化は避けられる。
(4) 圧縮力には強いが引張力に対する強度が極めて弱い。

問0386	エラストメリック・ベアリングの説明として次のうち正しいものはどれか。	3250203	一航回 一運回 一航回 二航回 一航回 一運回 二航回

(1) 定期的な潤滑が必要である。
(2) 耐油性、耐候性に優れている。
(3) ゴムと金属板の積層は、ベアリングのせん断方向の荷重の剛性を高めている。
(4) ゴムの大きな弾性変形能力を利用している。

問0387 エラストメリック・ベアリングの説明として(A)～(D)のうち正しいものはいくつあるか。(1)～(5)の中から選べ。 　3250203　一航回

(A)潤滑が不要で整備が容易である。
(B)圧縮方向とせん断方向の剛性は異なる。
(C)ゴムの大きな弾性変形能力を利用している。
(D)耐候性の点で取り扱いに注意が必要である。

(1) 1 　　(2) 2 　　(3) 3 　　(4) 4 　　(5) 無し

問0388 エラストメリック・ベアリングの説明で(A)～(D)のうち正しいものはいくつあるか。(1)～(5)の中から選べ。 　3250203　工機構

(A)ゴムの弾性変形能力を利用したものである。
(B)ゴムと金属板を積層にすることで圧縮方向の剛性と強度を高めている。
(C)潤滑が不要で整備が容易である。
(D)球面型ではフラッピング、ドラッギングの運動を行うことができるがフェザリング運動は出来ない。

(1) 1 　　(2) 2 　　(3) 3 　　(4) 4 　　(5) 無し

問0389 エラストメリック・ベアリングの説明として(A)～(D)のうち正しいものはいくつあるか。(1)～(5)の中から選べ。 　3250203　二航回

(A)荷重を受けたときに変形が大きく、強度も低いという欠点がある。
(B)ゴムの素材としては、変形時の発熱を小さくするため粘性の低いものが使われている。
(C)ゴムと金属板の積層は、ベアリングの圧縮方向の荷重の剛性を高めている。
(D)玉軸受やころ軸受と異なり滑る部分がないのでハブの構成も簡素化できる。

(1) 1 　　(2) 2 　　(3) 3 　　(4) 4 　　(5) 無し

問0390 ヘリコプタのアンチトルク系統の説明で次のうち誤っているものはどれか。 　32503　工共通

(1)ロータ・ハブには2枚ブレードのシーソー型が多く用いられている。
(2)メイン・ロータと同様にサイクリック・ピッチ機構がある。
(3)メイン・ロータと比べて回転数が高い。
(4)高速飛行時の回転面の過度な傾きを防止するため、デルタ・スリー・ヒンジを採用している。

問0391 3枚以上のブレードを持つテール・ロータ・ハブで半関節型が多く使用される理由として次のうち正しいものはどれか。 　3250301　一航回／一航回

(1)揚力に対して相対的に遠心力が大きくコーニング角が小さいため
(2)揚力に対して相対的に遠心力が大きくコーニング角も大きいため
(3)揚力に対して相対的に遠心力が小さくコーニング角が大きいため
(4)揚力に対して相対的に遠心力が小さくコーニング角も小さいため

問0392 メイン・ロータ・ブレードのバランスについて、次のうち誤っているものはどれか。 　32505　工機構／工機装／工機構／工機装

(1)スタティック・バランスは、ブレード先端のバランス・ウェイトで調整できる。
(2)ダイナミック・バランスは、ブレード取付部のウェイトで調整できる。
(3)ブレード先端のウェイトを前縁側に移動させると先端の軌道は低くなる。
(4)ブレード先端のトリム・タブを上方に曲げるとブレードの軌跡は低くなる。

問0393 ロータのバランシングに関する説明として次のうち正しいものはどれか。 　32505　一航回／二航回／一運回／一航回／一航回

(1)スタティック・バランスは揚力と質量分布のバランスをとる。
(2)トラッキングはスタティック・バランスと揚力バランスからなる。
(3)地上でトラッキングがとれていればインフライト・バランスをとる必要がない。
(4)スタティック・バランスがとれていても質量分布に差があると振動の原因となる。

問0394 ロータのバランシングに関する説明として(A)～(D)のうち正しいものはいくつあるか。(1)～(5)の中から選べ。 　32505　二航回

(A)スタティック・バランスは揚力と質量分布のバランスをとる。
(B)トラッキングはスタティック・バランスと揚力バランスからなる。
(C)地上でトラッキングがとれていればインフライト・バランスをとる必要がない。
(D)スタティック・バランスがとれていても質量分布に差があると振動の原因となる。

(1) 1 　　(2) 2 　　(3) 3 　　(4) 4 　　(5) 無し

機体関連

問0395　ロータのバランシングに関する説明で(A)～(D)のうち正しいものはいくつあるか。
　　　　(1)～(5)の中から選べ。

シラバス番号 32505　出題履歴 一航回

(A)スタティック・バランスは天秤を用いて基準の重りに一致するようブレード 先端の
　　重りを加減することである。
(B)トラッキングはスタティック・バランスと揚力バランスからなる。
(C)ブレード単体のバランスがとれていても、ヘリコプタに取り付け飛行すると振動が生
　　じる場合がある。
(D)揚力バランスが取れていないとブレードの先端軌跡に高低差ができ振動の原因とな
　　る。

(1) 1　　(2) 2　　(3) 3　　(4) 4　　(5) 無し

問0396　プロペラ・モーメントの説明として次のうち誤っているものはどれか。

シラバス番号 32506　出題履歴 一運回

(1)ブレードがピッチ角をとった場合にピッチ角を0に戻そうとする力をいう。
(2)テール・ロータにおいてはペダル操作の重さの要因となる。
(3)空気力と遠心力による振りモーメントがある。
(4)ドラッグ・ダンパにより軽減することができる。

問0397　プロペラ・モーメントの説明として(A)～(D)のうち正しいものはいくつあるか。
　　　　(1)～(5)の中から選べ。

シラバス番号 32506　出題履歴 一航回

(A)ブレードがピッチ角をとった場合にピッチ角を0に戻そうとする力をいう。
(B)テール・ロータにおいてはペダル操作の重さの要因となる。
(C)ドラッグ・ダンパにより軽減することができる。
(D)遠心力による振りモーメントは発生しない。

(1) 1　　(2) 2　　(3) 3　　(4) 4　　(5) 無し

問0398　プロペラ・モーメントの説明として(A)～(D)のうち正しいものはいくつあるか。
　　　　(1)～(5)の中から選べ。

シラバス番号 32506　出題履歴 一航回／二航回／二航回

(A)ブレードがピッチ角をとった場合にピッチ角を0に戻そうとする力をいう。
(B)空気力と遠心力による振りモーメントがある。
(C)テール・ロータにおいてはペダル操作の重さの要因となる。
(D)カウンタ・ウエイトにより軽減することができる。

(1) 1　　(2) 2　　(3) 3　　(4) 4　　(5) 無し

問0399　プロペラ・モーメントの説明として(A)～(D)のうち正しいものはいくつあるか。
　　　　(1)～(5)の中から選べ。

シラバス番号 32506　出題履歴 二航回／二航回

(A)ブレードがピッチ角をとった場合にピッチ角を0に戻そうとする。
(B)空気力と遠心力による曲げモーメントである。
(C)テール・ロータにおいてはペダル操作の重さの要因となる。
(D)カウンタ・ウエイトにより軽減することができる。

(1) 1　　(2) 2　　(3) 3　　(4) 4　　(5) 無し

問0400　プロペラ・モーメントの説明として(A)～(D)のうち正しいものはいくつあるか。
　　　　(1)～(5)の中から選べ。

シラバス番号 32506　出題履歴 一航回

(A)ブレードがピッチ角をとった場合にピッチ角を0に戻そうとする力をいう。
(B)空気力と遠心力による振りモーメントがある。
(C)テール・ロータにおいてはペダル操作の重さの要因とはならない。
(D)カウンタ・ウエイトにより軽減することができる。

(1) 1　　(2) 2　　(3) 3　　(4) 4　　(5) 無し

問0401　プロペラ・モーメントの説明として(A)～(D)のうち正しいものはいくつあるか。
　　　　(1)～(5)の中から選べ。

シラバス番号 32506　出題履歴 二航回

(A)ブレードがピッチ角をとった場合にピッチ角を0に戻そうとする力をいう。
(B)空気力による振りモーメントは翼型の特性に大きく依存する。
(C)カウンタ・ウェイトは遠心力と相まってブレードのピッチ角を減らす方向のモーメン
　　トとして働く。
(D)ブレードの質量分布に差があるとプロペラ・モーメントが異なり振動の原因となる。

(1) 1　　(2) 2　　(3) 3　　(4) 4　　(5) 無し

問0402　スワッシュ・プレートの作用として(A)〜(D)のうち正しいものはいくつあるか。
(1)〜(5)の中から選べ。

シラバス番号 32506　出題履歴 二航回

(A)ロータのサイクリック・ピッチ制御を行う。
(B)操縦系統の動きをロータ系統に変換してブレードのピッチ角を変化させる。
(C)ピッチリンクを介してブレードのピッチ角を変化させる。
(D)ブレードのピッチ角が増すときにエンジン・コントロール系統に出力増加の信号を送る。

(1) 1　　(2) 2　　(3) 3　　(4) 4　　(5) 無し

問0403　トランスミッション系統の役割に関する説明として次のうち正しいものはどれか。

シラバス番号 32601　出題履歴 二航回／二連回／二連回／一連回／二航回／二航回／一航回

(1)発動機の回転速度を制御する。
(2)各ロータに発生した推力、操縦力（ハブ・モーメント）を胴体構造に伝達する。
(3)発動機からの出力を制御する。
(4)ロータのサイクリック・ピッチを制御する。

問0404　メイン・ギアボックスに遊星歯車が使用される理由として(A)〜(D)のうち正しいものはいくつあるか。(1)〜(5)の中から選べ。

シラバス番号 32602　出題履歴 二航回／二航回／一航回／二航回／二航回／二航回

(A)1段での減速比を大きくできる。
(B)1歯当たりの負担荷重が小さい。
(C)減速機構がコンパクトにできる。
(D)入力軸と出力軸を同一軸線上にそろえることができる。

(1) 1　　(2) 2　　(3) 3　　(4) 4　　(5) 無し

問0405　メイン・ギアボックスに用いられる遊星歯車装置の特徴として(A)〜(D)のうち正しいものはいくつあるか。(1)〜(5)の中から選べ。

シラバス番号 32602　出題履歴 一航回／一航回

(A)入力軸と出力軸を同一軸線上にそろえることができる。
(B)1段での減速比を大きくできる。
(C)1歯当たりの負担荷重が大きい。
(D)減速機構がコンパクトにできる。

(1) 1　　(2) 2　　(3) 3　　(4) 4　　(5) 無し

問0406　遊星歯車装置に関する記述で(A)〜(D)のうち正しいものはいくつあるか。
(1)〜(5)の中から選べ。

シラバス番号 32602　出題履歴 工機装

(A)負荷伝達能力が高くコンパクトで大きな減速比が得られる。
(B)回転数が低く伝達トルクが高い。
(C)歯車、軸受への潤滑が容易である。
(D)ヘリコプタのメイン・ギアボックスの最終段に用いられている。

(1) 1　　(2) 2　　(3) 3　　(4) 4　　(5) 無し

問0407　フリーホイール・クラッチの説明として次のうち正しいものはどれか。

シラバス番号 32603　出題履歴 二連回／一航回

(1)エンジン側の必要トルクがロータ側のトルクより大きくなったときに作動し、エンジンとロータを切り離す。
(2)ロータ側の必要トルクがエンジン側のトルクより大きくなったときに作動し、エンジンとロータを切り離す。
(3)双発エンジンの場合、それぞれのエンジンに対し独立して作動する。
(4)ロータ側の回転数よりエンジン側の回転数が高くなったときに作動し、エンジンとロータを切り離す。

問0408　フリーホイール・クラッチの説明として次のうち誤っているものはどれか。

シラバス番号 32603　出題履歴 一連回／二航回／二航回

(1)スプラグ型とローラ型がある。
(2)エンジン側の回転数よりロータ側の回転数が高くなったときに作動し、エンジンとロータを切り離す。
(3)ロータ側の必要トルクがエンジン側のトルクより大きくなったときに作動し、エンジンとロータを切り離す。
(4)双発エンジンの場合、それぞれのエンジンに対し独立して作動する。

機体関連

問題番号	試験問題	シラバス番号	出題履歴

問0409 フリーホイール・クラッチの説明として(A)～(D)のうち正しいものはいくつあるか。(1)～(5)の中から選べ。　32603　一航回／二航回

(A)スプラグ型とローラ型がある。
(B)エンジン側の回転数よりロータ側の回転数が高くなったときにエンジンとロータを切り離す。
(C)ロータ側の必要トルクがエンジン側のトルクより大きくなったときにエンジンとロータを切り離す。
(D)双発エンジンの場合、それぞれのエンジンに対し独立している。

(1) 1　　(2) 2　　(3) 3　　(4) 4　　(5) 無し

問0410 フリーホイール・クラッチの説明として(A)～(D)のうち正しいものはいくつあるか。(1)～(5)の中から選べ。　32603　一航回／二航回／一航回／二航回／一航回

(A)スプラグ型とローラ型がある。
(B)ロータ側の回転数よりエンジン側の回転数が高くなったときに作動し、エンジンとロータを切り離す。
(C)ロータ側の必要トルクがエンジン側のトルクより大きくなったときに作動し、エンジンとロータを切り離す。
(D)双発エンジンの場合、それぞれのエンジンに対し独立して作動する。

(1) 1　　(2) 2　　(3) 3　　(4) 4　　(5) 無し

問0411 フレキシブル・カップリングの種類として(A)～(D)のうち正しいものはいくつあるか。(1)～(5)の中から選べ。　32604　一航回／一航回

(A)トーマス・カップリング
(B)ダイアフラム・カップリング
(C)インパルシブ・カップリング
(D)カマティック・カップリング

(1) 1　　(2) 2　　(3) 3　　(4) 4　　(5) 無し

問0412 ヘリコプタの操縦系統に関して(A)～(D)のうち正しいものはいくつあるか。(1)～(5)の中から選べ。　32700　工機装／工機装

(A)ペダルでヨーのみをコントロールする。
(B)サイクリック・スティックでロールのみをコントロールする。
(C)コレクティブ・ピッチ・レバーで機体のピッチのみをコントロールする。
(D)サイクリック・スティックでヨーとロールをコントロールする。

(1) 1　　(2) 2　　(3) 3　　(4) 4　　(5) 無し

問0413 ヘリコプタのメイン・ロータ・ブレードについて次のうち正しいものはどれか。　32801　工共通／工共通

(1)剛性の不足によるトラッキング不良は機体に縦振動を発生させる。
(2)強度を要するため全金属製に限られる。
(3)ロータの静的バランスが良好であれば動的バランスも保たれる。
(4)揚力による上方への過大な曲げは材料の剛性のみで防止している。

問0414 ヘリコプタの低周波振動の原因の説明として次のうち誤っているものはどれか。　32801　一航回

(1)メイン・ロータのドラッグ・ダンパーの調整不良
(2)テール・ロータのリギング不良
(3)メイン・ロータ・ブレードのトリム・タブの調整不良
(4)メイン・ロータ・ハブの重量の不均一

問0415 ヘリコプタの防振装置の種類について次のうち誤っているものはどれか。　32802　工機構／工機装

(1)デルタ・スリー・ヒンジ
(2)ソフト・マウント
(3)動吸振器
(4)能動振動制御

問0416 ヘリコプタの地上共振の説明として次のうち正しいものはどれか。　32803　二航回／一運回／二航回／一航回／一航回／二航回

(1)メイン・ロータのトラッキング不良が主な原因である。
(2)ロータと機体の固有振動数を近づけることで防止できる。
(3)クラシカル・フラッタともいう。
(4)地上にある機体全体の運動とブレードのドラッグ運動が連成して生じる。

問題番号	試験問題	シラバス番号	出題履歴
問0417	フラッタに関する説明で(A)～(D)のうち正しいものはいくつあるか。 (1)～(5)の中から選べ。 (A)クラシカルフラッタはドラッギング運動とフラッピング運動が連成することで発生し主に無関節ロータで発生する。 (B)失速フラッタはブレードが失速状態にあるときに生じる振り振動である。 (C)フラップ・ラグ・インスタビリティはブレードのフラッピング運動と振り運動が連成して発生する。 (D)ウィーピングはブレード先端が波状の軌跡を描く現象で二枚ブレードのシーソ・ロータに発生する。 (1) 1　　(2) 2　　(3) 3　　(4) 4　　(5) 無し	32803	一航回
問0418	ヘリコイルに関する記述で次のうち誤っているものはどれか。 (1)主として炭素鋼でできている。 (2)同じ荷重を受けた場合、単位面積当たりの荷重は小さい。 (3)耐摩耗性に優れている。 (4)非金属（プラスチック、木材）が母材でも、めねじを強化できる。	390	工機構 工機装 工機構 工機装
問0419	ヘリコイルに関する記述で(A)～(D)のうち正しいものはいくつあるか。 (1)～(5)の中から選べ。 (A)主として炭素鋼でできている。 (B)同じ荷重を受けた場合、単位面積当たりの荷重は小さい。 (C)耐摩耗性に優れる。 (D)母材が非金属材料の場合、めねじの強化はできない。 (1) 1　　(2) 2　　(3) 3　　(4) 4　　(5) 無し	390	工機構 工機構
問0420	メッキの主目的について次のうち正しいものはどれか。 (1)カドミウム・メッキは合金鋼の耐食性を向上させる。 (2)クロム・メッキは高温部の焼き付きを防止する。 (3)ニッケル・メッキは耐摩耗性を向上させる。 (4)銀メッキは摩耗部の寸法を回復させる。	390	二運飛 二運飛
問0421	ワッシャの目的について次のうち誤っているものはどれか。 (1)調整用スペーサーとして使用する。 (2)締め付け力を高める。 (3)腐食の防止 (4)部材の締め付け面を保護する。	390	工共通 工共通 工共通
問0422	ワッシャを使用する目的で次のうち誤っているものはどれか。 (1)導電性を確保する。 (2)調整用スペーサとして使用する。 (3)母材を保護する。 (4)締め付け力を分散する。	390	二運飛 二運飛 二運飛
問0423	ワッシャの目的について次のうち誤っているものはどれか。 (1)調整用スペーサとして使用する。 (2)締め付け力を高める。 (3)締め付け力を分散、平均化する。 (4)部材の締め付け面を保護する。	390	工共通
問0424	テフロン・ホースの特徴で次のうち正しいものはどれか。 (1)作動油には侵されるが、燃料及び滑油には耐える。 (2)経年劣化をほとんど生じないので半永久的に使用できる。 (3)使用温度範囲は 0℃～ 50℃程度である。 (4)ゴム・ホースに比べ弾力性に富む。	390	二運飛 二運飛 二運飛 二運飛 二運飛
問0425	セルフ・ロック・ナットの使用箇所として不適当なものは次のうちどれか。 (1)振動のあるところ (2)二次構造部材 (3)外気にさらされるところ (4)回転力が働くところ	390	二運飛 二運飛 二運飛

機体関連

問0426 羽布の引張強さは耐空性を維持するうえで元の強度（新品の状態）の何パーセント以上維持しなければならないか。　　　390　　二航滑／二航滑

(1) 60
(2) 70
(3) 80
(4) 90

問0427 バックアップ・リングの目的で次のうち正しいものはどれか。　　　390　　二運飛／工共通／二運飛／工共通／工機装

(1) "O" リングのはみ出し防止
(2) "O" リングの劣化防止
(3) "O" リングの伸び防止
(4) "O" リングが破損したときのバックアップ

問0428 応力集中を減少させる方法で(A)〜(D)のうち正しいものはいくつあるか。
(1)〜(5)の中から選べ。　　　390　　工機構／工機構

(A) 切り欠き底部の曲率半径を大きくする。
(B) ストップホール径はできるだけ小さくする。
(C) 段付き部の隅の曲率半径を大きくする。
(D) 使用に伴って発生したキズを除去する。

(1) 1　　(2) 2　　(3) 3　　(4) 4　　(5) 無し

問0429 安全線（Safety Wire）の材質と使用する場所について次のうち正しいものはどれか。　　　390　　二運飛／二運飛／二運飛

(1) 炭素鋼は非常用装置に使用する。
(2) 耐食鋼はエンジン等の高温部に使用する。
(3) インコネルは500℉までの腐食しやすいところに使用する。
(4) 5056 アルミニウム合金はマグネシウムと接触するところに使用する。

問0430 安全線（Safety Wire）の材質と使用する場所について次のうち正しいものはどれか。　　　390　　二運滑／二運飛／二運飛

(1) 炭素鋼は非常用装置に使用する。
(2) 耐食鋼は1,500℉までの高温部に使用する。
(3) インコネルは500℉までの腐食しやすいところに使用する。
(4) 5056アルミニウム合金はマグネシウムと接触するところに使用する。

問0431 電流計および電圧計の回路への接続方法で次のうち正しいものはどれか。　　　390　　二運飛／二運飛／二運飛

(1) 電流計は並列に、電圧計は直列に結線する。
(2) 電流計は直列に、電圧計は並列に結線する。
(3) どちらも直列に結線する。
(4) どちらも並列に結線する。

問0432 腐食について(A)〜(D)のうち正しいものはいくつあるか。
(1)〜(5)の中から選べ。　　　390　　工機構

(A) ペイントしたアルミニウム合金表面に菌糸状に発生する腐食を微生物腐食という。
(B) 異種金属の接触により発生する腐食を粒界腐食という。
(C) 点食はアルミニウム合金あるいはマグネシウム合金の表面に発生する。
(D) バクテリア類が繁殖して金属が浸食され発生する腐食をフィリフォーム腐食という。

(1) 1　　(2) 2　　(3) 3　　(4) 4　　(5) 無し

問0433 計測に関する用語で系統誤差に含まれないものは次のうちどれか。　　　390　　工機構／工機装

(1) 器差
(2) 個人誤差
(3) 視差
(4) 温度差
(5) 偶然誤差

問0434 ヘリコイルに関する記述で(A)〜(D)のうち正しいものはいくつあるか。
(1)〜(5)の中から選べ。　　　390　　一航回／一航回／工機構

(A) 主として炭素鋼でできている。
(B) 同じ荷重を受けた場合、単位面積当たりの荷重は小さい。
(C) 耐摩耗性に優れている。
(D) 母材が非金属材料の場合、使用できない。

(1) 1　　(2) 2　　(3) 3　　(4) 4　　(5) 無し

問0435　古いスタッドを抜く方法で次のうち誤っているものはどれか。　390　工機構／工機構／工機装／工機装

(1)スタッド・リムーバーによる方法
(2)ハンド・リーマによる方法
(3)ダブル・ナットによる方法
(4)ヤスリ加工による方法

問0436　古いスタッドを抜く方法として(A)～(D)のうち正しいものはいくつあるか。　390　工機装／工機装
(1)～(5)の中から選べ。

(A)S型抜き取り工具による方法
(B)ハンド・リーマによる方法
(C)ダブル・ナットによる方法
(D)ヤスリ加工による方法

(1) 1　　(2) 2　　(3) 3　　(4) 4　　(5) 無し

問0437　ブラインド・リベットについて(A)～(D)のうち正しいものはいくつあるか。　390　工機構／工機構
(1)～(5)の中から選べ。

(A)ロック機構は、フリクション・ロック・タイプとメカニカル・ロック・タイプがある。
(B)チェリー・リベットはシーリング・エリアに使用できない。
(C)チェリー・ロック・リベットはチェリー・リベットの改良型である。
(D)チェリー・マックス・リベットの切れ目は平らである。

(1) 1　　(2) 2　　(3) 3　　(4) 4　　(5) 無し

問0438　ロック・ワイヤの材質について次のうち誤っているものはどれか。　390　工機構／工機装／工機装／工機装

(1)インコネルは、高温にさらされるガスタービン・エンジン用に使用する。
(2)耐食鋼は、非磁性を要求されるところにも使用する。
(3)銅は、非常口、搭載用消火器等の非常装置用に使用する。
(4)5056アルミニウム合金は、マグネシウムと接触する場合に使用する。
(5)モネルは、温度、環境などに影響されることなく汎用として使用する。

問0439　翼や胴体にかかる荷重に関する説明で誤っているものはどれか。　3020303／3020401　二航滑

(1)主翼にかかるせん断力は翼端が0となる。
(2)翼のねじりモーメントに対する剛性が不足するとフラッタが発生することがある。
(3)水平飛行中、胴体後部は垂直尾翼からせん断とねじりを受ける。
(4)胴体のせん断力は中央翼部で最大となる。

機体関連

発動機

問0001 耐空性審査要領の「定義」で(A)～(D)のうち正しいものはいくつあるか。
(1)～(5)の中から選べ。

40001

二航飛
二航回

(A)「ピストン飛行機」とは、動力装置としてピストン発動機を装備する飛行機をいう。
(B)「臨界発動機」とは、ある任意の飛行形態に関し、故障した場合に、飛行性に最も有害な影響を与えるような1個以上の発動機をいう。
(C)「最良経済巡航最大出力」とは、経済巡航混合比で連続使用可能なクランク軸最大回転速度及び最大吸気気圧で、各規定高度の標準大気状態において得られる軸出力をいう。
(D)「推奨巡航最大出力」とは、発動機を発動機取扱説明書により常用巡航用として推奨された各規定高度のクランク軸最大回転速度及び最大吸気圧力で運転した場合に、その高度の標準大気状態において得られる軸出力をいう。

(1) 1　　(2) 2　　(3) 3　　(4) 4　　(5) 無し

問0002 耐空性審査要領で次のように定義されるものはどれか。

40001

エタ
二航飛
二航回

ある任意の飛行形態に関し、故障した場合に、飛行性に最も有害な影響を与えるような1個以上の発動機をいう。

(1) 有害発動機
(2) 臨界発動機
(3) 特定発動機
(4) 限界発動機

問0003 次の文は耐空性審査要領の「定義」を記述したものである。文中の（　　）に入る語句の組み合わせで次のうち正しいものはどれか。

40001

二航滑
一運飛
二運飛

この要領において「動力装置」とは、航空機を（　ア　）させるために航空機に取付けられた動力部、（　イ　）及びこれらに関連する（　ウ　）の（　エ　）系統をいう。

（　ア　）（　イ　）（　ウ　）（　エ　）
(1) 移動　　補機　　　部品　　　全
(2) 前進　　保護装置　附属機器　動力
(3) 推進　　部品　　　保護装置　全
(4) 飛行　　プロペラ　補助部品　操作

問0004 下記の文は耐空性審査要領の「動力装置」の定義を記述したものである。文中の（　　）に入る語句の組み合わせで次のうち正しいものはどれか。(1)～(4)の中から選べ。

40001

一運飛

「動力装置」とは、航空機を（　ア　）させるために航空機に取付けられた動力部、（　イ　）及びこれらに関連する（　ウ　）の（　エ　）系統をいう。

（　ア　）（　イ　）（　ウ　）（　エ　）
(1) 飛行　・　部品　・　構造　・　動力
(2) 飛行　・　補機　・　保護装置　・　全
(3) 推進　・　補機　・　構造　・　動力
(4) 推進　・　部品　・　保護装置　・　全

問0005 耐空性審査要領に規定されている「動力装置」の定義で次のうち正しいものはどれか。

40001

一運回

(1) 航空機を上昇させるために航空機に取付けられた動力部とマウント部をいう。
(2) 航空機を飛行させるために航空機に取付けられた動力部のみで関連する保護装置は含まない。
(3) 航空機を離陸させるために航空機に取付けられた動力部、プロペラ及び計器部をいう。
(4) 航空機を推進させるために航空機に取付けられた動力部、部品及びこれらに関連する保護装置の全系統をいう。

問0006 耐空性審査要領に規定されている「動力装置」の定義で次のうち正しいものはどれか。

40001

二航飛
二航回
二運飛

(1) 航空機を推進させるために航空機に取付けられた動力部、部品及びこれらに関連する保護装置の全系統をいう。
(2) 航空機を推進させるために航空機に取付けられた動力部、エンジン・マウント及びこれらに関連する保護装置の全系統をいう。
(3) 航空機を推進させるために航空機に取付けられた動力部、計器及びこれらに関連する保護装置の全系統をいう。
(4) 航空機を推進させるために航空機に取付けられた動力部をいう。

発
動
機

問0007　耐空性審査要領で次のように定義されるものはどれか。　　40001　一運飛

航空機を推進させるために航空機に取付けられた動力部、部品及びこれらに関連する保護
装置の全系統をいう。

(1)推進装置
(2)動力装置
(3)臨界発動機
(4)発動機

問0008　下記の文は耐空性審査要領の「動力部」の定義を記述したものである。文中の（　　）に　　40001　一航回
入る語句の組み合わせで次のうち正しいものはどれか。　　　　　　　　　　　　　　　一航回
(1)～(4)の中から選べ。

「動力部」とは、（　ア　）の（　イ　）及び推力を発生するために必要な（　ウ　）か
らなる独立した1系統をいう。ただし、短時間推力発生装置並びに回転翼航空機における
（　エ　）及び（　オ　）の構造部分を除く。

	（　ア　）		（　イ　）		（　ウ　）		（　エ　）		（　オ　）
(1)	1個	・	発動機	・	保護装置	・	回転翼	・	補助部品
(2)	1個	・	動力装置	・	部品	・	主回転翼	・	保護装置
(3)	1個以上	・	発動機	・	補助部品	・	主回転翼	・	補助回転翼
(4)	1個以上	・	動力装置	・	保護装置	・	回転翼	・	補助回転翼

問0009　耐空性審査要領で次のように定義されるものはどれか。　　40001　二航飛
　　　　　　　　　　　　　　　　　　　　　　　　　　　　　　　　　　　　　　二航飛
1個以上の発動機及び推力を発生するために必要な補助部品からなる独立した1系統をい　　二航飛
う。　　　　　　　　　　　　　　　　　　　　　　　　　　　　　　　　　　　一運飛

(1)推進装置
(2)動力装置
(3)臨界発動機
(4)動力部

問0010　耐空性審査要領で次のように定義されるものはどれか。　　40001　一航回

1個以上の発動機及び推力を発生するために必要な補助部品からなる独立した1系統をい
う。

(1)動力部
(2)動力装置
(3)推進装置
(4)主回転翼

問0011　耐空性審査要領の「定義」で次のうち正しいものはどれか。　　40001　二航飛
　　　　　　　　　　　　　　　　　　　　　　　　　　　　　　　　　　　　　　二航回
(1)「動力装置」とは、1個以上の発動機及び推力を発生するために必要な補助部品から　　二航回
　　なる独立した1系統をいう。
(2)「動力部」とは、航空機を推進させるために航空機に取付けられた部品及びこれらに
　　関連する保護装置の全系統をいう。
(3)「発動機補機」とは、発動機の運転に直接関係のある附属機器であって、発動機に造
　　りつけてないものをいう。
(4)「軸出力」とは、発動機のロータ軸に供給される出力をいう。

問0012　耐空性審査要領の「定義」で次のうち誤っているものはどれか。　　40001　二運飛
　　　　　　　　　　　　　　　　　　　　　　　　　　　　　　　　　　　　　　二航飛
(1)「動力装置」とは、航空機を推進させるために航空機に取付けられた動力部、部品及　　二航飛
　　びこれらに関連する保護装置の全系統をいう。
(2)「吸気圧力」とは、指定された点で測定した吸気通路の絶対静圧力をいい、通常水銀
　　柱cm（in）で表わす。
(3)「回転速度」とは、特に指定する場合の外は、ピストン発動機のクランク軸又はター
　　ビン発動機のロータ軸の毎時回転数をいう。
(4)「プロペラ」とは、プロペラ本体、プロペラ補機、プロペラ付属品をすべて含むもの
　　をいう。

問0013　耐空性審査要領の「定義」で次のうち誤っているものはどれか。　　40001　二航回

(1)「動力装置」とは、航空機を推進させるために航空機に取付けられた動力部、部品及
　　びこれらに関連する保護装置の全系統をいう。
(2)「吸気圧力」とは、指定された点で測定した吸気通路の絶対静圧力をいい、通常水銀
　　柱cm（in）で表わす。
(3)「回転速度」とは、特に指定する場合の外は、ピストン発動機のクランク軸又はター
　　ビン発動機のロータ軸の毎時回転数をいう。
(4)「軸出力」とは、発動機のプロペラ軸に供給される出力をいう。

問0014　耐空性審査要領の「定義」で次のうち誤っているものはどれか。　　40001　二航回

(1)「動力装置」とは、航空機を推進させるために航空機に取付けられた動力部、部品及びこれらに関連する保護装置の全系統をいう。
(2)「吸気圧力」とは、指定された点で測定した吸気通路の絶対静圧力をいい、通常水銀柱cm（in）で表わす。
(3)「回転速度」とは、特に指定する場合の外は、ピストン発動機のクランク軸又はタービン発動機のロータ軸の毎時回転数をいう。
(4)「発動機補機」とは、発動機の運転に直接関係のある附属機器であって、発動機に造りつけてないものをいう。

問0015　耐空性審査要領の「定義」で(A)～(D)のうち正しいものはいくつあるか。　　40001　一航飛
(1)～(5)の中から選べ。

(A)「動力装置」とは、航空機を推進させるために航空機に取付けられた動力部、部品及びこれらに関連する保護装置の全系統をいう。
(B)「動力部」とは、1個以上の発動機及び推力を発生するために必要な補助部品からなる独立した1系統をいう。
(C)「発動機補機」とは、発動機の運転に直接関係のある附属機器であって、発動機に造りつけてないものをいう。
(D)「軸出力」とは、発動機のロータ軸に供給される出力をいう。

(1) 1　　(2) 2　　(3) 3　　(4) 4　　(5) 無し

問0016　耐空性審査要領の「定義」で(A)～(D)のうち正しいものはいくつあるか。　　40001　二航飛
(1)～(5)の中から選べ。　　　　　　　　　　　　　　　　　　　　　　　　　　　　一航回
　　　　　　　　　　　　　　　　　　　　　　　　　　　　　　　　　　　　　　　エタ
　　　　　　　　　　　　　　　　　　　　　　　　　　　　　　　　　　　　　　　一航回

(A)「臨界発動機」とは、ある任意の飛行形態に関し、故障した場合に、飛行性に最も有害な影響を与えるような1個以上の発動機をいう。
(B)「動力装置」とは、航空機を推進させるために航空機に取付けられた動力部、部品及びこれらに関連する保護装置の全系統をいう。
(C)「ガス温度」とは、発動機取扱説明書に記載した方法で得られるガスの温度をいう。
(D)「回転速度」とは、特に指定する場合の外は、ピストン発動機のクランク軸又はタービン発動機のロータ軸の毎分回転数をいう。

(1) 1　　(2) 2　　(3) 3　　(4) 4　　(5) 無し

問0017　耐空性審査要領で次のように定義されるものはどれか。　　40001　一航飛
　　　　　　　　　　　　　　　　　　　　　　　　　　　　　　　　　　　一運飛

発動機の運転に直接関係のある附属機器であって、発動機に造りつけてないものをいう。

(1)保護装置
(2)発動機附属機器
(3)発動機補機
(4)発動機装備品

問0018　耐空性審査要領に規定されている「離陸出力」を要約説明したもので次のうち正しいものはどれか。　　40001　二航飛
　　　　　　　　　　　　　　　　　　　　　　　　　　　　　　　　　　　　　　　二航回

(1)離陸時に最大回転速度および最高ガス温度で得られる静止状態での軸出力
(2)離陸時に最大回転速度および最高滑油温度で得られる静止状態での軸出力
(3)離陸時に最大回転速度および最大トルクで得られる静止状態での軸出力
(4)離陸時に最大回転速度および最大トルクで得られる上昇飛行状態での軸出力

問0019　耐空性審査要領の「定義」で次のうち誤っているものはどれか。　　40001　二航滑

(1)「動力部」とは、1個以上の発動機及び推力を発生するために必要な補助部品からなる独立した1系統をいう。
(2)「吸気圧力」とは、指定された点で測定した吸気通路の絶対静圧力をいい、通常水銀柱cm（in）で表わす。
(3)「回転数」とは、特に指定する場合の外は、ピストン発動機のクランク軸又はタービン発動機のロータ軸の毎分回転数をいう。
(4)「プロペラ補機」とは、プロペラの制御及び作動に必要な機器であって、運動部分を有し、プロペラに造りつけでないものをいう。

発
動
機

問0020　下記の文は耐空性審査要領の「離陸出力定格」の定義を記述したものである。
文中の（　）に入る語句の組み合わせで次のうち正しいものはどれか。
(1)～(4)の中から選べ。

ピストン発動機、ターボプロップ発動機及び（　ア　）発動機の「離陸出力定格」とは、
（　イ　）状態において第Ⅶ部で設定される発動機の運転限界内で得られる静止状態における（　ウ　）であって、その使用が（　エ　）に制限されるものをいう。

	（　ア　）	（　イ　）	（　ウ　）	（　エ　）
(1)	ターボファン	・標準大気	・ジェット推力	・5分間
(2)	ターボシャフト	・標準大気	・軸出力	・10分間
(3)	ターボファン	・海面上標準	・ジェット推力	・10分間
(4)	ターボシャフト	・海面上標準	・軸出力	・5分間

シラバス番号 40001　出題履歴 二航回

問0021　下記の文は耐空性審査要領の「離陸出力定格」の定義を記述したものである。
文中の（　）に入る語句の組み合わせで次のうち正しいものはどれか。
(1)～(4)の中から選べ。

ピストン発動機、（　ア　）発動機及びターボシャフト発動機の「離陸出力定格」とは、
（　イ　）状態において第Ⅶ部で設定される発動機の運転限界内で得られる静止状態における（　ウ　）であって、その使用が（　エ　）に制限されるものをいう。

	（　ア　）	（　イ　）	（　ウ　）	（　エ　）
(1)	ターボファン	・標準大気	・ジェット推力	・5分間
(2)	ターボプロップ	・標準大気	・軸出力	・10分間
(3)	ターボファン	・海面上標準	・ジェット推力	・10分間
(4)	ターボプロップ	・海面上標準	・軸出力	・5分間

シラバス番号 40001　出題履歴 二連飛

問0022　下記の文は耐空性審査要領の「連続最大出力定格」の定義を記述したものである。
文中の（　）に入る語句の組み合わせで次のうち正しいものはどれか。
(1)～(4)の中から選べ。

ピストン発動機、（　ア　）発動機及びターボシャフト発動機の「連続最大出力定格」とは、各規定（　イ　）の（　ウ　）状態において、第Ⅶ部で設定される発動機の運転限界内で静止状態又は飛行状態で得られ、かつ、連続使用可能な（　エ　）をいう。

	（　ア　）	（　イ　）	（　ウ　）	（　エ　）
(1)	ターボプロップ	・高度	・標準大気	・軸出力
(2)	ターボファン	・圧力	・標準大気	・ジェット推力
(3)	ターボファン	・高度	・海面上標準	・軸出力
(4)	ターボプロップ	・温度	・海面上標準	・ジェット推力

シラバス番号 40001　出題履歴 二航飛 一航飛

問0023　耐空性審査要領の「定義」で次のうち誤っているものはどれか。

(1)「動力部」とは、1個以上の発動機及び推力を発生するために必要な補助部品からなる独立した1系統をいう。
(2)「吸気圧力」とは、指定された点で測定した吸気通路の絶対静圧力をいい、通常水銀柱cm（in）で表わす。
(3)「回転数」とは、特に指定する場合の外は、ピストン発動機のクランク軸又はタービン発動機のロータ軸の毎分回転数をいう。
(4)「プロペラ」とは、プロペラ本体、プロペラ補機、プロペラ付属品をすべて含むものをいう。

シラバス番号 40001　出題履歴 二連飛

問0024　以下の耐空性審査要領の定義を表す語句として正しいものはどれか。

発動機の出力制御レバーを固定しうる最小推力位置に置いたときに得られるジェット推力をいう。

(1)最小ジェット推力
(2)最小定格推力
(3)緩速推力
(4)自立運転推力

シラバス番号 40001　出題履歴 エタ 一連飛 一航飛 一連飛 一連飛

問0025　下記の文は耐空性審査要領の「連続最大出力定格」の定義を記述したものである。
　　　　文中の（　　）に入る語句の組み合わせで次のうち正しいものはどれか。
　　　　(1)～(4)の中から選べ。

シラバス番号 40001
出題履歴 二航回／一航回／一航回

ピストン発動機、ターボプロップ発動機及び（　ア　）発動機の「連続最大出力定格」とは、各規定（　イ　）の（　ウ　）状態において、第Ⅶ部で設定される発動機の運転限界内で静止状態又は飛行状態で得られ、かつ、連続使用可能な（　エ　）をいう。

```
        （ ア ）      （ イ ）    （ ウ ）       （ エ ）
(1)ターボシャフト  ・  高度  ・  標準大気   ・    軸出力
(2)ターボファン   ・  圧力  ・  標準大気   ・  ジェット推力
(3)ターボシャフト  ・  温度  ・  海面上標準  ・    軸出力
(4)ターボファン   ・  密度  ・  海面上標準  ・  ジェット推力
```

問0026　以下の文は耐空性審査要領の「緩速推力」の定義を記述したものである。
　　　　文中の（　　）に入る語句の組み合わせで次のうち正しいものはどれか。
　　　　(1)～(4)の中から選べ。

シラバス番号 40001
出題履歴 一航飛

　（　ア　）の（　イ　）レバーを固定しうる最小（　ウ　）位置に置いたときに得られるジェット（　エ　）をいう。

```
        （ ア ）    （ イ ）    （ ウ ）（ エ ）
(1)動力装置  ・  パワー  ・  出力  ・  出力
(2)発動機   ・  推力制御  ・  出力  ・  推力
(3)動力装置  ・  パワー  ・  出力  ・  推力
(4)発動機   ・  出力制御  ・  推力  ・  推力
```

問0027　下記の文は耐空性審査要領の「1発動機不作動時の30分間出力定格」の定義を記述したものである。文中の（　　）に入る語句の組み合わせで次のうち正しいものはどれか。
　　　　(1)～(4)の中から選べ。

シラバス番号 40001
出題履歴 一航回

回転翼航空機用タービン発動機の「1発動機不作動時の30分間出力定格」とは、本要領第Ⅶ部で証明された発動機に設定された運用限界内の規定の（　ア　）及び（　イ　）の（　ウ　）状態で得られる承認された（　エ　）であって、多発回転翼航空機の1発動機故障又は停止後、30分以内の使用に制限されるものをいう。

```
        （ ア ）  （ イ ）  （ ウ ）   （ エ ）
(1)密度  ・  大気圧力  ・  飛行  ・  定格出力
(2)高度  ・  大気温度  ・  静止  ・  軸出力
(3)温度  ・  絶対高度  ・  静止  ・  定格出力
(4)圧力  ・  相対高度  ・  飛行  ・  軸出力
```

問0028　下記の文は耐空性審査要領の「1発動機不作動時の30秒間出力定格」の定義を記述したものである。文中の（　　）に入る語句の組み合わせで次のうち正しいものはどれか。
　　　　(1)～(4)の中から選べ。

シラバス番号 40001
出題履歴 一航回

回転翼航空機用タービン発動機の「1発動機不作動時の30秒間出力定格」とは、本要領第Ⅶ部で証明された発動機に設定された運用限界内の規定の高度及び大気温度における静止状態で得られる承認された（　ア　）であって、多発回転翼航空機の1発動機故障又は停止後の飛行を継続する間において、1飛行あたり30秒以内の使用を（　イ　）までとし、その後に必須の（　ウ　）及び規定の（　エ　）を実施するものをいう。

```
        （ ア ）  （ イ ）（ ウ ）  （ エ ）
(1)定格出力  ・  1回  ・  点検  ・  修理作業
(2)軸出力   ・  3回  ・  検査  ・  整備作業
(3)定格出力  ・  3回  ・  検査  ・  整備作業
(4)軸出力   ・  1回  ・  点検  ・  修理作業
```

問0029　耐空性審査要領で次のように定義されるものはどれか。
　　　　特に指定する場合の外は、ピストン発動機のクランク軸又はタービン発動機のロータ軸の毎分回転数をいう。

シラバス番号 40001
出題履歴 一運回／一運回／二航飛／二航回

　　　　(1)軸速度
　　　　(2)軸回転数
　　　　(3)回転速度
　　　　(4)回転数

発動機

| 問0030 | 次の文は耐空性審査要領の「定義」を記述したものである。文中の（　　）に入る語句で次のうち正しいものはどれか。(1)～(4)の中から選べ。 | 40001 | 二運滑
二運飛
一航飛
二運飛 |

この要領において「プロペラ最大超過回転速度」とは、（　　）秒間使用しても、プロペラに有害な影響を及ぼさない最大プロペラ回転速度をいう。

    (1)　5
    (2) 10
    (3) 15
    (4) 20

| 問0031 | 耐空性審査要領の航空機及び装備品の安全性を確保するための強度、構造及び性能についての説明で(A)～(D)のうち正しいものはいくつあるか。(1)～(5)の中から選べ。 | 40001 | 二航飛
一航飛 |

(A) 動力装置は、予想される運用状態内の各高度において、発動機を再起動することができるものでなければならない。
(B) 動力装置は、各動力部を互いに独立に運転し及び制御することができるように配列し及び装備しなければならない。
(C) 動力装置は、プロペラの振動応力が当該飛行機の予測される運用状態において運用上安全とみられる値をこえないように装備しなければならない。
(D) 動力装置は、予想される運用状態において、航空機を安全に運用することができるものでなければならない。

    (1) 1　　(2) 2　　(3) 3　　(4) 4　　(5) 無し

| 問0032 | 耐空性審査要領の「定義」で(A)～(D)のうち正しいものはいくつあるか。(1)～(5)の中から選べ。 | 40001 | 二航滑 |

(A)「プロペラ」とは、プロペラ本体、プロペラ補機、プロペラ付属品をすべて含むものをいう。
(B)「プロペラ補機」とは、プロペラの制御及び作動に必要な機器であって、運動部分を有し、プロペラに造りつけのものをいう。
(C)「羽根角」とは、所定の方法で、かつ、所定の半径位置において測定した羽根の角度によって決定されるプロペラの羽根の角度をいう。
(D)「調整ピッチプロペラ」とは、羽根角を変更できないプロペラをいう。

    (1) 1　　(2) 2　　(3) 3　　(4) 4　　(5) 無し

| 問0033 | 耐空性審査要領に規定されている「ETOPS重要系統のグループ1」に該当する定義で(A)～(D)のうち正しいものはいくつあるか。(1)～(5)の中から選べ。 | 40001 | エタ |

(A) 飛行機の発動機数により得られる冗長性に直結するフェイルセーフ特性を有するもの。
(B) 故障または不具合により、飛行中のシャットダウン、電源系統の喪失又はその他油圧損失になる可能性のある系統。
(C) 発動機不作動により失われるあらゆる系統の動力源に、追加の冗長性を提供することによって、ETOPSダイバージョンの安全性に重要な貢献をするもの。
(D) 発動機不作動中の高度における、飛行機の運航を延長するために必須なもの。

    (1) 1　　(2) 2　　(3) 3　　(4) 4　　(5) 無し

| 問0034 | 下記の文は耐空性審査要領の「飛行中のシャットダウン（IFSD）」の定義の一部を記述したものである。文中の（　　）に入る語句の組み合わせで次のうち正しいものはどれか。(1)～(4)の中から選べ。 | 40001 | エタ |

所望の（　ア　）を制御又は得ることができない状況、フレーム・アウト、（　イ　）、乗員によるシャットダウン、異物吸い込み、着氷及び（　ウ　）のサイクルのような全ての原因によるシャットダウンは、例え一時的であって、飛行の残りを通常に発動機が作動したとしても、IFSDと考える。

      （　ア　）　　　　　（　イ　）　　　　（　ウ　）
    (1) 推力又は出力　・　ストール　・　出力制御
    (2) 推力又は出力　・　内部故障　・　始動制御
    (3) 推力又は馬力　・　内部故障　・　出力制御
    (4) 推力又は馬力　・　ストール　・　始動制御

問題番号	試験問題	シラバス番号	出題履歴
問0035	耐空性審査要領に規定されている「ETOPS 重要系統のグループ 1」に該当する定義で(A)～(D)のうち正しいものはいくつあるか。(1)～(5)の中から選べ。 (A)飛行機の発動機数により得られる冗長性に直結するフェイルセーフ特性を有するもの。 (B)故障または不具合により、飛行中のシャットダウン、推力制御の喪失又はその他出力損失になる可能性のある系統。 (C)発動機不作動により失われるあらゆる系統の動力源に、追加の冗長性を提供することによって、ETOPSダイバージョンの安全性に重要な貢献をするもの。 (D)発動機不作動中の高度における、飛行機の運航を延長するために必須なもの。 (1)1　(2)2　(3)3　(4)4　(5)無し	40001	エタ
問0036	航空法施行規則附属書第一「航空機及び装備品の安全性を確保するための強度、構造及び性能についての基準」の動力装備に関する記述で(A)～(D)のうち正しいものはいくつあるか。(1)～(5)の中から選べ。 (A)予想される運用状態内の各高度において、発動機を再起動することができるものでなければならない。 (B)各動力部を互いに独立に運転し及び制御することができるように配列し及び装備しなければならない。 (C)プロペラの振動応力が当該飛行機の予測される運用状態において運用上安全とみられる値をこえないように装備しなければならない。 (D)予想される運用状態において、航空機を安全に運用することができるものでなければならない。 (1)1　(2)2　(3)3　(4)4　(5)無し	40001	二航飛 二航回
問0037	航空エンジンの分類に関する説明で次のうち誤っているものはどれか。 (1)基本的にピストン、タービン、ダクト、ロケットの4種類の内燃機関に分類される。 (2)タービン・エンジンは、ターボバイパス、ターボファン、ターボプロップ、ターボシャフトの4種類に分類される。 (3)ダクト・エンジンには、ラムジェット、パルスジェットの2種類に分類される。 (4)排気ジェットを推進力に使う形式のものをジェット推進エンジンと呼び、ターボジェット、ターボファン、ラムジェット、パルスジェット、ロケットが該当する。	40101	エタ
問0038	航空エンジンの分類に関する説明で次のうち誤っているものはどれか。 (1)基本的にピストン、タービン、ダクト、パルスジェット・エンジンに分類される。 (2)排気ジェットの反力により推力を得るエンジンをジェット推進エンジンという。 (3)ラムジェット・エンジンはダクト・エンジンに分類される。 (4)軸出力型エンジンにはターボプロップおよびターボシャフト・エンジンがある。	40101	一航回
問0039	航空エンジンの分類に関する説明で次のうち誤っているものはどれか。 (1)基本的にピストン、タービン、ダクト、ロケット・エンジンの4種類がある。 (2)タービン・エンジンにはターボジェット、ターボファン、ターボプロップ、ターボシャフト・エンジンの4種類がある。 (3)ラムジェット・エンジンにはダクト・エンジン、パルスジェット・エンジンの2種類がある。 (4)ジェット推進エンジンにはタービン、ダクト、ロケット・エンジンの3種類がある。	40101	一航回 一航回
問0040	航空エンジンの分類に関する説明で次のうち誤っているものはどれか。 (1)基本的にピストン、タービン、ダクト、ロケット・エンジンの4種類がある。 (2)タービン・エンジンにはターボジェット、ターボファン、ターボプロップ、ターボシャフト・エンジンの4種類がある。 (3)ジェット推進エンジンにはピストン、タービン、ダクト、ロケット・エンジンの4種類がある。 (4)軸出力型エンジンにはターボシャフト・エンジンがある。	40101	一航回
問0041	航空エンジンの分類に関する説明で次のうち誤っているものはどれか。 (1)プロペラまたは回転翼を駆動して推力を得るエンジンを軸出力型エンジンという。 (2)排気ジェットの反力により直接推力を得るエンジンをジェット推進エンジンという。 (3)ピストン・エンジンは軸出力型エンジンに分類され、タービン・エンジンはジェット推進エンジンに分類される。 (4)ダクト・エンジンとロケット・エンジンはジェット推進エンジンに分類される。	40101	一航回

発動機

問題番号	試験問題	シラバス番号	出題履歴
問0042	航空エンジンの分類に関する説明で次のうち誤っているものはどれか。 (1)ラムジェット・エンジンはダクト・エンジンに分類される。 (2)排気ジェットの反力により推力を得るエンジンをジェット推進エンジンという。 (3)軸出力型エンジンにはターボプロップおよびターボシャフト・エンジンがある。 (4)基本的にピストン、タービン、ダクト、パルスジェット・エンジンに分類される。	40101	一運回
問0043	タービン・エンジンで次のうち誤っているものはどれか。 (1)ターボプロップ・エンジン (2)ターボファン・エンジン (3)ラムジェット・エンジン (4)ターボシャフト・エンジン	40101	二運飛
問0044	タービン・エンジンの分類に関する説明で次のうち誤っているものはどれか。 (1)ターボジェット・エンジンはタービン・エンジンの原型となるエンジンである。 (2)ターボファン・エンジンは、ターボジェットにダクテッド・ファンを使用することで高亜音速領域での飛行を改善し、優れた作動効率と高推力を得ている。 (3)ターボプロップ・エンジンは出力の90～95%を軸出力として取り出し、排気ジェットからも出力の5%以上の推力が得られる。 (4)ターボシャフト・エンジンは出力の全てをガス・ジェネレータ・タービンの軸出力として取り出す。	40101	一航回
問0045	タービン・エンジンで次のうち誤っているものはどれか。 (1)ターボプロップ・エンジン (2)ターボファン・エンジン (3)ラムジェット・エンジン (4)ターボシャフト・エンジン	40101	二運回
問0046	ジェット推進エンジンで次のうち誤っているものはどれか。 (1)ロケット・エンジン (2)パルスジェット・エンジン (3)ラムジェット・エンジン (4)ターボプロップ・エンジン	40101	二運飛
問0047	ジェット推進エンジンで次のうち誤っているものはどれか。 (1)ロケット・エンジン (2)ターボファン・エンジン (3)ターボプロップ・エンジン (4)パルスジェット・エンジン	40101	二運回 二運飛
問0048	ジェット推進エンジンで次のうち誤っているものはどれか。 (1)ターボジェット・エンジン (2)ターボファン・エンジン (3)ターボシャフト・エンジン (4)パルスジェット・エンジン	40101	二運飛 二運飛
問0049	軸出力型エンジンで次のうち正しいものはどれか。 (1)ロケット・エンジン (2)ターボファン・エンジン (3)ターボシャフト・エンジン (4)パルスジェット・エンジン	40101	二運飛 二運回 二運回 二運飛

問0050　下表は航空エンジンの分類を示したものである。（　ア　）～（　エ　）に入る語句の組み合わせで次のうち正しいものはどれか。(1)～(4)の中から選べ。

シラバス番号 40101　出題履歴 二航回／二航飛／二航回

ピストン・エンジン		
（ア）・エンジン	ジェット・エンジン	ターボジェット・エンジン
		ターボファン・エンジン
	（イ）・エンジン	ターボプロップ・エンジン
		ターボシャフト・エンジン
（ウ）・エンジン		ラムジェット・エンジン
		パルスジェット・エンジン
（エ）・エンジン		

```
　　（　ア　）　　（　イ　）　　（　ウ　）　　（　エ　）
(1)ターボ　　・　軸馬力　　・　ロケット　・　ダクト
(2)ターボ　　・　軸出力　　・　ダクト　　・　ロケット
(3)タービン　・　軸馬力　　・　ロケット　・　ダクト
(4)タービン　・　軸出力　　・　ダクト　　・　ロケット
```

問0051　航空エンジンの分類に関する説明で(A)～(D)のうち正しいものはいくつあるか。(1)～(5)の中から選べ。

シラバス番号 40101　出題履歴 一航回

(A)タービン・エンジンはジェット・エンジンと軸出力タービン・エンジンに分類される。
(B)排気ジェットにより推力を得るエンジンをジェット推進エンジンという。
(C)ラムジェット・エンジンはタービン・エンジンのジェット・エンジンに分類される。
(D)軸出力型エンジンにはターボプロップおよびターボシャフト・エンジンがある。

(1) 1　　(2) 2　　(3) 3　　(4) 4　　(5) 無し

問0052　航空エンジンの説明で(A)～(D)のうち正しいものはいくつあるか。(1)～(5)の中から選べ。

シラバス番号 40101　出題履歴 二航飛／二航回

(A)ターボファン・エンジンはタービン・エンジンの原型となるエンジンである。
(B)ジェット・エンジンは排気ジェットの反力を直接推進に使う。
(C)フリー・タービンが使用されるのはターボプロップ・エンジンだけである。
(D)パルス・ジェット・エンジンはラム・ジェット・エンジンの改良型である。

(1) 1　　(2) 2　　(3) 3　　(4) 4　　(5) 無し

問0053　航空エンジンの分類に関する説明で(A)～(D)のうち正しいものはいくつあるか。(1)～(5)の中から選べ。

シラバス番号 40101　出題履歴 二航飛

(A)軸出力型エンジンとは、プロペラまたは回転翼を駆動して推力を得るエンジンをいう。
(B)タービン・エンジンは、ターボバイパス、ターボファン、ターボプロップ、ターボシャフトの4種類に分類される。
(C)ピストン・エンジンは、軸出力型エンジンに分類され、タービン・エンジンはジェット推進エンジンに分類される。
(D)ダクト・エンジンとロケット・エンジンはジェット推進エンジンに分類される。

(1) 1　　(2) 2　　(3) 3　　(4) 4　　(5) 無し

問0054　タービン・エンジンの具備条件に関する説明で次のうち誤っているものはどれか。

シラバス番号 40201　出題履歴 二運回／二運飛

(1)運転が容易であること
(2)燃料消費率が高いこと
(3)振動が少ないこと
(4)安価な燃料が使用できること

問0055　タービン・エンジンの具備すべき条件に関する説明で次のうち誤っているものはどれか。

シラバス番号 40201　出題履歴 二運飛／二運飛／二運回

(1)推力重量比が小さいこと
(2)燃料消費率が低いこと
(3)飛行中でのエンジン停止率が低いこと
(4)モジュール構造など整備性が良いこと

問0056　飛行中のエンジン停止率に関する説明で次のうち正しいものはどれか。

シラバス番号 40201　出題履歴 二運飛

(1)100時間当たりの発生件数をいう。
(2)1,000時間当たりの発生件数をいう。
(3)10,000時間当たりの発生件数をいう。
(4)100,000時間当たりの発生件数をいう。

発動機

問題番号	試験問題	シラバス番号	出題履歴

問0057 飛行中のエンジン停止率に関する説明で次のうち正しいものはどれか。　40201　エタ

(1)1,000 時間当たりの発生件数をいう。
(2)10,000 時間当たりの発生件数をいう。
(3)100,000 時間当たりの発生件数をいう。
(4)1,000,000 時間当たりの発生件数をいう。

問0058 ピストン・エンジンに必要な具備条件で次のうち誤っているものはどれか。　40201　二運滑 二運飛 二運飛

(1)馬力当たりの重量が軽いこと
(2)燃料消費率が高いこと
(3)振動が少ないこと
(4)エンジン前面面積が小さいこと

問0059 ピストン・エンジンに必要な具備条件に関する記述で誤っているものはどれか。　40201　二運飛

(1)馬力当たりの重量が軽いこと
(2)熱効率が低いこと
(3)有害抵抗を少なくすること
(4)トルクの変動を少なくすること

問0060 ピストン・エンジンに必要な具備条件で次のうち誤っているものはどれか。　40201　二運滑

(1)低い熱効率
(2)コンパクトさ
(3)整備性
(4)運転の柔軟性

問0061 ピストン・エンジンに必要な具備条件で次のうち誤っているものはどれか。　40201　二運飛

(1)馬力当たりの重量が軽いこと
(2)燃料消費率が低いこと
(3)振動が少ないこと
(4)エンジン前面面積が大きいこと

問0062 ピストン・エンジンの具備条件について文中の（　　）に入る語句の組み合わせで次のうち正しいものはどれか。　40201　二航滑 二運滑 二航飛 二運飛 二運飛 二運飛 二航飛 二運飛

エンジンは馬力あたりの重量を軽くするとともに（　ア　）であること。また信頼性と（　イ　）も要求され、エンジンの前面面積を小さくし（　ウ　）を少なくする必要がある。さらに振動を少なくするため、カウンタウエイトにダイナミック・ダンパを装備してクランクシャフトの（　エ　）を減衰しているものもある。

	（ ア ）	（ イ ）	（ ウ ）	（ エ ）
(1)	低い熱効率	耐久性	空気抵抗	捩り振動
(2)	高い熱効率	経済性	有害抵抗	曲げ振動
(3)	低い燃料消費率	耐久性	有害抵抗	捩り振動
(4)	高い燃料消費率	経済性	空気抵抗	曲げ振動

問0063 ピストン・エンジンの具備条件について文中の（　　）に入る語句の組み合わせで次のうち正しいものはどれか。　40201　二航飛 二航回

エンジンは馬力あたりの重量を軽くするとともに（　ア　）であること。また安全性と（　イ　）も要求され、エンジンの前面面積を小さくし（　ウ　）を少なくする必要がある。さらに振動を少なくするため、カウンターウエイトにダイナミック・ダンパを装備して（　エ　）の（　オ　）を減衰しているものもある。

	（ ア ）	（ イ ）	（ ウ ）	（ エ ）	（ オ ）
(1)	低い燃料消費率	耐久性	有害抵抗	クランクシャフト	捩り振動
(2)	低い熱効率	耐久性	空気抵抗	コネクティング・ロッド	捩り振動
(3)	高い熱効率	経済性	有害抵抗	クランクシャフト	曲げ振動
(4)	高い燃料消費率	経済性	空気抵抗	コネクティング・ロッド	曲げ振動

問0064 ピストン・エンジンに必要な具備条件で(A)～(D)のうち正しいものはいくつあるか。(1)～(5)の中から選べ。　40201　二航回 二航滑

(A)馬力当たりの重量が重いこと
(B)高い熱効率であること
(C)振動が少ないこと
(D)エンジン前面面積が小さいこと

(1) 1　　(2) 2　　(3) 3　　(4) 4　　(5) 無し

問題番号	試験問題	シラバス番号	出題履歴

問0065 ピストン・エンジンに必要な具備条件で(A)～(D)のうち正しいものはいくつあるか。(1)～(5)の中から選べ。　40201　二航飛 二航滑

(A)馬力当たりの重量が軽いこと
(B)高い燃料消費率であること
(C)エンジン前面面積が小さいこと
(D)振動が少ないこと

(1) 1　　(2) 2　　(3) 3　　(4) 4　　(5) 無し

問0066 ピストン・エンジンに必要な具備条件で(A)～(D)のうち正しいものはいくつあるか。(1)～(5)の中から選べ。　40201　二航回

(A)馬力当たりの重量が重いこと
(B)熱効率が低いこと
(C)振動が多いこと
(D)エンジン前面面積が大きいこと

(1) 1　　(2) 2　　(3) 3　　(4) 4　　(5) 無し

問0067 ピストン・エンジンに必要な具備条件で(A)～(D)のうち正しいものはいくつあるか。(1)～(5)の中から選べ。　40201　二航飛 二航回

(A)馬力当たり重量が他の原動機に比べて非常に小さいこと
(B)熱効率が高く、燃料消費率が低いこと
(C)監督政府機関の定めたタイプ・テストに合格していること
(D)最大出力までのあらゆる回転数で必要な性能が出せること

(1) 1　　(2) 2　　(3) 3　　(4) 4　　(5) 無し

問0068 ピストン・エンジンに必要な具備条件で(A)～(D)のうち正しいものはいくつあるか。(1)～(5)の中から選べ。　40201　二航飛 二航回 二航滑

(A)馬力当たりの重量が軽いこと
(B)高い熱効率であること
(C)有害抵抗を少なくすること
(D)トルクの変動を少なくすること

(1) 1　　(2) 2　　(3) 3　　(4) 4　　(5) 無し

問0069 航空エンジンの説明で(A)～(D)のうち正しいものはいくつあるか。(1)～(5)の中から選べ。　40101　二航飛 二航回

(A)タービン・エンジンは連続的に出力を出す外燃機関である。
(B)ジェット・エンジンは排気ジェットの反力を直接推進に使う。
(C)フリー・タービンが使用されるのはターボプロップ・エンジンだけである。
(D)パルス・ジェット・エンジンはラム・ジェット・エンジンの改良型である。

(1) 1　　(2) 2　　(3) 3　　(4) 4　　(5) 無し

問0070 航空エンジンの説明で(A)～(D)のうち正しいものはいくつあるか。(1)～(5)の中から選べ。　40101　一航飛

(A)ピストン・エンジンはシリンダ内で燃焼が行われる内燃機関である。
(B)タービン・エンジンは開放された空間で燃焼が行われる外燃機関である。
(C)フリー・タービンが使用されるのはターボプロップ・エンジンだけである。
(D)パルス・ジェット・エンジンはラム・ジェット・エンジンの改良型である。

(1) 1　　(2) 2　　(3) 3　　(4) 4　　(5) 無し

問0071 航空エンジンの説明で(A)～(D)のうち正しいものはいくつあるか。(1)～(5)の中から選べ。　40101　二航飛 二航回

(A)ピストン・エンジンはシリンダ内で燃焼が行われる内燃機関である。
(B)タービン・エンジンは開放された空間で燃焼が行われる内燃機関である。
(C)フリー・タービンが使用されるのはターボプロップ・エンジンだけである。
(D)ラム・ジェット・エンジンはパルス・ジェット・エンジンの改良型である。

(1) 1　　(2) 2　　(3) 3　　(4) 4　　(5) 無し

発動機

問題番号	試験問題	シラバス番号	出題履歴
問0072	対向型シリンダに関する記述で次のうち誤っているものはどれか。 (1)クランク軸に対して両側にピストンが左右対称な配列である。 (2)直列型に比べバランスが悪い。 (3)直列型に比べクランク軸が短くクランク室も剛性を高くできる。 (4)翼に装備する場合には上下幅が小さく空力上は有利である。	40202	二運飛
問0073	対向型シリンダの特徴で次のうち誤っているのはどれか。 (1)直列型に比べてバランスが良い。 (2)直列型に比べて振り振動に弱い。 (3)クランク軸の両側に左右対称的な運動をする一対のシリンダを配置している。 (4)水平対向の横幅は並列座席配置の胴体に適している。	40202	二航滑 二運滑
問0074	対向型シリンダの特徴で(A)～(D)のうち正しいものはいくつあるか。 (1)～(5)の中から選べ。 (A)直列型に比べてバランスが良い。 (B)直列型に比べて振り振動に強い。 (C)クランク軸の両側に左右対称的な運動をする一対のシリンダを配置している。 (D)水平対向の横幅は並列座席配置の胴体に適している。 (1)1　　(2)2　　(3)3　　(4)4　　(5)無し	40202	二航飛 二航滑 二航飛
問0075	対向型シリンダの特徴で(A)～(D)のうち正しいものはいくつあるか。 (1)～(5)の中から選べ。 (A)直列型に比べてバランスが良い。 (B)直列型に比べて振り振動に強い。 (C)クランク軸の両側に左右対称的な運動をする一対のシリンダを配置している。 (D)クランク軸を垂直にした垂直対向型もある。 (1)1　　(2)2　　(3)3　　(4)4　　(5)無し	40202	二航回 二航回 二航回
問0076	直列型と比較した対向型エンジンの利点で次のうち誤っているものはどれか。 (1)バランスが良い。 (2)前面面積が小さい。 (3)振り振動に強い。 (4)クランク軸が短い。	40202	二運飛 二運飛
問0077	4サイクル・エンジンに関する記述で次のうち誤っているものはどれか。 (1)弁の動作が上・下死点以前に起こることをバルブ・リード、後に起こることをバルブ・ラグという。 (2)圧縮行程でピストンが上死点に達した直後、点火栓の発する電気火花により圧縮された混合気に点火される。 (3)出力行程で圧縮された混合気は点火されると急速に燃焼し、急激な圧力上昇を起こす。 (4)排気行程は掃気行程とも呼ばれている。	40202	二航回 二航回 二航回 二運飛
問0078	SI単位に関する説明で次のうち誤っているものはどれか。 (1)力はニュートン（N）で表され、〔1N=9.8kg・m/s²〕である。 (2)圧力はパスカル（Pa）で表され、〔1Pa=1N/m²〕である。 (3)仕事はジュール（J）で表され、〔1J=1N・m〕である。 (4)トルクはニュートン・メートル（N・m）で表される。	40300	一運回 二運飛 二運飛 二運回 エタ 一運飛
問0079	単位に関する説明で次のうち正しいものはどれか。 (1)SI単位における仕事の単位はジュール（J）とよばれ1Jは1N・m/sである。 (2)SI単位における圧力の単位はパスカル（Pa）とよばれ1Paは1N/m²である。 (3)SI単位における力の単位はニュートン（N）とよばれ1Nは1kg・m/sである。 (4)ヤード・ポンド法重力単位における温度はランキン（°R）とよばれ、目盛間隔は摂氏温度と同じ間隔である。	40300	一航回 一航回 一航回 一航回 一運飛 一航回 一航回
問0080	単位に関する説明で次のうち正しいものはどれか。 (1)SI単位における圧力の単位はパスカル（Pa）とよばれ1Paは1N/m²である。 (2)SI単位における力の単位はニュートン（N）とよばれ1Nは1kg・m/sである。 (3)ヤード・ポンド法重力単位における温度はケルビン（K）とよばれる。 (4)SI単位における仕事の単位はジュール（J）とよばれ1Jは1N・m/sである。	40300	二運飛 二航回 二航回

問0081　SI単位に関する説明で次のうち誤っているものはどれか。　40300　一運回／二運回

(1)圧力および応力はパスカル（Pa）で表され、〔1Pa＝1N・m²〕である。
(2)仕事はジュール（J）で表され、〔1J＝1N・m〕である。
(3)トルクはニュートン・メートル（N・m）で表される。
(4)仕事率はワット（W）で表される。

問0082　SI単位に関する説明で次のうち誤っているものはどれか。　40300　二航飛／二航回

(1)応力はパスカルで表される。
(2)馬力はワットで表される。
(3)仕事率はニュートンで表される。
(4)仕事はジュールで表される。

問0083　SI単位に関する説明で次のうち誤っているものはどれか。　40300　二運飛

(1)応力はパスカル（Pa）で表される。
(2)トルクはニュートン・メートル（N・m）で表される。
(3)馬力は英国馬力（HP）で表される。
(4)仕事はジュール（J）で表される。

問0084　SI単位に関する説明で次のうち正しいものはどれか。　40300　一航飛／一運飛

(1)応力はニュートンで表される。
(2)トルクはジュールで表される。
(3)仕事はニュートン／メートルで表される。
(4)馬力はワットで表される。

問0085　国際単位系（SI単位）に関する説明で次のうち正しいものはどれか。　40300　二運飛

(1)応力はニュートンで表される。
(2)トルクはジュールで表される。
(3)仕事はニュートン・メートルで表される。
(4)馬力はワットで表される。

問0086　国際単位系（SI単位）に関する説明で次のうち誤っているものはどれか。　40300　二運飛／二運回

(1)応力はパスカルで表される。
(2)トルクはラジアンで表される。
(3)馬力はワットで表される。
(4)仕事はジュールで表される。

問0087　国際単位系（SI単位）に関する説明で(A)〜(D)のうち正しいものはいくつあるか。　40300　一航回
(1)〜(5)の中から選べ。

(A)応力はパスカル（Pa）で表され、〔1Pa＝1N・m²〕である。
(B)仕事はジュール（J）で表され、〔1J＝1N・m〕である。
(C)トルクはニュートン・メートル（N・m）で表される。
(D)仕事率はワット（W）で表され、〔1W＝1J/s〕である。

(1) 1　　(2) 2　　(3) 3　　(4) 4　　(5) 無し

問0088　単位に関する説明で(A)〜(D)のうち正しいものはいくつあるか。　40300　二航回
(1)〜(5)の中から選べ。

(A)SI単位における圧力の単位はパスカル（Pa）と呼ばれ1Paは1N/mである。
(B)SI単位における力の単位はニュートン（N）と呼ばれ、質量（M）の物体に作用す
　　る重力加速度を（g）とした場合、重量（W）は（M）÷（g）で求められる。
(C)ヤード・ポンド法重力単位における温度はランキンと呼ばれ、目盛間隔は摂氏温度と
　　同じ間隔である。
(D)SI単位における仕事の単位はジュール（J）と呼ばれ1Jは1N・m/sである。

(1) 1　　(2) 2　　(3) 3　　(4) 4　　(5) 無し

問0089　SI単位に関する説明で(A)〜(D)のうち正しいものはいくつあるか。　40300　二航飛／二航回
(1)〜(5)の中から選べ。

(A)圧力および応力はパスカル（Pa）で表され、〔1Pa＝1N・m²〕である。
(B)仕事はジュール（J）で表され、〔1J＝1N・m〕である。
(C)トルクはニュートン・メートル（N・m）で表される。
(D)仕事率はワット（W）で表され、〔1W＝1J/s＝1N・m/s〕である。

(1) 1　　(2) 2　　(3) 3　　(4) 4　　(5) 無し

発動機

問0090　ヤード・ポンド法重力単位に関する説明で次のうち誤っているものはどれか。　　40300　二運飛／二航飛／二航回

　　(1)圧力および応力は、重量ポンド × 平方フィートで表される。
　　(2)仕事は、フィート × 重量ポンドで表される。
　　(3)トルクは、インチ × 重量ポンドで表される。
　　(4)仕事率は、フィート × 重量ポンド ÷ 秒で表される。

問0091　ヤード・ポンド法重力単位に関する説明で(A)～(D)のうち正しいものはいくつあるか。　　40300　一航回／二航飛／二航回／一航回
　　(1)～(5)の中から選べ。

　　(A)圧力および応力は、重量ポンド × 平方フィートで表される。
　　(B)仕事は、フィート × 重量ポンドで表される。
　　(C)トルクは、インチ × 重量ポンドで表される。
　　(D)仕事率は、フィート × 重量ポンド ÷ 秒で表される。

　　(1) 1　　(2) 2　　(3) 3　　(4) 4　　(5) 無し

問0092　温度に関する説明で(A)～(D)のうち正しいものはいくつあるか。　　40301　二航飛／二航回
　　(1)～(5)の中から選べ。

　　(A)摂氏温度は、標準大気圧における水の氷点を0℃、水の沸騰点を100℃としてその間
　　　を100等分した単位である。
　　(B)華氏温度は、標準大気圧における水の氷点を32℉、水の沸騰点を132℉としてその
　　　間を100等分した単位である。
　　(C)絶対温度は、絶対零度を基準とした温度単位で、摂氏温度では−273.15℃、華氏温
　　　度では−459.67℉に相当する。
　　(D)温度の単位は、SI単位では「°K」、ヤード・ポンド法重力単位では「℉」、メート
　　　ル法重力単位では「℃」を使用する。

　　(1) 1　　(2) 2　　(3) 3　　(4) 4　　(5) 無し

問0093　温度と熱量に関する説明で次のうち正しいものはどれか。　　40301　二運飛

　　(1)摂氏温度は、1気圧において氷の融点を0℃、水の沸点を100℃として、その間を
　　　100等分した単位である。
　　(2)華氏温度は、1気圧において氷の融点を32℉、水の沸点を132℉として、その間を
　　　100等分した単位である。
　　(3)1kcalは、1気圧において1gの水の温度を1℃高めるのに必要な熱量をいう。
　　(4)1HPは、1気圧において1lbの水の温度を1℉高めるのに必要な熱量をいう。

問0094　温度と熱量に関する説明で(A)～(D)のうち正しいものはいくつあるか。　　40301　一航回
　　(1)～(5)の中から選べ。

　　(A)摂氏温度は、標準大気圧における水の氷点を0℃、水の沸騰点を100℃としてその間
　　　を100等分した単位である。
　　(B)華氏温度は、標準大気圧における水の氷点を32℉、水の沸騰点を132℉としてその
　　　間を100等分した単位である。
　　(C)1kcalは、標準大気圧の下で1gの水の温度を1℃だけ高めるのに必要な熱量をいう。
　　(D)1Btuは、標準大気圧の下で1lbの水の温度を1℃だけ高めるのに必要な熱量をいう。

　　(1) 1　　(2) 2　　(3) 3　　(4) 4　　(5) 無し

問0095　摂氏 18℃を華氏（℉）に換算した値で次のうち最も近い値を選べ。　　40301　二運飛／二航飛／二航飛

　　(1)　0.4
　　(2) 42
　　(3) 64
　　(4) 86

問0096　華氏10℉を摂氏（℃）に換算した値で次のうち最も近い値を選べ。　　40301　二運滑／二運飛／二航回／二運飛／二航飛／二航回／二航滑／二運飛／二運滑

　　(1) −40
　　(2) −12
　　(3)　23
　　(4)　76

問0097 下式は温度の換算に関する計算式を示したものである。（ ア ）～（ エ ）に入る数値の組み合わせで次のうち正しいものはどれか。(1)～(5)の中から選べ。但し、摂氏温度を℃、華氏温度を℉とする。

40301 　二運飛
二航飛
二航回
二航飛

```
    （ ア ）（ イ ）（ ウ ）（ エ ）
(1)   0   ・  180  ・  32  ・  100
(2)   0   ・   32  ・   9  ・    5
(3)  32   ・  100  ・   0  ・  180
(4)  32   ・    9  ・   0  ・    5
(5)   0   ・  100  ・  32  ・  180
```

【計算式】

$$\frac{℃ - (ア)}{(イ)} = \frac{℉ - (ウ)}{(エ)}$$

問0098 熱量と仕事に関する説明で次のうち正しいものはどれか。

40301 　二運飛

(1)水1gの温度を1℃高めるのに要する熱量を1calという。
(2)1PS＝75kg・m/＝750W
(3)1gの気体を1℃だけ温度を高めるのに要する熱量を比熱という。

問0099 熱量と仕事に関する説明で次のうち誤っているものはどれか。

40301 　二運飛

(1)温度には摂氏温度と華氏温度が使用されている。
(2)水1gを1℃高めるのに要する熱量を1calという。
(3)1PS＝75kg・m/s＝735.5W
(4)1gの気体を1℃高めるのに要する熱量を比熱という。

問0100 熱量と仕事に関する説明で次のうち正しいものはどれか。

40301 　二運滑
二航飛
二航滑

(1)温度には摂氏温度と華氏温度が使用されている。
(2)水1gの温度を1℃高めるのに要する熱量を1kcalという。
(3)1PS＝75kg・m/s＝755.5W
(4)1gの気体を1℃だけ温度を高めるのに要する熱量を比熱という。

問0101 熱量と仕事に関する説明で(A)～(D)のうち正しいものはいくつあるか。
(1)～(5)の中から選べ。

40301 　二航回
二運飛
二航飛

(A)温度には摂氏温度と華氏温度が使用されている。
(B)水1gの温度を1℃高めるのに要する熱量を1kcalという。
(C)1PS＝75kg・m/s＝746W
(D)1gの気体を1℃だけ温度を高めるのに要する熱量を比熱という。

(1) 1　　(2) 2　　(3) 3　　(4) 4　　(5) 無し

問0102 熱量と仕事に関する説明で(A)～(D)のうち正しいものはいくつあるか。
(1)～(5)の中から選べ。

40301 　二航飛
二航回

(A)温度には摂氏温度と華氏温度が使用されている。
(B)水1gを1℃高めるのに要する熱量を1kcalという。
(C)1PS＝75kg・m/s＝735.5W
(D)1gの気体を1℃高めるのに要する熱量を比熱という。

(1) 1　　(2) 2　　(3) 3　　(4) 4　　(5) 無し

問0103 比熱を表す単位で次のうち正しいものはどれか。

40301 　二運飛ピ

(1)kcal・kg/℃
(2)kcal/kg・℃
(3)kcal/kg・m
(4)kg・m/kcal

問0104 比熱を表す単位で次のうち正しいものはどれか。

40301 　二運飛

(1)kcal・kg/℃
(2)kcal/kg・m
(3)kcal/kg・℃
(4)kg・m/kcal

問0105 気体の比熱に関する説明で次のうち誤っているものはどれか。

40301 　エタ
一運飛

(1)比熱には、気体を加熱するときの状態によって定容比熱と定圧比熱の2種類がある。
(2)比熱の単位はkg℃/kcalで表される。
(3)容積一定の状態（密閉容器）で1kgの気体の温度を1℃上昇させるのに必要な熱量を
　　定容比熱という。
(4)定容比熱と定圧比熱との比を比熱比という。

問0106 気体の比熱に関する説明で次のうち誤っているものはどれか。 40301 一航飛
一運飛

(1)気体を加熱するときの状態によって定容比熱と定圧比熱がある。
(2)比熱の単位はkcal/kg℃で表される。
(3)定容比熱の方が定圧比熱より大きい。
(4)定圧比熱を定容比熱で割ると比熱比を求めることができる。

問0107 熱量と仕事に関する説明で(A)～(D)のうち正しいものはいくつあるか。 40301 二航飛
二航回
(1)～(5)の中から選べ。

(A)温度には摂氏温度と華氏温度が使用されている。
(B)1gの水を1℃高めるのに要する熱量を1kcalという。
(C)1HP＝550ft・lb/s＝746W
(D)1gの気体を1℃高めるのに要する熱量を比熱という。

(1)1　　(2)2　　(3)3　　(4)4　　(5)無し

問0108 気体の比熱に関する説明で次のうち正しいものはどれか。 40301 一運飛

(1)100gの気体の温度を1℃上昇させるのに必要な熱量を比熱という。
(2)定圧比熱の方が定容比熱より大きい。
(3)圧力一定の状態で1kgの気体の温度を1℉上昇させるのに必要な熱量を定圧比熱という。
(4)容積一定の密閉容器内で100gの気体の温度を1℉上昇させるのに必要な熱量を定容比熱という。

問0109 気体の比熱に関する関係で次のうち正しいものはどれか。 40301 二航飛
二航回
一運回
一運飛
二運回
二運飛

(1)定圧比熱 ＞ 定容比熱
(2)定圧比熱 ＜ 定容比熱
(3)定圧比熱 ＝ 定容比熱
(4)比熱比　＝ $\dfrac{定容比熱}{定圧比熱}$

問0110 気体の比熱に関する説明で(A)～(D)のうち正しいものはいくつあるか。 40301 二航飛
(1)～(5)の中から選べ。

(A)比熱には、気体を加熱するときの状態によって定容比熱と定圧比熱の2種類がある。
(B)比熱の単位はkg℃/kcalで表される。
(C)容積一定の状態（密閉容器）で1kgの気体の温度を1℃上昇させるのに必要な熱量を定容比熱という。
(D)定容比熱と定圧比熱との比を比熱比という。

(1)1　　(2)2　　(3)3　　(4)4　　(5)無し

問0111 気体の比熱に関する説明で(A)～(D)のうち正しいものはいくつあるか。 40301 エタ
エタ
一航飛
(1)～(5)の中から選べ。

(A)比熱の単位はkcal/kg℃で表される。
(B)定容比熱では加えられた熱量は全て内部エネルギとして蓄えられる。
(C)定容比熱の方が定圧比熱より大きい。
(D)定容比熱を定圧比熱で割ると比熱比を求めることができる。

(1)1　　(2)2　　(3)3　　(4)4　　(5)無し

問0112 気体の比熱に関する説明で(A)～(D)のうち正しいものはいくつあるか。 40301 二航飛ピ
二航回ピ
(1)～(5)の中から選べ。

(A)1gの気体の温度を1℉上昇させるのに必要な熱量を比熱という。
(B)容積一定の密閉容器内で1kgの気体の温度を1℉上昇させるのに必要な熱量を定容比熱という。
(C)圧力一定の状態で1kgの気体の温度を1℃上昇させるのに必要な熱量を定圧比熱という。
(D)定圧比熱の方が定容比熱より大きい。

(1)1　　(2)2　　(3)3　　(4)4　　(5)無し

問0113　気体の比熱に関する説明で(A)～(D)のうち正しいものはいくつあるか。
(1)～(5)の中から選べ。

40301

二航滑
二航滑
二航回

(A)1kgの気体の温度を1℃上昇させるのに必要な熱量を比熱という。
(B)定容比熱の方が定圧比熱より大きい。
(C)圧力一定の状態で1kgの気体の温度を1℃上昇させるのに必要な熱量を定圧比熱という。
(D)容積一定の密閉容器内で1kgの気体の温度を1℃上昇させるのに必要な熱量を定容比熱という。

(1) 1　　(2) 2　　(3) 3　　(4) 4　　(5) 無し

問0114　温度と熱量に関する説明で次のうち誤っているものはどれか。

40301

二運飛

(1)摂氏温度は、1気圧において氷の融点を0℃、水の沸点を100℃として、その間を100等分した単位である。
(2)華氏温度は、1気圧において氷の融点を32℉、水の沸点を132℉として、その間を100等分した単位である。
(3)1calは、1気圧において1gの水の温度を1℃高めるのに必要な熱量をいう。
(4)1BTUは、1気圧において1lbの水の温度を1℉高めるのに必要な熱量をいう。

問0115　温度と熱量に関する説明で(A)～(D)のうち正しいものはいくつあるか。
(1)～(5)の中から選べ。

40301

一航回

(A)摂氏温度は、標準大気圧における水の氷点を0℃、水の沸騰点を100℃としてその間を100等分した単位である。
(B)華氏温度は、標準大気圧における水の氷点を32℉、水の沸騰点を212℉としてその間を180等分した単位である。
(C)1calは、標準大気圧の下で1gの水の温度を1℃だけ高めるのに必要な熱量をいう。
(D)英国熱量単位で1Btuは、標準大気圧の下で1lbの水の温度を1℉だけ高めるのに必要な熱量で0.252kcalである。

(1) 1　　(2) 2　　(3) 3　　(4) 4　　(5) 無し

問0116　温度と熱量に関する説明で(A)～(D)のうち正しいものはいくつあるか。
(1)～(5)の中から選べ。

40301

二航滑
二運飛
二航回

(A)摂氏温度は、1気圧において氷の融点を0℃、水の沸点を100℃として、その間を100等分した単位である。
(B)華氏温度は、1気圧において氷の融点を32℉、水の沸点を132℉として、その間を100等分した単位である。
(C)1calは、1気圧において1gの水の温度を1℃高めるのに必要な熱量をいう。
(D)1BTUは、1気圧において1lbの水の温度を1℉高めるのに必要な熱量をいう。

(1) 1　　(2) 2　　(3) 3　　(4) 4　　(5) 無し

問0117　ボイルの法則に関する説明で次のうち正しいものはどれか。

40302

二運飛

(1)一定量の気体の体積は絶対圧力に正比例し、絶対温度に反比例する。
(2)一定量の気体の体積は絶対温度と絶対圧力に反比例する。
(3)一定温度において一定量の気体の体積は絶対圧力に反比例する。
(4)一定圧力において一定量の気体の体積は絶対温度に反比例する。

問0118　完全ガスの性質と状態変化に関する説明で次のうち正しいものはどれか。

40302

一運回
一航飛

(1)定容変化では外部から得る熱量は全て内部エネルギとなる。
(2)等温変化では外部から加わる熱量は全て内部への仕事に変わる。
(3)断熱変化では外部との熱の出入りがない状態で膨張すると温度は上がる。
(4)ポリトロープ変化は定圧変化と等温変化の中間にある。

問0119　完全ガスの性質と状態変化に関する説明で次のうち誤っているものはどれか。

40302

二運飛
三運回
二運飛

(1)等温変化では外部から得る熱量は全て内部への仕事に変わる。
(2)定圧変化では外部から得る熱量は全てエンタルピの変化となる。
(3)定容変化では外部から得る熱量は全て内部エネルギとなる。
(4)断熱変化の膨張では外部からの熱の出入りがないので温度は下がる。

問0120　完全ガスの性質と状態変化に関する説明で次のうち誤っているものはどれか。

40302

一航回

(1)等温変化では外部から加えられた熱量はすべて外部への仕事に変わる。
(2)定容変化では外部から得る熱量はすべてエンタルピの変化となる。
(3)断熱変化の膨張では外部からの熱の供給がないので温度は下がる。
(4)ポリトロープ変化は等温変化と断熱変化の間の変化をする。

発動機

問0121 完全ガスの性質で次のうち誤っているものはどれか。 　40302 　二運飛／一運飛

　(1)温度が一定の状態では気体の容積は圧力に正比例する。
　(2)圧力が一定の状態では気体の容積は絶対温度に正比例する。
　(3)一定質量の気体の容積は圧力に反比例し絶対温度に正比例する。
　(4)内燃機関の作動ガスは各種気体の混合物であるが、完全ガスと見なされる。

問0122 完全ガスの性質で次のうち誤っているものはどれか。 　40302 　一運回

　(1)温度が一定の状態では気体の容積は圧力に正比例する。
　(2)圧力が一定の状態では気体の容積は絶対温度に正比例する。
　(3)一定質量の気体の容積は絶対温度に正比例する。
　(4)内燃機関の作動ガスは各種気体の混合物であるが、完全ガスと見なされる。

問0123 完全ガスの性質で(A)〜(D)のうち正しいものはいくつあるか。
　(1)〜(5)の中から選べ。 　40302 　一航回

　(A)ボイル・シャルルの法則とは「温度が一定状態では、気体の容積は絶対圧力に正比例
　　する」ことである。
　(B)ボイルの法則とは「圧力が一定の状態では、気体の容積は絶対温度に正比例する」こ
　　とである。
　(C)シャルルの法則とは「一定量の気体の容積は圧力に正比例し、絶対温度に正比例す
　　る」ことである。
　(D)内燃機関の作動ガスは各種気体の混合物であるが、完全ガスと見なされる。

　(1)1 　　(2)2 　　(3)3 　　(4)4 　　(5)無し

問0124 完全ガスの定義および性質で次のうち誤っているものはどれか。 　40302 　二航飛／二航回／二航飛／二航回

　(1)ボイル・シャルルの法則を満足し、比熱が温度、圧力によって変化しない定数である
　　気体を完全ガスという。
　(2)圧力が一定の状態では、気体の容積は絶対温度に比例する。
　(3)一定量の気体の容積は、圧力に比例し絶対温度に反比例する。
　(4)温度が一定状態では、気体の容積は絶対圧力に反比例する。

問0125 完全ガスの性質と状態変化に関する説明で次のうち正しいものはどれか。 　40302 　エタ

　(1)ポリトロープ変化は、定圧変化と等温変化の間を変化する。
　(2)断熱変化の膨張では、外部からの熱の出入りがないので膨張する場合は温度が上が
　　る。
　(3)定圧変化では、外部から得る熱量はすべてエンタルピの変化となる。
　(4)等温変化では外部から得る熱量はすべて内部への仕事に変わる。

問0126 完全ガスの性質と状態変化に関する説明で次のうち誤っているものはどれか。 　40302 　一航飛／一運飛

　(1)等温変化では外部から加えられた熱量は全て外部への仕事に変わる。
　(2)定容変化では外部から得る熱量は全て外部への仕事に変わる。
　(3)断熱変化の膨張では外部からの熱の供給がないので温度は下がる。
　(4)ポリトロープ変化は等温変化と断熱変化の間を変化する。

問0127 完全ガスの状態変化で次のうち正しいものはどれか。 　40302 　二航飛／二運飛

　(1)定圧変化では外部から得る熱量は全て外部への仕事となる。
　(2)断熱変化では膨張時は温度が下がり、圧縮時は温度が上がる。
　(3)定容変化では外部から得る熱量はその一部が内部エネルギの増加となり、残りが外部
　　への仕事となる。
　(4)定温変化では外部から得る熱量は全て内部エネルギとなる。

問0128 完全ガスの性質と状態変化に関する説明で次のうち誤っているものはどれか。 　40302 　二運回

　(1)ボイルの法則とは、温度が一定状態では気体の容積は圧力に反比例することをいう。
　(2)シャルルの法則とは、圧力が一定の状態では気体の容積は温度に正比例することをい
　　う。
　(3)ボイル・シャルルの法則とは、一定質量の気体の容積は、温度に正比例し圧力に反比
　　例することをいう。
　(4)ボイル・シャルルの法則を満足し、比熱が温度、圧力によって変化する気体を理想気
　　体と呼んでいる。

問0129　完全ガスの性質と状態変化に関する説明で(A)～(D)のうち正しいものはいくつあるか。
(1)～(5)の中から選べ。

40302

二航飛
二航回
二航飛
二航回

(A)シャルルの法則とは温度が一定状態では気体の容積は圧力に反比例することをいう。
(B)ボイルの法則とは圧力が一定の状態では気体の容積は温度に正比例することをいう。
(C)定容変化では外部から得る熱量は全て内部エネルギとなる。
(D)等温変化では外部から得る熱量は全て外部への仕事に変わる。

(1) 1　　(2) 2　　(3) 3　　(4) 4　　(5) 無し

問0130　完全ガスの定義および性質に関する説明で(A)～(D)のうち正しいものはいくつあるか。
(1)～(5)の中から選べ。

40302

一航回

(A)ボイルの法則とは「温度が一定状態では、気体の容積は絶対圧力に正比例する」ことである。
(B)シャルルの法則とは「圧力が一定の状態では、気体の容積は絶対温度に反比例する」ことである。
(C)ボイル・シャルルの法則とは「一定量の気体の容積は圧力に正比例し、絶対温度に反比例する」ことである。
(D)ボイル・シャルルの法則を満足し、比熱が温度、圧力によって変化しない定数である気体を完全ガスという。

(1) 1　　(2) 2　　(3) 3　　(4) 4　　(5) 無し

問0131　完全ガスの状態変化の種類で次のうち誤っているものはどれか。

40302

二連滑
三連滑

(1)定温変化
(2)定量変化
(3)定容変化
(4)定圧変化

問0132　完全ガスの状態変化の説明について次のうち誤っているものはどれか。

40302

二航飛

(1)定圧変化では外部から得る熱量はすべてエンタルピの変化となる。
(2)断熱変化では膨張時は温度が下がり、圧縮時は温度が上がる。
(3)定容変化では外部から得る熱量はすべて内部エネルギとなる。
(4)定温変化では外部から得る熱量は一部が内部エネルギとなり、残りが外部への仕事となる。

問0133　完全ガスの性質と状態変化に関する説明で(A)～(D)のうち正しいものはいくつあるか。
(1)～(5)の中から選べ。

40302

一航回
一航回

(A)等温変化では、外部から得る熱量は全て内部への仕事に変わる。
(B)定容変化では、外部から得る熱量は全て内部エネルギとなる。
(C)断熱変化の膨張では、内部エネルギを消費して温度は上がる。
(D)ポリトロープ変化は等温変化と等圧変化の間を変化する。

(1) 1　　(2) 2　　(3) 3　　(4) 4　　(5) 無し

問0134　完全ガスの状態変化に関する説明で(A)～(D)のうち正しいものはいくつあるか。
(1)～(5)の中から選べ。

40302

一航飛

(A)等温変化では、外部から得る熱量は全て外部への仕事に変わる。
(B)定容変化では、外部から得る熱量は全て内部エネルギとなる。
(C)定圧変化では、外部から得る熱量は全てエンタルピの変化となる。
(D)ポリトロープ変化は等温変化と断熱変化の間を変化する。

(1) 1　　(2) 2　　(3) 3　　(4) 4　　(5) 無し

問0135　完全ガスの定義および性質に関する説明で(A)～(D)のうち正しいものはいくつあるか。
(1)～(5)の中から選べ。

40302

一航飛

(A)ボイルの法則とは「温度が一定状態では、気体の容積は絶対圧力に反比例する」ことである。
(B)シャルルの法則とは「圧力が一定の状態では、気体の容積は密度に正比例する」ことである。
(C)ボイル・シャルルの法則とは「一定量の気体の容積は圧力及び絶対温度に反比例する」ことである。
(D)ボイル・シャルルの法則を満足し、比熱が温度、圧力によって変化しない定数である気体を完全ガスという。

(1) 1　　(2) 2　　(3) 3　　(4) 4　　(5) 無し

発動機

問0136　ボイル・シャルルの法則に関する説明で次のうち正しいものはどれか。　40302　二運飛／二航回／二航滑／二運飛／二航回

　　　　(1)一定量の気体の体積は絶対温度に反比例し、絶対圧力に比例する。
　　　　(2)一定量の気体の体積は絶対圧力に反比例し、絶対温度に比例する。
　　　　(3)一定量の気体の体積は質量に反比例し、容積に比例する。
　　　　(4)一定温度で一定量の液体に溶ける気体の質量はその気体の圧力に比例する。

問0137　完全ガスの状態変化の説明で次のうち誤っているものはどれか。　40302　二航回ピ／二航回ピ

　　　　(1)定圧変化では外部から得る熱量はすべてエンタルピの変化となる。
　　　　(2)断熱変化では膨張時は温度が下がり、圧縮時は温度が上がる。
　　　　(3)定容変化では外部から得る熱量はすべて内部エネルギとなる。
　　　　(4)定温変化では外部から得る熱量はその一部が内部エネルギの増加となり、残りが外部
　　　　　　への仕事となる。

問0138　完全ガスの状態変化の説明で(A)〜(D)のうち正しいものはいくつあるか。　40302　二航滑
　　　　(1)〜(5)の中から選べ。

　　　　(A)定温変化、定圧変化、定容変化、断熱変化及びポリトロープ変化がある。
　　　　(B)ポリトロープ変化は、定温変化と断熱変化の中間の変化をする。
　　　　(C)定圧変化では、外部から得る熱量は全部エンタルピの変化となる。
　　　　(D)気体を外界の熱から遮断し、熱の出入りを伴わず圧縮すると温度は上がり膨張すると
　　　　　　温度は下がる。

　　　　(1) 1　　(2) 2　　(3) 3　　(4) 4　　(5) 無し

問0139　完全ガスの状態変化に関する説明で(A)〜(D)のうち正しいものはいくつあるか。　40302　二航回
　　　　(1)〜(5)の中から選べ。

　　　　(A)定温変化、定圧変化、定容変化、断熱変化およびポリトロープ変化がある。
　　　　(B)ポリトロープ変化は、定温変化と断熱変化の中間の変化をする。
　　　　(C)定圧変化では、外部から得る熱量は全部エンタルピの変化となる。
　　　　(D)断熱変化における膨張においては、外部からの熱の供給がないので、内部エネルギを
　　　　　　消費するため温度が上がる。

　　　　(1) 1　　(2) 2　　(3) 3　　(4) 4　　(5) 無し

問0140　完全ガスの状態変化の種類で(A)〜(D)のうち正しいものはいくつあるか。　40302　二航回
　　　　(1)〜(5)の中から選べ。

　　　　(A)定容変化
　　　　(B)定圧変化
　　　　(C)定温変化
　　　　(D)断熱変化

　　　　(1) 1　　(2) 2　　(3) 3　　(4) 4　　(5) 無し

問0141　完全ガスの状態変化の種類で(A)〜(D)のうち正しいものはいくつあるか。　40302　二航回
　　　　(1)〜(5)の中から選べ。

　　　　(A)ポリトロープ変化
　　　　(B)定圧変化
　　　　(C)定温変化
　　　　(D)断熱変化

　　　　(1) 1　　(2) 2　　(3) 3　　(4) 4　　(5) 無し

問0142　空気を断熱膨張させた場合の温度変化で次のうち正しいものはどれか。　40302　二運滑

　　　　(1)上がる
　　　　(2)下がる
　　　　(3)変化しない

問0143　空気を断熱圧縮した場合の温度変化で次のうち正しいものはどれか。　40302　二運飛

　　　　(1)上がる
　　　　(2)下がる
　　　　(3)変化しない

問0144　空気を断熱圧縮した場合の説明で次のうち正しいものはどれか。　40302　二運飛

　　　　(1)温度は上がり圧力も上がる。
　　　　(2)温度は上がり圧力は下がる。
　　　　(3)温度は下がり圧力は上がる。
　　　　(4)温度は下がり圧力も下がる。

問0145 気体を断熱圧縮した場合の説明で次のうち正しいものはどれか。　40302　二運飛／二運回

(1) 温度は下がる。
(2) 温度は上がる。
(3) 圧力は下がる。
(4) 温度は変化するが、圧力は変化しない。

問0146 空気を断熱膨張した場合の説明で次のうち正しいものはどれか。　40302　二運飛

(1) 温度は上がり圧力も上がる。
(2) 温度は上がり圧力は下がる。
(3) 温度は下がり圧力は上がる。
(4) 温度は下がり圧力も下がる。

問0147 断熱変化に関する説明で(A)〜(D)のうち正しいものはいくつあるか。(1)〜(5)の中から選べ。　40302　二航飛／二航回

(A) 気体の圧縮、加熱において、外部との熱の出入りを完全に遮断した変化をいう。
(B) 内燃機関の圧縮行程と加熱行程は断熱変化とみなされる。
(C) 気体が圧縮される場合、温度が上がる。
(D) 気体が膨張する場合、温度が下がる。

(1) 1　　(2) 2　　(3) 3　　(4) 4　　(5) 無し

問0148 流体における質量の保存に関する説明で次のうち誤っているものはどれか。　40303　エタ

(1) 質量は消滅しないという原則で成り立つ。
(2) 質量の連続では、流体はチューブの中で消滅することはない。
(3) 連続の式において流量は密度、圧力および断面積の積に比例する。
(4) コンバージェント・ダクトでも質量保存の法則は成り立つ。

問0149 下記の条件での亜音速エア・インレット・ダクトの点Bの速度（m/sec）で次のうち最も近い値を選べ。　40303　エタ／一航飛

・A点の速度　　　　　　：220.0m/sec
・A点の直径　　　　　　：2.0m
・B点の直径　　　　　　：2.8m
・A点からB点までの距離：1.2m

(1) 120
(2) 170
(3) 330
(4) 470
(5) 570

問0150 熱力学の第1法則に関する説明で次のうち正しいものはどれか。　40304　一運飛／二運飛

(1) 熱はエネルギの一つの形態であり仕事に変換できるが仕事を熱に変換することはできない。
(2) 仕事はエネルギの消費形態であり熱に変換できるが熱を仕事に変換することはできない。
(3) 熱と仕事はどちらもエネルギの一つの形態であり相互に変換することができる。
(4) 熱力学の第1法則はシャルルの法則ともいう。

問0151 熱力学の第1法則に関する説明で次のうち正しいものはどれか。　40304　一運回

(1) 熱は仕事に変換できるが仕事を熱に変換することはできない。
(2) 仕事は熱に変換できるが熱を仕事に変換することはできない。
(3) 熱と仕事はどちらも固有のエネルギ形態であり相互に変換することはできない。
(4) 熱の仕事当量の逆数は仕事の熱当量である。

問0152 熱力学の第1法則に関する説明で次のうち誤っているものはどれか。　40304　一運回／一運飛／一航回

(1) 熱エネルギと機械的仕事は相互に変換することができる。
(2) 機械的仕事と熱量の相互の交換率として、1kcalの熱量は426.9kg・mの仕事量に相当する。
(3) 熱エネルギと機械的仕事との間のエネルギ保存の法則の別名である。
(4) 機械的仕事と熱量との比は一定ではない。

発動機

問0153 熱力学の法則に関する説明で次のうち誤っているものはどれか。　40305　一連飛／一航回／一航回

(1) 第1法則とは、熱エネルギと機械的仕事との間のエネルギ保存の法則のことである。
(2) 第1法則では、機械的仕事と熱量の差は常に一定である。
(3) 第2法則では、熱エネルギを機械的仕事に変えるには熱源だけでは変えることができず、媒体として作動流体などが必要である。
(4) 第2法則では、熱エネルギを機械的仕事に変えるには高温の物体から低温の物体に熱を与える場合に限る。

問0154 熱力学の法則に関する説明で(A)〜(D)のうち正しいものはいくつあるか。(1)〜(5)の中から選べ。　40305　一航回

(A) 第1法則では、熱は機械的仕事に変わり、また機械的仕事は熱に変わる。
(B) 第1法則では、機械的仕事と熱量の差は常に一定である。
(C) 第2法則では、熱を機械的仕事に変えるには熱源だけでは変えることができず、媒体として作動流体などが必要である。
(D) 第2法則では、熱を機械的仕事に変えるには高温の物体から低温の物体に熱を与える場合に限る。

(1) 1　　(2) 2　　(3) 3　　(4) 4　　(5) 無し

問0155 熱力学の法則に関する説明で(A)〜(D)のうち正しいものはいくつあるか。(1)〜(5)の中から選べ。　40305　二航飛／二航回

(A) 第1法則では、熱は仕事に変わり、また機械的仕事は熱に変わる。
(B) 第1法則では、仕事と熱量の比は常に一定である。
(C) 第2法則では、熱を仕事に変えるには熱源だけで十分である。
(D) 第2法則では、熱を仕事に変えるには低温の物体から高温の物体に熱を与える場合に限る。

(1) 1　　(2) 2　　(3) 3　　(4) 4　　(5) 無し

問0156 サイクルに関する説明で次のうち誤っているものはどれか。　40305　一航飛

(1) 作動流体の加熱により熱が高熱源から作動流体に伝わり、作動流体の状態が変化することで仕事を行い、低熱源に放熱されて再び元の状態へ戻る一連の過程をサイクルという。
(2) 作動流体が、ある状態から他の状態に移り再び元の状態に戻ったとき、外界に何の変化も残さないような過程を可逆サイクルという。
(3) 作動流体が、ある状態から他の状態に移り再び元の状態に戻ったとき、外界に何らかの変化を残すような過程を不可逆サイクルという。
(4) 実際に発生するあらゆる現象は可逆変化であり、可逆サイクルで構成されている。

問0157 理論空気サイクルの条件で次のうち誤っているのはどれか。　40305　二連飛／一航回

(1) 作動流体は完全ガスと仮定する。
(2) 圧縮・膨張行程は断熱変化とする。
(3) 吸気・排気行程では抵抗があるものとする。
(4) 発熱量に相当する熱量は外部から供給される。

問0158 理論空気サイクルの条件で次のうち誤っているものはどれか。　40305　一連飛

(1) 作動流体は完全ガスと仮定する。
(2) 圧縮・膨張行程は断熱変化とし外部との熱の出入りはないものとする。
(3) 発熱量に相当する熱量が外部から供給され、膨張行程終了後に残りの熱量が排出される。
(4) 吸気・排気行程には抵抗があり、大気圧のもとで吸・排気がなされる。

問0159 サイクルに関する説明で(A)〜(D)のうち正しいものはいくつあるか。(1)〜(5)の中から選べ。　40305　一航回／二航飛／二航回／一航回／二航飛／二航回

(A) サイクルとは、熱を仕事へ変換するために作動流体の状態が変化して再び元の状態に戻る一連の過程をいう。
(B) 作動流体を、ある状態から他の状態へ変化させ再び元の状態へ戻したとき、可逆変化は、外界に対し何らかの変化を残す。
(C) 作動流体を、ある状態から他の状態へ変化させ再び元の状態へ戻したとき、不可逆変化は、外界に対し何の変化も残さない。
(D) 実際に発生するあらゆる現象は可逆変化であり、可逆サイクルで構成されている。

(1) 1　　(2) 2　　(3) 3　　(4) 4　　(5) 無し

問題番号	試験問題	シラバス番号	出題履歴

問0160 内燃機関のサイクルに関する説明で次のうち誤っているものはどれか。 40305 一航飛／一連飛

(1)ピストン・エンジンの基本サイクルは定容サイクルである。
(2)タービン・エンジンの基本サイクルはブレイトン・サイクルである。
(3)定容サイクルと定圧サイクルの両方の要素を併せた空気サイクルをサバティ・サイクルという。
(4)カルノ・サイクルはカルノが考案した不可逆サイクルである。

問0161 内燃機関のサイクルに関する説明で次のうち誤っているものはどれか。 40305 二連飛／二連飛

(1)ピストン・エンジンはオット・サイクルである。
(2)カルノ・サイクルは可逆サイクルである。
(3)タービン・エンジンはブレイトン・サイクルである。
(4)低速ディーゼル・エンジンは定容サイクルである。

問0162 内燃機関のサイクルに関する説明で次のうち誤っているものはどれか。 40305 一連回／二連回

(1)オット・サイクルはピストン・エンジンの基本サイクルで定圧サイクルである。
(2)カルノ・サイクルはカルノが考案した可逆サイクルである。
(3)低速ディーゼル・エンジンの基本サイクルは定圧サイクルである。
(4)タービン・エンジンの基本サイクルはブレイトン・サイクルである。

問0163 内燃機関のサイクルに関する説明で次のうち正しいものはどれか。 40305 一連飛

(1)ピストン・エンジンの基本サイクルは定圧サイクルである。
(2)タービン・エンジンの基本サイクルはサバティ・サイクルである。
(3)高速ディーゼル・エンジンの基本サイクルは複合サイクルである。
(4)ブレイトン・サイクルはカルノ・サイクルより熱効率の値が大きい。

問0164 内燃機関のサイクルに関する説明で次のうち誤っているものはどれか。 40305 二連飛／二連飛／二連滑

(1)ピストン・エンジンの基本サイクルはオットー・サイクルである。
(2)カルノー・サイクルはカルノーが考案した可逆サイクルである。
(3)低速ディーゼル・エンジンの基本サイクルは定容サイクルである。
(4)タービン・エンジンの基本サイクルはブレイトン・サイクルである。

問0165 内燃機関のサイクルに関する説明で次のうち正しいものはどれか。 40305 二連飛

(1)カルノ・サイクルはカルノが考案した非可逆サイクルである。
(2)ピストン・エンジンの基本サイクルはオット・サイクルである。
(3)低速ディーゼル・エンジンの基本サイクルは定容サイクルである。
(4)タービン・エンジンの基本サイクルはサバテ・サイクルである。

問0166 内燃機関のサイクルに関する説明で(A)～(D)のうち正しいものはいくつあるか。(1)～(5)の中から選べ。 40305 エタ

(A)カルノ・サイクルは不可逆サイクルである。
(B)オット・サイクルはピストン・エンジンの基本サイクルで定圧サイクルである。
(C)ディーゼル・サイクルは定圧サイクルである。
(D)ブレイトン・サイクルはガス・タービンの基本サイクルで定圧サイクルである。

(1) 1　　(2) 2　　(3) 3　　(4) 4　　(5) 無し

問0167 内燃機関のサイクルに関する説明で(A)～(D)のうち正しいものはいくつあるか。(1)～(5)の中から選べ。 40305 エタ

(A)カルノ・サイクルは熱機関の理論サイクルで可逆サイクルである。
(B)オット・サイクルはピストン・エンジンの基本サイクルで定圧サイクルである。
(C)ディーゼル・サイクルは定圧サイクルである。
(D)ブレイトン・サイクルはガス・タービンの基本サイクルで定圧サイクルである。

(1) 1　　(2) 2　　(3) 3　　(4) 4　　(5) 無し

問0168 内燃機関のサイクルに関する説明で(A)～(D)のうち正しいものはいくつあるか。(1)～(5)の中から選べ。 40305 二航滑

(A)カルノ・サイクルはカルノが考案した可逆サイクルである。
(B)ピストン・エンジンの基本サイクルはオット・サイクルである。
(C)低速ディーゼル・エンジンの基本サイクルは定容サイクルである。
(D)タービン・エンジンの基本サイクルはサバテ・サイクルである。

(1) 1　　(2) 2　　(3) 3　　(4) 4　　(5) 無し

発動機

問0169　ブレイトン・サイクルに関する説明で次のうち正しいものはどれか。　　40305　二航飛
二航回

　　　　(1)加熱圧縮⇒ 定圧加熱⇒ 加熱膨張⇒ 定圧放熱
　　　　(2)断熱圧縮⇒ 定容加熱⇒ 断熱膨張⇒ 定容放熱
　　　　(3)断熱圧縮⇒ 定圧加熱⇒ 断熱膨張⇒ 定圧放熱
　　　　(4)加熱圧縮⇒ 定容加熱⇒ 断熱膨張⇒ 定圧放熱

問0170　ブレイトン・サイクルに関する説明で次のうち誤っているものはどれか。　　40305　二運飛
二運回
二運飛

　　　　(1)ガス・タービンの基本サイクルである。
　　　　(2)燃焼室では定容燃焼が行われる。
　　　　(3)タービンでは断熱膨張が行われる。
　　　　(4)大気への放出は定圧放熱である。

問0171　ブレイトン・サイクルに関する説明で(A)〜(D)のうち正しいものはいくつあるか。　　40305　二航飛
二航回
　　　　(1)〜(5)の中から選べ。

　　　　(A)ガス・タービンエンジンの基本サイクルである。
　　　　(B)燃焼は一定容積で行われ圧力が増加するサイクルである。
　　　　(C)コンプレッサでは断熱圧縮が行われる。
　　　　(D)タービンでは定圧放熱が行われる。

　　　　(1) 1　　　(2) 2　　　(3) 3　　　(4) 4　　　(5) 無し

問0172　下図はブレイトン・サイクルを示すものである。フリー・タービン型ターボシャフト・エ　　40305　一運回
　　　　ンジンにおける「断熱膨張」が行われている部分で次のうち正しいものはどれか。

　　　　(1)1〜2
　　　　(2)2〜3
　　　　(3)3〜4〜5
　　　　(4)3〜4〜6〜7
　　　　(5)5〜1
　　　　(6)7〜1

問0173　下図はブレイトン・サイクルを示すものである。ターボファン・エンジンにおける「断熱　　40305　一航飛
　　　　膨張」が行われている部分で次のうち正しいものはどれか。

　　　　(1)1〜2
　　　　(2)2〜3
　　　　(3)3〜4〜5
　　　　(4)3〜4〜6〜7
　　　　(5)5〜1
　　　　(6)7〜1

問0174　下図はブレイトン・サイクルを示すものである。（ア）～（エ）に入る語句の組み合わせ　40305　一運飛
　　　　で次のうち正しいものはどれか。（1)～(4)の中から選べ。

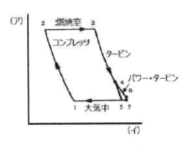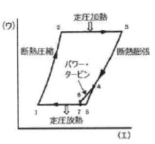

	（ア）	（イ）	（ウ）	（エ）
(1)	圧力 ・	温度 ・	圧力 ・	容積
(2)	容積 ・	圧力 ・	温度 ・	圧力
(3)	温度 ・	圧力 ・	圧力 ・	容積
(4)	圧力 ・	容積 ・	圧力 ・	温度

問0175　下図はブレイトン・サイクルを示すものである。この図に関する説明で(A)～(D)のうち　40305　エタ
　　　　正しいものはいくつあるか。(1)～(5)の中から選べ。

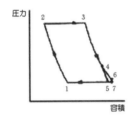

(A)ブレイトン・サイクルは、定容サイクルと呼ばれている。
(B)下図はP-V線図と呼ばれている。
(C)コンプレッサにおける変化は1～2の部分で、ここでは断熱膨張が行われる。
(D)ターボプロップ・エンジンでは、7～1の部分で定圧加熱が行われる。

(1) 1　　　(2) 2　　　(3) 3　　　(4) 4　　　(5) 無し

問0176　下表はサイクルとエンジンに関する組み合わせを示したものである。（ア）～（オ）に入　40305　一航飛
　　　　る語句の組み合わせで次のうち正しいものはどれか。(1)～(4)の中から選べ。　　　　　　　　　　一運飛

サイクル		エンジン
（ア）	（イ）	ガス・タービン
（ウ）	（エ）	高速ディーゼル
オット	定容	（オ）

	（ア）	（イ）	（ウ）	（エ）	（オ）
(1)	カルノ ・	理想 ・	サバティ ・	複合 ・	高速ディーゼル
(2)	ブレイトン ・	定容 ・	カルノ ・	定容 ・	ピストン
(3)	カルノ ・	定圧 ・	ブレイトン ・	定圧 ・	低速ディーゼル
(4)	ブレイトン ・	定圧 ・	サバティ ・	複合 ・	ピストン

発動機

問0177　下図に関する説明で(A)～(D)のうち正しいものはいくつあるか。
　　　　(1)～(5)の中から選べ。

40305　エタ

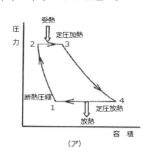 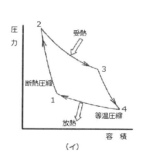

(A) (ア) の線図はブレイトン・サイクルを示している。
(B) (ア) の線図の3から4への変化は放熱膨張である。
(C) (イ) の線図はサバティ・サイクルを示している。
(D) (イ) の線図の2から3への変化は等温膨張である。

(1) 1　　(2) 2　　(3) 3　　(4) 4　　(5) 無し

問0178　右図はオット・サイクルのP-V線図である。
　　　　(ア)～(エ)に当てはまる語句の組み合わせ
　　　　で次のうち正しいものはどれか。
　　　　(1)～(4)の中から選べ。

40305　二運滑
　　　　二運飛

	(ア)	(イ)	(ウ)	(エ)
(1)	圧力	容積	断熱圧縮	断熱膨張
(2)	圧力	容積	断熱膨張	断熱圧縮
(3)	容積	圧力	断熱圧縮	断熱膨張
(4)	容積	圧力	断熱膨張	断熱圧縮

問0179　ピストン・エンジン（ガソリン機関）の基本サイクルで次のうち正しいものはどれか。

40305　二運飛

(1) ブレイトン・サイクル
(2) サバテ・サイクル
(3) オット・サイクル
(4) 定圧サイクル

問0180　オット・サイクルに関する説明で次のうち誤っているものはどれか。

40305　二航飛
　　　　二運飛

(1) 定容サイクルとも呼ばれ、ガソリン機関の基本サイクルである。
(2) 断熱圧縮・断熱膨張行程では温度と圧力が変化する。
(3) 圧縮比が大きくなると理論熱効率は減少する。
(4) 同じ圧縮比での熱効率は定圧サイクルより高い。

問0181　オット・サイクルに関する説明で(A)～(D)のうち正しいものはいくつあるか。
　　　　(1)～(5)の中から選べ。

40305　二航滑
　　　　二航滑

(A) 定容サイクルとも呼ばれ、ガソリン機関の基本サイクルである。
(B) 断熱圧縮・断熱膨張行程では温度と圧力が変化する。
(C) 圧縮比が大きくなると理論熱効率は増加する。
(D) 同じ圧縮比での熱効率は定圧サイクルより高い。

(1) 1　　(2) 2　　(3) 3　　(4) 4　　(5) 無し

問0182　4サイクル・エンジンに関する記述で次のうち誤っているものはどれか。

40305　二航飛
　　　　二航回
　　　　二運飛

(1) 弁の動作が上・下死点以前に起こることをバルブ・リード、後に起こることをバル
　　ブ・ラグという。
(2) 圧縮行程でピストンが上死点に達した直後、点火栓の発する電気火花により圧縮され
　　た混合気に点火される。
(3) 出力行程で圧縮された混合気は点火されると急速に燃焼し、急激な圧力上昇を起こ
　　す。
(4) 排気行程は掃気行程とも呼ばれている。

問0183　4サイクル・エンジンに関する記述で次のうち誤っているものはどれか。　40305　二運飛

(1)吸気行程は吸気弁「開」、排気弁「閉」、ピストン上死点の状態から始まる。
(2)圧縮行程でピストンが上死点に達した直後、点火栓の発する電気火花により圧縮された混合気に点火される。
(3)出力行程で圧縮された混合気は点火されると急速に燃焼し、急激な圧力上昇を起こす。
(4)排気行程は掃気行程とも呼ばれている。

問0184　エンジン出力に関する説明で次のうち誤っているものはどれか。　40305　二航回
二運飛

(1)ピストンが1行程の間に通過する上死点から下死点までの容積を行程容積という。
(2)ピストンが下死点にあるときのシリンダ内全体の容積を隙間容積で割ったものを圧縮比という。
(3)指示馬力に摩擦馬力を加えたものを正味馬力という。
(4)シリンダ内圧力をピストン位置との関係で記録したものをインジケータ線図という。

問0185　4サイクル・エンジンのシリンダ内のガス圧力が最大となるピストン位置で次のうち正しいものはどれか。　40305　二運飛

(1)点火位置
(2)点火後、上死点を少しすぎた位置
(3)上死点より少し手前の位置
(4)下死点位置

問0186　4サイクルのインジケータ線図の説明で(A)〜(D)のうち正しいものはいくつあるか。
(1)〜(5)の中から選べ。　40305　二航飛

(A)吸気行程、圧縮行程、出力行程、排気行程から成り立っている。
(B)シリンダ内の圧力をピストン位置との関係を記録したものである。
(C)インジケータ線図の面積は仕事量を表すものである。
(D)指示仕事を馬力で示したものが指示馬力である。

(1) 1　　(2) 2　　(3) 3　　(4) 4　　(5) 無し

問0187　4サイクル・エンジンに関する説明で(A)〜(D)のうち正しいものはいくつあるか。
(1)〜(5)の中から選べ。　40305　二航飛

(A)弁の動作が上・下死点以前に起こることをバルブ・リード、後に起こることをバルブ・ラグという。
(B)圧縮行程でピストンが上死点に達した直後、点火栓の発する電気火花により圧縮された混合気に点火される。
(C)出力行程で圧縮された混合気は点火されると急速に燃焼し、急激な圧力上昇を起こす。
(D)排気行程は掃気行程とも呼ばれている。

(1) 1　　(2) 2　　(3) 3　　(4) 4　　(5) 無し

問0188　推進の原理に関する説明で次のうち誤っているものはどれか。　40401　一運飛

(1)ジェット推進の原理はニュートンの第2法則に基づいている。
(2)ゴム風船をふくらませて口をしばらずに手を離すと、空気の噴出方向と反対方向に風船が飛ぶのはジェット推進の原理と同じである。
(3)芝生の散水機が回る力はジェット推進の原理と同じである。
(4)ジェット推進の原理は宇宙空間でも有効である。

問0189　推進の原理に関する説明で次のうち正しいものはどれか。　40401　一航飛

(1)ジェット推進の原理は大気中で有効であるが、高空では大気圧が低いので効率は劣る。
(2)芝生の散水機が回るのは、噴出する水が大気を押すことにより行われるのでジェット推進の原理とは根本的に異なる。
(3)ゴム風船をふくらませて口をしばらずに手を離すと、空気の噴出方向と反対方向に風船が飛ぶのはジェット推進の原理と同じである。
(4)ジェット推進の原理はニュートンの運動の第2法則に基づいている。

問0190　推進の原理に関する説明で次のうち正しいものはどれか。　40401　二航飛
二航飛
二航回
二航回

(1)ジェット推進の原理は大気中で有効であるが、真空中では有効でない。
(2)ニュートンの第1法則では、静止しているかまたは動いている物体は外部から力が働かない限り永久にその状態を持続する。
(3)ニュートンの第2法則では、物体に力が作用した場合は、作用した力と同じ大きさの反対方向の力を生じる。
(4)ニュートンの第3法則では、物体に加えられた力に比例した大きさの加速を生じる。

発動機

問0191 推進の原理に関する説明で次のうち正しいものはどれか。　40401　一連回／一航回

(1)ジェット推進の原理は大気中で有効であるが、高空では大気圧が低いので効率は劣る。
(2)芝生の散水機が回るのは、噴出する水が外気を押すからである。
(3)ジェット推進とロケット推進の原理は同じである。
(4)ゴム風船をふくらませ手を離したとき、空気の噴出方向と反対方向に風船が飛ぶのは、噴出される空気が外気を押すからである。

問0192 推進の原理に関する説明で次のうち誤っているものはどれか。　40401　一連飛／一航回

(1)ゴム風船をふくらまして手を離したとき、推力は風船内の前方の壁に働く力により作られ、風船はその推力により反対の方向へ飛んで行く。
(2)ゴム風船の飛ぶ原理においては〔噴出空気の質量÷噴出速度〕に相当する反力が得られる。
(3)芝生の散水装置では、推力は噴射ノズルの前方に働いて散水パイプが反対側に回る。
(4)ニュートンの第3法則は空気のない宇宙空間でも有効である。

問0193 推進の原理に関する説明で次のうち誤っているものはどれか。　40401　二連回／一連回

(1)ジェット推進の原理はニュートンの第3法則に基づいている。
(2)ゴム風船をふくらませて口をしばらずに手を離すと、風船は空気の噴出方向と反対方向に飛ぶが、これは噴出する空気が外気を押すことで生まれる。
(3)芝生の散水機が回る力はジェット推進の原理と同じである。
(4)ジェット推進の原理は真空中でも有効である。

問0194 推進の原理に関する説明で(A)～(D)のうち正しいものはいくつあるか。(1)～(5)の中から選べ。　40401　二航飛／二航回／二航飛／二航回

(A)ゴム風船をふくらまして手を離したとき、推力は噴出する空気が外気を押すことで得られる。
(B)ゴム風船の飛ぶ原理においては〔噴出空気の質量×噴出速度〕に相当する反力が得られる。
(C)芝生の散水装置では、推力は噴射ノズルの前方に働いて散水パイプが反対側に回る。
(D)ニュートンの第3法則は空気のない宇宙空間では有効でない。

(1) 1　(2) 2　(3) 3　(4) 4　(5) 無し

問0195 運動の法則に関する説明で(A)～(D)のうち正しいものはいくつあるか。(1)～(5)の中から選べ。　40401　一航回／一航回

(A)航空機の推進は、ニュートンの第1法則に従ったものである。
(B)ジェット推進エンジンまたはプロペラが創り出す力はニュートンの第2法則により説明される。
(C)ニュートンの第3法則は作用反作用の法則が述べられている。
(D)ニュートンの第3法則は空気のない宇宙空間では有効でない。

(1) 1　(2) 2　(3) 3　(4) 4　(5) 無し

問0196 運動の法則に関する説明で(A)～(D)のうち正しいものはいくつあるか。(1)～(5)の中から選べ。　40401　一航回／一航回／一航回

(A)ニュートンの第1法則では、静止しているか、または、動いている物体は外部から力が働かない限り永久にその状態を持続する。
(B)力（F）＝〔質量÷重力加速度〕×〔（最終速度－初期速度）÷時間〕はニュートンの運動の第2法則を表している。
(C)ニュートンの運動の第3法則では、物体に加えられた力に比例した大きさの加速を生じることが述べられている。
(D)噴出する空気が外気を押して推力を生じるのは作用反作用の法則である。

(1) 1　(2) 2　(3) 3　(4) 4　(5) 無し

問0197 ピストン・エンジンと比較したタービン・エンジンの利点で次のうち正しいものはどれか。　40402　二航飛／二航回

(1)同じ重量のピストン・エンジンと比較すると50倍以上の出力がある。
(2)回転部分だけで構成されているため振動が極めて少ない。
(3)燃料消費率が低く、滑油の消費量も極めて少ない。
(4)高速回転し慣性力が大きいことから加速や減速に時間を要しない。

問0198　ピストン・エンジンと比較したタービン・エンジンの特徴で次のうち正しいものはどれか。　40402　一運回／二運回

(1)フリー・タービン・エンジンでは、離陸時の最大回転数は制限されない。
(2)始動操作時の燃焼ガス温度限界は制限されない。
(3)単位重量当たりの発生出力が大きい。
(4)潤滑性を確保するために暖機運転時間を長くする必要がある。

問0199　ピストン・エンジンと比較したタービン・エンジンの特徴で次のうち正しいものはどれか。　40402　一運飛／二航飛／二航回

(1)連続燃焼であるが燃料消費率は低い。
(2)低い圧力で等圧燃焼を行う。
(3)熱効率が良いため、タービン翼の耐熱温度の制約がほとんどない。
(4)高速回転し慣性力が大きいことから加速・減速に時間を要しない。

問0200　ピストン・エンジンと比較したタービン・エンジンの特徴で次のうち誤っているものはどれか。　40402　二運飛／二運回

(1)エンジン重量当たりの出力が小さい。
(2)燃料単価が安価である。
(3)振動が少ない。
(4)加減速に時間を要する。

問0201　ピストン・エンジンと比較したタービン・エンジンの特徴で次のうち誤っているものはどれか。　40402　一航飛

(1)エンジン重量あたりの出力が小さい。
(2)燃料単価が安価である。
(3)振動が少ない。
(4)滑油消費量が少ない。

問0202　ピストン・エンジンと比較したタービン・エンジンの特徴で次のうち誤っているものはどれか。　40402　一航飛／一運飛

(1)燃料消費率が高い。
(2)熱効率が高い。
(3)出力の割に小型軽量化できる。
(4)高価な耐熱材料が必要である。

問0203　ピストン・エンジンと比較したタービン・エンジンの特徴で次のうち誤っているものはどれか。　40402　一運飛

(1)燃料単価が安価である。
(2)熱効率が良い。
(3)出力の割に小型軽量化できる。
(4)高価な耐熱材料が必要である。

問0204　ピストン・エンジンと比較したタービン・エンジンの特徴で次のうち誤っているものはどれか。　40402　二運飛

(1)連続燃焼でエンジン重量当たりの出力が2倍以上である。
(2)始動は容易であるが加速・減速に時間を要する。
(3)製造コストが高い。
(4)熱効率は高いが、燃料消費率は低い。

問0205　ピストン・エンジンと比較したタービン・エンジンの特徴で次のうち誤っているものはどれか。　40402　二運飛／二運回

(1)連続燃焼でエンジン重量当たりの出力が2倍以上である。
(2)始動は容易であるが加速・減速に時間を要する。
(3)回転部分だけで構成しているため振動が多い。
(4)熱効率が低く、燃料消費率が高い。

問0206　ピストン・エンジンと比較したタービン・エンジンの特徴で次のうち誤っているものはどれか。　40402　一運回／二航飛／二航回

(1)連続燃焼でエンジン重量当たりの出力が2倍～5倍以上である。
(2)始動は容易であるが加速・減速に時間を要する。
(3)製造コストが高い。
(4)熱効率は高く燃料消費率は低い。

発動機

問題番号	試験問題	シラバス番号	出題履歴
問0207	ピストン・エンジンと比較したタービン・エンジンの利点で次のうち誤っているものはどれか。 (1)連続燃焼でエンジン重量当たりの出力が大きい。 (2)寒冷時においても始動が容易である。 (3)亜音速飛行および超音速飛行も可能である。 (4)熱効率が優れており燃料消費率が低い。	40402	一航飛 一運飛
問0208	ピストン・エンジンとタービン・エンジンの比較に関する説明で次のうち誤っているものはどれか。 (1)燃焼圧力はタービン・エンジンの方が低い。 (2)熱効率の値はタービン・エンジンの方が大きい。 (3)燃料消費率の値はタービン・エンジンの方が大きい。 (4)製造コストはタービン・エンジンの方が高い。	40402	二運飛 一運飛 一運飛
問0209	ピストン・エンジンと比較したタービン・エンジンの特徴で次のうち誤っているものはどれか。 (1)燃料消費率が高い。 (2)エンジン重量当たりの出力が小さい。 (3)振動が少ない。 (4)滑油消費量が少ない。	40402	二運飛
問0210	ピストン・エンジンと比較したタービン・エンジンの特徴で次のうち誤っているものはどれか。 (1)燃料消費率が高い。 (2)エンジン重量当たりの出力が小さい。 (3)振動が少ない。 (4)加減速に時間を要する。	40402	二運飛
問0211	ピストン・エンジンと比較したタービン・エンジンの特徴で(A)～(D)のうち正しいものはいくつあるか。(1)～(5)の中から選べ。 (A)多量の空気を処理でき、連続的に出力が得られる。 (B)熱効率が優れている。 (C)潤滑部分が多く、滑油の消費量は多い。 (D)エンジンの単位重量当たりの出力が大きい。 (1) 1　　(2) 2　　(3) 3　　(4) 4　　(5) 無し	40402	エタ
問0212	ピストン・エンジンと比較したターボシャフト・エンジンの特徴で(A)～(D)のうち正しいものはいくつあるか。(1)～(5)の中から選べ。 (A)エンジン重量あたりの出力が大きい。 (B)燃焼圧力が低い。 (C)熱効率が良い。 (D)出力軸回転数が低い。 (1) 1　　(2) 2　　(3) 3　　(4) 4　　(5) 無し	40402	エタ
問0213	ピストン・エンジンとタービン・エンジンの比較に関する説明で(A)～(D)のうち正しいものはいくつあるか。(1)～(5)の中から選べ。 (A)燃焼圧力　　：タービン・エンジン ＜ ピストン・エンジン (B)熱効率　　　：タービン・エンジン ＜ ピストン・エンジン (C)燃料消費率：ピストン・エンジン ＜ タービン・エンジン (D)製造コスト：ピストン・エンジン ＜ タービン・エンジン (1) 1　　(2) 2　　(3) 3　　(4) 4　　(5) 無し	40402	一航飛 二航飛 二航回
問0214	タービン・エンジンとピストン・エンジンの比較に関する説明で(A)～(D)のうち正しいものはいくつあるか。(1)～(5)の中から選べ。 (A)燃焼圧力はタービン・エンジンの方が低い。 (B)熱効率はタービン・エンジンの方が劣る。 (C)燃料消費率はタービン・エンジンの方が悪い。 (D)製造コストはタービン・エンジンの方が高い。 (1) 1　　(2) 2　　(3) 3　　(4) 4　　(5) 無し	40402	二航飛 二航回

問題番号	試験問題	シラバス番号	出題履歴

問0215 ピストン・エンジンと比較したタービン・エンジンの特徴で(A)～(D)のうち正しいものはいくつあるか。(1)～(5)の中から選べ。 　40402 　二航飛/二航回/エタ/一運回

(A)フリー・タービン・エンジンでは、離陸時の最大回転数は制限されない。
(B)回転部分だけで構成されているため振動が極めて少ない。
(C)軸受部が多く、滑油の消費量は多くなる。
(D)連続燃焼でエンジン重量当たりの出力が2倍以上である。

(1) 1　　(2) 2　　(3) 3　　(4) 4　　(5) 無し

問0216 タービン・エンジンに関する説明で次のうち正しいものはどれか。 　40402 　一航飛/一運飛

(1)ターボプロップ・エンジンの主軸には1軸式のものは理論上ありえない。
(2)ターボプロップ・エンジンのフリータービン軸はコンプレッサを駆動しない。
(3)ターボファン・エンジンのファンは可変ピッチである。
(4)ターボシャフト・エンジンのフリータービン軸は必ずしも減速装置に入力されるとは限らない。

問0217 タービン・エンジンに関する説明で次のうち正しいものはどれか。 　40402 　一運飛/二航飛

(1)ターボプロップ・エンジンの主軸には1軸式のものは理論上ありえない。
(2)ターボプロップ・エンジンのフリータービン軸は低圧コンプレッサを駆動しない。
(3)パワータービン出力の約20%はエンジン・コンプレッサの駆動に消費される。
(4)フリー・タービン型ターボプロップ・エンジンは減速装置を必要としない。

問0218 タービン・エンジンの分類に関する説明で次のうち誤っているものはどれか。 　40402 　エタ

(1)ターボジェット・エンジンはタービン・エンジンの原型となるエンジンである。
(2)ターボファン・エンジンは、ターボジェットにダクテッド・ファンを導入したものである。
(3)ターボプロップ・エンジンではパワー・タービンや減速装置が使用される。
(4)直結型ターボプロップ・エンジンはパワー・タービンとコンプレッサが直結されている。

問0219 タービン・エンジンに関する説明で次のうち誤っているものはどれか。 　40402 　二航飛/二航回/一航飛/二航回/エタ

(1)ターボプロップ・エンジンはエンジン出力の約90%を回転軸出力で、残り約10%を排気ガスのジェット・エネルギとして取り出す。
(2)ターボジェット・エンジンはエンジン出力の100%を排気ガスのジェット・エネルギとして取り出す。
(3)ターボファン・エンジンはファンで圧縮された空気の大部分をそのままエンジン後方へ噴出させる。
(4)ターボシャフト・エンジンはエンジン出力の約75%を回転軸出力として取り出す。

問0220 タービン・エンジンの分類に関する説明で(A)～(D)のうち正しいものはいくつあるか。(1)～(5)の中から選べ。 　40402 　一航飛

(A)ターボシャフト・エンジンではエンジンを短くするため逆流型燃焼室が採用される。
(B)ターボファン・エンジンは、ターボジェットにダクテッド・ファンを導入したものである。
(C)ターボプロップ・エンジンではフリー・タービンや減速装置が使用される。
(D)ターボシャフト・エンジンではパワー・タービンによりコンプレッサが駆動される。

(1) 1　　(2) 2　　(3) 3　　(4) 4　　(5) 無し

問0221 タービン・エンジンに関する説明で(A)～(D)のうち正しいものはいくつあるか。(1)～(5)の中から選べ。 　40402 　エタ

(A)ターボプロップ・エンジンは吸入空気と排気ガスの圧力比を出力指示に用いる。
(B)ターボシャフト・エンジンは燃焼ガス温度限界に配慮する必要がない。
(C)単軸式エンジンの軸受け部は潤滑性が良いため、滑油圧力の監視を必要としない。
(D)フリー・タービンを使用したエンジンは離陸時の最大回転数を制限する必要がない。

(1) 1　　(2) 2　　(3) 3　　(4) 4　　(5) 無し

問0222 タービン・エンジンの分類に関する説明で(A)～(D)のうち正しいものはいくつあるか。(1)～(5)の中から選べ。 　40402 　一航飛

(A)ターボシャフト・エンジンでは逆流型燃焼室が採用されることが多い。
(B)ターボプロップ・エンジンではダクテッド・ファンが使用されている。
(C)ターボプロップ・エンジンではフリー・タービンや減速装置が使用される。
(D)ターボファン・エンジンではパワー・タービンによりコンプレッサが駆動される。

(1) 1　　(2) 2　　(3) 3　　(4) 4　　(5) 無し

発動機

問題番号	試験問題	シラバス番号	出題履歴

問0223 高バイパス比ターボファン・エンジンの特徴で次のうち誤っているものはどれか。　40402　一運飛

(1)推進効率の向上による燃費の大幅な低減
(2)タービン入口温度の低下による出力の増加
(3)高バイパス比の採用による排気騒音の大幅な減少
(4)ファン直径の増加による推力の増大

問0224 高バイパス比ターボファン・エンジンに関する説明で次のうち誤っているものはどれか。　40402　一航飛 / 一航飛 / エタ

(1)コンバージェント・インレット・ダクトが使用される。
(2)低速時にターボジェット・エンジンよりも大きな推力を出すことができる。
(3)同等推力のターボジェット・エンジンより推進効率は改善されている。
(4)排気ガス速度が低いので、排気騒音レベルは大きく低減している。

問0225 高バイパス比ターボファン・エンジンの特徴で(A)～(D)のうち正しいものはいくつあるか。(1)～(5)の中から選べ。　40402　エタ

(A)低速時にターボ・ジェットより大きな推力を得ることができる。
(B)ファンの径が大きく亜音速での推進効率が良い。
(C)エンジンの排気速度が速いため、騒音は増加している。
(D)同じ推力のターボ・ジェット装備機に比べて離陸滑走距離は短くなる。

(1)1　　(2)2　　(3)3　　(4)4　　(5)無し

問0226 高バイパス比ターボファン・エンジンの特徴で(A)～(D)のうち正しいものはいくつあるか。(1)～(5)の中から選べ。　40402　一航飛

(A)低速時にターボジェット・エンジンより大きな推力を得ることができる。
(B)排気ガス速度は同等推力のターボジェット・エンジンより遅い。
(C)推進効率は同等推力のターボジェット・エンジン装備機より改善されている。
(D)バイパス比が大きくなるとファン騒音レベルは増大する。

(1)1　　(2)2　　(3)3　　(4)4　　(5)無し

問0227 高バイパス比ターボファン・エンジンの特徴で(A)～(D)のうち正しいものはいくつあるか。(1)～(5)の中から選べ。　40402　一航飛 / 一航飛 / 一航飛

(A)低速時にターボジェット・エンジンより大きな推力を得ることができる。
(B)排気ガス速度は同等推力のターボジェット・エンジンより速い。
(C)推進効率は同等推力のターボジェット・エンジンより改善されている。
(D)バイパス比が大きくなるとファン騒音レベルは減少する。

(1)1　　(2)2　　(3)3　　(4)4　　(5)無し

問0228 ターボプロップ・エンジンに関する説明で次のうち正しいものはどれか。　40402　エタ

(1)リバース・フロー型の燃焼室が主に用いられている。
(2)フリー・タービン軸は低圧コンプレッサも駆動する。
(3)フリー・タービン軸は必ずしも減速装置に入力されるとは限らない。
(4)エンジン出力は一般的にEPRで設定する。

問0229 ターボプロップ・エンジンに関する説明で次のうち誤っているものはどれか。　40402　二運飛 / 二運飛

(1)中速、中高度飛行で効率が良い。
(2)排気ガスによる推進力は出力の5%程度である。
(3)減速装置で回転数を減速する必要がある。
(4)フリー・タービン型は採用されていない。

問0230 ターボプロップ・エンジンに関する説明で次のうち誤っているものはどれか。　40402　一運飛

(1)飛行速度とラム圧によりエンジン効率が高められ排気ジェットからも5%以上の推力
　　が得られる。
(2)フリー・タービン型と直結型のターボプロップ・エンジンがある。
(3)フリー・タービン型では減速装置を必要としない。
(4)軸出力はガス・ジェネレータの燃料流量をコントロールすることにより制御される。

問0231 ターボプロップ・エンジンに関する説明で次のうち誤っているものはどれか。　40402　一航飛 / 一運飛

(1)タービン・エンジンの回転出力をプロペラに伝える減速装置が必要である。
(2)軸出力は操縦室のレバーにより減速装置を切り替えることにより制御される。
(3)飛行速度とラム圧によりエンジン効率が高められ排気ジェットからも推力が得られ
　　る。
(4)直結型（1軸式）とフリー・タービン型（2軸式）がある。

問0232　ターボプロップ・エンジンに関する説明で次のうち誤っているものはどれか。　40402　一運飛

(1)小型エンジンではリバース・フロー型の燃焼室が用いられる。
(2)排気ジェットからも出力が得られる。
(3)減速装置によりガス・ジェネレータの回転がパワー・タービンへと伝わる。
(4)エンジン出力は一般的にプロペラ駆動トルクで設定する。

問0233　ターボプロップ・エンジンに関する説明で次のうち誤っているものはどれか。　40402　エタ

(1)小型エンジンではリバース・フロー型の燃焼室が用いられる。
(2)排気ジェットからも出力が得られる。
(3)パワー・タービンはガス・ジェネレータ・セクションの一部である。
(4)ガス・ジェネレータの軸から減速装置に直接結合された1軸式のものがある。

問0234　ターボプロップ・エンジンに関する説明で(A)～(D)のうち正しいものはいくつあるか。　40402　二航飛
　　　　(1)～(5)の中から選べ。　　　　　　　　　　　　　　　　　　　　　　　　　　　　二航飛

(A)プロペラの駆動には減速装置が必要である。
(B)ターボプロップ・エンジンのフリータービン軸はコンプレッサを駆動しない。
(C)出力の90～95％を軸出力として取り出している。
(D)エンジン出力は一般的にプロペラ駆動トルクで設定する。

(1) 1　　(2) 2　　(3) 3　　(4) 4　　(5) 無し

問0235　ターボプロップ・エンジンに関する説明で(A)～(D)のうち正しいものはいくつあるか。　40402　エタ
　　　　(1)～(5)の中から選べ。

(A)タービン・エンジンの回転軸出力をプロペラに伝える減速装置が必要である。
(B)フリー・タービン型と直結型のターボプロップ・エンジンがある。
(C)軸出力はガス・ジェネレータの燃料流量をコントロールすることにより制御される。
(D)飛行速度とラム圧によりエンジン効率が高められ、排気ジェットからも5％以上の推
　　力が得られる。

(1) 1　　(2) 2　　(3) 3　　(4) 4　　(5) 無し

問0236　ターボシャフト・エンジンに関する説明で次のうち誤っているものはどれか。　40402　一運回
　　　二運回
　　　一運回
(1)通常出力として排気による推力は使用されない。
(2)軸出力はガス・ジェネレータの燃料流量により制御される。
(3)ガス・ジェネレータとフリー・タービンの機械的な結合はない。
(4)メイン・ロータの回転を一定にするために増速装置が使用される。

問0237　ターボシャフト・エンジンに関する説明で次のうち誤っているものはどれか。　40402　二運回

(1)ガス・ジェネレータ・タービンとフリー・タービンとの機械的な結合はない。
(2)軸出力を取り出すのはパワー・タービンでフリー・タービンとも呼ばれている。
(3)エンジンの軸出力と排気ジェットにより出力を得ている。
(4)エンジンの長さをできる限り短くするためリバース・フロー型燃焼室が多用されてい
　　る。

問0238　ターボシャフト・エンジンに関する説明で(A)～(D)のうち正しいものはいくつあるか。　40402　二航回
　　　　(1)～(5)の中から選べ。　　　　　　　　　　　　　　　　　　　　　　　　　　　一航回
　　　一航回
(A)タービン・エンジンの原型となるエンジンである。
(B)軸出力はガス・ジェネレータの燃料流量をコントロールすることで制御される。
(C)エンジン出力の全てを軸出力として取り出すエンジンのため、排気ガスにわずかに推
　　力が残っているが、通常出力として使用されない。
(D)ガス・ジェネレータ・タービンはパワー・タービンともいう。

(1) 1　　(2) 2　　(3) 3　　(4) 4　　(5) 無し

問0239　ターボシャフト・エンジンにおいて、ガス・ジェネレーターとパワー・タービンで消費さ　40402　一運回
　　　　れる熱エネルギの割合で次のうち正しいものはどれか。　　　　　　　　　　　　　　　二航回

　　　　（ガス・ジェネレーター）　　（パワー・タービン）
　　　　(1)　　　約1／3　　　・　　　約2／3
　　　　(2)　　　約2／3　　　・　　　約1／3
　　　　(3)　　　約1／4　　　・　　　約3／4
　　　　(4)　　　約3／4　　　・　　　約1／4

発
動
機

問題番号	試験問題	シラバス番号	出題履歴

問0240 ターボジェット・エンジンと比較したターボファン・エンジンの特徴のうち誤っているものはどれか。　40402　一運飛

(1)ファンにより多量の空気流を加速して大きな推力を得ることができる。
(2)同じ推力の場合、離陸滑走距離は短くなる。
(3)対環境性が優れている。
(4)低速時に大きな推力を創り出すことができるが推力燃料消費率が高い。

問0241 タービン・エンジンの技術革新に関する説明で(A)〜(D)のうち正しいものはいくつあるか。(1)〜(5)の中から選べ。　40403　一航飛　一航飛　エタ

(A)タービン入口温度が増加している。
(B)コンプレッサ圧力比が増加している。
(C)バイパス比が増加している。
(D)推力重量比が増加している。

(1)1　　(2)2　　(3)3　　(4)4　　(5)無し

問0242 タービン・エンジンの技術革新に関する説明で(A)〜(D)のうち正しいものはいくつあるか。(1)〜(5)の中から選べ。　40403　一航飛

(A)バイパス比を増加させている。
(B)コンプレッサ圧力比を増加させている。
(C)タービン入口温度を減少させている。
(D)推力重量比が増加している。

(1)1　　(2)2　　(3)3　　(4)4　　(5)無し

問0243 出力と馬力に関する説明で次のうち誤っているものはどれか。　40501　一航飛　一運飛　一運飛

(1)メートル法重力単位では軸出力に仏馬力が使用されPSで表示される。
(2)ヤード・ポンド法重力単位では軸出力に英国馬力が使用されHPで表示される。
(3)航空機の推進に必要なスラストを軸馬力に換算したものをスラスト馬力という。
(4)ターボプロップ・エンジンの静止相当軸馬力とは、プロペラに供給される軸馬力と正味ジェット・スラストを軸馬力に換算した推力馬力との差である。

問0244 推力と軸出力に関する説明で次のうち誤っているものはどれか。　40501　二運飛　二運飛

(1)エンジンが作り出す全スラストを総スラストという。
(2)正味推力は総推力からラム抗力を引いたものである。
(3)静止状態で発生する最大推力が最も大きい。
(4)ターボプロップ・エンジンの総出力を総合軸馬力という。

問0245 推力に関する説明で次のうち誤っているものはどれか。　40501　エタ　エタ

(1)総スラストは吸入空気と供給される燃料の運動量変化によって発生するスラストである。
(2)正味推力はエンジンが発生する総スラストからラム抗力を引いたものである。
(3)推力逓減率とは推力の減少に伴う抗力の増加の割合のことである。
(4)飛行中にエンジンが実際に航空機を推進する推力が正味推力である。

問0246 エンジンのスラストに関する説明で次のうち誤っているものはどれか。　40501　一運飛

(1)エンジンが創り出す全スラストを総スラストという。
(2)飛行機が静止しているとき正味スラストと総スラストは同じである。
(3)正味スラストとは総スラストからラム抗力を差し引いたものである。
(4)総スラストと正味スラストの差を静止スラストという。

問0247 スラストに関する説明で(A)〜(D)のうち正しいものはいくつあるか。(1)〜(5)の中から選べ。　40501　一航飛

(A)総スラストは吸入空気と供給される燃料の運動量変化によって発生するスラストである。
(B)正味スラストはエンジンが発生する総スラストからラム抗力を引いたものである。
(C)静止スラストとは総スラストから正味スラストを引いたものである。
(D)飛行中にエンジンが実際に航空機を推進するスラストが正味スラストである。

(1)1　　(2)2　　(3)3　　(4)4　　(5)無し

問0248　推力に関する説明で(A)～(D)のうち正しいものはいくつあるか。　40501　一航飛
(1)～(5)の中から選べ。

(A)総スラストは吸入空気と供給される燃料の運動量の変化により発生するスラストである。
(B)正味推力はエンジンが発生する総スラストにラム抗力を加えたものである。
(C)静止状態で発生する総スラストは静止スラストより小さい。
(D)飛行中にエンジンが実際に航空機を推進する推力が正味推力である。

(1) 1　　(2) 2　　(3) 3　　(4) 4　　(5) 無し

問0249　推力に関する説明で(A)～(D)のうち正しいものはいくつあるか。　40501　一航飛
(1)～(5)の中から選べ。

(A)総スラストは吸入空気と供給される燃料の運動量変化によって発生するスラストである。
(B)正味推力はエンジンが発生する総スラストにラム抗力を加えたものである。
(C)静止スラストとは総スラストから正味スラストを引いたものである。
(D)飛行中にエンジンが実際に航空機を推進する推力が正味推力である。

(1) 1　　(2) 2　　(3) 3　　(4) 4　　(5) 無し

問0250　EPRに関する説明で次のうち誤っているものはどれか。　40501　一航飛
一運飛
一運飛

(1)ガス・ジェネレータのみのエンジン圧力比である。
(2)エンジンが発生する推力の変化に比例する。
(3)IEPRは温度補正をしているのでEPRより正確である。
(4)バイパス比が大きくなるほど小さくなる。

問0251　EPRに関する説明で(A)～(D)のうち正しいものはいくつあるか。　40501　エタ
(1)～(5)の中から選べ。

(A)EPRはコンプレッサ入口静圧に対するタービン出口静圧の比で、エンジンが発生する推力の変化に比例する。
(B)バイパス比が大きくなるとタービン出口全圧が減少してEPRの値も大きくなる。
(C)EPRとはガス・ジェネレータのみのエンジン圧力比であるが、IEPRとはガス・ジェネレータのエンジン圧力比とファン圧力比を考慮している。
(D)IEPRは高バイパス比ターボファン・エンジンに使用されている。

(1) 1　　(2) 2　　(3) 3　　(4) 4　　(5) 無し

問0252　EPRに関する説明で(A)～(D)のうち正しいものはいくつあるか。　40501　一航飛
一航飛
エタ
エタ
(1)～(5)の中から選べ。

(A)ガス・ジェネレータのみのエンジン圧力比である。
(B)エンジンが発生する推力の変化に比例する。
(C)バイパス比が大きくなるほど大きくなる。
(D)IEPRは温度補正をしているのでEPRより正確である。

(1) 1　　(2) 2　　(3) 3　　(4) 4　　(5) 無し

問0253　ターボファン・エンジンのバイパス比に関する式で次のうち正しいものはどれか。　40501　一航飛

(1)　$\dfrac{\text{一次空気流量}}{\text{ファン空気流量}}$

(2)　$\dfrac{\text{二次空気流量}}{\text{ファン空気流量}}$

(3)　$\dfrac{\text{ファン空気流量}}{\text{一次空気流量}}$

(4)　$\dfrac{\text{ファン空気流量}}{\text{二次空気流量}}$

発動機

問題番号	試験問題	シラバス番号	出題履歴
問0254	エンジン性能を表すパラメータに関する説明で(A)〜(D)のうち正しいものはいくつあるか。(1)〜(5)の中から選べ。 (A)燃料消費率は単位時間における単位推力当りの燃料容積消費量である。 (B)比推力はエンジンが吸入する単位空気流量当りで得られる推力である。 (C)推力重量比はエンジンの単位重量当りの発生推力である。 (D)バイパス比はファン空気流量とコア空気流量との容積比である。 (1)1　　(2)2　　(3)3　　(4)4　　(5)無し	40501	二航飛
問0255	ターボプロップ・エンジンのパラメータで次のうち誤っているものはどれか。 (1)トルク計 (2)ガス・ジェネレータ回転計 (3)排気ガス温度計 (4)吸気圧力計	40501	二運飛
問0256	ターボプロップ・エンジンの離陸出力を設定する計器で次のうち正しいものはどれか。 (1)EPR (2)燃料流量 (3)EGT (4)トルク	40501	二運飛 二運飛 エタ
問0257	ターボシャフト・エンジンの離陸出力を設定する計器で次のうち正しいものはどれか。 (1)滑油温度 (2)燃料流量 (3)滑油圧力 (4)トルク	40501	二運回
問0258	1馬力の値で次のうち正しいものはどれか。 (1)1分間当たり約45,000kg・m (2)1分間当たり約33,000kg・m (3)1分間当たり約4,500kg・m (4)1分間当たり約3,300kg・m	40502	一運飛
問0259	1馬力の値で次のうち正しいものはどれか。 (1)1分間当たり約55,000ft・lb (2)1分間当たり約33,000ft・lb (3)1分間当たり約5,500ft・lb (4)1分間当たり約3,300ft・lb	40502	二航飛 二航回
問0260	1馬力の値で次のうち正しいものはどれか。 (1)　75ft・lb/s (2)175kg・m/s (3)550ft・lb/s (4)745kW	40502	二運飛 二運回
問0261	1馬力（HP）の値で次のうち正しいものはどれか。 (1)　75ft・lb/s (2)550ft・lb/s (3)736kg・m/s (4)746kW	40502	二航滑
問0262	1馬力（HP）の値で次のうち正しいものはどれか。 (1)　75ft・lb/s (2)550ft・lb/s (3)736kg・m/s (4)746kW	40502	二航滑
問0263	馬力に関する説明で次のうち誤っているものはどれか。 (1)1馬力は1時間当たり550ft・lbの仕事に相当する。 (2)1馬力は1分間当たり4,500kg・mの仕事に相当する。 (3)馬力は仕事率のことである。 (4)1馬力は0.745kWである。	40502	一運飛

問0264 馬力に関する説明で(A)～(D)のうち正しいものはいくつあるか。
(1)～(5)の中から選べ。
シラバス番号 40502 / 一航飛

(A)1馬力は0.745kWである。
(B)1馬力は1分間当たり4,500kg・mの仕事に相当する。
(C)1馬力は1分間当たり33,000ft・lbの仕事に相当する。
(D)馬力は単位時間当たりの仕事量の単位である。

(1) 1　　(2) 2　　(3) 3　　(4) 4　　(5) 無し

問0265 馬力に関する説明で(A)～(D)のうち正しいものはいくつあるか。
(1)～(5)の中から選べ。
シラバス番号 40502 / 一航飛

(A)1馬力は0.745kWである。
(B)1馬力は1時間当たり550ft・lbの仕事に相当する。
(C)1馬力は1分間当たり33,000kg・mの仕事に相当する。
(D)馬力は単位時間当たりの仕事量の単位である。

(1) 1　　(2) 2　　(3) 3　　(4) 4　　(5) 無し

問0266 軸出力およびトルクに関する説明で(A)～(D)のうち正しいものはいくつあるか。
(1)～(5)の中から選べ。
シラバス番号 40502 / 二航飛・二航回

(A)軸出力はPS、HP、kWで表され、エンジン回転数とトルクにより求められる。
(B)トルクはN・m、in・lb、kg・mで表される。
(C)トルクは「ねじりモーメント」とも呼ばれ、回転軸を回す力のモーメントのことである。
(D)軸出力およびトルクは、単位時間当たりの仕事である。

(1) 1　　(2) 2　　(3) 3　　(4) 4　　(5) 無し

問0267 下記の条件における推力重量比で次のうち最も近い値を選べ。
シラバス番号 40502 / 二運飛

・正味推力　　　　　　　　　：1,960lb
・総推力　　　　　　　　　　：2,400lb
・1秒間あたりの総空気流量：　700lb
・エンジン重量　　　　　　　：　460lb

(1) 0.19
(2) 1.52
(3) 4.26
(4) 5.21

問0268 下記の条件でのターボファン・エンジンの比推力で次のうち最も近い値を選べ。
シラバス番号 40502 / 一運飛

・正味推力　　　：　945lb
・総吸入空気流量：　30lb/sec
・総排出空気流量：　45lb/sec
・エンジン重量　：6,500lb

(1)　0.14
(2)　6.87
(3) 21
(4) 32

問0269 以下の条件における推力重量比を求め、その推力重量比の「一の位」の数値を次のうちから選べ。
シラバス番号 40502 / 一航飛・二航飛・一運飛・二航飛・一運飛

・総推力　　　　　　　　　：3,220lb
・正味推力　　　　　　　　：2,400lb
・1秒間あたりの総空気流量：　700lb
・エンジン重量　　　　　　：　460lb

(1)1
(2)3
(3)5
(4)7

発動機

問0270　以下の条件におけるターボファン・エンジンの比推力をもとめ、その「十の位」の数値を次のうちから選べ。　40502　一航飛
・正味推力　　　：　　945lb
・総吸入空気流量：　　30lb/sec
・総排出空気流量：　　45lb/sec
・エンジン重量　：6,500lb

(1)1
(2)3
(3)5
(4)7

問0271　以下の条件におけるタービン・エンジンの推力馬力（HP）を求め、その推力馬力の「千の位」の数値を次のうちから選べ。　40502　一航飛／二航飛

・吸入空気流量：　193.2lb/sec
・排気ガス速度：1,650ft/sec
・飛行速度　　：　825ft/sec
・重力加速度　：　32.2ft/sec²

(1)2
(2)4
(3)5
(4)7
(5)8

問0272　下記の条件におけるタービン・エンジンの推力馬力（PS）で次のうち最も近い値を選べ。　40502　二航飛

・正味推力：21,000kg
・飛行速度：　900km/h

(1)70,000
(2)70,500
(3)71,000
(4)71,500
(5)72,000

問0273　下記の条件におけるタービン・エンジンの総推力（lb）で次のうち最も近い値を選べ。　40502　一運飛／二運飛
但し、チョークド・ノズルを装備していないタービン・エンジンとする。

・吸入空気流量：　700lb/sec
・排気ガス速度：2,000ft/sec
・重力加速度　：　32.2ft/sec²

(1)　24,300
(2)　43,500
(3)　75,700
(4)110,200
(5)142,800

問0274　以下の条件におけるバイパス比で次のうち最も近い値を選べ。　40502　一運飛／エタ／一航飛／一運飛／一運飛

・吸入空気流量　　　　　　：1,770lb/sec
・ファン空気流量　　　　　：1,476lb/sec
・コア・エンジン空気流量　：　292lb/sec
・ファン空気速度　　　　　：　807ft/sec
・一次空気速度　　　　　　：1,500ft/sec

(1)1.2
(2)1.8
(3)5.0
(4)6.0

問0275 下記の条件におけるタービン・エンジンの正味スラスト（kg）で次のうち最も近い値を　40502　二航飛
選べ。但し、チョークド・ノズルを装備していないタービン・エンジンとする。

　・飛行高度　　：8,000m
　・吸入空気流量：　　15kg/sec
　・排気ガス速度：　470m/sec
　・巡航速度　　：　225m/sec
　・重力加速度　：　　9.8m/sec²

　(1) 115
　(2) 375
　(3) 525
　(4) 785

問0276 下記の条件でのターボファン・エンジンの比推力で次のうち最も近い値を選べ。　40502　一航飛

　・一次吸入空気流量：　　292lb/sec・タービン排気速度：1,232ft/sec
　・ファン空気流量　：1,476lb/sec・ファン排気速度　：　985ft/sec
　・飛行速度　　　　：　　　0ft/sec・重力加速度　　　：　32.2ft/sec²

　(1)　　　　5
　(2)　　　32
　(3) 33,900
　(4) 56,400

問0277 下記の条件での排気分離型ターボファン・エンジンの静止推力（lb）を求め、その静止推　40502　一航飛
力の「千の位」の数値を次のうちから選べ。

　・バイパス比　　　　　　：　　　4.6
　・ファン空気流量　　　　：1,288lb/sec
　・コア・ノズル排気速度　：1,449ft/sec
　・ファン排気ノズル排気速度：　900ft/sec
　・重力加速度　　　　　　：　32.2ft/sec²

　(1)2
　(2)4
　(3)6
　(4)8

問0278 以下の条件におけるターボプロップ・エンジンの1分間当たりの回転数を求め、その回転　40502　二航飛
数の「千の位」の数値を次のうちから選べ。

　・軸出力　　　　　　　：600PS
　・パワー・タービン軸トルク：　15kg・m
　・円周率　　　　　　　：　　3.14

　(1)4
　(2)5
　(3)7
　(4)8

問0279 下記の条件でのターボプロップ・エンジンの静止相当軸馬力（HP）で次のうち最も近い　40502　一航飛
値を選べ。但し、馬力は英国馬力を使用する。

　・プロペラに供給される軸馬力：680HP
　・排気ガスの正味推力　　　　：185lb

　(1) 520
　(2) 610
　(3) 755
　(4) 850
　(5) 940

発
動
機

問題番号	試験問題	シラバス番号	出題履歴

問0280 以下の条件におけるターボプロップ・エンジンの相当燃料消費率を求め、その燃料消費率 40502　二航飛
の「小数第一位」の数値を次のうちから選べ。

　　・相当軸馬力　　　　　　　：　500SHP
　　・軸馬力　　　　　　　　　：　420SHP
　　・飛行可能時間　　　　　　：　150min
　　・1時間当たりの燃料消費量：　400lb/hr
　　・可能搭載燃料重量　　　　：1,000lb
　　・エンジン重量　　　　　　：　460lb

　　(1) 4
　　(2) 7
　　(3) 8
　　(4) 9

問0281 下記の条件におけるターボプロップ・エンジンの相当燃料消費率を求め、その相当燃料消 40502　二運飛
費率の小数点第一位の数値を次のうちから選べ。

　　・相当軸馬力　　　　　　　：　680ESHP
　　・飛行可能時間　　　　　　：　240min
　　・1時間当たりの燃料消費量：　400lb/hr
　　・可能搭載燃料重量　　　　：1,000lb
　　・エンジン重量　　　　　　：　460lb

　　(1) 5
　　(2) 7
　　(3) 9
　　(4) 0

問0282 以下の条件におけるターボプロップ・エンジンの相当燃料消費率を求め、その「小数第一 40502　エタ
位」の数値を次のうちから選べ。但し、1 mile ＝5,280ftとする。

　　・軸馬力　　　　　　　　　：500ESHP
　　・飛行速度　　　　　　　　：270mph
　　・排気ジェットによるスラスト：200lb
　　・プロペラ効率　　　　　　：　75%
　　・飛行中の燃料消費量　　　：400lb/hr

　　(1) 4
　　(2) 5
　　(3) 6
　　(4) 7

問0283 以下の条件におけるターボプロップ・エンジンの飛行相当軸馬力（HP）を求め、その値 40502　エタ
の「百の位」の数値を次のうちから選べ。但し、1mile＝5,280ftとする。

　　・プロペラに供給される軸馬力：1,500HP
　　・排気ガスの正味推力　　　：　180lb
　　・飛行速度　　　　　　　　：　240mph
　　・プロペラ効率　　　　　　：　80%

　　(1) 5
　　(2) 6
　　(3) 7
　　(4) 8

問0284 以下の条件におけるターボプロップ・エンジンの静止相当軸馬力（HP）を求め、その値 40502　一航飛
の「百の位」の数値を次のうちから選べ。但し、馬力は米国馬力を使用する。 一航飛
二航飛

　　・プロペラに供給される軸馬力：550HP
　　・排気ガスの正味推力　　　：　160lb

　　(1) 3
　　(2) 4
　　(3) 5
　　(4) 6

問0285 下記の条件におけるターボシャフト・エンジンの軸出力（HP）で次のうち最も近い値を選べ。　[40502]　一航回

・エンジン回転数　　　　　：33,000rpm
・パワー・タービン軸トルク：　1,080in・lb

(1)　　250
(2)　　560
(3)　　700
(4)　6,800
(5)33,900

問0286 以下の条件におけるターボシャフト・エンジンの軸出力（HP）で次のうち最も近い値を選べ。　[40502]　一航回

・エンジン回転数　　　　　：35,750rpm
・パワー・タービン軸トルク：　1,320in・lb
・円周率　　　　　　　　　：　　　3.14

(1)　　250
(2)　　560
(3)　　750
(4)3,200
(5)9,000

問0287 下記の条件でのターボシャフト・エンジンの仕事率（kg・m/s.）を求め、その仕事率の「千の位」の数値を次のうちから選べ。　[40502]　二航回

・エンジン回転数　　　　　：32,000rpm
・パワー・タービン軸トルク：　　14kg・m
・円周率　　　　　　　　　：　　　3.14

(1)2
(2)4
(3)6
(4)8

問0288 下記の条件におけるターボシャフト・エンジンの軸出力（PS）で次のうち最も近い値を選べ。　[40502]　一運回 二運回

・エンジン回転数　　　　　：33,000rpm
・パワー・タービン軸トルク：　　13kg・m

(1)　　210
(2)　　600
(3)　1,270
(4)35,900
(5)44,900

問0289 下記の条件でのターボシャフト・エンジンの軸出力（HP）で次のうち最も近い値を選べ。　[40502]　一航回

・エンジン回転数　　　　　：33,000rpm
・パワー・タービン軸トルク：　　90ft・lb

(1)　　380
(2)　　560
(3)　　700
(4)　6,800
(5)33,900

問0290 下記の条件におけるターボシャフト・エンジンの軸出力（PS）で次のうち最も近い値を選べ。　[40502]　二航回

・エンジン回転数　　　　　：32,000rpm
・パワー・タービン軸トルク：　　14kg・m

(1)575
(2)585
(3)605
(4)615
(5)625

問題番号	試験問題	シラバス番号	出題履歴
問0291	以下の条件におけるターボシャフト・エンジンの1分間当たりの回転数（rpm）を求め、その回転数の「千の位」の数値を次のうちから選べ。 ・軸出力　　　　　　　　：800PS ・パワー・タービン軸トルク：　20kg・m ・円周率　　　　　　　　：　　3.14 (1) 2 (2) 4 (3) 6 (4) 8	40502	二航回 二航回
問0292	以下の条件におけるターボシャフト・エンジンの1分間当たりの回転数（rpm）を求め、その回転数の「千の位」の数値を次のうちから選べ。 ・軸出力　　　　　　　　：1,700PS ・パワー・タービン軸トルク：　50kg・m ・円周率　　　　　　　　：　　3.14 (1) 2 (2) 4 (3) 6 (4) 8	40502	一航回 一航回
問0293	以下の条件におけるターボシャフト・エンジンの1分間当たりの回転数（rpm）を求め、その回転数の「千の位」の数値を次のうちから選べ。 ・軸出力　　　　　　　　：500PS ・パワー・タービン軸トルク：　15kg・m ・円周率　　　　　　　　：　　3.14 (1) 1 (2) 3 (3) 6 (4) 9	40502	二航回 一航回 二航回 一航回
問0294	以下の条件におけるターボシャフト・エンジンの1分間当たりの回転数（rpm）で次のうち最も近い値を選べ。 ・軸出力　　　　　　　　：2,100PS ・パワー・タービン軸トルク：　65kg・m ・円周率　　　　　　　　：　　3.14 (1) 23,200 (2) 23,300 (3) 23,400 (4) 23,500 (5) 23,600	40502	一航回 一航回
問0295	下記の条件におけるターボシャフト・エンジンの燃料消費率で次のうち最も近い値を選べ。 ・軸馬力　　　　　　　：　680SHP ・飛行可能時間　　　　：　150min ・1時間当たりの燃料消費量：　400lb/hr ・可能搭載燃料重量　　：1,000lb ・エンジン重量　　　　：　460lb (1) 0.38 (2) 0.59 (3) 0.87 (4) 1.45	40502	二運回

問0296　以下の条件におけるターボシャフト・エンジンの燃料消費率を求め、その燃料消費率の「小数第一位」の数値を次のうちから選べ。　40502　一運回

- 軸馬力　　　　　　　　：800SHP
- 飛行可能時間　　　　　：180min
- 1時間当たりの燃料消費量：300lb/hr
- 可能搭載燃料重量　　　：900lb
- エンジン重量　　　　　：400lb

(1) 3
(2) 4
(3) 5
(4) 6

問0297　以下の条件におけるターボシャフト・エンジンの燃料消費率を求め、その燃料消費率の「小数第一位」の数値を次のうちから選べ。　40502　二航回 二運回 二航回

- 軸馬力　　　　　　　　：　680SHP
- 飛行可能時間　　　　　：　150min
- 1時間当たりの燃料消費量：　400lb/hr
- 可能搭載燃料重量　　　：1,000lb
- エンジン重量　　　　　：　460lb

(1) 5
(2) 7
(3) 9
(4) 0

問0298　TAT（全温度）がエンジン推力の設定に必要となる理由で次のうち正しいものはどれか。　40502　一運飛

(1) 湿度による影響のため
(2) 推進効率による影響のため
(3) レイノルズ数による影響のため
(4) ラム・ライズによる影響のため

問0299　プロペラ・ガバナに関する説明で(A)〜(D)のうち正しいものはいくつあるか。(1)〜(5)の中から選べ。　40502　二航飛 一航飛

(A) 各飛行状態においてプロペラ回転速度を一定に保つため、プロペラの羽根角を自動的に調整する定速制御装置である。
(B) 油圧式は、単動型と複動型に大別できる。
(C) ガバナ内にあるフライウエイトは、エンジンが駆動する回転軸によって回転している。
(D) ガバナ内にある、フライウエイト遠心力とスピーダ・スプリング張力との釣り合いにより、パイロット弁の位置を変化させ油路を変える。

(1) 1　　(2) 2　　(3) 3　　(4) 4　　(5) 無し

問0300　次の条件におけるエンジン回転軸の出力（PS）で次のうち最も近い値を選べ。　40502　二航飛 二航回 二航滑 二航飛 二航回 二航滑

- エンジン回転数（N）　：2,700rpm
- エンジン・トルク（T）：　65kg・m
- 円周率　　　　　　　　：　　3.14

(1) 122
(2) 230
(3) 245
(4) 490

問0301　出力に影響を及ぼす外的要因に関する説明で次のうち正しいものはどれか。　40503　一運回

(1) 空気密度が減少すると単位体積あたりの空気重量が増すため出力は増加する。
(2) 大気圧力が増加すると単位体積あたりの空気重量が増すため出力は増加する。
(3) 大気温度が上昇すると単位体積あたりの空気重量が増すため出力は増加する。
(4) 大気圧力が低下すると燃料の霧化が良くなるため出力は増加する。

問0302　出力に影響を及ぼす外的要因に関する説明で次のうち正しいものはどれか。　40503　一航飛 一運飛

(1) 大気温度が上昇すると単位体積当たりの空気重量は増加する。
(2) 大気圧力が減少すると空気密度は増加する。
(3) 飛行高度が高くなると大気圧力の影響よりも大気温度の影響の方が大きくなる。
(4) 湿度により出力が変化するのは、水蒸気圧力分だけ単位体積あたりの空気量が影響するためである。

発動機

問題番号	試験問題	シラバス番号	出題履歴
問0303	出力に影響を及ぼす外的要因に関する説明で次のうち正しいものはどれか。 (1)空気密度が減少すると流入空気重量が増加するので出力は増加する。 (2)気圧が増加すると流入空気重量が増加するので出力は増加する。 (3)気温が高くなると燃料の霧化が良くなり出力は増加する。 (4)気圧が低下すると燃料の霧化が良くなり出力は増加する。	40503	二航飛 二航回
問0304	出力に影響を及ぼす外的要因に関する説明で次のうち正しいものはどれか。 (1)空気密度が増加すると出力は減少する。 (2)大気温度が低下すると出力は減少する。 (3)大気圧力が増加すると出力は減少する。 (4)飛行高度が高くなると出力は減少する。	40503	一航回 一運飛 エタ
問0305	出力に影響を及ぼす外的要因に関する説明で次のうち正しいものはどれか。 (1)空気密度が増加すると燃料の霧化が悪くなるので出力は低下する。 (2)気温が低下すると燃料の霧化が悪くなるので出力は低下する。 (3)気圧が低下すると流入空気重量が増加するので出力は増加する。 (4)気温が上昇すると流入空気重量が減少するので出力は低下する。	40503	二航飛 二航回
問0306	出力に影響を及ぼす外的要因に関する説明で次のうち正しいものはどれか。 (1)空気密度が小さくなると流入空気重量が増加するので出力は増加する。 (2)気温が高くなると燃料の霧化が良くなり出力は増加する。 (3)気圧が低くなると燃料の霧化が良くなり出力は増加する。 (4)気温が低くなると流入空気重量が増加するので出力は増加する。	40503	二航飛 二航回
問0307	出力に影響を及ぼす外的要因に関する説明で次のうち誤っているものはどれか。 (1)大気温度が低下すると出力は増加する。 (2)大気圧力が増加すると出力は減少する。 (3)飛行高度が高くなると出力は減少する。 (4)空気密度が減少すると出力も減少する。	40503	二運飛 二運飛 二運回 二運飛
問0308	出力に影響を及ぼす外的要因に関する説明で次のうち誤っているものはどれか。 (1)大気圧力が減少すると出力も減少する。 (2)空気密度が増加すると出力は減少する。 (3)大気温度が上昇すると出力は減少する。 (4)飛行高度が高くなると出力は減少する。	40503	一運回 二運飛 二運飛
問0309	出力に影響を及ぼす外的要因に関する説明で次のうち誤っているものはどれか。 (1)飛行高度が高くなると、大気温度の低下の影響よりも大気圧力の低下の影響が大きいため出力は小さくなる。 (2)大気圧力が増加すると空気密度が増加して単位体積あたりの空気重量が増えるため出力は大きくなる。 (3)大気中の湿度の増加は、その水蒸気圧力分だけ単位体積あたりの空気量を減少させるため、出力はわずかに低下する。 (4)大気温度が低下すると空気密度が減少して単位体積あたりの空気重量が減るため出力は小さくなる。	40503	一航回 一航飛 一運飛
問0310	出力に影響を及ぼす外的要因に関する説明で次のうち誤っているものはどれか。 (1)大気温度が上昇すると出力は低下する。 (2)大気圧力が増加すると出力も増加する。 (3)湿度が増加すると出力も増加する。 (4)飛行高度が高くなると出力は低下する。	40503	二運飛 二運飛 一航飛 一運飛
問0311	出力に影響を及ぼす外的要因に関する説明で次のうち誤っているものはどれか。 (1)大気温度が低下すると吸入空気流量は増加し出力は増加する。 (2)空気密度が増加すると吸入空気流量は増加し出力は増加する。 (3)大気圧力が増加すると吸入空気流量は増加し出力は増加する。 (4)湿度が増加すると吸入空気流量は増加し出力もわずかに増加する。	40503	一航回
問0312	出力に影響を及ぼす外的要因に関する説明で次のうち誤っているものはどれか。 (1)大気温度が上昇すると出力は減少する。 (2)大気圧力が増加すると出力も増加する。 (3)飛行高度が高くなると出力は減少する。 (4)空気密度が減少すると出力は増加する。	40503	エタ

問題番号	試験問題	シラバス番号	出題履歴

問0313 出力に影響を及ぼす外的要因に関する説明で(A)～(D)のうち正しいものはいくつある
か。(1)～(5)の中から選べ。　40503　二航飛／二航回／三航飛／一航回／一航飛／エタ

(A)大気温度が低下すると吸入空気流量は増加し出力も増加する。
(B)空気密度が増加すると吸入空気流量は増加し出力も増加する。
(C)大気圧力が増加すると吸入空気流量は増加し出力も増加する。
(D)湿度が増加すると吸入空気流量は増加し、出力はわずかに増加する。

(1) 1　　(2) 2　　(3) 3　　(4) 4　　(5) 無し

問0314 出力に影響を及ぼす外的要因に関する説明で(A)～(D)のうち正しいものはいくつある
か。(1)～(5)の中から選べ。　40503　一航回／二航飛／二航回

(A)空気密度が増加すると吸入空気流量は増加し出力は増加する。
(B)大気温度が低下すると吸入空気流量は増加し出力は増加する。
(C)大気圧力が増加すると燃料の霧化が良くなり出力は増加する。
(D)湿度が増加すると燃料の霧化が良くなり出力は減少する。

(1) 1　　(2) 2　　(3) 3　　(4) 4　　(5) 無し

問0315 出力に影響を及ぼす外的要因に関する説明で(A)～(D)のうち正しいものはいくつある
か。(1)～(5)の中から選べ。　40503　一航飛／エタ

(A)大気温度が低下すると出力は減少する。
(B)大気圧力が増加すると出力は減少する。
(C)飛行高度が高くなると出力は増加する。
(D)空気密度が減少すると出力は増加する。

(1) 1　　(2) 2　　(3) 3　　(4) 4　　(5) 無し

問0316 出力に影響を及ぼす外的要因に関する説明で(A)～(D)のうち正しいものはいくつある
か。(1)～(5)の中から選べ。　40503　一航飛

(A)大気中の湿度の増加は、その水蒸気圧力分だけ単位体積あたりの空気量を減少させる
ため、エンジン出力はわずかに低下する。
(B)ラム温度の上昇に伴うエンジン出力の増加は、ラム圧の上昇に伴うエンジン出力の減
少よりはるかに大きい。
(C)36,000ft以下の高度では、気温の低下よりも気圧の減少による影響の方がはるかに
大きいため、エンジン出力は低下する。
(D)36,000ft以上の高度では、気温が一定となるため、気圧の減少の影響により、エン
ジン出力は低下する。

(1) 1　　(2) 2　　(3) 3　　(4) 4　　(5) 無し

問0317 出力に影響を及ぼす外的要因に関する説明で(A)～(D)のうち正しいものはいくつある
か。(1)～(5)の中から選べ。　40503　二航飛／二航回

(A)空気密度が減少すると燃料の霧化が良くなり出力は増加する。
(B)大気温度が上昇すると燃料の霧化が良くなり出力は増加する。
(C)大気圧力が増加すると吸入空気量は増加し、出力は増加する。
(D)湿度が増加すると吸入空気量は減少し、出力はわずかに減少する。

(1) 1　　(2) 2　　(3) 3　　(4) 4　　(5) 無し

問0318 出力に影響を及ぼす外的要因に関する説明で(A)～(D)のうち正しいものはいくつある
か。(1)～(5)の中から選べ。　40503　一航飛

(A)大気中の湿度の増加は、その水蒸気圧力分だけ単位体積あたりの空気量を減少させる
ため、エンジン出力はわずかに低下する。
(B)ラム温度の上昇に伴うエンジン出力の増加は、ラム圧の上昇に伴うエンジン出力の減
少よりはるかに大きい。
(C)飛行高度が高くなるとともに、気温の低下よりも気圧の低下による影響の方がはるか
に大きいため、エンジン出力は低下する。
(D)36,000ft以上の高度では、気圧が一定となり、飛行高度が高くなると気温の低下の
影響により、エンジン出力は低下する。

(1) 1　　(2) 2　　(3) 3　　(4) 4　　(5) 無し

問0319 湿度の増加に伴うエンジン出力に関する説明で次のうち正しいものはどれか。　40503　二航飛／二航回

(1)出力はわずかに低下する。
(2)出力はわずかに増加する。
(3)出力は大幅に低下する。
(4)出力は大幅に増加する。

問0320 エンジン性能を考える場合に最も適している高度で次のうち正しいものはどれか。　40503　一運飛

(1) 絶対高度
(2) ジオポテンシャル高度
(3) 気圧高度
(4) 密度高度

問0321 総合効率に関する式で次のうち正しいものはどれか。　40504　エタ

(1) $\dfrac{\text{有効推進仕事}}{\text{エンジン出力エネルギ}}$

(2) $\dfrac{\text{有効推進仕事}}{\text{供給燃料エネルギ}}$

(3) $\dfrac{\text{エンジン出力エネルギ}}{\text{供給燃料エネルギ}}$

(4) $\dfrac{\text{エンジン出力エネルギ}}{\text{有効推進仕事}}$

問0322 推進効率に関する式で次のうち正しいものはどれか。　40504　二航飛

(1) $\dfrac{\text{有効推進仕事}}{\text{供給燃料エネルギ}}$

(2) $\dfrac{\text{エンジン出力エネルギ}}{\text{供給燃料エネルギ}}$

(3) $\dfrac{\text{有効推進仕事}}{\text{エンジン出力エネルギ}}$

(4) $\dfrac{\text{エンジン出力エネルギ}}{\text{有効推進仕事}}$

問0323 熱効率に関する式で次のうち正しいものはどれか。　40504　二航回

(1) $\dfrac{\text{有効推進仕事}}{\text{エンジン出力エネルギ}}$

(2) $\dfrac{\text{有効推進仕事}}{\text{供給燃料エネルギ}}$

(3) $\dfrac{\text{有効推進仕事} + \text{後流に捨て去ったエネルギ}}{\text{供給燃料エネルギ}}$

(4) $\dfrac{\text{エンジン出力エネルギ}}{\text{有効推進仕事}}$

問0324 ターボプロップ・エンジンの推進効率に関する説明で(A)～(D)のうち正しいものはいくつあるか。(1)～(5)の中から選べ。　40504　一航飛　エタ

(A) 推進効率は有効推進仕事をエンジン出力エネルギで割ったものである。
(B) 推進効率はプロペラ後流と機体速度の比較として表すことができる。
(C) 飛行速度が約375mphでは推進効率が約80%となり最高となる。
(D) マッハ数が約0.5付近では高バイパス比ターボファン・エンジンより推進効率は良い。

(1) 1　　(2) 2　　(3) 3　　(4) 4　　(5) 無し

問0325 ターボプロップ・エンジンの推進効率に関する説明で(A)～(D)のうち正しいものはいくつあるか。(1)～(5)の中から選べ。　40504　二航飛

(A) 推進効率はエンジン出力エネルギを有効推進仕事で割ったものである。
(B) 推進効率はジェット後流とプロペラ後流の速度を比較して表すことができる。
(C) 飛行速度が380mph付近では推進効率が最大となる。
(D) マッハ0.5付近ではターボジェット・エンジンより推進効率は悪い。

(1) 1　　(2) 2　　(3) 3　　(4) 4　　(5) 無し

問0326 ターボプロップ・エンジンの推進効率に関する説明で(A)～(D)のうち正しいものはいくつあるか。(1)～(5)の中から選べ。

(A)推進効率はエンジン出力エネルギを有効推進仕事で割ったものである。
(B)推進効率はプロペラ後流と機体速度の比較として表すことができる。
(C)飛行速度がマッハ数約0.5では推進効率が約80%となり最高となる。
(D)マッハ数が約0.5付近では高バイパス比ターボファン・エンジンより推進効率は良い。

(1) 1　　(2) 2　　(3) 3　　(4) 4　　(5) 無し

問0327 マッハ0.5の領域において推進効率が最大となるエンジンで次のうち正しいものはどれか。

(1)高バイパス比ターボファン・エンジン
(2)ターボジェット・エンジン
(3)ターボプロップ・エンジン
(4)ギアード・ターボジェット・エンジン

問0328 マッハ2～3の領域において推進効率が最大となるエンジンで次のうち正しいものはどれか。

(1)高バイパス比ターボファン・エンジン
(2)低バイパス比ターボファン・エンジン
(3)ターボジェット・エンジン
(4)ギアード・ターボジェット・エンジン

問0329 タービン・エンジンの熱効率を向上させる方法で次のうち誤っているものはどれか。

(1)排気ノズルでの排気速度を減少させる。
(2)エンジン内部損失を減少させる。
(3)タービン入口温度に応じた最適圧力比にする。
(4)ラム効果を向上させる。

問0330 タービン・エンジンの熱効率を向上させる方法で次のうち誤っているものはどれか。

(1)排気ノズルで排気速度を飛行速度に近づける。
(2)エンジン内部損失を減少させる。
(3)タービン入口温度に応じたコンプレッサ圧力比を最適にする。
(4)ラム効果を向上させる。

問0331 下記の条件におけるターボファン・エンジンの総合効率（%）で次のうち最も近い値を選べ。但し、1mile＝5,280ftとする。

・正味推力　　　　：　11,000lb
・飛行速度　　　　：　　561mph
・燃料流量　　　　：　5,600lb/h
・燃料の低発熱量：18,780Btu/lb
・熱の仕事当量　：　778ft-lb/Btu

(1)40
(2)45
(3)50
(4)72
(5)93

問0332 下記の条件でのターボシャフト・エンジンの熱効率（%）で次のうち最も近い値を選べ。

・軸馬力　　　　　：　　725SHP
・燃料流量　　　　：　　300lb/h
・燃料の低発熱量：18,730Btu/lb
・熱の仕事当量　：　778ft-lb/Btu

(1)29
(2)33
(3)36
(4)39
(5)42

発
動
機

問題番号	試験問題	シラバス番号	出題履歴
問0333	下記の条件におけるターボシャフト・エンジンの熱効率（％）で次のうち最も近い値を選べ。 ・軸馬力 ： 654SHP ・燃料流量 ： 300lb/h ・燃料の低発熱量：18,730Btu/lb ・熱の仕事当量 ： 778ft-lb/Btu (1) 21 (2) 23 (3) 30 (4) 39 (5) 42	40504	一航回 エタ
問0334	エンジン内部で最も高温の燃焼ガスにさらされる部分で次のうち正しいものはどれか。 (1) 1段目のタービン・ブレード (2) 燃料ノズル (3) 1段目のノズル・ガイド・ベーン (4) 1段目のタービン・ディスク	40505	二運飛
問0335	ターボファン・エンジンの作動ガスで次のうち最もガス速度が早い部分はどれか。 (1) コンプレッサ出口 (2) タービン・ノズル出口 (3) タービン出口 (4) ディフューザ出口	40505	一運飛
問0336	ターボファン・エンジン内部の作動ガスに関する説明で次のうち誤っているものはどれか。 (1) 圧力はディフューザ出口で最大となる。 (2) 火炎温度は燃焼室出口で最大となる。 (3) 速度は圧縮機出口までは、ほぼ一定である。 (4) タービンでは各段における速度変化が大きい。	40505	一航飛
問0337	エンジン内部で最も高温の燃焼ガスにさらされる部分で次のうち正しいものはどれか。 (1) 1段目のタービン・ブレード (2) 燃料ノズル (3) 1段目のノズル・ガイド・ベーン (4) 1段目のタービン・ディスク	40505	二運飛
問0338	ターボファン・エンジン内部において、最も圧力が高い部分で次のうち正しいものはどれか。 (1) ディフューザ出口 (2) 燃焼室中間 (3) タービン入口 (4) 排気ノズル出口	40505	二航飛
問0339	ターボシャフト・エンジンの作動ガスで次のうち最も圧力が高い部分はどれか。 (1) ディフューザ (2) 燃焼室 (3) タービン (4) 排気ノズル	40505	一運回
問0340	ターボシャフト・エンジンの作動ガスで次のうち最も圧力が高い部分はどれか。 (1) ディスチャージ・チューブ入口 (2) 燃焼器出口 (3) パワー・タービン入口 (4) ディフューザ入口	40505	一運回 二運回
問0341	ターボファン・エンジン内部の作動ガスに関する説明で次のうち誤っているものはどれか。 (1) 圧力はディフューザ出口で最大となる。 (2) 火炎温度は燃焼室中間で最大となる。 (3) 速度は圧縮機出口で最大となる。 (4) タービンでは各段における速度変化が大きい。	40505	一運飛

問0342　ターボシャフト・エンジン内の作動ガスの圧力に関する比較で(A)〜(D)のうち正しいものはいくつあるか。(1)〜(5)の中から選べ。

(A)インペラ入口＜燃焼器出口
(B)ディフューザ入口＜ガス・ジェネレータ・タービン入口
(C)ディフューザ出口＞燃焼器出口
(D)燃焼器出口＞パワー・タービン入口

(1) 1　　(2) 2　　(3) 3　　(4) 4　　(5) 無し

問0343　エンジン内部の作動ガスの流れ状態に関する説明で(A)〜(D)のうち正しいものはいくつあるか。(1)〜(5)の中から選べ。

(A)空気流はコンプレッサで断熱圧縮され圧力と温度が上昇し、ディフューザで速度エネルギが圧力エネルギに変換される。
(B)燃焼室では等圧燃焼が行われ、温度が上昇し燃焼室出口のタービンで最高温度となる。
(C)タービン・ノズル・ガイド・ベーンにより作動ガスの圧力と温度が急激に低下し、かつ圧力エネルギが速度エネルギに変換される。
(D)排気ダクトの形状により、タービンで残った圧力と温度のエネルギは速度エネルギに変換されるが、ターボシャフト・エンジンでは一般的にフリー・タービンを出た排気は加速されずそのまま排気される。

(1) 1　　(2) 2　　(3) 3　　(4) 4　　(5) 無し

問0344　エンジン内部の作動ガスの流れ状態に関する説明で(A)〜(D)のうち正しいものはいくつあるか。(1)〜(5)の中から選べ。

(A)空気流はディフューザで速度エネルギが圧力エネルギに変換される。
(B)燃焼室では等容燃焼が行われ、温度が上昇し燃焼室出口で最高温度となる。
(C)タービン・ノズル・ガイド・ベーンにより作動ガスの圧力と速度が急激に低下する。
(D)ターボシャフト・エンジンのフリー・タービンを出たガスは加速され大気に放出される。

(1) 1　　(2) 2　　(3) 3　　(4) 4　　(5) 無し

問0345　エンジン内部の作動ガスの流れ状態に関する説明で(A)〜(D)のうち正しいものはいくつあるか。(1)〜(5)の中から選べ。

(A)空気流はディフューザで速度エネルギが圧力エネルギに変換される。
(B)燃焼室では等容燃焼が行われ、温度が上昇し燃焼室出口で最高温度となる。
(C)タービン・ノズル・ガイド・ベーンにより作動ガスの圧力と速度が急激に低下する。
(D)ターボシャフト・エンジンではフリー・タービンを出た排気は加速されない。

(1) 1　　(2) 2　　(3) 3　　(4) 4　　(5) 無し

問0346　エンジン内部の作動ガスの流れ状態に関する説明で(A)〜(D)のうち正しいものはいくつあるか。(1)〜(5)の中から選べ。

(A)コンプレッサで断熱圧縮され圧力と温度が上昇し、ディフューザで速度エネルギが圧力エネルギに変換される。
(B)燃焼室では等容燃焼が行われ、温度が上昇し燃焼室出口のタービンで最高温度となる。
(C)タービン・ノズルにより作動ガスの速度エネルギが圧力エネルギに変換される。
(D)ターボシャフト・エンジンではフリー・タービンを出た排気は加速されない。

(1) 1　　(2) 2　　(3) 3　　(4) 4　　(5) 無し

問0347　エンジン内部の作動ガスの流れ状態に関する説明で(A)〜(D)のうち正しいものはいくつあるか。(1)〜(5)の中から選べ。

(A)コンプレッサで断熱圧縮され圧力と温度が上昇し、ディフューザで速度エネルギが圧力エネルギに変換される。
(B)燃焼室では等容燃焼が行われ、温度が上昇し燃焼室出口のタービンで最高温度となる。
(C)タービン・ノズルにより作動ガスの速度エネルギが圧力エネルギに変換される。
(D)ターボファン・エンジンでは一般的にフリー・タービンを出た排気は加速されずそのまま排出される。

(1) 1　　(2) 2　　(3) 3　　(4) 4　　(5) 無し

発動機

問0348　タービン・エンジンの作動ガスの状態に関する説明で(A)～(D)のうち正しいものはいくつあるか。(1)～(5)の中から選べ。　40505　二航飛 二航回

(A)ディフューザで速度エネルギが圧力エネルギに変換される。
(B)燃焼室では等容燃焼が行われ温度が上昇する。
(C)燃焼室では火炎温度が2,000℃付近となる。
(D)タービン・ノズル部により温度エネルギが圧力エネルギに変換される。

(1) 1　　(2) 2　　(3) 3　　(4) 4　　(5) 無し

問0349　ターボファン・エンジン内の作動ガスの状態に関する説明で(A)～(D)のうち正しいものはいくつあるか。(1)～(5)の中から選べ。　40505　一航飛

(A)ディフューザで速度エネルギが圧力エネルギに変換される。
(B)作動ガスの速度は燃焼室で最も遅くなる。
(C)作動ガスの速度はタービン・ノズル部で最も速くなる。
(D)タービン・ノズル部により圧力エネルギが速度エネルギに変換される。

(1) 1　　(2) 2　　(3) 3　　(4) 4　　(5) 無し

問0350　エンジン内部の作動ガスの流れ状態に関する説明で(A)～(D)のうち正しいものはいくつあるか。(1)～(5)の中から選べ。　40505　エタ

(A)空気流はディフューザで速度エネルギが圧力エネルギに変換される。
(B)燃焼室では等容燃焼が行われ、温度が上昇し燃焼室出口で最高温度となる。
(C)タービン・ノズル・ガイド・ベーンにより作動ガスの圧力と速度が急激に低下する。
(D)ターボシャフト・エンジンではフリー・タービン1段目の入口速度が最も速くなる。

(1) 1　　(2) 2　　(3) 3　　(4) 4　　(5) 無し

問0351　アイドルに関する説明で次のうち誤っているものはどれか。　40505　一運飛 一航飛 一航飛

(1)アイドルでの出力レバー位置をフラット・レートと呼んでいる。
(2)グランド・アイドルは地上における運転可能な最小出力状態である。
(3)フライト・アイドルでは着陸復行時の適切な加速応答が求められる。
(4)グランド・アイドルの回転数はフライト・アイドルより低い。

問0352　タービン・エンジンの定格で次のうち誤っているものはどれか。　40505　一運飛

(1)最大連続定格
(2)離陸定格
(3)最小降下定格
(4)最大巡航定格

問0353　OEI非常定格出力に関する説明で(A)～(D)のうち正しいものはいくつあるか。(1)～(5)の中から選べ。　40505　一航回 一航回

(A)OEI 30秒間出力定格は、離陸出力より高出力である。
(B)OEI 2分間出力定格は、OEI 30秒間出力定格より小さい離陸定格の105～110%くらいである。
(C)OEI 30秒間出力定格は機体姿勢を回復し確実な上昇率を確保するのに必要な出力であり、OEI 2分間出力定格は上昇用の出力である。
(D)OEI連続出力定格はOEI後、飛行を終えるのに要する時間までの使用に制限される。

(1) 1　　(2) 2　　(3) 3　　(4) 4　　(5) 無し

問0354　定格推力に関する説明で(A)～(D)のうち正しいものはいくつあるか。(1)～(5)の中から選べ。　40505　エタ

(A)定格推力は圧縮機強度やタービン入口温度により制限されている。
(B)ディレーティングとは状況に応じて定格離陸推力より低い推力を使用する方法である。
(C)リレーティングとは定格推力よりも低い離陸推力でエンジンの型式証明を受け、これにより常時低い推力での運用が義務付けられた方法である。
(D)操縦室の推力設定系統でディレーティングのレベルを変更できる。

(1) 1　　(2) 2　　(3) 3　　(4) 4　　(5) 無し

問0355　推力燃料消費率に関する説明で次のうち正しいものはどれか。

40505　一運飛
エタ

(1)1時間当たりの燃料消費量を正味推力で割ったものをいう。
(2)単位正味スラストにつき1時間当たりの燃料容量流量をいう。
(3)総スラストを発生するのに必要な1時間当たりの燃料容量流量をいう。
(4)総スラストを発生するのに必要な1時間当たりの燃料重量流量をいう。

問0356　回転翼航空機の定格出力の種類で(A)〜(D)のうち正しいものはいくつあるか。
(1)〜(5)の中から選べ。

40505　一航回

(A)離陸定格出力で時間制限なし
(B)最大連続定格出力で時間制限なし
(C)最大巡航定格出力で時間制限なし
(D)OEI非常定格出力で時間制限なし

(1) 1　　(2) 2　　(3) 3　　(4) 4　　(5) 無し

問0357　ターボファン・エンジンのバイパス比に関する説明で次のうち正しいものはどれか。

40505　一運飛

(1)ファン空気流量と一次空気流量との重量比をいう。
(2)ファン通過エアとコンプレッサ通過エアの容積比をいう。
(3)コンプレッサ入口圧力とタービン出口圧力の比をいう。
(4)バイパス比が大きくなるほど排気騒音が増大する。

問0358　回転翼航空機の定格出力の種類で(A)〜(D)のうち正しいものはいくつあるか。
(1)〜(5)の中から選べ。

40505　一航回

(A)離陸定格出力で時間制限なし
(B)最大連続定格出力で時間制限あり
(C)最大巡航定格出力で時間制限あり
(D)OEI非常定格出力で時間制限なし

(1) 1　　(2) 2　　(3) 3　　(4) 4　　(5) 無し

問0359　下記の条件における高バイパス比ターボファン・エンジンの修正正味スラスト（lb）で次のうち最も近い値を選べ。

40505　エタ

・エンジン入口の絶対圧力　　　：　　30.22in-Hg
・エンジン入口の温度　　　　　：　　15℃
・飛行速度　　　　　　　　　　：　　0ft/sec
・コア・エンジン空気流量　　　：　144.9lb/sec
・ファン空気流量　　　　　　　：　161.0lb/sec
・コア・ノズル排気速度　　　　：　1,500ft/sec
・ファン排気ノズル排気速度　：　1,000ft/sec
・重力加速度　　　　　　　　　：　　32.2ft/sec²

(1)11,300
(2)11,450
(3)11,600
(4)11,750
(5)11,900

問0360　以下の条件における高バイパス比ターボファン・エンジンの修正正味スラスト（lb）を求め、その「百の位」の数値を次のうちから選べ。

40505　エタ

・エンジン入口の絶対圧力　　　：　　30.22in-Hg
・エンジン入口の温度　　　　　：　　15℃
・飛行速度　　　　　　　　　　：　　0ft/sec
・コア・エンジン空気流量　　　：　144.9lb/sec
・ファン空気流量　　　　　　　：　161.0lb/sec
・コア・ノズル排気速度　　　　：　1,500ft/sec
・ファン排気ノズル排気速度　：　1,000ft/sec
・重力加速度　　　　　　　　　：　　32.2ft/sec²

(1)2
(2)4
(3)6
(4)8

発
動
機

問題番号	試験問題	シラバス番号	出題履歴
問0361	エンジンのステーション表示に関する説明で次のうち正しいものはどれか。 (1)インテーク前方のエンジンの影響を受けない位置がステーション1である。 (2)コア・エンジンの排気出口はステーション19で終わる。 (3)燃焼室入口はステーション3や4がある。 (4)ファン排気ノズルの出口はステーションF6で終わる。	40506	一航飛 一運飛 エタ 一運回
問0362	一般的にタービン・エンジンの各ステーションにおけるガスの状態を示す略号で次のうち誤っているものはどれか。 (1)T_{t7}のTとは温度を示す。 (2)P_{t7}の7とはタービン出口を示す。 (3)P_{s3}のP_sとは静圧を示す。 (4)P_{am}のamとは動圧を示す。	40506	二運飛
問0363	一般的にタービン・エンジンの各ステーションにおけるガスの状態を示す略号で次のうち誤っているものはどれか。 (1)P_{t7}とはタービン出口の全圧を示す。 (2)P_{t2}とは低圧圧縮機入口の静圧を示す。 (3)P_{am}とは大気圧力を示す。 (4)T_{t7}とは低圧タービン出口の全温度を示す。	40506	エタ 二運飛
問0364	一般的に示されるタービン・エンジンの各ステーションにおけるガスの状態を示す略号で次のうち誤っているものはどれか。 (1)EPRに使用するのはP_{t2}およびP_{t7}である。 (2)P_{t2}とは低圧圧縮機入口の静圧を示す。 (3)P_{am}とは大気圧力を示す。 (4)T_{t7}とは低圧タービン出口の全温度を示す。	40506	一運飛 一運飛 一航飛
問0365	一般的にタービン・エンジンの各ステーションにおけるガスの状態を示す略号で(A)〜(D)のうち正しいものはいくつあるか。(1)〜(5)の中から選べ。 (A)P_{s2}とは低圧圧縮機入口の静圧を示す。 (B)T_{t7}とは高圧タービン入口の全温度を示す。 (C)P_{am}とは大気圧を示す。 (D)P_bとは低圧タービン出口全圧を示す。 (1) 1　　(2) 2　　(3) 3　　(4) 4　　(5) 無し	40506	二航飛 二航回 エタ
問0366	エンジンのステーション表示に関する説明で(A)〜(D)のうち正しいものはいくつあるか。(1)〜(5)の中から選べ。 (A)エンジンの各位置を示し、ガス流の状態やエンジン性能の把握などに使用される。 (B)ステーションは通常、数字で表される。 (C)ガスの状態を示す記号として圧力はP、温度はTが使用される。 (D)小文字のアルファベット表示は静止状態、総合状態を表示する。 (1) 1　　(2) 2　　(3) 3　　(4) 4　　(5) 無し	40506	一航回 一航回
問0367	エンジンのステーション表示に関する説明で(A)〜(D)のうち正しいものはいくつあるか。(1)〜(5)の中から選べ。 (A)エンジンの各位置を示し、ガス流の状態やエンジン性能の把握などに使用される。 (B)ガスの状態を示す記号として圧力はP、温度はTが使用される。 (C)P_0とP_{am}はエンジンの影響を受けない位置である。 (D)小文字のアルファベット表示は静止状態、総合状態を表示する。 (1) 1　　(2) 2　　(3) 3　　(4) 4　　(5) 無し	40506	二航飛 二航回 二航飛 二航回
問0368	減格離陸推力に関する説明で次のうち誤っているものはどれか。 (1)リレーティングはエンジンの寿命延長の目的で使用される。 (2)リレーティングはコクピットの操作パネルで変更できない。 (3)ディレーティングはEECにあるデータ・プラグの交換で行う。 (4)ディレーティングは最大25%の低減に制限される。	40507	一運飛 エタ
問0369	減格離陸推力に関する説明で次のうち誤っているものはどれか。 (1)ディレーティングはエンジン側で減格レベルの設定を行い型式証明を受けている。 (2)ディレーティングは推力の低減に制限がある。 (3)リレーティングはエンジンの寿命延長の目的で使用される。 (4)リレーティングはコクピットの操作パネルで変更できない。	40507	一運飛

問0370　減格離陸推力に関する説明で(A)～(D)のうち正しいものはいくつあるか。　40507　一航飛
(1)～(5)の中から選べ。　エタ

(A)減格離陸推力は、エンジンの寿命延長の目的で定格離陸推力より低い離陸推力を使用
する。
(B)ディレーティングは、エンジンの持つ定格離陸推力より低い離陸推力でエンジンの型
式証明を受けている。
(C)リレーティングは、飛行機の搭載重量が少ない場合など離陸推力に余裕がある場合、
定格離陸推力より低い離陸推力を使用する。
(D)ディレーティングは、常時、低い離陸推力での運用が義務付けられているが、リレー
ティングは状況に応じて低い離陸推力を使用できる。

(1) 1　　(2) 2　　(3) 3　　(4) 4　　(5) 無し

問0371　タービン・エンジンの構造上の用語に関する説明で次のうち正しいものはどれか。　4060001　二航飛
二航回
二航回
(1)コア・エンジンとは燃焼室およびタービンから構成される部分である。　二航回
二航回
(2)ガス・ジェネレータとは燃焼室下流の1段目のタービン部分である。
(3)タービン・ブレードは1枚毎に独立したモジュール構造である。
(4)高圧圧縮機はコールド・セクションに分類される。

問0372　タービン・エンジンの構造上の用語に関する説明で次のうち正しいものはどれか。　4060001　二航飛
二航回
(1)コア・エンジンとはファン・セクションを含む高圧圧縮機、燃焼室および高圧タービ
ンから構成される部分である。
(2)ガス・ジェネレータとは圧縮機と燃焼室を除くガス・タービンの構成部分である。
(3)ホット・セクションとは燃焼ガスにさらされる燃焼室、タービンおよび排気ノズルの
部分をいう。
(4)ファン・セクションは圧縮機の一部であり独立したモジュール構造でない。

問0373　タービン・エンジンの構造に関する説明で次のうち正しいものはどれか。　4060001　一航回

(1)ガス・ジェネレータとは燃焼室のことである。
(2)フリー・タービンはホット・セクションに含まれない。
(3)パワー・タービンはコア・エンジンに含まれない。
(4)アクセサリ・ドライブはコールド・セクションに含まれない。

問0374　タービン・エンジンの構造に関する説明で次のうち誤っているものはどれか。　4060001　一航回
一航回
一運回
(1)ガス・ジェネレータとは高温・高圧のガスを発生する圧縮機、燃焼室およびタービン　一航回
から構成される部分をいう。
(2)フリー・タービン型ターボシャフト・エンジンではフリー・タービンもガス・ジェネ
レータに含まれる。
(3)ホット・セクションとは燃焼ガスにさらされる燃焼室、タービンおよび排気ノズルの
部分をいう。
(4)コールド・セクションとはホット・セクション以外の部分をいう。

問0375　タービン・エンジンの構造に関する説明で次のうち正しいものはどれか。　4060001　二航飛
一航飛
一運飛
(1)ガス・ジェネレータとは燃焼室のことである。　一航回
一航回
(2)フリー・タービンはホット・セクションに含まれない。
(3)パワー・タービンはコア・エンジンに含まれない。
(4)アクセサリ・ドライブはコールド・セクションやホット・セクションに含まれない。

問0376　タービン・エンジンの構造上の用語に関する説明で(A)～(D)のうち正しいものはいくつ　4060001　エタ
あるか。(1)～(5)の中から選べ。

(A)コア・エンジンとはファン・セクションを含む高圧圧縮機、燃焼室および高圧タービ
ンから構成される部分である。
(B)ガス・ジェネレータとは圧縮機と燃焼室を除くガス・タービンの構成部分である。
(C)ファン・セクションは圧縮機の一部であり独立したモジュール構造でない。
(D)ホット・セクションとは燃焼ガスにさらされる燃焼室、タービンおよび排気ノズルの
部分をいう。

(1) 1　　(2) 2　　(3) 3　　(4) 4　　(5) 無し

発
動
機

問0377 タービン・エンジンの構造上の用語に関する説明で(A)～(D)のうち正しいものはいくつ
あるか。(1)～(5)の中から選べ。

4060001

二航回
二航飛
二航回

(A)圧縮機および燃焼室はガス・ジェネレータに含まれる。
(B)圧縮機、燃焼室およびタービンはホット・セクションに含まれる。
(C)フリー・タービンはガス・ジェネレータに含まれる。
(D)減速装置はコア・エンジンに含まれる。

(1) 1　　(2) 2　　(3) 3　　(4) 4　　(5) 無し

問0378 タービン・エンジンの構造上の用語に関する説明で(A)～(D)のうち正しいものはいくつ
あるか。(1)～(5)の中から選べ。

4060001

エタ

(A)圧縮機および燃焼室はガス・ジェネレータに含まれる。
(B)フリー・タービンはガス・ジェネレータに含まれる。
(C)燃焼室、タービンおよび排気ノズルはホット・セクションに含まれる。
(D)減速装置はコア・エンジンに含まれる。

(1) 1　　(2) 2　　(3) 3　　(4) 4　　(5) 無し

問0379 タービン・エンジンの構造に関する説明で(A)～(D)のうち正しいものはいくつあるか。
(1)～(5)の中から選べ。

4060001

一航飛
一航飛
二航飛
二航回

(A)コンプレッサと燃焼室はホット・セクションに含まれる。
(B)フリー・タービンはホット・セクションに含まれる。
(C)コンプレッサおよび燃焼室はガス・ジェネレータに含まれる。
(D)パワー・タービンはガス・ジェネレータに含まれる。

(1) 1　　(2) 2　　(3) 3　　(4) 4　　(5) 無し

問0380 エンジンの構造上の用語と構造区分に関する説明で(A)～(D)のうち正しいものはいくつ
あるか。(1)～(5)の中から選べ。

4060001

一航飛

(A)多軸式エンジンのガス・ジェネレータとは高圧圧縮機および燃焼室、高圧タービンの
ことで、低圧圧縮機や低圧タービンは含まれない。
(B)ターボファン・エンジンのコア・エンジンとはエア・インテークやファン・カウル、
リバース・カウルを除いた部分のことをいう。
(C)フリー・タービンはターボプロップ・エンジンにおいてアクセサリ・ドライブに分類
される。
(D)エンジンのフランジ名称はエンジン最前部から後方へ向かってアルファベット順に A
フランジ、B フランジと順番に名付けられている。

(1) 1　　(2) 2　　(3) 3　　(4) 4　　(5) 無し

問0381 ホット・セクションに含まれる部分で次のうち正しいものはどれか。

4060001

一航回

(1)コンプレッサの後段、燃焼室、タービン
(2)コンプレッサの後段、燃焼室、アクセサリ・ギア・ボックス
(3)燃焼室、タービン、排気ノズル
(4)燃焼室、タービン、アクセサリ・ギア・ボックス

問0382 ホット・セクションに含まれない部分として次のうち正しいものはどれか。

4060001

エタ
一航飛
一連飛
二連飛

(1)燃焼室
(2)ディフューザ
(3)タービン
(4)テール・コーン

問0383 ホット・セクションとコールド・セクションに関する説明で次のうち正しいものはどれ
か。

4060001

二連飛

(1)コールド・セクションには高圧圧縮機は含まれない。
(2)ホット・セクションとは燃焼室の入口から排気ノズルまでをいう。
(3)コールド・セクションとは空気取入口から高圧圧縮機のインレット・ガイドベーンま
でをいう。
(4)アクセサリ・ドライブやタービン・セクションの外周に配置されたカウリングはホッ
ト・セクションに含まれる。

問0384 ガス・ジェネレータの構成に関して次のうち誤っているものはどれか。

4060001

二連飛
一航飛
一連飛

(1)パワー・タービン
(2)タービン・ノズル・ガイド・ベーン
(3)燃焼室
(4)低圧圧縮機

問0385　ガス・ジェネレータに含まれない部分で次のうち正しいものはどれか。　　4060001　二運飛

(1)エア・インテーク
(2)圧縮機
(3)燃焼室
(4)テール・コーン

問0386　下図は軸出力型タービン・エンジンの代表的基本構成を示したものである。　　4060002　二運回
　　（ア）～（オ）に入る語句の組み合わせで次のうち正しいものはどれか。　　　　　　二連飛
　　(1)～(4)の中から選べ。　　　　　　　　　　　　　　　　　　　　　　　　　　　　　二運回

凡　例	
TG	ガス・ジェネレータ・タービン
TP	パワー・タービン
C	コンプレッサ
L	出力
B	燃焼室

	（ア）		（イ）		（ウ）		（エ）		（オ）
(1)	L	・	B	・	C	・	TG	・	TP
(2)	L	・	C	・	B	・	TG	・	TP
(3)	C	・	B	・	TP	・	TG	・	L
(4)	C	・	B	・	TG	・	TP	・	L

問0387　モジュール構造に関する説明で次のうち誤っているものはどれか。　　4060003　二連回
　　二連飛
(1)エンジンを機能別に独立したユニットに分割したものである。　　　　　　　　　　　二連飛
(2)モジュール毎の単独交換が可能である。
(3)モジュール単体としての管理は行わない。
(4)整備工期の短縮など整備性の向上が図れる。

問0388　モジュール構造に関する説明で(A)～(D)のうち正しいものはいくつあるか。　　4060003　二航回
　　(1)～(5)の中から選べ。

(A)構成する個々の独立したユニットをモジュールという。
(B)モジュール毎の単独交換が可能である。
(C)モジュールは単体として管理されない。
(D)整備工期の短縮など整備性の向上が図れる。

(1) 1　　(2) 2　　(3) 3　　(4) 4　　(5) 無し

問0389　エンジン・マウントに関する説明で次のうち誤っているものはどれか。　　4060005　一運飛
　　一運飛
(1)タービン・リア・フレームに取り付けられているものがある。
(2)ユニ・ボール・フィティングにより振動を吸収している。
(3)エンジン・ケースの変形を防止している。
(4)半径方向および軸方向の膨張、収縮の吸収をしている。

問0390　エンジン・マウントに関する説明で次のうち誤っているものはどれか。　　4060005　二連飛
　　二連回
(1)回転・トルクを支持する。　　　　　　　　　　　　　　　　　　　　　　　　　　　二連飛
(2)温度変化による半径方向の膨張・収縮は吸収できない。　　　　　　　　　　　　　　二連飛
(3)温度変化による軸方向の膨張・収縮は吸収できる。
(4)垂直荷重と横荷重を支持する。

問0391　エンジンを主翼の下に吊り下げるエンジン・マウントに関する説明で(A)～(D)のうち正　　4060005　一航飛
　　しいものはいくつあるか。(1)～(5)の中から選べ。

(A)エンジンが発生する推力を機体の構造部材へ伝達する。
(B)エンジンの温度変化による半径方向および軸方向の膨張・収縮を吸収し、エンジン・
　　ケースの変形を防止する。
(C)前方エンジン・マウントは垂直荷重、横荷重およびトルク荷重を受け持つ。
(D)後方エンジン・マウントは垂直荷重、横荷重および推力・逆推力を受け持つ。

(1) 1　　(2) 2　　(3) 3　　(4) 4　　(5) 無し

発
動
機

問題番号	試験問題	シラバス番号	出題履歴

問0392 ベアリングに関する説明で次のうち正しいものはどれか。 4060006 一航飛 / 一連飛 / 一航回 / 一航飛 / 一連飛

(1)ローラ・ベアリングはスラスト荷重を受け持つ。
(2)ボール・ベアリングのアウタ・レースは回転摩擦を軽減するため、すべりを生じるようになっている。
(3)ボール・ベアリングは熱膨張による伸びを逃がすことができる。
(4)オイル・ダンプド・ベアリングは油膜を用いて支持剛性を下げ、振動を吸収する。

問0393 ベアリングに関する説明で次のうち正しいものはどれか。 4060006 エタ

(1)ローラ・ベアリングはスラスト荷重を受け持つがラジアル荷重は受け持たない。
(2)ボール・ベアリングのアウタ・レースは回転摩擦を軽減するためすべりを生じるようになっている。
(3)ローラ・ベアリングは熱膨張による伸びを逃がすことができない。
(4)ボール・ベアリングはスラスト荷重とラジアル荷重を受け持つ。

問0394 ベアリングに関する説明で次のうち正しいものはどれか。 4060006 一航飛 / 一連飛 / 二航飛 / 二航回

(1)ローラ・ベアリングはスラスト荷重とラジアル荷重を受け持つ。
(2)スクイズ・フィルム・ベアリングは油膜を用いて支持剛性を上げ、振動を吸収する。
(3)ボール・ベアリングは熱膨張による伸びを逃がすことができる。
(4)ボール・ベアリングはスラスト荷重を受け持つ。

問0395 ベアリングに関する説明で次のうち正しいものはどれか。 4060006 二連飛 / 一航飛

(1)ローラ・ベアリングはスラスト荷重とラジアル荷重を支持する。
(2)ボール・ベアリングはスラスト荷重のみ支持する。
(3)ボール・ベアリングは熱膨張による軸方向の動きを吸収する。
(4)ボール・ベアリングはローラ・ベアリングに比べて発熱量が多くコールド・セクションに設置される。

問0396 ベアリングに関する説明で次のうち正しいものはどれか。 4060006 エタ / 一航回 / 一航回

(1)ローラ・ベアリングはスラスト荷重を受け持つ。
(2)ボール・ベアリングはローラ・ベアリングより大きなラジアル荷重を支持できる。
(3)ボール・ベアリングは熱膨張による軸方向の動きを吸収することができる。
(4)オイル・ダンプド・ベアリングは油膜を用いて支持剛性を下げ、振動を吸収する。

問0397 ベアリングに関する説明で次のうち正しいものはどれか。 4060006 二航飛 / 二航回 / 二航回 / 二航飛

(1)ローラ・ベアリングはスラスト荷重を受け持つ。
(2)ローラ・ベアリングはコールド・セクションに多用されている。
(3)ボール・ベアリングは熱膨張による軸方向の動きを吸収することができる。
(4)オイル・ダンプド・ベアリングは油膜を用いて支持剛性を下げ振動を吸収する。

問0398 ベアリングに関する説明で次のうち正しいものはどれか。 4060006 二航飛 / 二航回

(1)ローラ・ベアリングはスラスト荷重を受け持つ。
(2)ローラ・ベアリングは衝撃荷重に強い。
(3)ボール・ベアリングは熱膨張による軸方向の動きを吸収することができる。
(4)オイル・ダンプド・ベアリングは油膜を用いて支持剛性を下げ振動を吸収する。

問0399 ベアリングに関する説明で次のうち誤っているものはどれか。 4060006 一航飛

(1)ボール・ベアリングおよびローラ・ベアリングはインナー・レースとアウター・レースの間を回転要素が転走する構造となっている。
(2)ボール・ベアリングはスラスト荷重およびラジアル荷重を支持できる。
(3)ローラ・ベアリングはスラスト荷重を支持できるがラジアル荷重は支持できない。
(4)ローラ・ベアリングは熱膨張によるシャフトの軸方向の移動を吸収できる。

問0400 ベアリングに関する説明で(A)～(D)のうち正しいものはいくつあるか。
(1)～(5)の中から選べ。 4060006 二航回

(A)ローラ・ベアリングはスラスト荷重を支持できるがラジアル荷重は支持できない。
(B)ローラ・ベアリングは熱膨張によるシャフトの軸方向の移動を吸収できる。
(C)ボール・ベアリングはスラスト荷重およびラジアル荷重を支持できる。
(D)ボール・ベアリングおよびローラ・ベアリングはインナー・レースとアウター・レースの間を回転要素が転走する構造となっている。

(1) 1 (2) 2 (3) 3 (4) 4 (5) 無し

問0401　ベアリングに関する説明で(A)〜(D)のうち正しいものはいくつあるか。　4060006　一航飛
(1)〜(5)の中から選べ。

(A)タービン・エンジンの主軸にプレーン・ベアリングは使用されない。
(B)ロータは両端をボール・ベアリングで支持しており、中間部をローラ・ベアリングで支持する。
(C)ボール・ベアリングはローラ・ベアリングに比べて接触面積が小さいため発熱量が少なく、一般にコールド・セクションに取り付けられる。
(D)スクイズ・フィルムはボール・ベアリングにのみ使用される。

(1) 1　　(2) 2　　(3) 3　　(4) 4　　(5) 無し

問0402　ボール・ベアリングに関する説明で次のうち正しいものはどれか。　4060006　二運飛
二運回
二航飛

(1)スラスト荷重のみを受け持つ。
(2)スラスト、ラジアル両荷重を受け持つ。
(3)ラジアル荷重のみを受け持つ。
(4)熱膨張による伸びを逃がすことができる。

問0403　ボール・ベアリングに関する説明で(A)〜(D)のうち正しいものはいくつあるか。　4060006　一航飛
(1)〜(5)の中から選べ。　エタ

(A)スラスト荷重のみを支持する。
(B)アウター・レース、ボール、ケージ、インナー・レースで構成されている。
(C)ローラ・ベアリングに比べ発熱量が少ない。
(D)熱膨張による軸方向の動きを吸収する。

(1) 1　　(2) 2　　(3) 3　　(4) 4　　(5) 無し

問0404　プレーン・ベアリングと比較したローラ・ベアリングの利点で次のうち誤っているものはどれか。　4060006　一運回
エタ

(1)高速回転に適する。
(2)摩擦熱の発生が少ない。
(3)駆動トルクが小さい。
(4)衝撃荷重に強い。

問0405　プレーン・ベアリングと比較したローラ・ベアリングの利点で次のうち誤っているものはどれか。　4060006　二運飛
二運回
二航飛
二航回

(1)高速回転に適する。
(2)摩擦熱の発生が少ない。
(3)駆動トルクが小さい。
(4)スラスト荷重を支持できる。

問0406　スクイズ・フィルム・ベアリングに関する説明で(A)〜(D)のうち正しいものはいくつあるか。(1)〜(5)の中から選べ。　4060006　一航回
一航回

(A)スラスト荷重を支持するところには使用できない。
(B)オイル・フィルム・ベアリングとも呼ばれる。
(C)ローラ・ベアリングに使用する場合はフレキシブル・バーが使用される。
(D)ベアリングのアウター・レースとエンジン回転軸との間にオイル・フィルムを設ける構造である。

(1) 1　　(2) 2　　(3) 3　　(4) 4　　(5) 無し

問0407　スクイズ・フィルム・ベアリングに関する説明で(A)〜(D)のうち正しいものはいくつあるか。(1)〜(5)の中から選べ。　4060006　一航回
一航飛
エタ

(A)振動など動的負荷を最小限にする。
(B)圧力油によりアウター・レースと支持構造を密着させる。
(C)ピストン・リング・シールが使用される。
(D)ボール・ベアリングには適用できない。

(1) 1　　(2) 2　　(3) 3　　(4) 4　　(5) 無し

発動機

問題番号	試験問題	シラバス番号	出題履歴

問0408 スクイズ・フィルム・ベアリングに関する説明で(A)～(D)のうち正しいものはいくつあるか。(1)～(5)の中から選べ。 　4060006 　一航飛／二航飛／二航回／エタ

(A)振動など動的負荷を最小限にする。
(B)オイル・フィルムを設ける構造である。
(C)ピストン・リング・シールが使用される。
(D)ローラ・ベアリングには適用できない。

(1) 1　　(2) 2　　(3) 3　　(4) 4　　(5) 無し

問0409 スクイズ・フィルム・ベアリングに関する説明で(A)～(D)のうち正しいものはいくつあるか。(1)～(5)の中から選べ。 　4060006 　二航飛／二航回

(A)ボール・ベアリングとローラ・ベアリングの両方に適用できる。
(B)振動レベルの減少やエンジンの共振点を変えて疲労による損傷の可能性を減らす。
(C)ボール・ベアリングに使用する場合はフレキシブル・バーが使用される。
(D)アウター・レースとエンジン構造部材との間にオイル・フィルムを設ける構造である。

(1) 1　　(2) 2　　(3) 3　　(4) 4　　(5) 無し

問0410 ローラ・ベアリングに関する説明で次のうち正しいものはどれか。 　4060006 　一運飛／一運飛

(1)ラジアル荷重を支持する。
(2)インナー・レースとアウター・レースの溝をボールが転走する構造となっている。
(3)ボール・ベアリングに比べ発熱量が多い。
(4)熱膨張による軸方向の動きを吸収できない。

問0411 ローラ・ベアリングに関する説明で(A)～(D)のうち正しいものはいくつあるか。(1)～(5)の中から選べ。 　4060006 　二航飛

(A)ラジアル荷重を支持する。
(B)インナー・レースとアウター・レースの溝をボールが転走する構造となっている。
(C)ボール・ベアリングに比べ発熱量が多い。
(D)熱膨張による軸方向の動きを吸収できない。

(1) 1　　(2) 2　　(3) 3　　(4) 4　　(5) 無し

問0412 ボール・ベアリングとローラ・ベアリングに共通する長所で次のうち誤っているものはどれか。 　4060006 　一運回／二運回／三運回／一運回

(1)駆動トルクが小さい。
(2)衝撃荷重に強い。
(3)摩擦熱の発生が少ない。
(4)潤滑油量が少なくてよい。

問0413 ラビリンス・シールのオイル洩れを防ぐ作用として次のうち正しいものはどれか。 　4060006 　二運飛／一運飛

(1)高圧のエンジン・オイル
(2)圧縮機からのブリード・エア
(3)排気ガス圧力
(4)シール部分のナイフ・エッジとステータとの接触による気密性

問0414 ラビリンス・シールに関する説明で次のうち誤っているものはどれか。 　4060006 　一航回

(1)非接触型のシールである。
(2)多数のナイフ・エッジで形成されるシール・ダムを持った金属製のロータがある。
(3)ベアリング・ハウジング外部を低圧にし、内部からシール・エアを導いている。
(4)空気の漏れ量が増えると滑油消費量の増加の原因となる。

問0415 ラビリンス・シールに関する説明で次のうち誤っているものはどれか。 　4060006 　二航回／一航飛／一運飛

(1)非接触型のシールである。
(2)回転軸に多数のナイフ・エッジを持った金属製のシール・リングがある。
(3)ベアリング・ハウジングの外部を低圧にし、内部に高圧抽気を導いている。
(4)シール・ダムがコンパートメントへの空気流量を調量する。

問0416 ラビリンス・シールに関する説明で(A)～(D)のうち正しいものはいくつあるか。(1)～(5)の中から選べ。　4060006　二航飛/二航飛/エタ

(A)ステータ側に金属製剛毛エレメントが固定されている。
(B)シール・ダムはシール・エアの流量を調量する。
(C)シール・ダムに磁力を利用しオイルの漏れを防ぐものもある。
(D)ナイフ・エッジとステータによる接触型シールの一種である。

(1) 1　　(2) 2　　(3) 3　　(4) 4　　(5) 無し

問0417 カーボン・フェイス・シールに関する説明で次のうち正しいものはどれか。　4060006　一航飛/一連飛/一航回/一航回

(1)リング状をしたカーボン製のシールを軸方向に数本並べてある。
(2)ナイフ・エッジ・タイプのシールを使用したシール・ダムによりベアリング・コンパートメント内に流れる空気流量を調量する。
(3)ステータ側の金属製剛毛エレメントが回転側のカーボン製ラブ・リングと接触することでシールする。
(4)シール・セグメントを磁化して磁力により密着させるものがある。

問0418 ベアリング・ハウジングのカーボン・シールに関する説明で次のうち誤っているものはどれか。　4060006　二航飛/二航飛/一連飛

(1)オイルの圧力によりシール面を密着させる。
(2)スプリング力によりシール面を密着させる。
(3)磁力によりシール・セグメントの密着度を向上させる。
(4)カーボン製およびグラファイト製シール・リングを使用する。

問0419 シールに関する説明で次のうち誤っているものはどれか。　4060006　二航回/一航飛/二航飛/二航回

(1)ラビリンス・シールはベアリング・サンプの構成には使用されない。
(2)ブラシ・シールの回転側にはセラミック・コーティングが施される。
(3)ブラシ・シールはラビリンス・シールと異なり接触型のシールである。
(4)カーボン・シールはシール効果を向上する為に磁力を利用する場合がある。

問0420 カーボン・シールのシール能力をより向上させるための方策で(A)～(D)のうち正しいものはいくつあるか。(1)～(5)の中から選べ。　4060006　二航飛/二航回

(A)スプリング力によりシール面を密着させる。
(B)シール前後の空気の圧力差によりシール面を密着させる。
(C)磁力によりシール・セグメントの密着度を向上させる。
(D)シール部を多段化させる。

(1) 1　　(2) 2　　(3) 3　　(4) 4　　(5) 無し

問0421 オイル・シールに関する説明で次のうち誤っているものはどれか。　4060006　一連飛/一航回/一航回/二連飛

(1)ラビリンス・シール、カーボン・シール、ブラシ・シールが主として使用されている。
(2)ラビリンス・シールは、ナイフ・エッジとステータによる非接触型シールの一種である。
(3)カーボン・シールはシール効果を向上する為に空気の圧力差を利用する場合がある。
(4)ブラシ・シールは、ラビリンス・シールと同様の非接触型シールである。

問0422 ブラシ・シールに関する説明で次のうち誤っているものはどれか。　4060006　二連飛

(1)ステータ側に金属製剛毛エレメントが固定されている。
(2)ラビリンス・シールと同じ非接触型シールである。
(3)圧力差を利用したシールである。
(4)オイル・シール以外にエア・シールとしても使われる。

問0423 ブラシ・シールに関する説明で次のうち誤っているものはどれか。　4060006　一連回

(1)ステータ側に金属製剛毛エレメントが固定されている。
(2)半径方向のロータの偏移に適応できる。
(3)軸方向のロータの偏移に適応できない。
(4)オイル・シール以外にエア・シールとしても使われる。

発動機

問0424 オイル・シールに関する説明で(A)～(D)のうち正しいものはいくつあるか。 (1)～(5)の中から選べ。

シラバス番号 4060006 　出題履歴 エタ

(A)ラビリンス・シール、カーボン・シール、ブラシ・シールが主として使用されている。
(B)ラビリンス・シールは、高温部分に使用するとシールの回転部分が接触・摩耗し不具合が発生するため、主にコールド・セクションに使用される。
(C)カーボン・フェイス・シールはカーボン・シール・リングをロータ側シール・プレート側面に接触させてシールする。
(D)ブラシ・シールは、静止側の剛毛部分と回転側のラブ・リングとの接合面に、前後の圧力差を作ることによりシールしている。

(1) 1　　(2) 2　　(3) 3　　(4) 4　　(5) 無し

問0425 オイル・シールに関する説明で(A)～(D)のうち正しいものはいくつあるか。 (1)～(5)の中から選べ。

シラバス番号 4060006 　出題履歴 一航回

(A)ラビリンス・シールはホット・セクションに多用される。
(B)カーボン・シールはコールド・セクションに多用される。
(C)ブラシ・シールの接触面にはセラミック・コーティングが施される。
(D)カーボン・シールではシール効果を向上する為に磁力を利用する場合がある。

(1) 1　　(2) 2　　(3) 3　　(4) 4　　(5) 無し

問0426 オイル・シールに関する説明で(A)～(D)のうち正しいものはいくつあるか。 (1)～(5)の中から選べ。

シラバス番号 4060006 　出題履歴 一航回

(A)カーボン・シールはホット・セクションに使用される。
(B)ラビリンス・シールはコールド・セクションに使用される。
(C)ブラシ・シールの接触面にはセラミック・コーティングが施される。
(D)カーボン・シールではシール効果を向上する為に磁力を利用する場合がある。

(1) 1　　(2) 2　　(3) 3　　(4) 4　　(5) 無し

問0427 遊星歯車式減速装置の説明で次のうち誤っているものはどれか。

シラバス番号 4060007 　出題履歴 二運飛

(1)入力軸と出力軸を同一直線上にそろえることができる。
(2)減速装置の全長を短くできる。
(3)歯車数が多く、1枚の歯にかかる荷重が小さくなるので軽くできる。
(4)構造は複雑だが、減速比を自由に決められる。

問0428 平歯車減速装置と比較した遊星歯車減速装置の特徴で次のうち正しいものはどれか。

シラバス番号 4060007 　出題履歴 一航回

(1)コンパクトで大きな減速比が得られる。
(2)噛合歯数が少ないため歯面荷重が大きい。
(3)入力軸と出力軸は同一線上とならない。
(4)構造が簡素であり、減速比の選定が容易である。

問0429 遊星歯車減速装置と比較した平歯車減速装置に関する説明で次のうち正しいものはどれか。

シラバス番号 4060007 　出題履歴 二航回 一運飛 一航飛

(1)コンパクトで大きな減速比が得られる。
(2)入力軸と出力軸は同一線上にできる。
(3)構造が複雑で部品点数が多く、減速比の選定で制約がある。
(4)噛合歯数が少ないため歯面荷重が大きい。

問0430 遊星歯車減速装置と比較した平歯車減速装置の特徴で(A)～(D)のうち正しいものはいくつあるか。(1)～(5)の中から選べ。

シラバス番号 4060007 　出題履歴 エタ 一航飛

(A)コンパクトで大きな減速比が得られる。
(B)噛合歯数が多いため歯面荷重が小さい。
(C)入力軸と出力軸は同一線上にできる。
(D)構造が複雑で部品点数が多く、減速比の選定に制約がある。

(1) 1　　(2) 2　　(3) 3　　(4) 4　　(5) 無し

問題番号	試験問題	シラバス番号	出題履歴

問0431 平歯車減速装置と比較した遊星歯車減速装置の特徴で(A)～(D)のうち正しいものはいくつあるか。(1)～(5)の中から選べ。　4060007　エタ

(A)コンパクトで大きな減速比が得られる。
(B)噛合歯数が少ないため歯面荷重が大きい。
(C)入力軸と出力軸は同一線上とならない。
(D)構造が簡素であり、減速比の選定が容易である。

(1) 1　　(2) 2　　(3) 3　　(4) 4　　(5) 無し

問0432 遊星歯車の減速比を求める式で次のうち正しいものはどれか。　4060007　二運飛 二運回 一航飛 二航飛 二航回 エタ

(1) $\dfrac{入力歯車の歯数}{入力歯車の歯数 ＋ 固定歯車の歯数}$

(2) $\dfrac{固定歯車の歯数}{入力歯車の歯数 ＋ 固定歯車の歯数}$

(3) $\dfrac{入力歯車の歯数 ＋ 固定歯車の歯数}{入力歯車の歯数}$

(4) $\dfrac{入力歯車の歯数 ＋ 固定歯車の歯数}{固定歯車の歯数}$

問0433 以下の条件における遊星歯車減速装置の出力軸の回転数（rpm）で次のうち正しいものはどれか。　4060007　一航回 工機装 一航回

・太陽歯車の歯数：　　80
・固定歯車の歯数：　120
・遊星歯車の歯数：　　40
・入力軸の回転数：1,250rpm

(1)260
(2)340
(3)420
(4)500

キャリア　固定歯車　出力軸　入力軸　太陽歯車　遊星歯車
遊星歯車減速装置

問0434 以下の条件における遊星歯車減速装置の出力軸の回転数（rpm）で次のうち正しいものはどれか。　4060007　一航回 二航回

・太陽歯車の歯数：　　30
・固定歯車の歯数：　　90
・遊星歯車の歯数：　　20
・入力軸の回転数：1,700rpm

(1)270
(2)391
(3)425
(4)573

キャリア　固定歯車　出力軸　入力軸　太陽歯車　遊星歯車
遊星歯車減速装置

問0435 以下の条件での遊星歯車減速装置における出力軸の回転数（rpm）を求め、その回転数の「百の位」の数値を次のうちから選べ。　4060007　二航回 二航飛 一航回

・太陽歯車の歯数：　76
・固定歯車の歯数：152
・遊星歯車の歯数：　38
・入力軸の回転数：912rpm

(1)1
(2)2
(3)3
(4)4
(5)5

キャリア　固定歯車　出力軸　入力軸　太陽歯車　遊星歯車
遊星歯車減速装置

発動機

問0436　下記の条件で遊星歯車減速装置における固定歯車の歯数を求め、その歯数の「十の位」の数値を次のうちから選べ。

・減速比　　　　　：　3
・入力歯車の歯数：76
・遊星歯車の歯数：38

(1) 3
(2) 5
(3) 7
(4) 9

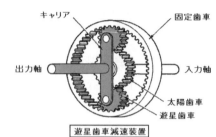

問0437　次の条件における遊星歯車減速装置の駆動歯車の歯数で次のうち最も近い値を選べ。

・減速比　　　　　：　4
・固定歯車の歯数：250
・遊星歯車の歯数：　42

(1) 50
(2) 63
(3) 69
(4) 83

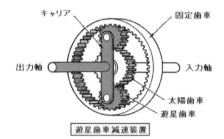

問0438　以下の条件における遊星歯車減速装置の減速比で次のうち正しいものはどれか。

一運回
二航回
二運飛
一航回
二航回
二運飛

・入力歯車の歯数：　76
・固定歯車の歯数：152
・遊星歯車の歯数：　38

(1) 0.5
(2) 2.0
(3) 2.5
(4) 3.0

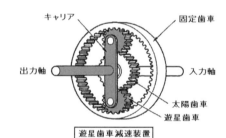

問0439　遊星歯車を使用した減速装置の出力回転数の説明で(A)～(D)のうち正しいものはいくつあるか。(1)～(5)の中から選べ。但し、太陽歯車を入力歯車、環状内歯歯車を固定歯車とする。

(A)出力回転数は遊星歯車の歯数に比例する。
(B)出力回転数は固定歯車の歯数に比例する。
(C)出力回転数は減速比に比例する。
(D)出力回転数は入力歯車の歯数に関係しない。

(1) 1　　(2) 2　　(3) 3　　(4) 4　　(5) 無し

問0440　下図に示す歯車列で、歯車(A)の回転数を1,200rpmとしたとき歯車(D)の回転数(rpm)で次のうち正しいものはどれか。但し、歯車(B)と歯車(C)は同一軸上にあり結合されているものとする。

・歯車(A)の歯数：45
・歯車(B)の歯数：40
・歯車(C)の歯数：20
・歯車(D)の歯数：15

(1) 　　400
(2) 2,400
(3) 3,600
(4) 7,200
(5) 10,800

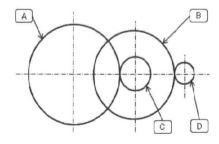

問0441　亜音速エア・インレットに関する説明で(A)～(D)のうち正しいものはいくつあるか。　4060101　一航飛
　　　　(1)～(5)の中から選べ。　　　　　　　　　　　　　　　　　　　　　　　　　　　　　　一航飛

　　　　(A)乱れのない均一に分布した空気流をエンジンに送り込む。
　　　　(B)ラム・エア速度をエンジン入口で可能な限り高い静圧に変換する。
　　　　(C)エンジンに流入する空気速度を可能な限り加速する。
　　　　(D)流入空気の剥離を防止するため、ダクトの空気抵抗を増加させる。

　　　　(1) 1　　(2) 2　　(3) 3　　(4) 4　　(5) 無し

問0442　亜音速エア・インレットに関する説明で(A)～(D)のうち正しいものはいくつあるか。　4060101　エタ
　　　　(1)～(5)の中から選べ。

　　　　(A)乱れのない均一に分布した空気流をエンジンに送り込む。
　　　　(B)ラム・エア速度をエンジン入口で可能な限り高い動圧に変換する。
　　　　(C)エンジンに流入する空気速度を可能な限り加速する。
　　　　(D)インレット・ディストーションにより空気抵抗を最小限に保つ。

　　　　(1) 1　　(2) 2　　(3) 3　　(4) 4　　(5) 無し

問0443　ダイバージェント・ダクトに関する説明で次のうち誤っているものはどれか。　4060102　二航飛
　　一連飛
　　　　(1)断面が末広がり形状をしている。
　　　　(2)亜音速ディフューザともよばれる。
　　　　(3)速度エネルギを圧力エネルギに変換する。
　　　　(4)空気流の動圧を上昇させる。

問0444　ダイバージェント・ダクトに関する説明で次のうち誤っているものはどれか。　4060102　一航飛

　　　　(1)断面が末広がり形状をしている。
　　　　(2)亜音速ディフューザとも呼ばれる。
　　　　(3)速度エネルギを圧力エネルギに変換する。
　　　　(4)空気流の速度を増加させ動圧を上昇させる。

問0445　ダイバージェント・ダクトに関する説明で次のうち誤っているものはどれか。　4060102　一航回
　　二航飛
　　　　(1)空気流の動圧を上昇させる。　　　　　　　　　　　　　　　　　　　　　　　三航飛
　　　　(2)断面が末広がり形状をしている。　　　　　　　　　　　　　　　　　　　　　二連飛
　　　　(3)亜音速ディフューザともよばれる。
　　　　(4)速度エネルギを圧力エネルギに変換する。

問0446　パーティクル・セパレータに関する説明で次のうち正しいものはどれか。　4060104　エタ
　　二航飛
　　　　(1)燃料に含まれる異物を分離する。　　　　　　　　　　　　　　　　　　　　　一航飛
　　　　(2)滑油に含まれる空気を分離する。　　　　　　　　　　　　　　　　　　　　　一連飛
　　　　(3)抽気系統に含まれる水分を分離する。　　　　　　　　　　　　　　　　　　　二連飛
　　　　(4)吸入空気に含まれる砂や氷片を分離する。　　　　　　　　　　　　　　　　　一連飛

問0447　パーティクル・セパレータに関する説明で次のうち誤っているものはどれか。　4060104　二連回

　　　　(1)慣性力や遠心力を利用している。
　　　　(2)砂や氷片などを分離する。
　　　　(3)金属片を吸着分離する。
　　　　(4)インレット・スクリーンと併用することもある。

問0448　遠心式パーティクル・セパレータに関する説明で次のうち誤っているものはどれか。　4060104　一連回
　　一航回
　　　　(1)ボルテックス・ジェネレータ・ベーンの回転を利用している。　　　　　　　　エタ
　　　　(2)異物除去率は90％～98％程度である。
　　　　(3)遠心力により異物が外部に放出される。
　　　　(4)ひとつが数センチと小さいセパレータが多数配置されている。

問0449　インレット・パーティクル・セパレータに関する説明で次のうち誤っているものはどれ　4060104　一連回
　　　　か。　　　　　　　　　　　　　　　　　　　　　　　　　　　　　　　　　　　　二航回

　　　　(1)エンジン本体に機能を組み込んだものがある。
　　　　(2)慣性力により小さな異物まで分離できる。
　　　　(3)フィルタに比べて圧力損失は比較的大きい。
　　　　(4)遠心式では旋回流を利用する。

発
動
機

問0450　下図のパーティクル・セパレータに関する説明で(A)～(D)のうち正しいものはいくつあるか。(1)～(5)の中から選べ。　　　　4060104　　一航回　一航回

(A)図は軸流式である。
(B)（ア）は吸入空気により回転するベーンである。
(C)（イ）から異物が排出される。
(D)（ウ）はエンジン吸気に行く。

(1) 1　　(2) 2　　(3) 3　　(4) 4　　(5) 無し

問0451　下図のパーティクル・セパレータに関する説明で(A)～(D)のうち正しいものはいくつあるか。(1)～(5)の中から選べ。　　　　4060104　　一航回　二航回

(A)（ア）はボルテックス・ジェネレータ・ベーンである。
(B)（イ）から異物が排出される。
(C)（ウ）はエンジン吸気へ行く。
(D)セパレータをエンジン吸気流入部に多数配置している。

(1) 1　　(2) 2　　(3) 3　　(4) 4　　(5) 無し

問0452　ヘリコプタのエンジン・インレットに使用されるエア・クリーナに関する説明で(A)～(D)のうち正しいものはいくつあるか。(1)～(5)の中から選べ。　　　　4060104　　一航回

(A)エア・クリーナの種類には、スクリーン、フィルタ、パーティクル・セパレータがある。
(B)スクリーンよりフィルタの方が圧力損失が小さい。
(C)パーティクル・セパレータの異物除去率が90%～98%であるため、それに比例し圧力損失も大きい。
(D)パーティクル・セパレータは異物の除去に遠心力を利用するものもある。

(1) 1　　(2) 2　　(3) 3　　(4) 4　　(5) 無し

問0453　ヘリコプタのエンジン・インレットに使用されるエア・クリーナに関する説明で(A)～(D)のうち正しいものはいくつあるか。(1)～(5)の中から選べ。　　　　4060104　　一航回

(A)エア・クリーナの種類には、スクリーン、フィルタ、パーティクル・セパレータがある。
(B)スクリーンよりフィルタの方が圧力損失が小さい。
(C)パーティクル・セパレータの異物除去率は90%以上あるが、圧力損失は比較的大きい。
(D)パーティクル・セパレータの機能をエンジン本体に組み込んだものがある。

(1) 1　　(2) 2　　(3) 3　　(4) 4　　(5) 無し

問0454　ファン飛散防止システムに関する説明で(A)～(D)のうち正しいものはいくつあるか。(1)～(5)の中から選べ。　　　　4060201　　一航飛

(A)ファン・ケースは、ファン・ブレードの破片が飛散しないような強度を確保しなければならない。
(B)飛散するファン・ブレードのエネルギは非常に大きいため、ファン・ケースには高い強度と高い延性が必要である。
(C)ファン・ケースにはアルミニウム合金、低合金鋼およびアラミド繊維と樹脂との複合材などが使用されている。
(D)アラミド繊維と樹脂との複合材は、ファン・ケースの強度を確保し軽量化を図っている。

(1) 1　　(2) 2　　(3) 3　　(4) 4　　(5) 無し

問0455　ファン・ブレードにあるミド・スパン・シュラウドの目的で次のうち正しいものはどれか。　　　　4060201　　一運飛

(1)ファン・ブレードの効率を上げる。
(2)ファン・ブレードの振動を防止する。
(3)ファン・ブレードの騒音を下げる。
(4)ファン・ブレードのバランスを保つ。

問0456	ファン・ブレードにあるミド・スパン・シュラウドの目的で次のうち正しいものはどれか。 (1)ファン・ブレードの流入空気量を増加させ効率を向上させる。 (2)ファン・ブレードの振動や空気力によるねじれを防止する。 (3)エンジンの異物吸入による損傷を防止する。 (4)シュラウドの無いワイド・コード・ファン・ブレードより騒音を低減できる。	4060201	一航飛
問0457	ファン・ブレードにあるミド・スパン・シュラウドの目的で(A)～(D)のうち正しいものはいくつあるか。(1)～(5)の中から選べ。 (A)ファン・ブレードの効率を上げる。 (B)ファン・ブレードの振動を防止する。 (C)ファン・ブレードの騒音を下げる。 (D)ファン・ブレードのフラッタを防止する。 (1) 1　　(2) 2　　(3) 3　　(4) 4　　(5) 無し	4060201	一航飛
問0458	スウェプト・ファン・ブレードに関する説明で次のうち誤っているものはどれか。 (1)チタニウム合金の鍛造製のものや複合材料製のものが実用化されている。 (2)ブレードのスナバーにより流量の損失が減少し空力的に有効となっている。 (3)ファンが発生するトーン・ノイズの量を減少させる効果がある。 (4)ブレードに発生する衝撃波による損失を大きく減らし空気量を増加させる。	4060201	一運飛 エタ
問0459	スウェプト・ファン・ブレードに関する説明で(A)～(D)のうち正しいものはいくつあるか。(1)～(5)の中から選べ。 (A)振動やフラッタを防止するため拡散接合した中空構造のものが実用化している。 (B)ブレードの先端が多少前方に張り出した形状である。 (C)ディスクへの取り付けには、ダブテール・ロック方式がある。 (D)ファン効率は向上できるが、トーン・ノイズの量は増加してしまう。 (1) 1　　(2) 2　　(3) 3　　(4) 4　　(5) 無し	4060201	エタ
問0460	スウェプト・ファン・ブレードに関する説明で(A)～(D)のうち正しいものはいくつあるか。(1)～(5)の中から選べ。 (A)ブレードの先端が多少前方に張り出した形状である。 (B)振動やフラッタを防止するためミド・スパン・シュラウドが用いられる。 (C)ファン効率を向上させているため、発生するトーン・ノイズが増大する。 (D)ディスクへの取り付けには、ダブテール・ロック方式が用いられる。 (1) 1　　(2) 2　　(3) 3　　(4) 4　　(5) 無し	4060201	一航飛
問0461	スウェプト・ファン・ブレードに関する説明で(A)～(D)のうち正しいものはいくつあるか。(1)～(5)の中から選べ。 (A)チタニウム合金の鍛造製のものや複合材料製のものが実用化されている。 (B)ブレードのスナバーにより流量の損失が減少し空力的に有効となっている。 (C)ファンが発生するトーン・ノイズの量は増大する。 (D)ブレードに発生する衝撃波による損失を大きく減らし空気量を増加させる。 (1) 1　　(2) 2　　(3) 3　　(4) 4　　(5) 無し	4060201	一航飛
問0462	ターボファン・エンジンのファン・ブレードが衝撃波の影響を受けないようにするための工夫で(A)～(D)のうち正しいものはいくつあるか。(1)～(5)の中から選べ。 (A)ファン・ブレードに後退角を持たせたスウェプト・ファン・ブレードを採用している。 (B)エア・インレット・ダクトに亜音速ディフューザを採用している。 (C)コンプレッサ前段部にインレット・ガイド・ベーンを採用している。 (D)ワイド・コード・ファン・ブレードにミド・スパン・シュラウドを採用している。 (1) 1　　(2) 2　　(3) 3　　(4) 4　　(5) 無し	4060201	エタ

発動機

問題番号	試験問題	シラバス番号	出題履歴
問0463	コンプレッサの種類と構造に関する説明で次のうち誤っているものはどれか。 (1) 軸流・遠心式コンプレッサとは、前段に軸流式コンプレッサ、後段に遠心式コンプレッサを組み合わせたものをいう。 (2) 遠心式コンプレッサは回転数を上げると圧力比は上昇するが、インペラから吐出する空気流がある円周速度を超えると衝撃波を発生する。 (3) 軸流式コンプレッサはサイズが小型になるほど、コンプレッサの空気流路に境界層が発達し効率が低下する傾向にある。 (4) 軸流・遠心式コンプレッサに使用されているブリード・バルブは、遠心式コンプレッサのディフューザ出口に装備されている。	4060202	二航回 一航飛 一航回
問0464	コンプレッサに関する説明で(A)～(D)のうち正しいものはいくつあるか。 (1)～(5)の中から選べ。 (A) 遠心式コンプレッサでは回転するディフューザが圧縮を行う。 (B) 遠心式コンプレッサではディフューザを出た空気がマニフォールドへと送られる。 (C) 軸流式コンプレッサにはロータ・ブレードとステータ・ベーンが使用される。 (D) 軸流・遠心式コンプレッサは後段に軸流コンプレッサを配置している。 (1) 1　　(2) 2　　(3) 3　　(4) 4　　(5) 無し	4060202	一航回 一航飛 二航飛
問0465	コンプレッサに関する説明で(A)～(D)のうち正しいものはいくつあるか。 (1)～(5)の中から選べ。 (A) 遠心式コンプレッサでは回転部にインペラが使用される。 (B) 遠心式コンプレッサではディフューザを出た空気がインペラに送られる。 (C) 小型ターボプロップ・エンジンに軸流・遠心式コンプレッサが使用されることがある。 (D) 軸流・遠心式コンプレッサは前段に軸流式コンプレッサを配置している。 (1) 1　　(2) 2　　(3) 3　　(4) 4　　(5) 無し	4060202	二航飛
問0466	遠心コンプレッサに関する説明で次のうち正しいものはどれか。 (1) 圧力上昇の10%はインペラにより、残る90%はディフューザにより行われる。 (2) 圧力上昇の20%はインペラにより、残る80%はディフューザにより行われる。 (3) 圧力上昇の50%はインペラにより、残る50%はディフューザにより行われる。 (4) 圧力上昇の80%はインペラにより、残る20%はディフューザにより行われる。	4060202	一航回 一航回
問0467	軸流コンプレッサと比較した遠心コンプレッサの利点で次のうち誤っているものはどれか。 (1) 1段で得られる圧力比が大きい。 (2) 異物の吸入に対して強い。 (3) 製作が容易で製造コストが比較的安い。 (4) 高圧力比を得るための多段化が容易である。	4060202	二運飛 二運飛
問0468	軸流コンプレッサと比較した遠心コンプレッサの特徴で(A)～(D)のうち正しいものはいくつあるか。(1)～(5)の中から選べ。 (A) 空気流量に対する前面面積が大きい。 (B) 1段で得られる圧力比が大きい。 (C) 構造的に異物の吸入に対して強い。 (D) 製作が複雑になるため製造コストが高い。 (1) 1　　(2) 2　　(3) 3　　(4) 4　　(5) 無し	4060202	一航飛
問0469	遠心式コンプレッサの特徴で次のうち誤っているものはどれか。 (1) 構造的に異物の吸入に対して弱い。 (2) 1段で得られる圧力比が大きい。 (3) 高圧力比を得るための多段化が困難である。 (4) 製作が容易で製造コストが比較的安い。	4060202	二運回
問0470	軸流式コンプレッサと比較した遠心式コンプレッサの特徴で次のうち正しいものはどれか。 (1) 段当たりの圧力比が大きい。 (2) FODに弱い。 (3) 多段化が容易である。 (4) コンプレッサ・ストールは発生しない。	4060202	二運飛

問題番号	試験問題	シラバス番号	出題履歴

問0471　軸流式コンプレッサと比較した遠心式コンプレッサの特徴で次のうち誤っているものはどれか。　4060202　二運飛／二運回／二運飛

　　　　(1)高圧力比を得るための多段化が容易でない。
　　　　(2)空気流量に対する前面面積が小さい。
　　　　(3)製作が容易で製造コストが比較的安い。
　　　　(4)構造的に異物の吸入に対して強い。

問0472　遠心式コンプレッサに関する説明で(A)～(D)のうち正しいものはいくつあるか。(1)～(5)の中から選べ。　4060202　一航飛／一航回

　　　　(A)インペラ、ディフューザおよびマニフォールドで構成されている。
　　　　(B)吸入された空気流はインペラにより加速圧縮され、ディフューザにより圧力エネルギに変換される。
　　　　(C)圧力の上昇はインペラとディフューザで行われる。
　　　　(D)回転数を上げると圧力比は上昇するが、インペラから吐出される空気流の円周速度の増加に伴い、衝撃波を発生する恐れがある。

　　　　(1)1　　(2)2　　(3)3　　(4)4　　(5)無し

問0473　遠心式コンプレッサに関する説明で(A)～(D)のうち正しいものはいくつあるか。(1)～(5)の中から選べ。　4060202　二航飛／一航飛

　　　　(A)インペラ入口からの空気流は遠心力によって外周方向に加速圧縮される。
　　　　(B)外周に設けられた固定型ディフューザにより圧力上昇がはかられる。
　　　　(C)圧力上昇の半分はディフューザで行われる。
　　　　(D)遠心式コンプレッサに軸流式コンプレッサを組み合わせたものもある。

　　　　(1)1　　(2)2　　(3)3　　(4)4　　(5)無し

問0474　軸流コンプレッサと比較した遠心コンプレッサの特徴で(A)～(D)のうち正しいものはいくつあるか。(1)～(5)の中から選べ。　4060202　二航飛

　　　　(A)空気流量に対する前面面積が大きい。
　　　　(B)1段で得られる圧力比が大きい。
　　　　(C)構造的に異物の吸入に対して強い。
　　　　(D)製作が複雑になるため製造コストが高い。

　　　　(1)1　　(2)2　　(3)3　　(4)4　　(5)無し

問0475　遠心式コンプレッサを使用するターボシャフト・エンジンの作動ガス流に関する説明で次のうち正しいものはどれか。　4060202　二航回

　　　　(1)インペラでは加速するだけである。
　　　　(2)ディフューザで速度エネルギを圧力エネルギに変換する。
　　　　(3)ディスチャージ・チューブ出口の圧力が最も高くなる。
　　　　(4)排気ノズルで加速され大気に放出される。

問0476　遠心式コンプレッサを使用するターボプロップ・エンジンの作動ガス流に関する説明で次のうち正しいものはどれか。　4060202　一航飛／一運飛／二航飛／二航回

　　　　(1)コンプレッサのインペラでは加速および圧縮する。
　　　　(2)ディフューザで圧力エネルギを速度エネルギに変換する。
　　　　(3)燃焼室出口の圧力が最も高くなる。
　　　　(4)燃焼室から直接フリー・タービンへと流れる。

問0477　遠心式コンプレッサを使用するターボシャフト・エンジンの作動ガス流に関する説明で(A)～(D)のうち正しいものはいくつあるか。(1)～(5)の中から選べ。　4060202　エタ

　　　　(A)インペラでは加速するだけである。
　　　　(B)ディフューザでは速度エネルギを圧力エネルギに変換する。
　　　　(C)ディスチャージ・チューブ出口の圧力が最も高くなる。
　　　　(D)排気ノズルで加速され大気に放出される。

　　　　(1)1　　(2)2　　(3)3　　(4)4　　(5)無し

問0478　軸流コンプレッサに関する説明で次のうち正しいものはどれか。　4060203　二航回

(1) 各羽根間の空気流路は、入口が広く出口が狭くなるようダイバージェント流路を形成している。
(2) 動翼が加速した空気流の速度エネルギを、動翼と静翼の翼列で圧力エネルギに変換して圧縮する。
(3) 動翼が空気流を加速し、静翼のみで速度エネルギを圧力エネルギに変換して圧縮する。
(4) 動翼による空気流の加速を後段になるほど減少させて空気流を圧縮する。

問0479　軸流コンプレッサの作動原理に関する説明で次のうち正しいものはどれか。　4060203　一航飛 一運飛 二運飛 二運飛 二運飛

(1) ロータおよびステータで圧力を上昇させる。
(2) ロータで圧力を上昇させ、ステータで速度を増加させる。
(3) ロータで速度を増加させ、ステータで圧力を低下させる。
(4) ロータおよびステータで速度を上昇させる。

問0480　コンプレッサを通過する空気流の変化に関する説明で次のうち正しいものはどれか。　4060203　二航飛 二航回 二航飛

(1) 動翼を通るときに速度は下がる。
(2) 動翼を通るときに静圧は下がる。
(3) 静翼を通るときに速度は下がる。
(4) 静翼を通るときに静圧は下がる。

問0481　コンプレッサ・ステータを通過する空気流の変化に関する説明で次のうち正しいものはどれか。　4060203　一航回

(1) 全圧が上昇し速度も増加する。
(2) 全圧が低下し速度は増加する。
(3) 静圧が上昇し速度は低下する。
(4) 静圧が低下し速度も低下する。

問0482　コンプレッサ・ステータを通過する空気流の変化に関する説明で次のうち正しいものはどれか。　4060203　一航飛 一運飛 二運回

(1) 静圧が上昇し速度は低下する。
(2) 静圧が低下し速度は増加する。
(3) 全圧が低下し速度も低下する。
(4) 全圧が上昇し速度も増加する。

問0483　下図は軸流コンプレッサ・ブレード（動翼）に対する速度三角形を示したものである。(A)～(D)のうち正しいものはいくつあるか。(1)～(5)の中から選べ。　4060206　エタ

(A) 流入空気の絶対速度はwで示され、相対速度はcで示されている。
(B) 動翼の回転速度はuで示されている。
(C) 動翼の回転速度が一定であっても、流入空気の絶対速度が減少し続けると圧力比が最大となった直後にストールする。
(D) 流入空気の絶対速度は流入空気の測定絶対温度に比例する。

(1) 1　　(2) 2　　(3) 3　　(4) 4　　(5) 無し

α：動翼に対する迎え角

問0484　コンプレッサ圧力比に関する式で次のうち正しいものはどれか。　4060204　二連飛

(1) $\dfrac{\text{コンプレッサ出口動圧}}{\text{コンプレッサ入口動圧}}$

(2) $\dfrac{\text{コンプレッサ入口動圧}}{\text{コンプレッサ出口動圧}}$

(3) $\dfrac{\text{コンプレッサ出口全圧}}{\text{コンプレッサ入口全圧}}$

(4) $\dfrac{\text{コンプレッサ入口全圧}}{\text{コンプレッサ出口全圧}}$

問0485　コンプレッサ圧力比に関係する要素で次のうち誤っているものはどれか。　　4060204　二運飛

(1)コンプレッサの回転速度
(2)外気温度
(3)外気圧力
(4)排気ガス温度

問0486　以下の2軸式エンジンにおける低圧コンプレッサの圧力比を求め、その「一の位」の数値を次のうちから選べ。但し、1段当たりの圧力比は1.3とする。　　4060204　エタ

・低圧コンプレッサ： 6段
・高圧コンプレッサ：11段
・高圧タービン　　： 2段
・低圧タービン　　： 7段

(1)4
(2)6
(3)8
(4)9

問0487　軸流コンプレッサの回転数が一定のとき、ブレード（動翼）の迎え角に影響する要素として次のうち正しいものはどれか。　　4060204　二航回　一航回

(1)流入空気のラム圧
(2)流入空気速度
(3)コンプレッサの段数
(4)コンプレッサの圧力比

問0488　下図に示すエンジンの始動・加減速時の作動ラインに関する説明で(A)～(D)のうち正しいものはいくつあるか。(1)～(5)の中から選べ。　　4060204　一航回

(A)（ア）は過薄消火領域を示す。
(B)（イ）および（ウ）はストール領域を示す。
(C)A-B-C-Dは始動ラインである。
(D)G-H-I-Dは減速ラインである。

(1)1　　(2)2　　(3)3　　(4)4　　(5)無し

問0489　単軸式エンジンのコンプレッサにおいて、ストールが最も発生しやすい時期で次のうち正しいものはどれか。　　4060205　一運回　二航飛

(1)始動時
(2)離陸出力時
(3)減速時
(4)加速時

問0490　単軸式エンジンのコンプレッサにおいて、ストールが最も発生しやすい時期で次のうち正しいものはどれか。　　4060205　一運回　二航飛

(1)始動時
(2)離陸出力時
(3)急加速時
(4)減速時

問0491　コンプレッサ・ストールに関する説明で次のうち誤っているものはどれか。　　4060205　一航飛

(1)インレット・ディストーションはリバース時に発生することがある。
(2)加速時に高圧コンプレッサでストールが発生することがある。
(3)レイノルズ数効果によりストールが発生することがある。
(4)緩速推力時にオフ・アイドル・ストールが発生することがある。

発動機

問0492　コンプレッサ・ストールに関する説明で次のうち正しいものはどれか。　4060205　二航回

(1)ストール発生時、エンジン・パラメータにおける指示の変化は見られない。
(2)エンジン出力を下げるときは発生しない。
(3)コンプレッサ・ブレードに対する流入空気の迎え角が小さ過ぎると発生しやすい。
(4)軸流式コンプレッサでは発生するが、遠心式コンプレッサでは発生しない。

問0493　コンプレッサ・ストールに関する説明で次のうち正しいものはどれか。　4060205　一航回

(1)ストール発生時、エンジン・パラメータにおける指示の変化は見られない。
(2)エンジン出力を下げるときは発生しない。
(3)コンプレッサに流入する空気の速度、方向に乱れがあると発生しやすい。
(4)軸流式コンプレッサでは発生するが、遠心式コンプレッサでは発生しない。

問0494　コンプレッサ・ストールに関する説明で次のうち正しいものはどれか。　4060205　二航飛

(1)ストール発生時、エンジン・パラメータにおける指示の変化は見られない。
(2)エンジン出力を下げるときは発生しない。
(3)コンプレッサ・ブレードに対する流入空気の迎え角が小さ過ぎると発生しやすい。
(4)軸流式コンプレッサでは発生するが、遠心式コンプレッサでは発生しない。

問0495　コンプレッサ・ストールの原因で次のうち誤っているものはどれか。　4060205　エタ

(1)飛行中に乱気流や強い横風と遭遇したとき
(2)飛行中に急激な機体姿勢の変化が起きたとき
(3)追風で飛行しているとき
(4)エンジン・エア・インレットへの流入空気の角度が不適であるとき

問0496　エンジン・ストールに関する説明で(A)～(D)のうち正しいものはいくつあるか。　4060205　一航飛
(1)～(5)の中から選べ。

(A)ストールの発生は圧縮機の回転数や流入空気温度の変化に影響を受ける。
(B)ストールが発生した場合は出力を増減させてストール領域から回避する必要がある。
(C)ストール防止の方策には多軸エンジン、抽気、バリアブル・ステータ・ベーンがある。
(D)ストールによりブレード先端どうしが接触するチップ・クラングの兆候がある場合はブレード根元に過度な負荷がかかった恐れがある。

(1) 1　　(2) 2　　(3) 3　　(4) 4　　(5) 無し

問0497　コンプレッサ・ストールに関する説明で(A)～(D)のうち正しいものはいくつあるか。　4060205　一航飛
(1)～(5)の中から選べ。

(A)低圧コンプレッサでは発生するが、高圧コンプレッサでは発生しない。
(B)リバース時の排気ガスの吸入で発生することがある。
(C)エンジン出力を下げるときは発生しない。
(D)軸流式では発生するが、遠心式では発生しない。

(1) 1　　(2) 2　　(3) 3　　(4) 4　　(5) 無し

問0498　コンプレッサのストール防止に関する説明で(A)～(D)のうち正しいものはいくつあるか。(1)～(5)の中から選べ。　4060205　一航飛／二航飛／一航回

(A)コンプレッサの入口部に可変静翼を装備する。
(B)コンプレッサの中段部に抽気バルブを装備する。
(C)機械的に独立したフリー・タービンとする。
(D)リバース・フロー型燃焼室を採用する。

(1) 1　　(2) 2　　(3) 3　　(4) 4　　(5) 無し

問0499　多軸式軸流コンプレッサに関する説明で(A)～(D)のうち正しいものはいくつあるか。　4060205　一航飛
(1)～(5)の中から選べ。

(A)始動時の負荷が大きく、単軸式より始動装置の大型化が必要である。
(B)コンプレッサ全体として高い圧力比が得られる。
(C)コンプレッサ・ストールの発生の可能性を減少できる。
(D)3軸式軸流コンプレッサが採用されたエンジンも実用化されている。

(1) 1　　(2) 2　　(3) 3　　(4) 4　　(5) 無し

問0500　次の文は軸流コンプレッサの回転数の影響を記述したものである。文中の（　　）に入る　　4060206　　一運飛
語句の組み合わせで次のうち正しいものはどれか。(1)～(4)の中から選べ。

エンジン回転数が設計回転数よりも低い状態では、コンプレッサの（　ア　）は
（　イ　）が処理するのに（　ウ　）空気流量を供給するため、流入空気の（　エ　）が
遅くなり動翼に対する迎え角が（　オ　）なる。結果、（　カ　）でストールを生じる。

（　ア　）（　イ　）　（　ウ　）　　（　エ　）　　（　オ　）（　カ　）
(1)前段　・　後段　・　少ない　・　相対速度　・　小さく　・　前段
(2)後段　・　前段　・　多すぎる　・　相対速度　・　大きく　・　後段
(3)前段　・　後段　・　多すぎる　・　相対速度　・　大きく　・　前段
(4)後段　・　前段　・　少ない　・　相対速度　・　小さく　・　後段

問0501　軸流コンプレッサの回転数が一定のとき、ブレード（動翼）の迎え角に影響する要素とし　　4060206　　二航回
て次のうち正しいものはどれか。

(1)流入空気速度
(2)コンプレッサ効率
(3)圧力比
(4)反動度

問0502　軸流コンプレッサ回転数が一定のとき、流入空気の絶対速度で次のうち正しいものはどれ　　4060206　　一航回
か。

(1)大気温度比に比例する。
(2)大気温度比に反比例する。
(3)大気温度比の平方根に比例する。
(4)大気温度比の平方根に反比例する。

問0503　下図は軸流コンプレッサ・ブレード（動翼）に対する速度三角形を示したものである。　　4060206　　エタ
(A)～(D)のうち正しいものはいくつあるか。(1)～(5)の中から選べ。

(A)流入空気の絶対速度はwで示され、相対速度はcで示されている。
(B)動翼の回転速度はuで示されている。
(C)動翼の回転速度が一定であっても、流入空気の絶対速度が減少し続けると圧力比が最
　　大となった直後にストールする。
(D)流入空気の絶対速度が一定であっても、動翼が低回転または高回転になるとストール
　　を起こすことがある。

(1) 1　　(2) 2　　(3) 3　　(4) 4　　(5) 無し

α：動翼に対する迎え角

問0504　下図は軸流コンプレッサ・ブレード（動翼）に対する速度三角形を示したものである。　　4060206　　一航飛
(A)～(D)のうち正しいものはいくつあるか。(1)～(5)の中から選べ。

(A)流入空気の絶対速度は、動翼の回転数が一定のとき大気温度比の平方根に比例する。
(B)大気温度比は〔流入空気の測定絶対温度÷288〕により求められる。
(C)流入空気の温度が上昇すると絶対速度が増加するため、動翼に対する迎え角が増加し
　　圧力比は上昇する。
(D)流入空気の絶対速度が一定であると、動翼の回転速度が変化しても流入空気の相対速
　　度は一定となる。

(1) 1　　(2) 2　　(3) 3　　(4) 4　　(5) 無し

α：動翼に対する迎え角

発動機

問0505　下図は軸流コンプレッサ・ブレード（動翼）に対する速度三角形を示したものである。　4060206　エタ
(A)〜(D)のうち正しいものはいくつあるか。(1)〜(5)の中から選べ。

(A) α は動翼に対する迎え角である。
(B) u は動翼の回転速度である。
(C) c は流入空気の絶対速度である。
(D) w は流入空気の相対速度である。

(1) 1　　(2) 2　　(3) 3　　(4) 4　　(5) 無し

α：動翼に対する迎え角

問0506　2 軸式エンジンにおける低圧および高圧コンプレッサの回転数に関する説明で次のうち　4060206　二運飛
正しいものはどれか。

(1) 低圧コンプレッサの方が高い。
(2) 高圧コンプレッサの方が高い。
(3) 低圧コンプレッサおよび高圧コンプレッサの回転数は常に同じである。
(4) 低出力時は低圧コンプレッサの方が高く、高出力時は高圧コンプレッサの方が高い。

問0507　二軸式エンジンにおける低圧および高圧コンプレッサの回転数に関する説明で次のうち正　4060207　一航飛
しいものはどれか。

(1) 低圧コンプレッサの方が高い。
(2) 高圧コンプレッサの方が高い。
(3) 高圧コンプレッサの最大回転数はスタータにより制限される。
(4) 低圧コンプレッサの回転数は高圧コンプレッサの回転数に影響しない。

問0508　コンプレッサのストール防止に関する説明で次のうち正しいものはどれか。　4060207　一運飛

(1) ディフューザ・セクションの入口部に可変静翼を装備する。
(2) コンプレッサの中段部に抽気バルブを装備する。
(3) 機械的に独立したフリー・タービンを採用する。
(4) リバース・フロー型燃焼室を採用する。

問0509　軸流コンプレッサのストール防止構造で次のうち誤っているものはどれか。　4060207　一航飛
二航回

(1) コンプレッサ・ブリード・バルブ
(2) マルチ・スプール・エンジン
(3) バリアブル・ステータ・ベーン
(4) アクティブ・クリアランス・コントロール

問0510　コンプレッサのストール防止に関する説明で(A)〜(D)のうち正しいものはいくつある　4060207　一航飛
か。(1)〜(5)の中から選べ。

(A) ディフューザ・セクションの入口部に可変静翼を装備する。
(B) コンプレッサの中段部に抽気バルブを装備する。
(C) 機械的に独立したフリー・タービンを採用する。
(D) リバース・フロー型燃焼室を採用する。

(1) 1　　(2) 2　　(3) 3　　(4) 4　　(5) 無し

問0511　軸流コンプレッサのブリード・バルブが抽気する時期で次のうち正しいものはどれか。　4060207　二運飛

(1) 低回転時
(2) 高回転時
(3) 離陸時
(4) 巡航時

問0512　軸流コンプレッサのブリード・バルブが抽気する時期で次のうち正しいものはどれか。　4060207　一航回

(1) 離陸定格出力使用時
(2) OEI非常定格出力使用時
(3) 始動時
(4) オーバ・トルク時

問0513　抽気バルブの説明で(A)〜(D)のうち正しいものはいくつあるか。　4060207　一航飛
(1)〜(5)の中から選べ。

(A)始動時や低出力時に圧縮空気の一部を外気へ放出する。
(B)抽気バルブが開くことで、コンプレッサの流入空気の絶対速度が減少する。
(C)軸流・遠心式コンプレッサでは軸流コンプレッサの中段に取り付けられることが多い。
(D)抽気バルブの中には可変式のものがある。

(1) 1　　(2) 2　　(3) 3　　(4) 4　　(5) 無し

問0514　バリアブル・ステータ・ベーンに関する説明で次のうち誤っているものはどれか。　4060207　一運飛

(1)コンプレッサ・ロータ・ブレードに対する迎え角を常に最適な状態に保つ。
(2)ベーンの制御には圧縮機入口温度や回転数が用いられる。
(3)ストール防止のためブリード・バルブと併用される場合もある。
(4)アイドルでは流入空気に対する流入面積が広い。

問0515　多軸式軸流コンプレッサに関する説明で次のうち誤っているものはどれか。　4060207　一運飛

(1)始動時の負荷が大きく、単軸式より始動装置の大型化が必要である。
(2)コンプレッサ全体として高い圧力比が得られる。
(3)コンプレッサ・ストールの発生の可能性を減少できる。
(4)3軸式軸流コンプレッサが採用されたエンジンも実用化されている。

問0516　コンプレッサ・ロータの構造で次のうち誤っているものはどれか。　4060208　二航飛

(1)ドラム型
(2)ディスク型
(3)ブリスク型
(4)リム型

問0517　コンプレッサ・ブレードをディスク外周上に取り付ける方式で次のうち正しいものはどれか。　4060208　二運飛／二運回／一運回

(1)ハブ・アンド・タイロッド方式
(2)ベーン・アンド・シュラウド方式
(3)ダブテール・ロック方式
(4)ウイング・ディスク方式

問0518　コンプレッサ・ブレードをディスク外周上に取り付ける方式で次のうち正しいものはどれか。　4060208　二運飛

(1)ピン・ジョイント方式
(2)ハブ・アンド・タイロッド方式
(3)ベーン・アンド・シュラウド方式
(4)ウィング・ディスク方式

問0519　コンプレッサ・ブレードに関する説明で(A)〜(D)のうち正しいものはいくつあるか。　4060208　二航回
(1)〜(5)の中から選べ。

(A)ディスクへの取付け方法にはダブテール方式が多用されている。
(B)翼型断面には、一般的に薄肉尖頭の円弧断面型が使われている。
(C)ねじれを付けているのは、空気流の半径方向の流速を一定にするためである。
(D)ブレードの長さは前段より後段の方が長く、枚数は後段へ行くほど減少する。

(1) 1　　(2) 2　　(3) 3　　(4) 4　　(5) 無し

問0520　コンプレッサ・ブレードに関する説明で(A)〜(D)のうち正しいものはいくつあるか。　4060208　一航回／一航飛
(1)〜(5)の中から選べ。

(A)ディスクへの取付方法にはダブテール方式が多用されている。
(B)翼型断面には、一般的に薄肉尖頭の円弧断面型翼型が使用されている。
(C)「ねじれ」は、ブレードの根元から先端にかけて空気流の流速を一定にするためである。
(D)ブレードの長さは前段より後段の方が長く、枚数は後段へ行くほど減少する。

(1) 1　　(2) 2　　(3) 3　　(4) 4　　(5) 無し

発
動
機

問題番号	試験問題	シラバス番号	出題履歴
問0521	コンプレッサ・ブレードに関する説明で(A)～(D)のうち正しいものはいくつあるか。 (1)～(5)の中から選べ。 (A)ディスクへの取付方法にはダブテール方式が多用されている。 (B)翼型断面には、一般的に薄肉尖頭の円弧断面型翼型が使用されている。 (C)コントロールド・ディフュージョン・エアフォイルは従来の翼型より前縁部の半径が 　　大きい。 (D)ブレードの長さは前段より後段の方が長く、枚数は後段へ行くほど減少する。 (1) 1　　(2) 2　　(3) 3　　(4) 4　　(5) 無し	4060208	二航飛 二航回
問0522	コンプレッサ・ロータに採用されているブリスク構造に関する説明で次のうち誤っている ものはどれか。 (1)鍛造や機械加工によって作られている。 (2)ブレードとディスクの取り付けにはピンジョイント方式が採用されている。 (3)ブレード取付型より重量軽減ができる。 (4)ブレード取付型よりディスクの直径を小さくできる。	4060208	二航回
問0523	コンプレッサ・ロータに採用されているブリスク構造に関する説明で(A)～(D)のうち正 しいものはいくつあるか。(1)～(5)の中から選べ。 (A)鍛造や機械加工によって作られている。 (B)ブレードとディスクの取り付けにはピンジョイント方式が採用されている。 (C)ブレード取付型より重量軽減ができる。 (D)ブレード取付型よりディスクの直径を小さくできる。 (1) 1　　(2) 2　　(3) 3　　(4) 4　　(5) 無し	4060208	一航回 二航飛
問0524	ディフューザ・セクションに関する説明で次のうち正しいものはどれか。 (1)燃焼室出口とタービンとの間にある。 (2)コンバージェント・ダクトを形成している。 (3)エンジンの中で最も圧力が高くなる。 (4)エンジンの中で最も速度が速くなる。	4060209	一航飛 一運飛 一航回 二運飛 一運飛
問0525	ディフューザ・セクションに関する説明で次のうち正しいものはどれか。 (1)燃焼室とタービンとの間にある。 (2)コンバージェント・ダクトを形成している。 (3)エンジンの中で最も高温になる。 (4)エンジンの中で最も圧力が高くなる。	4060209	一航飛 一運飛 二航飛 二航回
問0526	ディフューザ・セクションに関する説明で(A)～(D)のうち正しいものはいくつあるか。 (1)～(5)の中から選べ。 (A)コンプレッサ出口と燃焼室との間にある部分をいう。 (B)ダイバージェント・ダクトを形成している。 (C)コンプレッサから吐出された空気流の速度エネルギが静圧に変換され、エンジンの中 　　で最も圧力が低い。 (D)空力的問題を考慮し、燃焼室に送り込む空気流の速度には下限がある。 (1) 1　　(2) 2　　(3) 3　　(4) 4　　(5) 無し	4060209	一航回
問0527	ディフューザに関する説明で(A)～(D)のうち正しいものはいくつあるか。 (1)～(5)の中から選べ。 (A)ディフューザは静圧を上昇させる部分に多く使用される。 (B)超音速ディフューザでは容積が減少すると速度も減少する。 (C)亜音速ディフューザは単純な末広がりの形状のダクトである。 (D)亜音速ディフューザでは容積が増加すると速度も増加する。 (1) 1　　(2) 2　　(3) 3　　(4) 4　　(5) 無し	4060209	二航飛

問題番号	試験問題	シラバス番号	出題履歴

問0528 コンプレッサの性能回復に関する説明で(A)～(D)のうち正しいものはいくつあるか。(1)～(5)の中から選べ。

シラバス番号 4060210　出題履歴 一航回 一航回 一航回

(A)コンプレッサに大気中の汚れが付着すると排気ガス温度は上昇する傾向にある。
(B)エンジン・ウォータ・ウォッシュはエンジンをドライ・モータリングしながら、エア・インテークより水を散布し実施する。
(C)エンジン・ウォータ・ウォッシュにおいて洗浄効果をあげるために、水だけでなく洗剤を併用する場合もある。
(D)EGTマージンとは排気ガス温度の許容リミットに対する余裕温度をいう。

(1) 1　　(2) 2　　(3) 3　　(4) 4　　(5) 無し

問0529 燃焼室の種類で次のうち誤っているものはどれか。

シラバス番号 4060301　出題履歴 二運回

(1)カン型
(2)ダクト型
(3)カニュラ型
(4)アニュラ型

問0530 燃焼室の具備すべき条件で次のうち誤っているものはどれか。

シラバス番号 4060301　出題履歴 二運飛

(1)安定した燃焼が得られる。
(2)圧力損失が小さい。
(3)有害排出物が少ない。
(4)燃焼効率が低い。

問0531 燃焼室の具備すべき条件で次のうち誤っているものはどれか。

シラバス番号 4060301　出題履歴 二運飛

(1)燃焼効率が高い。
(2)圧力損失が小さい。
(3)出口温度分布が均一である。
(4)燃焼負荷率が小さい。

問0532 カン型燃焼室の特徴で次のうち正しいものはどれか。

シラバス番号 4060301　出題履歴 二航回

(1)燃焼缶の表面の大部分が湾曲した構造であるため、高い強度があり歪に対して強い。
(2)使用できる空間を最も有効に使うことができるため、同じ空気流量では直径を小さくできる。
(3)構造は簡素であり、必要な容積を覆う金属の表面積が最小となるため軽量化できる。
(4)他の型の燃焼室に比べ燃焼室ライナの冷却に必要な空気が少ない。

問0533 アニュラ型燃焼室に関する説明で次のうち誤っているものはどれか。

シラバス番号 4060301　出題履歴 一航回 一航回

(1)使用できる空間を最も有効に使うことができるため、同じ空気流量では直径を小さくできる。
(2)他の型の燃焼室に比べ燃焼室ライナの冷却に必要な空気が少ない。
(3)構造は簡素であり、必要な容積を覆う金属の表面積が最小となるため軽量化できる。
(4)燃焼が燃焼ライナの中で不均等に行われるという短所がある。

問0534 アニュラ型燃焼室に関する説明で次のうち正しいものはどれか。

シラバス番号 4060301　出題履歴 一運回 エタ

(1)他の型より高い強度を持ち歪みに対して強い。
(2)同じ空気流量では他の型より直径が大きくなる。
(3)内側と外側のライナを支えるためインタ・コネクタがある。
(4)ライナ冷却空気は他の型より15%ほど少ない。

問0535 アニュラ型燃焼室に関する説明で次のうち誤っているものはどれか。

シラバス番号 4060301　出題履歴 一航回 一航回

(1)均等な燃焼が得難く有害排気ガスの発生が多い。
(2)同じ空気量では直径を小さくできる。
(3)燃焼室の構造が簡素で軽量である。
(4)使用できる空間を有効に使うことができる。

問0536 アニュラ型燃焼室に関する説明で次のうち誤っているものはどれか。

シラバス番号 4060301　出題履歴 二航飛 二航飛

(1)火炎伝播のためのインタ・コネクタが必要である。
(2)ライナ冷却に必要な冷却空気は他の型より15%ほど少ない。
(3)円周方向の均等圧力が得やすい。
(4)燃焼室の構造は簡素で軽量化が図れる。

発動機

問0537	アニュラ型燃焼室の特徴で(A)～(D)のうち正しいものはいくつあるか。 (1)～(5)の中から選べ。	4060301	二航回

(A)燃焼室の表面の大部分が湾曲した構造であるため、高い強度があり歪に対して強い。
(B)使用できる空間を最も有効に使うことができるため、同じ空気流量では直径を小さくできる。
(C)構造は簡素であり、必要な容積を覆う金属の表面積が最小となるため軽量化できる。
(D)他の型の燃焼室に比べ、燃焼室ライナの冷却に必要な空気が少ない。

(1) 1　　(2) 2　　(3) 3　　(4) 4　　(5) 無し

問0538	アニュラ型燃焼室に関する説明で(A)～(D)のうち正しいものはいくつあるか。 (1)～(5)の中から選べ。	4060301	二航飛 二航飛 一航飛 二航飛 二航回

(A)使用できる空間を有効に使うことができる。
(B)同じ空気量では直径を小さくできる。
(C)燃焼室の構造が簡素で軽量である。
(D)均等な燃焼が得難く有害排気ガスの発生が多い。

(1) 1　　(2) 2　　(3) 3　　(4) 4　　(5) 無し

問0539	アニュラ型燃焼室に関する説明で(A)～(D)のうち正しいものはいくつあるか。 (1)～(5)の中から選べ。	4060301	エタ

(A)使用できる空間を最も有効に使うことができるため、同じ空気流量では直径を小さくできる。
(B)構造は簡素であり、必要な容積を覆う金属の表面積が最小となるため軽量化できる。
(C)他の型の燃焼室に比べ燃焼室ライナへの冷却空気が多く必要である。
(D)燃焼が燃焼ライナの中で均等に行われる。

(1) 1　　(2) 2　　(3) 3　　(4) 4　　(5) 無し

問0540	リバース・フロー型燃焼室に関する説明で次のうち誤っているものはどれか。	4060301	一運飛 一航回

(1)空気が燃焼室に入る前に予熱される欠点がある。
(2)ガス流は燃焼後にデフレクタにより180度向きを変える。
(3)燃焼ガスの方向転換により効率の損失を生じる。
(4)基本的に直流型のアニュラ燃焼室と同じ機能である。

問0541	リバース・フロー型燃焼室に関する説明で次のうち誤っているものはどれか。	4060301	二航回 一航回 一運飛 一航回 二運飛

(1)基本的に直流型のアニュラ燃焼室と同じ機能である。
(2)空気は燃焼室に入る前に冷却される。
(3)ガス流は燃焼後にデフレクタにより180度向きを変える。
(4)燃焼ガスの方向転換により効率の損失を生じる。

問0542	燃焼室に流入した空気に関する説明で次のうち正しいものはどれか。	4060302	一航飛 一運飛

(1)低出力時は全部が燃料と完全に混合して燃焼し、高出力時は燃焼と冷却の両方に使われる。
(2)高出力時は全部が燃料と完全に混合して燃焼し、低出力時は燃焼と冷却の両方に使われる。
(3)出力に関わらず全部が燃料と完全に混合して燃焼する。
(4)出力に関わらず燃焼と冷却の両方に使われる。

問0543	燃焼室の作動原理に関する説明で次のうち誤っているものはどれか。	4060302	一航回 二航回 二運回

(1)燃焼室を通過する総空気量に対する一次空気の割合は約25%である。
(2)二次空気は燃焼には使用されず全て燃焼室ライナの外側を流れる。
(3)流入空気はスワラーで直線速度が減少する。
(4)燃焼に必要な理論空燃比は15対1である。

問0544	燃焼室において直接燃焼に利用される空気量で次のうち正しいものはどれか。	4060302	二運回 一航飛

(1)総空気量の約25%
(2)一次空気量の約50%
(3)二次空気量の約75%
(4)総空気量の約100%

問0545 燃焼室に関する説明で(A)～(D)のうち正しいものはいくつあるか。　4060302　一航回
(1)～(5)の中から選べ。

　(A)燃焼領域での最適混合比は14～18対1である。
　(B)燃焼領域における燃焼ガス温度は800～1,300℃である。
　(C)燃焼器の内部は機能別に燃焼領域と混合・冷却領域とに分けられる。
　(D)ケロシンの理論空燃比は容積比で約15対1である。

　(1) 1　　(2) 2　　(3) 3　　(4) 4　　(5) 無し

問0546 燃焼室に関する説明で(A)～(D)のうち正しいものはいくつあるか。　4060302　一航飛
(1)～(5)の中から選べ。

　(A)燃焼室を通過する総空気量に対する一次空気の割合は約75%である。
　(B)燃焼領域における火炎温度は約2,000℃である。
　(C)燃焼器の内部は機能別に燃焼領域と混合・冷却領域とに分けられる。
　(D)ケロシンの理論空燃比は容積比で約15対1である。

　(1) 1　　(2) 2　　(3) 3　　(4) 4　　(5) 無し

問0547 燃焼室に関する説明で(A)～(D)のうち正しいものはいくつあるか。　4060302　二航回
(1)～(5)の中から選べ。　　　　　　　　　　　　　　　　　　　　　　　　　二航回

　(A)総空気量の約50%を1次空気として燃料ノズルの周りから燃焼領域に取り入れる。
　(B)スワラーで空気に旋回速度が与えられて燃焼が制御される。
　(C)燃焼領域での最適混合比は14 ～18 対1である。
　(D)高温の燃焼ガスは2次空気で希釈されてタービンの最大許容温度以下となる。

　(1) 1　　(2) 2　　(3) 3　　(4) 4　　(5) 無し

問0548 燃焼室に関する説明で(A)～(D)のうち正しいものはいくつあるか。　4060302　二航回
(1)～(5)の中から選べ。

　(A)ケロシンの燃焼に必要な理論空燃比は容積比で40対1である。
　(B)コンプレッサからの総空気量の約25%を1次空気として燃焼領域に使用し、残りの約
　　　75%を2次空気として冷却・希釈用空気に使用する。
　(C)スワラーは燃焼領域の前部において、燃料との混合および燃焼にかかる時間を長くす
　　　るためにある。
　(D)燃焼室ライナを保護するため2次空気が燃焼室ライナ内に取り入れられている。

　(1) 1　　(2) 2　　(3) 3　　(4) 4　　(5) 無し

問0549 燃焼室に関する説明で(A)～(D)のうち正しいものはいくつあるか。　4060302　一航飛
(1)～(5)の中から選べ。　　　　　　　　　　　　　　　　　　　　　　　　　二航飛

　(A)ケロシンの燃焼に必要な理論空燃比は容積比で40～120対1である。
　(B)コンプレッサからの総空気量の約75%を1次空気として燃焼領域に使用し、残りの約
　　　25%を2次空気として冷却・希釈用空気に使用する。
　(C)スワラーは燃焼領域の後部において、燃料との混合および燃焼にかかる時間を長くす
　　　るためにある。
　(D)燃焼室ライナを保護するため2次空気が燃焼室ライナ内に取り入れられている。

　(1) 1　　(2) 2　　(3) 3　　(4) 4　　(5) 無し

問0550 燃焼負荷率を最も大きくすることが可能な燃焼室で次のうち正しいものはどれか。　4060303　一航回

　(1)カン型
　(2)カニュラ型
　(3)チューボ・アニュラ型
　(4)アニュラ型

問0551 燃焼室の具備すべき条件で次のうち誤っているものはどれか。　4060303　二連回

　(1)安定した燃焼が得られる。
　(2)圧力損失が小さい。
　(3)有害排出物が少ない。
　(4)燃焼効率が低い。

問0552 燃焼室の具備すべき条件で次のうち誤っているものはどれか。　4060303　二航飛
　　　　　　　　　　　　　　　　　　　　　　　　　　　　　　　　　　　　二連回

　(1)燃焼効率が高い。
　(2)圧力損失が小さい。
　(3)燃焼負荷率が小さい。
　(4)出口温度分布が均一である。

発動機

問0553　燃焼室の性能を表す指標で次のうち誤っているものはどれか。　　4060303　二運飛

(1)燃焼効率
(2)圧力損失
(3)燃焼負荷率
(4)振動減衰率

問0554　燃焼室の性能に関する説明で次のうち誤っているものはどれか。　　4060303　エタ

(1)燃焼効率は流入空気の圧力および温度が高いほど良くなる。
(2)燃焼負荷率が小さくなるほど小型化できるが、熱負荷が大きすぎると燃焼室の耐久性が悪くなる。
(3)安定燃焼限界は空気流量と空燃比に影響され、この限界を超えるとフレームアウトを生じる。
(4)燃焼室ライナ出口断面におけるガス流の均等な温度分布により、タービン・ノズルやブレードに熱衝撃を生じる可能性が低くなる。

問0555　燃焼室に求められる性能で(A)〜(D)のうち正しいものはいくつあるか。　　4060303　一航飛
　　　　(1)〜(5)の中から選べ。　　　　　　　　　　　　　　　　　　　　　　　　　　　一航回

(A)反動度が大きい。
(B)圧力損失が小さい。
(C)燃焼負荷率が小さい。
(D)出口温度分布が均一である。

(1) 1　　(2) 2　　(3) 3　　(4) 4　　(5) 無し

問0556　燃焼室の燃焼効率に関する式で次のうち正しいものはどれか。　　4060303　一航回

(1) $\dfrac{実際の膨張仕事}{断熱膨張仕事}$

(2) $\dfrac{燃焼による発熱量}{燃焼室内筒容積}$

(3) $\dfrac{燃焼室出口の総圧}{燃焼室入口の総圧}$

(4) $\dfrac{実際に発生した熱量}{供給燃料が理論的に発生可能な熱量}$

問0557　燃焼室の燃焼負荷率に関する式で次のうち正しいものはどれか。　　4060303　一連飛

(1) $\dfrac{燃焼室内筒容積}{燃焼による発熱量}$

(2) $\dfrac{燃焼室内筒容積}{燃焼による吸熱量}$

(3) $\dfrac{燃焼による吸熱量}{燃焼室内筒容積}$

(4) $\dfrac{燃焼による発熱量}{燃焼室内筒容積}$

問0558　燃焼室ライナに関する説明で(A)〜(D)のうち正しいものはいくつあるか。　　4060305　エタ
　　　　(1)〜(5)の中から選べ。

(A)タービン入口に向かう燃焼ガス流路を形成する。
(B)通常ニッケル基耐熱合金の板金製の溶接構造である。
(C)燃焼室ライナの内壁にセラミック・コーティングを施したものがある。
(D)セラミックのタイルを使用することで燃焼ガス本流への空気量を減少できるので有害排気ガスの発生を抑えることができる。

(1) 1　　(2) 2　　(3) 3　　(4) 4　　(5) 無し

問0559　タービンの具備すべき条件で次のうち誤っているものはどれか。　　4060401　二連飛

(1)1段当りの膨張比が小さいこと
(2)信頼性が高く寿命が長いこと
(3)製作が容易で安価であること
(4)整備性が良いこと

問題番号	試験問題	シラバス番号	出題履歴
問0560	タービンの具備すべき条件で(A)～(D)のうち正しいものはいくつあるか。 (1)～(5)の中から選べ。 (A)高い段効率が得られること (B)1段あたりの膨張比が大きいこと (C)信頼性が高く寿命が長いこと (D)有害排出物が少ないこと (1) 1　　(2) 2　　(3) 3　　(4) 4　　(5) 無し	4060401	一航回
問0561	タービンに関する説明で次のうち誤っているものはどれか。 (1)遠心式コンプレッサと比較すると、ラジアル・タービンではガス流の入口とタービン・ホイールの回転方向は同じになる。 (2)ラジアル・タービンは円周上に固定されたタービン・ノズルからタービン・ホイールの中央に向かって燃焼ガスが噴射される。 (3)軸流タービンにおける個々のベーンをノズル・ガイド・ベーンとよび、これらを組み合わせたものをタービン・ノズルという。 (4)軸流タービンではノズル・ガイド・ベーンとタービン・ロータで段が構成され、構造としては軸流コンプレッサに類似している。	4060401	一航飛
問0562	タービンに関する説明で次のうち誤っているものはどれか。 (1)軸流タービンのノズル・ガイド・ベーンはガス流の方向を決定するほか、膨張・減圧も行う。 (2)ラジアル・タービンは円周上に固定されたタービン・ノズルからタービン・ホイールの中央に向かって燃焼ガスが噴射される。 (3)ラジアル・タービンは1段当たりの膨張比は大きいが、多段化すると効率が低下するため大型エンジンでは使用されない。 (4)軸流タービンの反動度とは、段を構成するタービン・ノズルとタービン・ブレードにおける膨張のうちタービン・ノズルが受け持つ膨張の比率をいう。	4060401	一航回 一運飛 一航回
問0563	タービンに関する説明で(A)～(D)のうち正しいものはいくつあるか。 (1)～(5)の中から選べ。 (A)インパルス型タービンの動翼では燃焼ガスの圧力は変化しない。 (B)インパルス型タービンのノズルでは燃焼ガスの圧力が増す。 (C)リアクション型タービンの動翼では燃焼ガスが膨張する。 (D)リアクション型タービンのノズルでは燃焼ガスが加速する。 (1) 1　　(2) 2　　(3) 3　　(4) 4　　(5) 無し	4060401	一航飛
問0564	タービンに関する説明で(A)～(D)のうち正しいものはいくつあるか。 (1)～(5)の中から選べ。 (A)軸流タービンのノズル・ガイド・ベーンはガス流の方向を決定するほか、膨張・減圧も行う。 (B)ラジアル・タービンは円周上に固定されたタービン・ノズルからタービン・ホイールの中央に向かって燃焼ガスが噴射される。 (C)ラジアル・タービンは1段当たりの膨張比は大きいが、多段化すると効率が低下するため大型エンジンでは使用されない。 (D)軸流タービンの反動度とは、段を構成するタービン・ノズルとタービン・ブレードにおける膨張のうちタービン・ノズルが受け持つ膨張の比率をいう。 (1) 1　　(2) 2　　(3) 3　　(4) 4　　(5) 無し	4060402	一航飛
問0565	軸流タービンに関する説明で次のうち誤っているものはどれか。 (1)燃焼ガスのエネルギを軸馬力に変換する。 (2)ノズル・ガイド・ベーンとタービン・ロータの各段で構成される。 (3)ノズル・ガイド・ベーン入口の面積が大きすぎると加速特性が低下し、燃料消費は増加する。 (4)タービンではガス速度の上昇に伴って温度と静圧は減少する。	4060401	一運飛
問0566	軸流タービンに関する説明で次のうち誤っているものはどれか。 (1)燃焼ガスのエネルギを軸馬力に変換する。 (2)ノズル・ガイド・ベーンとタービン・ロータの各段で構成される。 (3)タービンではガス速度の上昇に伴って温度も上昇し静圧は減少する。 (4)ノズル・ガイド・ベーン入口の面積を大きくすると燃料消費は増す。	4060401	一運飛

発動機

問0567　軸流タービンの作動原理に関する説明で(A)～(D)のうち正しいものはいくつあるか。　4060402　一航回
(1)～(5)の中から選べ。

(A)インパルス型タービンを通過する燃焼ガスは、動翼の出入口において圧力変化はなく
　　相対速度は一定である。
(B)リアクション型タービンを通過する燃焼ガスはノズル・ガイド・ベーンと同様のノズ
　　ル効果によって、動翼においても燃焼ガスの流速を更に加速する。
(C)リアクション・インパルス型タービンは反動・衝動型で、根元がインパルス型、先端
　　がリアクション型になっている。
(D)ノズル・ガイド・ベーンは燃焼ガスの持つ圧力エネルギを速度エネルギに変換する
　　が、ノズル・ガイド・ベーンの入口面積が大き過ぎると燃料消費が多くなる。

(1) 1　　(2) 2　　(3) 3　　(4) 4　　(5) 無し

問0568　下図(ア)および(イ)は、軸流エンジンに使用されるタービンの型を示したものであ　4060402　エタ
る。(A)～(D)のうち正しいものはいくつあるか。(1)～(5)の中から選べ。

(A)(ア)はインパルス型を示し、(イ)はリアクション型を示す。
(B)(ア)では、ガスの膨張はノズルのみで行われる。
(C)(イ)では、動翼入口と出口における圧力の変化はない。
(D)リアクション・インパルス型の動翼は、根元が(ア)の形状をし、先端は(イ)の形
　　状をしている。

(1) 1　　(2) 2　　(3) 3　　(4) 4　　(5) 無し

問0569　ノズル・ガイド・ベーンに関する説明で次のうち誤っているものはどれか。　4060402　二航飛
エタ
二航飛
二航回

(1)燃焼ガスを圧縮することで昇圧する。
(2)ノズルからの燃焼ガス流がロータに対して最適な角度で流れるようにする。
(3)ノズルの入口面積が小さ過ぎると、コンプレッサ・ストールが生じやすくなる。
(4)ノズルの入口面積が大き過ぎると、燃料消費が増加しEGTが上昇する原因となる。

問0570　タービン・ノズル・ガイド・ベーンに関する説明で次のうち誤っているものはどれか。　4060402　二航回
二運飛

(1)タービン・ロータの前にタービン・ノズル・サポートで支持されている。
(2)翼列が形成する通路断面は、入口が狭く出口が広くなっている。
(3)コバルト基またはニッケル基耐熱合金製である。
(4)コンベクション冷却、インピンジメント冷却、フイルム冷却などによる空気での冷却
　　が行われている。

問0571　タービン・ノズル・ガイド・ベーンに関する説明で(A)～(D)のうち正しいものはいくつ　4060402　一航飛
あるか。(1)～(5)の中から選べ。　一航飛
一航回

(A)燃焼ガスの流れを変化させることにより、動翼に対し適正な方向を与える。
(B)燃焼ガスの持つ速度エネルギを圧力エネルギに変換する。
(C)入口面積が大き過ぎる場合、コンプレッサ出口の背圧が増加するため、エンジン加速
　　時に高圧コンプレッサにストールを生じやすくなる。
(D)翼列が形成する通路断面が先細となっている。

(1) 1　　(2) 2　　(3) 3　　(4) 4　　(5) 無し

問0572　タービン・ノズル・ガイド・ベーンに関する説明で(A)～(D)のうち正しいものはいくつ　4060402　一航回
あるか。(1)～(5)の中から選べ。　一航回

(A)燃焼ガスの流れを変化させることにより、動翼に対し適正な方向を与える。
(B)燃焼ガスを膨張させることで減速させ、動翼にエネルギを与える。
(C)入口面積を大きくした場合、エンジンの加速特性は改善されるが、高い燃料消費とな
　　る。
(D)翼列が形成する通路断面が先細となっている。

(1) 1　　(2) 2　　(3) 3　　(4) 4　　(5) 無し

問0573　タービン反動度に関する式で次のうち正しいものはどれか。　4060402　エタ

(1) $\dfrac{段全体の膨張}{動翼による膨張} \times 100$

(2) $\dfrac{（ノズル出口圧力）-（動翼出口圧力）}{（ノズル入口圧力）-（動翼出口圧力）} \times 100$

(3) $\dfrac{断熱圧縮仕事}{実際の圧縮仕事} \times 100$

(4) $\dfrac{実際の膨張仕事}{断熱膨張仕事} \times 100$

問0574　タービン効率に関する式で次のうち正しいものはどれか。　4060403　一連回

(1) $\dfrac{動翼による膨張}{段全体の膨張} \times 100$

(2) $\dfrac{（ノズル出口圧力）-（動翼出口圧力）}{（ノズル入口圧力）-（動翼出口圧力）} \times 100$

(3) $\dfrac{断熱圧縮仕事}{実際の圧縮仕事} \times 100$

(4) $\dfrac{実際の膨張仕事}{断熱膨張仕事} \times 100$

問0575　タービン膨張比に関する式で次のうち正しいものはどれか。　4060403　一航回

(1) $\dfrac{タービン入口ガス圧力}{タービン出口ガス圧力}$

(2) $\dfrac{タービン出口ガス圧力}{タービン入口ガス圧力}$

(3) $\dfrac{動翼による膨張圧力}{段全体の膨張圧力}$

(4) $\dfrac{段全体の膨張圧力}{動翼による膨張圧力}$

問0576　下図の空冷タービン・ブレードで「コンベクション冷却ブレード」はどれか。　4060404　二航回

(1)　　　　　　　(2)　　　　　　　(3)

問0577　下図の空冷タービン・ブレードで「インピンジメント冷却ブレード」はどれか。　4060404　二連回

(1)　　　　　　　(2)　　　　　　　(3)

問0578　下図の空冷タービン・ブレードで「フィルム冷却ブレード」はどれか。　4060404　二連飛
二連飛

(1)　　　　　　　(2)　　　　　　　(3)

発
動
機

問題番号	試験問題	シラバス番号	出題履歴
問0579	実用化されている空冷タービン・ブレードの冷却方法で次のうち誤っているものはどれか。 (1)コンベクション冷却 (2)トランスピレーション冷却 (3)フィルム冷却 (4)インピンジメント冷却	4060404	一航飛
問0580	空冷タービン・ブレードに関する説明で(A)〜(D)のうち正しいものはいくつあるか。 (1)〜(5)の中から選べ。 (A)ブレード冷却の目的は、熱効率向上のため許容タービン入口温度を増加することにある。 (B)インピンジメント冷却とは、中空ブレード内部に冷却空気を対流させて冷却する方法である。 (C)コンベクション冷却とは、中空ブレード内部のチューブの孔からブレード内壁に冷却空気を吹き付けて冷却する方法である。 (D)フイルム冷却とは、ブレード表面の無数の小孔から冷却空気を吹き出し、冷却空気の膜で高温ガスから保護冷却する方法である。 (1) 1　　(2) 2　　(3) 3　　(4) 4　　(5) 無し	4060404	二航飛
問0581	コンベクション冷却のタービン・ブレードに関する説明で次のうち正しいものはどれか。 (1)内部にチューブがある。 (2)ブレード表面に多数の小孔がある。 (3)空気はブレード内を対流冷却する。 (4)冷却空気の膜をブレードの表面に形成する。	4060404	一運回 一運回
問0582	フィルム冷却に関する説明で(A)〜(D)のうち正しいものはいくつあるか。 (1)〜(5)の中から選べ。 (A)低圧タービン・ブレードのみに採用されている。 (B)ノズル・ガイド・ベーンでは採用されていない。 (C)他の方法に比べて最も簡素な冷却方法である。 (D)フィルム状の耐熱コーティングのことである。 (1) 1　　(2) 2　　(3) 3　　(4) 4　　(5) 無し	4060404	一航回 一航回
問0583	シュラウド付タービン・ブレードに関する説明で次のうち正しいものはどれか。 (1)ブレード先端のガス・リークとブレードの遠心応力は増大する。 (2)ブレード先端のガス・リークとブレードの遠心応力は減少する。 (3)ブレード先端のガス・リークは増加するが、ブレードの遠心応力は減少する。 (4)ブレード先端のガス・リークは減少するが、ブレードの遠心応力は増加する。	4060405	二航回
問0584	シュラウド付タービン・ブレードに関する説明で次のうち正しいものはどれか。 (1)ブレードの遠心応力が減少する。 (2)タービン効率が下がる。 (3)ブレードの振動が増大する。 (4)ブレード先端のガス・リークが減少する。	4060405	二運飛 二運回 二運飛 二運回
問0585	シュラウド付タービン・ブレードに関する説明で次のうち誤っているものはどれか。 (1)ブレードの振動を抑える。 (2)ブレード先端部からのガス・リークが少ないのでタービン効率がよい。 (3)ブレードにかかる遠心力が大きい。 (4)冷却効率がよいのでタービン入口温度を高くできる。	4060405	二航飛
問0586	シュラウド付タービン・ブレードに関する説明で次のうち誤っているものはどれか。 (1)ブレードの振動を抑える。 (2)ブレード先端部からのガス・リークが少ないのでタービン効率がよい。 (3)冷却効率がよいのでタービン入口温度を高くできる。 (4)翼断面が薄い空力特性の優れたブレードが製作できる。	4060405	一運飛 一航飛
問0587	タービン・ケースに関する説明で次のうち誤っているものはどれか。 (1)タービンによる軸方向の負荷やねじれ負荷を受け持つ。 (2)ベアリング負荷はケースに伝わらない構造になっている。 (3)鍛造スチールやニッケル合金で造られている。 (4)シール・セグメントは摩擦材の円周リングを形成している。	4060405	一航飛 一運飛 一運回 エタ 一運飛 一航飛

問0588　タービン・ノズル・ガイド・ベーンに関する説明で次のうち誤っているものはどれか。　4060405　二航飛

(1)翼列が形成する通路断面は、入口が広く出口が狭くなっている。
(2)ノズルの入口面積が小さ過ぎると、コンプレッサ・ストールが生じやすくなる。
(3)ノズルの入口面積が大き過ぎると、燃料消費が減少しEGTが低くなる。
(4)コバルト基またはニッケル基耐熱合金製である。

問0589　パワー・タービンに関する説明で(A)～(D)のうち正しいものはいくつあるか。　4060406　二航回
　　　　(1)～(5)の中から選べ。　　　　　　　　　　　　　　　　　　　　　　　　　　　　　　　　　　二航回

(A)フリー・タービン型ターボ・プロップ・エンジンに使用される。
(B)ターボ・シャフト・エンジンに使用される。
(C)ガス・ジェネレータ・タービンの後流に設置される。
(D)ガス・ジェネレータ・タービンと機械的に結合されていない。

(1) 1　　(2) 2　　(3) 3　　(4) 4　　(5) 無し

問0590　出力軸にフリー・タービンを使用することにより得られる利点で(A)～(D)のうち正しい　4060406　一航回
　　　　ものはいくつあるか。(1)～(5)の中から選べ。　　　　　　　　　　　　　　　　　　　　　　　　一航回
　　一航回

(A)ガスジェネレータ・タービンとパワー・タービンの効率を最適に設計できるため、エ
　ンジン全体の性能が改善される。
(B)ガスジェネレータ・タービンとパワー・タービンの回転速度を個別に選択できるの
　で、作動上の柔軟性が増す。
(C)パワー・タービンの出力軸回転数を減速する必要がない。
(D)始動時はパワー・タービン軸のみを回すため、始動が容易でスタータは小型にでき
　る。

(1) 1　　(2) 2　　(3) 3　　(4) 4　　(5) 無し

問0591　排気系統に関する説明で次のうち誤っているものはどれか。　4060501　二航飛
　　一運飛

(1)排気ノズルはオリフィスとして作用する。
(2)コンバージェント排気ノズルは排気速度を加速する。
(3)テール・コーンはガス流路の断面積を急激に変化させている。
(4)排気ノズル面積の変更はエンジン性能や排気ガス温度に影響する。

問0592　排気系統に関する説明で(A)～(D)のうち正しいものはいくつあるか。　4060501　一航回
　　　　(1)～(5)の中から選べ。

(A)排気口における背圧を小さくすることにより、排気をスムーズに行っている。
(B)排気管を外向きに曲げることにより、排気が胴体、尾翼に当たることを避けているも
　のもある。
(C)排気管は軽量化のためアルミニウム合金を使用している。
(D)エンジン室内の冷却は、排気流が作り出す正圧を使用する。

(1) 1　　(2) 2　　(3) 3　　(4) 4　　(5) 無し

問0593　シェブロン型排気ノズルの説明で(A)～(D)のうち正しいものはいくつあるか。　4060501　一航飛
　　　　(1)～(5)の中から選べ。

(A)排気ジェットを分割している。
(B)鋸歯状の排気ノズルである。
(C)低い周波数の音の発生を抑える。
(D)ローブ型排気ノズルと構造は同じである。

(1) 1　　(2) 2　　(3) 3　　(4) 4　　(5) 無し

問0594　ターボシャフト・エンジンの排気系統に関する説明で(A)～(D)のうち正しいものはいく　4060505　一航回
　　　　つあるか。(1)～(5)の中から選べ。

(A)推力を無くすようダイバージェント型になっている。
(B)排気口における背圧をできるだけ小さくしている。
(C)排気騒音を抑制するために波板型の消音装置が使用される。
(D)排気をエジェクタとして利用しエンジン室の換気を行うものがある。

(1) 1　　(2) 2　　(3) 3　　(4) 4　　(5) 無し

発
動
機

問題番号	試験問題	シラバス番号	出題履歴

問0595　ターボシャフト・エンジンの排気系統に関する説明で(A)〜(D)のうち正しいものはいくつあるか。(1)〜(5)の中から選べ。　4060505　一航回

(A)推力を無くすようコンバージェント型をしている。
(B)排気口における背圧を出来るだけ小さくしている。
(C)排気騒音を抑制するために波板型の消音装置が使用される。
(D)排気をエジェクタとして利用しエンジン室の換気を行うものがある。

(1) 1　　(2) 2　　(3) 3　　(4) 4　　(5) 無し

問0596　ターボシャフト・エンジンの排気系統に関する説明で(A)〜(D)のうち正しいものはいくつあるか。(1)〜(5)の中から選べ。　4060505　一航回 / 二航回

(A)排気口における背圧を出来るだけ小さくして、パワー・タービンでのエネルギ吸収を促進している。
(B)排気流をエジェクタとして利用して、慣性力による吸入空気の異物除去や、エンジン室の換気を行うものがある。
(C)排気騒音の減衰を図るために、波板型の排気消音装置が導入されたものがある。
(D)ホバリング性能を高めるために、コンバージェント型である。

(1) 1　　(2) 2　　(3) 3　　(4) 4　　(5) 無し

問0597　ヘリコプタにおいて、一般的にアクセサリ・ギア・ボックスにより駆動される補機で次のうち誤っているものはどれか。　40606　二運回 / 二運回

(1)スタータ・ジェネレータ
(2)燃料ポンプ
(3)ハイドロリック・ポンプ
(4)滑油ポンプ

問0598　アクセサリ・ドライブに関する説明で(A)〜(D)のうち正しいものはいくつあるか。(1)〜(5)の中から選べ。　40606　エタ

(A)スタータはアクセサリ・ドライブを介してエンジン・コアを駆動する。
(B)オイル・ポンプとアクセサリ・ドライブの接続部にはシア・ネック軸がある。
(C)オイル・ポンプを単体補機としてアクセサリ・ギア・ボックスに取り付けたものもある。
(D)アクセサリ・ギアボックスの状態把握にマグネチック・チップ・ディテクタが利用される。

(1) 1　　(2) 2　　(3) 3　　(4) 4　　(5) 無し

問0599　アクセサリ・ドライブに関する説明で(A)〜(D)のうち正しいものはいくつあるか。(1)〜(5)の中から選べ。　40606　一航回 / 一航回 / 二航飛

(A)スタータはエンジン・コアへの最短の動力伝達経路となるように通常配置されている。
(B)スタータの動力はアクセサリ・ドライブからパワー・タービンへと伝わる。
(C)一次エンジン補機ユニットには必ずシア・ネックを設けている。
(D)補機駆動用のパッドにはシール・ドレイン・チューブがありプラグされている。

(1) 1　　(2) 2　　(3) 3　　(4) 4　　(5) 無し

問0600　下図に示す減速装置で、歯車(A)と歯車(C)の間に歯車(B)をかみ合わせたとき、歯車(C)の回転数（rpm）および回転方向で次のうち正しいものはどれか。　40606　一航回

・歯車(A)の回転数　：6,000rpm
・歯車(A)の回転方向：右回り
・歯車(A)の歯数　　：360
・歯車(B)の歯数　　：200
・歯車(C)の歯数　　：450

(1)　　800：右回り
(2)1,500：左回り
(3)2,000：右回り
(4)4,800：右回り
(5)7,500：右回り

問0601　下図に示す歯車列で、歯車(A)の回転数を1,200rpmとしたとき歯車(D)の回転数 40606　エタ
（rpm）で次のうち正しいものはどれか。但し、歯車(B)と歯車(C)は同一軸上にあり結
合されているものとする。

　　・歯車(A)の歯数：45
　　・歯車(B)の歯数：40
　　・歯車(C)の歯数：20
　　・歯車(D)の歯数：15

　　(1)　　　400
　　(2)　2,400
　　(3)　3,600
　　(4)　7,200
　　(5)10,800

問0602　アクセサリ・ドライブに関する説明で(A)～(D)のうち正しいものはいくつあるか。 40606　一航飛
(1)～(5)の中から選べ。

(A)スタータはアクセサリ・ドライブを介してフリー・タービンを駆動する。
(B)オイル・ポンプとアクセサリ・ドライブの接続部にシア・ネック軸は設けられていな
い。
(C)オイル・ポンプを単体補機としてアクセサリ・ギア・ボックスに取り付けたものもあ
る。
(D)アクセサリ・ギアボックスの状態把握に滑油の分光分析が利用される。

　　(1) 1　　　(2) 2　　　(3) 3　　　(4) 4　　　(5) 無し

問0603　アクセサリ・ドライブに関する説明で(A)～(D)のうち正しいものはいくつあるか。 40606　二航回
(1)～(5)の中から選べ。

(A)スタータはエンジン・コアへの最短の動力伝達経路となるように通常配置されてい
る。
(B)スタータの動力はアクセサリ・ドライブからパワー・タービンへと伝わる。
(C)一次エンジン補機ユニットには必ずシア・ネックを設けている。
(D)補機駆動用のパッドにはシール・ドレイン・チューブが接続されている。

　　(1) 1　　　(2) 2　　　(3) 3　　　(4) 4　　　(5) 無し

問0604　ジェット燃料に関する説明で(A)～(D)のうち正しいものはいくつあるか。 40701　二航回
(1)～(5)の中から選べ。

(A)タービン・エンジンに使用される燃料には、低蒸気圧ガソリンのケロシン系と灯油の
ワイド・カット系がある。
(B)ケロシン系燃料はケロシンを主体としナフサを含んでいない。
(C)ワイド・カット系燃料はケロシン留分とナフサ留分が混合された燃料である。
(D)ワイド・カット系燃料の方がケロシン系燃料より析出点が高い。

　　(1) 1　　　(2) 2　　　(3) 3　　　(4) 4　　　(5) 無し

問0605　ジェット燃料に関する説明で次のうち誤っているものはどれか。 4070101　一運飛

(1)単位重量当りの発熱量が大きいほど同じ重量の搭載燃料でより遠くまで飛行できる。
(2)安定性の良い燃料は、長期貯蔵中、分解または重合による変質を生じにくい。
(3)燃焼性の良い燃料は、煤煙の生成や燃焼室内のカーボンの蓄積が少ない。
(4)燃料中の含有硫黄分が多いほどタービン・ブレードの浸食を防ぐ。

問0606　ジェット燃料の具備すべき条件で次のうち誤っているものはどれか。 4070101　二運回

(1)燃焼性が良いこと
(2)腐食性が少ないこと
(3)発熱量が小さいこと
(4)安定性が良いこと

問0607　ジェット燃料の揮発性に関する説明で(A)～(D)のうち正しいものはいくつあるか。 4070101　エタ
(1)～(5)の中から選べ。

(A)揮発性が高い場合、燃料温度が外気温度より高く、かつ気圧が低い高空では配管内で
ベーパ・ロックを生ずる恐れがある。
(B)揮発性が低い場合、低温時の始動性や高空での再着火特性が悪化する。
(C)揮発性は、燃料の蒸発損失、引火性および燃焼性などに影響を与える。
(D)ベーパ・ロックとは空洞現象とも呼ばれ、高速で流れる燃料中において圧力の低い部
分に泡が発生し消滅する現象のことをいう。

　　(1) 1　　　(2) 2　　　(3) 3　　　(4) 4　　　(5) 無し

発
動
機

問0608　ジェット燃料の真発熱量に関する説明で次のうち正しいものはどれか。　　4070103　エタ

　　(1)燃焼によって生じた水蒸気を凝縮させた水の潜熱を含む発熱量
　　(2)燃焼によって生じたレイド蒸気圧の熱量を除外した総発熱量
　　(3)単位量の燃料が完全燃焼したときに発生する熱量
　　(4)燃料中の炭化水素が燃焼する際に出る水の気化熱による損失を除外した発熱量

問0609　燃料規格に関する説明で次のうち正しいものはどれか。　　4070105　一航回

　　(1)JetA-1は低析出点の灯油形で揮発性が高い。
　　(2)JetAは灯油形でJetA-1より析出点が低い。
　　(3)JetBはガソリン形で高温および高空での着火性に優れている。
　　(4)JetBにはケロシン留分と軽質および重質ナフサ留分が混合されている。

問0610　ジェット燃料 JetA-1に関する説明で次のうち正しいものはどれか。　　4070105　二航回

　　(1)ケロシン系でワイド・カット系に比べ揮発性が低く引火点が高い。
　　(2)ケロシン系でワイド・カット系に比べ低温および高空での着火性がよい。
　　(3)ワイド・カット系でケロシン系に比べ揮発性が高く引火点も高い。
　　(4)ワイド・カット系でケロシン系に比べ低温および高空での着火性がよい。

問0611　ジェット燃料 JetA-1に関する説明で次のうち正しいものはどれか。　　4070105　二運飛／二運回／二運飛

　　(1)ワイド・カット系で低温での着火性に優れている。
　　(2)ワイド・カット系で引火点が高い。
　　(3)ケロシン系で発火点が高く引火点が低い。
　　(4)JetAより析出点が低いので凍結しにくい。

問0612　ジェット燃料に関する説明で次のうち正しいものはどれか。　　4070105　一航回

　　(1)ガソリン系、ケロシン系、ワイド・カット系がある。
　　(2)ワイド・カット系は主に民間用タービン・エンジンに使用される。
　　(3)ワイド・カット系のタイプは広範囲沸点形である。
　　(4)ケロシン系はナフサを含んでいる。

問0613　ジェット燃料に関する説明で次のうち誤っているものはどれか。　　4070105　一航飛／一運飛／二航回／二運飛

　　(1)ワイド・カット系の方がケロシン系より析出点が低い。
　　(2)ワイド・カット系は低蒸気圧ガソリンである。
　　(3)ケロシン系は広範囲沸点形である。
　　(4)ケロシン系はナフサを含んでいない。

問0614　ジェット燃料に関する説明で次のうち誤っているものはどれか。　　4070105　一運飛

　　(1)タービン・エンジンに使用される燃料には、灯油のケロシン系と低蒸気圧ガソリンの
　　　　ワイド・カット系がある。
　　(2)ケロシン系燃料はケロシンを主体としナフサを含んでいる。
　　(3)ワイド・カット系燃料はケロシン留分とナフサ留分が混合された燃料である。
　　(4)ワイド・カット系燃料の方がケロシン系燃料より析出点が低い。

問0615　燃料規格に関する説明で(A)～(D)のうち正しいものはいくつあるか。　　4070105　一航飛
　　(1)～(5)の中から選べ。

　　(A)JetA-1は灯油形で揮発性が高い。
　　(B)JetAは灯油形でJetA-1より析出点が低い。
　　(C)JetBはガソリン形で高温および高空での着火性に優れている。
　　(D)JetBにはケロシン留分と軽質および重質ナフサ留分が混合されている。

　　(1) 1　　(2) 2　　(3) 3　　(4) 4　　(5) 無し

問0616　ジェット燃料に関する説明で(A)～(D)のうち正しいものはいくつあるか。　　4070105　一航飛
　　(1)～(5)の中から選べ。

　　(A)タービン・エンジンに使用される燃料には、灯油のケロシン系と低蒸気圧ガソリンの
　　　　ワイド・カット系がある。
　　(B)ケロシン系燃料はケロシンを主体としナフサを含んでいない。
　　(C)ワイド・カット系燃料はケロシン留分とナフサ留分が混合された燃料である。
　　(D)ワイド・カット系燃料の方がケロシン系燃料より析出点が低い。

　　(1) 1　　(2) 2　　(3) 3　　(4) 4　　(5) 無し

問0617　ジェット燃料に関する説明で(A)〜(D)のうち正しいものはいくつあるか。　　4070105　二航飛
(1)〜(5)の中から選べ。

(A)JetA-1は揮発性が低く引火点の高い燃料である。
(B)JetAとJetA-1は析出点のみが異なる。
(C)ケロシン系燃料はケロシン留分とナフサ留分が混合された燃料である。
(D)ケロシン系燃料はワイド・カット系燃料より析出点が低い。

(1) 1　　(2) 2　　(3) 3　　(4) 4　　(5) 無し

問0618　ジェット燃料に関する説明で(A)〜(D)のうち正しいものはいくつあるか。　　4070105　一航飛
(1)〜(5)の中から選べ。　　　　　　　　　　　　　　　　　　　　　　　　　　　　　　　　　　　一航飛

(A)タービン・エンジンに使用される燃料には、低蒸気圧ガソリンのケロシン系と灯油の
ワイド・カット系がある。
(B)ケロシン系燃料はケロシンを主体としナフサを含んでいる。
(C)ワイド・カット系燃料はケロシン留分とナフサ留分が混合された燃料である。
(D)ワイド・カット系燃料の方がケロシン系燃料より析出点が高い。

(1) 1　　(2) 2　　(3) 3　　(4) 4　　(5) 無し

問0619　ジェット燃料に関する説明で(A)〜(D)のうち正しいものはいくつあるか。　　4070105　一航飛
(1)〜(5)の中から選べ。　　　　　　　　　　　　　　　　　　　　　　　　　　　　　　　　　　　二航回

(A)JetA-1は揮発性が低く引火点が高い燃料である。
(B)JetAとJetA-1は析出点が同じである。
(C)ケロシン系燃料はケロシン留分とナフサ留分が混合された燃料である。
(D)ケロシン系燃料はワイド・カット系燃料より析出点が低い。

(1) 1　　(2) 2　　(3) 3　　(4) 4　　(5) 無し

問0620　ジェット燃料の添加剤で次のうち誤っているものはどれか。　　4070105　一航飛
　　二運飛
(1)酸化防止剤
(2)金属活性剤
(3)腐食防止剤
(4)氷結防止剤
(5)静電気防止剤

問0621　ジェット燃料の添加剤で次のうち誤っているものはどれか。　　4070105　二運回

(1)酸化防止剤
(2)摩耗防止剤
(3)腐食防止剤
(4)氷結防止剤
(5)静電気防止剤

問0622　燃料規格に関する説明で(A)〜(D)のうち正しいものはいくつあるか。　　4070105　一航回
(1)〜(5)の中から選べ。

(A)JetA-1は灯油形で揮発性が高い。
(B)JetAは灯油形でJetA-1より析出点が低い。
(C)JetBはガソリン形で高温および高空での着火性に優れている。
(D)JetBにはケロシン留分と軽質および重質ナフサ留分が混合されている。

(1) 1　　(2) 2　　(3) 3　　(4) 4　　(5) 無し

問0623　ジェット燃料に関する説明で(A)〜(D)のうち正しいものはいくつあるか。　　4070105　一航回
(1)〜(5)の中から選べ。

(A)JetA-1は揮発性が低く引火点が高い燃料である。
(B)JetAとJetA-1は析出点が同じである。
(C)ケロシン系燃料はケロシン留分とナフサ留分が混合された燃料である。
(D)ケロシン系燃料はワイド・カット系燃料より析出点が低い。

(1) 1　　(2) 2　　(3) 3　　(4) 4　　(5) 無し

問0624　ターボシャフト・エンジンの緊急代替燃料として航空ガソリンを使用した場合の現象で次　　4070106　一航回
のうち誤っているものはどれか。　　　　　　　　　　　　　　　　　　　　　　　　　　　　　　　一航回

(1)燃料フィルタでキャビテーションを発生しやすい。
(2)揮発性が高いためベーパ・ロックを起こしやすい。
(3)潤滑性が劣るため燃料ポンプに過度の摩耗を生じやすい。
(4)燃料に含まれる鉛分によりタービン・ブレードが腐食しやすい。

発動機

問題番号	試験問題	シラバス番号	出題履歴

問0625　タービン・エンジン用滑油に関する説明で次のうち正しいものはどれか。　40702　一航回

(1)油性とは滑油の油膜構成力である。
(2)全酸価の値が小さいほど滑油が劣化していることを示す。
(3)粘度指数が高いほど温度変化に対する粘度変化が大きいことを示す。
(4)揮発性による影響は具備条件の対象とはならない。

問0626　タービン・エンジン用滑油に関する説明で次のうち誤っているものはどれか。　40702　二運飛

(1)合成油系が主流である。
(2)粘度指数が低いことが要求される。
(3)タイプⅡオイルはタイプⅠオイルより耐熱性に優れている。
(4)合成潤滑油の基油にはエステル系もある。

問0627　タービン・エンジン用滑油に関する説明で次のうち誤っているものはどれか。　40702　二運飛

(1)鉱物油が主流である。
(2)粘度指数が高いことが要求される。
(3)タイプⅡオイルはタイプⅠオイルより耐熱性に優れている。
(4)合成油はエステル基化合物を基油に造られた滑油である。

問0628　タービン・エンジン用滑油に関する用語の説明で次のうち誤っているものはどれか。　4070201　エタ

(1)油性とは摩擦面で金属が直接接触しないようにする滑油の油膜構成力で、金属表面への粘着性をいう。
(2)動粘度とは液体が重力の作用で流動するときの抵抗の大小を表し、合成油の粘性表示に使用される。
(3)粘度指数とは滑油の温度による粘度変化の傾向を表す指数をいい、粘度指数が高いほど良質油である。
(4)全酸価とは滑油の酸化を表す指標をいい、全酸価の値が大きいほど劣化しにくい。

問0629　滑油に関する説明で次のうち正しいものはどれか。　4070201　一運回
一航飛

(1)油性とは滑油の油膜構成力である。
(2)全酸価の値が小さいほど滑油が劣化していることを示す。
(3)粘度指数が高いほど温度変化に対する粘度変化が大きいことを示す。
(4)揮発性による影響は具備条件の対象とはならない。

問0630　滑油に関する説明で次のうち誤っているものはどれか。　4070201　二航飛

(1)油膜により、金属間の摩擦を減らす。
(2)緩衝作用、冷却作用、洗浄作用および防錆作用がある。
(3)高い荷重に耐えられるような油膜を形成する充分な粘性が必要である。
(4)温度による粘度変化の傾向を表す粘度指数は小さいほど良質である。

問0631　滑油に関する説明で(A)～(D)のうち正しいものはいくつあるか。　4070201　二航回
二航回
　　　　(1)～(5)の中から選べ。

(A)温度による粘度変化の傾向を表す粘度指数は小さいほど良質である。
(B)石油系の滑油は合成油と呼ばれ、特定のエステル基化合物を基油に造られた滑油を鉱物油と呼ぶ。
(C)タービン・エンジンでは、合成油よりも鉱物油が使用されている。
(D)全酸価とは滑油の酸化を表す指標をいい、全酸価の値が大きいほど劣化しやすい。

(1) 1　　(2) 2　　(3) 3　　(4) 4　　(5) 無し

問0632　タービン・エンジン用滑油に関する説明で(A)～(D)のうち正しいものはいくつあるか。　4070201　二航飛
二航回
　　　　(1)～(5)の中から選べ。

(A)粘度指数が高いほど温度の変化に対する粘度の変化が小さいことを示す。
(B)滑油の蒸発損失が最大限となることが要求される。
(C)全酸価の値が大きいほど滑油の劣化が進行することを示す。
(D)比熱および熱伝導率が低いことが要求される。

(1) 1　　(2) 2　　(3) 3　　(4) 4　　(5) 無し

問0633　滑油に関する説明で(A)～(D)のうち正しいものはいくつあるか。　4070201　一航回
一航回
　　　　(1)～(5)の中から選べ。

(A)全酸価の値が小さいほど滑油が劣化していることを示す。
(B)粘度指数が高いほど温度変化に対する粘度変化が大きいことを示す。
(C)油性とは滑油の油膜構成力である。
(D)揮発性による影響は具備条件の対象とはならない。

(1) 1　　(2) 2　　(3) 3　　(4) 4　　(5) 無し

問題番号	試験問題	シラバス番号	出題履歴
問0634	タービン・エンジン用滑油の具備すべき条件で次のうち正しいものはどれか。 (1)高温の軸受等に直接噴射するため、引火点が低いこと (2)エンジン停止後の高温でも、揮発性が高いこと (3)高温での熱分解や酸化を生じにくいこと (4)エンジン部品の冷却のため、比熱および熱伝導率が低いこと	4070201	一航回
問0635	滑油の具備すべき条件で次のうち誤っているものはどれか。 (1)温度による粘度変化が少ないこと (2)粘度指数が低いこと (3)酸化安定性が良いこと (4)熱伝導率が高いこと	4070201	二運飛
問0636	滑油の具備すべき条件で次のうち誤っているものはどれか。 (1)温度による粘度変化の傾向を表す粘度指数が大きいこと (2)高温の軸受等に直接滑油を噴射するので引火点が高いこと (3)高空における蒸発損失を最小限とするため揮発性が低いこと (4)滑油の酸化を示す全酸価の値が大きいこと	4070201	一航回
問0637	滑油の具備すべき条件で次のうち誤っているものはどれか。 (1)粘度指数が大きいこと (2)高温における酸化安定性が優れていること (3)低温における流動性に優れていること (4)規格の異なるものを混用できること	4070201	二運飛 二運回
問0638	タービン・エンジン・オイルの具備条件で次のうち誤っているものはどれか。 (1)粘度指数が高いこと (2)引火点が高いこと (3)揮発性が低いこと (4)熱伝導率が低いこと	4070201	工共通
問0639	滑油の具備すべき条件で(A)～(D)のうち正しいものはいくつあるか。 (1)～(5)の中から選べ。 (A)滑油の酸化を示す全酸価が大きいこと (B)高温の軸受等に直接滑油を噴射するので引火点が高いこと (C)温度による粘度変化の傾向を表す粘度指数が低いこと (D)高空における蒸発損失を最小限とするため揮発性が低いこと (1) 1　　(2) 2　　(3) 3　　(4) 4　　(5) 無し	4070201	一航飛
問0640	タービン・エンジン用滑油の具備すべき条件で(A)～(D)のうち正しいものはいくつあるか。(1)～(5)の中から選べ。 (A)粘度指数が高い。 (B)高い荷重でも滑油フィルムの強度が大きい。 (C)優れた粘着性および付着性がある。 (D)比熱および熱伝導率が高い。 (1) 1　　(2) 2　　(3) 3　　(4) 4　　(5) 無し	4070201	一航回
問0641	タービン・エンジン用滑油に関する説明で(A)～(D)のうち正しいものはいくつあるか。(1)～(5)の中から選べ。 (A)タービン・エンジン用滑油に使用されている鉱物油には、タイプⅠオイル、タイプⅡオイルなどがある。 (B)タイプⅠオイルよりタイプⅡオイルの方が耐熱特性が劣る。 (C)タイプⅠオイルよりタイプⅡオイルの方が引火点が低い。 (D)アンチ・コーキング特性とは、熱分解で発生するスラッジの炭化による滑油の流れ阻害を防止する特性をいう。 (1) 1　　(2) 2　　(3) 3　　(4) 4　　(5) 無し	4070202	二航飛
問0642	タイプⅡオイルに関する説明で次のうち正しいものはどれか。 (1)タイプⅡオイルは鉱物油である。 (2)タイプⅠに比べ耐熱性に優れている。 (3)タイプⅠに比べて引火点が低い。 (4)タイプⅡは MIL- H -5606に相当する。	4070202	二運飛 一運飛

発
動
機

問0643 タービン・エンジン用滑油の添加剤で次のうち誤っているものはどれか。 　4070202 　二運飛

(1)粘度指数向上剤
(2)乳化促進剤
(3)極圧添加剤
(4)流動性降下剤

問0644 タービン・エンジンの燃料の凍結を防ぐ方法で次のうち誤っているものはどれか。 　4080101 　二運飛

(1)グロー・ヒータとの熱交換により加熱する。
(2)ブリード・エアとの熱交換により加熱する。
(3)エンジン・オイルとの熱交換により加熱する。
(4)氷結防止剤を燃料と混合する。

問0645 P&Dバルブ（Pressurizing and DumpValve）およびダンプ・バルブに関する説明で(A)～(D)のうち正しいものはいくつあるか。(1)～(5)の中から選べ。 　4080101 　一航飛

(A)P&Dバルブはシンプレックス型燃料ノズルと共に使用される。
(B)ダンプ・バルブはシングル・ライン型およびデュアル・ライン型デュプレックス燃料ノズルと共に使用される。
(C)P&Dバルブおよびダンプ・バルブは、エンジン停止時、燃料マニフォルド内の残留燃料をドレンする。
(D)P&Dバルブおよびダンプ・バルブから排出された燃料は、エジェクタ・ポンプ等を使用し低圧燃料ポンプ入口へ戻される。

(1) 1 　(2) 2 　(3) 3 　(4) 4 　(5) 無し

問0646 可変流量型燃料ポンプに関する説明で次のうち誤っているものはどれか。 　4080102 　二航飛／二運回／一運飛

(1)駆動軸からの回転をピストンの往復運動に変換して燃料を加圧している。
(2)吐出量は、エンジン回転数とサーボ・ピストンのストロークによって決定される。
(3)サーボ・ピストンのストロークは燃料ポンプへの入口圧力によって決定される。
(4)ピストンの往復運動は、アングル・カム・プレートの回転と傾きによって発生させる。

問0647 燃料ポンプに関する説明で次のうち正しいものはどれか。 　4080102 　一航回

(1)定容積型燃料ポンプでは、低圧段にギア・ポンプ、高圧段に遠心式ポンプを組み合わせたものが多用されている。
(2)定容積型燃料ポンプの吐出量は、エンジンが必要とする量より若干少ない量の燃料を継続的に供給している。
(3)可変流量型燃料ポンプには、プランジャ・ポンプが使用されている。
(4)可変流量型燃料ポンプの吐出量は、インペラの回転数によって決定される。

問0648 燃料系統に関する説明で次のうち誤っているものはどれか。 　4080102 　一運飛

(1)定容積型燃料ポンプには、遠心式ポンプとギア・ポンプを組み合わせたものが多く使用されている。
(2)定容積型燃料ポンプの高圧段には、通常、ギア・ポンプが使用される。
(3)定容積型燃料ポンプにはプランジャ型もある。
(4)過剰な燃料は燃料ポンプ入口側に戻される。

問0649 燃料ポンプに関する説明で次のうち誤っているものはどれか。 　4080102 　エタ

(1)定容積型燃料ポンプには、軸流式ポンプとギア・ポンプを組み合わせたものが多く使用されている。
(2)定容積型燃料ポンプの高圧段には、通常、ギア・ポンプが使用される。
(3)可変流量型燃料ポンプにはプランジャ型が使用されている。
(4)定容積型燃料ポンプは過剰な燃料をギア・ポンプ入口側に戻す。

問0650 燃料ポンプに関する説明で(A)～(D)のうち正しいものはいくつあるか。(1)～(5)の中から選べ。 　4080102 　一航回

(A)可変流量型燃料ポンプでは、遠心式ポンプとギア・ポンプを組み合わせたものがある。
(B)定容積型燃料ポンプの遠心式ポンプが故障した場合のためにバイパス・バルブを持つものがある。
(C)定容積型燃料ポンプのプランジャ・ポンプでは内部にピストンが使用される。
(D)可変流量型燃料ポンプのジロータ・ポンプでは内部にサーボ・ピストンが使用される。

(1) 1 　(2) 2 　(3) 3 　(4) 4 　(5) 無し

問0651　可変流量型燃料ポンプに関する説明で(A)～(D)のうち正しいものはいくつあるか。　4080102　一航飛
　　　　(1)～(5)の中から選べ。

　　　　(A)駆動軸からの回転をピストンの往復運動に変換して燃料を加圧している。
　　　　(B)吐出量は、エンジン回転数とサーボ・ピストンのストローク位置によって決定される。
　　　　(C)サーボ・ピストンのストロークは燃料ポンプへの入口圧力によって決定される。
　　　　(D)ピストンの往復運動は、通常、アングル・カム・プレートの回転によって発生させる。

　　　　(1) 1　　(2) 2　　(3) 3　　(4) 4　　(5) 無し

問0652　油圧機械式、油圧空気式と比較した FADEC 燃料系統の利点で(A)～(D)のうち正しい　4080103　一航飛
　　　　ものはいくつあるか。(1)～(5)の中から選べ。　　　　　　　　　　　　　　　　　　　　　　一航回

　　　　(A)排気ガス温度またはタービン温度の直接感知による精度の高い制御が可能となる。
　　　　(B)感知したエンジンの状態に対応した始動スケジュールにより確実なエンジン始動を行う。
　　　　(C)摩耗、劣化や製造誤差が無いため、確実な燃料スケジュールの再現性が得られる。
　　　　(D)出力コマンドに基づく出力設定により自動制御されるため、操縦士のワーク・ロードを軽減する。

　　　　(1) 1　　(2) 2　　(3) 3　　(4) 4　　(5) 無し

問0653　燃料噴射ノズルに関する説明で次のうち誤っているものはどれか。　4080106　一運飛
　　エタ

　　　　(1)シンプレックス型燃料ノズルにはスピン・チャンバがある。
　　　　(2)デュプレックス型燃料ノズルの二次燃料は噴射角度が一次燃料より広い。
　　　　(3)デュプレックス型燃料ノズルにはシングル・ライン型、デュアル・ライン型がある。
　　　　(4)回転式噴射ノズルは遠心力で噴射して霧化する。

問0654　噴霧式燃料ノズルで次のうち誤っているものはどれか。　4080106　一運飛
　　二運飛
　　　　(1)シンプレックス燃料ノズル　　　　　　　　　　　　　　　　　　　　　　　　　　　二運飛
　　　　(2)デュプレックス燃料ノズル　　　　　　　　　　　　　　　　　　　　　　　　　　　二運飛
　　　　(3)エア・ブラスト燃料ノズル
　　　　(4)ベーパライザ燃料ノズル

問0655　燃料噴射ノズルに関する説明で次のうち誤っているものはどれか。　4080106　一航回
　　エタ
　　　　(1)回転式噴射ノズルはL字型アニュラ燃焼室に使用が限定される。
　　　　(2)シンプレックス型燃料ノズルにはスピン・チャンバがある。
　　　　(3)デュプレックス型燃料ノズルの一次燃料は噴射角度が二次燃料より狭い。
　　　　(4)エア・ブラスト型燃料ノズルは始動時の霧化にも有効である。

問0656　燃料噴射ノズルに関する説明で(A)～(D)のうち正しいものはいくつあるか。　4080106　二航飛
　　　　(1)～(5)の中から選べ。　　　　　　　　　　　　　　　　　　　　　　　　　　　　　二航回

　　　　(A)噴霧式燃料ノズルには、シンプレックス型、デュプレックス型、エア・ブラスト型がある。
　　　　(B)噴霧式燃料ノズルは、マニフォルドから送り込まれた高圧燃料を高度に霧化して正確なパターンで噴射する。
　　　　(C)気化型燃料ノズルは、燃料ノズル周囲の燃焼熱により過熱蒸発した混合気を燃焼室上流に向けて燃焼領域へ排出する。
　　　　(D)回転噴射ノズルは、回転軸にある燃料デストリビュータにより回転する噴射ホイールの周囲オリフィスから遠心力で噴射し霧化する。

　　　　(1) 1　　(2) 2　　(3) 3　　(4) 4　　(5) 無し

問0657　燃料噴射ノズルに関する説明で(A)～(D)のうち正しいものはいくつあるか。　4080106　一航回
　　　　(1)～(5)の中から選べ。

　　　　(A)回転型噴射ノズルは、L字型アニュラ燃焼室に使用が限定される。
　　　　(B)気化型燃料ノズルは、特に低回転時において霧化型より安定燃焼が得られる。
　　　　(C)エア・ブラスト型燃料ノズルは、従来のノズルより高い作動圧を使用する。
　　　　(D)気化型燃料ノズルには、シンプレックス型、デュプレックス型およびエア・ブラスト型がある。

　　　　(1) 1　　(2) 2　　(3) 3　　(4) 4　　(5) 無し

発
動
機

| 問0658 | 燃料噴射ノズルの具備すべき条件で次のうち誤っているものはどれか。 | 4080106 | 一運回 |

(1)燃焼速度を可能な限り遅らせること
(2)全運転範囲で均一な霧化が得られること
(3)迅速に空気と混合すること
(4)燃料を微粒化すること

| 問0659 | エア・ブラスト型燃料ノズルに関する説明で(A)〜(D)のうち正しいものはいくつあるか。(1)〜(5)の中から選べ。 | 4080106 | 一航飛 |

(A)高速の空気流を使って細かい燃料の飛沫を出す。
(B)部分的な過濃燃料の集中を無くすことができる。
(C)低回転時は不安定な噴射となる。
(D)霧化するために高い燃料圧を必要とする。

(1) 1　　(2) 2　　(3) 3　　(4) 4　　(5) 無し

| 問0660 | 燃料分配系統の説明で(A)〜(D)のうち正しいものはいくつあるか。(1)〜(5)の中から選べ。 | 4080106 | 一航飛 |

(A)低圧燃料フィルタは低圧燃料ポンプのすぐ上流に配置されている。
(B)定容積型燃料ポンプの高圧ポンプにはセーフティ・バルブが直列に配置されている。
(C)燃料流量トランスミッタは燃料制御装置内に組み込まれている。
(D)燃料流量トランスミッタを出た燃料は燃料ヒータで温められ燃料ノズルへ送られる。

(1) 1　　(2) 2　　(3) 3　　(4) 4　　(5) 無し

| 問0661 | タービン・エンジンの燃料の凍結を防ぐ方法で(A)〜(D)のうち正しいものはいくつあるか。(1)〜(5)の中から選べ。 | 4080106 | 一航飛 |

(A)グロー・ヒータとの熱交換により加熱する。
(B)ブリード・エアとの熱交換により加熱する。
(C)エンジン・オイルとの熱交換により加熱する。
(D)IDG オイルとの熱交換により加熱する。

(1) 1　　(2) 2　　(3) 3　　(4) 4　　(5) 無し

| 問0662 | 燃料指示系統の説明で次のうち誤っているものはどれか。 | 4080107 | 一航飛 |

(1)指示装置として燃料流量計、燃料圧力計、燃料フィルタ・バイパス警報灯がある。
(2)燃料流量計は 1 時間当たりの燃料使用量を表示する。
(3)流量トランスミッタにはベーン式がある。
(4)圧力トランスミッタにはシンクロナス・マス・フロー式がある。

| 問0663 | 点火系統に関する説明で次のうち誤っているものはどれか。 | 4080201 | 一航飛 |

(1)イグニッション・エキサイタを取り外す場合、接続されている配線の一次側より外す。
(2)ハイ・テンション・リードには、無線妨害等を防ぐためシールド・ワイヤが使用されている。
(3)イグニッション・エキサイタには低電圧のACまたはDC電源を必要とする。
(4)サーフェイス・ディスチャージ・タイプ点火プラグはスパーク発生時に約20,000Vの電圧が必要となる。

| 問0664 | 点火系統に関する説明で次のうち誤っているものはどれか。 | 4080201 | 一航飛
一航回
一運飛
一航回
一航回 |

(1)イグニッション・エキサイタを取り外す場合、接続されている配線の二次側より外す。
(2)ハイ・テンション・リードには、無線妨害等を防ぐためシールド・ワイヤが使用されている。
(3)イグニッション・エキサイタには低電圧のAC または DC 電源を必要とする。
(4)サーフェイス・ディスチャージ・タイプ点火プラグはスパーク発生時に約2,000Vの電圧が必要となる。

問0665　点火系統に関する説明で(A)～(D)のうち正しいものはいくつあるか。　　　　4080201　　二航飛
　　　　(1)～(5)の中から選べ。　　　　　　　　　　　　　　　　　　　　　　　　　　　　　　　二航回

　　　　(A)点火系統には、デューティ・サイクルにより作動時間が制限される間欠作動系統と制
　　　　　　限されない連続作動系統がある。
　　　　(B)間欠作動系統は、通常、地上におけるエンジン始動時に使われ、正常な始動後に作動
　　　　　　を停止する。
　　　　(C)連続作動系統は、悪天候や乱気流などの厳しい条件下での飛行時に、フレーム・アウ
　　　　　　トの予防処置として使用される。
　　　　(D)点火系統の出力はジュール（J）で示され、一般に1Jから20Jの領域が使用されてい
　　　　　　る。

　　　　(1) 1　　　(2) 2　　　(3) 3　　　(4) 4　　　(5) 無し

問0666　点火系統に関する説明で(A)～(D)のうち正しいものはいくつあるか。　　　　4080201　　二航回
　　　　(1)～(5)の中から選べ。

　　　　(A)イグニッション・エキサイタを取り外す場合、接続されている配線の一次側より外
　　　　　　す。
　　　　(B)ハイ・テンション・リードには空気冷却されているものもある。
　　　　(C)イグニッション・エキサイタは低電圧の電力を高電圧に変換する装置である。
　　　　(D)サーフェイス・ディスチャージ・タイプ点火プラグには円周電極と中心電極の間に半
　　　　　　導体が充填されている。

　　　　(1) 1　　　(2) 2　　　(3) 3　　　(4) 4　　　(5) 無し

問0667　点火系統に関する説明で(A)～(D)のうち正しいものはいくつあるか。　　　　4080201　　一航回
　　　　(1)～(5)の中から選べ。

　　　　(A)イグニッション・エキサイタへは出力より低電圧のACまたはDC電力が入力される。
　　　　(B)点火プラグ先端は燃焼室に約0.1inほど突き出している。
　　　　(C)エア・ガス・タイプは放電面積が広く2,000Vでスパークを発生する。
　　　　(D)サーフェース・ディスチャージ・タイプは中心電極先端にタングステン・チップが使
　　　　　　用される。

　　　　(1) 1　　　(2) 2　　　(3) 3　　　(4) 4　　　(5) 無し

問0668　一般的にタービン・エンジンにはイグナイタ・プラグは何個装備されているか。　4080201　　二運飛

　　　　(1)燃料ノズルと同数
　　　　(2) 4
　　　　(3) 3
　　　　(4) 2

問0669　イグニッション・エキサイタが気密容器に収納されている理由で次のうち正しいものはど　4080202　　二航回
　　　　れか。　　　　　　　　　　　　　　　　　　　　　　　　　　　　　　　　　　　　　　一運回
　　　二運飛
　　　　(1)高空における絶縁不良が原因で、フラッシュ・オーバーが発生するため　　　　　　　一航飛
　　　　(2)高周波電流を利用していることで無線通信に妨害を与えるため
　　　　(3)高空においては内部に使用されているキャパシタの性能が劣化するため
　　　　(4)水分の混入による絶縁不良が原因で内部の電気回路がアースするため

問0670　点火プラグに関する説明で次のうち誤っているものはどれか。　　　　　　　　4080203　　一運飛
　　　二航飛
　　　　(1)点火プラグの機能は高温のプラズマ・アークを発生させることである。
　　　　(2)エア・ガス・タイプは中心電極先端にタングステン・チップが使用される。
　　　　(3)エア・ガス・タイプは放電面積が広く2,000Vでスパークを発生する。
　　　　(4)点火プラグ先端はフレーム・チューブに約0.1inほど突き出している。

問0671　点火栓に使用されている半導体の目的で次のうち正しいものはどれか。　　　　4080203　　一航回

　　　　(1)電極間の空気の電気抵抗を減らし、比較的低い電圧で点火させる。
　　　　(2)点火時に発生する高周波成分を吸収させ、無線障害を防止する。
　　　　(3)熱膨張係数を低くし、急激な温度変化に対して強度を持たせる。
　　　　(4)機械的強度と電気絶縁性を高める。

問0672　サーフェイス・ディスチャージ・タイプの点火プラグに関する説明で次のうち正しいもの　4080203　　二運回
　　　　はどれか。　　　　　　　　　　　　　　　　　　　　　　　　　　　　　　　　　　　　二運飛

　　　　(1)円周電極と中心電極との間に半導体がある。
　　　　(2)電極間の絶縁体に耐熱合金を使用している。
　　　　(3)電極は消耗しない。
　　　　(4)トランジスタを中央部に内蔵している。

発
動
機

問題番号	試験問題	シラバス番号	出題履歴
問0673	サーフェイス・ディスチャージ・タイプの点火プラグに関する説明で次のうち正しいものはどれか。 (1)ボディと中心電極の間に空間がある。 (2)電極間の電流により半導体が白熱され、付近の空気をイオン化しやすくすることで電極間の電気抵抗を増加させる。 (3)放電は円周電極から中心電極へ行われる。 (4)約2,000Vくらいの比較的低電圧で火花を発生させる。	4080203	一航回 一航回 一航飛
問0674	エンジン内部の冷却空気系統に関する説明で次のうち正しいものはどれか。 (1)冷却場所の温度に応じて適正な温度差のある抽気が使い分けされる。 (2)タービン・ノズル・ガイド・ベーンなどの高温部にファン・エアの抽気を用いる。 (3)外気のラム圧を利用した空気が用いられる。 (4)内部冷却空気は全てブリーザ・ラインでオイルタンクの加圧に使用される。	4080302	一運飛
問0675	エンジン空気系統に関する説明で次のうち誤っているものはどれか。 (1)ホット・セクションの冷却にはコンプレッサ・エアを用いる。 (2)エンジン・エア・インテーク・カウリング前縁や高圧コンプレッサ・ブレードには防氷するためにコンプレッサ・エアが用いられる。 (3)冷却空気と冷却される部品の温度差が大きい場合、部品や構造部材に熱応力を生じさせ劣化を発生させる。 (4)内部を冷却した空気は排気流に放出される。	4080302	一航飛 一航回 一運飛
問0676	エンジン内部の冷却空気系統に関する説明で(A)～(D)のうち正しいものはいくつあるか。(1)～(5)の中から選べ。 (A)ホット・セクションに使用される部品の冷却にはコンプレッサ・エアが使用される。 (B)冷却空気と冷却される部品の温度差が大きい場合、部品や構造部材に熱応力を生じさせ劣化を発生させる。 (C)コンプレッサ・ボア・クーリングにはファン・エアの一部を使用している。 (D)アクティブ・クリアランス・コントロールに使用する冷却空気にはファン・エアやコンプレッサ・エアを使用している。 (1) 1　　(2) 2　　(3) 3　　(4) 4　　(5) 無し	4080302	一航飛
問0677	エンジン内部の冷却空気系統に関する説明で(A)～(D)のうち正しいものはいくつあるか。(1)～(5)の中から選べ。 (A)コンプレッサ・ロータを冷却することでコンプレッサ・ロータの熱膨張による変化を吸収する。 (B)コンプレッサ後段のケース内側へ遮熱材を導入し、ケース本体の温度変化による膨張や収縮を緩和する。 (C)コンプレッサ・ロータ先端とコンプレッサ・ケースとのチップ・クリアランスを一定にする。 (D)コンプレッサ・ロータ先端の摩耗を減少させる。 (1) 1　　(2) 2　　(3) 3　　(4) 4　　(5) 無し	4080302	エタ
問0678	コンプレッサ・ボア・クーリングの説明で(A)～(D)のうち正しいものはいくつあるか。(1)～(5)の中から選べ。 (A)ファン・エアをコンプレッサ・ロータ内側へ導き冷却を行うものがある。 (B)コンプレッサ・ステータとケースの間隙の調整を行うものがある。 (C)FADECによりコントロールされるものがある。 (D)コンプレッサ後段のケースを外側から冷却するものがある。 (1) 1　　(2) 2　　(3) 3　　(4) 4　　(5) 無し	4080304	エタ
問0679	アクティブ・クリアランス・コントロールに関する説明で次のうち誤っているものはどれか。 (1)タービン・ブレードとタービン・ケースの間隙を運転状態に応じてコントロールする。 (2)エンジンの経年劣化を防ぐ。 (3)高圧コンプレッサと高圧タービンに適用されている。 (4)最新のエンジンにおいては FADECにより制御されている。	4080305	一航飛 一運飛

問0680 アクティブ・クリアランス・コントロールに関する説明で(A)〜(D)のうち正しいものはいくつあるか。(1)〜(5)の中から選べ。 　4080305　一航飛 一航飛

(A)タービン・ブレード先端とタービン・ケースの間隙を制御する。
(B)高圧タービンと低圧タービンの両方に適用されている。
(C)FADEC 装備エンジンでは飛行高度および高圧ロータの回転数が制御に使用される。
(D)冷却空気はタービン・ブレードに使用されるが、タービン・ケースには使用されない。

(1)1　　(2)2　　(3)3　　(4)4　　(5)無し

問0681 タービン・エンジンの防氷系統に使用する熱源で次のうち誤っているものはどれか。 　4080306　工共通

(1)コンプレッサからの抽気エア
(2)電熱ヒータ
(3)低圧タービンからの抽気エア

問0682 ターボシャフト・エンジンにおいて、ブリード・エアによりアンチ・アイス・システムを飛行中に作動させたときの直接的変化で次のうち正しいものはどれか。 　4080306　一航回 一航回

(1)パワー・タービン回転数が下がる。
(2)パワー・タービン回転数が上がる。
(3)排気ガス温度が下がる。
(4)排気ガス温度が上がる。

問0683 FADECに関する説明で次のうち誤っているものはどれか。 　4080403　一航飛

(1)EEC（電子制御装置）に機体側の電力が供給されることはない。
(2)EEC（電子制御装置）は専用の交流発電機を電源としている。
(3)機能としてスラスト・リバーサの推力制御およびモニターがある。
(4)機能としてサージ抽気バルブと可変静翼の制御がある。

問0684 FADECが行うエンジン制御機能で(A)〜(D)のうち正しいものはいくつあるか。(1)〜(5)の中から選べ。 　4080403　一航回

(A)自己診断機能
(B)OEI定格の設定およびオーバー・リミットの回避
(C)エンジン・サージングの回避、回復
(D)ロータ・スピードの変化に対する出力調整、加速／減速のコントロール

(1)1　　(2)2　　(3)3　　(4)4　　(5)無し

問0685 FADEC の機能で(A)〜(D)のうち正しいものはいくつあるか。(1)〜(5)の中から選べ。 　4080403　一航回 二航回

(A)自己診断機能
(B)エンジン状態の監視
(C)エンジン・サージングの回避、回復
(D)ロータ・スピードの変化に対する出力調整、加速/減速のコントロール

(1)1　　(2)2　　(3)3　　(4)4　　(5)無し

問0686 FADEC の機能で(A)〜(D)のうち正しいものはいくつあるか。(1)〜(5)の中から選べ。 　4080403　一航飛

(A)エンジン出力および燃料流量の制御
(B)コンプレッサ可変静翼およびサージ抽気バルブの制御
(C)スラスト・リバーサの制御およびモニター
(D)アクティブ・クリアランス・コントロールの制御

(1)1　　(2)2　　(3)3　　(4)4　　(5)無し

問0687 FADEC の機能で(A)〜(D)のうち正しいものはいくつあるか。(1)〜(5)の中から選べ。 　4080403　二航回 二航回

(A)効率的な燃料流量の制御
(B)過回転時の燃料の制御
(C)コンプレッサ・サージ発生時の制御
(D)自己診断機能

(1)1　　(2)2　　(3)3　　(4)4　　(5)無し

発動機

問題番号	試験問題	シラバス番号	出題履歴

問0688 FADEC 燃料系統に関する説明で(A)〜(D)のうち正しいものはいくつあるか。 (1)〜(5)の中から選べ。　　4080403　エタ

　(A)電子制御装置と燃料制御装置および関連するセンサ類で構成される。
　(B)電子制御装置にはエンジンの状態の感知機能と燃料スケジュールの演算機能がある。
　(C)電子制御装置からの電気信号に基づいて燃料制御装置が燃料の調量を行う。
　(D)電子制御装置はタービン入口温度を一定に保つように制御する。

　(1) 1　　(2) 2　　(3) 3　　(4) 4　　(5) 無し

問0689 FADEC の機能で(A)〜(D)のうち正しいものはいくつあるか。 (1)〜(5)の中から選べ。　　4080403　一航飛

　(A)エンジン出力および燃料流量の制御
　(B)コンプレッサ可変静翼角度およびサージ抽気バルブの制御
　(C)スラスト・リバーサの制御およびモニター
　(D)FADEC システム故障検出と対応機能

　(1) 1　　(2) 2　　(3) 3　　(4) 4　　(5) 無し

問0690 EEC（電子制御装置）に関する説明で次のうち誤っているものはどれか。　　4080403　一運飛

　(1)制御にはフィード・バック・シグナルが必要である。
　(2)スラスト・リバーサの制御およびモニターを行う。
　(3)機体側の電力が供給されることもある。
　(4)専用の直流電源をEEC内に装備している。

問0691 EEC（電子制御装置）の機能で次のうち誤っているものはどれか。　　4080403　二運回 二航回

　(1)効率的な燃料流量の制御
　(2)過回転時の燃料の制御
　(3)コンプレッサ・サージ発生時の制御
　(4)効率的な滑油圧力の制御

問0692 電子制御装置（EECまたはECU）に関する説明で次のうち正しいものはどれか。　　4080403　二運飛 一運飛 一航飛 二航飛 二航回

　(1)専用の直流発電機を電源としている。
　(2)機体側の電力が供給されることはない。
　(3)制御にフィード・バックが必要である。
　(4)回転数に応じた滑油圧力の制御を行う。

問0693 エンジン圧力比（EPR）について次のうち正しいものはどれか。　　4080502　工共通

　(1)コンプレッサ入口とタービン出口の全圧の比
　(2)コンプレッサの入口と出口の全圧の比
　(3)タービンの入口と出口の全圧の比
　(4)燃焼室の入口と出口の全圧の比

問0694 EPR 計の指示で次のうち正しいものはどれか。　　4080502　二航飛 二運飛

　(1)コンプレッサ入口全圧とタービン出口全圧の比をいう。
　(2)コンプレッサ入口全圧とコンプレッサ出口全圧の比をいう。
　(3)コンプレッサ出口全圧とエンジン回転数の比をいう。
　(4)低圧コンプレッサと高圧コンプレッサの圧力比をいう。

問0695 トルク・メータに関する説明で次のうち誤っているものはどれか。　　4080503　一運回

　(1)ヘリカル歯車の噛み合いで発生する軸方向の力と釣り合う油圧を検出して指示する。
　(2)駆動軸のねじれ角度を電圧に変換して指示する。
　(3)2 種類の異種金属により発生する電圧を検出して指示する。
　(4)指示は馬力（HP または PS）で表されているものもある。

問0696 トルク・メータに関する説明で次のうち誤っているものはどれか。　　4080503　エタ 一運回

　(1)ヘリカル歯車の噛み合いで発生する軸方向の力と釣り合う油圧を検出して行う。
　(2)駆動軸のねじれ角度を電圧に変換して行う。
　(3)電気式は減速装置の歪計により発生する電流を検出して行う。
　(4)指示は馬力（HPまたはPS）で表されているものもある。

問題番号	試験問題	シラバス番号	出題履歴
問0697	トルク・メータに関する説明で次のうち誤っているものはどれか。 (1)駆動軸のねじれ角度を電圧に変換して指示する。 (2)EECにて回転数をトルクに変換して指示する。 (3)ヘリカル・ギアの噛み合いで発生する軸方向の力と釣り合う油圧を検出して指示する。 (4)指示は馬力（HPまたはPS）で表されているものもある。	4080503	一運回 一運飛 二運飛 エタ
問0698	ターボシャフト・エンジンの離陸出力を設定する計器で次のうち正しいものはどれか。 (1)滑油温度 (2)燃料流量 (3)滑油圧力 (4)トルク	4080503	二航回
問0699	ターボシャフト・エンジンに使われているトルク検出機構で(A)〜(D)のうち正しいものはいくつあるか。(1)〜(5)の中から選べ。 (A)出力軸のねじれを電気センサで検知してトルクを検出する。 (B)出力軸の振動を油圧センサで検知してトルクを検出する。 (C)減速装置に入力される回転数の変化をトルクに換算する。 (D)減速歯車のヘリカル・ギアに生ずる軸方向の力に釣り合う油圧によりトルクを検出する。 (1)1　　(2)2　　(3)3　　(4)4　　(5)無し	4080503	一航回 二航回
問0700	回転数指示系統に関する説明で次のうち誤っているものはどれか。 (1)トランスミッタには非接触型センサやタコメータ・ジェネレータがある。 (2)ロータ回転数はNRで表示される。 (3)ガス・ジェネレータ回転数とパワー・タービン回転数は常に同じである。 (4)オート・ローテーションの状態ではパワー・タービン回転数とロータ回転数の針は重ならない。	4080504	一航回
問0701	回転数指示系統に関する説明で次のうち誤っているものはどれか。 (1)トランスミッタには非接触型センサやタコメータ・ジェネレータがある。 (2)フリー・タービン回転速度はN₂で表示される。 (3)ロータ回転数はNRで表示される。 (4)オート・ローテーションの状態では出力タービン回転数とロータ回転数の針は重なり合う。	4080504	二航回
問0702	熱電対を使用した排気ガス温度計に関する説明で次のうち正しいものはどれか。 (1)プローブには電気抵抗式が用いられている。 (2)原理的に機体電源が無くても指示できる。 (3)プローブは燃焼室出口の温度を計測している。 (4)数本のプローブを直列に結線している。	4080505	二運飛 一運飛
問0703	熱電対を使用した排気ガス温度計システムに関する説明で次のうち正しいものはどれか。 (1)プローブは一般にクロメルとコンスタンタン導線型が用いられている。 (2)数本のプローブを直列に結線している。 (3)熱起電力を応用したサーモカップルが用いられている。 (4)プローブは燃焼室出口の温度を計測している。	4080505	一運飛
問0704	熱電対を使用した排気ガス温度計システムに関する説明で次のうち正しいものはどれか。 (1)プローブには電気抵抗式が用いられている。 (2)熱起電力を応用したバイメタルが用いられている。 (3)数本のプローブを並列に結線している。 (4)プローブは燃焼室出口の温度を計測している。	4080505	二運飛 二運回
問0705	熱電対を使用した排気ガス温度指示系統に関する説明で(A)〜(D)のうち正しいものはいくつあるか。(1)〜(5)の中から選べ。 (A)複数のサーモカップルが電気的に並列に接続されている。 (B)温度に比例した熱起電力を発生する。 (C)航空機に使用される指示は下で表示される。 (D)数本のプローブの内、最高のプローブの値を指示する。 (1)1　　(2)2　　(3)3　　(4)4　　(5)無し	4080505	一航回 一航飛

発
動
機

問0706 熱電対を使用した排気ガス温度計システムに関する説明で(A)～(D)のうち正しいものはいくつあるか。(1)～(5)の中から選べ。　4080505　二航飛

(A)プローブは一般にクロメルとコンスタンタン導線型が用いられている。
(B)数本のプローブを直列に結線している。
(C)熱起電力を応用したサーモカップルが用いられている。
(D)プローブは燃焼室出口の温度を計測している。

(1) 1　　(2) 2　　(3) 3　　(4) 4　　(5) 無し

問0707 滑油系統に関する説明で次のうち誤っているものはどれか。　4080601　一運飛

(1)定圧方式はベアリング・サンプの加圧が高いエンジンに適している。
(2)全流量方式で指示する滑油圧力はエンジンの作動状態によって変化する。
(3)全流量方式にはコンポーネント保護のためプレッシャ・リリーフ・バルブが使用されている。
(4)定圧方式ではアイドルにおいても一定の供給圧が確保できる。

問0708 滑油系統に関する説明で(A)～(D)のうち正しいものはいくつあるか。(1)～(5)の中から選べ。　4080601　エタ

(A)全流量方式とは、基本的に滑油ポンプから吐出される流量の全てを滑油ノズルに分配して供給する方式をいう。
(B)全流量方式では全てのエンジン回転領域を通して、より適切な滑油流量を確保できる。
(C)定圧方式とは、滑油供給圧力を圧力制御バルブで制御して滑油を一定圧で供給する方式をいう。
(D)定圧方式で指示する滑油圧力はエンジンの全作動領域で一定である。

(1) 1　　(2) 2　　(3) 3　　(4) 4　　(5) 無し

問0709 定圧方式滑油系統に関する説明で(A)～(D)のうち正しいものはいくつあるか。(1)～(5)の中から選べ。　4080601　二航飛 二航回

(A)圧力制御バルブにより一定圧で供給する方式をいう。
(B)アイドルにおいても一定の供給圧が確保できる。
(C)ベアリング・サンプの加圧が高いエンジンに適している。
(D)全流量方式に比べて、大きなサイズの滑油ポンプが必要となる。

(1) 1　　(2) 2　　(3) 3　　(4) 4　　(5) 無し

問0710 滑油系統のホット・オイル・タンク・システムに関する説明で次のうち正しいものはどれか。　4080601　一航飛 一運飛

(1)滑油タンクを加熱して発動機の暖機運転を不要とするシステムをいう。
(2)滑油がタンクへ戻る前に暖かいブリード・エアで熱交換するシステムをいう。
(3)高温のスカベンジ・オイルが直接タンクへ戻るシステムをいう。
(4)エンジン始動時、オイル・クーラを通さないで潤滑するシステムをいう。

問0711 滑油系統のコールド・オイル・タンク・システムに関する説明で(A)～(D)のうち正しいものはいくつあるか。(1)～(5)の中から選べ。　4080601　一航回

(A)滑油の冷却は系統の高圧側で行われる。
(B)滑油劣化の影響を最小限とすることができる。
(C)燃料・滑油熱交換器に不具合が生じた場合、滑油中に燃料が混入する恐れがある。
(D)燃料・滑油熱交換器の小型化が可能となり重量軽減ができる。

(1) 1　　(2) 2　　(3) 3　　(4) 4　　(5) 無し

問0712 下図に示す滑油系統の循環方式およびマグネチック・チップ・ディテクタを装備する最も適切な箇所の組合せで正しいものはどれか。　4080601　エタ

(1)ホット・オイル・タンク・システム　：A
(2)ホット・オイル・タンク・システム　：B
(3)ホット・オイル・タンク・システム　：C
(4)コールド・オイル・タンク・システム：A
(5)コールド・オイル・タンク・システム：B
(6)コールド・オイル・タンク・システム：C

問題番号	試験問題	シラバス番号	出題履歴

問0713 エンジン滑油系統におけるブリーザの目的で次のうち正しいものはどれか。　4080601　一運回／二運回／二連飛

(1)ベアリング・サンプを負圧にしオイル・ジェットの圧力を高める。
(2)排油ポンプの機能を確保するため、ベアリング・サンプを加圧している。
(3)余分な滑油をオイル・タンクへ戻す。
(4)エンジン停止時、滑油をオイル・タンクへ戻す。

問0714 エンジン滑油ブリーザ系統の目的で次のうち誤っているものはどれか。　4080601　一航回／エタ／一航回
(1)ベアリング・サンプを加圧し、大気圧に対し常に一定の差圧に保つ。
(2)滑油と空気の分離には遠心力を利用した滑油セパレータを使用したものが多い。
(3)エンジン停止に際し、余分な滑油をオイル・タンクへ戻す。
(4)滑油タンク、ベアリング・サンプ、アクセサリ・ギア・ボックスからの空気の排出と
　滑油に含まれる空気を分離する。

問0715 滑油タンクを加圧する目的で次のうち正しいものはどれか。　4080602　一航飛／二航回／一運回／二連飛／一航飛／二連飛

(1)滑油ポンプのキャビテーションを防止する。
(2)オイル・シールから滑油が漏れるのを防止する。
(3)スカベンジ・ポンプの入口圧力を確保し、滑油の循環を良くする。
(4)全流量方式では供給量と吐出圧を一定にする。

問0716 一般にタービン・エンジンに装備されている滑油ポンプで次のうち誤っているものはどれか。　4080603　二運回

(1)ベーン・ポンプ
(2)プランジャ・ポンプ
(3)ジロータ・ポンプ
(4)ギア・ポンプ

問0717 オイル・システムに使用されるポンプの種類で次のうち正しいものはどれか。　4080603　二運飛

(1)インペラ・タイプ
(2)ギア・タイプ
(3)ベーン・タイプ
(4)ピストン・タイプ

問0718 排油ポンプの吐出全量が主滑油ポンプより大きい理由で次のうち正しいものはどれか。　4080603　一運飛

(1)空気の混入および油温の上昇により排油系統の油量が増加するため
(2)油温の上昇により滑油タンクの油量が増加するため
(3)油温の変化により、アクセサリ・ギア・ボックス内部にある水分が滑油中に混入して
　油量が増加するため
(4)滑油タンクへ戻すのに主滑油ポンプより高い圧力が必要なため

問0719 滑油系統に設けられているマグネチック・チップ・ディテクタに関する説明で次のうち正しいものはどれか。　4080605　二航回

(1)自閉式バルブにより、ディテクタの点検時に滑油をドレンする必要はない。
(2)オイル中に混入した磁性体を分散させ滑油の寿命をのばす。
(3)オイルの酸化による劣化度を検知しオイルの交換時期を知らせる。
(4)各供給ラインやオイル・タンクに取り付けられている。

問0720 マグネチック・チップ・ディテクタ（MCD）に関する説明で(A)～(D)のうち正しいものはいくつあるか。(1)～(5)の中から選べ。　4080605　一航回

(A)通常、スカベンジ・ラインに取り付けられている。
(B)各スカベンジ・ラインが1本に合流したラインに取り付けたものをマスタMCDとよ
　ぶ。
(C)通常、マスタMCDの点検は定例的に行わず、金屑が検出された場合にのみ点検する。
(D)MCDによる点検は、滑油フィルタ検査に比べ容易に点検できる利点がある。

(1) 1　　(2) 2　　(3) 3　　(4) 4　　(5) 無し

発動機

問0721 エンジン始動系統に関する説明で(A)〜(D)のうち正しいものはいくつあるか。
(1)〜(5)の中から選べ。

4080701　一航回
一航飛
一航回

(A)スタータはエンジンが自立運転速度に達するまで支援する必要がある。
(B)スタータ・ジェネレータは、スタータとジェネレータを兼ね備えており重量軽減が可能であるため、小型エンジンに多用されている。
(C)スタータの供給するトルクは、エンジンのロータの慣性力、空気抵抗などに打ち勝つトルクより小さくなければならない。
(D)電動スタータおよびスタータ・ジェネレータには起動トルクが小さい直流直巻モータが使用される。

(1) 1　　(2) 2　　(3) 3　　(4) 4　　(5) 無し

問0722 エンジン始動系統に関する説明で(A)〜(D)のうち正しいものはいくつあるか。
(1)〜(5)の中から選べ。

4080701　一航飛
一航飛

(A)ニューマチック・スタータや電動式スタータが用いられている。
(B)ニューマチック・スタータはデューティ・サイクルを必要としない。
(C)スタータ・ジェネレータには起動トルクが小さい直流直巻モータが使用される。
(D)スタータ・ジェネレータはアイドル回転になると EECにより自動で回転が停止する。

(1) 1　　(2) 2　　(3) 3　　(4) 4　　(5) 無し

問0723 ピストン・エンジンに使用されるオイルで次のうち正しいものはどれか。

40902　二運飛ピ

(1)鉱物油・合成油
(2)鉱物油・動物油
(3)植物油・合成油
(4)植物油・動物油・鉱物油

問0724 滑油系統の説明で次のうち誤っているものはどれか。

40902　二航飛ピ

(1)油圧が高過ぎれば、油漏れがひどくなったり滑油の消費が多くなる傾向となる。
(2)油温が低過ぎれば、粘度の低下をまねき軸受荷重を支えられない。
(3)常にきれいな状態で、エンジン部品を潤滑しなければならない。
(4)エンジン運転中の環境変化において油膜切れを生じない十分な品質を維持する。

問0725 エンジン・オイルの作用で次のうち誤っているものはどれか。

40902　二運滑
二航滑

(1)防錆作用
(2)清浄作用
(3)減摩作用
(4)保温作用

問0726 エンジン・オイルの作用で(A)〜(D)のうち正しいものはいくつあるか。
(1)〜(5)の中から選べ。

40902　二航回

(A)防錆作用
(B)清浄作用
(C)減摩作用
(D)冷却作用

(1) 1　　(2) 2　　(3) 3　　(4) 4　　(5) 無し

問0727 航空燃料（ガソリン）の具備条件で次のうち誤っているものはどれか。

4090101　二航回
二運飛
二航滑
二航滑
二航回
二航滑

(1)アンチノック性が高いこと
(2)発熱量が低いこと
(3)腐食性がないこと
(4)耐寒性に富むこと

問0728 航空燃料（ガソリン）の具備条件で次のうち誤っているものはどれか。

4090101　二航飛

(1)高い発熱量であること
(2)腐食性がないこと
(3)耐寒性に優れていること
(4)安定性が大きいこと
(5)低いアンチノック性があること

問題番号	試験問題	シラバス番号	出題履歴

問0729 ベーパ・ロックの発生原因で次のうち誤っているものはどれか。 4090105 二航回 / 二運飛 / 二運飛 / 二運飛 / 二航飛 / 二航回

(1)燃料の圧力低下
(2)燃料の粘度低下
(3)燃料の温度上昇
(4)燃料の過度の撹乱

問0730 ベーパ・ロックの防止方法で次のうち誤っているものはどれか。 4090105 二運飛 / 二運飛

(1)燃料配管を熱源から離し、かつ急な曲がりや立ち上がりを避ける。
(2)燃料が容易に気化しないように燃料の製造時に揮発性を抑制する。
(3)燃料系統にバイパス・バルブを組み込む。
(4)燃料調量装置内にベーパ・セパレータを設ける。

問0731 ベーパ・ロックの防止方法で(A)～(D)のうち正しいものはいくつあるか。
(1)～(5)の中から選べ。 4090105 二航飛 / 二航滑 / 二航飛 / 二航回 / 二航飛 / 二航飛 / 二航滑 / 二航回 / 二航飛 / 二航飛

(A)燃料配管を熱源から離し、かつ急な曲がりや立ち上がりを避ける。
(B)燃料が容易に気化しないように燃料の製造時に揮発性を抑制する。
(C)燃料系統にブースタ・ポンプを組み込む。
(D)燃料調量装置内にベーパ・セパレータを設ける。

(1) 1　　(2) 2　　(3) 3　　(4) 4　　(5) 無し

問0732 エンジン・オイルに求められる具備条件で次のうち誤っているものはどれか。 4090201 二航滑 / 二運飛 / 二航飛 / 二航飛 / 二航回

(1)高粘度指数であること
(2)低比熱、低熱伝導率であること
(3)化学的安定性があること
(4)高引火点であること

問0733 エンジン・オイルに求められる具備条件で(A)～(D)のうち正しいものはいくつあるか。
(1)～(5)の中から選べ。 4090201 二航飛 / 二航回

(A)高粘度指数であること
(B)高引火点であること
(C)化学的安定性があること
(D)低比熱、低熱伝導率であること

(1) 1　　(2) 2　　(3) 3　　(4) 4　　(5) 無し

問0734 エンジン・オイルに求められる具備条件で(A)～(D)のうち正しいものはいくつあるか。
(1)～(5)の中から選べ。 4090201 二航回 / 二航滑 / 二航滑

(A)高粘度指数であること
(B)高引火点であること
(C)化学的安定性があること
(D)高比熱、高熱伝導率であること

(1) 1　　(2) 2　　(3) 3　　(4) 4　　(5) 無し

問0735 航空用滑油の作用について(A)～(D)のうち正しいものはいくつあるか。
(1)～(5)の中から選べ。 4090201 二航飛

(A)エンジン内を循環する間に部品から熱を吸収する。
(B)金属部品の腐食を防止する。
(C)ピストン・シリンダ間を密封してガス漏れを防ぐ。
(D)異物の混入を防止する。

(1) 1　　(2) 2　　(3) 3　　(4) 4　　(5) 無し

問0736 潤滑系統の目的を果たすための滑油の作動条件で(A)～(D)のうち正しいものはいくつあ
るか。(1)～(5)の中から選べ。 4090201 二航回 / 二航回

(A)油圧が適当な限界内になければならない。
(B)油温が適当な限界内になければならない。
(C)常にきれいな状態で潤滑するエンジン部品に供給されなければならない。
(D)滑油の品質が適当で、エンジンの圧力や温度条件下でも油膜切れを生じてはならな
い。

(1) 1　　(2) 2　　(3) 3　　(4) 4　　(5) 無し

発
動
機

問0737	エンジンのオイル・サービスについて次のうち誤っているものはどれか。	4090202	二運飛

(1)メンテナンス・マニュアル指定の規格品を使用する。
(2)マルチ・ビスコシティ・オイルは幅広い外気温度に対応可能である。
(3)ストレート・ミネラル・オイルは新製エンジンに使用する。
(4)オイル交換は暦日にて決められる。

問0738	エンジン・オイル・サービスの説明で(A)～(D)のうち正しいものはいくつあるか。(1)～(5)の中から選べ。	4090202	二航飛 二航回

(A)指定の規格品を使用する。
(B)オイル交換時期は暦日のみで決められる。
(C)オイル・ブランド変更時のフラッシングには、ストレート・ミネラル・オイルを使用する。
(D)マルチ・ビスコシティ・オイルは新製エンジンのならし運転時に使用する。

(1)1　　(2)2　　(3)3　　(4)4　　(5)無し

問0739	タービン・エンジンに用いられる材料の説明で次のうち誤っているものはどれか。	41001	エタ

(1)アルミニウム合金はギア・ボックス・ケーシングに使用される。
(2)チタニウム合金は中温領域のディスクに使用される。
(3)低合金鋼は高圧コンプレッサ・ディスクに使用される。
(4)マグネシウム合金はファン出口案内翼に使用される。

問0740	タービン・エンジンに用いられる材料の説明で次のうち誤っているものはどれか。	41001	一航回

(1)アルミニウム合金はギア・ボックス・ケーシングに使用される。
(2)チタニウム合金は中温領域のディスクに使用される。
(3)低合金鋼は高圧コンプレッサ・ディスクに使用される。
(4)マグネシウム合金はコンプレッサ・ブレードに使用される。

問0741	タービン・エンジンの材料に関する説明で(A)～(D)のうち正しいものはいくつあるか。(1)～(5)の中から選べ。	41001	エタ

(A)ホット・セクション部品には高温強度を持った高密度材料とするため、粉末冶金が用いられている。
(B)プラズマ・コーティングを部品に施すことで、高い表面強度と耐食性を持たせることができる。
(C)燃焼器ライナには、表面エロージョンを防ぐためマグネシウム・ジルコネートが施されている。
(D)タービン・ブレードには、耐食性、耐酸化性を高めるために、通常、耐熱コーティングが施されている。

(1)1　　(2)2　　(3)3　　(4)4　　(5)無し

問0742	タービン・エンジンに用いられる材料の説明で(A)～(D)のうち正しいものはいくつあるか。(1)～(5)の中から選べ。	41001	二航飛 二航回

(A)アルミニウム合金はギア・ボックス・ケーシングに使用されている。
(B)低合金鋼は高圧コンプレッサ・ディスクに使用されている。
(C)チタニウム合金は低圧コンプレッサ・ディスクに使用されている。
(D)複合材料はファン・ブレードに使用されている。

(1)1　　(2)2　　(3)3　　(4)4　　(5)無し

問0743	代表的なタービン・エンジン材料に関する説明で(A)～(D)のうち正しいものはいくつあるか。(1)～(5)の中から選べ。	41001	二航回

(A)アルミニウム合金はコールド・セクションに多用されている。
(B)低合金鋼の使用例としてはボールおよびローラ・ベアリングがある。
(C)チタニウム合金の使用例としてはコンプレッサ・ディスクがある。
(D)ニッケル基耐熱合金では、タービン・ブレードに一方向凝固合金や単結晶合金が使用されている。

(1)1　　(2)2　　(3)3　　(4)4　　(5)無し

問0744	タービン・エンジンの燃焼器ライナとして一般的に用いられる材料で次のうち正しいものはどれか。	41002	二運飛

(1)マグネシウム合金
(2)高張力鋼
(3)チタニウム合金
(4)ニッケル基耐熱合金

問0745　タービン・エンジンの燃焼器ライナとして一般的に用いられる材料で次のうち正しいものはどれか。　41002　二運回

(1) コバルト基耐熱合金
(2) ニッケル基耐熱合金
(3) ステンレス鋼
(4) チタニウム合金

問0746　タービン・ブレードの材料で次のうち正しいものはどれか。　41002　一運回／一運回／二運回

(1) ステンレス鋼
(2) ニッケル基耐熱合金
(3) 高張力鋼
(4) チタニウム合金

問0747　タービン・エンジンにおけるマグネシウム合金の使用箇所で次のうち正しいものはどれか。　41002　一航発／一運発／二運発／一運発／一航回／二運発

(1) 燃焼器ライナ
(2) ボール・ベアリング
(3) アクセサリ・ギアボックス・ギア・シャフト
(4) アクセサリ・ギアボックス・ケース

問0748　タービン・エンジンにおけるチタニウム合金の使用箇所で次のうち正しいものはどれか。　41002　二運回／二運発

(1) 低圧コンプレッサ・ブレード
(2) ベアリング
(3) タービン・ブレード
(4) アクセサリ・ギア・ボックス・ケース

問0749　クリープに関する説明で次のうち誤っているものはどれか。　41003　一航回

(1) 高温・高応力の条件下で発生しやすい。
(2) タービン・ディスクの内径部と外径部の温度差により発生する。
(3) 最終的に材料は破断する。
(4) タービン・ブレードに発生する。

問0750　クリープに関する説明で(A)〜(D)のうち正しいものはいくつあるか。　41003　一航回
(1)〜(5)の中から選べ。

(A) 極端な熱や機械的応力を受けたとき、時間とともに材料の応力方向に塑性変形が減少することである。
(B) 運転中に大きな遠心力と熱負荷にさらされるタービン・ブレードで最も発生しやすい。
(C) 第1期から第3期までの3つの段階があり、伸びと時間によるS-N曲線によって表すことができる。
(D) エンジン停止時の慣性回転中に擦れ音をチェックすることで、タービン・ブレードなどのクリープを早期発見できる。

(1) 1　　(2) 2　　(3) 3　　(4) 4　　(5) 無し

問0751　ドライ・モータリングを行う場合で次のうち誤っているものはどれか。　41102　二航回／二航回／一航発

(1) エンジン内部に溜まっている燃料を排出するとき
(2) 燃料ノズルのリーク・チェックを行うとき
(3) エンジン・ウォータ・ウォッシュを行うとき
(4) 滑油ラインのリーク・チェックを行うとき

問0752　ドライ・モータリングを行う場合で(A)〜(D)のうち正しいものはいくつあるか。　41102　一航発
(1)〜(5)の中から選べ。

(A) 燃料制御装置下流の燃料漏洩点検を行うとき
(B) エンジン内部に発生した火災を吹き消すとき
(C) 点火系統の作動点検中に行う。
(D) エンジン始動前に残留排気ガス温度を下げるとき

(1) 1　　(2) 2　　(3) 3　　(4) 4　　(5) 無し

発動機

問0753　ウェット・モータリングを行う場合で(A)〜(D)のうち正しいものはいくつあるか。(1)〜(5)の中から選べ。　41102　二航回

(A)エンジン内部に溜まっている燃料を放出するとき
(B)エンジン内部に発生した火災を吹き消すとき
(C)エンジン・ウォータ・ウォッシュを行うとき
(D)滑油ラインのリーク・チェックを行うとき

(1) 1　　(2) 2　　(3) 3　　(4) 4　　(5) 無し

問0754　エンジン・モータリングに関する説明で(A)〜(D)のうち正しいものはいくつあるか。(1)〜(5)の中から選べ。　41102　二航飛／二航飛／二航回

(A)ウェット・モータリングは、エア・インテークから水を噴射してエンジン内に吸い込ませる方法をいう。
(B)ドライ・モータリングは、燃焼室へ燃料を流して行う方法をいう。
(C)エンジン内部の火災時は、ウエット・モータリングを行う。
(D)エンジン・モータリング中は、スタータのデューティ・サイクルを遵守する。

(1) 1　　(2) 2　　(3) 3　　(4) 4　　(5) 無し

問0755　エンジンのノーマル始動（FADEC装備機）に関する説明で(A)〜(D)のうち正しいものはいくつあるか。(1)〜(5)の中から選べ。　4110301　二航回

(A)スタータによりアイドル回転数までコンプレッサを駆動する。
(B)点火系統は始動からアイドル回転数まで作動している。
(C)点火系統は燃焼室への燃料供給開始前に作動が始まる。
(D)着火直後にピーク始動EGTとなりその後、低下安定する。

(1) 1　　(2) 2　　(3) 3　　(4) 4　　(5) 無し

問0756　ハング・スタートの原因で次のうち正しいものはどれか。　4110302　一航回／一航回

(1)始動中、エンジンが自立回転数に達してもスタータが回転している場合
(2)エンジン回転数に対する燃料流量が過多である場合
(3)スタータのトルクが不足している場合
(4)燃焼室内の残留燃料に着火した場合

問0757　ハング・スタートの原因で次のうち正しいものはどれか。　4110302　二航回／三航回

(1)エンジンが自立回転数に達してもスタータが回転している場合
(2)点火系統の不具合により着火しない場合
(3)エンジン回転数に対する燃料流量が過少である場合
(4)スタート前に残留燃料の放出操作を行わなかった場合

問0758　ホット・スタートの原因で(A)〜(D)のうち正しいものはいくつあるか。(1)〜(5)の中から選べ。　4110302　一航回／一航回

(A)エンジン始動時の燃料流量が通常より多い場合
(B)強い背風でエンジンを始動した場合
(C)ブリード・バルブが開いている場合
(D)燃焼室内の残留燃料に着火した場合

(1) 1　　(2) 2　　(3) 3　　(4) 4　　(5) 無し

問0759　ホット・スタートが起こる可能性のある状況で(A)〜(D)のうち正しいものはいくつあるか。(1)〜(5)の中から選べ。　4110302　一航回

(A)エンジン・エア・インレットの前面を覆うように雪が積もっている状態でエンジンを始動した場合
(B)強い背風にも関わらずエンジンを始動した場合
(C)モータリングにより、最大回転数に達している状態でエンジンを始動した場合
(D)エンジン始動時の燃料流量が通常より多い場合

(1) 1　　(2) 2　　(3) 3　　(4) 4　　(5) 無し

問0760 タービン・エンジンの始動に関する説明で(A)〜(D)のうち正しいものはいくつあるか。(1)〜(5)の中から選べ。 4110302 一航回

(A)ホット・スタートは、着火後、排気ガス温度が上昇し始動温度リミットを超える現象で、エンジン回転数に対し燃料流量が少ない場合に起こる。
(B)ハング・スタートは、燃焼開始後、所定時間内にアイドル回転数まで加速しない現象で、スタータのトルクが不足している場合に起こる。
(C)ウエット・スタートは、着火が遅れる現象で、ハイ・テンション・リードが断線している場合に起こる。
(D)ノー・スタートは、始動操作により始動できない現象で、スタータが作動しない場合に起こる。

(1) 1　　(2) 2　　(3) 3　　(4) 4　　(5) 無し

問0761 エンジン・トリムに関する説明で(A)〜(D)のうち正しいものはいくつあるか。(1)〜(5)の中から選べ。 4110804 一航飛

(A)エンジン出力保証のため、テスト・セルにおいて実施される。
(B)エンジンを機体に搭載することによって個々に推力の差を生ずるため、機体に装着した場合に実施される。
(C)油圧機械式燃料制御装置の交換時や性能回復運転時に実施される。
(D)FADEC を装備したエンジンでは個々の出力差は自動的に補正される。

(1) 1　　(2) 2　　(3) 3　　(4) 4　　(5) 無し

問0762 エンジンの状態監視の手法として用いられているもので次のうち誤っているものはどれか。 41200 一運飛
エタ

(1)フライト・データ・モニタリングによる監視
(2)ボア・スコープ検査
(3)マグネチック・チップ・ディテクタの点検
(4)ベア・エンジン状態でのエンジン性能試験

問0763 トレンド・モニタリングに関する説明で次のうち誤っているものはどれか。 41201 一航回

(1)時間経過に伴う各パラメータの変化の傾向を把握して不具合や劣化を検出する。
(2)故障の早期発見が可能で飛行中のエンジン停止、離陸中止などを減らすことが可能となる。
(3)エンジン・パラメータはエンジン性能をモニタするための性能パラメータと、メカニカルな状態を示すパラメータの2つのカテゴリに分類される。
(4)「ベースライン・エンジン・モデル」データとは関係ない。

問0764 ボア・スコープ点検孔に関する説明で(A)〜(D)のうち正しいものはいくつあるか。(1)〜(5)の中から選べ。 41202 一航飛

(A)ボア・スコープを挿入しエンジン内部の状態を直接検査するための孔である。
(B)点検時以外はプラグをねじ込み点検孔を塞いでガスの漏洩を防ぐ構造となっている。
(C)高圧コンプレッサの各段は周囲に数箇所の点検孔が設けられている。
(D)タービン・ノズル・ガイド・ベーンの点検孔は高温部のため1箇所のみである。

(1) 1　　(2) 2　　(3) 3　　(4) 4　　(5) 無し

問0765 ボア・スコープ点検に関する説明で(A)〜(D)のうち正しいものはいくつあるか。(1)〜(5)の中から選べ。 41202 一航回

(A)ボア・スコープ点検はエンジンを分解することなく内部を検査し、その状態を把握する方法である。
(B)使用するボア・スコープは医療用内視鏡に類似している。
(C)検鏡部には、直視型、側視型およびフレキシブル型などがある。
(D)エンジン前方、後方の開口部または特別に設けられた点検孔などから挿入して内部を検査する。

(1) 1　　(2) 2　　(3) 3　　(4) 4　　(5) 無し

問0766 ボア・スコープ点検に関する説明で(A)〜(D)のうち正しいものはいくつあるか。(1)〜(5)の中から選べ。 41202 一航飛

(A)高圧系ロータ部の点検では専用の回転装置をギアボックスに取り付けて行うこともある。
(B)プラグには外側ケースと内側ケースの両方を塞いでガスの漏洩を防ぐものがある。
(C)高圧コンプレッサ各段の周囲には数箇所の点検孔が設けられている。
(D)タービン・ノズル・ガイド・ベーンの点検孔は高温部のため1箇所のみである。

(1) 1　　(2) 2　　(3) 3　　(4) 4　　(5) 無し

発動機

問題番号	試験問題	シラバス番号	出題履歴
問0767	SOAPに関する説明で次のうち誤っているものはどれか。 (1)滑油中に含まれる微細な金属の検出とその発生をモニタする。 (2)破壊型の不具合に最も有効である。 (3)採取されたサンプルを電気アーク等により燃焼発光させ、金属成分の持つ固有の光の波長からサンプル中に含まれる微細な金属とその含有量を把握する。 (4)摩耗型の不具合に有効であり、初期段階での不具合発見に活用できる。	41204	一運飛
問0768	滑油の分光分析（SOAP）に関する説明で(A)～(D)のうち正しいものはいくつあるか。(1)～(5)の中から選べ。 (A)滑油中に含まれる微細な金属の検出とその発生をモニタする。 (B)採取されたサンプルを電気アーク等により燃焼発光させ、サンプル中に含まれる微細な金属とその含有量を把握する。 (C)摩耗型の不具合に有効であり、初期段階での不具合発見に活用できる。 (D)破壊型の不具合には、採取される金属粒子が大きいため効果が薄い。 (1) 1　　(2) 2　　(3) 3　　(4) 4　　(5) 無し	41204	一航回
問0769	エンジン騒音の発生に関する説明で次のうち正しいものはどれか。 (1)小型エンジンと大型エンジンの推力が同一ならば、ジェット排気騒音は同じになる。 (2)小型エンジンと大型エンジンの推力が同一ならば、ジェット排気騒音は小型エンジンの方が大きい。 (3)小型エンジンと大型エンジンの推力が同一ならば、ジェット排気騒音は大型エンジンの方が大きい。 (4)約400～500m/sのジェット排気速度では、発生する音の強さは排気速度の2乗に比例して増加する。	4130101	エタ
問0770	タービン・エンジンの騒音低減対策に関する説明で(A)～(D)のうち正しいものはいくつあるか。(1)～(5)の中から選べ。 (A)騒音を低減させるためには音源をできるだけ小さくするか、発生した騒音を伝播の過程で減衰させる。 (B)排気騒音における周波数の低い音は、減衰せずに遠方まで伝搬する。 (C)ローブ型排気ノズルやシェブロン型排気ノズルが使用されている。 (D)アコースティック・パネルは音のエネルギを熱にする働きがある。 (1) 1　　(2) 2　　(3) 3　　(4) 4　　(5) 無し	4130103	一航飛
問0771	低出力時と比較した高出力時におけるガス状排出物に関する説明で次のうち正しいものはどれか。 (1)COは増加するがHCとNOxは減少する。 (2)HCは減少するがCOとNOxは増加する。 (3)HCとCOは増加するがNOxは減少する。 (4)HCとCOは減少するがNOxは増加する。	4130201	二運飛 二運飛
問0772	タービン・エンジンのガス状排出物に関する説明で次のうち正しいものはどれか。 (1)HCはアイドル出力時が最も少ない。 (2)COは離陸出力時が最も多い。 (3)CO_2は完全燃焼すれば発生しない。 (4)NOxは離陸出力時が最も多い。	4130201	二運回 一航飛 二運回 二運回 二運回 二航回
問0773	タービン・エンジンのガス状排出物に関する説明で次のうち正しいものはどれか。 (1)低出力時は二酸化炭素のみを排出する。 (2)完全燃焼するので、有害ガスは排出しない。 (3)運転状態により未燃焼炭化水素、一酸化炭素、窒素酸化物などを排出する。 (4)高出力時は低出力時に比べ二酸化炭素の排出量が多い。	4130201	二運飛
問0774	タービン・エンジンのガス状排出物に関する説明で次のうち正しいものはどれか。 (1)運転状態により一酸化炭素、二酸化炭素、窒素酸化物、未燃焼炭化水素が発生する。 (2)低出力時は高出力時に比べ一酸化炭素の発生が少ない。 (3)高出力時は低出力時に比べ窒素酸化物の発生が少ない。 (4)高出力時は低出力時に比べ未燃焼炭化水素の発生が多い。	4130201	一運飛 二航回
問0775	タービン・エンジンのガス状排出物に関する説明で次のうち正しいものはどれか。 (1)未燃焼炭化水素は高出力時に多く発生する。 (2)二酸化炭素は不完全燃焼生成物である。 (3)窒素酸化物は不完全燃焼生成物である。 (4)一酸化炭素は不完全燃焼生成物である。	4130201	二運飛 エタ

問0776 タービン・エンジンのガス状排出物に関する説明で次のうち正しいものはどれか。　4130201　二航回

(1)一酸化炭素は高出力時に多く発生する。
(2)二酸化炭素は完全燃焼すれば発生しない。
(3)未燃焼炭化水素は低出力時に多く発生する。
(4)窒素酸化物は最適空燃比で発生が最小となる。

問0777 タービン・エンジンのガス状排出物に関する説明で次のうち正しいものはどれか。　4130201　一運回

(1)未燃焼炭化水素は高出力時に多く発生する。
(2)二酸化炭素は不完全燃焼生成物である。
(3)窒素酸化物は最適空燃比で発生量が最小となる。
(4)一酸化炭素は不完全燃焼生成物である。

問0778 アイドル運転状態におけるガス状排出物に関する説明で次のうち正しいものはどれか。　4130201　二航回

(1)COは多いがHCとNOxは少ない。
(2)HCは少ないがCOとNOxは多い。
(3)HCとCOは多いがNOxは少ない。
(4)HCとCOは少ないがNOxは多い。

問0779 気体の比熱の関係で次のうち正しいものはどれか。但し、Cpは定圧比熱、Cvは定容比熱、kは比熱比とする。　40301　二連飛

(1)Cp＞Cv
(2)Cp＜Cv
(3)Cp＝Cv
(4)k＝Cv/Cp

問0780 気体を断熱圧縮した場合の説明で次のうち正しいものはどれか。　40302　二連飛／二連回

(1)温度は変化しない。
(2)温度は下がる。
(3)温度は上がる。
(4)圧力は変化しない。

問0781 熱力学の第1法則に関する説明で次のうち正しいものはどれか。　40304　二連飛

(1)熱は仕事に変換できるが仕事を熱に変換することはできない。
(2)仕事は熱に変換できるが熱を仕事に変換することはできない。
(3)熱と仕事はどちらも固有のエネルギ形態であり相互に変換することはできない。
(4)熱の仕事当量の逆数は仕事の熱当量である。

問0782 ピストン・エンジンにおける下記部品のうち磁粉探傷検査のできないものはどれか。　44101　工共通／工機装／工機構／工共通

(1)クランク・シャフト
(2)ピストン・リング
(3)バルブ・スプリング
(4)シリンダ・ヘッド

問0783 シリンダの圧縮比で次のうち正しいものはどれか。　44101　二連飛／二連滑

(1)隙間容積を行程容積で割ったもの
(2)全体容積を行程容積で割ったもの
(3)行程容積を隙間容積で割ったもの
(4)全体容積を隙間容積で割ったもの

問0784 ベアリングに関する説明で次のうち正しいものはどれか。　44101　二連飛／二連飛／二航回／二連飛／二連飛

(1)プレーン・ベアリングは点接触であり、大きな荷重に耐え摩擦が大きい。
(2)プレーン・ベアリングはスラスト荷重を受け持つ。
(3)ボール・ベアリングは摩擦が大きく高速回転に適さない。
(4)ボール・ベアリングはラジアル荷重とスラスト荷重を受け持つ。

問0785 ベアリングに関する説明で(A)～(D)のうち正しいものはいくつあるか。
(1)～(5)の中から選べ。　44101　二航滑

(A)プレーン・ベアリングは点接触であり、大きな荷重に耐え摩擦が大きい。
(B)プレーン・ベアリングはスラスト荷重を受け持つ。
(C)ボール・ベアリングは摩擦が大きく高速回転に適さない。
(D)ボール・ベアリングはラジアル荷重とスラスト荷重を受け持つ。

(1)1　　(2)2　　(3)3　　(4)4　　(5)無し

発動機

問0786 ボール・ベアリングと比較したプレーン・ベアリングの説明で次のうち誤っているものはどれか。　44101　二航飛／二連滑

(1)面接触である。
(2)大きい荷重に耐える。
(3)摩擦が大きい。
(4)スラスト荷重を受けもつ。

問0787 ボール・ベアリングと比較したプレーン・ベアリングの説明で(A)〜(D)のうち正しいものはいくつあるか。(1)〜(5)の中から選べ。　44101　二航滑

(A)面接触である。
(B)大きい荷重に耐える。
(C)摩擦が大きい。
(D)スラスト荷重を受けもつ。

(1)1　　(2)2　　(3)3　　(4)4　　(5)無し

問0788 次のピストン・エンジンの総排気量（cm^3）で最も近い値はどれか。　44101　二航飛／二航回／二航滑

・シリンダ内径（D）：80mm
・ストローク（S）：70mm
・シリンダ数（N）： 4
・円周率（π）： 3.14

(1)1,010
(2)1,230
(3)1,400
(4)1,620

問0789 次の条件におけるピストン・エンジンの総排気量（cm^3）で次のうち最も近い値を選べ。　44101　二航滑

・シリンダ内径（D）： 50mm
・ストローク（S）： 100mm
・シリンダ数（N）： 4
・円周率（π）： 3.14

(1) 196
(2) 785
(3)1,177
(4)1,570

問0790 次の条件におけるピストン・エンジンの総排気量（cm^3）で次のうち最も近い値を選べ。　44101　二航飛／二航回

・シリンダ内径（D）：150mm
・ストローク（S）：180mm
・シリンダ数（N）： 6
・円周率（π）： 3.14

(1)12,700
(2)15,300
(3)19,000
(4)22,900

問0791 次のピストン・エンジンの指示馬力（PS）で最も近い値はどれか。　44101　二航回／二航飛／二航飛／二航回

・シリンダ数（N）： 4
・ストローク（S）： 120mm
・シリンダ内径（D）： 110mm
・エンジン回転数（N）：2700rpm
・平均有効圧力（P）： 15kg/cm^2
・円周率（π）： 3.14

(1)205
(2)224
(3)244
(4)264

問0792 次のピストン・エンジンの圧縮比で最も近い値はどれか。 　44101　二航飛
・シリンダ内径（D）：110mm
・ストローク（S）：140mm
・隙間容積（Vc）：130cm³
・シリンダ数（N）：6
・円周率（π）：3.14

(1) 8
(2) 9
(3)10
(4)11

問0793 次の条件におけるピストン・エンジンの圧縮比で次のうち最も近い値はどれか。　44101　二航飛 二航回

・シリンダ内径（D）：200mm
・ストローク（S）：100mm
・隙間容積（Vc）：200cm³
・シリンダ数（N）：4
・円周率（π）：3.14

(1)14.7
(2)15.7
(3)16.7
(4)17.7

問0794 次の条件におけるピストン・エンジンの圧縮比で次のうち最も近い値はどれか。　44101　二航飛 二航飛 二航滑

・シリンダ内径（D）：200mm
・ストローク（S）：100mm
・隙間容積（Vc）：200cm³
・シリンダ数（N）：4
・円周率（π）：3.14

(1)17.7
(2)16.7
(3)15.7
(4)14.7

問0795 クランク軸に関する説明で(A)〜(D)のうち正しいものはいくつあるか。　44101　二航飛 二航回 二航飛 二航回
(1)〜(5)の中から選べ。

(A)ピストンに働く燃焼圧力により曲げ、高速回転運動により遠心力と慣性力及び振り
　　モーメントが作用する。
(B)ニッケル・クロム・モリブデン鋼のような強い合金鋼で作られている。
(C)慣性力を増やさないよう強度上支障ない部分を中空にして滑油の通路としている。
(D)ジャーナル、クランク・ピン及びクランク・アームがある。

(1) 1 　　(2) 2 　　(3) 3 　　(4) 4 　　(5) 無し

問0796 2サイクル・エンジンの説明で誤っているものはどれか。　44101　二運滑

(1)混合気が排気で薄められて効率が下がる。
(2)燃焼がクランク軸1回転ごとに起こることからエンジンの冷却が容易である。
(3)潤滑が困難である。
(4)同じ回転数に対して有効行程数が2倍になることから小型でも高出力が得られる。

問0797 4サイクル・エンジンと比較した2サイクル・エンジンの欠点で次のうち誤っているもの　44101　二運滑
はどれか。

(1)混合気が排気で薄められて効率が下がる。
(2)クランク軸1回転ごとに燃焼が起こり冷却が困難である。
(3)潤滑が困難である。
(4)同じ回転数に対して同一出力を発生させるには大型にする必要がある。

問0798 4サイクル・エンジンと比較した2サイクル・エンジンの欠点で(A)〜(D)のうち正しい　44101　二航滑
ものはいくつあるか。(1)〜(5)の中から選べ。

(A)混合気が排気で薄められて効率が下がる。
(B)クランク軸1回転ごとに燃焼が起こり冷却が困難である。
(C)潤滑が困難である。
(D)同じ回転数に対して同一出力を発生するためには大型にする必要がある。

(1) 1 　　(2) 2 　　(3) 3 　　(4) 4 　　(5) 無し

発動機

問題番号	試験問題	シラバス番号	出題履歴

問0799　4サイクル・エンジンと比較した2サイクル・エンジンの欠点で(A)〜(D)のうち正しい　44101　二航滑
ものはいくつあるか。(1)〜(5)の中から選べ。　　　　　　　　　　　　　　　　　　　　　　　二航滑

(A)混合気が排気で薄められて効率が下がる。
(B)クランク軸1回転ごとに燃焼が起こり冷却が困難である。
(C)潤滑が困難である。
(D)同じ回転数に対して同一出力を発生するためには大型にする必要がある。

(1) 1　　(2) 2　　(3) 3　　(4) 4　　(5) 無し

問0800　4サイクル・エンジンと比較した2サイクル・エンジンの説明で(A)〜(D)のうち正しい　44101　二航滑
ものはいくつあるか。(1)〜(5)の中から選べ。

(A)混合気が排気で薄められて効率が上がる。
(B)クランク軸 2 回転ごとに燃焼が起こり冷却が困難である。
(C)潤滑が容易である。
(D)同じ回転数に対して同一出力を発生するためには大型にする必要がある。

(1) 1　　(2) 2　　(3) 3　　(4) 4　　(5) 無し

問0801　シリンダ内面で最も摩耗する箇所について次のうち正しいものはどれか。　44102　二運飛
　　二航滑
(1)シリンダの上死点付近　　　　　　　　　　　　　　　　　　　　　　　　　　　　　二航滑
(2)シリンダの上死点と下死点の中間付近　　　　　　　　　　　　　　　　　　　　　　二運飛
(3)シリンダの下死点付近　　　　　　　　　　　　　　　　　　　　　　　　　　　　　二運飛
(4)部位による差はない。

問0802　シリンダのコンプレッションが低いときの漏洩箇所で次のうち誤っているものはどれか。　44102　二航回
　　　二航回
(1)点火栓取り付け部　　　　　　　　　　　　　　　　　　　　　　　　　　　　　　　二運飛
(2)ピストン・リング部
(3)ロッカー・アーム・カバーのガスケット部
(4)吸・排気バルブ・シート部

問0803　シリンダのコンプレッションが低いときの漏洩箇所で(A)〜(D)のうち正しいものはいく　44102　二航回
つあるか。(1)〜(5)の中から選べ。

(A)点火栓の取付部
(B)ピストン・リング部
(C)吸・排気バルブ・シート部
(D)ロッカー・アーム・カバーのガスケット部

(1) 1　　(2) 2　　(3) 3　　(4) 4　　(5) 無し

問0804　円筒型燃焼室と比較した半球型燃焼室の説明で(A)〜(D)のうち正しいものはいくつある　44102　二航回
か。(1)〜(5)の中から選べ。

(A)燃焼の伝播が良く燃焼効率が高い。
(B)吸・排気弁の直径を小さくできるので容積効率が増す。
(C)同一容積に対し表面積が最小となる。
(D)ヘッドの工作が容易で弁作動機構も簡単である。

(1) 1　　(2) 2　　(3) 3　　(4) 4　　(5) 無し

問0805　円筒型燃焼室と比較した半球型燃焼室の説明で(A)〜(D)のうち正しいものはいくつある　44102　二航飛
か。(1)〜(5)の中から選べ。

(A)燃焼の伝播が良く燃焼効率が高い。
(B)吸・排気弁の直径を小さくできるので容積効率が増す。
(C)同一容積に対し冷却損失が多い。
(D)ヘッドの工作が容易で弁作動機構も簡単である。

(1) 1　　(2) 2　　(3) 3　　(4) 4　　(5) 無し

問0806　シリンダ内面が摩耗して規定寸法を外れた場合の修理方法に関する説明で次のうち誤って　44102　二運飛
いるものはどれか。　　　　　　　　　　　　　　　　　　　　　　　　　　　　　　　二航飛

(1)シリンダの直径を大きく仕上げて、それに合ったピストンおよびピストン・リングを
　　組み合わせて使用する。
(2)シリンダ内面にクロムメッキをして元の寸法に戻して使用する。
(3)クロムメッキを行ったシリンダにはクロムメッキのピストン・リングを使用する。
(4)ポーラス・クロムメッキを行うと、シリンダ表面の保油性がより良くなる。

問題番号	試験問題	シラバス番号	出題履歴
問0807	シリンダ内面が摩耗して規定寸法を外れた場合の修理方法に関する説明で(A)～(D)のうち正しいものはいくつあるか。(1)～(5)の中から選べ。 (A)シリンダの直径を大きく仕上げて、それに合ったピストンおよびピストン・リングを組み合わせて使用する。 (B)シリンダ内面にクロムメッキをして元の寸法に戻して使用する。 (C)クロムメッキを行ったシリンダにはクロムメッキのピストン・リングを使用する。 (D)ポーラス・クロムメッキを行うと、シリンダ表面の保油性がより良くなる。 (1) 1　　(2) 2　　(3) 3　　(4) 4　　(5) 無し	44102	二航飛 二航回 二航回
問0808	燃焼室に関する説明で(A)～(D)のうち正しいものはいくつあるか。(1)～(5)の中から選べ。 (A)半球型は、燃焼の伝播が良く燃焼効率が高い。 (B)半球型は、吸・排気弁の直径を小さくできるので容積効率が増す。 (C)半球型は、同一容積に対し表面積が最小となり、冷却損失が少ない。 (D)円筒型は、ヘッドの工作が容易で弁作動機構も簡単である。 (1) 1　　(2) 2　　(3) 3　　(4) 4　　(5) 無し	44102	二航飛
問0809	半球型燃焼室に関する説明で(A)～(D)のうち正しいものはいくつあるか。(1)～(5)の中から選べ。 (A)燃焼の伝播が悪く燃焼効率が低い。 (B)吸・排気弁の直径を小さくできるので容積効率が増す。 (C)同一容積に対し表面積が最大となり、冷却損失が多い。 (D)排気弁の弁軸が傾斜しているためアングル・ヘッド・バルブとも呼ばれる。 (1) 1　　(2) 2　　(3) 3　　(4) 4　　(5) 無し	44102	二航飛
問0810	シリンダ・バフルの役目で次のうち誤っているものはどれか。 (1)空気を各シリンダの周囲に流すことでシリンダ温度を均一にする。 (2)シリンダ通過後の排出空気量を増減する。 (3)デフレクタ間に強制的に空気を流す。	44102	二運飛
問0811	シリンダ・バフルの役目として(A)～(D)のうち正しいものはいくつあるか。(1)～(5)の中から選べ。 (A)空気を各シリンダの周囲に流すことでシリンダ温度を均一にする。 (B)シリンダ通過後の排出空気量を増減する。 (C)デフレクタ間に強制的に空気を流す。 (D)シリンダのフィンの振動を防止する。 (1) 1　　(2) 2　　(3) 3　　(4) 4　　(5) 無し	44102	二航回
問0812	ピストン頭部の形状に関する説明で(A)～(D)のうち正しいものはいくつあるか。(1)～(5)の中から選べ。 (A)平型は、受熱面積が少なく工作が容易である。 (B)凹型は、燃焼室の形状が球形型になり効率が上がる。 (C)凸型は、燃焼室を小さくするので、圧縮比を高められる。 (D)吸・排気弁と接触しないように、その部分だけ凹ましたものもある。 (1) 1　　(2) 2　　(3) 3　　(4) 4　　(5) 無し	44102	二航飛 二航回
問0813	円筒型燃焼室と比較した半球型燃焼室の説明で次のうち正しいものはどれか。 (1)燃焼の伝播が良く燃焼効率が高い。 (2)吸・排気弁の直径を小さくできるので容積効率が増す。 (3)同一容積に対し冷却損失が大きい。 (4)ヘッドの工作が容易で弁作動機構も簡単である。	44102	二運飛
問0814	円筒型燃焼室と比較した半球型燃焼室の説明で(A)～(D)のうち正しいものはいくつあるか。(1)～(5)の中から選べ。 (A)燃焼の伝播が良く燃焼効率が高い。 (B)吸・排気弁の直径を小さくできるので容積効率が増す。 (C)同一容積に対し冷却損失が少ない。 (D)ヘッドの工作が容易で弁作動機構も簡単である。 (1) 1　　(2) 2　　(3) 3　　(4) 4　　(5) 無し	44102	二航回

発動機

問0815　ピストン・リングの役目で次のうち誤っているものはどれか。　44103　二運滑／二運飛／二航飛／二航飛

(1)燃焼室内のガス圧力を高く保つ。
(2)シリンダ内壁とピストン・リングの摺動面に適切な油膜を保持する。
(3)ピストンの熱がシリンダ壁に伝わるのを防ぐ。
(4)ピストンが直接シリンダに接触するのを防ぐ。

問0816　ピストン・リングの役目で(A)～(D)のうち正しいものはいくつあるか。　44103　二航回／二航滑
(1)～(5)の中から選べ。

(A)燃焼室からのガス漏れを防ぎ、燃焼室内のガス圧力を高く保つ。
(B)シリンダとの摺動面の滑油を制御する。
(C)ピストンの熱をシリンダに伝え、ピストン温度を低く保つ。
(D)ピストンが直接シリンダに接触するのを防ぐ。

(1)1　　(2)2　　(3)3　　(4)4　　(5)無し

問0817　コンプレッション・リングの説明で次のうち誤っているものはどれか。　44103　二運飛

(1)燃焼室からのガス漏れを防ぎ、ピストン頭部の熱をシリンダに伝える。
(2)プレーン型はシリンダ壁に油膜を保持し、かつ燃焼室への滑油の浸入を防ぐ。
(3)テーパ型は摩耗に順応し気密性が良い。
(4)くさび型はリング溝に溜まったスラッジの自己清浄作用を持つ。

問0818　三層プレーン・ベアリングの説明で次のうち誤っているものはどれか。　44104　二航回

(1)表面は堅くなじみがよく、耐摩耗性、耐食性に優れている。
(2)クランク・シャフトやコネクティング・ロッドの大端部に使用されている。
(3)鋼、ケルメットおよび鉛の三層から構成されている。
(4)熱伝導性に優れ、必要な強度、剛性も持っている。

問0819　プレーン・ベアリングの三層ベアリング（トリメタル）で次のうち誤っているものはどれか。　44104　二航飛ピ

(1)表面は軟らかく、異物などの埋没性に優れている。
(2)クランク・シャフトやコネクティング・ロッドの大端部に使用されている。
(3)鋼、ケルメット及び鉛の三層から構成されている。
(4)耐摩耗性、耐食性は優れているが、熱伝導性に劣っている。

問0820　プレーン・ベアリングに関する説明で(A)～(D)のうち正しいものはいくつあるか。　44104　二航滑
(1)～(5)の中から選べ。

(A)面接触である。
(B)大きい荷重に耐える。
(C)摩擦が大きい。
(D)スラスト荷重を受けもつ。

(1)1　　(2)2　　(3)3　　(4)4　　(5)無し

問0821　ダイナミック・ダンパの目的で次のうち正しいものはどれか。　44104　二航飛／二航飛／二運飛／二航回／二運飛

(1)捩り振動を吸収する。
(2)曲げ振動を吸収する。
(3)静釣合いをとる。
(4)シャフト・ベアリングの振動を吸収する。

問0822　ダイナミック・ダンパの説明で次のうち誤っているものはどれか。　44104　二航回

(1)捩り振動を吸収する。
(2)振子式とは振子の共振作用を利用したものである。
(3)静釣合いをとる。
(4)摩擦式とは摩擦を利用して振動のエネルギを熱に変えて吸収するものである。

問0823　エンジン運転中にブリザ・パイプから常時煙が出ている場合の原因で次のうち正しいものはどれか。　44105　二運飛／二運飛／二運飛

(1)早期着火
(2)気化器の凍結
(3)ピストン・リングやシリンダの摩耗
(4)シリンダ・ヘッド・テンプの過度な上昇

問0824 クランク・ケースのブリザ・パイプの目的で次のうち正しいものはどれか。   44105   二運飛 / 二運飛

(1)吸気管の空気の流入を助ける。
(2)内外の圧力差を小さくする。
(3)エンジン・オイル量を点検する。
(4)過度に高いオイル・プレッシャを調整する。

問0825 クランク・ケースのブリザ・パイプの目的で次のうち正しいものはどれか。   44105   二航滑

(1)クランク・ケース内のオイル・レベルを調整する。
(2)クランク・ケース内外の圧力差を小さくする。
(3)クランク・ケースの冷却効果を高める。
(4)クランク・ケース内のフィルタをバイパスする。

問0826 遊星歯車式減速装置の説明で次のうち誤っているものはどれか。   44106   二運飛

(1)入力軸と出力軸を同一直線上にそろえることができる。
(2)減速装置の全長を短くできる。
(3)歯車数が多く、1枚の歯にかかる荷重が小さくなるので軽くできる。
(4)構造は複雑だが、減速比を自由に選べる。

問0827 エンジンの振動の原因で(A)～(D)のうち正しいものはいくつあるか。
(1)～(5)の中から選べ。   44202   二航回 / 二航滑 / 二航飛 / 二航回 / 二航滑

(A)トルクの変動
(B)クランク軸の振り振動
(C)クランク軸の曲げ振動
(D)往復慣性力と回転慣性力の不釣合い

(1) 1   (2) 2   (3) 3   (4) 4   (5) 無し

問0828 エンジン振動の影響に関する説明で(A)～(E)のうち正しいものはいくつあるか。
(1)～(6)の中から選べ。   44202   二航飛

(A)各滑動部の摩耗が大きくなる。
(B)軸受けに大きな応力が生じる。
(C)飛行機全体の振動が大きくなる。
(D)出力損失が大きくなる。
(E)電気系統、その他一般の故障の原因になる。

(1) 1   (2) 2   (3) 3   (4) 4   (5) 5   (6) 無し

問0829 バルブ・オーバラップに関する説明で次のうち正しいものはどれか。   44300   二運滑 / 二運飛

(1)シリンダの圧縮効果を高める。
(2)騒音を低下させる。
(3)シリンダ内部の冷却効果を高める。
(4)加速効果を高める。

問0830 バルブ・オーバラップに関する説明で次のうち正しいものはどれか。   44300   二航滑 / 二運滑

(1)排気ガスの掃気効果を上げる。
(2)流入混合気による温熱効果がある。
(3)オーバラップ角はBC前後の20～45°位である。
(4)流入混合気を少なくする効果がある。

問0831 バルブ・オーバラップに関する説明で(A)～(D)のうち正しいものはいくつあるか。
(1)～(5)の中から選べ。   44300   二航飛

(A)排気ガスの掃気効果を上げる。
(B)流入混合気による温熱効果がある。
(C)オーバラップ角は上死点前後の20～45°位である。
(D)流入混合気を少なくする効果がある。

(1) 1   (2) 2   (3) 3   (4) 4   (5) 無し

問0832 吸・排気弁に関する説明で次のうち正しいものはどれか。   44300   二運飛 / 二航滑

(1)吸・排気弁は、耐熱性、耐摩耗性、耐食性に優れたアルミ合金で作られている。
(2)ガスの流れに対する抵抗は考慮していない。
(3)弁軸を中空にして内部に金属ナトリウムを封入した排気弁もある。
(4)高速回転ではカムの形状のとおりに開閉するが、低速回転では作動しなくなる傾向が
  ある。

発動機

問0833 吸・排気弁に関する説明で次のうち正しいものはどれか。 　44300　二航滑

(1) 弁軸を中空にして内部に金属ナトリウムを封入した排気弁もある。
(2) ガスの流れに対する抵抗は考慮していない。
(3) 吸・排気弁は、耐熱性、耐摩耗性、耐食性に優れたアルミ合金で作られている。
(4) 高速回転ではカムの形状のとおりに開閉するが、低速回転では作動しなくなる傾向がある。

問0834 吸・排気弁に関する説明で(A)～(D)のうち正しいものはいくつあるか。(1)～(5)の中から選べ。 　44300　二航滑／二航飛／二航回／二航飛／二航飛／二航回

(A) 吸・排気弁は、耐熱性、耐摩耗性、耐食性に優れたアルミ合金で作られている。
(B) ガスの流れに対する抵抗は考慮していない。
(C) 弁軸を中空にして内部に金属ナトリウムを封入した排気弁もある。
(D) 高速回転ではカムの形状のとおりに開閉するが、低速回転では作動しなくなる傾向がある。

(1) 1　　(2) 2　　(3) 3　　(4) 4　　(5) 無し

問0835 油圧タペットの目的で次のうち正しいものはどれか。 　44301　二航飛／二航滑／二運飛

(1) 油圧により弁の開く時期を早める。
(2) 油圧により弁の閉じる時期を早める。
(3) 始動時、弁の開閉を遅らせる。
(4) 弁間隙をゼロに保ち、弁開閉時期を正確にする。

問0836 油圧タペットの利点で次のうち誤っているものはどれか。 　44301　二航回／二航回

(1) 熱膨張に対して弁間隙を自動調整する。
(2) 弁を弁座に密着させ燃焼室の気密を保つ。
(3) 弁作動機構の衝撃をなくして騒音を防止する。
(4) 弁の開閉時期を正確にする。

問0837 油圧タペットの説明で次のうち誤っているものはどれか。 　44301　二航飛／二航回／二運飛

(1) 弁作動機構の衝撃をなくし、騒音を防止する。
(2) 弁機構の寿命を長くする。
(3) 弁間隙をゼロに保ち、始動時の弁の開閉時期を早める。
(4) タペット本体、プランジャおよびソケットから構成される。

問0838 油圧タペットについて(A)～(D)のうち正しいものはいくつあるか。(1)～(5)の中から選べ。 　44301　二航回ピ

(A) 熱膨張に対して弁間隙を自動調整する。
(B) 始動時、弁の開閉を遅らせる。
(C) 弁作動機構の衝撃をなくして騒音を防止する。
(D) 弁を弁座に密着させ燃焼室の気密を保つ。

(1) 1　　(2) 2　　(3) 3　　(4) 4　　(5) 無し

問0839 バルブ・スプリングの説明で次のうち誤っているものはどれか。 　44301　二運飛

(1) バルブが閉じているときはバルブシートに密着させる。
(2) バルブ開閉運動中の熱膨張に対して作動機構の間隙を作る。
(3) つるまき方向の異なる内外2重の組み合わせになっている。
(4) サージング防止のためバルブ・スプリングの作動回数と固有振動数を上げる。

問0840 バルブ・スプリングの説明で(A)～(D)のうち正しいものはいくつあるか。(1)～(5)の中から選べ。 　44301　二航飛／二航回／二航飛

(A) バルブが閉じているときはバルブシートに密着させる。
(B) バルブ開閉運動中の熱膨張に対して作動機構の間隙を作る。
(C) つるまき方向の異なる内外2重の組み合わせになっている。
(D) サージング防止のためバルブ・スプリングの作動回数と固有振動数を同じにする。

(1) 1　　(2) 2　　(3) 3　　(4) 4　　(5) 無し

問0841　バルブ・スプリングの説明で(A)～(D)のうち正しいものはいくつあるか。　44301　二航飛
　　　　(1)～(5)の中から選べ。　二航回

　　　　(A)バルブが閉じているときはバルブシートに密着させる。
　　　　(B)バルブ開閉運動中の熱膨張に対して作動機構の間隙を作る。
　　　　(C)つるまき方向の異なる内外2重の組み合わせになっている。
　　　　(D)作動回数が固有振動数に等しいとき発生する共振をサージングという。

　　　　(1) 1　　(2) 2　　(3) 3　　(4) 4　　(5) 無し

問0842　吸気系統にあるバランス管の目的で次のうち正しいものはどれか。　44301　二航回

　　　　(1)左右の吸気マニホールドの圧力を一定にして、全シリンダへの流量を均一にする。
　　　　(2)エンジン左右の重量の不均一を解消する。
　　　　(3)シリンダ間における温度差を解消する。
　　　　(4)燃料気化による温度低下で気化器に着氷が生じないように予熱する。

問0843　過給機の型式で次のうち誤っているものはどれか。　44301　二運飛
　　　　　二運飛

　　　　(1)遠心式
　　　　(2)ルーツ式
　　　　(3)ベーン式
　　　　(4)ジロータ式

問0844　過給機の説明で次のうち誤っているものはどれか。　44301　二航飛

　　　　(1)燃料の気化を促進し混合気が均質となり各シリンダへの分配も均等となる。
　　　　(2)デトネーションの問題からインタークーラを設けたものもある。
　　　　(3)排気駆動型は歯車駆動型と比べて摩擦損失が多少増加するが機械効率は高くなる。
　　　　(4)馬力当たり重量を下げることができる。

問0845　過給機に関する説明で(A)～(D)のうち正しいものはいくつあるか。　44301　二航回
　　　　(1)～(5)の中から選べ。

　　　　(A)吸気を圧縮してエンジンに送り込む圧縮機を過給機という。
　　　　(B)高度による出力低下を防止し、地上出力を維持することを目的とする。
　　　　(C)目標とする高度で絞り弁全開のときに所定の馬力を出すような高度を臨界高度とい
　　　　　う。
　　　　(D)地上過給エンジンは、絞り弁全開で最高出力を発揮するが、高度とともに空気密度の
　　　　　低下により出力も低下する。

　　　　(1) 1　　(2) 2　　(3) 3　　(4) 4　　(5) 無し

問0846　過給機の説明で(A)～(D)のうち正しいものはいくつあるか。　44301　二航飛
　　　　(1)～(5)の中から選べ。

　　　　(A)燃料の気化を促進し混合気が均質となり各シリンダへの分配も均等となる。
　　　　(B)デトネーションの問題からインタークーラを設けたものもある。
　　　　(C)排気駆動型は歯車駆動型と比べて摩擦損失が多少増加するが機械効率は高くなる。
　　　　(D)馬力当たり重量を下げることができる。

　　　　(1) 1　　(2) 2　　(3) 3　　(4) 4　　(5) 無し

問0847　歯車駆動型過給機と比較した排気駆動型過給機の利点で(A)～(D)のうち正しいものはい　44301　二航飛
　　　　くつあるか。(1)～(5)の中から選べ。

　　　　(A)臨界高度以下での出力低下がほとんどない。
　　　　(B)エンジンの急加減速に対して回転系の衝撃がなく、緩衝装置が不要である。
　　　　(C)駆動機構が簡単で軽量である。
　　　　(D)エンジンの排気音が低い。

　　　　(1) 1　　(2) 2　　(3) 3　　(4) 4　　(5) 無し

問0848　歯車駆動型過給機と比較した排気駆動型過給機の利点で(A)～(D)のうち正しいものはい　44301　二航飛
　　　　くつあるか。(1)～(5)の中から選べ。

　　　　(A)駆動馬力の損失がほとんどない。
　　　　(B)燃料消費率が低い。
　　　　(C)駆動機構が簡単で軽量である。
　　　　(D)エンジンの排気音が低い。

　　　　(1) 1　　(2) 2　　(3) 3　　(4) 4　　(5) 無し

発
動
機

問題番号	試験問題	シラバス番号	出題履歴

問0849 低出力運転時、吸気管に漏れがある場合のMAP の指示で次のうち正しいのはどれか。 　44301　二航回

(1)変化しない。
(2)低く指示する。
(3)高く指示する。

問0850 排気系統の目的で次のうち誤っているものはどれか。 　44302　二航回/二連飛/二連滑

(1)背圧を高めることなく排気効率を上げる。
(2)集合排気管にすることで各シリンダの燃焼状態を判断できる。
(3)高温の排気ガスを安全に機外へ排出する。
(4)高温の排気ガスは吸気の予熱、機内の暖房にも活用されている。

問0851 排気系統の目的で(A)～(D)のうち正しいものはいくつあるか。
(1)～(5)の中から選べ。 　44302　二航飛/二航回

(A)背圧を高めて排気効率を上げる。
(B)集合排気管にすることで各シリンダの燃焼状態を判断できる。
(C)高温の排気ガスを安全に機外へ排出する。
(D)高温の排気ガスは吸気の予熱、機内の暖房にも活用されている。

(1) 1　　(2) 2　　(3) 3　　(4) 4　　(5) 無し

問0852 排気弁の特徴で(A)～(D)のうち正しいものはいくつあるか。
(1)～(5)の中から選べ。 　44302　二航回ビ/二航飛ビ

(A)吸気弁と比べて弁軸は太い。
(B)バルブ・ステムを中空にして金属ナトリウムを封入したものもある。
(C)液体の金属ナトリウムを封入したものは固体化して熱を逃がしている。
(D)ニッケル鋼、クロム・タングステン・コバルト鋼などの耐熱鋼により鍛造で作られる。

(1) 1　　(2) 2　　(3) 3　　(4) 4　　(5) 無し

問0853 マグネット点火系統の特徴で次のうち誤っているものはどれか。 　44400　二連滑/二航滑/二連飛/二航滑/二連飛

(1)エンジン出力の一部を利用して機械的に駆動し発電している。
(2)常用回転範囲では回転数とともに発生電圧も変化する。
(3)基本的には直流発電機である。
(4)コイルの電磁誘導作用を利用している。

問0854 単式高圧マグネットに関する説明で(A)～(D)のうち正しいものはいくつあるか。
(1)～(5)の中から選べ。 　44400　二航飛

(A)マグネット・スピードはシリンダ数÷（2×極数）で求められる。
(B)コイル鉄心を通る磁束がゼロとなる位置を中立位置という。
(C)ブレーカ・ポイント焼損防止のためコンデンサは並列に接続されている。
(D)回転磁石の中立位置からブレーカ・ポイントが開く角度位置をEギャップという。

(1) 1　　(2) 2　　(3) 3　　(4) 4　　(5) 無し

問0855 マグネットに関する説明で(A)～(D)のうち正しいものはいくつあるか。
(1)～(5)の中から選べ。 　44400　二航飛

(A)エンジン始動時を除き、常用回転数の範囲内でタイミングが常に一定で正確であることが要求される。
(B)コイルの誘起起電力は、磁石中立位置での最大値を中心にその前後の電圧値は分散している。
(C)回転磁石の中立位置からのブレーカ・ポイントが開く角度位置をEギャップ角という。
(D)タイミング調整は内部合いマーク、分度器、ピンやゲージなどを用いて行う。

(1) 1　　(2) 2　　(3) 3　　(4) 4　　(5) 無し

問0856 高圧点火系統に発生する不具合の原因で(A)～(D)のうち正しいものはいくつあるか。
(1)～(5)の中から選べ。 　44400　二航回

(A)フラッシュ・オーバーの発生
(B)キャパシタンスの不良
(C)水分の混入
(D)コロナ放電の発生

(1) 1　　(2) 2　　(3) 3　　(4) 4　　(5) 無し

問0857　6 シリンダ・エンジン（2 極磁石マグネト）が1,800 rpmで運転しているとき、マグネト軸の回転速度（rpm）で次のうち正しいものはどれか。　44402　二運飛 / 二航飛

(1) 1,200
(2) 2,700
(3) 3,000
(4) 5,400

問0858　ロング・リーチ点火栓の説明で次のうち正しいものはどれか。　44404　二運滑

(1) 点火栓取付けねじ部の長い点火栓である。
(2) 電極間の間隙の広い点火栓である。
(3) 火花の発火時間の長い点火栓である。
(4) 限界使用時間の長い点火栓である。

問0859　ショート・リーチ点火栓の説明で次のうち正しいものはどれか。　44404　二運滑 / 二連飛

(1) 電極間の間隙の狭い点火栓である。
(2) 点火栓取付けねじ部の短い点火栓である。
(3) 火花の発火時間の短い点火栓である。
(4) 限界使用時間の短い点火栓である。

問0860　点火ハーネスの説明で次のうち誤っているものはどれか。　44404　二連飛

(1) マグネトで作られた高電圧エネルギを昇圧して点火栓へ送電する。
(2) エンジン自体の点火順序に従うため各点火リード長が定められている。
(3) ゴムまたはシリコンの絶縁材により高電圧の漏洩を防ぐ。
(4) シールド被覆は接地することで高周波電磁波を遮蔽しラジオ雑音干渉を低減する。

問0861　点火ハーネスの説明で(A)～(D)のうち正しいものはいくつあるか。(1)～(5)の中から選べ。　44404　二航回 / 二航回 / 二航飛 / 二航滑 / 二航回

(A) マグネトで作られた高電圧エネルギを昇圧して点火栓へ送電する。
(B) エンジン自体の点火順序に従うため各点火リード長が定められている。
(C) ゴムまたはシリコンの絶縁材により高電圧の漏洩を防ぐ。
(D) シールド被覆は接地することで高周波電磁波を遮蔽しラジオ雑音干渉を低減する。

(1) 1　　(2) 2　　(3) 3　　(4) 4　　(5) 無し

問0862　点火ハーネスの説明で(A)～(D)のうち正しいものはいくつあるか。(1)～(5)の中から選べ。　44404　二航滑

(A) マグネトで作られた高電圧エネルギを最小の損失で点火栓へ送電する。
(B) エンジン自体の点火順序に従うため各点火リード長が定められている。
(C) ゴムまたはシリコンの絶縁材により高電圧の漏洩を防ぐ。
(D) シールド被覆は接地することで高周波電磁波を遮蔽しラジオ雑音干渉を低減する。

(1) 1　　(2) 2　　(3) 3　　(4) 4　　(5) 無し

問0863　点火栓が汚れる原因で(A)～(D)のうち正しいものはいくつあるか。(1)～(5)の中から選べ。　44404　二航飛

(A) 混合気が濃過ぎるとき
(B) マグネトの1次線が漏電しているとき
(C) 早期着火を起こしたとき
(D) ハーネスが絶縁不良のとき

(1) 1　　(2) 2　　(3) 3　　(4) 4　　(5) 無し

問0864　マグネトのインパルス・カップリング作動時の点火時期で次のうち正しいものはどれか。　44405　二運飛

(1) 正規の点火時期より遅れる。
(2) 正規の点火時期を常に保つ。
(3) 正規の点火時期より少し早める。
(4) 条件により点火時期が常に変化する。

問0865　インパルス・カップリングが作動したときの説明で次のうち正しいものはどれか。　44405　二航滑 / 二連飛 / 二連飛 / 二航飛 / 二航回

(1) エンジン始動時には正規の点火時期よりも遅れる。
(2) エンジン始動時には正規の点火時期よりも早まる。
(3) エンジン加速時には正規の点火時期よりも遅れる。
(4) エンジン加速時には正規の点火時期よりも早まる。

発動機

問0866 コンビネーションスイッチの説明について次のうち正しいものはどれか。　44405　二運飛

(1)OFF位置は、左右マグネトの二次線が接地され、両マグネトは不作動状態となる。
(2)R位置は、右マグネトの一次線が接地から分離され、右マグネトは不作動状態となる。
(3)L位置は、左マグネトの一次線が接地から分離され、左マグネトは不作動状態となる。
(4)BOTH位置は、左右マグネトの一次線が接地から分離され、二重点火の正規作動状態となる。

問0867 コンビネーションスイッチの説明で(A)～(D)のうち正しいものはいくつあるか。　44405　二航飛
(1)～(5)の中から選べ。　　二航飛

(A)OFF位置は、左右マグネトの一次線が接地され、両マグネトは不作動状態となる。
(B)R位置は、右マグネトの一次線が接地から分離され、右マグネトは作動状態となる。
(C)L位置は、左マグネトの一次線が接地から分離され、左マグネトは作動状態となる。
(D)BOTH位置は、左右マグネトの一次線が接地から分離され、二重点火の正規作動状態となる。

(1) 1　　(2) 2　　(3) 3　　(4) 4　　(5) 無し

問0868 点火系統に2重点火方式を採用する理由で次のうち誤っているものはどれか。　44407　二航回
　　　　　　　　　　　　　　　　　　　　　　　　　　　　　　　　　　　　　　二航回
　　　　　　　　　　　　　　　　　　　　　　　　　　　　　　　　　　　　　　二運飛

(1)一方の点火系統が故障しても運転を継続できる。
(2)デトネーションを防止できる。
(3)燃焼効率とエンジン出力を増加できる。
(4)早期着火を防止できる。

問0869 点火系統に2重点火方式を採用する理由で(A)～(D)のうち正しいものはいくつあるか。　44407　二航飛
(1)～(5)の中から選べ。　　二航飛
　　　　　　　　　　　　　　　　　　　　　　　　　　　　　　　　　　　　　　二航飛
　　　　　　　　　　　　　　　　　　　　　　　　　　　　　　　　　　　　　　二航回

(A)一方の点火系統が故障しても運転を継続できる。
(B)デトネーションを防止できる。
(C)燃焼効率とエンジン出力を増加できる。
(D)早期着火を防止できる。

(1) 1　　(2) 2　　(3) 3　　(4) 4　　(5) 無し

問0870 冷却系統に関する説明で次のうち誤っているものはどれか。　44500　二航回

(1)カウリングは機体の一部としてエンジン形状による抗力を減らす。
(2)シリンダ・フィンはシリンダ壁とシリンダ・ヘッドから熱を発散する。
(3)シリンダ・バフルはデフレクタとともに全シリンダ周囲に均一な空気の流れをつくる。
(4)強制空冷では冷却ファンの駆動に出力の一部が利用され、冷却のための損失馬力が減少する。

問0871 冷却系統に関する説明で次のうち誤っているものはどれか。　44500　二航飛
　　　　　　　　　　　　　　　　　　　　　　　　　　　　　　　　　　　　　　二航飛

(1)カウリングは機体の一部としてエンジン形状による抗力を減らす。
(2)シリンダ・フィンはシリンダ壁とシリンダ・ヘッドから熱を発散する。
(3)シリンダ・バフルはデフレクタとともに全シリンダ周囲に均一な空気の流れをつくる。
(4)カウル・フラップはカウリング後部で冷却空気の排出面積を増減し、スロットルと連結され出力を増すと開く。

問0872 冷却系統に関する説明で次のうち誤っているものはどれか。　44500　二航回
　　　　　　　　　　　　　　　　　　　　　　　　　　　　　　　　　　　　　　二航飛

(1)カウリングは機体の一部としてエンジン形状による抗力を減らす。
(2)シリンダ・フィンはプッシュプル・ロッドとシリンダ・ヘッドから熱を発散する。
(3)シリンダ・バフルはデフレクタとともに全シリンダ周囲に均一な空気の流れをつくる。
(4)カウル・フラップはカウリング後部で冷却空気の排出面積を増減し、スロットルとは別のレバーにより制御される。

問題番号	試験問題	シラバス番号	出題履歴
問0873	冷却系統の説明で(A)～(D)のうち正しいものはいくつあるか。 (1)～(5)の中から選べ。 (A)カウリングは機体の一部としてエンジン形状による抗力を減らす。 (B)シリンダ・フィンはシリンダ壁とシリンダ・ヘッドから熱を発散する。 (C)シリンダ・バフルはデフレクタとともに全シリンダ周囲に均一な空気の流れをつくる。 (D)冷却ファンから空気を圧送してシリンダ周辺に空気を通し冷却する。 (1)1　　(2)2　　(3)3　　(4)4　　(5)無し	44500	二航回
問0874	デトネーションの発生原因で次のうち正しいものはどれか。 (1)末端ガスが発火遅れをしたとき (2)末端ガスが圧力低下したとき (3)末端ガスが温度低下したとき (4)耐爆性の高い燃料を使用したとき	44600	二運飛 二運滑 二運飛
問0875	デトネーションの弊害について次のうち誤っているのはどれか。 ただし、過給エンジンを除く。 (1)材料強度の低下 (2)ピストン、シリンダ・ヘッドの破損 (3)シリンダ壁からの冷却損失の増加 (4)末端ガスの圧力の低下	44600	二航飛
問0876	運転条件によるデトネーションの防止方法（過給エンジンを除く）で次のうち誤っているものはどれか。 (1)シリンダ温度を下げて、末端ガスの温度を下げる。 (2)吸気の温度と圧力を下げて、末端ガスの温度を下げる。 (3)混合気を薄くする。 (4)エンジン回転数を上げて、炎速度を大きくする。	44600	二航飛
問0877	デトネーションの防止方法（過給エンジンを除く）で次のうち誤っているものはどれか。 (1)エンジン回転数を上げて、炎速度を大きくする。 (2)シリンダ温度を下げる。 (3)吸気の温度、圧力を下げる。 (4)混合比を薄くする。	44600	二運飛
問0878	デトネーションの兆候についての説明で次のうち誤っているものはどれか。 (1)デトネーションの強さに比例して高い金属音を発生する。 (2)シリンダ頭温が上昇し、出力は上昇する。 (3)白みがかった橙色の排気を出し、時々黒煙を出す。 (4)軽いデトネーションの発生時は、機内の計器やエンジン運転の調子に現れない。	44600	二航飛 二航回 二航飛 二航回 二運飛 二航飛 二航回 二航飛 二運滑
問0879	早期着火とデトネーションに関する説明で次のうち誤っているものはどれか。 (1)早期着火は白熱状態に加熱された排気弁、炭素粒、あるいは点火栓電極などの過熱表面によって起こる現象である。 (2)燃焼過程でデトネーションは正常燃焼であるのに対して、早期着火は異常燃焼である。 (3)デトネーションと早期着火は互いに関係があり、デトネーションは早期着火を誘発し、誘発された早期着火がデトネーションをさらに助長する。 (4)一つのシリンダに発生したデトネーションの影響は、他の全てのシリンダに及ぶが早期着火は1～2本のシリンダしか影響がない。	44600	二航飛 二航飛
問0880	早期着火とデトネーションに関する説明で次のうち誤っているものはどれか。 (1)早期着火は白熱状態に加熱された排気弁、炭素粒、あるいは点火栓電極などの過熱表面によって起こる現象である。 (2)燃焼過程でデトネーションは正常燃焼であるのに対して、早期着火は異常燃焼である。 (3)デトネーションは早期着火を誘発し、誘発された早期着火がデトネーションをさらに助長する。 (4)デトネーション発生条件が一つのシリンダに存在するときその条件はすべてのシリンダに存在する。	44600	二航回 二航回

発動機

問0881　早期着火とデトネーションに関する説明で次のうち誤っているものはどれか。　44600　二運飛

(1)早期着火は白熱状態に加熱された排気弁、炭素粒、あるいは点火栓電極などの過熱表面によって起こる現象である。
(2)燃焼過程でデトネーションは正常燃焼であるのに対して、早期着火は異常燃焼である。
(3)デトネーションは早期着火を誘発し、誘発された早期着火がデトネーションをさらに助長する。
(4)一つのシリンダに発生したデトネーションの影響は、他の全てのシリンダに及ぶが早期着火は1〜2本のシリンダしか影響がない。

問0882　燃料制御系統の目的で次のうち誤っているものはどれか。　44601　二航滑／二運飛／二運飛／二航滑

(1)エンジンの広範囲な運転状態と周囲環境条件において、適正な混合比を設定すること
(2)調量燃料を霧状にして吸入空気流に導入し、気化を容易にして均質な混合気を作ること
(3)混合気をすべてのシリンダに均一に分配すること
(4)全出力範囲において最良出力混合比を作ること

問0883　燃料制御系統の目的で(A)〜(D)のうち正しいものはいくつあるか。(1)〜(5)の中から選べ。　44601　二航回／二航回／二航滑

(A)エンジンの広範囲な運転状態と周囲環境条件において、適正な混合比を設定すること
(B)調量燃料を霧状にして吸入空気流に導入し、気化を容易にして均質な混合気を作ること
(C)混合気をすべてのシリンダに均一に分配すること
(D)全出力範囲において最良出力混合比を作ること

(1) 1　　(2) 2　　(3) 3　　(4) 4　　(5) 無し

問0884　燃料調量機能の説明で次のうち誤っているものはどれか。　44601　二航回

(1)緩速調量機能とは、緩速ではベンチュリを通過する空気速度が遅く主調量機能を働かせるほどの圧力降下がないため、別の調量機能で補完する。
(2)加速調量機能とは、急激な加速時に空気流量の増加に追随できないのを補完する。
(3)燃料遮断機能とは、主燃料調量と緩速調量機能への燃料を遮断しエンジン停止を行う。
(4)高出力調量機能とは、高出力運転時に自動的に混合比を薄くし余分な燃料を節約する。

問0885　燃料調量装置の機能で次のうち誤っているものはどれか。　44601　二運滑／二航飛／二航回

(1)混合比制御機能
(2)緩速調量機能
(3)加速調量機能
(4)減速調量機能
(5)燃料遮断機能

問0886　燃料調量装置の機能で次のうち誤っているものはどれか。　44601　二運飛

(1)高出力調量機能
(2)減速調量機能
(3)緩速調量機能
(4)主調量機能
(5)燃料遮断機能

問0887　燃料制御系統の理想混合比と要求混合比に関する説明で(A)〜(D)のうち正しいものはいくつあるか。(1)〜(5)の中から選べ。　44601　二航飛

(A)最良出力混合比では、一定の吸入空気流量から最大出力が得られる。
(B)実際の運用では、出力増加に従い混合比を濃くしてシリンダ温度を下げる。
(C)バルブ・オーバラップが高出力状態に適するよう設定されているため、緩速運転中は燃焼室内に排気が残って混合気を薄める。
(D)最良経済混合比では、一定の燃料流量から最大出力が得られる。

(1) 1　　(2) 2　　(3) 3　　(4) 4　　(5) 無し

問0888　エンジン駆動の燃料ポンプに関する説明で次のうち誤っているものはどれか。　44602　二運飛／二運飛／二航回／二運飛

(1)電気駆動のブースタ・ポンプと並列に配管されている。
(2)不具合の時に燃料調量装置に供給できるようにバイパス弁を内蔵している。
(3)エンジンに必要な燃料量以上を送る能力を持っている。
(4)余分な燃料をポンプ入口に戻すための逃し弁を備えている。

問0889　エンジン駆動の燃料ポンプに関する説明で(A)～(D)のうち正しいものはいくつあるか。　44602　二航回
(1)～(5)の中から選べ。　二航飛
　二航飛

(A)電気駆動のブースタ・ポンプと並列に配管されている。
(B)不具合の時に燃料調量装置に供給できるようにバイパス弁を内蔵している。
(C)エンジンに必要な燃料量以上を送る能力を持っている。
(D)余分な燃料をポンプ入口に戻すための逃し弁を備えている。

(1) 1　　(2) 2　　(3) 3　　(4) 4　　(5) 無し

問0890　エンジン駆動の燃料ポンプに関する説明で(A)～(D)のうち正しいものはいくつあるか。　44602　二航回
(1)～(5)の中から選べ。

(A)電気駆動のブースタ・ポンプと直列に配管されている。
(B)不具合の時に燃料調量装置に供給できるようにバイパス弁を内蔵している。
(C)エンジンに必要な燃料量以上を送る能力を持っている。
(D)余分な燃料をポンプ入口に戻すための逃し弁を備えている。

(1) 1　　(2) 2　　(3) 3　　(4) 4　　(5) 無し

問0891　エンジン駆動の燃料ポンプに関する説明で(A)～(D)のうち正しいものはいくつあるか。　44602　二航回
(1)～(5)の中から選べ。

(A)電気駆動のブースタ・ポンプと直列に配管されている。
(B)不具合時、燃料調量装置に供給できるよう逃し弁を内蔵している。
(C)エンジンに必要な燃料量以上を送る能力を持っている。
(D)余分な燃料をポンプ入口に戻すためのバイパス弁を備えている。

(1) 1　　(2) 2　　(3) 3　　(4) 4　　(5) 無し

問0892　吸気系統内に発生する着氷の種類で次のうち誤っているものはどれか。　44602　二運回ピ

(1)インパクト・アイス
(2)ベンチュリ・アイス
(3)スロットル・アイス
(4)エバポレーション・アイス

問0893　フロート式気化器が着氷しやすい理由で次のうち正しいものはどれか。　44602　二運滑

(1)ベンチュリ内の低圧および燃料の蒸発による温度降下のため
(2)燃料に水分が含まれているため
(3)燃料と滑油との化学作用が起きるため
(4)高空では気圧が低くなるため

問0894　滑油系統の説明で次のうち誤っているものはどれか。　44701　二運飛

(1)油圧が高過ぎれば油漏れがひどくなったり滑油の消費が多くなる傾向となる。
(2)油温が低過ぎれば粘度が低くなり過ぎて軸受荷重を支えられない。
(3)常にきれいな状態でエンジン部品を潤滑しなければならない。
(4)エンジン運転中の環境変化において油膜切れを生じない十分な品質を維持する。

問0895　潤滑系統のウェット・サンプ方式で次のうち正しいものはどれか。　44701　二運回ピ

(1)常にベアリング部にオイルを含ませている方式
(2)滑油に燃料を混合させる方式
(3)滑油タンクを発動機本体の外部に設ける方式
(4)滑油をクランク室底部のサンプに溜める方式

問0896　滑油系統の油温調節器に関する説明で(A)～(D)のうち正しいものはいくつあるか。　44701　二航飛
(1)～(5)の中から選べ。

(A)ウェット・サンプ方式では滑油ポンプの後流に油温調節器を設けて冷却している。
(B)バイパス・バルブは油温によりオイル・クーラを通す油量を制御する。
(C)オイル・クーラは滑油の熱を空気に伝えることにより油温を下げる。
(D)オイル・クーラはコアとバイパス・ジャケットで構成されている。

(1) 1　　(2) 2　　(3) 3　　(4) 4　　(5) 無し

問0897　粘度指数が高いエンジン・オイルの説明で次のうち正しいものはどれか。　44703　二航回

(1)系統において流れが遅いオイルのことである。
(2)温度による粘度変化が少ないオイルのことである。
(3)シリンダ壁などに良く付着するオイルのことである。
(4)粘度測定において落下時間が長いオイルのことである。

発動機

問題番号	試験問題	シラバス番号	出題履歴
問0898	スタータ・モータとエンジンとをかみ合わせる方式で次のうち誤っているものはどれか。 (1)スプラグ・クラッチ方式 (2)スプリング・クラッチ方式 (3)ベンディックス・ドライブ方式 (4)手動かみ合わせ方式	44801	二運飛 二航滑
問0899	エンジンに供給された燃料の完全燃焼によって発生する熱量のうち正味仕事に転換される熱勘定で次のうち正しいものはどれか。 (1)約 9% (2)約17% (3)約30% (4)約44%	45001	二運飛 二運滑
問0900	エンジン・トルクに関する説明で次のうち誤っているものはどれか。 (1)最大トルクと平均トルクの比をトルク比という。 (2)シリンダ数が多くなるほどトルク比は小さくなる。 (3)シリンダ数が多くなるほどトルク変動は多くなる。 (4)平均トルクは回転速度に反比例し、出力に比例する。	45001	二航飛
問0901	エンジン・トルクに関する説明で次のうち誤っているものはどれか。 (1)最大トルクと最小トルクの比をトルク比という。 (2)シリンダ数が多くなるほどトルク比は小さくなる。 (3)シリンダ数が多くなるほどトルク変動は少なくなる。 (4)平均トルクは回転速度に反比例し、出力に比例する。	45001	二航回 二運飛 二航飛
問0902	エンジン・トルクに関する説明で次のうち誤っているものはどれか。 (1)最大トルクと平均トルクの比をトルク比という。 (2)シリンダ数が多くなるほどトルク比は大きくなる。 (3)シリンダ数が多くなるほどトルク変動は少なくなる。 (4)平均トルクは回転速度に反比例し、出力に比例する。	45001	二航飛 二航滑 二航飛 二航回 二運飛 二運飛 二運飛
問0903	エンジン・トルクに関する説明で次のうち誤っているものはどれか。 (1)最大トルクと平均トルクの比をトルク比という。 (2)シリンダ数が多くなるほどトルク比は小さくなる。 (3)シリンダ数が多くなるほどトルク変動は少なくなる。 (4)平均トルクは回転速度に比例し、出力に反比例する。	45001	二運飛 二運飛
問0904	エンジン・トルクに関する説明で次のうち誤っているものはどれか。 (1)最大トルクと平均トルクの比をトルク比という。 (2)シリンダ数が多くなるほどトルク比は大きくなる。 (3)トルクはクランク角に応じて変化する。 (4)平均トルクは回転速度に反比例し、出力に比例する。	45001	二航飛
問0905	エンジン・トルクに関する説明で(A)～(D)のうち正しいものはいくつあるか。 (1)～(5)の中から選べ。 (A)最大トルクと最小トルクの比をトルク比という。 (B)シリンダ数が多くなるほどトルク比は小さくなる。 (C)シリンダ数が多くなるほどトルク変動は少なくなる。 (D)平均トルクは回転速度に反比例し、出力に比例する。 (1) 1　　(2) 2　　(3) 3　　(4) 4　　(5) 無し	45001	二航回 二航飛
問0906	エンジン・トルクに関する説明で(A)～(D)のうち正しいものはいくつあるか。 (1)～(5)の中から選べ。 (A)最大トルクと最小トルクの比をトルク比という。 (B)シリンダ数が多くなるほどトルク比は大きくなる。 (C)シリンダ数が多くなるほどトルク変動は少なくなる。 (D)平均トルクは回転速度に反比例し出力に比例する。 (1) 1　　(2) 2　　(3) 3　　(4) 4　　(5) 無し	45001	二航滑

問0907 エンジン・トルクに関する説明で(A)～(D)のうち正しいものはいくつあるか。　45001　二航回／二航飛／二航回
(1)～(5)の中から選べ。

(A)最大トルクと最小トルクの比をトルク比という。
(B)シリンダ数が多くなるほどトルク比は小さくなる。
(C)シリンダ数が多くなるほどトルク変動は少なくなる。
(D)平均トルクは回転速度に比例し、出力に反比例する。

(1) 1　　(2) 2　　(3) 3　　(4) 4　　(5) 無し

問0908 炎速度に影響を及ぼす要素の説明で次のうち誤っているものはどれか。　45001　二航滑／二運飛

(1)エンジン回転数が増すと炎速度は増加する。
(2)排気背圧が増すと炎速度は減少する。
(3)吸気温度が上がると炎速度は増加する。
(4)空気中の水分が増すと炎速度は減少する。

問0909 炎速度に影響を及ぼす要素で次のうち誤っているものはどれか。　45001　二運飛

(1)混合比
(2)回転数
(3)排気温度
(4)排気背圧

問0910 炎速度に影響を及ぼす要素で次のうち誤っているものはどれか。　45001　二運飛／二運飛／二運滑

(1)混合比
(2)回転数
(3)排気温度
(4)排気背圧
(5)空気中の水分

問0911 炎速度に影響を及ぼす要素の説明で次のうち誤っているものはどれか。　45001　二航飛

(1)エンジン回転数が増すと炎速度は増加する。
(2)排気背圧が増すと炎速度は減少する。
(3)吸気圧力が上がると炎速度は増加する。
(4)吸気温度を上げると炎速度は増加する。

問0912 炎速度に影響を及ぼす要素の説明で(A)～(D)のうち正しいものはいくつあるか。　45001　二航回／二航滑
(1)～(5)の中から選べ。

(A)エンジン回転数が増すと炎速度は増加する。
(B)排気背圧が増すと炎速度は減少する。
(C)吸気圧力が上がると炎速度は増加する。
(D)空気中の水分が増すと炎速度は減少する。

(1) 1　　(2) 2　　(3) 3　　(4) 4　　(5) 無し

問0913 炎速度に影響を及ぼす要素の説明で(A)～(D)のうち正しいものはいくつあるか。　45001　二航滑
(1)～(5)の中から選べ。

(A)エンジン回転数が増すと炎速度は増加する。
(B)排気背圧が増すと炎速度は増加する。
(C)吸気圧力が上がると炎速度は増加する。
(D)空気中の水分が増すと炎速度は増加する。

(1) 1　　(2) 2　　(3) 3　　(4) 4　　(5) 無し

問0914 炎速度に影響を及ぼす要素の説明で(A)～(D)のうち正しいものはいくつあるか。　45001　二航回
(1)～(5)の中から選べ。

(A)エンジン回転数が増すと炎速度は増加する。
(B)排気背圧が増すと炎速度は減少する。
(C)吸気圧力が上がると炎速度は増加する。
(D)吸気温度を上げると炎速度は増加する。

(1) 1　　(2) 2　　(3) 3　　(4) 4　　(5) 無し

発
動
機

問0915 エンジンに供給された燃料の完全燃焼によって発生する熱量のうち正味仕事に転換される熱勘定で次のうち正しいものはどれか。　45001　二運飛

(1)約50%
(2)約40%
(3)約30%
(4)約20%

問0916 下記の条件におけるピストン・エンジンの総排気量（cm³）で次のうち最も近い値を選べ。　45001　二航滑

・シリンダ内径（D）：120mm
・ストローク（S）：150mm
・シリンダ数（N）：4
・円周率（π）：3.14

(1)3,800
(2)4,800
(3)5,800
(4)6,800

問0917 ピストン・エンジンの出力測定に使用する吸収動力計の種類で次のうち誤っているものはどれか。　45001　工共通

(1)水動力計
(2)空気動力計
(3)電気動力計
(4)振り動力計

問0918 混合比の説明で次のうち誤っているものはどれか。　45001　二航回

(1)理論混合比に近づくほど発熱量は多くなる。
(2)混合比と出力をグラフにすると全運転範囲において直線で表せない。
(3)空気と燃料の容積比で表される値である。
(4)高出力運転時はデトネーション防止のため出力を増すにつれて混合比を濃くする。

問0919 混合比について次のうち誤っているものはどれか。　45003　二運滑／二航滑

(1)アイドリング時においては気化が悪く、混合比を濃くする必要がある。
(2)混合比と出力をグラフにすると全運転範囲において直線で表される。
(3)空気と燃料の重量比で表される値である。
(4)高出力運転時はデトネーション防止のため出力を増すにつれて混合比を濃くする。

問0920 混合比について次のうち誤っているものはどれか。　45003　二航飛

(1)燃料調量装置の混合比は、海面上標準大気条件のフル・リッチ状態で設定される。
(2)理論混合比より濃くなるとCOは減少しCO₂が多くなる。
(3)最良出力混合比では、一定の吸入空気流量から最大出力が得られる。
(4)エンジンの全出力範囲を通じての要求混合比は直線で表せない。

問0921 混合比について次のうち誤っているものはどれか。　45003　二航滑

(1)アイドリング時においては気化が悪く、混合比を濃くする必要がある。
(2)混合比と出力をグラフにすると全運転範囲において直線で表される。
(3)空気と燃料の重量比で表される値である。
(4)高出力運転時はデトネーション防止のため出力を増すにつれて混合比を濃くする。

問0922 燃焼範囲の説明で(A)～(D)のうち正しいものはいくつあるか。(1)～(5)の中から選べ。　45003　二航回

(A)燃焼範囲は、温度・圧力・火花の強度・酸素濃度によって変わる。
(B)炎が伝播し得る最小濃度混合比では過剰空気となる。
(C)炎が伝播し得る最大濃度混合比では過剰燃料となる。
(D)混合気が濃すぎると余分な燃料が熱を吸収して炎が進行しない。

(1) 1　　(2) 2　　(3) 3　　(4) 4　　(5) 無し

問題番号	試験問題	シラバス番号	出題履歴

問0923　燃焼範囲の説明で(A)～(D)のうち正しいものはいくつあるか。　45003　二航飛
　　　　(1)～(5)の中から選べ。　　　　　　　　　　　　　　　　　　　　　　　　二航回

　　　　(A)混合気が薄すぎると燃料の分子間の距離があり炎が進行しない。
　　　　(B)混合気が濃すぎると余分な燃料が熱を吸収して炎が進行しない。
　　　　(C)炎が伝搬し得る最小濃度混合比では過剰空気状態となり温度が上昇しない。
　　　　(D)炎が伝搬し得る最大濃度混合比では過剰燃料状態となり温度が上昇しない。

　　　　(1) 1　　(2) 2　　(3) 3　　(4) 4　　(5) 無し

問0924　緩速混合比の点検（Idle Mixture Check）に関する説明で次のうち正しいものはどれ　45003　二航滑
　　　　か。　　　　　　　　　　　　　　　　　　　　　　　　　　　　　　　　　二航滑

　　　　(1)エンジン回転数の増減により点検する。
　　　　(2)エンジン回転数が50回転減少するか点検する。
　　　　(3)エンジン回転数の変動がないことを点検する。

問0925　燃料制御系統の目的で次のうち誤っているものはどれか。　45003　二航滑
　　　　　　　　　　　　　　　　　　　　　　　　　　　　　　　　　　　　　　　二運滑

　　　　(1)エンジンの広範囲な運転状態と周囲環境条件において、適正な混合比を設定すること
　　　　(2)調量燃料を霧状にして吸入空気流に導入し、気化を容易にして均質な混合気を作ること
　　　　(3)混合気をすべてのシリンダに均一に分配すること
　　　　(4)全出力範囲において最良出力混合比を作ること

問0926　EGT（排気ガス温度）の説明で次のうち誤っているものはどれか。　45003　二航飛
　　　　　　　　　　　　　　　　　　　　　　　　　　　　　　　　　　　　　　　二運飛

　　　　(1)高度が下がると高くなる。
　　　　(2)空気密度が増すと高くなる。
　　　　(3)出力を上げると高くなる。
　　　　(4)混合比を濃くすると高くなる。

問0927　EGT（排気ガス温度）の説明で次のうち誤っているものはどれか。　45003　二航飛

　　　　(1)高度が下がると高くなる。
　　　　(2)空気密度が増すと高くなる。
　　　　(3)出力を上げると高くなる。
　　　　(4)混合比は影響しない。

問0928　EGT（排気ガス温度）の説明で(A)～(D)のうち正しいものはいくつあるか。　45003　二航滑
　　　　(1)～(5)の中から選べ。

　　　　(A)高度が上がると高くなる。
　　　　(B)空気密度が増すと高くなる。
　　　　(C)出力を上げると高くなる。
　　　　(D)混合比を濃くすると高くなる。

　　　　(1) 1　　(2) 2　　(3) 3　　(4) 4　　(5) 無し

問0929　EGT（排気ガス温度）の説明で(A)～(D)のうち正しいものはいくつあるか。　45003　二航回
　　　　(1)～(5)の中から選べ。　　　　　　　　　　　　　　　　　　　　　　　　二航滑

　　　　(A)高度が上がると高くなる。
　　　　(B)空気密度が増すと高くなる。
　　　　(C)出力を上げると高くなる。
　　　　(D)混合比は影響しない。

　　　　(1) 1　　(2) 2　　(3) 3　　(4) 4　　(5) 無し

問0930　冷機運転に関する説明で次のうち誤っているものはどれか。　45003　二航飛
　　　　　　　　　　　　　　　　　　　　　　　　　　　　　　　　　　　　　　　二航回

　　　　(1)緩速運転を行いエンジン部品の温度を下げてバルブの焼付きを防止する。
　　　　(2)滑油温度を下げて油膜を残す。
　　　　(3)長時間の冷気運転は点火栓を汚損することもある。
　　　　(4)外気温度が低いときは冷気運転は不要である。

問0931　冷気運転に関する説明で(A)～(D)のうち正しいものはいくつあるか。　45003　二航回
　　　　(1)～(5)の中から選べ。　　　　　　　　　　　　　　　　　　　　　　　　二航回
　　　　　　　　　　　　　　　　　　　　　　　　　　　　　　　　　　　　　　　二航回

　　　　(A)緩速運転を行いエンジン部品の温度を下げてバルブの焼付きを防止する。
　　　　(B)滑油温度を下げて油膜を残す。
　　　　(C)長時間の冷気運転は点火栓を汚損することもある。
　　　　(D)外気温度が低いときは冷気運転は不要である。

　　　　(1) 1　　(2) 2　　(3) 3　　(4) 4　　(5) 無し

問題番号	試験問題	シラバス番号	出題履歴
問0932	燃料消費率の説明で次のうち正しいものはどれか。 (1) 正味馬力と指示馬力の比をいう。 (2) 正味仕事と受熱量との比をいう。 (3) 燃料1kgの発熱量と1時間当たりの燃料消費重量との比をいう。 (4) 1時間、1馬力当たりの燃料消費重量をいう。	45003	二運飛
問0933	エンジンの出力に影響する要素で次のうち誤っているものはどれか。 (1) 吸気温度 (2) 吸気圧力 (3) 排気温度 (4) 排気背圧	45004	二運滑 二運飛 二運飛 二運滑
問0934	エンジン出力に関する説明で次のうち誤っているものはどれか。 (1) エンジン出力は吸気圧力に比例する。 (2) 排気背圧が増加すると吸気圧力の増加と同じ効果となりエンジン出力も大きくなる。 (3) 吸気温度が下がり混合気の重量流量が増加するとエンジン出力も大きくなる。 (4) エンジン出力は大気圧が増加すれば大きくなる。	45004	二航飛
問0935	エンジン出力の説明で次のうち正しいものはどれか。 (1) エンジン出力は吸気圧力に反比例する。 (2) 気温が上がると出力は増加する。 (3) 高度が高くなると出力は増加する。 (4) 空気密度が増すと出力は増加する。	45004	二運飛
問0936	エンジン出力の説明で次のうち正しいものはどれか。 (1) エンジン出力は吸気圧力に比例する。 (2) 気温が上がると出力は増加する。 (3) 高度が高くなると出力は増加する。 (4) 空気密度が増すと出力は減少する。	45004	二運飛
問0937	エンジン出力に関する説明で次のうち誤っているものはどれか。 (1) 混合気の質量は、吸気口での密度に反比例する。 (2) 排気背圧が増加すると吸気圧力の減少と同じ効果となりエンジン出力は小さくなる。 (3) 吸気温度が下がり混合気の重量流量が増加するとエンジン出力も大きくなる。 (4) エンジン出力は大気圧が増加すれば大きくなる。	45004	二航飛
問0938	エンジン出力の説明で次のうち誤っているものはどれか。 (1) エンジン出力は吸気圧力に比例する。 (2) 排気背圧が増加すると吸気圧力の増加と同じ効果となる。 (3) 吸気温度が下がり混合気の重量流量が増加するとエンジン出力も大きくなる。 (4) エンジン出力は大気圧が増加すれば大きくなる。	45004	二航滑
問0939	ある大気状態（絶対圧力P、絶対温度T、水蒸気圧力Pd）における出力Nと、標準大気状態（P_0、T_0）における出力N_0の関係を表す式の（　）に入る語句の組み合わせで次のうち正しいものはどれか。 $$\frac{N}{N_0} = \frac{(\mathcal{P})}{(\mathcal{A})} \sqrt{\frac{(\dot{\mathcal{D}})}{(\bot)}}$$ 　　　　（ア）　　　　（イ）　　　　（ウ）　　　　（エ） (1)　$P-P_d$　・　P_0　・　T_0　・　T (2)　P_0　・　$P-P_d$　・　T　・　T_0 (3)　T　・　T_0　・　$P-P_d$　・　P_0 (4)　T_0　・　T　・　P_0　・　$P-P_d$	45004	二航回 二航回 二航回 二航飛 二航回
問0940	エンジン出力に関する説明で(A)～(D)のうち正しいものはいくつあるか。 (1)～(5)の中から選べ。 (A) エンジン出力は吸気圧力に比例する。 (B) 排気背圧が増すと吸気圧力も増しエンジン出力は増加する。 (C) 一定容積、一定圧力の混合気を冷却するとエンジン出力は増加する。 (D) 高度が上昇すればエンジン出力は減少する。 (1) 1　　(2) 2　　(3) 3　　(4) 4　　(5)　無し	45004	二航回

問0941　エンジン出力に関する説明で(A)～(D)のうち正しいものはいくつあるのか。　45004　二航回
(1)～(5)の中から選べ。

(A)混合気の質量は、吸気口での密度に反比例する。
(B)排気背圧が増加すると吸気圧力の減少と同じ効果となりエンジン出力は小さくなる。
(C)吸気温度が下がり混合気の重量流量が増加するとエンジン出力も大きくなる。
(D)エンジン出力は大気圧が増加すれば大きくなる。

(1) 1　　(2) 2　　(3) 3　　(4) 4　　(5)　無し

問0942　エンジン出力の説明で(A)～(D)のうち正しいものはいくつあるか。　45004　二航飛ビ
(1)～(5)の中から選べ。　　二航回ビ

(A)エンジン出力は吸気圧力に比例する。
(B)気温が上がると出力は増加する。
(C)高度が高くなると出力は増加する。
(D)空気密度が上がると出力は増加する。

(1) 1　　(2) 2　　(3) 3　　(4) 4　　(5)　無し

問0943　エンジンの出力を支配する要素で(A)～(E)のうち正しいものはいくつあるか。　45004　二航飛
(1)～(6)の中から選べ。

(A)混合比
(B)吸気圧力
(C)排気背圧
(D)吸気温度
(E)大気条件

(1) 1　　(2) 2　　(3) 3　　(4) 4　　(5) 5　　(6) 無し

問0944　暖機運転を十分に行わず高出力を出した場合の不具合で次のうち誤っているものはどれ　45005　二運回ビ
か。

(1)潤滑不足
(2)運転の追従が悪い。
(3)油圧指示が高い。
(4)マグネトのフラッシュ・オーバ

問0945　暖機運転を行わず高出力を出した場合の現象で次のうち誤っているものはどれか。　45005　二航飛
　　二運飛
(1)滑油の温度が低いため潤滑不足になりやすい。　　二航飛
(2)低温で滑油は粘度が高いため油圧の指示値が低くなる。
(3)吸気系統の温度が低いため燃料ベーパが吸気管壁に付着し運転が円滑にいかない。
(4)弁間隙が設計値（熱間間隙）と異なるので運転が円滑にいかない。

問0946　暖機運転を十分に行わず高出力を出した場合の不具合で(A)～(D)のうち正しいものはい　45005　二航回
くつあるか。(1)～(5)の中から選べ。

(A)潤滑不足
(B)運転の追従が悪い。
(C)油圧指示が低い。
(D)マグネトのフラッシュ・オーバ

(1) 1　　(2) 2　　(3) 3　　(4) 4　　(5) 無し

問0947　吸気圧力計の説明で次のうち正しいものはどれか。　45101　二運飛ビ

(1)インテーク・マニホールドの入口と出口の差圧を指示する。
(2)インテーク・マニホールド内の絶対圧力を指示する。
(3)インテーク・マニホールドと外気圧力の差圧を指示する。
(4)インテーク・マニホールドとシリンダ内の差圧を指示する。

問0948　エンジン運転中に油圧計が過度に振れる原因で次のうち正しいものはどれか。　45101　二航回
　　二運飛
(1)油温が高すぎる。　　二航回
(2)油温が低すぎる。　　二航滑
(3)油圧計の配管に空気が混入している。
(4)油圧計の配管に詰まりを生じている。

発
動
機

問題番号	試験問題	シラバス番号	出題履歴
問0949	熱電対式のシリンダヘッド・テンプ指示系統の説明で次のうち正しいものはどれか。 (1)機体電源が無くても指示する。 (2)リード線が断線すると指示が高温側に振り切れる。 (3)全シリンダにある受感部を直列に接続している。 (4)燃焼室内に受感部がある。	45101	二航回 二航滑 二運飛 二航飛 二運飛
問0950	熱電対式のシリンダヘッド・テンプ指示系統の説明で(A)～(D)のうち正しいものはいくつあるか。(1)～(5)の中から選べ。 (A)機体電源が無くても指示する。 (B)リード線が断線すると指示が高温側に振り切れる。 (C)最高温度となるシリンダ1つのみに接続している。 (D)燃焼室内に受感部がある。 (1)1　　(2)2　　(3)3　　(4)4　　(5)無し	45101	二航滑 二航回 二航滑 二航滑
問0951	滑油圧力計の受感部で次のうち正しいものはどれか。 (1)ブルドン管式 (2)ベロー式 (3)毛細管式 (4)ダイヤフラム式	45104	二航滑
問0952	プロペラの用語に関する説明で(A)～(D)のうち正しいものはいくつあるか。 (1)～(5)の中から選べ。 (A)ピッチとはプロペラが1回転する間に進む距離のことで、有効ピッチと幾何ピッチがある。 (B)静止推力とは前進速度が0のときに得られる推力のことで、飛行機が地上に静止しているとき最大となる。 (C)剛率とは全羽根面積をプロペラ円板面積で割った比のことで、プロペラの強度を示す指標である。 (D)トラックとはプロペラ羽根の先端における回転軌跡のことで、各羽根の相対位置を示す。 (1)1　　(2)2　　(3)3　　(4)4　　(5)無し	46100	一航飛 二航飛 二航飛
問0953	プロペラの用語に関する説明で(A)～(D)のうち正しいものはいくつあるか。 (1)～(5)の中から選べ。 (A)ピッチとはプロペラが1回転する間に進む距離のことである。 (B)静止推力とは前進速度が0のときに得られる推力のことで、飛行機が地上に静止しているとき最大となる。 (C)剛率とは全羽根面積をプロペラ円板面積で割った比のことである。 (D)トラックとはプロペラ羽根の先端における回転軌跡のことで、各羽根の相対位置を示す。 (1)1　　(2)2　　(3)3　　(4)4　　(5)無し	46100	二航飛
問0954	プロペラに推力が発生する原理に関する説明で次のうち正しいものはどれか。 (1)プロペラの回転によりブレードの後面圧力が低下するため (2)プロペラの回転によりブレードの前面圧力が低下するため (3)プロペラの回転によりブレードの前後面圧力が低下するため (4)プロペラの回転によりブレードの前面圧力が増加するため	46101	二航滑 二航滑 二運飛 二運滑 二運飛 二航滑 二運滑
問0955	プロペラの推力に関する説明で次のうち正しいものはどれか。 (1)飛行速度が0の場合に最大の静止推力が得られる。 (2)巡航時に推力は最大となる。 (3)着陸滑走距離を推定するのに重要な要素となる。 (4)静止推力は有効ピッチと密接な関係がある。	46101	二航飛 二航飛

問0956　下記の文はプロペラの推進原理と推力に関する説明である。（　ア　）～（　オ　）に入　46101　二運飛
　　　　る語句の組み合わせで次のうち正しいものはどれか。(1)～(4)の中から選べ。

　　　　プロペラ推進はエンジン出力でプロペラを回転し、空気に（　ア　）を与えて推力を
　　　　得る。回転中のプロペラ・ブレードは周囲の空気に（　イ　）を与え、これを加速し
　　　　続け、（　イ　）を受けた空気はプロペラに、その（　ウ　）を返す。これがプロペ
　　　　ラの推力となる。プロペラが周囲の空気に及ぼす作用の大きさは、ニュートンの運動
　　　　の第（　エ　）法則により（　オ　）から求めることができる。

	（ア）	（イ）	（ウ）	（エ）	（オ）
(1)	速度	作用	反作用	2	仕事量
(2)	速度	反作用	作用	1	運動量
(3)	加速度	作用	反作用	2	運動量
(4)	加速度	反作用	作用	3	仕事量

問0957　下記の文はプロペラの推進原理と推力に関する説明である。（　ア　）～（　エ　）に入　46101　二航飛
　　　　る語句の組み合わせで次のうち正しいものはどれか。(1)～(4)の中から選べ。

　　　　プロペラ推進はエンジン出力でプロペラを回転し、空気に（　ア　）を与えて推力を
　　　　得る。回転中のプロペラのブレードは周囲の空気に作用を与え、作用を受けた空気は
　　　　プロペラにその（　イ　）を返す。これがプロペラの（　ウ　）となる。プロペラが
　　　　周囲の空気に及ぼす作用の大きさは、ニュートンの運動の第（　エ　）法則により
　　　　運動量から求めることができる。

	（ア）	（イ）	（ウ）	（エ）
(1)	加速度	反作用	推力	2
(2)	反動	エネルギ	抗力	3
(3)	エネルギ	反動	抗力	2
(4)	反作用	加速度	推力	1

問0958　羽根角とはプロペラ翼弦と次の何によってなす角か。　46102　二航飛

　　　　(1)機体の縦軸
　　　　(2)プロペラの回転角度
　　　　(3)プロペラの回転面
　　　　(4)プロペラ・ハブの中心

問0959　羽根角とはプロペラ翼弦と次の何によってなす角か。　46102　二運飛

　　　　(1)プロペラの有効ピッチ
　　　　(2)プロペラの回転面
　　　　(3)プロペラの前進速度と回転速度からなる合成ベクトル
　　　　(4)プロペラのキャンバ面

問0960　プロペラの羽根ステーションに関する説明で次のうち正しいものはどれか。　46102　二運飛

　　　　(1)ブレード先端からシャンクまでの指定された距離
　　　　(2)ブレード前縁から後縁までの指定された距離
　　　　(3)シャンクからブレードの指定された距離
　　　　(4)ハブの中心からブレードの指定された距離

問0961　ブレード・ステーションについて次のうち正しいものはどれか。　46102　二運滑　二航飛

　　　　(1)ブレード先端から指定された位置
　　　　(2)ハブの中心から指定された位置
　　　　(3)3／4Rの位置でのブレード前縁から指定された位置
　　　　(4)3／4Rの位置でのブレード後縁から指定された位置

問0962　プロペラに「ねじり」がある理由で次のうち正しいものはどれか。　46102　一運飛　二運飛

　　　　(1)幾何ピッチを等しくするため
　　　　(2)有効ピッチを等しくするため
　　　　(3)実験平均ピッチを等しくするため
　　　　(4)ゼロ推力ピッチを等しくするため

問0963　巡航中のプロペラとエンジン出力に関する説明で次のうち誤っているものはどれか。　46102　二運飛

　　　　(1)ピッチ角を減らせばエンジン負荷が減少する。
　　　　(2)ピッチ角を減らせばプロペラの回転数は減少する。
　　　　(3)迎え角を減らせば空気反力が小さくなる。
　　　　(4)迎え角を増した場合、プロペラ回転数を一定にするにはエンジン出力を増加させる。

発
動
機

問0964　プロペラが回転することによりできる「面」の名称で次のうち正しいものはどれか。　46102　二運飛 / 二運飛

(1)プロペラ・トラック
(2)プロペラ・ステーション
(3)プロペラ・ディスク
(4)プロペラ・エレメント

問0965　次のプロペラ・ブレード断面にて、「ラセン角」を示すもので正しいものはどれか。　46102　二航滑

(1) α
(2) β
(3) ϕ

問0966　プロペラ・ブレードに関する説明で次のうち誤っているものはどれか。　46102　二航飛 / 二航飛 / 一航飛

(1)羽根角は迎え角と前進角で構成される。
(2)前進角は、プロペラ回転速度と前進速度を合成したベクトルの角度で、飛行状態には影響されない。
(3)迎え角はプロペラ周囲の空気に運動量（推力）を与えるため直接作用する角度である。
(4)機速、プロペラ回転数、エンジン出力が一定の飛行状態から、迎え角が変化するとプロペラ回転数に影響を与える。

問0967　右図のプロペラ断面図に関する説明で(A)～(D)のうち正しいものはいくつあるか。　46102　一航飛
(1)～(5)の中から選べ。

(A)　(ア)　はスラスト面である。
(B)　(イ)　は有効ピッチである。
(C)　(ウ)　はキャンバ面である。
(D)　(エ)　はシャンク端である。

(1)1　　(2)2　　(3)3　　(4)4　　(5)無し

問0968　プロペラの前進角が最も大きくなる時期で次のうち正しいものはどれか。　46103　二運飛 / 二運飛 / 二運飛

(1)降下時
(2)巡航時
(3)上昇時
(4)離陸時

問0969　プロペラの前進角に関する説明で次のうち誤っているものはどれか。　46103　一運飛 / 二航飛 / 一運飛

(1)上昇中は離陸滑走中より前進角は大きくなる。
(2)離陸滑走中はプロペラ回転数は最大であるが、機速が遅いので前進角も小さい。
(3)地上滑走中はプロペラ回転数は少ないが、機速も遅いので前進角は大きい。
(4)巡航時は離陸滑走中よりプロペラ回転数は少ないが、機速が速いので前進角は最大となる。

問0970　定速プロペラの前進角に関する説明で次のうち正しいものはどれか。　46103　一運飛

(1)地上滑走時における前進角は降下時における前進角より小さい。
(2)回転数または前進速度の変化に関係なく一定である。
(3)離陸、上昇時における前進角は、飛行のうちで最大である。
(4)前進速度ベクトルと回転速度ベクトルを合成したものとブレード角のなす角である。

問0971　プロペラ・ピッチに関する説明で次のうち正しいものはどれか。　46105　一運飛 / 二運飛

(1)プロペラのピッチ・アングルのことである。
(2)プロペラの取付角のことである。
(3)プロペラが1回転する間に進む前進距離のことである。
(4)プロペラ・ブレード先端の回転軌跡のことである。

問0972　プロペラが1回転する間にプロペラ回転面と前進角の成すラセン路に沿って進む前進距離で次のうち正しいものはどれか。　46105　二運飛 / 二航飛

(1)推力ピッチ
(2)有効ピッチ
(3)幾何ピッチ
(4)実験ピッチ

問0973　プロペラ・ピッチで次のうち正しいものはどれか。　46105　二運飛

(1)ラセン角のことである。
(2)ピッチ・アングルのことである。
(3)ブレード・アングルのことである。
(4)幾何ピッチのことである。

問0974　プロペラ・ピッチに関する説明で次のうち正しいものはどれか。　46105　一運飛

(1)別名「ラセン角」や「流入角」とも呼ばれる。
(2)航空機の前進速度とトルクによって変化する。
(3)プロペラが1回転する間に進む前進距離で幾何ピッチのことをいう。
(4)幾何ピッチと有効ピッチの差であり幾何平均ピッチに対する直線距離で表す。

問0975　以下の条件での巡航時のプロペラについて、半径1.5mにおける羽根断面の有効ピッチと　46105　一航飛
幾何ピッチの値で次のうち最も近い値を選べ。　　二航飛

　・半径1.5mでのプロペラ羽根の迎え角：15°
　・半径1.5mでの羽根角：45°
　・円周率：3.14

　　有効ピッチ　　幾何ピッチ
(1)5.44m　：　4.71m
(2)6.28m　：　9.42m
(3)3.63m　：　6.28m
(4)5.44m　：　9.42m
(5)9.42m　：　5.44m

問0976　下記の条件での巡航時のプロペラについて、半径1.0mにおける羽根断面の有効ピッチと　46105　二航飛
幾何ピッチの値で次のうち最も近い値を選べ。　　一航飛

　・半径1.0mでのプロペラ羽根の迎え角：15°
　・半径1.0mでの羽根角：45°
　・円周率：3.14

　　有効ピッチ　　幾何ピッチ
(1)3.63m　・　4.71m
(2)6.28m　・　3.63m
(3)3.63m　・　6.28m
(4)5.44m　・　9.42m
(5)9.42m　・　6.28m

問0977　風車ブレーキと動力ブレーキに関する説明で次のうち誤っているものはどれか。　46106　二運飛
二運飛
二運飛
二航飛

(1)急降下時は風車ブレーキ状態となる。
(2)羽根角が前進角より大きいと風車ブレーキ状態となる。
(3)風車ブレーキ状態では負の推力と負のトルクが発生する。
(4)負の羽根角で正のトルクであれば動力ブレーキ状態となる。

問0978　風車ブレーキと動力ブレーキに関する説明で次のうち誤っているものはどれか。　46106　一航飛

(1)前進角が羽根角より大きいと風車ブレーキ状態となる。
(2)負の羽根角にしエンジン出力を上げると動力ブレーキ状態となる。
(3)風車ブレーキ状態は負の推力を発生する。
(4)動力ブレーキ状態は飛行中に機速を減少させるために利用される。

問0979　風車ブレーキと動力ブレーキに関する説明で次のうち誤っているものはどれか。　46106　一航飛
二運飛
一航飛

(1)羽根角が前進角より大きいと風車ブレーキ状態となる。
(2)急降下時は風車ブレーキ状態となる。
(3)風車ブレーキ状態では負の推力と負トルクが発生する。
(4)負の羽根角にしエンジン出力を上げると動力ブレーキ状態となる。

問0980　風車ブレーキと動力ブレーキに関する説明で次のうち正しいものはどれか。　46106　二航飛

(1)風車ブレーキ状態とは、ブレードの迎え角がピッチ角より大きい負の迎え角の場合を
　　いう。
(2)風車ブレーキ状態の急降下時には、プロペラに負のトルクが発生し、著しく危険な高
　　回転速度に達する恐れがある。
(3)動力ブレーキ状態とは、ラセン角がピッチ角より大きい負の迎え角の場合をいう。
(4)動力ブレーキ状態はリバースとも呼ばれ、プロペラに負のトルクが発生し、着陸低速
　　時に飛行機のブレーキとして有効に働く。

発
動
機

問0981 風車ブレーキと動力ブレーキに関する説明で(A)～(D)のうち正しいものはいくつある　46106　二航滑
か。(1)～(5)の中から選べ。

(A)急降下時は風車ブレーキ状態となる。
(B)羽根角が前進角より大きいと風車ブレーキ状態となる。
(C)風車ブレーキ状態では負の推力と負のトルクが発生する。
(D)負の羽根角で正のトルクであれば動力ブレーキ状態となる。

(1) 1　　(2) 2　　(3) 3　　(4) 4　　(5) 無し

問0982 下図は動力ブレーキ状態を示したプロペラ・ブレード断面である。図中の（　）に入る　46106　二運飛
名称の組み合わせで次のうち正しいものはどれか。(1)～(3)の中から選べ。

　　　　（ア）　　　（イ）　　　（ウ）
(1)ラセン角　・ピッチ角　・迎え角
(2)迎え角　　・ラセン角　・ピッチ角
(3)ピッチ角　・ 迎え角　 ・ラセン角

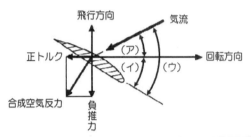

問0983 下図は動力ブレーキ状態を示したプロペラ・ブレード断面である。図中の（　）に入る　46106　一航飛
名称の組み合わせで次のうち正しいものはどれか。(1)～(4)の中から選べ。

　　　　（ア）　　　（イ）　　　（ウ）　　　（エ）
(1)前進角　　・ピッチ角　・迎え角　　・負トルク
(2)ラセン角　・ピッチ角　・迎え角　　・正トルク
(3)ピッチ角　・ 羽根角　 ・ラセン角　・負トルク
(4)前進角　　・ラセン角　・ 羽根角　 ・正トルク

問0984 下図は動力ブレーキ状態を示したプロペラ・ブレード断面である。図中の（　）に入る　46106　一航飛
名称の組み合わせで次のうち正しいものはどれか。(1)～(4)の中から選べ。

　　　　（ア）　　　（イ）　　　（ウ）　　　（エ）
(1)前進角　　・ピッチ角　・ 迎え角　 ・負トルク
(2)前進角　　・ラセン角　・ 羽根角　 ・正トルク
(3)ピッチ角　・ 羽根角　 ・ラセン角　・負トルク
(4)ラセン角　・ピッチ角　・ 迎え角　 ・正トルク

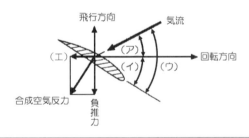

問0985 プロペラ効率で次のうち正しいものはどれか。　46107　二運飛
一運飛
二航滑
三航滑
二航飛

(1)幾何ピッチと有効ピッチとの比
(2)プロペラ抗力とプロペラ推力との比
(3)推力馬力とトルク馬力との比
(4)プロペラが1回転中に機体を前進させる距離とプロペラ抗力との比

問0986	プロペラ効率に関する説明で次のうち正しいものはどれか。 (1)プロペラが1回転中に航空機を前進させる距離とプロペラ抗力との比をいう。 (2)プロペラ抗力とプロペラ推力との比をいう。 (3)プロペラが行った有効仕事とプロペラがエンジンから受け取った全入力との比をいう。 (4)幾何ピッチと有効ピッチとの比をいう。	46107	二航飛
問0987	プロペラの効率に関する式で次のうち正しいものはどれか。 (1) $\dfrac{推力馬力}{トルク馬力}$ (2) $\dfrac{ブレーキ馬力}{トルク馬力}$ (3) $\dfrac{ブレーキ馬力}{推力馬力}$ (4) $\dfrac{プロペラ前進率}{プロペラ進行率}$	46107	一航飛 一運飛 一運飛 一運飛
問0988	プロペラ効率が最大となる時期で次のうち正しいものはどれか。 (1)離陸滑走時 (2)上昇時 (3)巡航時 (4)降下時	46107	二運飛
問0989	下記の条件におけるターボプロップ機のプロペラ効率（％）で次のうち最も近い値を選べ。但し、1mile＝5,280feetとする。 ・プロペラ推力：540lb ・飛行速度　　：250mph ・ブレーキ馬力：450HP (1)65 (2)70 (3)75 (4)80	46107	一航飛 一航飛 一航飛
問0990	プロペラの「すべり」に関する説明で次のうち正しいものはどれか。 (1)推力馬力をトルク馬力で割った効率のこと (2)羽根角から前進角を引いた迎え角のこと (3)幾何ピッチと有効ピッチの差のこと (4)全てのブレード面積をプロペラ円板面積で割った比のこと	46108	二航飛 二運飛 二航飛 二運飛 一航飛
問0991	プロペラの「すべり」と「効率」に関する説明で次のうち誤っているものはどれか。 (1)プロペラのすべりとは、プロペラの幾何ピッチと有効ピッチの差である。 (2)プロペラのすべりは幾何平均ピッチに対する％または直線距離で表される。 (3)プロペラ効率が80％である場合、すべりは20％である。 (4)プロペラ効率とは、プロペラが行った有効仕事とプロペラがエンジンから受け取った全入力との比をいう。	46108	一航飛
問0992	プロペラの「すべり」と「効率」に関する説明で(A)～(D)のうち正しいものはいくつあるか。(1)～(5)の中から選べ。 (A)プロペラ効率とは、プロペラが行った有効仕事とプロペラがエンジンから受け取った全入力との比をいう。 (B)プロペラのすべりは％または直線距離で表される。 (C)プロペラ効率が90％である場合、すべりは10％である。 (D)プロペラのすべりとは、プロペラの幾何ピッチと有効ピッチの差である。 (1)1　　(2)2　　(3)3　　(4)4　　(5)無し	46108	二航飛

発動機

問題番号	試験問題	シラバス番号	出題履歴

問0993　プロペラの「すべり」と「効率」に関する説明で(A)〜(D)のうち正しいものはいくつあるか。(1)〜(5)の中から選べ。
46108　二航飛／一航飛

(A)プロペラのすべりとは、プロペラの幾何ピッチと有効ピッチの積である。
(B)プロペラのすべりは実験平均ピッチに対する%または直線距離で表される。
(C)プロペラ効率とは、プロペラが行った有効仕事とプロペラがエンジンから受け取った全入力との差をいう。
(D)プロペラ効率が80%である場合、すべりは20%である。

(1) 1　　(2) 2　　(3) 3　　(4) 4　　(5) 無し

問0994　プロペラの「すべり」と「効率」に関する説明で(A)〜(D)のうち正しいものはいくつあるか。(1)〜(5)の中から選べ。
46108　二航飛

(A)プロペラのすべりとは、プロペラの幾何ピッチと有効ピッチの差である。
(B)プロペラのすべりは幾何平均ピッチに対する%または直線距離で表される。
(C)プロペラ効率とは、プロペラが行った有効仕事とプロペラがエンジンから受け取った全入力との比をいう。
(D)プロペラ効率が80%である場合、すべりは20%である。

(1) 1　　(2) 2　　(3) 3　　(4) 4　　(5) 無し

問0995　プロペラにおいて、最も大きな推力を発生する位置で次のうち正しいものはどれか。但し、Rはプロペラの半径とする。
46109　一運飛／一運飛

(1)プロペラの先端
(2)プロペラの軸心から3／4Rの位置
(3)プロペラの軸心から1／2Rの位置
(4)プロペラの軸心から1／3Rの位置

問0996　プロペラの先端速度が音速以下に制限されている理由で(A)〜(D)のうち正しいものはいくつあるか。(1)〜(5)の中から選べ。
46110　一航飛

(A)先端速度が音速を超えると衝撃波を発生しプロペラ効率が急激に低下するため
(B)先端速度が音速に近づくと飛行に大きな障害となるフラッタや振動を発生するため
(C)減速歯車の強度に影響が出るため
(D)先端速度と飛行機の前進速度との関係で相対速度も音速を超える可能性があるため

(1) 1　　(2) 2　　(3) 3　　(4) 4　　(5) 無し

問0997　プロペラのラセン先端速度を求める場合に関係するもので(A)〜(D)のうち正しいものはいくつあるか。(1)〜(5)の中から選べ。
46110　二航飛

(A)プロペラの回転数
(B)プロペラの径
(C)プロペラの剛率
(D)飛行機の前進速度

(1) 1　　(2) 2　　(3) 3　　(4) 4　　(5) 無し

問0998　以下の条件におけるプロペラの先端速度（m/s）で次のうち最も近い値を選べ。但し、機体は静止状態とする。
46110　二航飛／一運飛

・プロペラ直径　　：　　4.1m
・プロペラ回転数：　850rpm
・円周率3.14

(1)180
(2)230
(3)280
(4)730
(5)920

問0999　下記の条件でのプロペラの先端速度（m/s）で次のうち最も近い値を選べ。　　46110　一航飛

　　　　・巡航速度　　　：648km/h
　　　　・プロペラ直径　：　4m
　　　　・プロペラ回転数：860rpm
　　　　・円周率　　　　：　3.14

　　　　(1)200
　　　　(2)250
　　　　(3)550
　　　　(4)720
　　　　(5)840

問1000　以下の条件におけるプロペラの先端速度（m/s）を求め、その先端速度の「十の位」の　　46110　一航飛
　　　　数値を次のうちから選べ。

　　　　・プロペラ直径　　：　4.1m
　　　　・プロペラ回転数：850rpm
　　　　・円周率　　　　　：　3.14

　　　　(1)2
　　　　(2)4
　　　　(3)6
　　　　(4)8

問1001　下記の条件におけるプロペラの先端速度（m/s）で次のうち最も近い値を選べ。　　46110　二航飛

　　　　・プロペラ直径　　：　2.0m
　　　　・プロペラ回転数：1,500rpm
　　　　・円周率　　　　　：　3.14

　　　　(1)160
　　　　(2)230
　　　　(3)280
　　　　(4)730
　　　　(5)920

問1002　次の文はプロペラの安定板効果について記述したものである。文中の（　ア　）～　　46113　二運飛
　　　　（　エ　）に入る語句で正しいものはどれか。

　　　　プロペラの後流が回転して（　ア　）や（　イ　）を打つために生じる効果である。
　　　　プロペラが操縦席から見て時計回りに回転する場合には、後流も同じ方向に回転し、
　　　　（　ア　）の（　ウ　）を打ち、機体は（　エ　）に偏揺れする傾向が生じる。

　　　　（　ア　）（　イ　）（　ウ　）（　エ　）
　　　　(1)安定板　・方向舵　・　左側　・　左手
　　　　(2)胴体　　・主翼　　・　右側　・　右手
　　　　(3)安定板　・胴体　　・　左側　・　左手
　　　　(4)主翼　　・方向舵　・　右側　・　右手

問1003　プロペラの馬力吸収能力を左右する要因として(A)～(D)のうち正しいものはいくつある　　46116　二航飛
　　　　か。(1)～(5)の中から選べ。

　　　　(A)プロペラ径
　　　　(B)プロペラ回転数
　　　　(C)プロペラ翼型の反り
　　　　(D)プロペラの羽根数

　　　　(1) 1　　(2) 2　　(3) 3　　(4) 4　　(5) 無し

問1004　プロペラのトラックに関する説明で次のうち正しいものはどれか。　　46117　二運飛

　　　　(1)プロペラのピッチ・アングルのことである。
　　　　(2)プロペラの取付角のことである。
　　　　(3)プロペラが1回転中に進む前進距離のことである。
　　　　(4)プロペラ・ブレード先端の回転軌跡のことである。

発動機

問題番号	試験問題	シラバス番号	出題履歴
問1005	プロペラのトラッキングに関する説明で次のうち正しいものはどれか。 (1)プロペラ・ブレード先端の回転軌跡のことである。 (2)ひとつのブレードを基準にし、他の羽根の先端が同じ円周上を回転するか点検することである。 (3)プロペラ・ブレードが1回転する間に進む前進距離のことである。 (4)ひとつのブレードを基準にし、他の羽根の先端が1回転する間に進む前進距離を点検することである。	46117	二航飛
問1006	プロペラの説明で(A)～(D)のうち正しいものはいくつあるか。 (1)～(5)の中から選べ。 (A)木製プロペラは表面に透明ワニスを塗って仕上げている。 (B)木製プロペラはブレード先端にドリルで穴開けしているものもある。 (C)アルミ合金製プロペラは薄くて効率の良い翼型にすることができる。 (D)アルミ合金製プロペラの表面は陽極処理またはペイント塗装で仕上げている。 (1)1　　(2)2　　(3)3　　(4)4　　(5)無し	46201	二航滑
問1007	固定ピッチ・プロペラの最大効率が得られるときで次のうち正しいものはどれか。 (1)離陸滑走時 (2)上昇時 (3)巡航時 (4)降下時	46201	二運飛 二運飛
問1008	固定ピッチ・プロペラの最大効率が得られるときで次のうち正しいものはどれか。 (1)離陸滑走時 (2)上昇時 (3)巡航時 (4)スロットル・バルブ全開時	46201	工共通 工共通 工共通
問1009	プロペラ・ピッチ変更機構の分類に関する説明で次のうち誤っているものはどれか。 (1)調整ピッチ型、可変ピッチ型がある。 (2)可変ピッチ型には機械式、油圧式、電気式、空気式、組み合わせ式がある。 (3)定速型にはガバナによる方式やβ方式がある。 (4)調整ピッチ型には自動型がある。	46202	一航飛
問1010	プロペラ・ピッチ変更機構の分類に関する説明で次のうち誤っているものはどれか。 (1)調整ピッチ型、可変ピッチ型がある。 (2)可変ピッチ型には自動型がある。 (3)調整ピッチ型には機械式、油圧式がある。 (4)定速型にはプロペラ・ガバナ方式やβ方式がある。	46202	一航飛
問1011	定速プロペラの説明で次のうち正しいものはどれか。 (1)エンジンの出力や飛行状態が変化しても一定の回転速度を保つように制御される。 (2)着陸時にエンジン出力を利用して高い負推力を得ることができる。 (3)多発機用のプロペラで他のプロペラ回転速度に同調させる機構をいう。 (4)アイドル運転から離陸出力運転まで全ての範囲で一定の回転速度に制御される。	46203	二運飛
問1012	定速プロペラに関する説明で次のうち正しいものはどれか。 (1)巡航中はエンジン出力が急に変化しても、プロペラ回転速度は一定に保たれる。 (2)エンジン出力を変化させることでプロペラの前進角を調整している。 (3)多発プロペラ機で、他のプロペラ回転速度に同調させる機構をいう。 (4)アイドルから離陸出力まで、全ての範囲において一定のすべりとなる。	46203	一航飛
問1013	定速プロペラ・システムの作動に関する説明で次のうち誤っているものはどれか。 (1)代替フェザ・システムは回転数を下げることでフェザ位置にするシステムである。 (2)自動フェザ・システムは同時に全てがフェザにならないよう制御される。 (3)同調制御システムは客室騒音を減らすためのシステムである。 (4)ベータ方式では変化した負荷に見合うようエンジン出力を変える。	46203	一航飛
問1014	定速プロペラに関する説明で次のうち正しいものはどれか。 (1)ベータ方式ではピッチ角を変化させることでプロペラ回転速度を一定にしている。 (2)離陸における滑走時にプロペラのピッチ角は最大となる。 (3)巡航中はエンジン出力の変化に関係なく、プロペラのピッチ角は一定である。 (4)プロペラ・ガバナ方式では、エンジン出力が一定のとき機速が減少すると、プロペラのピッチ角も減少する。	46203	二航飛

問1015 　定速プロペラに関する説明で(A)～(D)のうち正しいものはいくつあるか。 　46203 　二航飛
(1)～(5)の中から選べ。

(A)プロペラ・ガバナ方式とは、プロペラ負荷に見合うようエンジン出力を変える方式をいう。
(B)プロペラ・ガバナ方式では、プロペラ・ガバナによりrpmを制御する。
(C)ベータ方式とは、変化したエンジン出力に見合うようプロペラ負荷を変える方式をいう。
(D)ベータ方式では、燃料管制装置によりrpmを制御する。

(1) 1 　　(2) 2 　　(3) 3 　　(4) 4 　　(5) 無し

問1016 　定速プロペラに関する説明で(A)～(D)のうち正しいものはいくつあるか。 　46203 　二航飛
(1)～(5)の中から選べ。

(A)プロペラ・ガバナ方式とはエンジン出力に見合うようにプロペラ負荷を変える方式である。
(B)ベータ方式とは変化した負荷に見合うようエンジン出力を変える方式である。
(C)地上走行中はベータ方式、飛行中はプロペラ・ガバナ方式によって自動制御されるものがある。
(D)小型のプロペラではエンジンの滑油の圧力をそのまま利用して羽根角を変更する。

(1) 1 　　(2) 2 　　(3) 3 　　(4) 4 　　(5) 無し

問1017 　プロペラ・ガバナ方式の定速プロペラにおいて、エンジン出力を増加させた後の安定状態 　46203 　二運飛
に関する説明で次のうち正しいものはどれか。 　 　二運飛

(1)回転数が増加し羽根角が減少する。
(2)回転数は一定で羽根角が増加する。
(3)回転数が増加し羽根角が増加する。
(4)回転数は一定で羽根角が減少する。

問1018 　プロペラについて文中の（　ア　）、（　イ　）に入る語句の組み合わせで次のうち正し 　46204 　二運飛
いものはどれか。

不作動エンジンのプロペラ・ブレードを飛行機の進行方向に対し、プロペラ抗力が最小に
なる位置へピッチ角を変えることを（　ア　）といい、逆に（　ア　）から正常飛行位置
へピッチ角をもどすことを（　イ　）という。

　　　　　　（ア）　　　　　　　　（イ）
(1)リバース　　　・　　　アン・リバース
(2)フェザリング　・　　リバース・ピッチ
(3)フェザリング　・　　アン・フェザリング
(4)ファイン　　　・　　コース・ピッチ

問1019 　フェザリングに関する説明で次のうち誤っているのはどれか。 　46204 　二運飛

(1)プロペラは風車ブレーキ状態になる。
(2)プロペラ抗力が最小になる位置へピッチを変える。
(3)プロペラの回転を止めるための簡便な方法である。
(4)プロペラは高ピッチとなる。

問1020 　フェザリングに関する説明で(A)～(D)のうち正しいものはいくつあるか。 　46204 　二航飛
(1)～(5)の中から選べ。

(A)プロペラは風車ブレーキ状態になる。
(B)プロペラ抗力が最大になる位置へピッチ角を変える。
(C)プロペラの回転を止めるための簡便な方法である。
(D)カウンタウエイトの遠心力を利用したものがある。

(1) 1 　　(2) 2 　　(3) 3 　　(4) 4 　　(5) 無し

問1021 　双発機のフェザ・プロペラの説明で(A)～(D)のうち正しいものはいくつあるか。 　46204 　二航飛
(1)～(5)の中から選べ。 　 　二航飛

(A)不作動エンジンのプロペラがフェザでないと風車ブレーキ状態となり抗力が生じる。
(B)フェザはプロペラ抗力が最大になる位置へピッチを変える。
(C)フェザはプロペラの回転を止めるための簡便な方法である。
(D)フェザにすることでプロペラは高ピッチとなる。

(1) 1 　　(2) 2 　　(3) 3 　　(4) 4 　　(5) 無し

発動機

問題番号	試験問題	シラバス番号	出題履歴
問1022	プロペラをリバース・ピッチにする目的で次のうち正しいものはどれか。 (1)フェザリングにすること (2)プロペラの抗力を最小にすること (3)風車ブレーキ状態にすること (4)動力ブレーキ状態にすること	46205	二航飛 二航飛 二運飛 二運飛
問1023	プロペラをエンジンのクランク軸に取り付ける方法で次のうち誤っているものはどれか。 (1)スクリュー式 (2)テーパ式 (3)フランジ式 (4)スプライン式	46206	二運滑
問1024	プロペラをエンジンに取り付ける方式で次のうち誤っているものはどれか。 (1)フェルール式 (2)テーパ式 (3)フランジ式 (4)スプライン式	46206	二航飛
問1025	プロペラ前進角を飛行状態により比較した場合で次のうち正しいものはどれか。 (1)地上滑走時 < 離陸時 < 巡航時 (2)地上滑走時 < 巡航時 < 離陸時 (3)離陸時 < 巡航時 < 地上滑走時 (4)巡航時 < 地上滑走時 < 離陸時	46401	二航滑 二航滑
問1026	プロペラ前進角を飛行状態により比較した場合で次のうち正しいものはどれか。 (1)地上滑走時 < 離陸時 < 巡航時 (2)地上滑走時 < 巡航時 < 離陸時 (3)離陸時 < 地上滑走時 < 巡航時 (4)巡航時 < 地上滑走時 < 離陸時	46401	二航飛 二航滑 二運飛 二運滑
問1027	プロペラに働く応力で次のうち誤っているものはどれか。 (1)曲げ (2)引張 (3)せん断 (4)捩り	46401	二運飛 二運飛
問1028	プロペラのブレードに働く応力で次のうち誤っているものはどれか。 (1)圧縮 (2)曲げ (3)引張り (4)捩り	46401	二航滑 二航滑
問1029	プロペラに働く応力の種類で次のうち正しいものはどれか。 (1)曲げ、引張、せん断 (2)曲げ、引張、圧縮 (3)曲げ、引張、捩り (4)曲げ、捩り、圧縮	46401	二運飛 二運飛 二航滑 二運飛
問1030	プロペラの空力捩りモーメントに関する説明で次のうち正しいものはどれか。 (1)巡航状態ではブレードのピッチ角を増加する方向に回そうとする。 (2)巡航状態では飛行速度によってブレードの捩られる方向が変わる。 (3)風車状態ではブレードのピッチ角を増加する方向に回そうとする。 (4)風車状態ではブレードに捩りモーメントは働かない。	46401	二運飛 二運飛
問1031	プロペラの遠心ねじりモーメントの作用で次のうち正しいものはどれか。 (1)ブレードのピッチ角を増加させる。 (2)ブレードのピッチ角を減少させる。 (3)ブレードをフェザにする。 (4)ブレードを前進方向へ曲げる。	46401	二運飛 二運飛 二運飛

問題番号	試験問題	シラバス番号	出題履歴

問1032 プロペラに働く力で(A)〜(D)のうち正しいものはいくつあるか。 46401 二航飛
(1)〜(5)の中から選べ

(A)プロペラ・ブレードを飛行機の前進方向へ曲げようとする曲げモーメントによって
ブレード断面に曲げ応力を生じる。
(B)プロペラの回転によりブレードをハブから外方に投げ出そうとする遠心力によって
ブレード内に引張応力を生じる。
(C)プロペラ・ブレードは遠心捩りモーメントによりピッチ角を増加する方向へ回され
る。
(D)巡航中は空力捩りモーメントによりプロペラ・ブレードはピッチ角を減少する方向へ
回される。

(1) 1　　(2) 2　　(3) 3　　(4) 4　　(5) 無し

問1033 プロペラに生じる静不釣合又は動不釣合いの原因で次のうち誤っているものはどれか。 46402 二運飛

(1)プロペラの回転面内の質量分布が一様でない。
(2)プロペラ軸のナットが緩んでいる。
(3)トラックが正しくない。
(4)流入する空気流の方向が回転面に直角でない。

問1034 プロペラに生じる動不つりあいの原因で(A)〜(D)のうち正しいものはいくつあるか。 46402 二航滑
(1)〜(5)の中から選べ

(A)プロペラの回転面内の質量分布が一様ではない。
(B)プロペラ軸のナットが弛んでいる。
(C)トラックが正しくない。
(D)流入する空気流の方向が回転面に直角でない。

(1) 1　　(2) 2　　(3) 3　　(4) 4　　(5) 無し

問1035 プロペラ振動を誘起する「空力不つりあい」の原因で(A)〜(D)のうち正しいものはいく 46402 二航飛
つあるか。(1)〜(5)の中から選べ。

(A)プロペラ軸のナットが弛んだ場合
(B)トラックが正しくない場合
(C)各ブレードの形状や羽根角に差のある場合
(D)プロペラに流入する空気流の方向が回転面に直角でない場合

(1) 1　　(2) 2　　(3) 3　　(4) 4　　(5) 無し

問1036 プロペラの疲れ破壊が発生する原因で(A)〜(D)のうち正しいものはいくつあるか。 46402 二航飛
(1)〜(5)の中から選べ。

(A)空気がプロペラ円板へ直角に流入しない場合
(B)プロペラが構造上の共振振動数付近で作動した場合
(C)エンジンが過回転した場合
(D)プロペラ円板を通る空気流の分布が均等である場合

(1) 1　　(2) 2　　(3) 3　　(4) 4　　(5) 無し

問1037 プロペラの疲れ破壊が発生する原因で(A)〜(D)のうち正しいものはいくつあるか。 46402 二航飛
(1)〜(5)の中から選べ。

(A)空気がプロペラ円板へ直角に流入しない場合
(B)プロペラが構造上の共振振動数付近で作動した場合
(C)エンジンが過回転した場合
(D)プロペラ円板を通る空気流の分布が不均等である場合

(1) 1　　(2) 2　　(3) 3　　(4) 4　　(5) 無し

問1038 プロペラに装備されるカウンタ・ウエイトの作用で次のうち正しいものはどれか。 46501 二運飛

(1)ブレードのピッチ角を減少させる。
(2)ブレードのピッチ角を増加させる。
(3)ブレードをアン・フェザ方向へ回す。
(4)ブレードをリバース方向へ回す。

問1039 定速プロペラのカウンタ・ウエイトの目的で次のうち正しいものはどれか。 46501 二運飛

(1)ブレードをピッチ角が減少する方向へ回す。
(2)ブレードをピッチ角が増加する方向に回す。
(3)ブレードの回転数を増す。
(4)ブレードの振動を防ぐ。

発動機

問1040	定速プロペラのカウンタ・ウエイトの目的で次のうち正しいものはどれか。 (1)ブレードをピッチ角が減少する方向へ回す。 (2)ブレードをピッチ角が増加する方向に回す。 (3)ブレードのピッチ角を増減して回転数を一定に保つ。 (4)ブレードのピッチ角を増減して振動を防ぐ。	46501	一運飛
問1041	定速プロペラのカウンタ・ウエイトの目的で次のうち正しいものはどれか。 (1)ブレードをピッチ角が増加する方向に回す。 (2)ブレードをピッチ角が減少する方向へ回す。 (3)ブレードをアン・フェザリング方向へ回す。 (4)ブレードを逆ピッチ角方向へ回す。	46501	一運飛
問1042	定速プロペラのカウンタ・ウエイトの目的で次のうち正しいものはどれか。 (1)プロペラの空気力による振動を防ぐ。 (2)ブレードをピッチ角が増加する方向に回す。 (3)ブレードの静的バランスをとる。 (4)プロペラの回転速度を一定に保つ。	46501	二運飛 二運飛 一運飛
問1043	可変ピッチ・プロペラにおけるカウンタ・ウエイトとリターン・スプリングの作用する方向の組み合わせで次のうち正しいものはどれか。 　　　（カウンタ・ウエイト）　（リターン・スプリング） (1)　　低ピッチ側　　　：　　低ピッチ側 (2)　　低ピッチ側　　　：　　高ピッチ側 (3)　　高ピッチ側　　　：　　低ピッチ側 (4)　　高ピッチ側　　　：　　高ピッチ側	46501	二航飛
問1044	可変ピッチ・プロペラに用いられるプロペラ・ガバナの目的について次のうち正しいものはどれか。 (1)プロペラの振動数を一定にする。 (2)プロペラのピッチ角を一定にする。 (3)プロペラの回転数を一定にする。 (4)プロペラ効率を一定にする。	46502	工共通
問1045	プロペラ・ガバナ方式の定速プロペラにおいて、急に機首を上げた後の安定状態に関する説明で次のうち正しいものはどれか。 (1)羽根角は増加するが、迎え角が小さくなることで回転数を維持する。 (2)羽根角は減少するが、迎え角が元の値に戻ることで回転数を維持する。 (3)羽根角は減少するが、前進角が増加することで回転数は減少する。 (4)羽根角は増加するが、前進角が減少することで回転数は増加する。	46502	一運飛
問1046	単動型のプロペラ・ガバナの説明で(A)〜(D)のうち正しいものはいくつあるか。 (1)〜(5)の中から選べ。 (A)歯車ポンプおよびフライウエイトはエンジンが駆動する回転軸で回転している。 (B)エンジン・オイルを歯車ポンプで昇圧している。 (C)パイロット弁は油圧を調整している。 (D)フライウエイトとスピーダ・スプリングの釣合いにより作動している。 (1) 1　　(2) 2　　(3) 3　　(4) 4　　(5) 無し	46502	二航飛 二航飛
問1047	プロペラ同調系統の説明で次のうち誤っているものはどれか。 (1)同調系統は全ての出力において作動する。 (2)左右のプロペラの回転数を一致させる。 (3)左右のプロペラの羽根の相対位置を合わせる。 (4)プロペラのうなり音を減らし客室騒音を減らす。	46503	一運飛 一運飛 一運飛
問1048	プロペラの同調系統の説明で(A)〜(D)のうち正しいものはいくつあるか。 (1)〜(5)の中から選べ。 (A)左右のプロペラの回転数を自動的に合わせる。 (B)左右のプロペラの羽根の相対位置を合わせる。 (C)プロペラの風きり音をなくす。 (D)基準として1個の同調モータを用いる方式をマスター・モータ式という。 (1) 1　　(2) 2　　(3) 3　　(4) 4　　(5) 無し	46503	二航飛

問題番号	試験問題	シラバス番号	出題履歴
問1049	プロペラ・スピナに関する記述で次のうち正しいものはどれか。 (1)プロペラ取付部での空気の流れを整流する。 (2)流入空気に含まれる砂、小石がエンジンに入らないようにする。 (3)プロペラの振動を減少させる。	46601	二運滑
問1050	プロペラ・スピナの目的で次のうち正しいものはどれか。 (1)プロペラ・ブレード付根やハブ部分の整流をしている。 (2)プロペラをエンジン・シャフトに取り付けている。 (3)流入空気に含まれる砂、小石がエンジンに入らないようにしている。 (4)プロペラの振動を減少させている。	46601	二運滑 一運飛
問1051	プロペラ・スピナの目的で次のうち誤っているものはどれか。 (1)流入空気の流れを整流するため (2)ハブ部分の抵抗を減らすため (3)ピッチ変更機構を砂ぼこりから保護するため (4)プロペラの振動を減らすため	46601	二航飛 二航飛 二運飛
問1052	プロペラ・スピナの目的で次のうち誤っているものはどれか。 (1)エンジン・ナセルへの空気の流入を防ぐ。 (2)ハブ部分の抵抗を減らす。 (3)エンジンの効率を向上させる。 (4)流入空気の流れを整流する。	46601	二運飛
問1053	プロペラ系統における無線雑音防止法で次のうち誤っているものはどれか。 (1)非電気方式 (2)アレスタ方式 (3)フィルタ方式 (4)シールド方式	46603	二運飛
問1054	プロペラ系統における無線雑音防止法で次のうち誤っているものはどれか。 (1)非電気方式 (2)加熱空気方式 (3)フィルタ方式 (4)シールド方式	46603	二航滑
問1055	プロペラ系統が発生源となる無線雑音に関する説明で(A)～(D)のうち正しいものはいくつあるか。(1)～(5)の中から選べ。 (A)無線雑音の発生源としては、ピッチ変更モータ、スリップリング、同期発電機などが考えられる。 (B)プロペラ系統の配線にシールド線が使用されている場合、その絶縁不良が原因で発生することもある。 (C)無線雑音の防止法としては、非電気方式、フィルタ方式、シールド方式がある。 (D)シールド方式には、コンデンサ、誘導子（チョーク・コイル）などが用いられる。 (1)1　　(2)2　　(3)3　　(4)4　　(5)無し	46603	二航飛 二航飛
問1056	プロペラに着氷したときの現象で次のうち誤っているものはどれか。 (1)ブレードの翼型がくずれて効率が低下する。 (2)不釣合いを生じ振動が発生する。 (3)氷が飛散すると胴体や尾翼の部分に当たり危険である。 (4)機体の失速速度が増大する。	46604	二運飛 二運滑
問1057	プロペラの着氷に関する説明で(A)～(C)のうち正しいものはいくつあるか。(1)～(4)の中から選べ。 (A)大気温度が0～15℉の範囲にあるとき着氷しやすい。 (B)プロペラの羽根に着氷した場合、プロペラ効率が低下し、振動も発生する。 (C)飛行高度が0～25,000ftにあるとき着氷しやすい。 (1)1　　(2)2　　(3)3　　(4)無し	46604	二航飛

発動機

問題番号	試験問題	シラバス番号	出題履歴
問1058	プロペラに着氷したときの現象で(A)～(D)のうち正しいものはいくつあるか。 (1)～(5)の中から選べ。 (A)ブレードの翼型がくずれて効率が低下する。 (B)不釣合いを生じ振動が発生する。 (C)氷が飛散すると胴体や尾翼の部分に当たり危険である。 (D)機体の失速速度が増大する。 (1)1　　(2)2　　(3)3　　(4)4　　(5)無し	46604	二航飛
問1059	プロペラの電熱式防氷系統に関する説明で次のうち誤っているものはどれか。 (1)発熱体に金属抵抗線が使用されているものがある。 (2)発熱体に伝導性ゴムが使用されているものがある。 (3)発熱体はプロペラ内部または外部に取り付けられる。 (4)電流は回転部分をスリップ・リングおよびシャントを介して発熱体へと伝えられる。	46604	二航飛
問1060	プロペラの電熱式防氷系統に関する説明で次のうち誤っているものはどれか。 (1)発熱体に金属抵抗線が使用されているものがある。 (2)発熱体に伝導性ゴムが使用されているものがある。 (3)発熱体はプロペラ外部に取り付けられる。 (4)電流は回転部分をスリップ・リングおよびシャントを介して発熱体へと伝えられる。	46604	二航飛
問1061	プロペラの電熱式防氷系統において、エンジンからプロペラ・ハブに電流を供給する方法で次のうち正しいものはどれか。 (1)スリンガ・リングとフィード・シューによって供給される。 (2)スリップ・リングとブラシによって供給される。 (3)スピーダ・スプリングとカーボン・ブロックによって供給される。 (4)回転集合器と渦巻形マニホールドによって供給される。	46604	二運飛
問1062	プロペラの電熱式防氷系統に関する説明で(A)～(D)のうち正しいものはいくつあるか。 (1)～(5)の中から選べ。 (A)発熱体に金属抵抗線や伝導性ゴムが使用されている。 (B)電流は回転部分をスリップ・リングおよびブラシを介して発熱体へと伝えられる。 (C)ブラシとしてはカーボンまたはこれに銅あるいは銀を入れたものが使用される。 (D)たわみ線またはピグテールによりハブとブレード間の電流を伝えるものがある。 (1)1　　(2)2　　(3)3　　(4)4　　(5)無し	46604	一航飛
問1063	回転中の金属プロペラにおける最も危険な損傷は次のうちどれか。 (1)ブレードのキャンバ面におけるスパン方向のクラック (2)ブレード先端部の打痕 (3)ブレードのスラスト面におけるコード方向のクラック (4)ブレード前縁部の打痕	46901	二航飛

電子装備品等

電子装備品等

問題番号	試験問題	シラバス番号	出題履歴
問0001	電気回路に1ボルトの正弦波電圧を加えたときに、1アンペアの正弦波電流が流れる場合の皮相電力の単位として次のうち正しいものはどれか。 (1)ボルト (2)ワット (3)ボルト・アンペア (4)バール	520100	一航回
問0002	毎秒1ジュールの仕事率を表す電気の組立単位で次のうち正しいものはどれか。 (1)ボルト (2)バール (3)ワット (4)ボルト・アンペア	520100	二航共 二航共
問0003	電気の組立単位の説明として次のうち正しいものはどれか。 (1)クーロン　　：静電容量の単位 (2)ファラッド：インダクタンスの単位 (3)ヘンリー　　：電気量の単位 (4)テスラ　　　：磁束密度の単位	520100	二航共
問0004	電気単位の説明で次のうち誤っているものはどれか。 (1)ワット（W）は仕事率の単位である。 (2)クーロン（C）は静電容量の単位である。 (3)ヘンリー（H）はインダクタンスの単位である。 (4)ウェーバ（Wb）は磁束の単位である。	520100	二運飛
問0005	固有の名称をもつ組立単位の組合わせで次のうち正しいものはどれか。 　　　　　　（量）　　　　　　　　（単位の名称）　　　（単位記号） (1)エネルギー、仕事、熱量　　　ジュール　　　　　　J (2)圧力、応力　　　　　　　　　ニュートン　　　　　N (3)電荷、電気量　　　　　　　　ファラッド　　　　　F (4)静電容量、キャパシタンス　　クーロン　　　　　　C (5)インダクタンス　　　　　　　ウェーバ　　　　　　Wb	520100	一航飛 一航回 一航回 一航飛
問0006	電気の組立単位の説明として(A)～(E)のうち正しいものはいくつあるか。 (1)～(6)の中から選べ。 (A)ワット　　　：仕事率の単位 (B)クーロン　　：静電容量の単位 (C)ファラッド：インダクタンスの単位 (D)ヘンリー　　：電気量の単位 (E)テスラ　　　：磁束密度の単位 (1) 1　　(2) 2　　(3) 3　　(4) 4　　(5) 5　　(6) 無し	520100	一航回 一航飛
問0007	電気の組立単位の説明として(A)～(D)のうち正しいものはいくつあるか。 (1)～(5)の中から選べ。 (A)バール　　　　　　：無効電力の単位 (B)ボルト・アンペア：皮相電力の単位 (C)ワット　　　　　　：仕事率の単位 (D)オーム　　　　　　：電気抵抗の単位 (1) 1　　(2) 2　　(3) 3　　(4) 4　　(5) 無し	520100	二航共
問0008	電気の組立単位の説明で(A)～(D)のうち正しいものはいくつあるか。 (1)～(5)の中から選べ。 (A)ボルト　　　：電位差および起電力の単位 (B)ファラッド：磁束の単位 (C)ワット　　　：仕事率の単位 (D)クーロン　　：電気量の単位 (1) 1　　(2) 2　　(3) 3　　(4) 4　　(5) 無し	520100	一航回

電子装備品等

問0009　電気の組立単位の説明として(A)～(D)のうち正しいものはいくつあるか。　520100　二航共
(1)～(5)の中から選べ。

(A)クーロン　：静電容量の単位
(B)ファラッド：インダクタンスの単位
(C)ヘンリー　：電気量の単位
(D)テスラ　　：磁束密度の単位

(1) 1　　(2) 2　　(3) 3　　(4) 4　　(5) 無し

問0010　下記説明の空欄(A)～(C)に当てはまる用語の組み合わせで次のうち正しいものはどれ　520100　一航飛
か。

電位差1ボルトとは、1クーロンの電荷が移動して、(A)の仕事をする2点間の
(B)である。また、1アンペアの電流とは、電荷の移動の割合が毎秒(C)の
場合をいう。

	(A)		(B)		(C)
(1)	1アンペア	：	電　流	：	1ワット
(2)	1ワット	：	電　力	：	1ジュール
(3)	1ジュール	：	電　圧	：	1クーロン
(4)	1ニュートン	：	電気量	：	1アンペア

問0011　下記説明の空欄(A)～(C)に当てはまる用語の組み合わせで次のうち正しいものはどれ　520100　一航飛
か。　　一航回

電位差1ボルトとは、1クーロンの電荷が移動して、(A)の仕事をする2点間の
(B)である。また、1アンペアの電流とは、電荷の移動の割合が毎秒(C)の
場合をいう。

	(A)		(B)		(C)
(1)	1ファラッド	：	電　流	：	1ワット
(2)	1ワット	：	電　力	：	1ジュール
(3)	1ジュール	：	電　圧	：	1クーロン
(4)	1ニュートン	：	電気量	：	1ヘンリー

問0012　単位の前に付け表す接頭語についての組み合わせで次のうち正しいものはどれか。　520100　二航共
　　二航共

	(接頭語の名称)	(記　号)	(倍　数)
(1)	マイクロ	m	10^{-6}
(2)	ミリ	c	10^{-2}
(3)	デシ	d	10^{-1}
(4)	ピコ	μ	10^{-9}

問0013　次の組み合わせで(A)～(D)のうち正しいものはいくつあるか。　520100　二航共
(1)～(5)の中から選べ。

	接頭語の名称	記号	倍数
(A)	メガ	M	10^6
(B)	ギガ	G	10^3
(C)	メガ	k	10^9
(D)	マイクロ	μ	10^{-6}

(1) 1　　(2) 2　　(3) 3　　(4) 4　　(5) 無し

問0014　電圧、電流に関する説明として空欄(A)から(D)に当てはまる用語の組み合わせで次のう　520100　一航飛
ち正しいものはどれか。

電位差1ボルトとは、(A)が移動して、(B)の仕事をする2点間の電圧である。
また、1アンペアの電流とは、(C)の移動の割合が毎秒(D)の場合をいう。

	(A)		(B)		(C)		(D)
(1)	1クーロンの電荷	：	1ワット	：	電　界	：	1ファラッド
(2)	1ジュールの負荷	：	1ニュートン	：	陽　子	：	1ヘンリー
(3)	1クーロンの電荷	：	1ジュール	：	電　荷	：	1クーロン
(4)	1ジュールの負荷	：	1ワット	：	中性子	：	1ウェーバ

問0015　磁気について次のうち誤っているものはどれか。　520101　工共通
　　工共通

(1)磁力線はN極から出てS極に向かう。
(2)地球も大きな磁石で北極は磁石のN極、南極は磁石のS極である。
(3)永久磁石を細かくしても、必ずN極とS極は一対である。
(4)軟鉄やケイ素鋼板は強磁性体である。

問0016 電気力線の説明として次のうち誤っているものはどれか。　520102　一航回

(1) 電気力線は負電荷から出て正電荷に入る。
(2) 電気力線は決して交わらない。
(3) 電気力線の方向は電界の方向を示す。
(4) 同じ種類の電荷であれば、電気力線は互いに反発し合う。

問0017 電気力線の説明として(A)～(D)のうち正しいものはいくつあるか。　520102　一航飛
(1)～(5)の中から選べ。　　　　　　　　　　　　　　　　　　　　　　　　　　　　一航飛

(A) 電気力線は正電荷から出て負電荷に入る。
(B) 電気力線の方向は電界の方向を示す。
(C) 電気力線は決して交わらない。
(D) 同じ種類の電荷であれば、電気力線は互いに反発し合う。

(1) 1　　(2) 2　　(3) 3　　(4) 4　　(5) 無し

問0018 電気力線の説明として(A)～(D)のうち正しいものはいくつあるか。　520102　一航回
(1)～(5)の中から選べ。

(A) 電気力線は負電荷から出て正電荷に入る。
(B) 電気力線は決して交わらない。
(C) 電気力線の方向は電界の方向を示す。
(D) 同じ種類の電荷であれば、電気力線は互いに反発し合う。

(1) 1　　(2) 2　　(3) 3　　(4) 4　　(5) 無し

問0019 静電気に関する説明として(A)～(D)のうち正しいものはいくつあるか。　520102　二航共
(1)～(5)の中から選べ。

(A) 2種の物体をこすり合わせると、互いに異符号の電気が発生する。
(B) 静電気は摩擦以外に接触や誘導によっても発生させることができる。
(C) 同符号の電気の間には反発し合う力が、異符号の電気の間には引き合う力が働く。
(D) 物体に静電気が生じた状態を帯電という。

(1) 1　　(2) 2　　(3) 3　　(4) 4　　(5) 無し

問0020 3Vの直流電源で10μFのコンデンサを充電したときに、コンデンサに蓄えられた　520103　二航共
エネルギ（J）として次のうち最も近い値を選べ。　　　　　　　　　　　　　　　　二航共

(1) 1.5×10^{-5}
(2) 4.5×10^{-5}
(3) 6.0×10^{-5}
(4) 9.0×10^{-5}

問0021 下記の回路において、CD間の電位差を表す式として次のうち正しいものはどれか。　520103　一航飛
ただし、$R_1 \cdot R_2 \cdot R_3 \cdot R_4$は抵抗、Eは起電力とする。

(1) $\dfrac{R_1 R_4 - R_2 R_3}{(R_1 + R_2)(R_3 + R_4)} E$

(2) $\dfrac{(R_1 + R_2)(R_3 + R_4)}{R_1 R_4 - R_2 R_3} E$

(3) $\dfrac{R_1 R_4 - R_2 R_3}{(R_1 + R_3)(R_2 + R_4)} E$

(4) $\dfrac{R_1 R_2 - R_3 R_4}{(R_1 + R_4)(R_2 + R_3)} E$

問0022 導体の抵抗に関する説明として次のうち正しいものはどれか。　520103　一航飛
　　　　　　　　　　　　　　　　　　　　　　　　　　　　　　　　　　　　　　　一航飛

(1) 導体の長さが半分になると抵抗は2倍に増加する。
(2) 導体の断面積が2倍になると抵抗も2倍に増加する。
(3) 一般に金属の導体は温度が上昇するにつれて抵抗は増加する。
(4) 大量の自由電子を持っている銀、銅、金、アルミニウムなどが抵抗の大きい材質である。

電子装備品等

問0023 導体の抵抗に関する説明として次のうち正しいものはどれか。

シラバス番号 520103 　出題履歴 一航回

(1)銅は温度が上昇するにつれて抵抗も増加する。
(2)導体の断面積が2倍になると抵抗も2倍に増加する。
(3)導体の長さが半分になると抵抗は2倍に増加する。
(4)大量の自由電子を持っている銀、銅、金、アルミニウムなどが抵抗の大きい材質である。

問0024 導体の抵抗の説明として(A)～(D)のうち正しいものはいくつあるか。(1)～(5)の中から選べ。

シラバス番号 520103 　出題履歴 工無線

(A)温度が上昇するにつれて抵抗は増加する。
(B)導体の断面積を倍にすると抵抗は半分となる。
(C)長さが2倍になると抵抗も2倍となる。
(D)大量の自由電子をもっている銀、銅、金、アルミニウムなどが抵抗の小さい材質である。

(1) 1 　　(2) 2 　　(3) 3 　　(4) 4 　　(5) 無し

問0025 導体の抵抗を決める4条件の説明として(A)～(D)のうち正しいものはいくつあるか。(1)～(5)の中から選べ。

シラバス番号 520103 　出題履歴 一航回

(A)温　　度：上昇するにつれて抵抗は増加する。
(B)断面積：導体の断面積を倍にすると抵抗も倍となる。
(C)長　　さ：長さが2倍になると抵抗は半分となる。
(D)材　　質：大量の自由電子をもっている銀、銅、金、アルミニウムなどは抵抗が小さい。

(1) 1 　　(2) 2 　　(3) 3 　　(4) 4 　　(5) 無し

問0026 12Ωの抵抗2個と6Ωの抵抗1個を並列に接続したときの合成抵抗値で次のうち正しいものはどれか。

シラバス番号 520103 　出題履歴 工共通 工共通 工共通 工共通

(1) 　3Ω
(2) 　6Ω
(3) 12Ω
(4) 30Ω

問0027 30Vの電源に10Ωと20Ωの抵抗を直列に接続してある。このとき、10Ωの抵抗に発生する電圧降下は何ボルトになるか。次のうち最も近い値を選べ。

シラバス番号 520103 　出題履歴 一航飛

(1)10
(2)15
(3)20
(4)25
(5)30

問0028 電圧12V、容量15Ahのバッテリ2個を直列に接続したときの電圧（V）及び容量（Ah）で次のうち正しいものはどれか。

シラバス番号 520103 　出題履歴 二運飛 二運飛

(1)12V、　15Ah
(2)12V、　30Ah
(3)24V、　15Ah
(4)24V、　30Ah

問0029 12V・30Ahの蓄電池2個を直列に接続したときの電圧及び容量で次のうち正しいものはどれか。

シラバス番号 520103 　出題履歴 一運飛 一運飛

(1)電圧 12V・容量30Ah
(2)電圧 24V・容量30Ah
(3)電圧 12V・容量60Ah
(4)電圧 24V・容量60Ah

問0030 同一の蓄電池 2個を直列に接続したときの電圧が20V、容量が30Ahであるときの蓄電池の定格で次のうち正しいものはどれか。

シラバス番号 520103 　出題履歴 二航共

(1)電圧10V、　容量15Ah
(2)電圧10V、　容量30Ah
(3)電圧20V、　容量15Ah
(4)電圧20V、　容量30Ah

問題番号	試験問題	シラバス番号	出題履歴

問0031　次の並列回路の合成抵抗（Ω）で正しいものはどれか。
　　　　次のうち最も近い値を選べ。
シラバス番号 520103　出題履歴 一航回

(1)6.46
(2)6.86
(3)7.26
(4)7.76

問0032　100Vの電源を使用し400Wの電力を消費している電熱器の抵抗値（Ω）で次のうち正しいものはどれか。
シラバス番号 520103　出題履歴 二航共

(1)　0.25
(2)　5
(3)20
(4)25

問0033　28Vの直流電源回路に12Ωの抵抗2個と6Ωの抵抗1個をすべて並列に結線した場合の電流（A）で次のうち正しいものはどれか。
シラバス番号 520103　出題履歴 二航共

(1)0.93
(2)1.07
(3)1.4
(4)9.33

問0034　下図回路で5Ωの抵抗に流れる電流（A）で次のうち最も近い値を選べ。
シラバス番号 520103　出題履歴 二航共

(1)　2
(2)　4
(3)10
(4)14

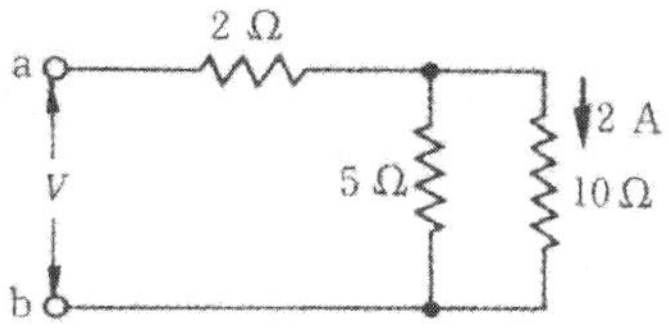

（回路図：a-b間、2Ωの抵抗、5Ωと10Ωの抵抗、2Aの電流、電圧V）

問0035　下図の合成抵抗（Ω）として正しいものはどれか。
　　　　次のうち最も近い値を選べ。
シラバス番号 520103　出題履歴 一航回 二航共 二航共

(1)0.64
(2)0.96
(3)1.28
(4)1.60
(5)2.56
(6)2.88

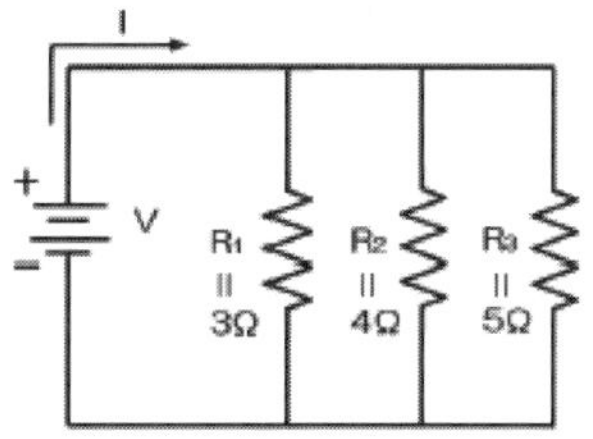

（回路図：電流I、電圧V、$R_1=3Ω$、$R_2=4Ω$、$R_3=5Ω$）

問0036　下図の合成抵抗（Ω）として正しいものはどれか。次のうち最も近い値を選べ。
シラバス番号 520103　出題履歴 一航回

(1)5.1
(2)5.7
(3)6.1
(4)6.8
(5)7.7
(6)7.8

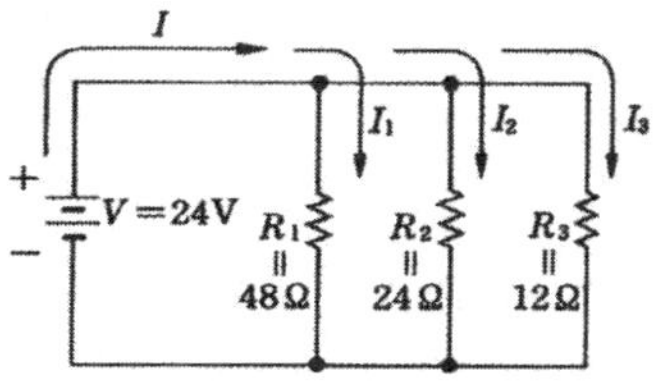

（回路図：電流I、I_1、I_2、I_3、$V=24V$、$R_1=48Ω$、$R_2=24Ω$、$R_3=12Ω$）

問0037　下記条件における電線の抵抗（Ω）として次のうち最も近い値はどれか。
シラバス番号 520103　出題履歴 一航飛 一航飛 工電気

・電線の抵抗率$1.8×10^{-8}$（Ωm）
・電線の直径1（cm）
・電線の長さ15（m）
・円周率3.14

(1)3.4　　×10^{-4}
(2)34.4　×10^{-4}
(3)42.3　×10^{-4}
(4)423.3 ×10^{-4}

電子装備品等

問0038 　下図の回路A-B間の合成抵抗（Ω）で次のうち正しいものはどれか。　520103　一航回
　　　　ただし抵抗は全て4Ωとする。　　　　　　　　　　　　　　　　　　　　　　　　二航共
　　　二航共
　　　　　(1)8.0　　　　　　　　　　　　　　　　　　　　　　　　　　　　　　　　一航回
　　　　　(2)6.5
　　　　　(3)5.0
　　　　　(4)3.5
　　　　　(5)2.0

問0039 　「回路網の任意の分岐点に流入する電流の総和はゼロである」という法則で次のうち正し　520103　一運飛
　　　　いものはどれか。

　　　　　(1)オームの法則
　　　　　(2)フレミングの法則
　　　　　(3)キルヒホッフの第1法則
　　　　　(4)キルヒホッフの第2法則

問0040 　次のように内部抵抗の異なる電池を並列接続した電源に負荷Rを接続した場合、負荷に　520103　一航飛
　　　　流れる電流（A）で最も近い値はいくらか。　　　　　　　　　　　　　　　　　　工電子
　　　工電気
　　　　　(1) 0.7　　　　　　　　　　　　　　　　　　　　　　　　　　　　　　　一航飛
　　　　　(2) 1.2　　　　　　　　　　　　　　　　　　　　　　　　　　　　　　　工計器
　　　　　(3) 1.5　　　　　　　　　　　　　　　　　　　　　　　　　　　　　　　工電子
　　　　　(4) 1.9　　　　　　　　　　　　　　　　　　　　　　　　　　　　　　　工電気
　　　　　(5) 2.4
　　　　　(6) 3.0

問0041 　次の図でV_1＝16V、V_2＝8V、R_1＝0.8Ω、R_2＝0.4Ω、R_3＝4Ωであるとき、I_1、　520103　工計器
　　　　I_2、I_3の電流（A）で次のうち正しいものはどれか。　　　　　　　　　　　　工電子
　　　工電気
　　　　　　（I_1）　（I_2）　（I_3）　　　　　　　　　　　　　　　　　　工無線
　　　　　(1) 7.5　　 －5　　 2.5　　　　　　　　　　　　　　　　　　　　　　　一航飛
　　　　　(2) 15　　 －10　　5.5　　　　　　　　　　　　　　　　　　　　　　　一航飛
　　　　　(3) 10　　 －8　　 2.5　　　　　　　　　　　　　　　　　　　　　　　工電子
　　　　　(4) 8.5　　 －4　　 4.5　　　　　　　　　　　　　　　　　　　　　　　工電気
　　　　　(5) 6.5　　　2　　 8.5　　　　　　　　　　　　　　　　　　　　　　　工無線
　　　　　(6) 4.5　　　6　　 10

問0042 　下図の回路にキルヒホッフの法則を適用した場合の説明で(A)～(D)のうち正しいものは　520103　一航回
　　　　いくつあるか。(1)～(5)の中から選べ。　　　　　　　　　　　　　　　　　　　一航回

　　　　　(A)点Aに第1法則を適用すると
　　　　　　 I_1＋I_2－I_3＝0となる。
　　　　　(B)閉回路Bに第2法則を適用すると
　　　　　　 I_2R_2－I_3R_3＝V_2となる。
　　　　　(C)閉回路Cに第2法則を適用すると
　　　　　　 I_1R_1－I_2R_2＝V_1－V_2となる。
　　　　　(D)閉回路Bに第1法則を適用すると
　　　　　　 I_2R_2＋I_3R_3＝V_2R_2となる。

　　　　　(1) 1　　(2) 2　　(3) 3　　(4) 4　　(5) 無し

問0043 　下図でE_a＝2V、E_b＝6V、E_c＝6V、R_a＝4Ω、R_b＝3Ω、R_c＝4Ωであるとき、　520103　一航飛
　　　　I_a、I_b、I_cの電流（A）で次のうち正しいものはどれか。

　　　　　　（I_a）　（I_b）　（I_c）
　　　　　(1)3.5　　 2.0　　 1.5
　　　　　(2)1.4　　 0.8　　 0.6
　　　　　(3)0.7　　 0.4　　 0.3
　　　　　(4)0.6　　 0.4　　 0.2
　　　　　(5)0.3　　 0.2　　 0.1

問0044　1時間あたり2000 kcal の発熱をする電気ストーブの消費電力（kW）として次のうち
　　　　最も近い値を選べ。
　　　　ただし1calの熱量は、4.186Jのエネルギに相当するものとする。

シラバス番号 520103　二航共 二航共

　　　　(1)　　2.3
　　　　(2)　23.0
　　　　(3)　47.7
　　　　(4) 477.0
　　　　(5) 860.0

問0045　次の鉄に対する磁気ヒステリシス・ループの説明として(A)～(D)のうち正しいものは
　　　　いくつあるか。(1)～(5)の中から選べ。

シラバス番号 520103　工電気 工計器 工電子 工電気 工無線

　　　　(A)磁界を増していくと鉄の磁束密度も増すが、
　　　　　　ある程度大きくなると磁化の強さはほぼ一定
　　　　　　になる。この現象を磁気飽和という。
　　　　(B)磁界を増加させ続いて減少させたとき、磁化
　　　　　　曲線は一致せず、磁界を0にしたときの磁束
　　　　　　密度を残留磁気という。
　　　　(C)さらに反対のマイナスの磁界を加えると、磁
　　　　　　束密度は0になる。このときの磁化力を保磁
　　　　　　力という。
　　　　(D)永久磁石の材料としては残留磁気が大きく、
　　　　　　保磁力は小さいことが望ましい。

　　　　(1) 1　　(2) 2　　(3) 3　　(4) 4　　(5) 無し

問0046　電磁誘導現象に関する説明で次のうち正しいものはどれか。

シラバス番号 520104　工計器 工電子 工電気

　　　　(1)電磁誘導によってコイルに生じた起電力を誘導起電力、流れる電流を誘導電流とい
　　　　　　う。
　　　　(2)電磁石の磁界の強さは、電磁石の巻線の数、導体を流れる電流、鉄心の透磁率に反比
　　　　　　例する。
　　　　(3)金属板を永久磁石の間にはさみ、この板を回転させると、うず電流により回転速度に
　　　　　　反比例した制動力が働くことをうず電流制動という。
　　　　(4)磁界中にある導体に電流を流し、導体に働く電磁力を利用した機械が発電機である。

問0047　電流と磁界に関する説明として(A)～(D)のうち正しいものはいくつあるか。
　　　　(1)～(5)の中から選べ。

シラバス番号 520104　二航共 二航共

　　　　(A)発電機の原理はフレミングの右手の法則で親指は運動の方向を示す。
　　　　(B)モータの作動原理はフレミングの左手の法則で親指は電磁力の方向を示す。
　　　　(C)発電機の原理はフレミングの右手の法則で人さし指は誘導起電力の方向を示す。
　　　　(D)モータの作動原理はフレミングの左手の法則で人さし指は電流の方向を示す。

　　　　(1) 1　　(2) 2　　(3) 3　　(4) 4　　(5) 無し

問0048　電流と磁界に関する説明として(A)～(D)のうち正しいものはいくつあるか。
　　　　(1)～(5)の中から選べ。

シラバス番号 520104　一航飛

　　　　(A)発電機の原理はフレミングの右手の法則で親指は運動の方向を示す。
　　　　(B)モータの作動原理はフレミングの左手の法則で親指は電磁力の方向を示す。
　　　　(C)発電機の原理はフレミングの右手の法則で人さし指は磁界の方向を示す。
　　　　(D)モータの作動原理はフレミングの左手の法則で人さし指は磁界の方向を示す。

　　　　(1) 1　　(2) 2　　(3) 3　　(4) 4　　(5) 無し

問0049　フレミングの法則に関する説明として(A)～(D)のうち正しいものはいくつあるか。
　　　　(1)～(5)の中から選べ。

シラバス番号 520104　一航回 一航回

　　　　(A)発電機の原理はフレミングの右手の法則で親指は電磁力の方向を示す。
　　　　(B)モータの作動原理はフレミングの左手の法則で親指は運動の方向を示す。
　　　　(C)発電機の原理はフレミングの右手の法則で人さし指は誘導起電力の方向を示す。
　　　　(D)モータの作動原理はフレミングの左手の法則で人さし指は電流の方向を示す。

　　　　(1) 1　　(2) 2　　(3) 3　　(4) 4　　(5) 無し

電子装備品等

問0050　うず電流に関する説明として(A)〜(D)のうち正しいものはいくつあるか。
(1)〜(5)の中から選べ。

シラバス番号 520104
出題履歴 工計器 工電気

(A)うず電流は電磁誘導により金属内に発生する。
(B)うず電流損は金属板の厚さに反比例する。
(C)うず電流損は電源の周波数の2乗に比例する。
(D)うず電流の方向は磁束が増加しつつあるときは、磁束の増加を妨げる方向である。

(1) 1　　(2) 2　　(3) 3　　(4) 4　　(5) 無し

問0051　うず電流に関する説明として(A)〜(D)のうち正しいものはいくつあるか。
(1)〜(5)の中から選べ。

シラバス番号 520104
出題履歴 一航回

(A)金属板と磁束が交差しているとき磁束が変化したり金属板が移動した際に、電磁誘導により生じるうず形の誘導電流のことをいう。
(B)変圧器の内部に発生する。
(C)うず電流による損失は金属板の厚さの2乗に比例するので、変圧器の鉄心はなるべく薄くし表面を絶縁して使用する。
(D)金属板を永久磁石に挟み、回転させるとうず電流により回転速度に比例した制動力が働くことをうず電流制動という。

(1) 1　　(2) 2　　(3) 3　　(4) 4　　(5) 無し

問0052　電気の基礎に関する説明として次のうち誤っているものはどれか。

シラバス番号 520105
出題履歴 一航飛 一航飛

(1)有効電力と無効電力の比を力率と呼ぶ。
(2)電磁誘導によってコイルに生じた起電力を誘導起電力、流れる電流を誘導電流という。
(3)交流回路では、電圧計は実効電圧を指示し、電流計は実効電流を指示する。
(4)コンデンサの容量は、導体の面積に比例し、距離に反比例し、使用する絶縁物の誘電率に比例する。

問0053　自己インダクタンス20Hのコイルの電流が1／50秒間に100mAから150mAに変化したときに起こる自己誘導起電力（V）で次のうち最も近い値を選べ。

シラバス番号 520105
出題履歴 工計器 工電気 工電子

(1)−30
(2)−35
(3)−40
(4)−45
(5)−50
(6)−55

問0054　電流が50分の1秒間に100mAから150mAに変化したときに起こる自己誘導起電力が−50Vである時のコイルの自己インダクタンス（H）で次のうち最も近い値を選べ。

シラバス番号 520105
出題履歴 工電子 工計器 工電子

(1) 15　　(2) 18　　(3) 20　　(4) 23　　(5) 25　　(6) 30

問0055　交流回路の説明として次のうち誤っているものはどれか。

シラバス番号 520105
出題履歴 一航回 一航回

(1)交流電圧および電流には、周波数、周期のほかに位相がある。
(2)電圧または電流の瞬時値はある瞬間の電圧または電流で、最大値はこの瞬時値が最大になったときの値である。
(3)実効値は瞬時値を0.707倍した値である。
(4)コイルに交流を加えるとコイルの周囲に磁界が発生し、交流の変化を妨げる方向に電圧が誘起される。

問0056　交流回路における実効値の説明として(A)〜(D)のうち正しいものはいくつあるか。
(1)〜(5)の中から選べ。

シラバス番号 520105
出題履歴 二航共

(A)実効値は瞬時値の最大値より大きくなる。
(B)実効値とは瞬時値の平均を表したものである。
(C)実効値は瞬時値の最大値を0.707倍した値である。
(D)電圧計・電流計は実効値を指示する。

(1) 1　　(2) 2　　(3) 3　　(4) 4　　(5) 無し

問題番号	試験問題	シラバス番号	出題履歴

問0057 下記の説明の空欄（ ア ）〜（ エ ）に当てはまる用語の組み合わせで次のうち正しいものはどれか。　520105　二航共／二航共

コイルに交流を加えるとコイルの周囲に（ ア ）が発生し、（ イ ）の変化を妨げる方向に（ ウ ）が誘起される。誘起される（ ウ ）を逆起電力といい、このようなコイルの特性は（ エ ）と言われる。

```
　（ ア ）（ イ ）（ ウ ）　（ エ ）
(1) 電流　　磁界　　電気　　リアクタンス
(2) 交流　　磁界　　電流　　キャパシタンス
(3) 磁界　　交流　　電圧　　インダクタンス
(4) 電気　　電圧　　磁界　　インピーダンス
```

問0058 6μFのコンデンサを2個並列に結線した場合の総容量（μF）は次のうちどれか。　520105　一運飛／一運飛

```
(1) 0.5
(2) 2
(3) 3
(4) 12
```

問0059 6μFのコンデンサを3個並列に結線した場合の総容量（μF）は次のうちどれか。　520105　一運飛／一運飛

```
(1) 0.5
(2) 2
(3) 6
(4) 18
```

問0060 容量の異なる3個のコンデンサを直列に接続したときの容量で次のうち正しいものはどれか。　520105　二航共

```
(1) 一番小さなコンデンサの容量よりも小さくなる。
(2) 一番大きなコンデンサの容量よりも大きくなる。
(3) 3つの容量の和になる。
(4) 3つの容量の平均値になる。
```

問0061 12μFのコンデンサー1個と6μFのコンデンサー2個を全て直列に接続したときの合成静電容量は何μFか。　520105　二運飛

```
(1) 1.2
(2) 2.4
(3) 3.0
(4) 24.0
```

問0062 次のRC並列回路でコンデンサCに流れる電流Ic（A）で次のうち最も近い値を選べ。　520105　工計器／工電子／工電気／工無線／一航回／一航飛／工電気

```
(1) 0.053
(2) 0.062
(3) 0.072
(4) 0.082
(5) 0.092
(6) 0.103
```

問0063 キャパシタンス回路に関する説明として(A)〜(D)のうち正しいものはいくつあるか。(1)〜(5)の中から選べ。　520105　一航回

```
(A) コンデンサを直列接続すると、各コンデンサの端子電圧の総和は電源電圧に等しい。
(B) キャパシタンス成分のみを含む回路では電流は電圧より90°又は1／4周期進む。
(C) コンデンサを並列接続すると、全てのコンデンサの端子電圧は電源電圧に等しい。
(D) キャパシタンスは交流電流に対し抵抗を示し、この抵抗を誘導リアクタンスという。

(1) 1　　(2) 2　　(3) 3　　(4) 4　　(5) 無し
```

問0064 インダクタンス回路及びキャパシタンス回路の説明で次のうち誤っているものはどれか。　520105　一航飛／工電子／工電気／工無線／一航回／一航回

```
(1) コンデンサを並列接続すると、全てのコンデンサの端子電圧は、電源電圧に等しい。
(2) キャパシタンス成分のみを含む回路では、電流は電圧より90°又は1／4周期遅れる。
(3) コンデンサのリアクタンスは周波数に反比例し、コイルのリアクタンスは周波数に比例する。
(4) 逆起電力とは、コイルに交流を加えるとコイルの周囲に磁界が発生し、交流の変化を妨げる方向に誘起される電圧のことを言う。
```

電子装備品等

問0065　インダクタンス回路及びキャパシタンス回路の説明で(A)～(D)のうち正しいもの　520105　一航回
はいくつあるか。(1)～(5)の中から選べ。

(A)コンデンサを直列接続すると、各コンデンサの端子電圧の総和は、電源電圧に等しい。
(B)コンデンサを並列接続すると、全てのコンデンサの端子電圧は、電源電圧に等しい。
(C)コンデンサのリアクタンスは周波数に反比例し、コイルのリアクタンスは周波数に比例する。
(D)インダクタンスの成分のみを含む回路では、電流は電圧より90°又は1／4周期遅れる。

(1) 1　　(2) 2　　(3) 3　　(4) 4　　(5) 無し

問0066　交流回路に関する説明として(A)～(D)のうち正しいものはいくつあるか。　520105　工電子
(1)～(5)の中から選べ。　　　　　　　　　　　　　　　　　　　　　　　　　　　　　　工電子

(A)6極の発電機で導体が毎分8,000回転している場合の周波数は400Hzである。
(B)インダクタンスの成分のみを含む回路では、電流は電圧より90°又は1／4周期遅れる。
(C)コンデンサを直列接続すると、すべてのコンデンサの端子電圧は、電源電圧に等しい。
(D)コンデンサを並列接続すると、各コンデンサの端子電圧の総和は電源電圧に等しい。

(1) 1　　(2) 2　　(3) 3　　(4) 4　　(5) 無し

問0067　交流回路に関する説明として(A)～(D)のうち正しいものはいくつあるか。　520105　一航飛
(1)～(5)の中から選べ。

(A)6極の発電機が毎分8,000回転している場合の周波数は450Hzである。
(B)インダクタンスの成分のみを含む回路では、電流は電圧より90°又は1／4周期進む。
(C)コンデンサを直列接続すると、すべてのコンデンサの端子電圧は電源電圧に等しい。
(D)コンデンサを並列接続すると、各コンデンサの端子電圧の総和は電源電圧に等しい。

(1) 1　　(2) 2　　(3) 3　　(4) 4　　(5) 無し

問0068　110Vの交流モータに60Aの電流が流れている時の電力計の指示が5,400Wであった。　520105　工電気
この時の力率（%）はいくらか。次のうち最も近い値を選べ。　　　　　　　　　　　　　一航飛
　　　工計器
　　　工電子
(1) 80　　(2) 82　　(3) 84　　(4) 86　　(5) 90　　(6) 93　　　工電気
　　　工電気

問0069　150Vの交流モータに60Aの電流が流れている時、電力計の指示は7,650Wであった。　520105　工計器
そのときの皮相電力（VA）と力率（%）として次のうち正しいものはどれか。

（皮相電力）　　（力　率）
(1) 7,000　　　　65
(2) 1,100　　　　65
(3) 9,000　　　　75
(4) 8,000　　　　85
(5) 1,000　　　　85
(6) 9,000　　　　85

問0070　交流回路において電圧計100V、電流計10A、電力計600Wを指示しているときの説明　520105　一航回
として(A)～(D)のうち正しいものはいくつあるか。(1)～(5)の中から選べ。　　　　　一航回

(A)有効電力：800W
(B)無効電力：600var
(C)皮相電力：1,000VA
(D)力率：60%

(1) 1　　(2) 2　　(3) 3　　(4) 4　　(5) 無し

問0071　交流電源において電圧計150V、電流計5A、電力計600Wを指示しているときの説明　520105　二航共
として(A)～(D)のうち正しいものはいくつあるか。(1)～(5)の中から選べ。　　　　　二航共

(A)皮相電力は600Wである。
(B)有効電力は750VAである。
(C)無効電力は350varである。
(D)力率は60%である。

(1) 1　　(2) 2　　(3) 3　　(4) 4　　(5) 無し

問0072 　下記交流回路図の説明として(A)〜(D)のうち正しいものはいくつあるか。　520105　工電気
(1)〜(5)の中から選べ。　　　　　　　　　　　　　　　　　　　　　　　　　　工電気

(A)有効電力は800（W）である。
(B)無効電力は600（var）である。
(C)皮相電力は1,000（VA）である。
(D)力率は80%である。

$R=6\,\Omega$
100V
60Hz
$X_L=8\,\Omega$

(1) 1　　(2) 2　　(3) 3　　(4) 4　　(5) 無し

問0073 　下記交流回路図の説明として(A)〜(D)のうち正しいものはいくつあるか。　520105　一航飛
(1)〜(5)の中から選べ。

(A)有効電力は400（W）である。
(B)無効電力は300（var）である。
(C)皮相電力は700（VA）である。
(D)力率は70%である。

$R=12\,\Omega$
100V
60Hz
$X_L=16\,\Omega$

(1) 1　　(2) 2　　(3) 3　　(4) 4　　(5) 無し

問0074 　次の変圧器の名称で正しいものはどれか。　520105　一航回
但し、n₁は1次巻線数、n₂は2次巻線数とする。

(1)降圧変圧器
(2)昇圧変圧器
(3)単巻変圧器
(4)複巻変圧器

$n_1=2$　　$n_2=8$

問0075 　R（Ω）の3個の抵抗をY接続し、線間電圧 200（V）の3相交流電源に接続したとき、　520105　一航飛
線電流10（A）が流れた時の説明として(A)〜(D)のうち正しいものはいくつあるか。　　　　工電子
(1)〜(5)の中から選べ。　　　　　　　　　　　　　　　　　　　　　　　　　　　工電気
　　　　　　　　　　　　　　　　　　　　　　　　　　　　　　　　　　　　　　一航飛

(A)この3個の抵抗をΔ接続し、同一電源に接続した場合の線電流は30（A）となる。
(B)Y結線の場合の電力は約3.46（kW）となる。
(C)Δ結線の場合の電力は約10.39（kW）となる。
(D)Rは約11.55（Ω）となる。

(1) 1　　(2) 2　　(3) 3　　(4) 4　　(5) 無し

問0076 　交流回路に関する説明として(A)〜(D)のうち正しいものはいくつあるか。　520105　工電気
(1)〜(5)の中から選べ。　　　　　　　　　　　　　　　　　　　　　　　　　　工電気

(A)コンデンサを並列接続すると、すべてのコンデンサの端子電圧は、電源電圧に等しい。
(B)インダクタンスの成分のみを含む回路では、電流は電圧より90°又は1／4周期進む。
(C)コンデンサを直列接続すると、各コンデンサの端子電圧の総和は電源電圧に等しい。
(D)6極の発電機が毎分8,000回転している場合の周波数は400Hzである。

(1) 1　　(2) 2　　(3) 3　　(4) 4　　(5) 無し

問0077 　交流回路に関する説明として(A)〜(D)のうち正しいものはいくつあるか。　520105　一航飛
(1)〜(5)の中から選べ。

(A)コンデンサを直列接続すると、各コンデンサの端子電圧の総和は電源電圧に等しい。
(B)6極の発電機が毎分8,000回転している場合の周波数は400Hzである。
(C)コンデンサを並列接続すると、すべてのコンデンサの端子電圧は電源電圧に等しい。
(D)インダクタンスの成分のみを含む回路では、電流は電圧より90°又は1／4周期遅れる。

(1) 1　　(2) 2　　(3) 3　　(4) 4　　(5) 無し

電子装備品等

問題番号	試験問題	シラバス番号	出題履歴

問0078 交流回路における電流の総合的な「通りにくさ」を表しているのはどれか。　520105　二運飛

(1)インダクタンス
(2)リアクタンス
(3)インピーダンス
(4)キャパシタンス

問0079 下記RL直列回路においてV＝110（V）、f＝60（Hz）、L＝0.021（H）、R＝6　520105　一航飛
（Ω）としたときの回路の説明として(A)～(D)のうち正しいものはいくつあるか。
(1)～(5)の中から選べ。ただし、円周率は3.14とする。

(A)コイルの誘導リアクタンスX_L≒8（Ω）
(B)RL直列回路のインピーダンスZ≒10（Ω）
(C)回路に流れる電流I≒11(A)
(D)抵抗で生じる電圧降下V_R≒66（V）

(1) 1　　(2) 2　　(3) 3　　(4) 4　　(5) 無し

問0080 下図の回路電流I（A）で次のうち最も近い値を選べ。　520105　一航回 一航飛 一航飛 工電気 工電子 工計器

(1) 2
(2) 4
(3) 6
(4) 8
(5)10
(6)12

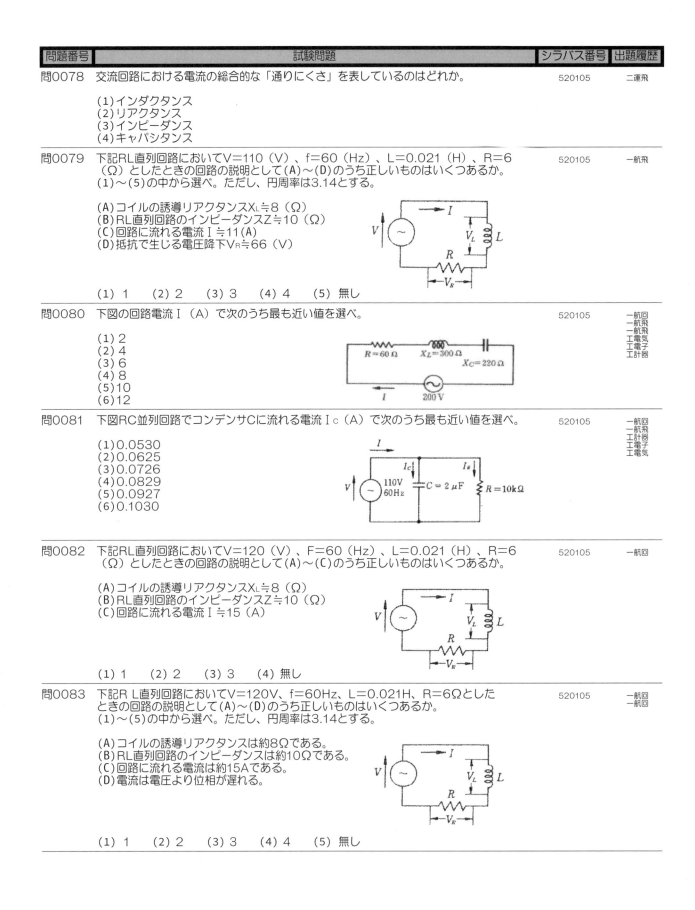

問0081 下図RC並列回路でコンデンサCに流れる電流I_C（A）で次のうち最も近い値を選べ。　520105　一航回 一航飛 工計器 工電子 工電気

(1)0.0530
(2)0.0625
(3)0.0726
(4)0.0829
(5)0.0927
(6)0.1030

問0082 下記RL直列回路においてV＝120（V）、F＝60（Hz）、L＝0.021（H）、R＝6　520105　一航回
（Ω）としたときの回路の説明として(A)～(C)のうち正しいものはいくつあるか。

(A)コイルの誘導リアクタンスX_L≒8（Ω）
(B)RL直列回路のインピーダンスZ≒10（Ω）
(C)回路に流れる電流I≒15（A）

(1) 1　　(2) 2　　(3) 3　　(4) 無し

問0083 下記R L直列回路においてV＝120V、f＝60Hz、L＝0.021H、R＝6Ωとした　520105　一航回 一航回
ときの回路の説明として(A)～(D)のうち正しいものはいくつあるか。
(1)～(5)の中から選べ。ただし、円周率は3.14とする。

(A)コイルの誘導リアクタンスは約8Ωである。
(B)RL直列回路のインピーダンスは約10Ωである。
(C)回路に流れる電流は約15Aである。
(D)電流は電圧より位相が遅れる。

(1) 1　　(2) 2　　(3) 3　　(4) 4　　(5) 無し

問0084 下記RL直列回路においてV＝200V、f＝60Hz、L＝0.016H、R＝8Ωとしたときの回路の説明として(A)～(D)のうち正しいものはいくつあるか。(1)～(5)の中から選べ。ただし、円周率は3.14とする。

520105 一航回

(A)コイルの誘導リアクタンスは約10Ωである。
(B)RL直列回路のインピーダンスは約13Ωである。
(C)回路に流れる電流は約15Aである。
(D)リアクタンスで生じる電圧降下は約120Vである。

(1) 1　　(2) 2　　(3) 3　　(4) 4　　(5) 無し

問0085 相電圧115Vの発電機をY結線した場合の線間電圧（V）は次のうちどれか。

520105 一連飛 一連飛

(1)115
(2)162
(3)200
(4)250

問0086 相電圧115V、容量60kVAの三相交流発電機において、これをY結線した場合の最大負荷時の線間電流（A）で次のうち正しいものはどれか。次のうち最も近い値を選べ。

520105 一航回 一航回

(1)150
(2)173
(3)185
(4)190

問0087 AC115V正弦波電圧の最大値（V）で次のうち最も近い値を選べ。

520105 工無線 工無線

(1)152
(2)162
(3)200
(4)230

問0088 交流回路における実効値の説明として(A)～(D)のうち正しいものはいくつあるか。(1)～(5)の中から選べ。

520105 一航回

(A)実効値は瞬時値の最大値を0.707倍した値である。
(B)実効値とは瞬時値の平均を表したものである。
(C)電流計は実効値を指示する。
(D)電圧計は最大値を指示する。

(1) 1　　(2) 2　　(3) 3　　(4) 4　　(5) 無し

問0089 変圧器の1次側巻線数2,400回、1次側電圧6,000Vの時、2次側電圧が100Vであった。このときの2次側巻線数で次のうち最も近い値を選べ。

520105 一航回

(1)30回
(2)35回
(3)40回
(4)42回
(5)50回
(6)60回

問0090 変圧器に関する説明で(A)～(D)のうち正しいものはいくつあるか。(1)～(5)の中から選べ。

520105 工計器 一航飛 工計器

(A)巻線比が1より大きいものを昇圧変圧器という。
(B)定格容量とは二次定格電圧と二次定格電流の積である。
(C)鉄損にはヒステリシス損、うず電流損及び銅損がある。
(D)変圧比は巻線比に等しい。

(1) 1　　(2) 2　　(3) 3　　(4) 4　　(5) 無し

電子装備品等

問題番号	試験問題	シラバス番号	出題履歴
問0091	変圧器の電圧変動率に関する説明として(A)～(D)のうち正しいものはいくつあるか。 (1)～(5)の中から選べ。 (A)定格負荷と無負荷との電圧差は変圧器内部インピーダンスの負荷電流による電圧降下である。 (B)無負荷2次電圧が増加すると電圧変動率は小さくなる。 (C)定格2次電圧が増加すると電圧変動率は大きくなる。 (D)一般に電圧変動率は大型変圧器では2～3%以下、小型変圧器では10%以下である。 (1) 1　　(2) 2　　(3) 3　　(4) 4　　(5) 無し	520105	工電子 工計器 工電子
問0092	平衡3相交流の説明として(A)～(D)のうち正しいものはいくつあるか。 (1)～(5)の中から選べ。 (A)△結線において線間電圧は相電圧の$\sqrt{3}$倍となる。 (B)△結線において線間電流は相電流に等しい。 (C)Y結線において線間電圧は相電圧に等しい。 (D)Y結線において相電流は線間電流の$\dfrac{1}{\sqrt{3}}$倍となる。 (1) 1　　(2) 2　　(3) 3　　(4) 4　　(5) 無し	520105	一航飛 一航飛
問0093	Y結線した3相交流発電機の相電圧と線間電圧の関係として次のうち正しいものはどれか。 (1)線間電圧は相電圧に等しい。 (2)線間電圧は相電圧の$\sqrt{3}$倍となる。 (3)線間電圧は相電圧の$\dfrac{1}{\sqrt{3}}$倍となる。	520105	二航共
問0094	半導体素子に関する記述で次のうち誤っているものはどれか。 (1)発光ダイオードは電気信号を光に変換する素子で、数字や文字の表示に使用される。 (2)ダイオードは増幅素子で、論理回路や記憶回路に使用される。 (3)ツェナー・ダイオードは定電圧素子で、定電圧電源回路に使用される。 (4)サーミスタは温度を電気信号に変換する素子である。	520107	二運飛 二運飛 一運飛 工共通 工共通
問0095	半導体素子の機能／用途に関する説明として次のうち誤っているものはどれか。 　　　　半導体素子機能　／　　　　用　途 (1)サーミスタ　　　　　：温度を電気信号に変換する素子／温度計 (2)発光ダイオード　　　：電気信号を光に変換する素子／数字や文字の表示器 (3)ツェナー・ダイオード：整流素子／交流から直流への整流器、検波器 (4)PNPトランジスタ　　：増幅素子／増幅回路、発信回路	520107	一航飛
問0096	半導体素子の名称と機能／用途に関する説明として(A)～(D)のうち正しいものはいくつあるか。(1)～(5)の中から選べ。 　　　名　称　　　　　　　　　　機能／用途 (A)サーミスタ　　　　　：温度を電気信号に変換する素子／温度計 (B)PNPトランジスタ　　：定電圧素子／定電圧電源回路 (C)発光ダイオード　　　：電気信号を光に変換する素子／数字や文字の表示 (D)ツェナー・ダイオード：増幅素子／増幅回路、発振回路 (1) 1　　(2) 2　　(3) 3　　(4) 4　　(5) 無し	520107	一航飛 工電子 工電気
問0097	ダイオードに関する説明として(A)～(D)のうち正しいものはいくつあるか。 (1)～(5)の中から選べ。 (A)発光ダイオードは、単体でLEDランプとして使用されたり、組合わせて数字表示、大量に組合わせて大型の表示素子として使用されている。 (B)可変容量ダイオードは、TVやFM受信機のAFC回路や航空機用各種無線の発振回路に広く用いられている。 (C)半導体ダイオードにおいて、ある値をこえて逆方向電圧をかけると逆方向電流が急激に増大する現象をなだれ降伏またはアバランシュ・ブレークダウンという。 (D)変容量ダイオードには、特に大電力用として作られたバラクタ・ダイオードとよばれる素子がある。 (1) 1　　(2) 2　　(3) 3　　(4) 4　　(5) 無し	520107	工電子

問0098　ダイオードに関する説明として(A)～(D)のうち正しいものはいくつあるか。
(1)～(5)の中から選べ。

520107　工電気

(A)定電圧ダイオードにおいて、ある値をこえて逆方向電圧をかけると逆方向電流が急激に増大する現象を降伏またはブレークダウンという。
(B)電子なだれ降伏またはアバランシュ・ブレークダウンとは、pn接合に高電圧がかかると結晶を構成している価電子が高圧エネルギーでたたき出され、多くの電子と正孔がつくられることである。
(C)可変容量ダイオードは、印加する逆電圧により静電容量を変化させることができるので航空機用各種無線の発振回路に広く用いられている。
(D)発光ダイオードとは、ガリウム－りん、ガリウム－ひ素－りんなどのpn接合ダイオードに順電流を流すことによって、その材料に特有な波長の発光を得るダイオードである。

(1) 1　　(2) 2　　(3) 3　　(4) 4　　(5) 無し

問0099　ツェナー・ダイオードの用途について次のうち正しいものはどれか。

520107　工共通 / 工共通 / 工電子

(1)定電圧装置
(2)半波整流器
(3)全波整流器
(4)定電流装置

問0100　ツェナー・ダイオードに関する説明として次のうち誤っているものはどれか。

520107　二航共

(1)逆方向にも電流を流せるようにした特殊なダイオードである。
(2)電気を一時的に蓄えるものである。
(3)逆方向電流はある値以上の逆方向電圧がカソードとアノード間にかかったときに突然流れ出す。
(4)定電圧特性を利用したダイオードで、定電圧ダイオードと呼ばれる。

問0101　下図のトランジスタの接地方式の組合せで次のうち正しいものはどれか。

520107　一航飛 / 一航飛

　　　　　(A)　　　　　　　　(B)　　　　　　　　(C)
(1)ベース接地回路　　　エミッタ接地回路　　　コレクタ接地回路
(2)ベース接地回路　　　コレクタ接地回路　　　エミッタ接地回路
(3)エミッタ接地回路　　ベース接地回路　　　　コレクタ接地回路
(4)エミッタ接地回路　　コレクタ接地回路　　　ベース接地回路
(5)コレクタ接地回路　　ベース接地回路　　　　エミッタ接地回路
(6)コレクタ接地回路　　エミッタ接地回路　　　ベース接地回路

問0102　NPN型トランジスタが導通状態になる場合で次のうち正しいものはどれか。

520107　一航回 / 工無線 / 一航回

(1)ベースの電位がエミッタより高いとき
(2)エミッタの電位がベースより高いとき
(3)エミッタの電位がコレクタより高いとき
(4)コレクタの電位がベースより高いとき

問0103　サーミスタの説明として(A)～(D)のうち正しいものはいくつあるか。
(1)～(5)の中から選べ。

520107　工電子

(A)Mo、Ni、Co、Feなどの金属の酸化物の粉末を成形し燃結した多結晶構造の半導体である。
(B)抵抗値が電圧により著しく低下すると短絡状態となる。
(C)リレー接点の火花消去に用いられている。
(D)温度が上昇すると抵抗が減少する性質がある。

(1) 1　　(2) 2　　(3) 3　　(4) 4　　(5) 無し

電子装備品等

問0104 カソード・レイ・チューブ（CRT）の説明として(A)～(D)のうち正しいものはいくつあるか。(1)～(5)の中から選べ。　520107　工電子

(A)ガラス・バルブ、電子銃、偏光系、けい光面よりなる。
(B)電気信号を電子ビームの作用により光学像に変換し表示する電子管である。
(C)静電偏向は、テレビや航空機のカラー・ディスプレイなどに用いられる。
(D)電磁偏向は、測定器の観測用ブラウン管に用いられる方式である。

(1) 1　　(2) 2　　(3) 3　　(4) 4　　(5) 無し

問0105 電源回路の説明として次のうち誤っているものはどれか。　520108　一航飛 / 一航飛

(1)整流回路の特性や性能をあらわす指標として、リップル百分率と整流効率がある。
(2)整流効率とは交流入力電力に対する直流出力電力の比をいう。
(3)交流を直流に変換することを整流という。
(4)リップル百分率の値が大きいほど完全な直流に近い。

問0106 電源回路の説明として(A)～(D)のうち正しいものはいくつあるか。(1)～(5)の中から選べ。　520108　一航飛 / 工計器 / 工電子 / 工電気

(A)整流回路の特性や性能をあらわす指標として、リップル百分率と整流効率がある。
(B)整流効率とは交流入力電力に対する直流出力電力の比をいう。
(C)直流を交流に変換することを増幅という。
(D)リップル百分率の値が少ないほど完全な直流に近い。

(1) 1　　(2) 2　　(3) 3　　(4) 4　　(5) 無し

問0107 電源回路に関する説明として(A)～(D)のうち正しいものはいくつあるか。(1)～(5)の中から選べ。　520108　工電子

(A)3相両波整流回路は、小型機の整流型直流発電機や大型機のブラシレス3相交流発電機の回転子に使用されている。
(B)整流効率とは直流入力電力に対する交流出力電力の比をいう。
(C)整流回路の特性や性能を表わす指標として、リップル百分率と整流効率がある。
(D)単相両波整流回路には、センタータップ形及びブリッジ形がある。

(1) 1　　(2) 2　　(3) 3　　(4) 4　　(5) 無し

問0108 増幅回路と主な用途の関係で(A)～(D)のうち正しいものはいくつあるか。(1)～(5)の中から選べ。　520108　工電気 / 工電気

（増幅回路）	（主な用途）
(A)RC結合増幅回路	低周波電圧増幅器
(B)同調増幅回路	低周波ドライバ増幅器
(C)差動増幅回路	直流増幅器
(D)プッシュプル増幅回路	低周波電力増幅器

(1) 1　　(2) 2　　(3) 3　　(4) 4　　(5) 無し

問0109 下記増幅器の説明として(A)～(D)のうち正しいものはいくつあるか。(1)～(5)の中から選べ。　520108　工電気

$$I_i = 2 \,(\mathrm{mA}) \quad I_o = 50 \,(\mathrm{mA})$$
$$V_i = 4 \,(\mathrm{V}) \quad V_o = 20 \,(\mathrm{V})$$

(A)電圧増幅度：$A_v = 25$
(B)電流増幅度：$A_I = 5$
(C)入力インピーダンス：$Z_i = 2 \times 10^3 \,(\Omega)$
(D)出力インピーダンス：$Z_o = 4 \times 10^2 \,(\Omega)$

(1) 1　　(2) 2　　(3) 3　　(4) 4　　(5) 無し

問0110 ノイズ対策の説明として(A)～(D)のうち正しいものはいくつあるか。(1)～(5)の中から選べ。　520108　工計器 / 工電子 / 工電気 / 工電子

(A)交流や直流の電源ラインには電源フィルタを入れ、ノイズの出入りを防ぐ。
(B)電源ラインと信号ラインの帰路は区別し、確実に機体構造部材に接続しアースをとる。
(C)低い電圧の信号ライン（約1V以下）は同軸ケーブルかツイスト・ペアのシールド電線を用いる。
(D)信号ラインと電源ラインは極力離して配線する。

(1) 1　　(2) 2　　(3) 3　　(4) 4　　(5) 無し

問0111　光ファイバーの説明として(A)～(D)のうち正しいものはいくつあるか。
(1)～(5)の中から選べ。

　　520109　　一航飛

(A)入力電気信号を光に変えるには発光ダイオードやレーザーダイオードが使われている。
(B)光ファイバーは雷電流を通さないので落雷に強い。
(C)複数の光ケーブルを1本に束ねると光ケーブル同士が相互に干渉し、ノイズが混入したり、信号が減衰するという欠点がある。
(D)光はコアとクラッドの境界面で全反射しながら進み、臨界角は約80度である。

(1) 1　　(2) 2　　(3) 3　　(4) 4　　(5) 無し

問0112　光ファイバーの説明として(A)～(D)のうち正しいものはいくつあるか。
(1)～(5)の中から選べ。

　　520109　　一航飛　工電子　工電気

(A)ファイバーの中心部は石英ファイバーでコア、外側はナイロン層で覆われクラッドと呼ばれる。
(B)光ケーブルに使う送信機で入力電気信号を光に変えるには発光ダイオードやレーザーダイオードが使われている。
(C)光ファイバーは雷電流を通さないので落雷に強く、他の光ファイバーからの妨害を受けず電磁波を放出しないという特徴がある。
(D)光はコア内をクラッドとの境界面で全反射しながら進み、臨界角は約80度である。

(1) 1　　(2) 2　　(3) 3　　(4) 4　　(5) 無し

問0113　10進数の「31」を2進数で表したものとして次のうち正しいものはどれか。

　　520109　　二航共

(1)11100
(2)11101
(3)11110
(4)11111

問0114　2進数の1010110を10進数で表すといくらになるか。

　　520109　　工共通　工共通

(1)34
(2)52
(3)80
(4)86

問0115　2進数の「1100」を10進数で表したもので次のうち正しいものはどれか。

　　520109　　一航回　二航共　一航回

(1) 9
(2)10
(3)11
(4)12
(5)13

問0116　下記の2進数の乗算の結果として次のうち正しいものはどれか。

　　520109　　二航共

110×1101

(1)110010
(2)111110
(3)1001110
(4)1101110
(5)1011001

問0117　基本論理回路「NOR回路」の説明で次のうち正しいものはどれか。

　　520109　　二航共

(1)入力を反転して出力する回路
(2)OR回路とNOT回路を接続した回路
(3)多数の入力のうち1つだけが1のとき1になる回路
(4)AND回路にNOT回路を接続した回路

問0118　基本論理回路「NOR回路」の説明として次のうち正しいものはどれか。

　　520109　　一航回　一航飛

(1)入力を反転して出力する回路
(2)入力が全部0のときのみ出力が1になる回路
(3)入力が全部1のときのみ出力が1になる回路
(4)入力が全部1のときのみ出力が0になる回路
(5)入力が全部0のときのみ出力が0になる回路

電子装備品等

問題番号	試験問題	シラバス番号	出題履歴

問0119　基本論理回路「NOT回路」の説明として次のうち誤っているものはどれか。　　　520109　一航飛

(1)入力を反転して出力する回路でインバータ回路とも呼ばれる。
(2)入力：A、出力：Xとすると、シンボルは A—▷o—X となる。
(3)入力：A、出力：Xとすると、論理式は $\overline{A}=X$ となる。
(4)入力が全部1のときのみ出力が0になる回路

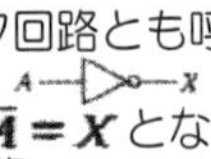

問0120　NAND回路の説明として次のうち正しいものはどれか。　　　520109　一航飛

(1)入力を反転して出力する回路
(2)入力全部が0のときのみ出力が0になる回路
(3)入力が全部1のときのみ出力が0になる回路
(4)入力が全部1のときのみ出力が1になる回路
(5)多数の入力のうち1つだけが1のとき1になる回路

問0121　NAND回路の説明として次のうち正しいものはどれか。　　　520109　二航共

(1)入力が全部1のときのみ出力が1になる回路
(2)多数の入力のうち1つだけが1のとき1になる回路
(3)入力が全部1のときのみ出力が0になる回路
(4)入力全部が0のときのみ出力が0になる回路

問0122　論理式「A+B＝X」の回路で次のうち正しいものはどれか。　　　520109　一航飛 / 一航飛 / 工電子 / 工電気 / 工無線

(1)NOT回路
(2)AND回路
(3)OR回路
(4)NAND回路
(5)NOR回路

問0123　論理回路において入力すべてが0のとき出力が1となる回路として次のうち正しいものはどれか。　　　520109　一連回

(1)AND回路
(2)OR回路
(3)排他的OR回路
(4)NAND回路

問0124　「入力全部が0のときのみ出力が1になる回路」で次のうち正しいものはどれか。　　　520109　二航共

(1)OR回路
(2)排他的OR回路
(3)NAND回路
(4)NOR回路

問0125　右図における入力A、Bに対する出力Xを論理式で表したもので次のうち正しいものはどれか。　　　520109　工電気

(1) X＝（A・B）＋（A+$\overline{B}$）

(2) X＝（$\overline{A}$・$\overline{B}$）・（A・B）

(3) X＝（$\overline{A}$・B）＋（A・$\overline{B}$）

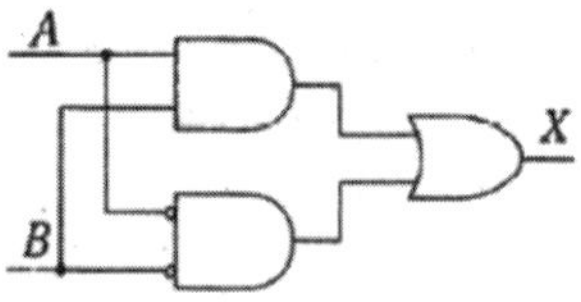

(4) X＝（$\overline{A}$+$\overline{B}$）・（A・B）

問0126　下図における入力A、Bに対する出力Xを論理式で表したもので次のうち正しいものはどれか。　　　520109　一航飛 / 一航飛

(1) X＝（A・B）＋（$\overline{A}$+$\overline{B}$）

(2) X＝（$\overline{A}$・$\overline{B}$）・（A・B）

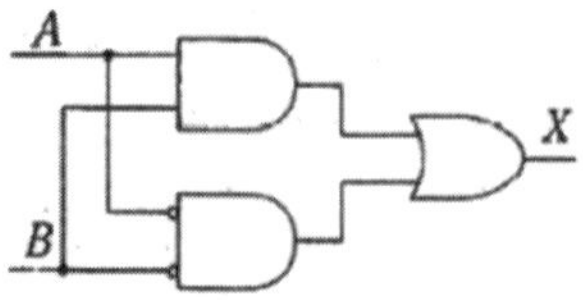

(3) X＝（$\overline{A}$・B）＋（A・$\overline{B}$）

(4) X＝（$\overline{A}$+$\overline{B}$）・（A・B）

| 問0127 | 基本論理回路の説明として(A)〜(D)のうち正しいものはいくつあるか。
(1)〜(5)の中から選べ。 | 520109 | 二航共 |

(A)NOT回路 ：入力を反転して出力する回路
(B)OR回路　 ：入力全部が0のときのみ出力が0になる回路
(C)NOR回路 ：入力全部が0のときのみ出力が1になる回路
(D)AND回路 ：入力が全部1のときのみ出力が1になる回路

(1) 1　　(2) 2　　(3) 3　　(4) 4　　(5) 無し

| 問0128 | 論理回路の説明として(A)〜(E)のうち正しいものはいくつあるか。
(1)〜(6)の中から選べ。 | 520109 | 一航回 |

(A)排他的OR回路：多数の入力のうち1つだけが1のとき1になる回路
(B)NAND回路　 ：入力が全部0のときのみ出力が1になる回路
(C)NOR回路　　：入力が全部1のときのみ出力が0になる回路
(D)OR回路　　　：入力全部が0のときのみ出力が0になる回路
(E)AND回路　　：入力が全部1のときのみ出力が1になる回路

(1) 1　　(2) 2　　(3) 3　　(4) 4　　(5) 5　　(6) 無し

| 問0129 | 論理回路の説明として(A)〜(E)のうち正しいものはいくつあるか。
(1)〜(6)の中から選べ。 | 520109 | 一航回 |

(A)OR回路　　　：入力全部が0のときのみ出力が0になる回路
(B)排他的OR回路：多数の入力のうち1つだけが1のとき1になる回路
(C)NAND回路　 ：入力が全部1のときのみ出力が0になる回路
(D)NOR回路　　：入力全部が0のときのみ出力が1になる回路
(E)AND回路　　：入力が全部1のときのみ出力が1になる回路

(1) 1　　(2) 2　　(3) 3　　(4) 4　　(5) 5　　(6) 無し

| 問0130 | アナログ機器と比較したデジタル機器の利点で次のうち誤っているものはどれか。 | 520109 | 一運飛 |

(1)故障が少なく信頼性が高い。
(2)自己診断機能があり、故障探求が容易にできる。
(3)修理や改造が簡単である。
(4)データ・バスの通信方向は双方向に限られるため重量軽減となる。

| 問0131 | アナログ機器に比べたデジタル機器の特長について(A)〜(D)のうち正しいものはいくつあるか。(1)〜(5)の中から選べ。 | 520109 | 一航回 |

(A)故障が少なく信頼性が高い。
(B)重量が軽い。
(C)自己診断機能（BuiltinTest Function）があり、故障の判定が容易にできる。
(D)修理や改造が簡単である。

(1) 1　　(2) 2　　(3) 3　　(4) 4　　(5) 無し

| 問0132 | データ・バスの説明として(A)〜(D)のうち正しいものはいくつあるか。
(1)〜(5)の中から選べ。 | 520109 | 一航飛
工電子
工電気
一航回
一航飛
一航回 |

(A)ビットとは"0"と"1"の組み合わせで表現できる情報の単位をいう。
(B)ワードとはコンピュータのメモリと演算部及び制御部との間でひとまとめにしてやり
　 とりができる情報の単位を言う。
(C)航空機の場合1ワード32ビット（4バイト）の系列（ARINC429規格）と1ワード
　 20ビットの系列（ARINC629規格）の2種類が主に使われている。
(D)数字、英字や特殊文字などは8ビットであらわされ、この1文字を表現する8ビットを
　 1バイトと呼んでいる。

(1) 1　　(2) 2　　(3) 3　　(4) 4　　(5) 無し

| 問0133 | デジタル・データの説明として(A)〜(D)のうち正しいものはいくつあるか。
(1)〜(5)の中から選べ。 | 520109 | 二航共 |

(A)情報をあらわす最小単位をビットという。
(B)4ビットで文字、記号、数字などを表すことが出来る。この4ビットの情報の集まり
　 を1バイトという。
(C)コンピュータのメモリと演算部および制御部との間でひとまとめにやりとりができる
　 情報の単位をワードという。
(D)ARINC429では1ワードが32ビットで構成されている。

(1) 1　　(2) 2　　(3) 3　　(4) 4　　(5) 無し

電子装備品等

問題番号	試験問題	シラバス番号	出題履歴

問0134 ARINC429のワードの構成の説明として(A)〜(D)のうち正しいものはいくつあるか。(1)〜(5)の中から選べ。　520109　一航回

(A)ラベルはビット1〜8が使用され、データの内容を表す。
(B)データ・フィールドはビット11〜28又は11〜29が使用され、データの表しし方としてBCD（2進化10進数で表したデータ）やBNR（2進数で表したデータ）がある。
(C)サイン・コードはビット29〜31又は30〜31が使用され、データの正負、東西南北などの符号や故障、機能試験中などを示す。
(D)誤り検出符号はビット32を使用し、ビット1〜32のビットの1の数を合計で奇数にすることにより、データの健全性を確認している。

(1) 1　　(2) 2　　(3) 3　　(4) 4　　(5) 無し

問0135 ARINC629規格のデータ・バスの特徴に関する説明として(A)〜(D)のうち正しいものはいくつあるか。(1)〜(5)の中から選べ。　520109　一航飛／一航飛／一航飛／工電子／工電気

(A)双方向バスである。
(B)1つのラベルに複数のデータを乗せられる。
(C)1つのバス上にはいつも1つのデータしかない。
(D)バスにカップラーを結合してデータの送受信を行うので、各機器にバスラインを引きこむ必要がない。

(1) 1　　(2) 2　　(3) 3　　(4) 4　　(5) 無し

問0136 フィードバック制御に関する説明で次のうち正しいものはどれか。　520110　一航飛

(1)制御量を連続して測定し、制御量と目標値（制御命令）を比較して差があれば自動的にその差をなくすようにする制御をいう。
(2)目標値が一定で外乱の影響がないようにする制御を追従制御という。
(3)目標値が任意に変化し、制御量を目標値に正確に従わせ、かつ外乱の影響がないようにする制御をプログラム制御という。
(4)目標値があらかじめ決められており、プログラムに従って変化する制御を定値制御という。

問0137 フィードバック制御に関する説明として(A)〜(D)のうち正しいものはいくつあるか。(1)〜(5)の中から選べ。　520110　一航飛

(A)制御量を連続して測定し、制御量と目標値（制御命令）を比較して差があれば自動的にその差をなくするようにする制御をいう。
(B)目標値が一定で外乱の影響がないようにする制御を追従制御という。
(C)目標値が任意に変化し、制御量を目標値に正確に従わせ、かつ外乱の影響がないようにする制御を定値制御という。
(D)目標値があらかじめ決められており、プログラムに従って変化する制御をプログラム制御という。

(1) 1　　(2) 2　　(3) 3　　(4) 4　　(5) 無し

問0138 交流サーボ・モータの特徴に関する記述で次のうち誤っているものはどれか。　520110　二運飛

(1)2相サーボ・モータには制御巻線と基準巻線がある。
(2)回転子を細長くして始動時に最大トルクが得られるようにしている。
(3)回転子を斜め溝としてトルクの変動を小さくしている。
(4)トルクは回転数に比例して増加する。

問0139 サーボ・モータに関する説明として(A)〜(D)のうち正しいものはいくつあるか。(1)〜(5)の中から選べ。　520110　一航飛

(A)ステップ・モータはパルス・モータとも呼ばれる。
(B)パルス・モータはデジタル・パルスで駆動するとパルスの数に比例した回転角をフィードバックなしで得られる。
(C)交流サーボ・モータは回転子を細長くして始動時に最大トルクが得られるように工夫されている。
(D)直流サーボ・モータは速度制御が容易である。

(1) 1　　(2) 2　　(3) 3　　(4) 4　　(5) 無し

問0140 電波の特性に関する説明で次のうち誤っているものはどれか。　520201　工電気／工電子／工計器／一航回／二航共／一航回／二航共

(1)送信アンテナから遠ざかるに従って減衰する原因として、大気中の雨や霧などによる電波のエネルギーの吸収や反射がある。
(2)周波数が高い電波は波長が長い。
(3)電離層や障害物で反射するとき以外はほぼ直進する。
(4)VHF帯の伝搬は、主に直接波による見通し距離内伝搬である。

問0141　電波の特性に関する説明として(A)～(D)のうち正しいものはいくつあるか。　520201　二航共
　　　　(1)～(5)の中から選べ。　　　　　　　　　　　　　　　　　　　　　　　　　　　　　二航共

　　　　(A)大気中の雨や霧などによる吸収や反射により減衰する。
　　　　(B)周波数が低い電波は波長が長い。
　　　　(C)電離層や障害物で反射するとき以外はほぼ直進する。
　　　　(D)VHF帯は、光の伝搬に近くなり、電離層をつきぬけるので遠距離通信は出来ない。

　　　　(1) 1　　(2) 2　　(3) 3　　(4) 4　　(5) 無し

問0142　電磁波（電波）の性質に関する説明として次のうち正しいものはどれか。　520201　一航飛

　　　　(1)高周波電流によって生じた電磁波の強さは、その高周波電流の周波数の変化に影響さ
　　　　　れない。
　　　　(2)波長は周波数を波の進行速度で割ったものに等しい。
　　　　(3)周波数が低い電波は波長が短く、周波数が高い電波は波長が長い。
　　　　(4)周波数の単位は、キロヘルツ（kHz）、メガヘルツ（MHz）、ギガヘルツ（GHz）
　　　　　などが用いられる。

問0143　電磁波（電波）の性質に関する説明として次のうち誤っているものはどれか。　520201　一航回
　　一航回

　　　　(1)電波は大地による電波エネルギーの吸収や反射により減衰する。
　　　　(2)高周波電流によって生じた電波は、その高周波電流の周波数と同じ速さで強さが変わ
　　　　　る。
　　　　(3)周波数が低い電波は波長が短く、周波数が高い電波は波長が長い。
　　　　(4)波長は波の進行速度を周波数で割ったものに等しい。

問0144　電磁波（電波）の性質に関する説明として(A)～(D)のうち正しいものはいくつあるか。　520201　一航回
　　　　(1)～(5)の中から選べ。

　　　　(A)周波数が低い電波は波長が長く、周波数が高い電波は波長が短い。
　　　　(B)高周波電流によって生じた電波は、その高周波電流の周波数と同じ速さで強さがが変
　　　　　わる。
　　　　(C)電波は大地による電波エネルギーの吸収や反射により減衰する。
　　　　(D)波長は波の進行速度を周波数で割ったものに等しい。

　　　　(1) 1　　(2) 2　　(3) 3　　(4) 4　　(5) 無し

問0145　電波の性質に関する説明として(A)～(D)のうち正しいものはいくつあるか。　520201　一航飛
　　　　(1)～(5)の中から選べ。　　　　　　　　　　　　　　　　　　　　　　　　　　　　一航飛
　　一航飛
　　　　(A)周波数の単位は、キロヘルツ（kHz）、メガヘルツ（MHz）、ギガヘルツ（GHz）　工電子
　　　　　などが用いられる。　　　　　　　　　　　　　　　　　　　　　　　　　　　　　工電気
　　　　(B)波長は周波数を波の進行速度で割ったものに等しい。
　　　　(C)周波数が低い電波は波長が短く、周波数が高い電波は波長が長い。
　　　　(D)高周波電流によって生じた電磁波の強さは、その高周波電流の周波数の変化に影響さ
　　　　　れない。

　　　　(1) 1　　(2) 2　　(3) 3　　(4) 4　　(5) 無し

問0146　周波数帯と主な用途の関係で(A)～(C)のうち正しいものはいくつあるか。　520201　二航共
　　　　(1)～(4)の中から選べ。

　　　　　　　［周波数帯］　　　　　　　　　　　［主な用途］
　　　　(A)UHF（極超短波）　－－－－　グライド・パス、ATCトランスポンダ
　　　　(B)VHF（超短波）　　　－－－－　マーカ、ローカライザ
　　　　(C)MF（中波）　　　　　－－－－　ADF、ラジオ放送

　　　　(1) 1　　(2) 2　　(3) 3　　(4) 無し

問0147　電波の種類、主な用途、伝搬特性の組合わせとして(A)～(D)のうち正しいものはいくつ　520201　一航回
　　　　あるか。(1)～(5)の中から選べ。　　　　　　　　　　　　　　　　　　　　　　　一航回

　　　　　［電波の種類］　　　　［主な用途］　　　　　　［伝搬特性］
　　　　(A)長波、中波　　　ADF、AMラジオ放送　　　地上波伝搬
　　　　(B)短波　　　　　　HF通信、国際ラジオ放送　　フェージング
　　　　(C)超短波　　　　　衛星通信、気象レーダー　　　見通し外伝搬
　　　　(D)極超短波　　　　VHF通信、TV、FM放送　　電離層反射波による伝搬

　　　　(1) 1　　(2) 2　　(3) 3　　(4) 4　　(5) 無し

電子装備品等

問0148 電波の種類、主な用途、伝搬特性に関する説明として次のうち正しいものはどれか。

520201 　一航飛
工電子
工電気

（電波の種類）	（主な用途）	（伝搬特性）
(1)長波・中波	HF通信や国際ラジオ放送	雨や雲による減衰
(2)短波	ADFやAMラジオ放送	地上波伝搬
(3)超短波	VHF通信、TVやFM放送	見通し距離内伝搬
(4)極超短波	衛星通信、気象レーダー	フェージング

問0149 航空機のVHF通信で、高度33,000ftにおける航空機からの見通し通信距離（km）で次のうち最も近い値はどれか。ただし、地上局のアンテナの高さは無視する。

520201 　工無線

(1) 410
(2) 430
(3) 450
(4) 470
(5) 490
(6) 510

問0150 フェージング現象の説明として(A)～(D)のうち正しいものはいくつあるか。(1)～(5)の中から選べ。

520201 　一航飛

(A)HFを受信しているときに発生する現象
(B)突然電界強度が低下、または消失する現象
(C)音量が変化したり、音がゆがんだりする現象
(D)見通し距離外まで伝搬する現象

(1) 1　　(2) 2　　(3) 3　　(4) 4　　(5) 無し

問0151 デリンジャー現象の説明として(A)～(D)のうち正しいものはいくつあるか。(1)～(5)の中から選べ。

520201 　一航飛
工電子
工電気
工無線

(A)周波数が低いほど影響は大きい。
(B)突然電界強度が低下し、または消失する現象
(C)この現象は、夜間にはあらわれることはない。
(D)音量が変化したりゆがんだりする現象

(1) 1　　(2) 2　　(3) 3　　(4) 4　　(5) 無し

問0152 VHF（超短波）およびマイクロ波の伝搬に関する説明として(A)～(D)のうち正しいものはいくつあるか。(1)～(5)の中から選べ。

520201 　一航回

(A)対流圏大気による影響は受けないが、雨、霧、雲による減衰を受ける。
(B)雨、霧、雲による減衰は、周波数が高くなるほど小さい。
(C)見通し外伝搬には、山岳回折伝搬及び対流圏散乱伝搬がある。
(D)主に直接波による見通し距離内伝搬である。

(1) 1　　(2) 2　　(3) 3　　(4) 4　　(5) 無し

問0153 アンテナと無線送受信機の間に使用されている一般的な電線で次のうち正しいものはどれか。

520203 　二運飛
二運飛
二運飛
二運飛
二運飛
二運飛
二運飛

(1)アルミニウム電線
(2)一般用軽量電線
(3)高張力銅電線
(4)同軸ケーブル

問0154 アンテナ利得に関する説明として(A)～(D)のうち正しいものはいくつあるか。(1)～(5)の中から選べ。

520203 　工無線

(A)アンテナから最大放射方向に放射される電波の電力密度と、それと同一電力が供給されている基準アンテナより同一距離の点に放射される電波の電力密度の比をいう。
(B)絶対利得とは利得の基準として損失のない等方性アンテナを使った場合の利得をいう。
(C)相対利得とは利得の基準として損失のない半波長ダイポール・アンテナを使った場合の利得をいう。
(D)航空機に使用されているアンテナは大きさと形に制約があるので相対利得は1以下である。

(1) 1　　(2) 2　　(3) 3　　(4) 4　　(5) 無し

問0155　直流発電機に関する説明として次のうち誤っているものはどれか。　520302　一航飛

(1)磁極を電磁石にして励磁を強くすると起電力は大きくなる。
(2)回転速度を高めれば起電力は小さくなる。
(3)電機子を回転させることにより電機子巻線に交流が発生する。
(4)界磁電流を調整することにより電圧調整が可能である。

問0156　正常に運転されている直流発電機の界磁電流が切れた場合の説明として次のうち正しいものはどれか。　520302　一運回

(1)電圧はわずかに発生する。
(2)電圧はわずかに低下する。
(3)電圧は全く発生しない。
(4)電圧は初め低下するが電圧調整器によって回復する。

問0157　正常運転している直流発電機の界磁電流が無くなった場合の説明として次のうち正しいものはどれか。　520302　二運回 / 一運回

(1)電圧は全く発生しない。
(2)電圧はわずかに発生する。
(3)電圧は全く変化しない。
(4)電圧は初め低下するが電圧調整器によって回復する。

問0158　下図の直流発電機の励磁方法の組合わせで次のうち正しいものはどれか。　520302　一航回 / 二航共 / 一航回

	(A)	(B)	(C)	(D)
(1)	他　励	複　巻	直　巻	分　巻
(2)	分　巻	他　励	直　巻	複　巻
(3)	直　巻	分　巻	複　巻	他　励
(4)	分　巻	直　巻	複　巻	他　励
(5)	複　巻	他　励	分　巻	直　巻
(6)	他　励	直　巻	分　巻	複　巻

問0159　直流発電機に関する説明で(A)～(C)のうち正しいものはいくつあるか。(1)～(4)の中から選べ。　520302　二航共

(A)励磁方法により他励、分巻、直巻、複巻に分類される。
(B)電機子コイルには交流が発生するが、これが整流子を通ることで直流に変わる。
(C)励磁電流を大きくし、かつ回転速度を高めれば起電力は大きくなる。

(1)　1　　(2)　2　　(3)　3　　(4)　無し

問0160　直流発電機に関する説明として(A)～(D)のうち正しいものはいくつあるか。(1)～(5)の中から選べ。　520302　二航共 / 一航共 / 二航共

(A)回転速度を高めれば起電力は大きくなる。
(B)電機子を回転させることにより電機子巻線に交流が発生する。
(C)磁極を電磁石にして励磁を強くすると起電力は大きくなる。
(D)励磁方式は、他励、分巻、直巻、複巻に分類される。

(1)　1　　(2)　2　　(3)　3　　(4)　4　　(5)　無し

問0161　小型機用オルタネータについて次のうち正しいものはどれか。　520302　二運飛 / 二運飛 / 二運飛 / 二運飛

(1)直流発電機に比べて構造は簡単だが手入れは繁雑である。
(2)トランジスタにて出力電流を整流している。
(3)整流器（ダイオード）を装備していて交流を直流に変換している。
(4)交流を発生しそれを直接機体電源としている。

電子装備品等

問0162　交流発電機を直流発電機と比較した場合の説明として次のうち誤っているものはどれか。 520302 工電気
工電気

(1)高電圧にして細い電線で多量の電力を送ることができる。
(2)無線機への雑音が多い。
(3)電圧変更が容易にできる。
(4)同一の出力を発生させるのに発電機を小型軽量にできる。

問0163　交流発電機を直流発電機と比較した場合の説明として次のうち誤っているものはどれか。 520302 一航飛
一航飛
工電子
工電気
工無線
一航飛

(1)電圧変更が容易にできる。
(2)低電圧にすることで、細い電線により多量の電力を送ることができる。
(3)エンジンの低速から高速にかけて広範囲の回転数でも電圧の変化は少ない。
(4)同一の出力を発生させるのに発電機を小型軽量にできる。

問0164　交流発電機を直流発電機と比較した場合の説明として(A)～(D)のうち正しいものはいくつあるか。(1)～(5)の中から選べ。 520302 一航回
一航回

(A)無線機への雑音が少ない。
(B)同一の出力を発生させるためには発電機を小型軽量にできる。
(C)低電圧にして細い電線で多量の電力を送ることができる。
(D)電圧変更が容易にできる。

(1) 1　　(2) 2　　(3) 3　　(4) 4　　(5) 無し

問0165　交流発電機の極数P、周波数F（Hz）と回転数N（rpm）の説明として(A)～(D)のうち正しいものはいくつあるか。(1)～(5)の中から選べ。 520301 二航共

(A)極数Pが増せば周波数Fも増加する。
(B)回転数Nが増せば周波数Fも増加する。
(C)周波数Fは極数P又は回転数Nの影響を受けない。
(D)6極の発電機が毎分8,000回転している場合の周波数は450Hzである。

(1) 1　　(2) 2　　(3) 3　　(4) 4　　(5) 無し

問0166　4極の単相交流発電機が50Hzの交流電圧を発生させている時のN2ロータの回転速度（rpm）で次のうち最も近い値を選べ。ただし、発電機はN2の1／10の速さで駆動されるものとする。 520302 一航飛
一航飛
工電子
工電気
工無線

(1)　　　 25
(2)　　 150
(3)　 1,500
(4) 15,000
(5) 20,000

問0167　下図のブラシレス交流発電機の説明として(A)～(D)のうち正しいものはいくつあるか。
(1)～(5)の中から選べ。

520302

一航飛
一航回
工電子
工電気
一航回
一航飛
工計器
工電子
工電気

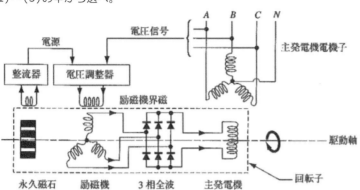

(A)永久磁石発電機の磁石が回転することにより交流を発電し、これが整流され28V直流となり、交流発電機の制御電源となる。
(B)整流された28V直流は電圧調整器を経て励磁機の界磁に送られて励磁機を励磁する。これにより励磁機の電機子に3相交流が発生する。
(C)励磁機の発電した交流は3相全波整流器で直流に整流され、主発電機の界磁を励磁する。これにより主発電機の電機子に3相交流が発生する。
(D)主発電機の3相交流は電圧調整器に送られ、115Vを保つように励磁機の界磁電流を調整する。

(1) 1　　(2) 2　　(3) 3　　(4) 4　　(5) 無し

問0168　下図のブラシレス交流発電機の説明として(A)～(D)のうち正しいものはいくつあるか。
(1)～(5)の中から選べ。

520302　　一航回

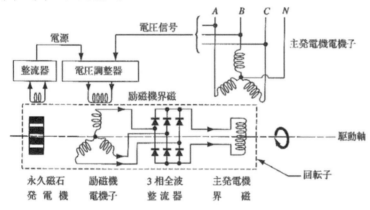

(A)永久磁石発電機の磁石が回転することにより直流を発電し、交流発電機の制御電源となる。
(B)整流された28V直流は電圧調整器を経て励磁機の界磁に送られて励磁機を励磁する。これにより励磁機の電機子に3相交流が発生する。
(C)励磁機の発電した交流は3相全波整流器で直流に整流され、主発電機の界磁を励磁する。これにより主発電機の電機子に3相交流が発生する。
(D)主発電機の3相交流は電圧調整器に送られ、115Vを保つように励磁機の界磁電流を調整する。

(1) 1　　(2) 2　　(3) 3　　(4) 4　　(5) 無し

問0169　直流電動機の説明として(A)～(D)のうち正しいものはいくつあるか。
(1)～(5)の中から選べ。

520303　　一航回
一航回

(A)直巻電動機は低速時のトルクが大きい。
(B)直巻電動機は始動用電動機として用いられている。
(C)分巻電動機はトルク、速度の変動が小さいので定速運転に向いている。
(D)分巻電動機の速度制御は分巻界磁電流の加減によって行う。

(1) 1　　(2) 2　　(3) 3　　(4) 4　　(5) 無し

電子装備品等

問0170　直流電動機に関する説明として(A)～(D)のうち正しいものはいくつあるか。　520303　二航共
(1)～(5)の中から選べ。

(A)複巻電動機：低速度時にトルクが大きい。
(B)直巻電動機：分巻界磁と直巻界磁を持ち、速度制御は分巻界磁電流によって行う。
(C)他励電動機：界磁および電機子の電源が共通になっており、1つの電源があれば運転できる。
(D)分巻電動機：速度制御は主として電機子側の電圧を加減して行い、速度の制御範囲が広い。

(1) 1　　(2) 2　　(3) 3　　(4) 4　　(5) 無し

問0171　電流計及び電圧計の回路への接続方法で次のうち正しいものはどれか。　520401　二運飛

(1)電流計は並列に、電圧計は直列に結線する。
(2)電流計は直列に、電圧計は並列に結線する。
(3)どちらも直列に結線する。
(4)どちらも並列に結線する。

問0172　電圧計、電流計の接続方法で次のうち正しいものはどれか。　520401　二航共

(1)　　　　　　　　　(2)　　　　　　　　　(3)

問0173　次の回路に30mAの電流を流したとき、電流計は10mAを指示していた。　520401　二航共
分流器の抵抗（Ω）で次のうち正しいものはどれか。　　　　　　　　　　　　　　　　二航共
ただし電流計の内部抵抗を5Ωとする。

(1)0.5
(2)2.0
(3)2.5
(4)3.0
(5)5.0
(6)6.0

問0174　図のブリッジ回路で検流計Gの指針が0を示したときのRxの抵抗値（Ω）で次のうち正しいものはどれか。　520401　二航共

(1)　　166
(2)　　300
(3)　　500
(4)　　600
(5) 1,667

問0175　右図のようなホイートストン・ブリッジ回路で、未知の抵抗Rxの測定を行っている。　520401　一航回
Rs=150Ωの条件のとき平衡し、検流計Dに電流が流れなかった。　　　　　　　　　　一航回
未知の抵抗Rx（Ω）の値で次のうち正しいものはどれか。　　　　　　　　　　　　　二運滑
ただし、P=10Ω、Q=50Ωとする。　　　　　　　　　　　　　　　　　　　　　　二運滑

(1)30
(2)40
(3)50
(4)60

問0176　下図のブリッジ回路において、Rのすべての範囲で平衡条件を満たす可変抵抗Sの値として次のうち正しいものはどれか。　　　　520401　　二航共

    (1) 0.5Ω～10Ω
    (2) 10Ω～200Ω
    (3) 500Ω～5KΩ
    (4) 10KΩ～200KΩ
    (5) 500KΩ～1MΩ

P = 1kΩ　　S
Ⓖ
Q = 10Ω　　R = 100Ω～2kΩ

問0177　航空機に使用されている電線の材質について次のうち正しいものはどれか。　　　　520501　　二運飛 / 二運飛 / 二運飛

    (1) ステンレス鋼
    (2) 銅
    (3) チタニウム合金
    (4) 炭素鋼

問0178　航空機に使用されている電線に関する説明で次のうち正しいものはどれか。　　　　520501　　二運飛

    (1) 音声信号や微弱な信号の伝送には同軸ケーブルが使用されている。
    (2) 映像信号や無線信号の伝送にはシールド・ケーブルが使用されている。
    (3) アルミニウム電線の重量は銅電線重量の約60%程度である。
    (4) 銅はアルミニウムに比べ抗張力がないので太い電線を必要とする場所に使われる。

問0179　同軸ケーブルが使用されている箇所で(A)～(D)のうち正しいものはいくつあるか。　　　　520501　　一航回 / 一航回
　　　　(1)～(5)の中から選べ。

    (A) 火災警報装置のセンサー出力の伝送
    (B) 機内テレビ映像信号の伝送
    (C) 音声信号や微弱な信号の伝送
    (D) 無線信号の伝送

    (1) 1　　(2) 2　　(3) 3　　(4) 4　　(5) 無し

問0180　特殊電線及びケーブルの用途として(A)～(D)のうち正しいものはいくつあるか。　　　　520501　　工電子 / 一航飛 / 工電子 / 一航回
　　　　(1)～(5)の中から選べ。

    (A) 同軸ケーブル：音声信号や微弱な信号の伝送
    (B) シールド・ケーブル：機内テレビ映像信号や無線信号の伝送
    (C) 耐火電線：エンジンや補助動力装置の周辺など高温となる所
    (D) 高温用電線：火災警報装置のセンサー（受感部）周囲

    (1) 1　　(2) 2　　(3) 3　　(4) 4　　(5) 無し

問0181　コネクタに関する説明として(A)～(D)のうち正しいものはいくつあるか。　　　　520502　　工電気
　　　　(1)～(5)の中から選べ。

    (A) 一般用丸型コネクタ（MIL-C-26500）には、ハンダ付けと圧着方式の2種類がある。
    (B) 機器用角型コネクタ（ARINC規格DPX型）には、ネジ・カップリング式とバイオネット・カップリング式の2種類がある。
    (C) 同軸コネクタは主として、BNC型、N型、C型、UHF型の4種類に使い分けられている。
    (D) 耐ノイズ・コネクタは、デジタル信号が通るケーブルの接続部分でノイズの混入を防ぐために使われている。

    (1) 1　　(2) 2　　(3) 3　　(4) 4　　(5) 無し

問0182　コネクタに関する説明として(A)～(D)のうち正しいものはいくつあるか。　　　　520502　　工電子 / 工電子
　　　　(1)～(5)の中から選べ。

    (A) 一般用丸型コネクタにはネジ・カップリング型とバイオネット・カップリング型の2種類がある。
    (B) 一般用丸型コネクタの取扱いでは、コンタクトの脱着には正規の工具を用い、コネクタ本体のロック機構を壊さないよう注意が必要である。
    (C) 機器用角型コネクタにはハンダ付けと圧着方式の2種類がある。
    (D) 機器用角型コネクタには、キーが付属しており、プラグとレセプタクルのキー溝が合致しないと結合できない構造で、機器が取付け違いにならないようになっている。

    (1) 1　　(2) 2　　(3) 3　　(4) 4　　(5) 無し

電子装備品等

問題番号	試験問題	シラバス番号	出題履歴

問0183　同軸コネクタに関する説明として(A)～(D)のうち正しいものはいくつあるか。　520502　工電気
(1)～(5)の中から選べ。　工電子

(A)N型コネクタ
インピーダンス50Ωの中径同軸ケーブル用のネジ・カップリング式の中型コネクタ
で10（GHz）まで使用できる。
(B)BNC型コネクタ
インピーダンス50Ωの小径同軸ケーブル用のバイオネット・カップリング式の小型
コネクタで4（GHz）まで使用できる。
(C)C型コネクタ
N型コネクタの改良型でバイオネット・カップリング式の中型コネクタでN型同様に
用いられる。
(D)UHF型コネクタ
HFやVHFなどで200（MHz）程度までの比較的低い周波数に使われるネジ・カッ
プリング式の中型コネクタである。

(1) 1　　(2) 2　　(3) 3　　(4) 4　　(5) 無し

問0184　電気部品の使用区分として次のうち誤っているものはどれか。　520503　工電気

(1)金属巻線抵抗器：電力用抵抗器
(2)マイカ・コンデンサ、プラスチック・フィルム・コンデンサ：電子機器の電源回路
(3)アルミニウムやタンタル電解コンデンサ：電源回路
(4)金属皮膜抵抗器、炭素皮膜抵抗器：高周波回路

問0185　抵抗器の特徴に関する説明として(A)～(D)のうち正しいものはいくつあるか。　520503　工計器
(1)～(5)の中から選べ。　工電子
　工電気
　工無線
　工電気

(A)炭素皮膜抵抗器：炭素粒子と樹脂を混合し、鉛筆の芯のように焼結成形したもので、
端子線は抵抗体の中に埋めこまれている。電流雑音が多い。
(B)ソリッド抵抗器：高温に熱せられた磁器表面に炭化水素化合物を熱分解して析出させ
た抵抗器である。高精度で長時間安定した抵抗値を保つ。
(C)金属皮膜抵抗器：セラミックに抵抗体としてニクロム、コンスタンタン、マンガニン
などの金属細線を巻いた抵抗器で、精密用抵抗器は樹脂で保護されている。
(D)金属巻線抵抗器：ガラス板又はセラミック板の上に金属を真空蒸着や、スパッタリン
グして薄膜を作り抵抗体としたものである。酸化されやすいので表面を樹脂で被覆し
ている。

(1) 1　　(2) 2　　(3) 3　　(4) 4　　(5) 無し

問0186　コンデンサに関する説明で(A)～(D)のうち正しいものはいくつあるか。　520503　工電気
(1)～(5)の中から選べ。　工計器
　工電子
　工電気

(A)アルミ電解コンデンサは他のいずれのコンデンサより静電容量は大きいが、温度特
性、周波数特性は劣る。
(B)タンタル電解コンデンサは低温特性、漏れ電流など電気的特性に優れている。
(C)アルミ電解コンデンサは電源平滑用やバイアス回路用に多く使用される。
(D)マイカ・コンデンサは静電容量の温度係数が小さく、絶縁抵抗も高いなど優れた特性
を持っている。

(1) 1　　(2) 2　　(3) 3　　(4) 4　　(5) 無し

問0187　スイッチに関する説明として(A)～(D)のうち正しいものはいくつあるか。　520503　工電気
(1)～(5)の中から選べ。　工無線

(A)トグル・スイッチ
別名スナップ・スイッチとも呼ばれ、操作レバーにより動作状態をも確認すること を
利用して、コクピットの各種操作スイッチとして用いられている。
(B)ロータリ・スイッチ
通常はスプリングでオフ位置に保たれており、手動でオン位置に保っている間だけ回
路が形成される。
(C)モーメンタリ・スイッチ
手動による回転操作により、回路の切り替えを行う回転スイッチで、回転を所定の角
度で停止させる機構と、回路切替部、中心を貫き回転を伝達する軸からなる。
(D)マイクロ・スイッチ
スプリングが疲労して作動しなくなることを防止する目的で、スイッチと被検出物と
の機械的接触をなくした構造である。

(1) 1　　(2) 2　　(3) 3　　(4) 4　　(5) 無し

問0188　トグルスイッチに関する説明で(A)～(D)のうち正しいものはいくつあるか。　　520503　　二航共
(1)～(5)の中から選べ。

(A)操作レバーが動作状態も表示することを利用して、コクピットの各種操作スイッチと
　して用いられる。
(B)手動の速度にかかわらず内部のばねにより接点は急速に移動して開閉することを特徴
　とする。
(C)小型で電流の遮断能力が高い。
(D)手動でオン位置に保っている間だけ回路が形成されるモーメンタリ・タイプ・スイッ
　チもある。

(1)1　　(2)2　　(3)3　　(4)4　　(5)無し

問0189　プロキシミティ・スイッチの説明として次のうち正しいものはどれか。　　520503　　一航飛

(1)ターゲットには非金属材料を用いている。
(2)スイッチとセンサとの間に機械的な接触がある。
(3)感知する部分にはコイルを用いている。
(4)静電容量を検出し、トランジスタを制御している。

問0190　プロキシミティ・スイッチについて次のうち正しいものはどれか。　　520503　　二運回
一運回

(1)作動回数の多いところに適する。
(2)ターゲットには非金属を用いる。
(3)静電容量を検出し、トランジスタを制御している。
(4)スイッチの作動にはAC電源を必要とする。

問0191　プロキシミティ・スイッチについて次のうち誤っているものはどれか。　　520503　　一運回

(1)ターゲットには金属を用いる。
(2)作動時間が短く、作動回数の多いところに適する。
(3)静電容量を検出し、トランジスタを制御している。
(4)スイッチとターゲットの間には機械的な接触はない。

問0192　プロキシミティ・スイッチの説明で次のうち誤っているものはどれか。　　520503　　二運回

(1)ターゲットには金属を用いる。
(2)作動回数の多いところに適する。
(3)静電容量を検出し、トランジスタを制御している。
(4)スイッチとターゲットの間には機械的な接触はない。

問0193　プロキシミティ・スイッチの説明として(A)～(D)のうち正しいものはいくつあるか。　　520503　　一航回
(1)～(5)の中から選べ。　　　　　　　　　　　　　　　　　　　　　　　　　　　　　　　　一航回

(A)静電容量を検出し、トランジスタを制御している。
(B)スイッチとターゲットとの間には機械的な接触はない。
(C)感知する部分がコイルのみであるため信頼度が低い。
(D)ターゲットには金属材料を用いている。

(1)1　　(2)2　　(3)3　　(4)4　　(5)無し

問0194　プロキシミティ・スイッチの説明として(A)～(D)のうち正しいものはいくつあるか。　　520503　　一航飛
(1)～(5)の中から選べ。

(A)スイッチとターゲットが機械的に接触し作動する。
(B)静電容量を検出し、トランジスタを制御している。
(C)ターゲットには非金属材料を用いている。
(D)マグネット・アクチュエータがスイッチ・ユニットに接近すると磁力線によりスイッ
　チ・ユニットが感知し、スイッチを作動させるものもある。

(1)1　　(2)2　　(3)3　　(4)4　　(5)無し

問0195　回路保護装置に関する説明として次のうち誤っているものはどれか。　　520503　　一航飛

(1)サーキット・ブレーカは、機器に過電流が流れた場合、機内配線を保護するために用
　いる。
(2)ヒューズにはクイック・ブロー・タイプとスロー・ブロー・タイプの2種類がある。
(3)ヒューズは溶けやすい鉛や錫などの合金で負荷に直列に接続して使用する。
(4)サーキット・ブレーカは過電流が流れるとバイメタルが溶断して回路を遮断する。

問題番号	試験問題	シラバス番号	出題履歴

問0196 電気系統の保護・安全装置についての説明で(A)～(D)のうち正しいものはいくつあるか。(1)～(5)の中から選べ。 — 520503 — 二航共 二航共

(A)サーキット・ブレーカは過電流が流れるとバイメタルが溶断して回路を遮断する。
(B)ヒューズは鉛や錫などの合金で過電流が流れるとジュール熱でバイメタルが変形して遮断する。
(C)予備ヒューズが無い場合は、定格値を超えるものを使用してよい。
(D)ヒューズやサーキット・ブレーカは電気回路に直列に接続して使用する。

(1) 1　　(2) 2　　(3) 3　　(4) 4　　(5) 無し

問0197 電気回路に設けられているサーキット・ブレーカの作動原理で次のうち正しいものはどれか。 — 520503 — 一運飛 一運飛

(1)熱を感知して作動する。
(2)抵抗を感知して作動する。
(3)電圧を感知して作動する。
(4)逆電流を感知して作動する。

問0198 トリップ・フリー形サーキット・ブレーカの作動原理で次のうち正しいものはどれか。 — 520503 — 二運回 二運回 一運回

(1)抵抗を感知する。
(2)電圧を感知する。
(3)逆電流を感知する。
(4)熱を感知する。

問0199 回路保護装置に関する説明として次のうち誤っているものはどれか。 — 520503 — 一航回

(1)ヒューズは主に機器に過電流が流れた場合、機内配線を保護するためにある。
(2)ヒューズは溶けやすい鉛や錫などの合金で負荷に並列に接続して使用する。
(3)ヒューズにはクイック・ブロー・タイプとスロー・ブロー・タイプの2種類がある。
(4)定格毎に安全な回路保護に必要な個数の半数以上の予備ヒューズを、飛行中使用できるように備えなければならない。

問0200 ヒューズに関する説明として次のうち誤っているものはどれか。 — 520503 — 一航回 一航回

(1)主に機器に過電流が流れた場合、機内配線を保護するためにある。
(2)溶けやすい鉛や錫などの合金で負荷に並列に接続して使用する。
(3)クイック・ブロー・タイプとスロー・ブロー・タイプの2種類がある。
(4)定格毎に安全な回路保護に必要な個数の半数以上の予備ヒューズを飛行中使用できるように備えなければならない。

問0201 ヒューズに関する説明として(A)～(D)のうち正しいものはいくつあるか。(1)～(5)の中から選べ。 — 520503 — 一航回

(A)主に機器に過電流が流れた場合、機内配線を保護するためにある。
(B)溶けやすい鉛や錫などの合金で負荷に並列に接続して使用する。
(C)クイック・ブロー・タイプとスロー・ブロー・タイプの2種類がある。
(D)定格毎に安全な回路保護に必要な個数の半数以上の予備ヒューズを飛行中使用できるように備えなければならない。

(1) 1　　(2) 2　　(3) 3　　(4) 4　　(5) 無し

問0202 ハロゲン電球の説明として(A)～(D)のうち正しいものはいくつあるか。(1)～(5)の中から選べ。 — 520503 — 一航飛 工計器 工電子 工電気

(A)石英ガラスの管の中に、窒素ガスと共に微量のよう素、臭素などのハロゲンを封入したものである。
(B)ハロゲン・サイクルにより管壁の黒化を防止し、いつまでも一定の明るさを保つように工夫されている。
(C)主に航空灯、衝突防止灯などに使用される。
(D)石英ガラスはアルカリ成分が付着している状態で点灯すると、白濁して光度が低下する失透現象があるので、電球を素手で扱ってはならない。

(1) 1　　(2) 2　　(3) 3　　(4) 4　　(5) 無し

問0203 シールド・ビーム電球に関する説明として(A)～(D)のうち正しいものはいくつあるか。(1)～(5)の中から選べ。

520503 　二航共
　二航共

(A)口金構造はねじ固定式が多い。
(B)着陸灯、旋回灯など機外のスポット照明に用いられる。
(C)前面レンズと反射鏡を封着した構造の電球である。
(D)内部にフィラメントを使用しているものとハロゲン電球を使用しているものがある。

(1) 1　　(2) 2　　(3) 3　　(4) 4　　(5) 無し

問0204 蛍光管に関する説明として(A)～(D)のうち正しいものはいくつあるか。(1)～(5)の中から選べ。

520503 　一航飛

(A)ガラス管の両端にフィラメントを取り付けた一種の放電管で、口金は2ピン型やピンレス型がある。
(B)ガラス管の内壁には蛍光物質が塗布してあり、中にはアルゴンと水銀が封入されている。
(C)電源が入るとヒータが加熱され、熱電子が放射されると同時にリアクタを通して変圧器で昇圧された電圧が加えられることで、管内でアーク放電を開始する。
(D)放電している電子と水銀蒸気とが衝突して紫外線を出し、この紫外線が管壁の蛍光物質を刺激して蛍光を発する。

(1) 1　　(2) 2　　(3) 3　　(4) 4　　(5) 無し

問0205 電源系統における母線(Bus Bar)に関する説明として(A)～(D)のうち正しいものはいくつあるか。(1)～(5)の中から選べ。

520504 　一航共

(A)ジャンクション・ボックスや配電盤の中にある低抵抗の銅板である。
(B)母線からサーキット・ブレーカ等を経由して負荷に配電される。
(C)負荷の種類（重要度）と電源の種類によって分類される。
(D)常時必要とされるシステムには常に電力が供給されるようエッセンシャル母線を配置し接続する。

(1) 1　　(2) 2　　(3) 3　　(4) 4　　(5) 無し

問0206 ボンディング・ワイヤの目的について次のうち誤っているものはどれか。

520504 　工共通

(1)ヒンジ部の溶着防止
(2)無線障害の減少
(3)異種金属間の腐食防止
(4)機体各部の電位差をなくす。

問0207 ボンディングの目的について次のうち誤っているものはどれか。

520504 　工共通

(1)機体各部の電位差を少なくする。
(2)スパーク放電を防止し、火災の発生を防ぐ。
(3)無線機器や航法機器の障害をなくす。
(4)異種金属間の腐食を防ぐ。

問0208 ボンディングに関する説明として(A)～(D)のうち正しいものはいくつあるか。(1)～(5)の中から選べ。

520504 　二航共
　二航共

(A)機体各部の電位差を少なくして無線機器や航法機器の障害を最小にする。
(B)スパーク放電を防止し、火災の発生を防ぐ。
(C)機体に人が触った時、静電気ショックが発生するのを防止する。
(D)接続する場合には、電食を防止するため、材料の組み合わせに注意が必要である。

(1) 1　　(2) 2　　(3) 3　　(4) 4　　(5) 無し

問0209 電気回路のグラウンドの取り方について次のうち正しいものはどれか。

520504 　一運回

(1)同一箇所のグラウンドは5個までである。
(2)一次構造部材の金属に直接グラウンドしてはならない。
(3)同一電源系統であっても信号回路と電源回路のグラウンドを一緒に結合しない。
(4)直流と交流で分ける必要はない。

電子装備品等

問0210　電気配線図に使用されるシンボルの組み合わせとして(A)～(D)のうち正しいものはいく
つあるか。(1)～(5)の中から選べ。
520601　二航共

(A)サーキット・ブレーカー　

(B)ダイオード　

(C)コンデンサ　

(D)増幅回路　

(1) 1　　(2) 2　　(3) 3　　(4) 4　　(5) 無し

問0211　電気配線図に使用されるシンボルの組み合わせとして(A)～(D)のうち正しいものはいく
つあるか。(1)～(5)の中から選べ。
520601　二航共

(A)ダイオード　

(B)2極リレー　

(C)サーキット・ブレーカ　

(D)ヒューズ　

(1) 1　　(2) 2　　(3) 3　　(4) 4　　(5) 無し

問0212　オートパイロットの説明で次のうち誤っているものはどれか。
522101　一航回 一航回

(1)SAS機能とオートパイロット機能を併せ持つ。
(2)SAS機能だけでも単独で働くことができる。
(3)外乱に対する自動的な修正操作は行われていない。
(4)パイロットが手動操縦に戻すときは、操縦桿上のスイッチで磁気クラッチを外す。

問0213　ヘリコプタのオートパイロットに関する説明として次のうち正しいものはどれか。
522101　二運回

(1)パイロットが手動操縦に戻すときは、操縦桿上のスイッチで磁気クラッチを外す。
(2)オートパイロットでは、SASアクチュエータをより大きく動かし、機体姿勢や
高度などを保持する。
(3)SASアクチュエータは操縦系統に並列に配置されている。
(4)外乱に対する自動的な修正操作は行われない。

問0214　ヘリコプタのオートパイロットに関する説明として次のうち誤っているものはどれか。
522101　二運回 一航回 二運回 一航回

(1)パイロットが手動操縦に戻すときは、操縦桿上のスイッチで磁気クラッチを外す。
(2)オートパイロットでは、安定増大装置（SAS）のアクチュエータをより大きく動か
し、機体姿勢や高度などを保持する。
(3)自動操縦装置（AFCS）用アクチュエータには電動式と電気油圧式がある。
(4)安定増大装置（SAS）機能とオートパイロット機能を併せ持つ。

問0215　オートパイロットに関する説明として(A)～(D)のうち正しいものはいくつあるか。
(1)～(5)の中から選べ。
522101　一航回 一航回

(A)設定された速度、機体姿勢、高度等をパイロットに代わり保持する。
(B)操縦系統に並列にアクチュエータを配置している。
(C)保持機能の他にVOR／ILSアプローチやNAVカップル等の機能もある。
(D)通常ピッチ、ロール、ヨーにコレクティブ・ピッチを加えた4軸に対して制御してい
るものもある。

(1) 1　　(2) 2　　(3) 3　　(4) 4　　(5) 無し

問0216　ヘリコプタの安定増大装置に関する説明として（　ア　）～（　ウ　）の空欄に当てはまる語句の組合せで次のうち正しいものはどれか。

522101

一航回
一航回
一航回
一航回

安定増大装置とは、レート・ジャイロによってヘリコプタの（　ア　）の（　イ　）を検出し、操縦系統に（　ウ　）に配置された電動モータによりスクリュー・ジャッキ式のアクチュエータを作動させて外乱に対して自動的に修正操舵がとられ、（　ア　）の運動が安定化されるようになっている。

```
　　　（　ア　）　（　イ　）（　ウ　）
(1)4軸周り　　　角速度　　並列
(2)4軸周り　　　角度　　　直列
(3)3軸周り　　　角速度　　直列
(4)3軸周り　　　角度　　　並列
```

問0217　SASの構成として次のうち誤っているものはどれか。

522101

一航回

(1)ヘリコプタの3軸（ピッチ、ロール、ヨー）周りの角速度を検出するためにレート・ジャイロを使用している。
(2)SASにスティック位置トランスデューサにより検出した操舵量を操縦系統に加えるようにしているシステムを安定操縦性増大装置（SCAS）という。
(3)アクチュエータは操縦系統に並列に配置されている。

問0218　SASの構成として次のうち誤っているものはどれか。

522101

一航回
一航回

(1)ヘリコプタの3軸（ピッチ、ロール、ヨー）周りの角速度を検出するためにレート・ジャイロを使用している。
(2)SASにスティック位置トランスデューサにより検出した操舵量を操縦系統に加えるようにしているシステムを安定操縦性増大装置（SCAS）という。
(3)アクチュエータは操縦系統に並列に配置されている。
(4)油圧式ブースト・アクチュエータに電気油圧式バルブを追加してSCASアクチュエータとしての機能を兼用させているものもある。

問0219　SASの構成として(A)～(C)のうち正しいものはいくつあるか。
(1)～(4)の中から選べ。

522101

一航回

(A)ヘリコプタの3軸（ピッチ、ロール、ヨー）周りの角速度を検出するためにレート・ジャイロを使用している。
(B)SASにスティック位置トランスデューサにより検出した操舵量を操縦系統に加えるようにしているシステムを安定操縦性増大装置（SCAS）という。
(C)アクチュエータは操縦系統に並列に配置されている。

　(1)　1　　　(2)　2　　　(3)　3　　　(4)　無し

問0220　オートパイロットの「姿勢制御モード」の説明として次のうち正しいものはどれか。

522102

二航共
工無線
二航共
工計器
工電子
工電気

(1)コントローラのターン・ノブやピッチ・ノブを用いて機体の姿勢を変化させるモード
(2)一定の気圧高度を保って飛行するモード
(3)水平位置指示計に設定した機首方位を保つモード
(4)ピッチ姿勢はエンゲージした時の姿勢を、ロール姿勢は翼を水平位置に戻し、その時の機首方位を保つモード

問0221　オートパイロットのモードの種類として(A)～(D)のうち正しいものはいくつあるか。
(1)～(5)の中から選べ。

522102

二航共

(A)VOR／LOCモード
(B)高度保持モード
(C)姿勢制御モード
(D)機首方位設定モード

　(1)　1　　　(2)　2　　　(3)　3　　　(4)　4　　　(5)　無し

問0222　オートパイロットの各モードの説明として(A)～(D)のうち正しいものはいくつあるか。
(1)～(5)の中から選べ。

522102

二航共

(A)姿勢保持モード（Attitude Hold Mode）
　　・水平位置指示計に設定した機首方位を保つ。
(B)ILSモード（ILS Mode）
　　・ローカライザとグライド・パス装置の誘導電波に沿って降下する。
(C)機首方位設定モード（HDG Select Mode）
　　・エンゲージしたときのピッチ姿勢と、翼が水平になったときの機首方位を保つ。
(D)高度保持モード（Altitude Hold Mode）
　　・一定の気圧高度を保って飛行する。

　(1)　1　　　(2)　2　　　(3)　3　　　(4)　4　　　(5)　無し

電子装備品等

問題番号	試験問題	シラバス番号	出題履歴

問0223 オートパイロットの各モードの説明として(A)～(D)のうち正しいものはいくつあるか。(1)～(5)の中から選べ。 　522102 　二航共／二航共

(A)姿勢制御モードはコントローラのターン・ノブやピッチ・ノブを用いて機体の姿勢を変化させるモードである。
(B)ILSモードはILS誘導電波を利用して空港に接近し降下するモードである。
(C)機首方位設定モードは設定した方向に機首を変えるモードである。
(D)高度保持モードは一定の気圧高度を保持して飛行するモードである。

(1) 1 　(2) 2 　(3) 3 　(4) 4 　(5) 無し

問0224 オートパイロットに使用されている機器の説明として(A)～(D)のうち正しいものはいくつあるか。(1)～(5)の中から選べ。 　522102 　二航共／二航共

(A)ディレクショナル・ジャイロはピッチ角、ロール角を検出する。
(B)ヨー・レート・ジャイロは旋回率を検出する。
(C)バーチカル・ジャイロは機首方位を検出する。
(D)マーカ受信機はVOR/ILSコースからの偏位を検出する。

(1) 1 　(2) 2 　(3) 3 　(4) 4 　(5) 無し

問0225 フライト・ディレクタに関する説明で次のうち正しいものはどれか。 　522104 　一航回／一航回

(1)速度指令を速度計に指示するシステム
(2)高度指令を高度計に指示するシステム
(3)ロール軸とピッチ軸の操縦指令を姿勢指令計に指示するシステム
(4)高度指令をAudioによりパイロットに知らせるシステム

問0226 FDに関する説明として(A)～(D)のうち正しいものはいくつあるか。(1)～(5)の中から選べ。 　522104 　一航回／一航回

(A)あらかじめ設定した飛行姿勢を保つためのロール軸とピッチ軸の操縦指令を指示するシステムである。
(B)オートパイロットを使用しているときFDはオートパイロットのモニターの働きをする。
(C)コンピュータからの操縦指令がADIに指示される。
(D)FDは手動操縦の指令を与えるものであって、操作はパイロットの操縦感覚に任されている。

(1) 1 　(2) 2 　(3) 3 　(4) 4 　(5) 無し

問0227 フライト・ディレクタに関する説明として(A)～(D)のうち正しいものはいくつあるか。(1)～(5)の中から選べ。 　522104 　工計器／工電子／工電気／工無線

(A)速度指令を速度計に指示する。
(B)高度指令を高度計に指示する。
(C)ロール軸とピッチ軸の操縦指令をADIに指示する。
(D)高度指令をAudioによりパイロットに知らせる。

(1) 1 　(2) 2 　(3) 3 　(4) 4 　(5) 無し

問0228 フライト・ディレクタに関する説明として(A)～(D)のうち正しいものはいくつあるか。(1)～(5)の中から選べ。 　522104 　二航共

(A)速度指令を速度計に指示する。
(B)高度指令を高度計に指示する。
(C)ロール軸とピッチ軸の操縦指令を姿勢指令計に指示する。
(D)オートパイロット作動時、モニタとして使用する。

(1) 1 　(2) 2 　(3) 3 　(4) 4 　(5) 無し

問0229 ヨー・ダンパ・システムに関する記述で次のうち誤っているものはどれか。 　522105 　一運飛

(1)釣合旋回のための方向舵を作動させる。
(2)タックアンダを防止する。
(3)ダッチ・ロールを防止する。
(4)ヨー・レート・ジャイロは旋回率（ヨー角速度）を検知する。

問0230 ヨー・ダンパ・システムの機能として(A)〜(D)のうち正しいものはいくつあるか。(1)〜(5)の中から選べ。 — 522105 — 一航飛 / 一航飛

(A)ピッチ姿勢コントロール機能
(B)ダッチ・ロール防止機能
(C)釣り合い旋回維持機能
(D)機首方位のコントロール機能

(1) 1　　(2) 2　　(3) 3　　(4) 4　　(5) 無し

問0231 オートスロットルに関する記述で次のうち誤っているものはどれか。 — 522106 — 一運飛 / 一運飛

(1)着陸復行時は機体の最適な上昇角度を維持する。
(2)エンゲージしたままでも手動で推力設定をすることができる。
(3)手動、自動操縦のいずれの場合でも使用できる。
(4)機速をあらかじめ設定した速度に保つことができる。

問0232 オートスロットルに関する記述で次のうち誤っているものはどれか。 — 522106 — 一運飛 / 一運飛

(1)着陸復行時は適切な推力を維持する。
(2)エンゲージすると手動で推力設定はできない。
(3)手動、自動操縦のいずれの場合でも使用できる。
(4)機速をあらかじめ設定した速度に保つことができる。

問0233 オート・スロットル・システムに関する説明で次のうち誤っているものはどれか。 — 522106 — 一航飛 / 一航飛

(1)常時、自動操縦システムと連動し単独で働くことはない。
(2)エンゲージしたままでも手動で推力設定することができる。
(3)速度設定での基本信号は速度エラー信号（実際の指示対気速度と設定速度の差）である。
(4)機速をあらかじめ設定した速度に保つことができる。

問0234 オート・スロットル・システムに関する説明として(A)〜(D)のうち正しいものはいくつあるか。(1)〜(5)の中から選べ。 — 522106 — 一航飛

(A)機速をあらかじめ設定した速度に保つことができる。
(B)機体の加速度をコントロールに利用している。
(C)常時、自動操縦システムと連動し単独で働くことはない。
(D)基本信号は速度エラー信号（実際の指示対気速度と設定速度の差）である。

(1) 1　　(2) 2　　(3) 3　　(4) 4　　(5) 無し

問0235 フライ・バイ・ワイヤに関する説明として(A)〜(D)のうち正しいものはいくつあるか。(1)〜(5)の中から選べ。 — 522108 — 一航飛

(A)ケーブルや機械式の複雑なリンク機構が無くなり、応答性が良い。
(B)整備性の向上
(C)機械部品の削減により機体重量の軽減を図ることが出来る。
(D)電気信号を送るワイヤは一般電線を使用している。

(1) 1　　(2) 2　　(3) 3　　(4) 4　　(5) 無し

問0236 VHF通信システムの説明として(A)〜(D)のうち正しいものはいくつあるか。(1)〜(5)の中から選べ。 — 523101 — 二航共

(A)空港の管制塔から航空機に離陸、着陸の許可を与えたり、飛行中の航空機に管制機関の指示や航行に必要な情報を提供する。
(B)通達距離は飛行高度によって異なり、約200（NM）程度である。
(C)118.00（MHz）〜136.975（MHz）までの電波を使用する。
(D)1つの周波数を送受信に使用し、送信の際は送信ボタンを押して送話し、ボタンを離すと自動的に受信状態になるPTT方式がとられている。

(1) 1　　(2) 2　　(3) 3　　(4) 4　　(5) 無し

問0237 セルコール・システム（SELCAL）の説明として次のうち誤っているものはどれか。 — 523102 — 一運飛 / 二運飛 / 一運飛 / 一運飛

(1)航空機にあらかじめ登録符号が与えられており、地上からの呼び出しには通信の前に呼び出し符号を送信する。
(2)SELCAL専用の無線通信装置が用いられている。
(3)自機の呼び出し符号を受信したらチャイム等により呼び出しが行われる。
(4)SELCALにより機上から地上局を呼び出すことはできない。

電子装備品等

問0238 SELCALの説明として(A)～(D)のうち正しいものはいくつあるか。 523102 一航飛
(1)～(5)の中から選べ。

(A)航空機にあらかじめ登録符号が与えられており、地上からの呼び出しには通信の前に
呼び出し符号を送信する。
(B)SELCAL専用の無線通信装置が用いられている。
(C)自機の呼び出し符号を受信したらチャイム等により呼び出しが行われる。
(D)SELCALにより機上から地上局を呼び出すこともできる。

(1) 1 　　(2) 2 　　(3) 3 　　(4) 4 　　(5) 無し

問0239 Passenger Address Systemに関する説明として(A)～(D)のうち正しいものはいく 523103 一航飛
つあるか。(1)～(5)の中から選べ。 　　　　　　　　　　　　　　　　　　　　　　　一航飛

(A)乗客サービスのため、音楽など娯楽番組を提供するものである。
(B)非常事態が発生した場合の緊急放送にも用いられる。
(C)乗客は座席のヘッド・ホンでしか聞くことができない。
(D)操縦室からの放送が優先順位第1位である。

(1) 1 　　(2) 2 　　(3) 3 　　(4) 4 　　(5) 無し

問0240 ELTに関する説明として(A)～(D)のうち正しいものはいくつあるか。 523106 一航回
(1)～(5)の中から選べ。 　　　　　　　　　　　　　　　　　　　　　　　　　　　一航回

(A)内蔵した電池で作動する。
(B)406MHzで捜索救難衛星に識別符号を含むデータを送信する。
(C)121.5MHzで捜索救助航空機に独自の信号音を送信する。
(D)衝撃が加わると自動的に作動するものと、水中に没すると作動するものもある。

(1) 1 　　(2) 2 　　(3) 3 　　(4) 4 　　(5) 無し

問0241 ELTの説明で(A)～(C)のうち正しいものはいくつあるか。 523106 二航共
(1)～(4)の中から選べ。

(A)専用の電池で作動する。
(B)406MHzで捜索救難衛星に識別符号を含むデータを送信する。
(C)121.5MHzは300～1,500Hzのオーディオ周波数で変調されたアナログ電波で、
捜索救助航空機の誘導に使用される。

(1) 1 　　(2) 2 　　(3) 3 　　(4) 無し

問0242 ELTの説明で(A)～(D)のうち正しいものはいくつあるか。 523106 二航共
(1)～(5)の中から選べ。

(A)不時着などの事故に遭遇した場合に遭難位置を知らせ捜索を容易にする。
(B)専用の電池で作動する。
(C)406MHzで捜索救難衛星に識別符号を含むデータを送信する。
(D)121.5 MHzは300～1500Hzのオーディオ周波数で変調されたアナログ電波で、
捜索救助航空機の誘導に使用される。

(1) 1 　　(2) 2 　　(3) 3 　　(4) 4 　　(5) 無し

問0243 ELTに使用される電波に関する説明として(A)～(D)のうち正しいものはいくつあるか。 523106 一航回
(1)～(5)の中から選べ。 　　　　　　　　　　　　　　　　　　　　　　　　　　　一航飛
　　　一航飛
(A)121.5MHzは300～1500Hzのオーディオ周波数で変調されたアナログ電波で、捜 工計器
索救助航空機の誘導に使用される。 　　　　　　　　　　　　　　　　　　　　　工電子
(B)243MHzは軍用緊急周波数である。 　　　　　　　　　　　　　　　　　　　　工電気
(C)121.5MHzは機体に装備されたVHF送受信機でモニターすることが可能である。
(D)406MHzは国番号、ID符号などの情報が含まれるデジタル信号の電波である。

(1) 1 　　(2) 2 　　(3) 3 　　(4) 4 　　(5) 無し

問0244 ELTに使用される電波に関する説明として(A)～(D)のうち正しいものはいくつあるか。 523106 一航回
(1)～(5)の中から選べ。 　　　　　　　　　　　　　　　　　　　　　　　　　　　二航共

(A)121.5MHzは捜索救助航空機の誘導に使用され、有効範囲は高度にもよるが約
200nmである。
(B)243MHzは軍用緊急周波数である。
(C)121.5MHzは機体に装備されたVHF送受信機でモニターすることが可能である。
(D)406MHz帯は国番号、ID符号などの情報が含まれるデジタル信号の電波である。

(1) 1 　　(2) 2 　　(3) 3 　　(4) 4 　　(5) 無し

問0245 ELTに使用される電波に関する説明として(A)〜(D)のうち正しいものはいくつあるか。(1)〜(5)の中から選べ。　　523106　　一航回

(A)243 MHzは軍用緊急周波数である。
(B)121.5 MHzは 300 〜 1500 Hzのオーディオ周波数で変調されたアナログ電波で、捜索救助航空機の誘導に使用される。
(C)406 MHzは国番号、ID符号などの情報が含まれるデジタル信号の電波である。
(D)406 MHzの信号は24時間継続し送信され、121.5 MHzと 243 MHzの信号はバッテリーの電力が供給できなくなるまで続く。

　(1) 1　　(2) 2　　(3) 3　　(4) 4　　(5) 無し

問0246 ACARSの説明として(A)〜(D)のうち正しいものはいくつあるか。(1)〜(5)の中から選べ。　　523106　　一航飛

(A)必要な運航情報をVHFや通信衛星を使い、地上から航空機または航空機から地上へ提供するシステムである。
(B)機上において受信データはプリンタで打ち出すことができ、CDUでも読むことができる。
(C)地上から航空機側へ提供されるデータとして重量／重心位置やターミナル気象情報がある。
(D)航空機側から地上へ提供されるデータとして離着陸時刻や到着予定時刻がある。

　(1) 1　　(2) 2　　(3) 3　　(4) 4　　(5) 無し

問0247 ACARSに関する説明として(A)〜(D)のうち正しいものはいくつあるか。(1)〜(5)の中から選べ。　　523106　　一航飛

(A)VHF通信、HF通信、衛星通信とは別に専用の無線通信機器が備えられている。
(B)パイロットの音声入力をデジタル・データに変換して地上に送信する機能がある。
(C)各種データの要求ができ、応諾／拒否の回答ができる。
(D)地上から送られてきたデータはCDUで読み取ることができ、またプリンタで印刷できる。

　(1) 1　　(2) 2　　(3) 3　　(4) 4　　(5) 無し

問0248 衛星通信システムに関する説明として次のうち誤っているものはどれか。　　523107　　工無線 工無線

(1)衛星通信にはデータ・リンク・システムで用いるデータ通信回線と、電話回線の2種類がある。
(2)データ制御装置 (Satellite Data Unit) は衛星と通信して、通信の開始と終了の手続きを行う。
(3)音声通信には単素子の低利得アンテナ、データ通信には複数の単素子アンテナを組合わせた指向性のある高利得アンテナが使われている。
(4)ダイプレクサ (Diplexer) は高出力増幅器の電波が低雑音増幅器側に漏れないようにするフィルタである。

問0249 衛星通信システムに関する説明として(A)〜(D)のうち正しいものはいくつあるか。(1)〜(5)の中から選べ。　　523107　　一航飛 一航飛

(A)衛星通信にはデータ・リンク・システムで用いるデータ通信回路と、電話回線の2種類がある。
(B)データ制御装置 (Satellite Data Unit) は衛星と通信して、通信の開始と終了の手続きを行う。
(C)音声通信には単素子の低利得アンテナ、データ通信には複数の単素子アンテナを組み合せた指向性のある高利得アンテナが使われている。
(D)航空機と衛星間の通信周波数は航空機から衛星が1.6 GHz、衛星から航空機が1.5GHzが使用される。

　(1) 1　　(2) 2　　(3) 3　　(4) 4　　(5) 無し

問0250 CVRに関する説明として次のうち誤っているものはどれか。　　523108　　一運回

(1)複数のAudio Channelを持ち同時に録音可能である。
(2)記録装置及びマイクロホン・モニタ装置から構成されている。
(3)テスト・スイッチがありCVRが作動していることが確認できる。
(4)記録内容は故意に消去されないよう手動では消去できないようになっている。

電子装備品等

問題番号	試験問題	シラバス番号	出題履歴

問0251 CVRの説明として次のうち誤っているものはどれか。 523108 二航共

(1)操縦室内の会話、地上間との通信音声内容などを記録するレコーダーで、記録媒体には磁気テープや半導体メモリなどがある。
(2)操縦室にはエリアマイク、テストスイッチ、モニタライト、消去スイッチなどがある。
(3)録音音声を消去するには、いつでも消去スイッチを数秒間押すことにより消去できる。
(4)記録装置は機尾付近に装備されており、事故時の衝撃、熱などに耐える構造になっている。

問0252 CVRの説明として次のうち誤っているものはどれか。 523108 一航飛

(1)操縦室内の会話、地上間との通信音声内容などを記録するレコーダーで、記録媒体には半導体メモリなどがある。
(2)マイクロホン／モニタ装置にはエリアマイク、テストスイッチ、モニタライト、消去スイッチなどがある。
(3)録音音声を消去するには、いつでも消去スイッチを数秒間押すことにより消去できる。
(4)記録装置は事故時の衝撃、熱などに耐える構造になっており、火災などで燃焼しにくい機尾付近に装備されている。

問0253 スタティック・ディスチャージャの目的で次のうち正しいものはどれか。 523109 二運飛
二運飛
工共通
二運飛
二運飛
工共通

(1)機体の避雷針の役目をする。
(2)機体への落雷時、動翼等の溶着を防ぐ。
(3)機体に帯電した静電気を放電する。
(4)機体の電気抵抗を少なくし、腐食を防ぐ。

問0254 電源システムの説明で(A)～(D)のうち正しいものはいくつあるか。 524101 二航共
(1)～(5)の中から選べ。 二航共

(A)航空機内で必要とする電力はエンジンで駆動される発電機より供給される。
(B)電力の供給方式には、直流電源方式と交流電源方式がある。
(C)機内配線の方法は、マイナス側が機体に接続する接地帰還方式である。
(D)直流電源系統では、蓄電池は主母線を介して発電機と並列に接続される。

(1) 1　　(2) 2　　(3) 3　　(4) 4　　(5) 無し

問0255 鉛バッテリに関する説明として次のうち誤っているものはどれか。 524102 工電気
二航共

(1)電解液は水酸化カリウムで放電すると比重は容量に比例して低下する。
(2)航空機の場合、放電率は5時間としている。
(3)完全充電時の比重は1.28～1.30である。
(4)電解液は水の電気分解によって失われるため、定期的に点検し失われた分だけ蒸留水を補給する必要がある。

問0256 鉛バッテリに関する記述で次のうち誤っているものはどれか。 524102 二運飛
二運飛

(1)陽極は二酸化鉛、陰極は鉛であるが放電を続けると硫酸鉛に変化する。
(2)電解液は希硫酸で放電すると比重は容量に比例して下がる。
(3)電解液温度が57℃以上では熱暴走現象を起こす。
(4)12Vの鉛バッテリはセルを6個直列に接続している。

問0257 鉛バッテリに関する説明として(A)～(D)のうち正しいものはいくつあるか。 524102 一航回
(1)～(5)の中から選べ。 一航回

(A)電解液は希硫酸で、放電するにつれて比重は低下する。
(B)航空機の場合は放電率は5時間と規定している。
(C)完全充電時の比重は1.28～1.30である。
(D)電解液は水の電気分解によって失われるため、定期的に点検し失われた分だけ蒸留水を補給する必要がある。

(1) 1　　(2) 2　　(3) 3　　(4) 4　　(5) 無し

問0258 鉛バッテリの充電後の容量確認方法について次のうち正しいものはどれか。 524102 二運滑

(1)電流を点検する。
(2)電解液の比重を点検する。
(3)負荷をかけて電圧降下を調べる。
(4)ガスの発生を確認する。

問0259 鉛バッテリの電解液と中和剤の関係で次のうち正しいものはどれか。 — 524102 — 二航共

    （電解液）   （中和剤）
(1)希硫酸   重炭酸ソーダ水
(2)希硫酸   ホウ酸水
(3)水酸化カリウム   重炭酸ソーダ水
(4)水酸化カリウム   ホウ酸水

問0260 Ni-Cdバッテリに関する説明として次のうち正しいものはどれか。 — 524102 — 一航飛 一航飛 一航回 一航回

(1)高温特性は優れているが低温時には電圧降下が著しい。
(2)重負荷特性が良く、大電流放電時には安定した電圧を保つ。
(3)充放電時、電解液の比重が変化するため定期的に比重調整が必要である。
(4)振動の激しい場所で使用できるが、腐食性ガスが発生するため通気が必要である。

問0261 Ni-Cdバッテリの特徴について誤っているものはどれか。 — 524102 — 二運飛 二運飛

(1)重負荷特性がよく、大電流放電時には安定した電圧を保つ。
(2)低温特性は良いが、電解液温度が57℃以上では起電力が低下する。
(3)振動の激しい場所でも使用でき、腐食性ガスをほとんど出さない。
(4)1セルの起電力は2Vである。

問0262 Ni-Cdバッテリに関する説明として(A)～(D)のうち正しいものはいくつあるか。 — 524102 — 二航共
(1)～(5)の中から選べ。

(A)低温特性がよく－40℃でも規定容量の75％は放電できる。
(B)重負荷特性は良いが、大電流放電時には電圧が不安定となりやすい。
(C)熱暴走現象には電解液温度と起電力が関係している。
(D)充放電時、電解液の比重が変化するため定期的に比重調整が必要である。

(1)1   (2)2   (3)3   (4)4   (5)無し

問0263 Ni-Cdバッテリの特性に関する説明として(A)～(D)のうち正しいものはいくつあるか。 — 524102 — 一航回
(1)～(5)の中から選べ。

(A)重負荷特性が良く、大電流放電時には安定した電圧を保つ。
(B)高温特性は優れているが低温時には電圧降下が著しい。
(C)充放電時、電解液の比重が変化するため定期的に比重調整が必要である。
(D)振動の激しい場所で使用できるが、腐食ガスが発生するため通気が必要である。

(1)1   (2)2   (3)3   (4)4   (5)無し

問0264 Ni-Cdバッテリの中和剤で次のうち正しいものはどれか。 — 524102 — 二運回 一運飛

(1)蒸留水
(2)硫酸
(3)ホウ酸
(4)重炭酸ナトリウム

問0265 直流電源系統の説明として次のうち誤っているものはどれか。 — 524103 — 二航共 二航共

(1)主母線と蓄電池母線の間に接続された電流計は、蓄電池が充電状態のときプラスを示す。
(2)蓄電池は主母線の電圧変動を防止すると共に発電機故障時の緊急電源として機能する。
(3)蓄電池と発電機のマイナス端子を機体に直接接続する接地帰還方式が採用されている。
(4)主母線には直流発電機と蓄電池が直列に接続されている。

問0266 直流発電機の特性に関する記述で次のうち誤っているものはどれか。 — 524103 — 二運飛 二運飛 二運飛

(1)励磁電流が一定であれば、発電電圧は回転子の回転数に比例する。
(2)回転数が一定であれば、発電電圧は励磁電流の増加につれて上昇し、やがて飽和する。
(3)励磁電流を調整するため電圧増幅器が必要である。
(4)カーボン・ブラシを使用している場合、定期的に摩耗の点検が必要である。

電子装備品等

問題番号	試験問題	シラバス番号	出題履歴
問0267	小型機の直流電源系統の説明として(A)〜(D)のうち正しいものはいくつあるか。(1)〜(5)の中から選べ。 (A)蓄電池と発電機のマイナス端子を直接機体に接続する接地帰還方式が採用されている。 (B)主母線には発電機と蓄電池が直列に接続されている。 (C)整流型直流発電機が装備された電源系統では逆流遮断器は不要である。 (D)蓄電池は主母線の電圧変動を防止すると共に発電機故障時の緊急電源としても機能する。 (1) 1　　(2) 2　　(3) 3　　(4) 4　　(5) 無し	524103	工計器 工電子 工電気 工無線
問0268	TRUに関する説明として次のうち誤っているものはどれか。 (1)6個のダイオードの全波整流回路を持っている。 (2)トランスの一次側はデルタ結線、二次側はスター結線の二次巻線からなる。 (3)トランスと整流器を組み合わせたユニットである。 (4)交流を直流に変換する。	524104	一航飛 一航飛
問0269	TRUに関する説明として(A)〜(D)のうち正しいものはいくつあるか。(1)〜(5)の中から選べ。 (A)直流電源を交流電源に変換するユニットである。 (B)トランスの一次側はデルタ結線、二次側はスター結線の二次巻線からなる。 (C)6個のダイオードの全波整流回路を持っている。 (D)ユニットの温度が上昇したときに警報等を点灯するサーマル・スイッチを備えているものもある。 (1) 1　　(2) 2　　(3) 3　　(4) 4　　(5) 無し	524104	工計器
問0270	TRUに関する説明として(A)〜(D)のうち正しいものはいくつあるか。(1)〜(5)の中から選べ。 (A)トランスと整流器を組み合わせたユニットである。 (B)トランスの一次側はデルタ結線、二次側はスター結線の二次巻線からなる。 (C)6個のシリコン・ダイオードの全波整流回路を持っている。 (D)ユニットの温度が上昇した時に警報等を点灯させるサーマル・スイッチを備えている。 (1) 1　　(2) 2　　(3) 3　　(4) 4　　(5) 無し	524104	工電気
問0271	電源系統における母線（Bus Bar）に関する説明として(A)〜(C)のうち正しいものはいくつあるか。(1)〜(4)の中から選べ。 (A)ジャンクション・ボックスや配電盤の中にある低抵抗の銅板である。 (B)母線からサーキット・ブレーカ等を経由して負荷に配電される。 (C)負荷の種類（重要度）と電源の種類によって分類される。 (1) 1　　(2) 2　　(3) 3　　(4) 無し	524105	二航共
問0272	Current Transformerに関する説明として(A)〜(D)のうち正しいものはいくつあるか。(1)〜(5)の中から選べ。 (A)トランスと整流器を組み合わせたユニットである。 (B)発電機を保護するためのSensorとして使われる。 (C)交流母線の電流を測定できる。 (D)電流を増幅するときに使用する。 (1) 1　　(2) 2　　(3) 3　　(4) 4　　(5) 無し	524106	工電気 工電気
問0273	インバータの目的について次のうち正しいものはどれか。 (1)直流電圧を調整する。 (2)直流を交流に変換する。 (3)交流電圧を高める。 (4)交流を整流する。	524106	二運飛 二運飛 二運飛
問0274	Static Inverter に関する説明として次のうち誤っているものはどれか。 (1)可動部分が無く、半導体を利用した小型軽量の機器である。 (2)交流電源方式の航空機には必要ないため装備されていない。 (3)スイッチング回路、変圧器、駆動回路、波形整形フィルタから構成されている。 (4)直流電力の入力を交流電力に変換して出力する。	524106	一航飛 一航飛 工電子 工電気

問0275　Static Inverterに関する説明として(A)～(D)のうち正しいものはいくつあるか。　524106　一航飛
　　　　(1)～(5)の中から選べ。　　　　　　　　　　　　　　　　　　　　　　　　　　　　　　　　　一航飛

　　　　(A)可動部分が無く、半導体を利用した小型軽量の機器である。
　　　　(B)交流電源方式の航空機には必要ないため装備されていない。
　　　　(C)スイッチング回路、変圧器、駆動回路、波形整形フィルタから構成されている。
　　　　(D)直流電力の入力を交流電力に変換して出力する。

　　　　(1)　1　　(2)　2　　(3)　3　　(4)　4　　(5)　無し

問0276　下記「トランジスタ・スイッチ回路」に関する説明として(A)～(D)のうち正しいものは　524106　工電気
　　　　いくつあるか。(1)～(5)の中から選べ。　　　　　　　　　　　　　　　　　　　　　　　　　工電気
　　　工電気

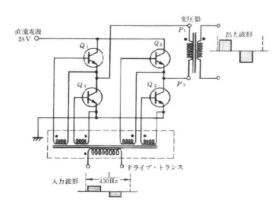

　　　　(A)静止型インバータのトランジスタ・スイッチ回路である。
　　　　(B)駆動回路からの入力の正の半サイクルでは電流はトランジスタQ_3、変圧器1次巻線及
　　　　　　びQ_4を通って接地する。
　　　　(C)駆動回路からの入力の負の半サイクルでは電流はトランジスタQ_1、変圧器1次巻線及
　　　　　　びQ_2を通って接地する。
　　　　(D)入力の正負に応じて変圧器の1次巻線に流れる電流の方向を切り替え、変圧器2次側
　　　　　　に入力波形と同じ出力波形を得ることができる。

　　　　(1)　1　　(2)　2　　(3)　3　　(4)　4　　(5)　無し

問0277　空ごう計器に関する説明として次のうち誤っているものはどれか。　531102　一航回

　　　　(1)ピトー圧とは、空気の流れに正対して開孔した部分の空気圧であり全圧ともいう。
　　　　(2)同じマッハ数でも高度が高くなると対気速度の値は大きくなる。
　　　　(3)標準大気の海面上では$\rho = \rho_0$であるからTAS＝EAS＝CASとなる。
　　　　(4)気圧高度計の誤差には、目盛誤差、温度誤差、弾性誤差および機械的誤差がある。

問0278　空ごう計器に関する説明で次のうち誤っているものはどれか。　531102　二航共

　　　　(1)空ごうには、使用目的により密閉型と開放型がある。
　　　　(2)気圧高度を知りたい場合は、高度計の気圧補正目盛を"29.92in・Hg"又は
　　　　　　"1,013hPa"にセットする必要がある。
　　　　(3)標準大気状態の海面上においてCASはTASに等しい。
　　　　(4)14,000Ft以上の高高度飛行ではQNH規正、QNH適用区域境界外の洋上飛行中は
　　　　　　QFE規正を行う。

問0279　空ごうに関する説明で次のうち誤っているものはどれか。　531102　一航回

　　　　(1)対気速度計では、速度が大きくなると目盛幅が大きくなってしまうので抑制スプリン
　　　　　　グで空ごうの変位を抑制し、ほぼ平等になるようにしている。
　　　　(2)気圧が変わる速さだけで昇降速度を求めようとすると指示の遅れが大きくなるため、
　　　　　　遅れをなくしたIVSIと呼ばれる昇降計も広く用いられている。
　　　　(3)気圧高度計の気圧規正には、QNH・QNE・QFEの3つの方法がある。
　　　　(4)空ごうには、密閉型・開放型があり、開放型空ごうは絶対圧力の測定に、密閉型空ご
　　　　　　うは差圧の測定に用いられている。

電子装備品等

問0280 空ごう計器に関する説明として(A)～(D)のうち正しいものはいくつあるか。
(1)～(5)の中から選べ。

シラバス番号 531102　工計器

(A)ピトー圧とは、空気の流れに正対して開孔した部分の空気圧で全圧ともいう。
(B)同じマッハ数でも高度が高くなると対気速度の値は大きくなる。
(C)標準大気の海面上では$\rho=\rho_0$であるからTAS＝EAS＝CASとなる。
(D)気圧高度計の誤差には、目盛誤差、温度誤差、弾性誤差及び機械的誤差がある。

(1) 1　　(2) 2　　(3) 3　　(4) 4　　(5) 無し

問0281 空ごう計器に関する説明として(A)～(D)のうち正しいものはいくつあるか。
(1)～(5)の中から選べ。

シラバス番号 531102　一航飛

(A)同じマッハ数でも高度が高くなると対気速度の値は小さくなる。
(B)標準大気状態の海面上においてCASはTASに等しい。
(C)気圧高度計は、一種の絶対圧力測定器である。
(D)ピトー圧とは、空気の流れに正対して開孔した部分の空気圧であり全圧ともいう。

(1) 1　　(2) 2　　(3) 3　　(4) 4　　(5) 無し

問0282 空ごう計器に関する説明として(A)～(D)のうち正しいものはいくつあるか。
(1)～(5)の中から選べ。

シラバス番号 531102　工計器／工電子／工電気／工無線

(A)ピトー圧とは、空気の流れに正対して開孔した部分の空気圧であり全圧ともいう。
(B)マッハ計に使用されている真空空ごうは静圧を受感して高度によるマッハ数の補正を行う。
(C)同じマッハ数でも高度が高くなると対気速度の値は小さくなる。
(D)標準大気状態の海面上においてCASはTASより低く指示する。

(1) 1　　(2) 2　　(3) 3　　(4) 4　　(5) 無し

問0283 空ごう計器に関する説明として(A)～(D)のうち正しいものはいくつあるか。
(1)～(5)の中から選べ。

シラバス番号 531102　一航飛／工電子／工電気／工無線

(A)単純な気圧高度計に機能を追加、変更したものにエンコーディング高度計、誤差補正高度計、高度表示器がある。
(B)標準大気状態の海面上においてCASはTASに等しい。
(C)気圧高度計は、一種の絶対圧力測定器である。
(D)ピトー圧とは、空気の流れに正対して開孔した部分の空気圧であり全圧ともいう。

(1) 1　　(2) 2　　(3) 3　　(4) 4　　(5) 無し

問0284 空ごうに関する説明として(A)～(D)のうち正しいものはいくつあるか。
(1)～(5)の中から選べ。

シラバス番号 531102　一航回

(A)対気速度計では、速度が大きくなると目盛幅が大きくなってしまうので抑制スプリングで空ごうの変位を抑制し、ほぼ平等になるようにしている。
(B)気圧が変わる速さだけで昇降速度を求めようとすると指示の遅れが大きくなるため、遅れをなくしたIVSIと呼ばれる昇降計も広く用いられている。
(C)気圧高度計の気圧規正には、QNH・QNE・QFEの3つの方法がある。
(D)空ごうには、密閉型・開放型があり、密閉型空ごうは絶対圧力の測定に、開放型空ごうは差圧の測定に用いられている。

(1) 1　　(2) 2　　(3) 3　　(4) 4　　(5) 無し

問0285 静圧を利用していない計器は次のうちどれか。

シラバス番号 531102　二航滑／二航滑

(1)気圧高度計
(2)対気速度計
(3)空気式旋回計
(4)昇降計

問0286 気圧高度計に関する説明で次のうち正しいものはどれか。

シラバス番号 531102　二航共

(1)指示の原理は真空空ごうを用いて大気の絶対圧力を測定している。
(2)14,000ft以上の高高度飛行ではQNH規正、QNH適用区域境界外の洋上飛行中はQFE規正を行う。
(3)標準大気温度より温度が高い区域に入ると、真高度は気圧高度より低くなる。
(4)QNHで規正されている航空機が着陸したときの指示は、滑走路上で高度計が"0"ftとなる。

問題番号	試験問題	シラバス番号	出題履歴
問0287	気圧高度計のセッティング方法の説明として次のうち正しいものはどれか。 (1) QFE SET ：気圧補正目盛を29.92in-Hgに合わせる。 (2) QNH SET ：気圧補正目盛を海面上の気圧に合わせる。 (3) QNE SET ：高度計の指針を"0"ftに合わせる。 (4) QFH SET ：高度計の指針をその場所の標高に合わせる。	531102	一航飛 工電子 工電気 一航飛 工計器 工電子 工電気
問0288	気圧高度計でその場所の気圧を知る方法として次のうち正しいものはどれか。 (1) 気圧補正目盛りを29.92in Hgに合わせる。 (2) 気圧補正目盛りをその場所の海面上の気圧に合わせる。 (3) 高度計の指針を0ftに合わせる。 (4) 高度計の指針をその場所の標高に合わせる。	531102	二運飛 二運飛 二運飛 二運飛 一運飛 一運飛
問0289	標高1,000ftの空港で気圧高度計の指針を0ftに合わせた時の小窓の指示で次のうち正しいものはどれか。 (1) 常に29.92を指示する。 (2) 標準大気の海面上の気圧を指示する。 (3) その地点の仮想海面上の気圧を指示する。 (4) その地点の気圧を指示する。	531102	二運回 二運回 一運回
問0290	気圧高度計の気圧補正目盛を29.92inHg／1,013hPaにセットする場合の説明として次のうち正しいものはどれか。 (1) 使用滑走路の標高（海抜）を知りたいとき (2) 滑走路上で高度計の指示が"0"Ftを指示させたいとき (3) 滑走路上で密度高度を知る必要があるとき (4) QNH適用区域境界外の洋上を飛行するとき	531102	二航共 一航飛 一航飛
問0291	滑走路上において高度計をQNEセッティングした時の指示として次のうち正しいものはどれか。 (1) 絶対高度 (2) 気圧高度 (3) 対地高度 (4) 密度高度	531102	一航回 一航回 二航共 一航回
問0292	標高1,000ftの空港で気圧高度計の指針を0ftに合わせた時の小窓の指示で次のうち正しいものはどれか。 (1) 常に29.92を指示する。 (2) 標準大気の海面上の気圧を指示する。 (3) その地点の気圧を指示する。 (4) その地点の仮想海面上の気圧を指示する。	531102	二運回
問0293	気圧高度計に関する説明として(A)～(D)のうち正しいものはいくつあるか。 (1)～(5)の中から選べ。 (A) 指示の原理は真空空ごうを用いて大気の絶対圧力を測定している。 (B) QNHで規正されている航空機が着陸したときの指示は、その飛行場の海抜高度を指示する。 (C) 標準大気温度より温度が高い区域に入ると、真高度は気圧高度より低くなる。 (D) 14,000Ft以上の高高度飛行ではQNH規正、QNH適用区域境界外の洋上飛行中はQFE規正を行う。 (1) 1　　(2) 2　　(3) 3　　(4) 4　　(5) 無し	531102	一航飛 一航飛
問0294	高度計の誤差に関する説明で次のうち誤っているものはどれか。 (1) 目盛誤差は、大気圧の高度と圧力の関係が非直線的であることが原因の一つである。 (2) 温度誤差は、高度計を構成する部品の温度変化による膨張、収縮が原因である。 (3) 弾性誤差は、温度変化によって弾性係数が変わるための誤差である。 (4) 機械的誤差は、バイメタルによって補正される。	531102	二運飛 二航滑 二運飛
問0295	速度計に関する説明として次のうち正しいものはどれか。 (1) 全圧と静圧を計測し、その比から動圧を得て速度を指示する。 (2) 同じマッハ数でも高度が低くなると対気速度の値は小さくなる。 (3) 指示が不正確となる原因に毛細管、オリフィスの詰まりがある。 (4) 高速機では最大運用限界速度がマッハ数で制限される場合が多いため、飛行している高度の音速に応じて最大運用限界速度を変えて指示させている。	531102	一航飛

電子装備品等

問0296　IASとTASの関係で次のうち正しいものはどれか。　531102　一航回／一航回

(1) IASが一定であれば、高度が高くなるに従い、TASは小さくなる。
(2) IASが一定であれば、TASは高度に関係なく一定である。
(3) IASが一定であれば、高度が高くなるに従い、TASは大きくなる。
(4) IASはTASに温度補正したものである。

問0297　対気速度に関する説明として次のうち誤っているものはどれか。　531102　一運回

(1) 海面上標準大気においてはEASはCASに等しい。
(2) 海面上標準大気においてはCASはTASに等しい。
(3) IASは較正対気速度と呼ばれ誤差を修正したものである。
(4) TASはかく乱されない大気に相対的な航空機の速度をいう。

問0298　対気速度計の赤色放射線の意味で次のうち正しいものはどれか。　531102　二運飛／二運飛／二運飛／二運飛

(1) 最大運用限界速度
(2) 最大巡航速度
(3) 超過禁止速度
(4) 失速速度

問0299　CASに対し各飛行高度での圧縮性の影響による誤差の修正を行った速度として次のうち正しいものはどれか。　531102　二航共／二航共

(1) EAS
(2) IAS
(3) GS
(4) TAS

問0300　対気速度に関する説明として(A)～(D)のうち正しいものはいくつあるか。
(1)～(5)の中から選べ。　531102　工電気／工電子／工計器／一航回／一航回

(A) CASとはIASに位置誤差と器差を修正したものである。

(B) 標準大気状態の海面上においてCASはTASに等しい。

(C) EASとはCASを特定の高度における断熱圧縮流に対して修正したものである。

(D) TAS = EAS $\sqrt{(\rho_0 / \rho)}$ の関係がある。

(1) 1　　(2) 2　　(3) 3　　(4) 4　　(5) 無し

問0301　マッハ数、音速に関する説明として(A)～(D)のうち正しいものはいくつあるか。
(1)～(5)の中から選べ。　531102　一航飛／一航飛

(A) 空気中を音波が伝わる速さと航空機の真対気速度によりマッハ数が求められる。
(B) 高速機では最大運用限界速度がマッハ数で制限される場合が多く、飛行している高度の音速に応じて最大運用限界速度の指示を変えている。
(C) 同じマッハ数でも高度が高くなると対気速度の値は小さくなる。
(D) 空気中を音波が伝わる速さは、その場所の空気の状態（温度）で決まる。

(1) 1　　(2) 2　　(3) 3　　(4) 4　　(5) 無し

問0302　昇降計に関する説明として次のうち誤っているものはどれか。　531102　一航飛／一航回／工電子／工電気／工無線

(1) 航空機の上昇・降下を知るための計器である。
(2) 急激な上昇・降下飛行を防止するために赤白の斜縞に塗られた指針（バーバー・ポール）が組込まれている。
(3) 毛細管とオリフィスは高度（大気圧）に関係なく、正しい昇降速度を指示させる特性がある制流素子である。
(4) 指針の0点調整により指針の0位置がずれた場合に調整できる。

問0303　昇降計の指示が水平飛行になっても"0"に戻らなかった原因で次のうち正しいものはどれか。　531102　二運飛／二運回／二運飛／二運飛／二運飛

(1) 動圧管の漏れ
(2) 毛細管の詰まり
(3) 静圧管の漏れ
(4) 静圧管の詰まり

| 問0304 | 巡航飛行中、ピトー圧系統の配管において非与圧部で漏れを生じたときの対気速度計の指示で次のうち正しいものはどれか。 | 531102 | 二航共 |

(1)高い指示となる。
(2)低い指示となる。
(3)高高度では高く、低高度では低い指示となる。
(4)高高度では低く、低高度では高い指示となる。
(5)指示は変わらない。

| 問0305 | 機体の左右にある静圧孔が互いに接続されている理由について次のうち正しいものはどれか。 | 531102 | 工共通
工共通
工共通 |

(1)どちらか一方は自動操縦装置用である。
(2)機長側と副操縦士側に共用するためである。
(3)横風等による誤差を防ぐためである。
(4)雨水が浸入した場合に備えてある。

| 問0306 | 機体の左右にある静圧孔は機体内で互いに接続されているが、その目的として次のうち正しいものはどれか。 | 531102 | 二航共 |

(1)横風による誤差を防ぐため
(2)雨が浸入した場合に備えるため
(3)どちらかが塞がった場合に備えるため
(4)機長側と副操縦士側に適正な全圧を供給するため

| 問0307 | 対気速度計の配管のリーク・チェックの方法について次のうち正しいものはどれか。 | 531102 | 二運飛
二運飛
二運飛
二運飛 |

(1)全圧孔および静圧孔とも正圧をかける。
(2)全圧孔および静圧孔とも負圧をかける。
(3)全圧孔には正圧、静圧孔には負圧をかける。
(4)全圧孔には負圧、静圧孔には正圧をかける。

| 問0308 | 静圧系統の漏れ点検に関する説明として次のうち正しいものはどれか。 | 531102 | 一航回 |

(1)速度計がある一定の速度を示すまで系統に負圧をかけ、規定時間後の指示が範囲内か点検する。
(2)高度計がある一定の高度を示すまで系統に正圧をかけ、規定時間後の指示が範囲内か点検する。
(3)速度計がある一定の速度を示すまで系統に正圧をかけ、規定時間後の指示が範囲内か点検する。
(4)高度計がある一定の高度を示すまで系統に負圧をかけ、規定時間後の指示が範囲内か点検する。

| 問0309 | 圧力計に関する説明として次のうち誤っているものはどれか。 | 531103 | 一航回 |

(1)アネロイド形受感部は高い圧力を測定するのに適している。
(2)ベローを用いて差圧を測定する場合には、ベローの内側及び外側に2つの圧力をかけることによって測定することが出来る。
(3)ブルドン管は、管の内部の圧力が外部より高いものに用いられる。
(4)ダイヤフラム形は、材料としてベリリウム銅などで製作されており対気速度計、昇降計にも使用されている。

| 問0310 | 圧力計に関する説明として次のうち誤っているものはどれか。 | 531103 | 一航飛 |

(1)絶対圧力を指示している計器として吸気圧力計がある。
(2)滑油圧力計、吸引圧力計、作動油圧力計、燃料圧力計などは差圧計である。
(3)受感部として用いられるダイヤフラムとベローの形状は同じである。
(4)タービン・エンジンの排気圧と流入圧の比を指示する計器としてEPR計がある。

| 問0311 | 圧力計に関する説明として次のうち誤っているものはどれか。 | 531103 | 一航飛 |

(1)絶対圧力を指示している計器として吸気圧力計がある。
(2)滑油圧力計、吸引圧力計、作動油圧力計、燃料圧力計などは差圧計である。
(3)ブルドン管は中圧、高圧の測定に適しており広く用いられている。
(4)タービン・エンジンの排気圧と流入圧の差を指示する計器としてEPR計がある。

| 問0312 | 圧力計に関する説明として(A)～(D)のうち正しいものはいくつあるか。
(1)～(5)の中から選べ。 | 531103 | 工電子 |

(A)絶対圧力を指示している計器として吸気圧力計がある。
(B)滑油圧力計、吸引圧力計、作動油圧力計、燃料圧力計などは差圧計である。
(C)ブルドン管は中圧、高圧の測定に適しており、広く用いられている。
(D)タービン・エンジンの排気圧と流入圧の差を指示する計器としてEPR計がある。

(1) 1   (2) 2   (3) 3   (4) 4   (5) 無し

電子装備品等

問0313　圧力計に関する説明として(A)〜(D)のうち正しいものはいくつあるか。
(1)〜(5)の中から選べ。

531103　　一航飛

(A)絶対圧力を指示している計器として吸気圧力計がある。
(B)滑油圧力計、吸引圧力計、作動油圧力計、燃料圧力計などは差圧計である。
(C)ブルドン管は中圧、高圧の測定に適しており広く用いられている。
(D)タービン・エンジンの排気圧と流入圧の比を指示する計器としてEPR計がある。

(1) 1　　(2) 2　　(3) 3　　(4) 4　　(5) 無し

問0314　圧力計に関する説明として(A)〜(D)のうち正しいものはいくつあるか。
(1)〜(5)の中から選べ。

531103　　一航飛
一航飛

(A)吸気圧力計：ベロー式圧力計で絶対圧力を指示
(B)滑油圧力計：ブルドン管式圧力計でゲージ圧を指示
(C)EPR計　　：ダイヤフラム式圧力計で2ヵ所のダイヤフラム圧力の差を指示
(D)吸引圧力計：ベロー式圧力計で2つのベロー圧力の比を指示

(1) 1　　(2) 2　　(3) 3　　(4) 4　　(5) 無し

問0315　航空機用の弾性圧力センサとして用いられているもので次のうち誤っているものはどれか。

531103　　二航共

(1)ダイヤフラム
(2)ブルドン管
(3)サーミスタ
(4)ベロー

問0316　弾性圧力計に関する記述について(A)〜(C)のうち正しい組み合わせはいくつあるか。
(1)〜(4)の中から選べ。

531103　　二航共
二航共

　　　　受感部　　　　　　　　使用例及び測定範囲
(A)ダイヤフラム：油圧計、作動油圧計など高い圧力の測定
(B)ベロー　　　：吸気圧力計、燃料圧力計など中間の圧力の測定
(C)ブルドン管　：気圧高度計、対気速度計、昇降計などの低い圧力の測定

(1) 1　　(2) 2　　(3) 3　　(4) 無し

問0317　ゲージ圧を指示する圧力計で次のうち誤っているものはどれか。

531103　　一航回
一航回
一航回
工計器
工電子
工電気
工無線

(1)滑油圧力計
(2)燃料圧力計
(3)吸気圧力計
(4)酸素圧力計

問0318　下図のように地上に設置したタンク内の絶対圧力として次のうち正しいものはどれか。
ただし外部の大気圧を1kgf/cm²とする。

531103　　二航共

(1) 1kgf/cm²
(2) 4kgf/cm²
(3) 5kgf/cm²
(4) 6kgf/cm²

問0319　ゲージ圧を指示する圧力計で(A)〜(D)のうち正しいものはいくつあるか。
(1)〜(5)の中から選べ。

531103　　二航共
二航共

(A)吸気圧力計
(B)酸素圧力計
(C)燃料圧力計
(D)滑油圧力計

(1) 1　　(2) 2　　(3) 3　　(4) 4　　(5) 無し

問0320　EPRの説明として次のうち正しいものはどれか。

531103　　工計器
工計器

(1)ガスタービン・エンジンから排出する燃焼ガスの全圧を流入する空気の全圧で割った
値である。
(2)ガスタービン・エンジンから排出する燃焼ガスの静圧を流入する空気の静圧で割った
値である。
(3)ガスタービン・エンジンから排出する燃焼ガスの静圧と流入する空気の静圧の差であ
る。
(4)ガスタービン・エンジンから排出する燃焼ガスの全圧を飛行高度の大気圧で割った値
である。

問0321 トルク計に関する説明として(A)～(D)のうち正しいものはいくつあるか。
(1)～(5)の中から選べ。

531103

一航飛
一航飛
一航飛
工計器
工電子
工電気

(A)トルク計を監視することにより、動力系統の調節と異常の有無の発見に役立てている。
(B)指示器の単位には、PSI またはパーセントが用いられる。
(C)回転力を伝達している斜歯歯車に発生する軸方向の力を油圧によってバランスさせ、その油圧を測ることによりトルクを知ることができる。
(D)出力軸とエンジン軸の中間にある軸のねじれを電気的に検知して、トルクを知る方法もある。

(1) 1   (2) 2   (3) 3   (4) 4   (5) 無し

問0322 トルク計に関する説明として(A)～(D)のうち正しいものはいくつあるか。
(1)～(5)の中から選べ。

531103

一航回
一航回

(A)動力系統の調節と異常の有無の発見に役立てている。
(B)指示器の単位には、PSIまたはパーセントが用いられる。
(C)回転力を伝達している斜歯歯車に発生する軸方向の力を油圧によってバランスさせ、その油圧を測ることによりトルクを知ることができる。
(D)基準軸とトーション軸との間に生ずる位相差を電気的に検知して、トルクを知ることができる。

(1) 1   (2) 2   (3) 3   (4) 4   (5) 無し

問0323 10℃における抵抗値が100 Ωの抵抗体を20℃に熱した結果、抵抗値が105 Ωになった。抵抗体の温度係数で次のうち正しいものはどれか。次のうち最も近い値を選べ。

531103

一航飛

(1) 0.005
(2) 0.05
(3) 0.5
(4) 5
(5)10

問0324 温度計に関する説明として(A)～(D)のうち正しいものはいくつあるか。
(1)～(5)の中から選べ。

531104

工計器
工電気

(A)電気抵抗の変化を利用した温度計にはニッケルの細線、サーミスタなどが広く用いられている。
(B)鉄-コンスタンタン熱電対が最も用いられているのは、温度と熱起電力との関係が直線に近く、また高温まで使用できるためである。
(C)バイメタルを利用した温度計は、熱膨張率が異なる2枚の金属板を貼り合わせ、温度の変化によって曲がり方が変化する性質を利用したものである。
(D)交差線輪型の温度計は、電源電圧が変動しても指示値はほとんど変わらないという利点がある。

(1) 1   (2) 2   (3) 3   (4) 4   (5) 無し

問0325 温度計に関する説明として(A)～(D)のうち正しいものはいくつあるか。
(1)～(5)の中から選べ。

531104

一航飛

(A)電気抵抗の変化を利用した温度計にはニッケルの細線、サーミスタなどが広く用いられている。
(B)熱電対は冷接点の温度がわかっている場合には、熱起電力を測って高温接点の温度がわかる。
(C)バイメタルを利用した温度計は、熱膨張率が異なる2枚の金属板を貼り合わせ、温度の変化によって曲がり方が変化する性質を利用したものである。
(D)交差線輪型の温度計は、電源電圧が変動しても指示値はほとんど変わらない。

(1) 1   (2) 2   (3) 3   (4) 4   (5) 無し

問0326 温度計に関する説明として(A)～(D)のうち正しいものはいくつあるか。
(1)～(5)の中から選べ。

531104

二航共
二航共
二航共

(A)感温部を機外に突出させ直接指示させる外気温度計ではバイメタルを用いている。
(B)シリンダ温度計には、電気抵抗式と熱電対式の2種類がある。
(C)低速機の外気温度計は感温部を機外に突出させ、その指示値をそのまま外気温度として用いている。
(D)タービン・エンジンのガス温度計は複数個の熱電対を用いて、それらが感知した温度の平均値を指示するようにしている。

(1) 1   (2) 2   (3) 3   (4) 4   (5) 無し

電子装備品等

問題番号	試験問題	シラバス番号	出題履歴

問0327 温度計に関する説明として(A)～(D)のうち正しいものはいくつあるか。
(1)～(5)の中から選べ。

531104 　工計器
工電子
工電気
工電気

(A)温度計の受感部には、熱電対と電気抵抗の変化を利用した2種類のみが用いられている。
(B)電気抵抗の変化を利用した温度計の指示器には比率型計器が用いられているため、指示値が電源電圧の変動に影響される。
(C)熱電対を用いた温度計の場合には、冷接点と高温接点との温度差による熱電対の熱起電力を測って、冷接点の温度を知る。
(D)ガスタービン・エンジンの場合には複数個の熱電対を用いて、それらが感知した最大値を指示している。

(1) 1　　(2) 2　　(3) 3　　(4) 4　　(5) 無し

問0328 温度計の受感部に用いられているものとして(A)～(D)のうち正しいものはいくつあるか。(1)～(5)の中から選べ。

531104 　一航回
二航共
一航回

(A)電気抵抗の変化
(B)熱電対
(C)固体の膨張
(D)液体の膨張

(1) 1　　(2) 2　　(3) 3　　(4) 4　　(5) 無し

問0329 熱電対について次のうち正しいものはどれか。

531104 　工共通

(1)異種金属間の熱膨張率の違いを利用して、ひずみ量から温度等を測定するセンサである。
(2)異種金属を接合した高温接点と冷接点との間に温度差を与えたときに発生する熱起電力を利用したセンサである。
(3)サーミスタを利用した排気温度等を精密に測定するセンサである。
(4)ピエゾ電流を測定することにより測定点の絶対温度を知ることができるセンサである。

問0330 熱起電力に関する説明として次のうち誤っているものはどれか。

531104 　二航共

(1)鉄ーコンスタンタンは温度と熱起電力の比例関係がやや悪く、熱起電力が小さい。
(2)熱起電力を利用する目的で異種金属を接合したものを熱電対という。
(3)クロメルーアルメルは温度と熱起電力との関係が直線に近い。
(4)異種金属を接続し、接続点（高温接点と冷接点）の間に温度差を与えた場合に発生する電圧のことをいう。

問0331 熱起電力に関する説明として(A)～(D)のうち正しいものはいくつあるか。
(1)～(5)の中から選べ。

531104 　二航共

(A)鉄ーコンスタンタンは温度と熱起電力の比例関係がやや悪く、熱起電力が小さい。
(B)熱起電力を利用する目的で異種金属を接合したものを熱電対という。
(C)クロメルーアルメルは温度と熱起電力との関係が直線に近い。
(D)異種金属を接続し、接続点（高温接点と冷接点）の間に温度差を与えた場合に発生する電圧のことをいう。

(1) 1　　(2) 2　　(3) 3　　(4) 4　　(5) 無し

問0332 電気抵抗の変化を利用した温度計に関する説明として(A)～(D)のうち正しいものはいくつあるか。(1)～(5)の中から選べ。

531104 　工電気
一航飛
工電気

(A)サーミスタの場合には並列に電気抵抗の温度係数が小さい抵抗を接続して、温度と電気抵抗の関係の直線性を改善している。
(B)交差線輪型の温度計は、電源電圧が変動しても指示値はほとんど変わらない利点がある。
(C)交差線輪型の温度計は、比率型計器と呼ばれる。
(D)温度を感知する部分にはニッケルの細い線又はサーミスタなどが用いられている。

(1) 1　　(2) 2　　(3) 3　　(4) 4　　(5) 無し

問0333	電気抵抗式滑油温度計に関する説明として(A)～(D)のうち正しいものはいくつあるか。 (1)～(5)の中から選べ。 (A)温度を感知する部分にはニッケルの細い線又はサーミスタなどが用いられている。 (B)交差線輪型の温度計は、電源電圧が変動しても指示値はほとんど変わらない。 (C)交差線輪型の温度計は、比率型計器と呼ばれる。 (D)受感部がサーミスタの場合には並列に電気抵抗の温度係数が小さい抵抗を接続して、温度と電気抵抗の関係の直線性を改善している。 (1) 1　　(2) 2　　(3) 3　　(4) 4　　(5) 無し	531104	一航回

| 問0334 | 可動コイル型電圧計と、熱電対との組合せによる温度計を航空機に装着したところ、熱電対と温度指示器を結ぶ専用リード線を誤って短く切ってしまった。その結果、12mあったものが8mとなった場合のこの温度計の熱起電力回路の説明として(A)～(D)のうち正しいものはいくつあるか。(1)～(5)の中から選べ。

ただし温度計の正規の抵抗値は、次のとおりとする。
　　熱電対：0.1Ω、専用リード線：1.5Ω、指示器：6.4Ω

(A)この温度計の熱起電力回路の電気抵抗は、8Ωであった。
(B)8mとなったリード線の電気抵抗は、1.0Ωとなった。
(C)専用リード線を12mから8mにした結果、全抵抗は、7.5Ωとなった。
(D)最終的に低温接点と高温接点の温度差は、約1.067倍に大きく指示される。

(1) 1　　(2) 2　　(3) 3　　(4) 4　　(5) 無し | 531104 | 工計器 |

| 問0335 | 外気温度計に関する説明として次のうち誤っているものはどれか。

(1)飛行しているとき、TATはSATより高い。
(2)マッハ数が大きくなると、TATとSATとの温度差は大きくなる。
(3)TATセンサには飛行中凍結防止のためヒータが組込まれている。
(4)TATは空気の断熱膨張による温度降下分を含んでいる。 | 531104 | 一航飛 |

| 問0336 | SATを算出する情報として次のうち正しいものはどれか。

(1)全温度とマッハ数
(2)全温度と真対気速度
(3)全温度と等価対気速度
(4)全温度と較正対気速度 | 531104 | 一航回 |

| 問0337 | TATの説明として(A)～(D)のうち正しいものはいくつあるか。
(1)～(5)の中から選べ。

(A)低空ではTATはSATと同一となる。
(B)TATは速度が変化しても変わらない。
(C)TATは断熱圧縮による温度上昇分を含んでいる。
(D)飛行している時、TATはSATよりも高い。

(1) 1　　(2) 2　　(3) 3　　(4) 4　　(5) 無し | 531104 | 工電子
工電子 |

| 問0338 | TATの説明として(A)～(D)のうち正しいものはいくつあるか。
(1)～(5)の中から選べ。

(A)飛行中、TATセンサには凍結防止のためヒータが組込まれている。
(B)TATは速度が変化しても変わらない。
(C)TATは断熱圧縮による温度上昇分を含んでいる。
(D)飛行している時、TATはSATよりも高い。

(1) 1　　(2) 2　　(3) 3　　(4) 4　　(5) 無し | 531104 | 工電子 |

| 問0339 | 外気温度計に関する説明として(A)～(D)のうち正しいものはいくつあるか。
(1)～(5)の中から選べ。

(A)飛行している時、TATはSATより高い。
(B)マッハ数が大きくなると、TATとSATとの温度差は大きくなる。
(C)TATセンサには、飛行中、凍結防止のためヒータが組込まれている。
(D)低空ではTATとSATは同一となる。

(1) 1　　(2) 2　　(3) 3　　(4) 4　　(5) 無し | 531104 | 一航飛
工計器 |

電子装備品等

問題番号	試験問題	シラバス番号	出題履歴
問0340	回転計の説明として次のうち誤っているものはどれか。 (1)作動原理で分類すると電気式、電子式、可動コイル式の3種類がある。 (2)電気式回転計内には、ドラッグ・カップと抑制スプリングがある。 (3)電気式回転計では直接駆動されるものと遠隔指示するものがある。 (4)遠隔指示する電気式回転計は、3相交流同期発電機と3相交流同期電動機が内蔵された回転計指示器により構成される。	531105	一航回 一航飛 工電子 工電気 一航飛 一航飛
問0341	回転計の説明として次のうち誤っているものはどれか。 (1)作動原理で分類すると電気式、電子式、可動コイル式の3種類に分けることができる。 (2)電気式回転計ではドラッグ・カップと呼ばれるものが回転速度を指示する基本となっている。 (3)電気式回転計では直接駆動式も用いられている。 (4)遠隔指示型電気式回転計は、3相交流同期発電機と3相交流同期電動機が内蔵された回転計指示器により構成される。	531105	一航回 一航回
問0342	回転計の説明として(A)～(D)のうち正しいものはいくつあるか。 (1)～(5)の中から選べ。 (A)作動原理で分類すると電気式、電子式、可動コイル式の3種類に分けることができる。 (B)電気式回転計ではドラッグ・カップと呼ばれるものが回転速度を指示する基本となっている。 (C)電気式回転計では直接駆動式も用いられている。 (D)遠隔指示型電気式回転計は、3相交流同期発電機と3相交流同期電動機が内蔵された回転計指示器により構成される。 (1) 1　　(2) 2　　(3) 3　　(4) 4　　(5) 無し	531105	二航共 二航共
問0343	回転計に関する説明として(A)～(D)のうち正しいものはいくつあるか。 (1)～(5)の中から選べ。 (A)電気式回転計では、ドラッグ・カップと抑制スプリングが回転速度を計測する。 (B)遠隔指示型の電気式回転計では3相交流同期発電機と3相交流同期電動機によって、回転速度を電気的に指示器まで送っている。 (C)ピストン・エンジンの場合には、回転速度は定格回転速度に対する百分率（％）で表されるものが多い。 (D)タービン・エンジンの場合には、回転速度は1分間の回転数（rpm）で表されるものが多い。 (1) 1　　(2) 2　　(3) 3　　(4) 4　　(5) 無し	531105	一航回 二航共 二航共 一航回
問0344	静電容量式燃料計に関する説明として次のうち正しいものはどれか。 (1)温度が上昇すると燃料が膨張して容積が増し誘電率が大きくなる。 (2)燃料と空気の誘電率の比は約2：1である。 (3)密度が小さいほど誘電率は大きくなる。 (4)誘電率は密度の影響を受けない。	531106	一航回 一航飛 一航飛
問0345	静電容量式燃料計に関する説明として次のうち正しいものはどれか。 (1)燃料の密度が小さいほど誘電率は大きくなる。 (2)燃料の温度が低下すると密度が大きくなり誘電率は大きくなる。 (3)燃料の誘電率は密度の影響を受けない。 (4)燃料と空気の比誘電率は等しい。	531106	工電子 一航飛 一航飛 工電気 工電気
問0346	静電容量式燃料計に関する説明として(A)～(D)のうち正しいものはいくつあるか。 (1)～(5)の中から選べ。 (A)燃料の密度が小さいほど誘電率は大きくなる。 (B)燃料の温度が低下すると密度が大きくなり誘電率は大きくなる。 (C)燃料の誘電率は密度の影響を受けない。 (D)燃料と空気の誘電率の比は約2：1である。 (1) 1　　(2) 2　　(3) 3　　(4) 4　　(5) 無し	531106	一航回

問0347 静電容量式燃料計に使用されているタンク・ユニットの誘電率に関する説明として次のうち誤っているものはどれか。　531106　二航共

(1) 密度が大きいほど大きくなる。
(2) 燃料と空気の誘電率の比は約2：1である。
(3) 誘電率は密度の影響を受けない。
(4) 温度が低下すると誘電率は大きくなる。

問0348 静電容量式液量計に使用されているタンク・ユニットの誘電率に関する説明として(A)～(C)のうち正しいものはいくつあるか。(1)～(4)の中から選べ。　531106　一航回

(A) 空気と燃料の誘電率は1：2で空気の方が小さい。
(B) 温度が上昇すると燃料が膨張して容積が増し小さくなる。
(C) 密度が大きいほど大きくなる。

(1) 1　　(2) 2　　(3) 3　　(4) 無し

問0349 静電容量式燃料計に使用されているタンク・ユニットの誘電率に関する説明として(A)～(D)のうち正しいものはいくつあるか。(1)～(5)の中から選べ。　531106　二航共

(A) 密度が小さいほど大きくなる。
(B) 温度が低下すると密度が大きくなり誘電率は大きくなる。
(C) 誘電率は密度の影響を受けない。
(D) 燃料と空気の誘電率の比は約2：1である。

(1) 1　　(2) 2　　(3) 3　　(4) 4　　(5) 無し

問0350 次の空欄(A)～(D)に当てはまる用語の組み合わせで次のうち正しいものはどれか。　531106　工電気／工電気／工計器

コンデンサの静電容量は、形によらず（　A　）の大きさに比例する。静電容量式液量計に用いられるコンデンサは（　B　）が用いられタンク・ユニットと呼ばれている。タンク・ユニットは電極間に燃料が浸入するように作られており、燃料で満たされると（　C　）は空気中に置いた場合の約（　D　）倍になる。

	（　A　）	（　B　）	（　C　）	（　D　）
(1)	誘電率	同軸円筒形	静電容量	2
(2)	静電容量	浮子式	誘電率	2
(3)	比誘電率	円軸円筒形	静電容量	1
(4)	静電容量	浮子式	誘電率	1

問0351 下記のタンク・ユニットに関する説明の空欄(A)から(D)に当てはまる用語の組み合わせで次のうち正しいものはどれか。　531106　一航飛／工計器／工電子／工電気

コンデンサの静電容量は、どのような形のコンデンサであっても、（　A　）の大きさに比例する。静電容量式液量計のセンサとして用いられるコンデンサは（　B　）のコンデンサが用いられタンク・ユニットと呼ばれている。タンク・ユニットの電極間が燃料で充たされると（　C　）は空気中に置いた場合の約（　D　）倍になる。

	（　A　）	（　B　）	（　C　）	（　D　）
(1)	誘電率	同軸円筒形	静電容量	2
(2)	静電容量	浮子式	誘電率	2
(3)	誘電率	円軸円筒形	静電容量	1／2
(4)	静電容量	浮子式	誘電率	1／2

問0352 下記の静電容量式液量計に関する文章の空欄に当てはまる語句の組み合わせで次のうち正しいものはどれか。　531106　二航共

静電容量式液量計は、温度が上昇すると燃料が（　ア　）して容積が（　イ　）が、（　ウ　）が（　エ　）なるので誘電率は（　エ　）なる。

	（ ア ）	（ イ ）	（ ウ ）	（ エ ）
(1)	膨張	減る	容積	大きく
(2)	減少	増す	密度	大きく
(3)	膨張	増す	密度	小さく
(4)	減少	減る	容積	小さく

問題番号	試験問題	シラバス番号	出題履歴
問0353	下記の静電容量式液量計に関する文章の空欄に当てはまる語句の組み合わせで次のうち正しいものはどれか。 静電容量式液量計は、温度が上昇すると燃料が（　ア　）して容積が（　イ　）が、（　ウ　）が（　エ　）なるので誘電率は（　オ　）なる。 （　ア　）（　イ　）（　ウ　）（　エ　）（　オ　） （1）膨張　　　減る　　容積　　大きく　小さく （2）減少　　　増す　　密度　　大きく　大きく （3）膨張　　　増す　　密度　　小さく　小さく （4）減少　　　減る　　容積　　小さく　大きく	531106	二航共
問0354	航空機用に広く用いられている燃料流量測定方法として次のうち誤っているものはどれか。 （1）差圧式流量計 （2）作動式流量計 （3）容積式流量計 （4）質量流量計	531106	一航回 一航回
問0355	下図の質量流量計の説明として空欄(A)～(D)に当てはまる用語の組み合わせで次のうち正しいものはどれか。 円筒内に燃料が流れていないときは、P₁及びP₂が検出する電圧波形は（　A　）発生するが、燃料が流れているときは、燃料流によりインペラⅠが変位し、トルク・スプリングSにねじれが生じて、検出コイルP₂に発生する電圧波形はP₁によって検出された電圧波形より一定時間だけ（　B　）。この（　C　）は流量（質量流量）に（　D　）するので、（　C　）を計測することによって質量流量を知ることができる。 （　A　）　　（　B　）　（　C　）　　（　D　） （1）ずれて　　　進む　　進み時間　比例 （2）同時に　　　進む　　進み時間　反比例 （3）ずれて　　　遅れる　遅れ時間　反比例 （4）同時に　　　遅れる　遅れ時間　比例	531106	一航飛 一航回 一航飛

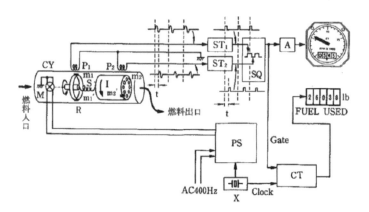

問題番号	試験問題	シラバス番号	出題履歴
問0356	流量計に関する説明として(A)～(C)のうち正しいものはいくつあるか。 (1)～(4)の中から選べ。 (A)容積式流量計から指示器までの電気的な伝達にはシンクロ、デシン、マグネシンなどが利用されている。 (B)質量流量計の表示単位はgal/sとなる。 (C)実用されている流量計には差圧式、容積式及び質量式がある。 （1）1　　（2）2　　（3）3　　（4）無し	531106	一航回 一航回
問0357	ジャイロ計器に関する説明として次のうち正しいものはどれか。 （1）VGはロータ軸が水平になるように制御された自由度2のジャイロである。 （2）VGのロータ軸が重力方向を向くように制御することをスレービングと呼んでいる。 （3）AHRSを装備している機体ではFlux Valveも必要となる。 （4）DGのロータ軸が一定の方向を保つように制御することを自立制御と呼んでいる。	531107	一航飛 一航飛 一航飛 工電子 工電気

問0358　ジャイロ計器に関する説明で次のうち誤っているものはどれか。　531107　工計器 工電子 工電気

(1)VGはロータの回転軸が地球重力の方向と一致するように制御された自由度2のジャイロである。
(2)VGでは内ジンバル軸がピッチ軸、外ジンバル軸がロール軸と平行になるように取り付けられている。
(3)DGではロータ軸が一定の方向を保つように制御している。
(4)DGでは外ジンバル面が水平、内ジンバル軸が機体のヨー軸と平行になるように取り付けられている。

問0359　ジャイロに関する説明として次のうち誤っているものはどれか。　531107　一航回

(1)回転しているジャイロ軸に外力が加われば、回転方向に90度進んだ点で現象が現れる。
(2)ロータ軸が時間の経過とともに傾くことをランダム・ドリフトという。
(3)回転速度が速ければ速いほど、同じ変位を与えるのに必要な力は小さくて良い。
(4)回転しているジャイロに外力が加わらなければジャイロ軸は常に一定方向を保つ。

問0360　自由度2のジャイロを使用している計器として(A)～(D)のうち正しいものはいくつあるか。(1)～(5)の中から選べ。　531107　一航回 一航回

(A)旋回計
(B)水平儀
(C)AHRS
(D)定針儀

(1) 1　　(2) 2　　(3) 3　　(4) 4　　(5) 無し

問0361　ジャイロの摂動現象について次のうち正しいものはどれか。　531107　一運飛

(1)外力を加えない限り一定の姿勢を維持する。
(2)外力を加えると回転方向に姿勢を変える。
(3)外力を加えると回転方向に90°進んだ点に力がかかったように変位する。
(4)外力を加えるとその力と反対方向に姿勢を変える。

問0362　下記のジャイロの性質に関する文章の空欄に当てはまる語句の組み合わせで次のうち正しいものはどれか。　531107　工電気 二航共

外力を加えない限り一定の姿勢を保持するジャイロの特性を（　ア　）という。回転しているジャイロ・ロータの軸を傾けようとして、ある点に外力を加えるとジャイロ・ロータは外力の作用点から、回転方向に（　イ　）に同じ力がかかったように傾く。この特性をジャイロの（　ウ　）と呼ぶ。

	（　ア　）	（　イ　）	（　ウ　）
(1)	摂動	90度進んだ位置	剛性
(2)	ドリフト	90度遅れた位置	自由度
(3)	自由度	90度遅れた位置	ドリフト
(4)	剛性	90度進んだ位置	摂動

問0363　ジャイロに関する説明として(A)～(D)のうち正しいものはいくつあるか。(1)～(5)の中から選べ。　531107　二航共 一航回 二航共

(A)回転速度が速ければ速いほど、同じ変位を与えるのに必要な力は小さくて良い。
(B)回転しているジャイロに外力が加わらなければジャイロ軸は常に一定方向を保つ。
(C)回転しているジャイロ軸に外力が加われば、回転方向に90°進んだ点で現象が現れる。
(D)ロータ軸が時間の経過とともに傾くことをランダム・ドリフトという。

(1) 1　　(2) 2　　(3) 3　　(4) 4　　(5) 無し

問0364　ジャイロのドリフトに関する説明として(A)～(C)のうち正しいものはいくつあるか。(1)～(4)の中から選べ。　531107　二航共

(A)ランダム・ドリフトは見かけのドリフトであり、ロータ軸は空間に対して一定の方向を保っている。
(B)地球の自転によるドリフトは、ロータ軸が空間に対して一定の方向を保っていても、地球とともに回転している人は、見かけ上、ロータが傾いたように感じる。
(C)移動によるドリフトはジンバル・ベアリングやジンバルの重量的不平衡、角度情報を感知するためのシンクロによる電磁的結合などによって生じるトルクのために、ロータ軸が時間の経過とともに傾いていく。

(1) 1　　(2) 2　　(3) 3　　(4) 無し

電子装備品等

問0365 ジャイロの自立制御方法として(A)～(D)のうち正しいものはいくつあるか。
(1)～(5)の中から選べ。

531107 　一航回

(A)空気の噴射による方法
(B)振子による方法
(C)ピンボールによる方法
(D)レベル・スイッチによる方法

(1) 1 　　(2) 2 　　(3) 3 　　(4) 4 　　(5) 無し

問0366 定針儀に関する説明として次のうち誤っているものはどれか。

531107 　二航共

(1)ロータ軸が水平になるように制御された自由度 2のジャイロである。
(2)内ジンバル面が垂直になるように取付けられている。
(3)機体の加速度や自転のため指示が変化（1時間に15°）する。
(4)外ジンバル軸が機体のヨー軸と平行になるように取付けられている。

問0367 定針儀に関する説明として(A)～(D)のうち正しいものはいくつあるか。
(1)～(5)の中から選べ。

531107 　二航共
　二航共

(A)ジャイロの剛性を利用し航空機の方位を表示する。
(B)ロータの回転軸を水平にした自由度2のジャイロを使用している。
(C)機体の加速度や自転のため指示が変化する。
(D)ロータ軸が一定の方位を保つように制御することをスレービングという。

(1) 1 　　(2) 2 　　(3) 3 　　(4) 4 　　(5) 無し

問0368 ジャイロに関する説明として(A)～(D)のうち正しいものはいくつあるか。
(1)～(5)の中から選べ。

531107 　工計器
　工電子
　工電気
　工無線

(A)ジャイロの剛性とは、外力を加えると90°回転した方向に姿勢を変える特性をいう。
(B)ジャイロのドリフトには、ランダム・ドリフト、地球の自転によるドリフト、移動に
　　よるドリフトがある。
(C)旋回計はジャイロの摂動のみを利用している。
(D)水平儀のジャイロ軸は常に水平で機軸と直角方向である。

(1) 1 　　(2) 2 　　(3) 3 　　(4) 4 　　(5) 無し

問0369 ジャイロ計器に関する説明として(A)～(D)のうち正しいものはいくつあるか。
(1)～(5)の中から選べ。

531107 　一航飛

(A)VGのロータ軸が重力方向を向くように制御することをスレービングと呼んでいる。
(B)DGのロータ軸が一定の方向を保つように制御することを自立制御と呼んでいる。
(C)レート・ジャイロは角速度を計測又は検出する目的で作られたジャイロである。
(D)レーザ・ジャイロには機械的な回転部分がない。

(1) 1 　　(2) 2 　　(3) 3 　　(4) 4 　　(5) 無し

問0370 ジャイロ計器に関する説明として(A)～(D)のうち正しいものはいくつあるか。
(1)～(5)の中から選べ。

531107 　一航飛
　工計器
　工電子
　工電気

(A)AHRSを装備している機体ではFluxValveも必要となる。
(B)VGのロータ軸が重力方向を向くように制御することをスレービングという。
(C)VGはロータ軸が水平になるように制御された自由度2のジャイロである。
(D)DGのロータ軸が一定の方向を保つように制御することを自立制御という。

(1) 1 　　(2) 2 　　(3) 3 　　(4) 4 　　(5) 無し

問0371 ジャイロ計器に関する説明として(A)～(D)のうち正しいものはいくつあるか。
(1)～(5)の中から選べ。

531107 　一航回

(A)旋回計は剛性のみを利用した計器である。
(B)水平儀はジャイロのロータ軸を垂直にした自由度2のジャイロである。
(C)定針儀には「方位カード型」と「方位ドラム型」の2種類がある。
(D)レート・ジャイロは角速度を計測又は検出する目的で作られたジャイロである。

(1) 1 　　(2) 2 　　(3) 3 　　(4) 4 　　(5) 無し

問0372　ジャイロ計器に関する説明として(A)〜(D)のうち正しいものはいくつあるか。　531107　一航回
(1)〜(5)の中から選べ。　　　　　　　　　　　　　　　　　　　　　　　　　　　　一航回

(A)機械式ジャイロの持つ特徴は剛性及び摂動の2つである。
(B)ジャイロのドリフトは、地球の自転によるドリフト及び移動によるドリフトの2つに分類できる。
(C)DG 及びVGは、ロータ軸が水平になるように制御された自由度2のジャイロである。
(D)レート・ジャイロは自由度1のジンバル構成で角速度を計測または検出する目的で作られたジャイロである。

(1) 1　　(2) 2　　(3) 3　　(4) 4　　(5) 無し

問0373　レーザ・ジャイロの説明として次のうち誤っているものはどれか。　531107　一航飛
　　　　　　　　　　　　　　　　　　　　　　　　　　　　　　　　　　　　　　　工電子
(1)リング・レーザ・ジャイロ、光ファイバー・レーザ・ジャイロはレーザ・ジャイロの一種である。　工電気
(2)レーザ・ジャイロは加速度計と組み合わせて使用される。
(3)レーザ・ジャイロにもプリセッションが作用する。
(4)レーザ・ジャイロは2つのレーザ光の干渉縞から角速度や回転の方向を知ることが出来る。

問0374　レーザ・ジャイロの説明として次のうち誤っているものはどれか。　531107　工電子

(1)角速度の計測可能範囲が広く、入出力関係の直線性が良い。
(2)ストラップ・ダウン方式のため安定化プラットホームが必要である。
(3)機械的な回転部分がないため故障が非常に少ない。
(4)レーザ・ジャイロはレーザ光源、反射鏡、プリズム及び光検出器などから構成されている。

問0375　レーザ・ジャイロの説明として(A)〜(D)のうち正しいものはいくつあるか。　531107　工計器
(1)〜(5)の中から選べ。

(A)角速度の計測可能範囲が広く、入出力関係の直線性が良い。
(B)ストラップ・ダウン方式のため安定化プラットホームが必要である。
(C)機械的な回転部分がないため故障が非常に少ない。
(D)レーザ光源、反射鏡、プリズム及び光検出器などから構成されている。

(1) 1　　(2) 2　　(3) 3　　(4) 4　　(5) 無し

問0376　レーザ・ジャイロの説明として(A)〜(D)のうち正しいものはいくつあるか。　531107　工電子
(1)〜(5)の中から選べ。　　　　　　　　　　　　　　　　　　　　　　　　　　　工電子
　　　　　　　　　　　　　　　　　　　　　　　　　　　　　　　　　　　　　　　工無線
(A)ストラップダウン方式でX、Y、Z軸に自由に回転できる。　　　　　　　　　　　工電子
(B)角速度の計測可能範囲が広く、入出力関係の直線性が良い。
(C)機械的な部分がないため故障が非常に少ない。
(D)レーザ光源、反射鏡、プリズム、光検出器などから構成されている。

(1) 1　　(2) 2　　(3) 3　　(4) 4　　(5) 無し

問0377　レーザ・ジャイロの構成品で次のうち誤っているものはどれか。　531107　一運飛

(1)反射鏡
(2)プラットホーム
(3)プリズム
(4)光検出器

問0378　レーザ・ジャイロの説明として(A)〜(D)のうち正しいものはいくつあるか。　531107　一航飛
(1)〜(5)の中から選べ。　　　　　　　　　　　　　　　　　　　　　　　　　　　工電子

(A)リング・レーザ・ジャイロ、光ファイバー・レーザ・ジャイロはレーザ・ジャイロの一種である。
(B)レーザ・ジャイロは加速度計と組み合わせて使用される。
(C)レーザ・ジャイロにもプリセッションが作用する。
(D)レーザ・ジャイロは2つのレーザ光の干渉縞から角速度や回転の方向を知ることが出来る。

(1) 1　　(2) 2　　(3) 3　　(4) 4　　(5) 無し

電子装備品等

問題番号	試験問題	シラバス番号	出題履歴
問0379	光ファイバ・レーザ・ジャイロに関する説明として(A)～(D)のうち正しいものはいくつあるか。(1)～(5)の中から選べ。 (A)コイル状に巻かれた光ファイバにレーザ光源より光を送り、ビーム・スプリッタで右回りと左回りに光を分離し、両光の位相差を干渉計で読み取って角速度を測る。 (B)光ファイバの巻数に比例して位相差が増加するので、長いファイバが用いられる。 (C)光ファイバを半径数センチに巻いても破損せず、光の損失も増加しない。 (D)半導体レーザと組み合わせて小型で高感度なジャイロが実用されている。 (1) 1　　(2) 2　　(3) 3　　(4) 4　　(5) 無し	531107	一航回 一航回
問0380	地磁気及び磁気コンパスに関する記述で次のうち正しいものはどれか。 (1)偏角・伏角・垂直分力を地磁気の三要素という。 (2)静的誤差及び動的誤差は、磁気コンパス自体の誤差である。 (3)静的誤差の3要素（半円差、四分円差、不易差）を加えたものを自差と呼んでいる。 (4)静的誤差及び動的誤差は修正できる。	531108	工計器 工電子 工電気
問0381	地磁気及び磁気コンパスに関する説明として次のうち正しいものはどれか。 (1)偏角、伏角、垂直分力を地磁気の三要素という。 (2)静的誤差及び動的誤差は、磁気コンパス自体の誤差である。 (3)静的誤差の三要素（半円差、四分円差、不易差）を加えたものを自差と呼んでいる。 (4)静的誤差は修正できないが、動的誤差は修正できる。	531108	一航飛
問0382	地磁気及び磁気コンパスに関する説明として(A)～(D)のうち正しいものはいくつあるか。(1)～(5)の中から選べ。 (A)偏角・伏角・垂直分力を地磁気の三要素という。 (B)静的誤差及び動的誤差は、磁気コンパス自体の誤差である。 (C)静的誤差の3要素（半円差、四分円差、不易差）を加えたものを自差と呼んでいる。 (D)静的誤差は修正できないが、動的誤差は修正できる。 (1) 1　　(2) 2　　(3) 3　　(4) 4　　(5) 無し	531108	二航共 二航共
問0383	磁気コンパスに関する記述で次のうち正しいものはどれか。 (1)磁気コンパスのケース内にある液が減少した場合、蒸留水を補充する。 (2)磁気コンパス・カード（誤差表）はコンパス製造時の誤差を明記している。 (3)指示は発動機の運転および無線機器等をONにしなければ正確ではない。 (4)離陸前に滑走路の磁方位を指示するように調整する。	531108	二運滑
問0384	磁気コンパスに関する説明として次のうち誤っているものはどれか。 (1)伏角でカードが水平でなくなるので、重りをつけてカードを水平に保っている。 (2)磁気コンパスの静的誤差である半円差、四分円差、不易差、これら3つの和を自差と呼ぶ。 (3)温度変化によるコンパス液の膨張、収縮のために生じる不具合をなくすため、コンパス・ケースには膨張室が設けられている。 (4)コンパスの内部がコンパス液で充たされている理由は、コンパス・カードの静電気による傾きの防止である。	531108	一航飛 一航飛 一航回
問0385	地磁気及び磁気コンパスに関する説明として(A)～(D)のうち正しいものはいくつあるか。(1)～(5)の中から選べ。 (A)偏角・伏角・水平分力を地磁気の三要素という。 (B)静的誤差及び動的誤差は、磁気コンパス自体の誤差である。 (C)静的誤差の半円差、四分円差および不易差を加えたものを自差という。 (D)静的誤差は修正できないが、動的誤差は修正できる。 (1) 1　　(2) 2　　(3) 3　　(4) 4　　(5) 無し	531108	一航飛

問0386　磁気コンパスに関する説明として(A)〜(D)のうち正しいものはいくつあるか。
　　　　(1)〜(5)の中から選べ。

531108　工計器
一航飛

　　　　(A)コンパス・ケース内には温度変化によるコンパス液の膨張、収縮のために生じる不具
　　　　　　合をなくすため、フロートが設けられている。
　　　　(B)コンパス・カードには膨張室が設けられており、その浮力によってピボットにかかる
　　　　　　重量が軽減され、ピボットの摩耗及び摩擦による誤差が軽減されている。
　　　　(C)磁気コンパスは伏角でカードが水平でなくなるので、重りをつけてカードを水平に
　　　　　　保っている。
　　　　(D)コンパス内部照明用の電球への配線は、点灯時の電流による磁場で誤差を生じないよ
　　　　　　う、より線が用いられている。

　　　　(1) 1　　　(2) 2　　　(3) 3　　　(4) 4　　　(5) 無し

問0387　磁気コンパスの誤差に関する記述で次のうち誤っているものはどれか。

531108　二運飛
二運飛

　　　　(1)磁気コンパスには、静的誤差と動的誤差がある。
　　　　(2)渦流誤差は、航空機自ら発生する磁気によって生じる誤差である。
　　　　(3)北旋誤差は、旋回を行うために機体をバンクさせたときに現れる誤差である。
　　　　(4)不易差は磁気コンパスを機体に装着した場合の取り付け誤差である。

問0388　磁気コンパスの誤差の説明として(A)〜(D)のうち正しいものはいくつあるか。
　　　　(1)〜(5)の中から選べ。

531108　一航回

　　　　(A)半円差　　：航空機が自ら発生する磁気によって生じる誤差
　　　　(B)不易差　　：航空機に使用されている軟鉄材料によって地磁気の磁場が乱されるために
　　　　　　　　　　　　生じる誤差
　　　　(C)北旋誤差：旋回時に北（または南）に向かったときに最も大きく現れるもので、旋回
　　　　　　　　　　　誤差と呼ばれる。
　　　　(D)渦流誤差：機体が東または西に向かっている場合に最も顕著に現れ、北または南に向
　　　　　　　　　　　かっている場合には現れないため、東西誤差とも呼ばれる。

　　　　(1) 1　　　(2) 2　　　(3) 3　　　(4) 4　　　(5) 無し

問0389　磁気コンパスの誤差に関する説明として(A)〜(D)のうち正しいものはいくつあるか。
　　　　(1)〜(5)の中から選べ。

531108　一航回

　　　　(A)半円差、四分円差、不易差、これら3つの和を自差と呼ぶ。
　　　　(B)半円差とは全ての磁方位で一定の大きさで現れる誤差である。
　　　　(C)四分円差とは航空機に使用されている軟鉄材料によって地磁気の磁場が乱されるため
　　　　　　に生じる誤差である。
　　　　(D)不易差とは航空機が自ら発生する磁気によって生じる誤差である。

　　　　(1) 1　　　(2) 2　　　(3) 3　　　(4) 4　　　(5) 無し

問0390　磁気コンパスの静的誤差に関する記述で次のうち正しいものはどれか。

531108　二運飛
二運飛
二運飛
二運飛

　　　　(1)静的誤差には半円差、四分円差、不易差、北旋誤差がある。
　　　　(2)自差の修正は、通常は不易差のみを行うことが多い。
　　　　(3)N-S、E-Wの補正用のねじで半円差を修正する。
　　　　(4)北旋誤差は北向きに加減速したときに現れる。

問0391　磁気コンパスを機体に装着したままで修正できる誤差は次のうちどれか。

531108　二運回
一運回

　　　　(1)北旋誤差
　　　　(2)摩擦誤差
　　　　(3)取付誤差
　　　　(4)加速度誤差

問0392　コンパス・スイングをすることにより補正されるもので次のうち正しいものはどれか。

531108　二航共

　　　　(1)半円差
　　　　(2)渦流誤差
　　　　(3)加速度誤差
　　　　(4)北旋誤差

電子装備品等

問題番号	試験問題	シラバス番号	出題履歴

問0393 コンパス・スイングをすることにより補正されるもので(A)〜(D)のうち正しいものはいくつあるか。(1)〜(5)の中から選べ。

531108　二航共

    (A)半円差
    (B)渦流誤差
    (C)加速度誤差
    (D)北旋誤差

    (1) 1　　(2) 2　　(3) 3　　(4) 4　　(5) 無し

問0394 磁気コンパスの自差とその修正方法に関する説明として(A)〜(D)のうち正しいものはいくつあるか。(1)〜(5)の中から選べ。

531108　一航飛　工電子　工電気

    (A)渦流誤差の修正：コンパス液の比重を調整することによりコンパス・カードの不規則な動きを調整する。
    (B)半円差の修正　：磁気コンパスの自差修正装置にある補正用の2つのねじ（N-S、E-W）を回して修正する。
    (C)四分円差の修正：軟鉄板、棒、球などを用いて修正することができるが、航空機が製造された後に行うことはほとんどない。
    (D)不易差の修正　：磁気コンパスを取り付けているねじを緩めて、軸線が一致するように改め、取り付けねじを締める。

    (1) 1　　(2) 2　　(3) 3　　(4) 4　　(5) 無し

問0395 磁気コンパスの自差とその修正方法に関する説明として(A)〜(C)のうち正しいものはいくつあるか。(1)〜(4)の中から選べ。

531108　二航共

    (A)不易差の修正　：磁気コンパスを取付けているネジをゆるめ、軸線が一致するようにし、取付けネジを締める。
    (B)半円差の修正　：磁気コンパスの自差修正装置にある補正用の2つのネジ（N-S、E-W）を回して修正する。
    (C)四分円差の修正：軟鉄板、棒、球などを用いて修正することができるが、航空機が製造された後に行うことはほとんどない。

    (1) 1　　(2) 2　　(3) 3　　(4) 無し

問0396 磁気コンパスの自差とその修正方法に関する説明として(A)〜(C)のうち正しいものはいくつあるか。　(1)〜(4)の中から選べ。

531108　二航共

    (A)不易差の修正　：磁気コンパスの自差修正装置にある補正用の2つのネジ（N-S、E-W）を回して修正する。
    (B)半円差の修正　：軟鉄板、棒、球などを用いて修正することができるが、航空機が製造された後に行うことはほとんどない。
    (C)四分円差の修正：磁気コンパスを取付けているネジをゆるめ、軸線が一致するように改め、取付けネジを締める。

    (1) 1　　(2) 2　　(3) 3　　(4) 無し

問0397 ジャイロシン・コンパス系統のフラックス・バルブの機能について次のうち正しいものはどれか。

531108　二運飛　二運回　二運飛

    (1)コンパスの信号を電波障害から保護する。
    (2)機体の磁気の影響を取り除き、コンパスの指示を正確にする。
    (3)地磁気を検出し、コンパスの指示を正確にする。
    (4)コンパスの信号を増幅させる。

問0398 ジャイロシン・コンパス系統のフラックス・バルブの説明として次のうち正しいものはどれか。

531108　一航回

    (1)テール・ブームなどに取り付けるのは旋回誤差、加速度誤差の影響が少ないためである。
    (2)磁方位信号はDGなどによって安定化され、半円差、四分円差などは取り除かれる。
    (3)励磁電圧の周波数の2倍の周波数の電圧で励磁されたシンクロ発信機に相当する。
    (4)地磁気の垂直分力を検出し、電気信号として磁方位が出力される。

問0399 ジャイロシン・コンパス系統のフラックス・バルブに関する記述で次のうち誤っているものはどれか。

531108　二運飛

    (1)地磁気の水平成分を検出し、コンパスの指示を正確にする。
    (2)機体の磁気の影響を取り除き、コンパスの指示を正確にする。
    (3)半円差、四分円差の少ない翼端、胴体後部などに取り付ける。
    (4)フィールド・センサとも呼ばれ、広く用いられている。

問0400 ジャイロシン・コンパス系統のフラックス・バルブの説明として次のうち誤っているものはどれか。 531108 一航飛

(1) 磁場を感知して、その方向と向きを電気信号に変換する装置である。
(2) フラックス・バルブとDGの組み合わせにより磁方位信号は安定化され、旋回誤差、加速度誤差などは取り除かれる。
(3) 400Hzで励磁されたフラックス・バルブは、800Hzで励磁されたシンクロ発信機に相当する。
(4) コンパスの方位精度を向上させるため操縦室内部に取付けられている。

問0401 ジャイロシン・コンパス系統のフラックス・バルブの説明として次のうち誤っているものはどれか。 531108 二航共

(1) 機体の磁気の影響を取り除き、コンパスの指示を正確にする。
(2) 地磁気の水平分力を検出し、電気信号として磁方位が出力される。
(3) 半円差、四分円差の少ない翼端、胴体後部などに取り付けられている。
(4) 交流電圧により励磁される。

問0402 ジャイロシン・コンパス系統のフラックス・バルブの説明として(A)〜(D)のうち正しいものはいくつあるか。(1)〜(5)の中から選べ。 531108 一航飛 一航飛

(A) 地磁気の水平分力を検出し、電気信号として真方位が出力される。
(B) 真方位信号はDGなどによって安定化され、北旋誤差、渦流誤差などは取り除かれる。
(C) 翼端、胴体後部などに取り付けるのは四分円差、半円差の影響が少ないためである。
(D) フラックス・バルブは電源を必要としない。

(1) 1　(2) 2　(3) 3　(4) 4　(5) 無し

問0403 ジャイロシン・コンパス系統のフラックス・バルブの説明として(A)〜(D)のうち正しいものはいくつあるか。(1)〜(5)の中から選べ。 531108 工計器 工電子 工電気 工無線

(A) 地磁気の水平分力を検出し、電気信号として磁方位が出力される。
(B) 機体の磁気の影響を取り除き、コンパスの指示を正確にする。
(C) 翼端、胴体後部などに取り付けるのは半円差、四分円差の影響が少ないためである。
(D) 真方位信号はDGなどによって安定化され旋回誤差、加速度誤差などは取り除かれる。

(1) 1　(2) 2　(3) 3　(4) 4　(5) 無し

問0404 ジャイロシン・コンパス系統のフラックス・バルブの説明として(A)〜(D)のうち正しいものはいくつあるか。(1)〜(5)の中から選べ。 531108 工電子 工電子

(A) 地磁気の水平分力を検出し、電気信号として真方位が出力される。
(B) 真方位信号はDGなどによって安定化され、北旋誤差、渦流誤差などは取り除かれる。
(C) 翼端、胴体後部などに取り付けるのは四分円差、半円差の影響が少ないためである。
(D) 励磁電圧の周波数の2倍の電圧で励磁されたシンクロ発信機に相当する。

(1) 1　(2) 2　(3) 3　(4) 4　(5) 無し

問0405 ジャイロシン・コンパス系統のフラックス・バルブの説明として(A)〜(D)のうち正しいものはいくつあるか。(1)〜(5)の中から選べ。 531108 一航回

(A) 励磁電圧の周波数の2倍の電圧で励磁されたシンクロ発信機に相当する。
(B) 地磁気の水平分力を検出し、電気信号として磁方位が出力される。
(C) テール・ブームなどに取り付けるのは四分円差、半円差の影響が少ないためである。
(D) 磁方位信号はDGなどによって安定化され、旋回誤差、加速度誤差などは取り除かれる。

(1) 1　(2) 2　(3) 3　(4) 4　(5) 無し

問0406 ジャイロシン・コンパス系統のフラックス・バルブの説明として(A)〜(D)のうち正しいものはいくつあるか。(1)〜(5)の中から選べ。 531108 二航共

(A) 機体の磁気の影響を取り除き、コンパスの指示を正確にする。
(B) 地磁気の水平分力を検出し、電気信号として磁方位が出力される。
(C) 半円差、四分円差の少ない翼端、胴体後部などに取り付けられている。
(D) 交流電圧により励磁される。

(1) 1　(2) 2　(3) 3　(4) 4　(5) 無し

電子装備品等

問0407 シンクロのロータを励磁した場合の説明として(A)～(D)のうち正しいものはいくつある
か。(1)～(5)の中から選べ。

　(A)ステータの3つの巻線には同相または逆相関係の3つの電圧が発生する。
　(B)ロータの角度に応じて位相が変わる3種類の電圧が発生する。
　(C)ステータ端子間の電圧は同じであるが、位相がずれている。
　(D)ステータには互いに120°隔てた3個の巻線があるため3相交流電圧が発生する。

　　(1) 1　　(2) 2　　(3) 3　　(4) 4　　(5) 無し

問0408 シンクロ計器に関する説明として(A)～(D)のうち正しいものはいくつあるか。
(1)～(5)の中から選べ。

　(A)航空機ではシンクロ・サーボ機構が多く使用され、機体姿勢表示計、コンパス指示
　　　計、燃料流量計などに用いられている。
　(B)シンクロ発信機とシンクロ受信機の接続方法を変えると逆転、60°、120°、180°な
　　　どの差を持った指示をさせることもできる。
　(C)原理的な構造は、回転子側に1次巻線、固定子側に2次巻線を有する回転変圧器であ
　　　る。
　(D)角度の検出及び指示用として、2個のシンクロ電機を1組として使用する。

　　(1) 1　　(2) 2　　(3) 3　　(4) 4　　(5) 無し

問0409 シンクロ計器に関する説明として(A)～(D)のうち正しいものはいくつあるか。
(1)～(5)の中から選べ。

　(A)原理的な構造は、回転子側に1次巻線、固定子側に2次巻線を有する回転変圧器であ
　　　る。
　(B)角度の検出及び指示用として、1組の発信機と受信機を使用する。
　(C)発信機の回転子に外力を加え、ある角度だけ回転し、受信機の回転子との間に偏差を
　　　与えると、固定子巻線の誘導起電力に不平衡を生じて横流が流れる。
　(D)シンクロ発信機とシンクロ受信機の接続方法を変えると逆転、60°、120°、180°な
　　　どの差を持った指示をさせることも出来る。

　　(1) 1　　(2) 2　　(3) 3　　(4) 4　　(5) 無し

問0410 シンクロ計器に関する説明として(A)～(D)のうち正しいものはいくつあるか。
(1)～(5)の中から選べ。

　(A)原理的な構造は、回転子側に1次巻線、固定子側に2次巻線を有する回転変圧器であ
　　　る。
　(B)EZはシンクロで角度の送受を行う場合に基準となる位置で、調整、修理などを行う
　　　場合に必要となる。
　(C)接続を変更することにより送受信の角度に差を設けたり、角度を測る向きを逆にする
　　　ことができる。
　(D)機能によりシンクロ発信機、シンクロ受信機、差動シンクロ発信機、差動シンククロ
　　　受信機、コントロール・トランスに分類される。

　　(1) 1　　(2) 2　　(3) 3　　(4) 4　　(5) 無し

問0411 ADI及びHSIに関する説明として次のうち正しいものはどれか。

　(1)HSIはフライト・ディレクタ・コンピュータの表示部の機能を持つ。
　(2)HSI上のDeviation BarはVORやLOCコースとの関係を表示する。
　(3)ADIは現在の飛行姿勢及び機首方位を表示する。
　(4)ADIの姿勢情報はDGから得ている。

問0412 ADI及びHSIに関する説明として(A)～(D)のうち正しいものはいくつあるか。
(1)～(5)の中から選べ。

　(A)HSIはフライト・ディレクタ・コンピュータの表示部の機能を持つ。
　(B)HSI上のDeviation BarはVORやLOCコースとの関係を表示する。
　(C)ADIは現在の飛行姿勢及び機首方位を表示する。
　(D)ADIの姿勢情報はDGから得ている。

　　(1) 1　　(2) 2　　(3) 3　　(4) 4　　(5) 無し

問0413　RMIに関する説明として次のうち誤っているものはどれか。 　531110 　一航回
工無線
一航回
工無線

(1)二針式のRMIは同軸二針式構造である。
(2)コンパス・システムとADFを組み合わせたRMIでは、機首方位及び飛行コースとの変位が表示される。
(3)二針式のRMIの場合にもそれぞれの指針はVOR又はADFに切り替えられるものもある。
(4)コンパス・システムとVORを組み合わせたRMIでは、機首方位とVOR無線方位が表示される。

問0414　RMI に関する説明として(A)～(D)のうち正しいものはいくつあるか。 　531110 　二航共
一航回
二航共
(1)～(5)の中から選べ。

(A)二針式のRMIは同軸二針式構造である。
(B)コンパス・システムとVORを組み合わせたRMIでは、機首方位とVOR無線方位が表示される。
(C)コンパス・システムとADFを組み合わせたRMIでは、機首方位及び飛行コースとの変位が表示される。
(D)二針式のRMIの場合にもそれぞれの指針はVOR又はADFに切り替えられるものもある。

(1) 1　　(2) 2　　(3) 3　　(4) 4　　(5) 無し

問0415　PFD 及び ND に関する説明として次のうち誤っているものはどれか。 　531111 　一航飛

(1)PFDは機体の姿勢、速度、高度、昇降速度などを集約化して表示する。
(2)PFDは初期の電子式統合計器である EHSI に他の計器の表示機能を付加し、性能向上させたものである。
(3)NDは航法に必要な情報を表示する。
(4)ND には自機の位置や飛行コースのほか、気象レーダ情報も表示可能である。

問0416　PFD及びNDに関する説明として(A)～(D)のうち正しいものはいくつあるか。 　531111 　一航飛
一航回
工電気
一航飛
一航回
(1)～(5)の中から選べ。

(A)PFDは機体の姿勢、速度、高度、昇降速度などを集約化して表示する。
(B)PFDはAFDS作動モードも表示する。
(C)NDは航法に必要な情報を表示する。
(D)NDには自機の位置や飛行コースのほか、気象レーダ情報も表示可能である。

(1) 1　　(2) 2　　(3) 3　　(4) 4　　(5) 無し

問0417　PFD及びNDに関する説明で(A)～(D)のうち正しいものはいくつあるか。 　531111 　工計器
工電気
工電気
工電気
(1)～(5)の中から選べ。

(A)NDは航法に必要なデータを示す計器であり、自機の位置や飛行コースのほか、気象レーダ情報も表示可能である。
(B)NDにはAPPモード、VORモード、MAPモード、PLANモードなどのモードがある。
(C)PFDは機体の姿勢、速度、高度、昇降速度などを集約化してDISPLAY上に表示するものである。
(D)PFDは電子式統合計器である EADIに、EICASの表示機能を付加し、性能向上したものである。

(1) 1　　(2) 2　　(3) 3　　(4) 4　　(5) 無し

問0418　CRTまたはLCDを用いた計器の説明として(A)～(D)のうち正しいものはいくつあるか。(1)～(5)の中から選べ。 　531111 　工電子

(A)入力情報のうちFMC、気象レーダなどの情報は直接入力されている。
(B)文字、数字およびシンボル部分の表示方式はラスター・スキャニング方式を採用し読み取りやすくしている。
(C)地面、空などの空間部分の表示方式はストローク・スキャニング方式を採用し見やすくしている。
(D)特に注意を促す必要のある情報については、表示の色を変化させたり、点滅させたりして優先度を持たせた表示が可能である。

(1) 1　　(2) 2　　(3) 3　　(4) 4　　(5) 無し

電子装備品等

問0419 CRTまたはLCDを用いた計器の特徴として(A)～(D)のうち正しいものはいくつあるか。(1)～(5)の中から選べ。 　531111 　一航飛／一航飛

(A)1つの画面でいくつかの情報を切り替えて表示させることができる。
(B)地面、空などの空間部分の表示方式はラスター・スキャニング方式を採用し見やすくしている。
(C)文字、数字およびシンボル部分の表示方式はストローク・スキャニング方式を採用し読み取りやすくしている。
(D)特に注意を促す必要のある情報については、表示の色を変化させたり、点滅させたりして優先度を持たせた表示が可能である。

(1) 1　　(2) 2　　(3) 3　　(4) 4　　(5) 無し

問0420 CRTまたはLCDを用いた計器の特徴として(A)～(D)のうち正しいものはいくつあるか。(1)～(5)の中から選べ。 　531111 　一航回

(A)1つの画面でいくつかの情報を切り替えて表示させることができる。
(B)地面、空などの空間部分の表示方式はストローク・スキャニング方式を採用し見やすくしている。
(C)文字、数字およびシンボル部分の表示方式はラスター・スキャニング方式を採用し読み取りやすくしている。
(D)特に注意を促す必要のある情報については、表示の色を変化させたり、点滅させたりして優先度を持たせた表示が可能である。

(1) 1　　(2) 2　　(3) 3　　(4) 4　　(5) 無し

問0421 CRTまたはLCDを用いた計器の特徴として(A)～(D)のうち正しいものはいくつあるか。(1)～(5)の中から選べ。 　531111 　工計器

(A)必要な情報を必要な時に表示させることができる。
(B)文字、数字およびシンボル部分の表示方式はラスター・スキャニング方式を採用し読み取りやすくしている。
(C)地面、空などの空間部分の表示方式はストローク・スキャニング方式を採用し見やすくしている。
(D)特に注意を促す必要のある情報については、表示の色を変化させたり、点滅させたりして優先度を持たせた表示が可能である。

(1) 1　　(2) 2　　(3) 3　　(4) 4　　(5) 無し

問0422 EICASまたはECAMの機能の説明として(A)～(D)のうち正しいものはいくつあるか。(1)～(5)の中から選べ。 　531111 　一航飛／工電子／工電気／工無線

(A)エンジン・パラメータを表示する。
(B)航空機の各システムをモニタできる。
(C)機体の姿勢情報を表示する。
(D)システム異常時の警報メッセージを表示する。

(1) 1　　(2) 2　　(3) 3　　(4) 4　　(5) 無し

問0423 高度警報装置（Altitude Alert System）に関する説明として次のうち正しいものはどれか。 　531201 　一航飛

(1)衝突防止装置（TCAS）の一部で、自機の飛行高度に対して侵入機が異常接近していることをパイロットへ知らせるための装置である。
(2)高度警報コンピュータに高度を設定し、その高度に近づいたり、またはその高度から逸脱した時に警報灯や警報音によってパイロットへ注意を促す装置である。
(3)上昇率限度を超えて上昇したときに警報を発する装置である。
(4)乗員や乗客が酸素吸入を始めなければならない高度に達したときに警報を発する装置である。

問0424 高度警報装置（Altitude Alert System）に関する説明として次のうち正しいものはどれか。 　531201 　二航共

(1)TCASの一部で、自機の飛行高度に対して侵入機が異常接近していることをパイロットへ知らせるための装置である。
(2)設定した高度に近づいたり、またはその高度から逸脱したときに警報灯や警報音によってパイロットへ注意を促す装置である。
(3)降下率限度を超えて降下したときに警報を発する装置である。
(4)乗員や乗客が酸素吸入を始めなければならない高度に達したときに警報を発する装置である。

問0425 失速警報装置を構成する部品について次のうち誤っているものはどれか。

531201

工共通
工共通
工共通

(1)アングル・オブ・アタック・センサ
(2)フラップ・ポジション・センサ
(3)スロットル・ポジション・センサ
(4)スティック・シェーカ

問0426 航空機に使用されている電球の説明として(A)～(D)のうち正しいものはいくつあるか。
(1)～(5)の中から選べ。

533100

工計器

(A)白熱電球は計器の内部照明、計器盤、操作盤などのパネル照明に使用されている。
(D)シールド・ビーム電球は前面レンズと反射鏡を封着した構造の電球で、機内の非常用照明に使用されている。
(C)ハロゲン電球は一定の明るさを保つように工夫された電球で、客室内部照明に使用されている。
(D)キセノン電球はほぼ自然光に近い色で高い輝度で発光するので衝突防止灯の光源として使用されている。

(1) 1　　(2) 2　　(3) 3　　(4) 4　　(5) 無し

問0427 キセノン電球の説明として(A)～(D)のうち正しいものはいくつあるか。
(1)～(5)の中から選べ。

533103

一航飛
工電子
工電気
工無線

(A)ガラス管を真空にした後、キセノン・ガスを封入したものである。
(B)電球の両極に高電圧を加えると、ほぼ自然光に近い色で高い輝度の発光をする。
(C)主に衝突防止灯などに使用される。
(D)大型機の場合の定格は50～70W程度が使用され、光度は1,000cd程度が得られる。

(1) 1　　(2) 2　　(3) 3　　(4) 4　　(5) 無し

問0428 機外照明の説明として(A)～(D)のうち正しいものはいくつあるか。
(1)～(5)の中から選べ。

533103

二航共
二航共

(A)航空灯　　：右翼端に緑の不動灯、左翼端に赤の不動灯、機尾に白の不動灯が取り付けられる。
(B)衝突防止灯：胴体上下面に設置し、自機の位置を知らせ衝突を回避する目的に使われる。
(C)着陸灯　　：翼の下または付け根あるいは脚に装着し、離着陸時に機軸方向を照明する。
(D)着氷監視灯：主翼前縁部、エンジン・ナセルの着氷を監視する目的に使われる。

(1) 1　　(2) 2　　(3) 3　　(4) 4　　(5) 無し

問0429 非常灯（Emergency Light）に関する説明として(A)～(D)のうち正しいものはいくつあるか。(1)～(5)の中から選べ。

533104

一航回
一航回

(A)航空機の電源から独立した専用の蓄電池を備えている。
(B)手動により点灯させることも可能である。
(C)胴体上下面に設置され、点滅して自機の位置を知らせる役目もある。
(D)夜間照明のない場所に駐機する場合、機の存在を知らせるために使用する場合もある。

(1) 1　　(2) 2　　(3) 3　　(4) 4　　(5) 無し

問0430 非常灯（Emergency Light）に関する説明として(A)～(D)のうち正しいものはいくつあるか。(1)～(5)の中から選べ。

533104

一航飛

(A)手動により点灯させることも可能である。
(B)胴体上下面に設置され、点滅して自機の位置を知らせる役目もある。
(C)航空機の電源系統と独立した蓄電池を装備しているため、通常は機体電源により充電されている。
(D)大きな衝撃が加わると作動するGセンサを装備し、自機の位置を知らせるための信号音を発信する機能も備えている。

(1) 1　　(2) 2　　(3) 3　　(4) 4　　(5) 無し

電子装備品等

問0431　非常用照明に関する説明として(A)～(D)のうち正しいものはいくつあるか。　　　533104
　　　　　(1)～(5)の中から選べ。

(A)手動により点灯させることができる。
(B)非常脱出口のみに取り付けられ、機外には取り付けられていない。
(C)航空機の交流電源が断たれた時に、機体電源システムの主バッテリにより自動的に点灯する。
(D)照明は天井部分のみに取り付けられている。

　　　　　(1) 1　　(2) 2　　(3) 3　　(4) 4　　(5) 無し

問0432　ADFの指示誤差に関する説明として(A)～(D)のうち正しいものはいくつあるか。　　　534101
　　　　　(1)～(5)の中から選べ。

(A)ADFの指示誤差はビーコン局が機首や機尾方向に位置した時が最も小さく、真横に位置した時が最も大きい。
(B)ADFの誤差には四分円誤差、北旋誤差、海岸線誤差、ティルト誤差がある。
(C)センス・アンテナの取付け位置はティルト誤差に影響を与えるため、取付け位置の変更には注意が必要である。
(D)ADFの平均誤差はNDB局までの距離が近くて、その局が機首方向にあるとき±2°程度である。

　　　　　(1) 1　　(2) 2　　(3) 3　　(4) 4　　(5) 無し

問0433　VORと使用周波数帯が異なる機器は次のうちどれか。　　　534102

(1)航空機用VHF通信
(2)DME
(3)ローカライザ
(4)マーカ

問0434　VORについて次のうち正しいものはどれか。　　　534102

(1)局上では方位を決定できない。
(2)方位の北は地図上の北と一致する。
(3)アンテナの特性により四分円誤差が発生する。
(4)基準信号と可変信号の周波数差により方位を決定する。

問0435　VOR について次のうち正しいものはどれか。　　　534102

(1)VOR局は108～118MHzの超短波の電波を発射している。
(2)指示は真方位である。
(3)アンテナの特性により四分円誤差が発生する。
(4)基準信号と可変信号の周波数差により方位を決定する。

問0436　VORに関する記述で次のうち誤っているものはどれか。　　　534102

(1)VORの方位指示は真方位で表示される。
(2)VOR局の上を通過するコースを設定すると、そのコースからのずれを表示させることができる。
(3)VOR局から見た航空機の位置を示し、機首方位は関係ない。
(4)周波数は超短波なので、到達距離は短いが安定した指示が得られる。

問0437　VORに関する説明として(A)～(D)のうち正しいものはいくつあるか。　　　534102
　　　　　(1)～(5)の中から選べ。

(A)VORの方位指示は磁方位ではなく真方位で表示される。
(B)周波数は超短波なので、到達距離は短いが安定した指示が得られる。
(C)基準位相信号と可変位相信号の位相差を測定し磁方位を知ることができる。
(D)指向性（ループ）アンテナと無指向性（センス）アンテナが用いられている。

　　　　　(1) 1　　(2) 2　　(3) 3　　(4) 4　　(5) 無し

問0438　VOR に関する説明として(A)～(D)のうち正しいものはいくつあるか。　　　534102
　　　　　(1)～(5)の中から選べ。

(A)VOR に関するデータは磁方位ではなく真方位で表示される。
(B)周波数は超短波なので、到達距離は短いが安定した指示が得られる。
(C)併設されている DME と組み合わせれば、現在位置が計算できる。
(D)指向性（ループ）アンテナと無指向性（センス）アンテナが用いられている。

　　　　　(1) 1　　(2) 2　　(3) 3　　(4) 4　　(5) 無し

問題番号	試験問題	シラバス番号	出題履歴

問0439 VORに関する説明として(A)～(D)のうち正しいものはいくつあるか。
(1)～(5)の中から選べ。
    534102
工計器
工電子
工電気
工無線
工電気
工電子
工計器
工電気

(A)VORの方位指示は磁方位ではなく、真方位で表示される。
(B)VOR局の上を通過するコースを設定すると、そのコースからのずれを表示させることができる。
(C)VOR受信機の出力はVOR局から見た航空機の位置を示し、機首方位は関係ない。
(D)周波数は超短波なので、到達距離は短いが安定した指示が得られる。

(1) 1　　(2) 2　　(3) 3　　(4) 4　　(5) 無し

問0440 VORに関する説明として(A)～(D)のうち正しいものはいくつあるか。
(1)～(5)の中から選べ。
    534102
一航回
一航回
一航回

(A)航空機から見たVOR局方位が測定できる方位情報を含んだ電波を発射している無線標識である。
(B)VORはADFに比べ精度が良く指示も安定している。
(C)基準位相信号と可変位相信号の位相の遅れを測定することによりVOR局から見た航空機の磁方位を知ることができる。
(D)VORチャンネルは50kHzごとに割り当てられている。

(1) 1　　(2) 2　　(3) 3　　(4) 4　　(5) 無し

問0441 VOR/DMEに関する説明として(A)～(D)のうち正しいものはいくつあるか。
(1)～(5)の中から選べ。
    534102
二航共
一連飛
一航共

(A)VORの方位指示は磁方位ではなく真方位で表示される。
(B)周波数は超短波なので、到達距離は短いが安定した指示が得られる。
(C)VOR/ILSコントロールパネルでDMEの周波数選択もできる。
(D)指向性（ループ）アンテナと無指向性（センス）アンテナが用いられている。

(1) 1　　(2) 2　　(3) 3　　(4) 4　　(5) 無し

問0442 マーカ・ビーコン表示色と音声周波数の組み合わせで次のうち正しいものはどれか。
    534103　　一連飛

(1)インナー・マーカは橙色で3,000Hz
(2)ミドル・マーカは白色で1,300Hz
(3)アウタ・マーカは青色で400Hz

問0443 マーカ・ビーコン表示色と音声周波数の組み合わせで次のうち正しいものはどれか。
    534103
一連飛
二連飛

(1)インナ・マーカ：白色・　400Hz
(2)ミドル・マーカ：橙色・1,300Hz
(3)アウタ・マーカ：青色・3,000Hz

問0444 DMEに関する説明として(A)～(D)のうち正しいものはいくつあるか。
(1)～(5)の中から選べ。
    534104
一航回
二航共

(A)航空機側の周波数選択は、VOR/ILSコントロール・パネルで同時に行われるためDME単独のコントロール・パネルはない。
(B)ATCトランスポンダと同一の周波数帯を使用している。
(C)DMEの有効距離はVORの有効距離と同じく、電波見通し距離内の200～300NM程度である。
(D)航空機側でDME地上局までの斜め距離を測定する装置である。

(1) 1　　(2) 2　　(3) 3　　(4) 4　　(5) 無し

問0445 DMEに関する説明として(A)～(D)のうち正しいものはいくつあるか。
(1)～(5)の中から選べ。
    534104
二航共
工無線
一航飛
一航飛
工電子
工電気

(A)航空機側の周波数選択は、VOR/ILSコントロール・パネルで同時に行われるためDME単独のコントロール・パネルはない。
(B)航空機側でDME地上局までの斜め距離を測定する装置である。
(C)TCASと同一の周波数帯を使用している。
(D)航空機が搭載しているDMEインタロゲータと地上装置のDMEトランスポンダの組合せで作動する1次レーダである。

(1) 1　　(2) 2　　(3) 3　　(4) 4　　(5) 無し

電子装備品等

問0446 DMEに関する説明として(A)〜(D)のうち正しいものはいくつあるか。(1)〜(5)の中から選べ。

シラバス番号 534104　出題履歴 一航飛

(A)DMEインタロゲータと地上装置のDMEトランスポンダの組合せで作動する2次レーダーである。
(B)航空機とDME局との間を往復する時間を計測して、航空機側でDME局までの斜め距離を測定する装置である。
(C)DMEの有効距離はVORの有効距離と同じく、電波見通し距離内の200〜300NM程度で、精度は0.5NM程度である。
(D)航空機側のDMEインタロゲータの周波数選択は、VOR／ILSコントロール・パネルで同時に行われ、DME単独のコントロール・パネルはない。

(1) 1　　(2) 2　　(3) 3　　(4) 4　　(5) 無し

問0447 DMEに関する説明として(A)〜(D)のうち正しいものはいくつあるか。(1)〜(5)の中から選べ。

シラバス番号 534104　出題履歴 一航回

(A)航空機が搭載しているDMEインタロゲータと地上装置のDMEトランスポンダの組合せで作動する2次レーダである。
(B)ATCトランスポンダと同一の周波数帯を使用している。
(C)DMEの有効距離はVORの有効距離と同じく、電波見通し距離内の200〜300NM程度である。
(D)航空機側でDME地上局までの斜め距離を測定する装置である。

(1) 1　　(2) 2　　(3) 3　　(4) 4　　(5) 無し

問0448 気象レーダに関する説明として次のうち誤っているものはどれか。

シラバス番号 534105　出題履歴 一航飛／一航飛／工電子／工電気／工無線

(1)周波数の違いによりCバンド・レーダとXバンド・レーダがある。
(2)Cバンド・レーダは降雨によるレーダ波の減衰が少ない。
(3)Xバンド・レーダは雨域や密雲の切れ目がはっきり映し出せる。
(4)海岸線を地図のように画像化することはできない。

問0449 気象レーダに関する説明として(A)〜(D)のうち正しいものはいくつあるか。(1)〜(5)の中から選べ。

シラバス番号 534105　出題履歴 一航回／二航共／二航共／一航回

(A)夜間や視界の悪いときでも航路前方の悪天候空域を検出してこれを回避し、安全、快適な飛行をするのに使われる。
(B)雨滴からの電波の反射を利用し、降雨量の多い場所をレーダ・スコープに映し出してパイロットに回避すべき空域を示す。
(C)陸地と水面では電波の反射の強さが異なるので、海岸線などを地図のように画像化することもできる。
(D)周波数の違いによりCバンド・レーダとXバンド・レーダがある。

(1) 1　　(2) 2　　(3) 3　　(4) 4　　(5) 無し

問0450 気象レーダに関する説明として(A)〜(D)のうち正しいものはいくつあるか。(1)〜(5)の中から選べ。

シラバス番号 534105　出題履歴 二航共／二航共

(A)夜間や視界の悪いときでも航路前方の悪天候域を検出してこれを回避し、安全、快適な飛行をするために使われる。
(B)氷の結晶（雲の上部）、湿ったあられ（雲の下部）、雨滴（雲の下の降雨域）では、最も電波を反射するのは雨滴である。
(C)陸地と水面では電波の反射の強さが異なるので、海岸線などを地図のように画像化することもできる。
(D)周波数の違いによりCバンド・レーダとXバンド・レーダがある。

(1) 1　　(2) 2　　(3) 3　　(4) 4　　(5) 無し

問0451 気象レーダの説明として(A)〜(D)のうち正しいものはいくつあるか。(1)〜(5)の中から選べ。

シラバス番号 534105　出題履歴 一航飛／工電気

(A)平板アンテナはパラボラアンテナと比べ、幅の狭いビームを発射する。
(B)タービュランスモードはドップラー効果による反射波の周波数偏位を利用して気流の擾乱がある場所を見つける。
(C)降水量に応じて緑、黄、赤、赤紫、黒の色彩でカラー化されて表示される。
(D)気流の乱れのある場所は赤紫色で表示される。

(1) 1　　(2) 2　　(3) 3　　(4) 4　　(5) 無し

問題番号	試験問題	シラバス番号	出題履歴
問0452	気象レーダのアンテナ・スタビライゼーションの説明として(A)～(D)のうち正しいものはいくつあるか。(1)～(5)の中から選べ。 (A)機体の姿勢が変わってもアンテナの走査面は変動しない。 (B)アンテナを航空機のピッチ角に合わせている。 (C)アンテナを航空機のピッチ角とバンク角双方に合わせている。 (D)スタビライゼーション機能を保つためにIRUより信号を受けている。 (1) 1　　(2) 2　　(3) 3　　(4) 4　　(5) 無し	534105	工無線 工電子 工電子 工電子
問0453	ATCトランスポンダの機能について次のうち正しいものはどれか。 (1)航空機からATC地上局へ航空機の種類（回転翼航空機等）について送信する。 (2)航空機の飛行高度を自動的に設定する。 (3)ATC 地上局から航空機までの距離を自動的に測定する。 (4)ATC 地上局からの質問信号に対し、航空機の高度等を自動的に応答する。	534106	工共通 工共通
問0454	ATCトランスポンダに関する説明として次のうち正しいものはどれか。 (1)モードAトランスポンダは高度情報も送信する。 (2)モードCトランスポンダは個別識別トランスポンダである。 (3)使用周波数帯はVORと同じである。 (4)信号はパルス変調である。	534106	二航共 二航共
問0455	ATCトランスポンダに関する説明として次のうち誤っているものはどれか。 (1)信号はパルス変調である。 (2)モードSトランスポンダは個別識別トランスポンダである。 (3)使用周波数帯はVORと同じである。 (4)モードCトランスポンダは高度情報も送信する。	534106	二航共
問0456	ATCトランスポンダに関する説明として次のうち誤っているものはどれか。 (1)アンテナは無指向性である。 (2)使用周波数帯はDMEと同じである。 (3)応答する飛行高度は気圧高度計により気圧高度規正されている。 (4)モードCトランスポンダは地上局からの質問信号に対して航空機の高度を自動的に応答する。	534106	一航回
問0457	ATCトランスポンダに関する説明として次のうち誤っているものはどれか。 (1)モードCは地上局からの質問信号に対して飛行高度を自動的に応答する。 (2)アンテナは無指向性である。 (3)モードAのパルスで質問されたときは、自機に割り当てられた応答コードを答える。 (4)応答する飛行高度は気圧高度計により気圧高度規正されている。	534106	一航回 一航回
問0458	ATCトランスポンダに関する説明として(A)～(D)のうち正しいものはいくつあるか。(1)～(5)の中から選べ。 (A)管制機関が航空機の位置、識別、高度などを知るための機上側の装置である。 (B)モードAの質問パルスには自機の高度情報を符号化して応答する。 (C)モードCの質問パルスには自機の識別符号を符号化して応答する。 (D)応答パルスのうち、12個の情報パルスを使用し4096通りの符号化が可能となっている。 (1) 1　　(2) 2　　(3) 3　　(4) 4　　(5) 無し	534106	二航共 二航共
問0459	ATCトランスポンダに関する説明として(A)～(D)のうち正しいものはいくつあるか。(1)～(5)の中から選べ。 (A)モードCトランスポンダは地上局からの質問信号に対して航空機の高度を自動的に応答する。 (B)応答する飛行高度は気圧高度計により気圧高度規正されている。 (C)使用周波数帯はDMEと同じである。 (D)アンテナは無指向性である。 (1) 1　　(2) 2　　(3) 3　　(4) 4　　(5) 無し	534106	一航飛 一航回

電子装備品等

- 351 -

問題番号	試験問題	シラバス番号	出題履歴
問0460	ATCトランスポンダに関する説明として(A)～(D)のうち正しいものはいくつあるか。(1)～(5)の中から選べ。 (A)管制官は航空機を区別するため、パイロットに対し4桁の0000～7777の範囲で応答コードを指定している。 (B)航空機に向けて発射する質問パルスをモード・パルス、航空機からの応答パルスをコード・パルスという。 (C)使用周波数帯はDMEと同じUHF帯である。 (D)応答する飛行高度は気圧高度計の気圧高度補正に関係なく、29.92（inHg）で気圧規正した高度を応答する。 (1) 1　　(2) 2　　(3) 3　　(4) 4　　(5) 無し	534106	工電子 工電子
問0461	モードSトランスポンダに関する説明として(A)～(D)のうち正しいものはいくつあるか。(1)～(5)の中から選べ。 (A)航空機ごとに割り当てられた個別アドレスを使用する。 (B)モードS 地上局は目的とする航空機のみアドレスを指定して質問ができる。 (C)管制側と航空機間とでメッセージやデータ交換ができ、音声の通信量が少なくてすむ。 (D)質問には全機呼び出しと個別呼び出しの2つがある。 (1) 1　　(2) 2　　(3) 3　　(4) 4　　(5) 無し	534106	一航回 一航飛 工計器 工電子 工電気 一航飛
問0462	計器着陸装置（ILS）の構成について次のうち正しいものはどれか。 (1)電波高度計、DME、マーカ・ビーコン (2)電波高度計、グライド・パス、ローカライザ (3)DME、グライド・パス、マーカ・ビーコン (4)グライド・パス、ローカライザ、マーカ・ビーコン	534107	工共通
問0463	ILSの構成で次のうち正しいものはどれか。 (1)電波高度計、グライドパス及びローカライザ (2)グライドパス、ローカライザ及びマーカ・ビーコン (3)気象レーダ、VOR及びマーカ・ビーコン (4)電波高度計、気象レーダ、VOR及びマーカ・ビーコン	534107	工計器 工計器
問0464	ILSに関する説明として次のうち誤っているものはどれか。 (1)地上設備において、ローカライザ装置は降下路を示し、グライド・パス装置は滑走路の中心線の延長を示す。 (2)滑走路末端までの距離を知るためにマーカ・ビーコンがあり、滑走路に近い方からインナ・マーカ、ミドル・マーカ、アウタ・マーカの順に設置されている。 (3)機上設備は、ローカライザ受信機、グライド・パス受信機、マーカ受信機、ILS偏位計及びマーカ・ライトから構成されている。 (4)ローカライザ受信機の周波数選択回路でグライド・パス受信機の周波数選択も一緒に行われる。	534107	一航回
問0465	ILSに関する説明として次のうち誤っているものはどれか。 (1)ローカライザ装置はUHF帯、グライド・パス装置はVHF帯の電波を利用している。 (2)滑走路末端までの距離を知るためにマーカ・ビーコンがあり、滑走路に近い方からインナ・マーカ、ミドル・マーカ、アウタ・マーカの順に設置されている。 (3)機上設備は、ローカライザ受信機、グライド・パス受信機、マーカ受信機、ILS偏位計及びマーカ・ライトから構成されている。 (4)ローカライザ受信機の周波数選択回路でグライド・パス受信機の周波数選択も一緒に行われる。	534107	一航飛
問0466	ILSに関する説明として次のうち誤っているものはどれか。 (1)ローカライザ装置はUHF帯、グライド・パス装置はVHF帯の電波を利用している。 (2)滑走路末端までの距離を知るためにマーカ・ビーコンがあり、滑走路に近い方からインナ・マーカ、ミドル・マーカ、アウタ・マーカの順に設置されている。 (3)機上設備は、ローカライザ受信機、グライド・パス受信機、マーカ受信機、ILS偏位計、マーカ・ライト、各アンテナ及び周波数選択装置から構成されている。 (4)ローカライザ受信機の周波数選択回路でグライド・パス受信機の周波数選択も一緒に行われる。	534107	一航飛 一航回 一航回

問0467　ILSに関する説明として(A)〜(D)のうち正しいものはいくつあるか。
(1)〜(5)の中から選べ。

(A)地上設備において、ローカライザ装置は降下路を示し、グライド・パス装置は滑走路の中心線の延長を示す。
(B)滑走路末端までの距離を知るためにマーカ・ビーコンがあり、滑走路に近い方からインナ・マーカ、ミドル・マーカ、アウタ・マーカの順に設置されている。
(C)機上設備は、ローカライザ受信機、グライド・パス受信機、マーカ受信機、ILS偏位計及びマーカ・ライトから構成されている。
(D)ローカライザ受信機の周波数選択回路でグライド・パス受信機の周波数選択も一緒に行われる。

(1) 1　　(2) 2　　(3) 3　　(4) 4　　(5) 無し

問0468　下図のILS受信系統におけるILS偏位計の指示の説明として次のうち正しいものはどれか。

(1)機体はローカライザの正しいコース上、グライドスロープの正しいコースより上側にいる。
(2)機体はローカライザ、グライドスロープともに正しいコース上にいる。
(3)機体はローカライザの正しいコースより右側、グライドスロープの正しいコースより下側にいる。
(4)機体はローカライザの正しいコースより左側、グライドスロープの正しいコースより上側にいる。

問0469　慣性基準システム（IRS）の説明として次のうち正しいものはどれか。

(1)安定プラットホームを使用していないのでアライメントは不要である。
(2)レーザ・ジャイロで検出した角速度を積分して現在位置を計算している。
(3)IRUを機体に取り付けるときは機体軸に正確に合わせる必要がある。
(4)レーザ・ジャイロはIRUとは別の場所で機体に直付けされている。

問0470　慣性基準装置（IRS）に関する説明として(A)〜(D)のうち正しいものはいくつあるか。
(1)〜(5)の中から選べ。

(A)アライメントに要する時間は中緯度と高緯度を比較した場合、高緯度の方が長い。
(B)ストラップ・ダウン方式とは加速度計とレート・ジャイロを機体に直付けする方式のことである。
(C)IRSで算出する機首方位は磁方位であるため、磁方位で表した機首方位に磁気偏角を加え真方位に変換している。
(D)NAV Modeは、姿勢及び方位基準としてのみ使用するモードである。

(1) 1　　(2) 2　　(3) 3　　(4) 4　　(5) 無し

問0471　慣性基準装置（IRU）の算出データに関する説明として(A)〜(D)のうち正しいものはいくつあるか。(1)〜(5)の中から選べ。

(A)機体姿勢とその変化率
(B)速度（水平、垂直方向）
(C)途中経過地点（Waypoint）
(D)加速度（3軸方向）

(1) 1　　(2) 2　　(3) 3　　(4) 4　　(5) 無し

電子装備品等

問0472	IRUに関する説明として(A)～(D)のうち正しいものはいくつあるか。 (1)～(5)の中から選べ。 (A)アライメントに要する時間は、高緯度となるほど短くなる。 (B)加速度計とレート・ジャイロを機体に直付けするストラップ・ダウン方式をとっている。 (C)IRUで算出する機首方位は真方位であるため、IRUでは地球表面を500個に分割した磁気マップを持っている。 (D)ATT Modeは、姿勢及び方位基準としてのみ使用するモードである。 (1) 1　　(2) 2　　(3) 3　　(4) 4　　(5) 無し	534108	工電子 工電子
問0473	IRUに関する説明として(A)～(D)のうち正しいものはいくつあるか。 (1)～(5)の中から選べ。 (A)ATTモードとは、IRUを姿勢基準としてのみ使用するモードである。 (B)機首方位は最初に磁方位を検出し、それを基に真方位を算出する。 (C)3軸方向の加速度を計測する加速度計と角速度を計測するレート・ジャイロが組み込まれている。 (D)風向・風速は慣性基準装置だけでは計算できない。 (1) 1　　(2) 2　　(3) 3　　(4) 4　　(5) 無し	534108	一航飛 工電子 工電気
問0474	IRUにおいてレーザ・ジャイロにより計測しているデータの説明として(A)～(D)のうち正しいものはいくつあるか。(1)～(5)の中から選べ。 (A)地球の回転角速度 (B)地球の重力加速度 (C)機体の3軸（ピッチ／ロール／ヨー）の角速度 (D)地球の回転方向 (1) 1　　(2) 2　　(3) 3　　(4) 4　　(5) 無し	534108	一航飛 一航飛
問0475	ADCの説明として次のうち正しいものはどれか。 (1)TCASに気圧高度と真対気速度のデータを送っている。 (2)IRUに対地速度データを送っている。 (3)ATCトランスポンダに気圧高度データを送っている。 (4)IRUから機体の姿勢角データを受け取り全圧と静圧の補正に使っている。	534109	一航飛
問0476	ADCに関する説明として次のうち正しいものはどれか。 (1)TCASに気圧高度と真対気速度のデータを送っている。 (2)IRUに気圧高度データのみを送っている。 (3)ATCトランスポンダに気圧高度データを送っている。 (4)IRUから機体の姿勢角データを受け取り全圧と静圧の補正に使っている。	534109	一航飛 工電子 工電気 工無線
問0477	ADCの説明として(A)～(D)のうち正しいものはいくつあるか。 (1)～(5)の中から選べ。 (A)TCASに気圧高度と真対気速度のデータを送っている。 (B)IRUに気圧高度データのみを送っている。 (C)ATCトランスポンダに気圧高度データを送っている。 (D)IRUから機体の姿勢角データを受け取り全圧と静圧の補正に使っている。 (1) 1　　(2) 2　　(3) 3　　(4) 4　　(5) 無し	534109	一航飛
問0478	エア・データ・コンピュータの入力について次のうち正しいものはどれか。 (1)静圧のみの入力で作動できる。 (2)動圧のみの入力で作動できる。 (3)静圧と全圧の入力が必要である。 (4)客室圧力の入力が必要である。	534109	工共通 工共通 工共通
問0479	エア・データ・コンピュータの入力について次のうち正しいものはどれか。 (1)静圧のみの入力で作動できる。 (2)動圧のみの入力で作動できる。 (3)静圧と全圧の入力が必要である。 (4)動圧、全圧と外気温度の入力が必要である。	534109	工共通

問0480 エア・データ・コンピューター（ADC）への入力情報として(A)～(D)のうち正しいものはいくつあるか。(1)～(5)の中から選べ。

(A)気圧規正値
(B)静圧
(C)全圧
(D)真大気温度

(1) 1　　(2) 2　　(3) 3　　(4) 4　　(5) 無し

534109　一航回

問0481 エア・データ・コンピューター（ADC）におけるSSECの説明として(A)～(D)のうち正しいものはいくつあるか。(1)～(5)の中から選べ。

(A)ピトー管からの全圧を補正する。
(B)静圧孔に生じる誤差を補正する。
(C)マッハ数を基準にして補正する。
(D)TATを基準にして補正する。

(1) 1　　(2) 2　　(3) 3　　(4) 4　　(5) 無し

534109　一航飛
工電子
工電気
一航飛

問0482 エア・データの算出に関する説明として次のうち誤っているものはどれか。

(1)気圧高度　　　：静圧孔が検出した静圧を基に計算
(2)指示対気速度：ピトー圧と静圧の差から計算
(3)真対気速度　：全温度とマッハ数から計算
(4)マッハ数　　　：ピトー圧と静圧の比から計算

534109　一航飛
工計器
工電子
工電気

問0483 エア・データの算出に関する説明として次のうち誤っているものはどれか。

(1)気圧高度は静圧孔が検出した静圧を基に計算する。
(2)指示対気速度は全圧と静圧の差から計算する。
(3)真対気速度はSATとマッハ数から計算する。
(4)SATはTATと真対気速度から計算する。

534109　一運回
一運回

問0484 SATを算出する情報として次のうち正しいものはどれか。

(1)全温度とマッハ数
(2)全温度と真対気速度
(3)全温度と等価対気速度
(4)全温度と較正対気速度

534109　一航回

問0485 真対気速度（True Airspeed）を算出する情報として次のうち正しいものはどれか。

(1)静温度とマッハ数
(2)静温度と対地速度
(3)静温度と等価対気速度
(4)静温度と較正対気速度

534109　一航回
一航回
一航回

問0486 エア・データの算出に関する説明として(A)～(D)のうち正しいものはいくつあるか。(1)～(5)の中から選べ。

(A)気圧高度：静圧孔が検出した静圧を基に計算
(B)IAS　　：ピトー圧と静圧の差から計算
(C)TAS　　：SATとIASから計算
(D)SAT　　：TATとTASから計算

(1) 1　　(2) 2　　(3) 3　　(4) 4　　(5) 無し

534109　一航回
一航回

問0487 エア・データの算出でマッハ数を使用しているものとして(A)～(D)のうち正しいものはいくつあるか。(1)～(5)の中から選べ。

(A)静温度
(B)真対気速度
(C)気圧高度
(D)指示対気速度

(1) 1　　(2) 2　　(3) 3　　(4) 4　　(5) 無し

534109　工電気

電子装備品等

問題番号	試験問題	シラバス番号	出題履歴
問0488	エア・データの算出に関する説明として(A)〜(E)のうち正しいものはいくつあるか。 (1)〜(6)の中から選べ。 (A)指示対気速度 ： 全圧と静圧の比から計算 (B)真対気速度　 ： TATとマッハ数から計算 (C)マッハ数　　 ： 全圧と静圧の差（動圧）から計算 (D)SAT　　　　 ： TATと真対気速度から計算 (E)気圧高度　　 ： 静圧孔が検出した静圧を基に計算 (1) 1　　(2) 2　　(3) 3　　(4) 4　　(5) 5　　(6) 無し	534109	工電子 工電気
問0489	TCASに関する説明として(A)〜(D)のうち正しいものはいくつあるか。 (1)〜(5)の中から選べ。 (A)ATCトランスポンダの信号を利用し衝突の危険性を知らせる。 (B)地形への過度な接近警報を出す。 (C)周辺の航空機の位置、高度情報が識別できる。 (D)TCAS-ⅠはTA（接近情報）とRA（回避情報）を出す。 (1) 1　　(2) 2　　(3) 3　　(4) 4　　(5) 無し	534111	一航回 工無線 工電子 一航回 工電子 一航回
問0490	TCASに関する説明として(A)〜(D)のうち正しいものはいくつあるか。 (1)〜(5)の中から選べ。 (A)質問と応答の時間差から自機と侵入機の距離を測定する。 (B)地形への過度な接近警報を出す。 (C)指向性アンテナにより侵入機の方位を測定する。 (D)侵入機の応答に含まれている高度情報を読み出し飛行高度を得る。 (1) 1　　(2) 2　　(3) 3　　(4) 4　　(5) 無し	534111	一航回 一航飛
問0491	TCASの機能説明として(A)〜(D)のうち正しいものはいくつあるか。 (1)〜(5)の中から選べ。 (A)指向性アンテナにより侵入機の方位を測定する。 (B)侵入機の応答に含まれている高度情報を読み出し飛行高度を得る。 (C)地形への過度な接近警報を出す。 (D)衝突の脅威の有無の判定は最接近点までの水平方向、上下方向の時間を基礎としている。 (1) 1　　(2) 2　　(3) 3　　(4) 4　　(5) 無し	534111	一航飛 工電子
問0492	飛行管理システム（FMS）における飛行管理コンピューターの機能として(A)〜(D)のうち正しいものはいくつあるか。(1)〜(5)の中から選べ。 (A)航法機能 (B)誘導機能 (C)性能管理 (D)推力管理 (1) 1　　(2) 2　　(3) 3　　(4) 4　　(5) 無し	534112	一航飛
問0493	FMC の機能として(A)〜(D)のうち正しいものはいくつあるか。 (1)〜(5)の中から選べ。 (A)IRSとGPSからの位置情報、内蔵しているNDB、CDUからの入力データ、航法無線のデータを基に垂直面航法（V-NAV）データを算出する誘導機能 (B)CADCとIRSの飛行状態、エンジン、燃料データおよび内蔵している機能データ、推力制御コンピュータからのデータを基に水平面航法（L-NAV）データを算出する航法機能 (C)性能情報と航法情報を使ってピッチとロール操縦指令を計算し、自動操縦装置（FCC）に送る性能管理 (D)性能情報を使って飛行状態に応じた必要推力と推力指令を計算し、EICASディスプレーと推力管理コンピュータに送る推力管理 (1) 1　　(2) 2　　(3) 3　　(4) 4　　(5) 無し	534112	一航飛

問0494　エリア・ナビゲーションに関する説明として(A)～(D)のうち正しいものはいくつある　534112　一航飛
　　　　か。(1)～(5)の中から選べ。　　　　　　　　　　　　　　　　　　　　　　　　　　　　　　　　一航飛

　　　　(A)RNAVは航空保安無線施設やGPSからの信号を基に自機位置を計算し、RNAV経路
　　　　　　に沿って飛行する。
　　　　(B)RNAVに基づく航法は、出発、巡航、進入、到着の全ての飛行フェーズにおいて行
　　　　　　うことができる。
　　　　(C)任意の地点を結んだ経路の設定が可能である。
　　　　(D)RNAVの航法精度要件を達成するための補強システムとして、ABAS（航空機
　　　　　　型）、SBAS（衛星型）、GBAS（地上型）がある。

　　　　(1) 1　　(2) 2　　(3) 3　　(4) 4　　(5) 無し

問0495　電波高度計の説明で次のうち正しいものはどれか。　534113　二航共
　　二航共
　　　　(1)航空機の姿勢に関わらずアンテナを水平に保つ機構を備えている。
　　　　(2)地表面からの高度を指示する対地高度計である。
　　　　(3)小型機では機体が滑走路に静止しているとき、目盛はマイナスを指すように調整する
　　　　　　必要がある。
　　　　(4)精密性が要求されるため、気圧補正目盛を備えている。

問0496　電波高度計の説明として次のうち正しいものはどれか。　534113　一航回

　　　　(1)地表面からの高度を指示する対地高度計である。
　　　　(2)目盛は、離陸前に調整する必要がある。
　　　　(3)航空機の姿勢に関わらずアンテナを水平に保つ機構を備えている。
　　　　(4)精密性が要求されるため、気圧補正目盛を備えている。

問0497　電波高度計に関する記述で次のうち誤っているものはどれか。　534113　一運飛

　　　　(1)測定範囲は2,500ftまでである。
　　　　(2)使用周波数帯はSHF帯である。
　　　　(3)アンテナは送信専用と受信専用が必要となる。
　　　　(4)機体姿勢の変化による誤差修正は、ジャイロからの信号で行う。

問0498　電波高度計の説明として(A)～(D)のうち正しいものはいくつあるか。　534113　一航飛
　　　　(1)～(5)の中から選べ。

　　　　(A)EGPWS及び自動操縦装置に機体の高度と降下率を知らせる重要な装備品である。
　　　　(B)機体が傾いた場合でも、電波高度計のアンテナが常に地表面を向くようアンテナ安定
　　　　　　回路（アンテナ・スタビライゼーション）機能を備えている。
　　　　(C)気圧の変化による測定誤差を補正するため、ADC又はCADCより気圧高度規正情報
　　　　　　を得ている。
　　　　(D)航空機から電波を地上に向けて発射し、地表面から反射する電波の遅延時間を測定し
　　　　　　て高度を求める一種のレーダである。

　　　　(1) 1　　(2) 2　　(3) 3　　(4) 4　　(5) 無し

問0499　電波高度計の説明として(A)～(D)のうち正しいものはいくつあるか。　534113　一航回
　　　　(1)～(5)の中から選べ。

　　　　(A)地表面からの高度を指示する対地高度計である。
　　　　(B)目盛は、離陸前に調整する必要がある。
　　　　(C)航空機の姿勢に関わらずアンテナを水平に保つ機構を備えている。
　　　　(D)精密性が要求されるため、気圧補正目盛を備えている。

　　　　(1) 1　　(2) 2　　(3) 3　　(4) 4　　(5) 無し

問0500　電波高度計の説明として(A)～(D)のうち正しいものはいくつあるか。　534113　工電気
　　　　(1)～(5)の中から選べ。　　　　　　　　　　　　　　　　　　　　　　　　　　　　工電子
　　工計器
　　　　(A)航空機の姿勢に関わらずアンテナを水平に保つ機構を備えている。　　　　　　工電気
　　　　(B)地表面からの高度を指示する対地高度計である。
　　　　(C)大型機では機体が滑走路に静止しているときプラスを指示している。
　　　　(D)正確さが要求されるため、気圧補正目盛を備えている。

　　　　(1) 1　　(2) 2　　(3) 3　　(4) 4　　(5) 無し

電子装備品等

問0501　電波高度計の説明として(A)～(D)のうち正しいものはいくつあるか。
　　　　(1)～(5)の中から選べ。

534113　　一航回

(A)地表面からの高度を指示する対地高度計である。
(B)目盛は、小型機では機体が滑走路に静止しているときプラスを指すように調整する必要がある。
(C)航空機の姿勢に関わらずアンテナを水平に保つ機構を備えている。
(D)精密が要求されるため、気圧補正目盛を備えている。

(1) 1　　(2) 2　　(3) 3　　(4) 4　　(5) 無し

問0502　GPSの説明として次のうち正しいものはどれか。

534114　　一航飛

(1)赤道上に静止している放送衛星や通信衛星の発する電波を利用して測位している。
(2)測位用に打ち上げられた静止衛星を利用して測位している。
(3)GPSから得られた現在位置はIRSの位置修正に、時刻は時計の修正に使われる。
(4)GPSを利用するにはIRSと同じように現在位置を入力する必要がある。

問0503　GPSに関する記述で次のうち誤っているものはどれか。

534114　　一運飛
　　　　　一運飛

(1)衛星からは衛星の位置を知らせる軌道情報と衛星の高度が送られてくる。
(2)自機の位置を測定するには4個以上の衛星を観測する必要がある。
(3)GPSは航法センサとしてFMSに位置データを送っている。
(4)GPSの測位精度を決める要因として衛星軌道のずれがある。

問0504　GPSの説明で(A)～(D)のうち正しいものはいくつあるか。
　　　　(1)～(5)の中から選べ。

534114　　二航共

(A)衛星と利用者間の電波伝搬の遅れを測定し、衛星と利用者間の距離を測定している。
(B)通常、航空機の位置を測定するには4個の衛星を使用する。
(C)測位と同時に世界標準時（Universal Time）も求まる。
(D)衛星からの電波には衛星の軌道データ、時刻が含まれている。

(1) 1　　(2) 2　　(3) 3　　(4) 4　　(5) 無し

問0505　GPS の説明として(A)～(D)のうち正しいものはいくつあるか。
　　　　(1)～(5)の中から選べ。

534114　　一航回

(A)衛星と利用者間の電波伝搬の遅れを測定すると、衛星と利用者間の距離を測定できる。
(B)衛星から衛星の位置を知らせる軌道情報と正確な時間が送られている。
(C)自機の位置（緯度、経度、高度）を測定するには4個の衛星を観測する必要がある。
(D)GPS を利用するにはIRSと同じように現在位置を入力する必要がある。

(1) 1　　(2) 2　　(3) 3　　(4) 4　　(5) 無し

問0506　機上整備コンピュータ・システムについて次のうち正しいものはどれか。

545101　　一航飛
　　　　　一航飛

(1)重整備作業時にのみ使用されるシステムである。
(2)飛行中の機体システムのさまざまなデータを記録し、フライト・レコーダにそのデータを送る。
(3)飛行中の不具合、故障などを記録し、後で呼び出せる整備用の記録装置である。
(4)地上で実施した整備作業を記録するための装置である。

問0507　機上整備コンピュータ・システム（CMC）の説明として(A)～(D)のうち正しいものはいくつあるか。(1)～(5)の中から選べ。

545101　　工電子
　　　　　工電子

(A)EFISのフラグ、EICASの警告、運用限界超過等をモニターしている。
(B)航空機システムのバイト・テストを自動的に実行する。
(C)CMCデータはプリンタで打ち出すことができCDU画面でも見る事ができる。
(D)CMCが記録したデータの読み取りには特別な解析装置が必要である。

(1) 1　　(2) 2　　(3) 3　　(4) 4　　(5) 無し

本書の記載内容についての御質問やお問合せは、
公益社団法人　日本航空技術協会　教育出版部まで、
ｅメールにてご連絡ください。

2020年2月18日　　第1版　第1刷発行

航空整備士

学科試験問題集・問題編（2020 年版）

2020 ©　　編　者　公益社団法人　日本航空技術協会
　　　　　発行所　公益社団法人　日本航空技術協会
　　　　　　　〒144-0041　東京都大田区羽田空港 1-6-6
　　　　　　　電話　　　東京　（03）3747-7602
　　　　　　　FAX　　　東京　（03）3747-7570
　　　　　　　振替口座　00110-7-43414
　　　　　　　URL　　　https://www.jaea.or.jp
　　　　　　　E-mail　　jaea1927@jaea.or.jp
　　　　　印刷所　株式会社　ディグ

Printed in Japan

ISBN978-4-909612-09-0